QICHE

# 汽车电器及电子设备

Qiche Dianqi ji Dianzi Shebei

（第6版）



古永棋　张伟　编

重庆大学出版社

## 内 容 提 要

本书主要内容包括：蓄电池、交流发电机及调节器、起动机、汽车点火系、照明与信号、汽车仪表及信息显示系统、汽车空调系统、车身电器设备、发动机的电子控制系统、传动系统的电子控制、底盘电子控制技术、汽车电气设备总线路共十二章。

本书可作为高等院校汽车运用工程专业的试用教材，也可供高等院校汽车设计专业师生及汽车制造厂、汽车修理厂、汽车运输部门的工程技术人员、工人参考。

**图书在版编目(CIP)数据**

汽车电器及电子设备/古永棋，张伟编.—5版.重庆：重庆大学出版社，2004.8(2024.1重印)

ISBN 978-7-5624-0450-7

Ⅰ.汽… Ⅱ.①古…②张… Ⅲ.①汽车—电器②汽车—电子设备 Ⅳ.U463.6

中国版本图书馆CIP数据核字(2004)第055561号

汽车电器及电子设备

(第6版)

古永棋 张 伟 编

责任编辑：曾显跃 梁 涛 版式设计：梁 涛

责任校对：蓝安梅 责任印制：张 策

*

重庆大学出版社出版发行

出版人：陈晓阳

社址：重庆市沙坪坝区大学城西路21号

邮编：401331

电话：(023) 88617190 88617185(中小学)

传真：(023) 88617186 88617166

网址：http://www.cqup.com.cn

邮箱：fxk@cqup.com.cn (营销中心)

全国新华书店经销

POD：重庆新生代彩印技术有限公司

*

开本：787mm×1092mm 1/16 印张：21.75 字数：543千

2017年8月第6版 2024年1月第21次印刷

ISBN 978-7-5624-0450-7 定价：49.80元

# 第 6 版 前 言

本书自 1991 年出版以来，虽经两次再版修订，由于汽车电子技术发展迅猛，现代汽车已不再是传统意义上的机电一体化产品，而是由微处理器、微控制器、智能传感器、通讯技术及先进控制理论装备起来的高新技术产品。汽车中电器技术含量和数量已成为评价汽车性能和功能的一个重要标志，为了本书能与时俱进，跟上时代步伐，特邀重庆大学汽车工程系张伟副教授共同对本书做较大修订，我们修订本书的主导思想是：

①删去内容陈旧确已过时的章节；

②有的内容虽已过时，新车已不再用，但在用车上还广为使用的内容，做适当精简，暂作保留；

③对新技术，重点介绍已在汽车上产业化应用的内容，对前瞻性、理念性的新技术暂不纳入，以满足教学要求。

在此修订再版之际，请允许我们向关注本书的同志们表示衷心感谢并恳请提出批评指正。

编　者

2017 年 6 月

# 前　言

《汽车电器及电子设备》是汽车运用工程专业的必修课程，作者根据近几年的教学实践，根据教学大纲的要求编写了此书。

众所周知，用电子技术替代某些传统的机械结构，可以大幅度地提高汽车的使用性能，汽车的电子化趋势发展十分迅速，为适应电子技术在汽车上日益广泛的应用，本书在注意保持汽车电气设备的完整性和基本内容的基础上，编写各章时，都十分注意新的发展趋势，介绍一些新的、实用的电子技术，例如，移相调压充电机、脉冲快速充电、瞬变性过电压的产生及其保护电路、连续火花放电电子点火装置、新型电子仪表、前照灯的安全保护电路、制动信号灯、转向信号灯的监视电路等。

为节省篇幅，本书对已处于淘汰的直流发电机、三联调节器及汽车上基本不用的磁电机点火装置等不再赘述，对于一些性能落后，但现仍有使用的电器（如热丝式闪光继电器）也从略介绍。

本书的编写紧密结合汽车使用性能的要求和特点，着重阐明各种电器及电子设备的功用、工作原理、使用特性及应用注意事项，以达到融会贯通、举一反三的目的。具体的机械结构从略介绍，对于常见的电路故障及其诊断，常用的检查与调整方法也做了必要的介绍，以达到实用的目的。

本书共分10章，汽车电子控制和调节系统，由于在汽车中应用日益广泛，且近几年发展十分迅速，故单独编为一章。

本书可作为高等院校汽车运用工程专业试用教材，也可供汽车设计专业师生、汽车制造厂、汽车修理厂、汽车运输部门的工程技术人员和工人参考。

本书由何渝生教授主审，在编写过程中，得到重庆大学汽车教研室的同志们及解放军后勤工程学院林辉江老师的热情帮助与支持，在此一并表示衷心感谢。

由于编者水平有限，书中不免有缺点、错误，望读者批评指正。

编　者

1991年4月

# 目　录

# 第1章　蓄电池

蓄电池为一可逆直流电源，它在汽车上与发电机并联，在发动机正常工作时，发电机的端电压都会高于蓄电池的电动势，由发电机单独向用电设备供电，同时，若蓄电池存电不足时，发电机还对蓄电池进行充电，只有当发电机不工作或怠速运转时，用电设备才由蓄电池供电。当用电设备同时接入较多致使发电机过载时，蓄电池协助发电机供电。另外，蓄电池还相当于一个较大的电容器，能吸收电路中随时出现的瞬时过电压（浪涌电压），以保护电子元件不被击穿，延长其使用寿命。

蓄电池的种类很多，由于铅蓄电池的内阻小，电压稳定，可以短时间内供给起动机强大的电流（汽油机为200~600 A，柴油机有的高达1 000 A），加之结构简单，价格较低，因此在汽车上被广泛采用。铅蓄电池的主要缺点是比容量低，使用寿命较短，但随着铅蓄电池的结构、材料及制造工艺等日益改进，其使用寿命和比容量均有所提高，本章主要介绍铅蓄电池，简称蓄电池。

## 1.1　蓄电池的构造与型号

蓄电池的构造如图1-1所示，每个单格的标称电压为2 V，由若干单格电池串联组成蓄电池总成，以满足汽车用电设备的需要。

蓄电池主要由下列各部分组成：

### 1.1.1　极板组

极板分正极板、负极板，蓄电池的充放电过程就是依靠极板上活性物质和电解液中硫酸的化学反应来实现的。正极板上的活性物质是二氧化铅（$PbO_2$），呈深棕色，负极板上的活性物质是海绵状纯铅（Pb），呈青灰色。

一般负极板厚度为1.8 mm，正极板为2.2 mm，现在有一种薄型极板，厚度为1.1~1.5 mm，薄型极板对提高蓄电池的比容量和改善起动性能都是很有利的。

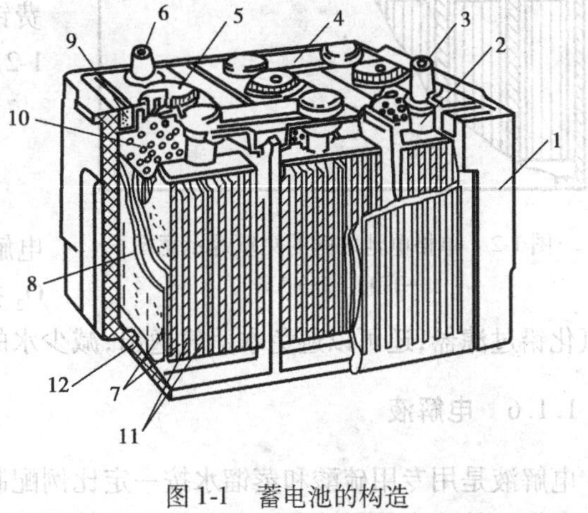


图1-1　蓄电池的构造

1—蓄电池外壳　2—电极衬套　3—正极接线柱　4—连接条　5—加液孔螺塞　6—负极接线柱　7—负极板　8—隔板　9—封料　10—护板　11—正极板　12—肋条

把正负极板各一片浸入电解液中，就可获得2 V电动势，但是，为了增大蓄电池的容量，常做成正负极板组，装在单格电池内，负极板组比正极板组多一片，使正极板都处于负极板之间，两侧放电均匀，否则，正极板单面工作会使两侧活性物质体积变化不一致而造成极板拱曲，活性物质就易脱落。

### 1.1.2 隔板

为了减小蓄电池的内阻和体积,正负极板应尽量靠近但彼此又不能接触而短路,故在相邻的正负极板之间加有绝缘隔板。隔板具有多孔性,以便电解液渗透,且化学性能要稳定。常用的隔板材料有木质的、微孔橡胶的、微孔塑料和塑料纤维的以及浸树脂纸质隔板等。

微孔橡胶隔板性能好、寿命长,但成本高;微孔塑料隔板和浸树脂纸质隔板等孔率高、孔径小、薄而柔韧,成本又低,因而使用渐多。

近年来,还有将微孔塑料隔板作成袋状,紧包在正极板的外部,防止活性物质脱落。

### 1.1.3 壳体

蓄电池的壳体用来盛放电解液和极板组。壳体应耐酸、耐热及耐震,以前多采用硬橡胶制成。近年来,由于工程塑料的发展,多用塑料(聚丙烯)制成。塑料壳体不仅耐酸、耐热、耐震,且强度高,韧性好,壳体壁可以做得较薄(一般为3.5 mm,而硬橡胶壳体壁厚为10 mm),外形美观、透明、重量轻,塑料壳体易于热封合,生产效率高,已成为一种发展趋势。

壳子底部的凸筋是用来支撑极板组的,当有活性物质脱落掉入凹槽中时,可防止正负极板短路,若用袋式隔板,可防止活性物质脱落而短路,故壳底无需凸筋,以降低壳体高度。

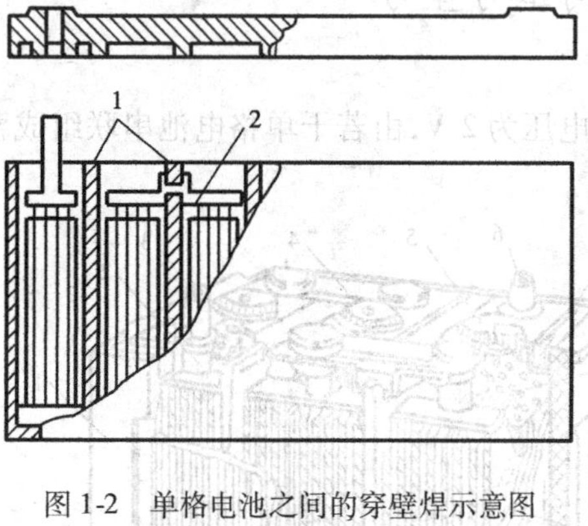

图 1-2 单格电池之间的穿壁焊示意图
1—间壁 2—联条

### 1.1.4 联条

蓄电池总成都是由3个或6个单格电池组成的,各单格电池之间靠铅质联条串联起来,联条装在盖子上面,这种传统的连接方式,不仅浪费铅材料,而且使内阻也增大,现已逐步被图1-2所示穿壁式连接方式所代替。

### 1.1.5 加液孔盖

加液孔盖可以防止电解液溅出及便于加注电解液。孔盖上有通气孔,使电池内部的 $H_2$ 和 $O_2$ 排出,以免发生事故。如果在孔盖上安装一个氧化铅过滤器,还可以避免水蒸气逸出,减少水的消耗。

### 1.1.6 电解液

电解液是用专用硫酸和蒸馏水按一定比例配制而成的,一般比重为1.24~1.30。

电解液的纯度是影响蓄电池的性能和使用寿命的重要因素,因此,一般工业用硫酸和水不能用作电解液,否则会增加自放电和损坏极板。

配制电解液时,会释放出大量的热能,由于硫酸比热比水小得多,受热时温升很快,易于产生气泡,造成飞溅,故配制电解液时,只能将硫酸徐徐倒入蒸馏水中,并不断搅拌。

电解液的比重对蓄电池的工作有重要影响,比重大,可以减少结冰的危险并提高蓄电池的容量,但比重过大,由于粘度增加,反而会降低蓄电池的容量,而且会缩短极板使用寿命。电解液比重应随地区和气候条件而定，表 1-1 列出了不同地区和气温条件下电解液比重。

表 1-1　不同地区和气温条件下电解液比重

| 气候条件 | 全充电蓄电池 15 ℃时的比重 | |
| --- | --- | --- |
| | 冬季 | 夏季 |
| 冬季温度低于 −40 ℃地区 | 1.310 | 1.250 |
| 冬季温度高于 −40 ℃地区 | 1.290 | 1.250 |
| 冬季温度高于 −30 ℃地区 | 1.280 | 1.250 |
| 冬季温度高于 −20 ℃地区 | 1.270 | 1.240 |
| 冬季温度高于 −0 ℃地区 | 1.240 | 1.240 |

表 1-2　起动型铅蓄电池的规格型号

| 序号 | 类别 | 铅蓄电池型号 | 铅蓄电池规格 | 单格电池数 | 额定电压/V | 20 h 放电率额定容量/A·h | 最大外形尺寸/mm | | | 参考质量/kg | |
| --- | --- | --- | --- | --- | --- | --- | --- | --- | --- | --- | --- |
| | | | | | | | 长 | 宽 | 总高 | 有电解液 | 无电解液 |
| 1 | | 3-Q-75 | 6V 75 A·h | | | 75 | 197 | 178 | 250 | 17 | 14 |
| 2 | 第 | 3-Q-90 | 6V 90 A·h | | | 90 | 224 | 178 | 250 | 20 | 15 |
| 3 | | 3-Q-105 | 6V 105 A·h | | | 105 | 251 | 178 | 250 | 23 | 18 |
| 4 | 一 | 3-Q-120 | 6V 120 A·h | 3 | 6 | 120 | 278 | 178 | 250 | 25 | 20 |
| 5 | | 3-Q-135 | 6V 135 A·h | | | 135 | 305 | 178 | 250 | 27 | 22 |
| 6 | 类 | 3-Q-150 | 6V 150 A·h | | | 150 | 332 | 178 | 250 | 29 | 24 |
| 7 | | 3-Q-195 | 6V 195 A·h | | | 195 | 343 | 178 | 250 | 41 | 34 |
| 8 | 第 | 6-Q-60 | 12V 60 A·h | | | 60 | 319 | 178 | 250 | 25 | 21 |
| 9 | 二 | 6-Q-75 | 12V 75 A·h | 6 | 12 | 75 | 373 | 178 | 250 | 33 | 27 |
| 10 | | 6-Q-90 | 12V 90 A·h | | | 90 | 427 | 178 | 250 | 39 | 31 |
| 11 | 类 | 6-Q-105 | 12V 105 A·h | | | 105 | 485 | 178 | 250 | 47 | 37 |
| 12 | 第 | 6-Q-120 | 12V 120 A·h | | | 120 | 517 | 198 | 250 | 52 | 41 |
| 13 | | 6-Q-135 | 12V 135 A·h | | | 135 | 517 | 216 | 250 | 58 | 46 |
| 14 | 三 | 6-Q-150 | 12V 150 A·h | 6 | 12 | 150 | 517 | 234 | 250 | 63 | 50 |
| 15 | | 6-Q-165 | 12V 165 A·h | | | 165 | 517 | 252 | 250 | 67 | 54 |
| 16 | 类 | 6-Q-195 | 12V 195 A·h | | | 195 | 517 | 288 | 250 | 75 | 61 |
| 17 | 第 | 6-Q-40G | 12V 40 A·h | | | 40 | 212 | 172 | 250 | 75 | 61 |
| 18 | 四 | 6-Q-60G | 12V 60 A·h | 6 | 12 | 60 | 279 | 172 | 250 | 75 | 61 |
| 19 | 类 | 6-Q-80G | 12V 80 A·h | | | 80 | 346 | 172 | 250 | 75 | 61 |

蓄电池的型号按 JB1058-77 起动用铅蓄电池标准规定，其型号编制由 5 个部分组成：

| | | | | |
|---|---|---|---|---|
| 1 | 2 | 3 | 4 | 5 |

1——蓄电池单格数，用阿拉伯数字表示；

2——蓄电池用途，用汉语拼音第一个字母表示，如 Q 为起动型；

3——极板类型，用汉语拼音表示，如 A 为干式荷电极板；

4——20 h 放电率的额定容量，单位为 A · h；

5——特殊性能，用汉语拼音第一个字母表示，如 G 为高起动率。

表 1-2 列出起动型铅蓄电池的型号、规格及参数值。

## 1.2　蓄电池的工作原理

由前述可知，蓄电池的正极板为 $PbO_2$，负极板为 Pb，电解液为 $H_2SO_4$ 的水溶液，蓄电池充放电过程中的化学反应是可逆的。

### 1.2.1　放电过程

蓄电池正极板的活性物质 $PbO_2$，其中少量溶于电解液与硫酸作用生成四价铅离子 $Pb^{++++}$ 和两个硫酸根离子 $2SO_4^{--}$，即

$$PbO_2 + 2H_2SO_4 — Pb^{++++} + 2SO_4^{--} + 2H_2O \tag{1-1}$$

一部分四价铅离子 $Pb^{++++}$ 沉附在正极板上，使正极板具有正电位，约为 +2.0 V，这一反应在正极板处进行，反应时，消耗硫酸而生成水，使电解液比重下降。

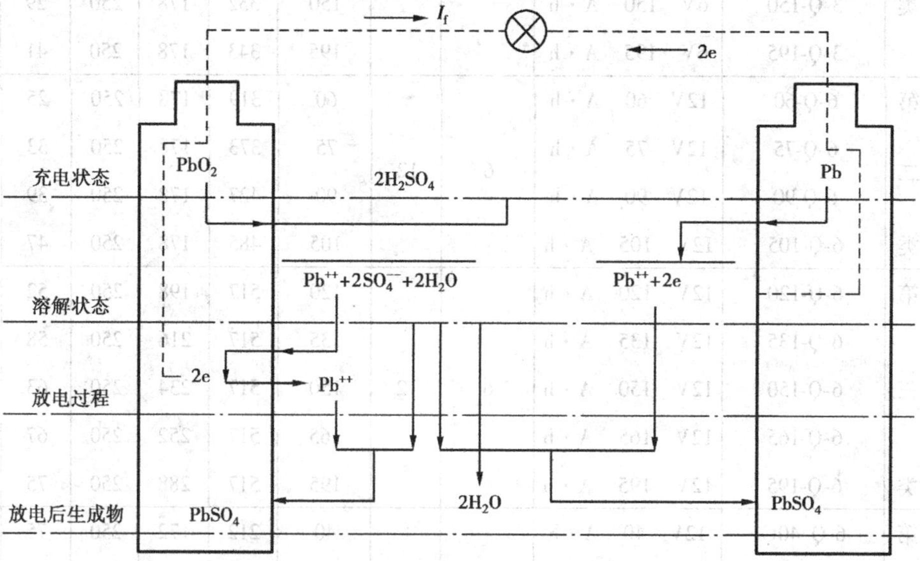


图 1-3　铅蓄电池放电过程

负极板处的 Pb，有少量溶入电解液生成二价铅离子 $Pb^{++}$，而在负极板上留下两个电子 2e，使负极板具有负电位，约为 -0.1 V。所以在外电路未接通时，这种运动达到相对平衡状

态，蓄电池的电动势 $E$ 约为

$$E = 2.0\ \text{V} - (-0.1\ \text{V}) = 2.1\ \text{V} \tag{1-2}$$

若将外电路接通，则电动势 $E$ 使电路内产生电流 $I_f$，电子 e 从负极板通过外电路流往正极板，与 $Pb^{++++}$ 结合生成 $Pb^{++}$，$Pb^{++}$ 与 $SO_4^{--}$ 结合生成 $PbSO_4$ 而沉附在正极板上，使正极板电位降落，其化学反应方程式为

$$Pb^{++++} + 2e \rightarrow Pb^{++} \tag{1-3}$$

$$Pb^{++} + SO_4^{--} \rightarrow PbSO_4 \tag{1-4}$$

在负极板处 $Pb^{++}$ 与 $SO_4^{--}$ 结合，生成 $PbSO_4$ 而沉附在负极板上。

综上所述，铅蓄电池的放电过程可归纳为图 1-3 所示。

在外部电流继续流通时，正负极板上的活性物质 $PbO_2$ 和 Pb 将不断转化为 $PbSO_4$，电解液中的 $H_2SO_4$ 逐渐减少，而 $H_2O$ 逐渐增多，理论上这种运动过程将进行到极板上所有活性物质都转变为 $PbSO_4$ 为止。但电解液不能渗透到极板活性物质最内层中去，在使用中，所谓放完电的蓄电池，极板上的活性物质只有一部分转变为硫酸铅。

### 1.2.2 充电过程

充电时，蓄电池的两极板接通直流电源，充电电源的端电压高于蓄电池的电动势，于是电流 $I_c$ 将以放电电流相反方向通过蓄电池，如图 1-4 所示。

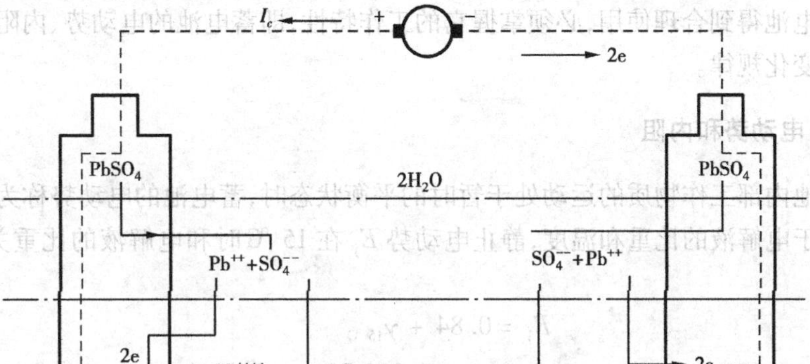

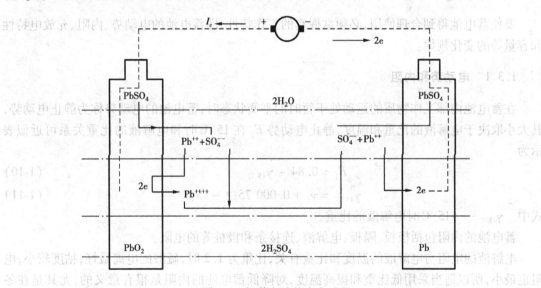


图 1-4 铅蓄电池的充电过程

正极板处有少量 $PbSO_4$ 溶于电解液中，产生 $Pb^{++}$ 和 $SO_4^{--}$，由于电源的作用使沉附在正极板处的 $Pb^{++}$ 失去两个电子变为 $Pb^{++++}$ 回到溶液中，即

$$PbSO_4 \rightleftharpoons Pb^{++} + SO_4^{--} \tag{1-5}$$

$$Pb^{++} - 2e \rightarrow Pb^{++++} \tag{1-6}$$

$Pb^{++++}$ 与 $2SO_4^{--}$ 结合生成 $PbSO_4$，再与水作用生成 $PbO_2$ 和 $H_2SO_4$，$PbO_2$ 沉附于正极板上。

$$Pb^{++++} + 2SO_4^{--} \rightleftharpoons PbSO_4 \tag{1-7}$$

$$PbSO_4 + 2H_2O \rightarrow PbO_2 + 2H_2SO_4 \tag{1-8}$$

负极板处也有少量 $PbSO_4$ 溶于电解液中产生 $Pb^{++}$ 和 $SO_4^{--}$，由于电流作用使沉附于负极板处的 $Pb^{++}$ 获得两个电子变成金属铅 Pb。

由上述蓄电池的充放电时的化学反应过程，可以得出如下结论：

1）蓄电池在充放电过程中，其内部活性物质是处于化合和分解的矛盾运动中，略去中间的化学反应，这一运动过程可表示为

$$PbO_2 + Pb + 2H_2SO_4 \underset{充电}{\overset{放电}{\rightleftharpoons}} 2PbSO_4 + 2H_2O \tag{1-9}$$

蓄电池在放电时，电解液中的硫酸逐渐减少而水增多，电解液比重下降，充电时，恰好相反，故可通过测量电解液比重来判断蓄电池的充放电程度。

2）在充放电时，电解液比重发生变化，主要是由于正极板处活性物质化学反应的结果，因而要求正极板处电解液的流动性要好，隔板的结构和安装应特别注意。

3）蓄电池放电终了时，实际上只有少部分活性物质转变为硫酸铅。因此，要减轻蓄电池重量，提高其供电能力，应设法提高极板的孔隙度，减小极板厚度，以提高活性物质的利用率。

## 1.3 蓄电池的工作特性

要使蓄电池得到合理使用，必须掌握它的工作特性，即蓄电池的电动势、内阻、充放电特性和容量等的变化规律。

### 1.3.1 电动势和内阻

在蓄电池内部工作物质的运动处于暂时的平衡状态时，蓄电池的电动势称为静止电动势，其大小取决于电解液的比重和温度，静止电动势 $E_j$ 在 15 ℃时和电解液的比重关系可近似表示为

$$E_j = 0.84 + \gamma_{15℃} \tag{1-10}$$

$$\gamma_{15℃} = \gamma_t + 0.000\,75(t - 15) \tag{1-11}$$

式中 $\gamma_{15℃}$——15 ℃时电解液的比重。

蓄电池的内阻包括极板、隔板、电解液、连接条和极桩等的电阻。

电解液的电阻与电解液的温度和比重有关，比重为 1.2 时，硫酸的电离最好，粘度较小，电阻也最小，所以适当采用低比重和提高温度，对降低蓄电池的内阻是很有意义的，尤其是在冬季。总之，铅蓄电池的内阻是很小的，因此，可以获得较大的输出电流，适应起动需要。

### 1.3.2 蓄电池的充电特性

蓄电池的充电特性是指在恒流充电过程中蓄电池的端电压 $U_c$、电动势 $E$ 和电解液比重 $\gamma_{15℃}$ 随时间的变化规律，如图 1-5 所示。

在充电过程中，蓄电池电解液比重 $\gamma_{15℃}$ 和静止电动势 $E_j$ 与充电时间成直线关系增长，端电压 $U_c$ 不断上升，并且总大于电动势 $E$，因为加在正负极桩上的端电压，必须克服电动势 $E$ 和内阻压降 $I_cR_n$，电流才能通过。即

$$U_c = E + I_c R_n \quad (1\text{-}12)$$

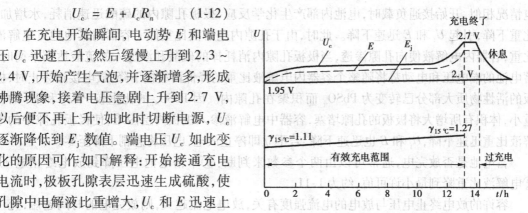

在充电开始瞬间，电动势 $E$ 和端电压 $U_c$ 迅速上升，然后缓慢上升到 2.3～2.4 V，开始产生气泡，并逐渐增多，形成沸腾现象，接着电压急剧上升到 2.7 V，以后便不再上升，如此时切断电源，$U_c$ 逐渐降低到 $E_j$ 数值。端电压 $U_c$ 如此变化的原因可作如下解释：开始接通充电电流时，极板孔隙表层迅速生成硫酸，使孔隙中电解液比重增大，$U_c$ 和 $E$ 迅速上升，当继续充电至孔隙内硫酸所产生的速度和向外扩散速度达到平衡时，$U_c$ 和 $E$ 就随整个容器内电解液比重的上升而缓慢上升。当电压达到 2.3～2.4 V 时，极板上可能参加变化的活性物质，差不多全部恢复为二氧化铅和纯铅了。继续通电，便使电解液中水又分解，产生氢气和氧气，以气泡的形式剧烈放出，形成沸腾现象。由于产生的氢气是以离子状态 $H^+$ 集结在溶液中负极板处，来不及立即全部变为气泡而泄出，使溶液和极板之间产生了约 0.33 V 的附加电压，因而使 $U_c$ 上升到 2.7 V 左右，此时应切断电源，如继续通电，不但不能增加蓄电池的储电容量，反而使极板受到损害。由上述可知，判断蓄电池充足电的现象是：

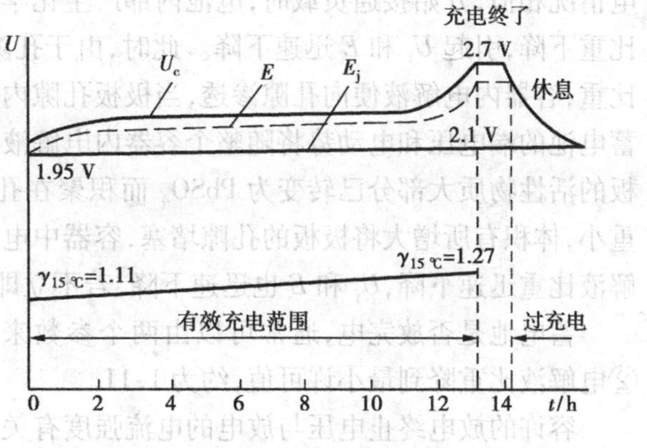

图 1-5　蓄电池的充电特性

①端电压上升到最大值，且两小时内不再增加；②电解液比重上升到最大值，且两小时内不再增加；③蓄电池激烈地放出大量气泡，电解液沸腾。

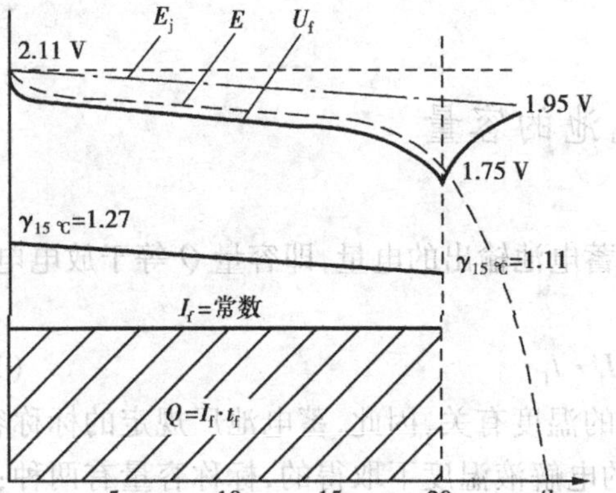

图 1-6　蓄电池放电特性

### 1.3.3　蓄电池的放电特性

蓄电池的放电特性是指在恒流放电过程中，蓄电池端电压 $U_f$，电动势 $E$ 和电解液比重 $\gamma_{15℃}$ 随放电时间的变化规律。如图1-6所示，在放电过程中，电解液比重 $\gamma_{15℃}$ 是直线下降的，从 1.27 降至 1.11，这是因为，在恒流放电时，在单位时间内，蓄电池内部活性物质与电解液进行化学反应的速度是一定的，这时所消耗的硫酸和生成的水与放电时间成正比。因而可用测量电解液比重来判断蓄电池的放电程度，一般 $\gamma_{15℃}$ 每下降 0.04，则蓄电池约放电 25%。

因静止电动势 $E_j$ 与 $\gamma_{15℃}$ 成正比，故 $E_j$ 也成直线下降。

在放电时，$U_f$ 总是小于 $E$，即

$$U_f = E - I_f R_n \quad (1\text{-}13)$$

放电开始时，$U_f$ 从 2.11 V 迅速下降到 2 V 左右，接着缓慢地下降到 1.85 V，然后迅速下降到 1.75 V，此时应该终止放电，若再继续放电，电压将急剧下降到零。对外不能供电，对蓄电池也有损害，此时若切断电流，电动势可逐渐上升到 1.95 V。$U_f$ 之所以如此变化，理由与充

电情况相似，开始接通负载时，电池内部产生化学反应，极板孔隙内的硫酸迅速消耗，水增加，比重下降，引起 $U_f$ 和 $E$ 迅速下降。此时，由于孔隙内电解液比重低于容器内其他地方电解液比重，容器内电解液便向孔隙渗透，当极板孔隙内消耗掉的硫酸和渗透入的硫酸达到平衡时，蓄电池的端电压和电动势将随整个容器内电解液比重的降低而缓慢下降，放电接近终止时，极板的活性物质大部分已转变为 $PbSO_4$ 而积聚在孔隙内。因 $PbSO_4$ 的比重较 $PbO_2$ 和 Pb 的比重小，体积有所增大将极板的孔隙堵塞，容器中电解液渗入极板内层困难，使极板孔隙中的电解液比重迅速下降，$U_f$ 和 $E$ 也迅速下降，若不立即停止放电，电压将急剧下降至零。

蓄电池是否放完电，通常可以由两个参数来判断：①单格电池电压降到放电终止电压；②电解液比重降到最小许可值，约为 1.11。

容许的放电终止电压与放电的电流强度有关，放电电流越大，则放完电的时间越短，允许的放电终止电压也越低，如表 1-3 所示。

**表 1-3　放电电流与终止电压**

| 放电电流/A | $0.05Q_e$ | $0.1Q_e$ | $0.25Q_e$ | $Q_e$ | $3Q_e$ |
|---|---|---|---|---|---|
| 连续放电时间/h | 20 | 10 | 3 | 0.5 | 0.083 |
| 单格电池终止电压/V | 1.75 | 1.70 | 1.65 | 1.55 | 1.5 |

表中 $Q_e$ 为蓄电池的额定容量。

## 1.4　蓄电池的容量

蓄电池的容量就是指在放电允许的范围内蓄电池输出的电量，即容量 $Q$ 等于放电电流与放电时间的乘积

$$Q = I_f \cdot t_f \tag{1-14}$$

蓄电池的容量与放电电流的大小及电解液的温度有关，因此，蓄电池厂规定的标称容量，是在一定的放电电流，一定的终止电压和一定的电解液温度下取得的，标称容量有两种：额定容量和起动容量。

### 1.4.1　额定容量 $Q_e$

额定容量是指完全充足电的蓄电池，在电解液平均温度为 30 ℃的情况下，以 20 h 放电率放电至单格电压降至 1.75 V 时，所输出的电量。

### 1.4.2　起动容量

起动容量是表征蓄电池在发动机起动时供电能力，一般分常温和低温两种。

1）常温起动容量，即电解液平均温度为 30 ℃时，以 5 min 放电率的电流（即 $3Q_e$ 电流）放电至单格电压下降到 1.5 V 时所输出的电量。

2）低温起动容量，即电解液平均温度为 −18 ℃时，以 $3Q_e$ 电流放电至单格电压下降至 1 V

所输出的电量。

蓄电池的容量越大,可提供的电能就越多,因此,它是检验蓄电池质量的重要指标之一。

### 1.4.3 影响蓄电池容量的因素

**1. 放电电流**

随着放电电流的加大,蓄电池的容量和端电压将随之减小。这是因为放电时,正负极板的 $PbO_2$,Pb 都转变为 $PbSO_4$,由于 $PbSO_4$ 比重较小,因此随着 $PbSO_4$ 的析出,极板孔隙逐渐缩小,使容器中的硫酸渗入困难,且当放电电流增大时,化学反应速度加快,$PbSO_4$ 堵塞孔隙的速度也加快。由于孔隙中电解液比重迅速下降,使极板内部的大量活性物质不能参与化学反应,蓄电池的实际输出容量减小。

由此可见,如果长时间接通起动机,就会使蓄电池的端电压急速下降至终止电压,输出容量减小,且使蓄电池过早损坏。因此,在使用中接通起动机的时间不允许超过 5 s,两次起动时间要相隔 15 s 以上,使电解液充分渗入极板内层,以提高蓄电池的使用寿命。

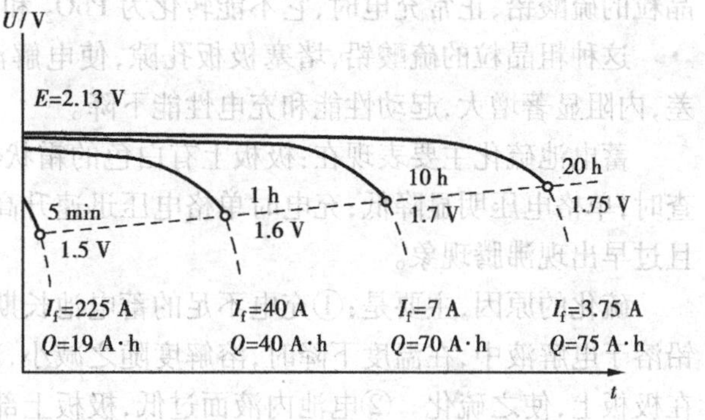

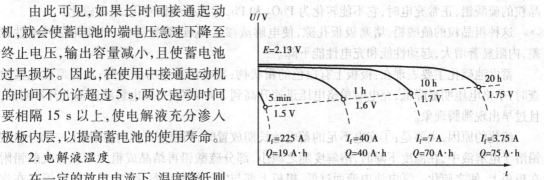

图 1-7　放电电流对容量的影响

**2. 电解液温度**

在一定的放电电流下,温度降低则容量减小。这是由于温度降低时,电解液的粘度增加,渗入极板内部困难,同时电阻增大,蓄电池端电压降低,因此容量减小。

蓄电池的额定容量是在 +30 ℃时的容量,温度每降低 1 ℃,缓慢放电时的容量约减少 1%,迅速放电时约减少 2%,不同温度下的容量可用下式换算成 30 ℃时的容量

$$Q_{30\,℃} = \frac{Q_t}{1 + 0.01(t - 30)} \tag{1-15}$$

式中　$Q_t$——电解液平均温度为 $t$ ℃时的实测容量(A·h)。

由于温度对蓄电池容量和端电压有很大影响,因此在寒冷地区冬季,会给停车带来一定的困难,特别是起动时,由于低温和强电流放电蓄电池端电压下降较多,容易造成点火困难,故应装蓄电池保温装置。

**3. 电解液比重**

提高电解液比重,可以提高铅蓄电池的电动势和容量。但电解液比重过大,又将导致粘度增加和内阻增大,反而会使蓄电池容量减小。实践证明,电解液比重偏低,有利于提高放电电流和容量,有利于延长蓄电池使用寿命,冬季在不使电解液结冰的前提下,也应尽可能采用稍低的电解液比重。

## 1.5 蓄电池的故障及其排除

蓄电池的外部故障,有壳体或盖子裂纹、封口胶干裂、极桩松动或腐蚀等;内部故障有极板硫化、活性物质脱落、极板短路、自行放电、极板拱曲等。下面简单分析几种常见故障现象和原因以及排除方法。

### 1.5.1 极板硫化

蓄电池长期处于放电状态或充电不足状态下放置时,在极板上会逐渐生成一层白色的粗晶粒的硫酸铅,正常充电时,它不能转化为 $PbO_2$ 和 Pb,称为硫酸铅硬化,简称硫化。

这种粗晶粒的硫酸铅,堵塞极板孔隙,使电解液渗入困难,容量降低,且硫化层导电性很差,内阻显著增大,起动性能和充电性能下降。

蓄电池硫化主要表现在:极板上有白色的霜状物;蓄电池容量明显下降;用高率放电叉检查时,单格电压明显降低;充电时单格电压迅速升高到 2.8 V 左右,但电解液比重上升不明显,且过早出现沸腾现象。

硫化的原因,主要是:①充电不足的蓄电池长期放置时,当温度升高时,极板上一部分硫酸铅溶于电解液中,在温度下降时,溶解度随之减小,部分硫酸铅再结晶成粗大颗粒的硫酸铅附在极板上,使之硫化。②电池内液面过低,极板上部与空气接触而氧化(主要是负极板),在汽车行驶过程中,由于电解液上下波动与极板氧化部分接触,也会生成粗晶粒的硫酸铅,使极板上部硫化。③电解液比重过大或不纯,气温变化大都能使极板硫化。

补救办法:当硫化不严重时,可采用去硫充电法进行充电。即倒出电解液,灌入蒸馏水充分洗涤,反复清洗数次,最后灌入蒸馏水使液面高出极板 15 mm,用 2 ~ 2.5 A 电流充电,并随时检查电液比重,如上升到 1.15 以上时,可加蒸馏水冲淡,继续充至比重不再上升,再进行放电,如此反复几次,最后一次充电时,应将比重调至规定值。当硫化严重时,应予以报废。

初步实践表明,用快速充电机充电,对于消除硫化有显著效果。

### 1.5.2 自行放电

充足电的蓄电池,放置不用,会逐渐失去电量,这种现象,称为自行放电。对于充足电的蓄电池,如果每昼夜容量下降不大于 2%,就是正常的自放电,超过 2% 就是有故障了。

自行放电的原因主要有:①电解液不纯,杂质与极板之间以及沉附于极板上不同杂质之间形成电位差,通过电解液产生局部放电;②蓄电池溢出的电解液堆积在盖板上,使正负极桩形成通路;③极板活性物质脱落,下部沉淀物过多使极板短路;④电池长期放置不用,硫酸下沉,下部比重较上部大,极板上下部发生电位差引起自行放电等。

发生自放电故障后,应倒出电解液,取出极板组,抽出隔板,再用蒸馏水冲洗极板和隔板,然后重新组装,加入新的电解液重新充电。

### 1.5.3 极板短路

隔板损坏、极板拱曲或活性物质大量脱落都会造成极板短路。

极板短路的外部特征是充电电压低，比重上升很慢，充电中气泡很少，而且用高率放电叉测试时，单格电池电压很低或者为零。

对于短路的蓄电池必须拆开，查明原因排除之。

### 1.5.4 活性物质脱落

活性物质脱落，主要是指正极板上 $PbO_2$ 的脱落，这是蓄电池早期损坏的主要原因之一。

充电中，如果正极板形成致密的 $PbO_2$ 层则不易脱落，而 $PbO_2$ 层是在 $PbSO_4$ 表面形成的。实验证明，致密的 $PbO_2$ 层是在疏松的 $PbSO_4$ 表面上形成的。所以，$PbO_2$ 脱落的主要原因是放电而不是充电。实验证明，降低电解液比重，减小放电电流以及提高电解液温度，都有利于形成疏松的 $PbSO_4$ 层，因而有利于防止活性物质脱落。反之，若采用高比重电解液，或者是低温大电流放电，都容易形成致密的 $PbSO_4$ 层，加速活性物质脱落。

负极板上活性物质脱落的主要原因是大电流过充电，产生大量的氢气和氧气，当氢气从负极板的孔隙向外冲出时，会使活性物质脱落。

汽车行驶中的颠簸振动，也会加速活性物质脱落。

沉淀物少时，可以消除后继续使用，沉淀物多时，应更换新极板。

## 1.6 蓄电池的充电及充电设备

### 1.6.1 充电种类

在蓄电池使用中，充电是一个重要的工作。新蓄电池和新修复的蓄电池，在使用之前的首次充电称为初充电。其目的在于恢复蓄电池在存放期间，极板上部分活性物质缓慢硫化和自放电而失去的电量，故初充电恰当与否，对蓄电池的使用性能极为重要。

使用中的蓄电池也要进行补充充电，为了使蓄电池保持一定的容量和延长其使用寿命，还需定期进行过充电和锻炼充电。

1. 初充电

首先按蓄电池制造厂规定，加注一定比重的电解液，电解液加入蓄电池之前，温度不得超过 30 ℃，注入电解液后，应静置 3 ~ 6 h，此时，若液面因电解液渗入极板而降低时，应补充到高出极板上缘 15 mm，然后，将蓄电池正负极分别与充电机正负极相接，并按表 1-4 充电规范中初充电电流进行充电。因为新蓄电池在储存中，可能有一部分硫化，充电时易于过热，所以初充电一般电流较小。充电过程通常分两个阶段进行，第一阶段充电至电解液中放出气泡，单格电压达 2.4 V 为止；第二阶段将充电电流减半，继续充到电解液中剧烈放出气泡（沸腾），电解液比重和电压连续 3 h 稳定不变为止。全部充电时间约 60 ~ 70 h。

充电过程中，应经常测量电解液温度，当上升到 40 ℃时，应将电流减半；如继续上升到 45 ℃，则应停止充电，待冷至 35 ℃以下时再充电。充电临近完毕时，应测量电解液比重，如不合乎规定，应用比重为 1.400 的电解液或蒸馏水进行调整，调整后应再充电 2 h，直到符合规定为止。

2. 补充充电

蓄电池在车辆上使用时，常有充电不足现象，应根据需要进行补充充电，一般每月至少1次，如发现下列现象，必须随时进行充电。

①当电解液比重下降到1.150以下时；

②冬季放电超过25%，夏季超过50%；

③灯光比平时暗淡，起动机无力；

④单格电池电压降到1.7 V以下时。

补充充电电流值见表1-4，常分两阶段进行，方法和初充电相同，一般约13~16 h。

**表1-4 铅蓄电池的充电电流规范**

| 蓄电池型号 | 额定容量/A·h | 额定电压/V | 初次充电 | | | | 补充充电 | | | |
|---|---|---|---|---|---|---|---|---|---|---|
| | | | 第一阶段 | | 第二阶段 | | 第一阶段 | | 第二阶段 | |
| | | | 电流/A | 时间/h | 电流/A | 时间/h | 电流/A | 时间/h | 电流/A | 时间/h |
| 3-Q-75 | 75 | | 5 | | 3 | | 7.5 | | 4 | |
| 3-Q-90 | 90 | | 6 | | 3 | | 9.0 | | 5 | |
| 3-Q-105 | 105 | | 7 | | 4 | 20~30 | 10.5 | 10~11 | 5 | 3~5 |
| 3-Q-120 | 120 | 6 | 8 | 25~35 | 4 | | 12.5 | | 6 | |
| 3-Q-135 | 135 | | 9 | | 5 | | 13.5 | | 7 | |
| 3-Q-150 | 150 | | 10 | | 5 | | 15.0 | | 7 | |
| 3-Q-195 | 195 | | 11 | | 7 | | 19.5 | | 10 | |
| 6-Q-60 | 60 | | 4 | | 2 | | 6 | | 3 | |
| 6-Q-75 | 75 | | 5 | | 3 | | 7.5 | | 4 | |
| 6-Q-90 | 90 | 12 | 6 | 25~35 | 3 | 20~30 | 9.0 | 10~11 | 4 | 3~5 |
| 6-Q-105 | 105 | | 7 | | 4 | | 10.5 | | 5 | |
| 6-Q-120 | 120 | | 8 | | 4 | | 12.0 | | 6 | |

3. 预防硫化过充电

蓄电池在使用中，常因充电不足而造成硫化，为预防起见，每隔3个月进行一次预防硫化过充电，即用平时补充充电的电流值将电池充足，中断1 h，再用$\frac{1}{2}$的补充充电电流值进行充电至沸腾为止。如此重复几次，直至刚接入充电，蓄电池立即沸腾时为止。

4. 锻炼循环充电

蓄电池在使用中常处于部分放电的情况，参加化学反应的活性物质有限，为迫使相当于额定容量的活性物质都能参加工作，以避免活性物质长期不工作而收缩，可每隔3个月进行一次锻炼循环，即在正常充足电后，用20 h放电率放完电，再正常充电后送出使用。

### 1.6.2 充电方法

通常蓄电池的充电方法有，定电流充电、定电压充电和近年来的快速脉冲充电。

1. 定电流充电

在充电过程中，使充电电流保持恒定的方法称为定电流充电法，由 $I_c = \frac{U_c - E}{R}$ 可知，在充电过程中，随着电池电动势 $E$ 的增高，就必须相应提高充电电压 $U_c$，才能保持充电电流 $I_c$ 恒定。当单格电池电压上升到 2.4 V 时，应将电流减半，直到完全充足为止。

采用这种方法充电，不论 6 V 或 12 V 蓄电池均可串联在一起，但各个电池容量应尽可能相同，否则充电电流应按容量小的电池来计算。待小容量电池充满电后，应随时拿出，再继续给大容量电池充电。

定电流充电具有较大的适应性，可以任意选择充电电流，有益于延长电池寿命，适用于初充电和去硫化充电，其缺点是充电时间长，且需要随时调整电压。

2. 定电压充电法

在充电过程中，使充电电压保持恒定的充电方法，称定电压充电。不言而喻，在充电过程中，随着蓄电池电动势 $E$ 的增加，充电电流 $I_c$ 会逐渐减小，如图 1-8 所示，如果充电电压调节得当，就必然会在蓄电池充满电的情况下，出现 $I_c$ 为零的现象，这就是充电终了。

采用定电压充电时，要选择好充电电压，若电压过高（图示虚线 2），不但初期充电电流过大，且会发生过充电现象，引起极板弯曲，活性物质大量脱落，温升过高等现象；若电压过低（图示虚线 1），则会使蓄电池充电不足。一般每单格电池约需 2.5 V。

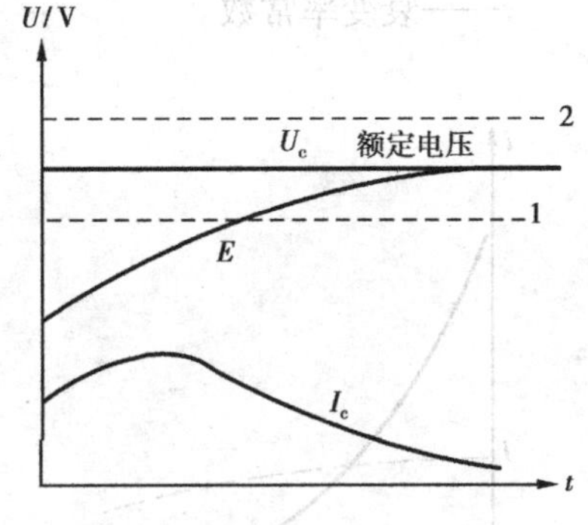


图 1-8 定电压充电特性曲线

定电压充电时，充电电流较大，开始充电后4 ~ 5 h 内，蓄电池就可获得本身容量的 90% ~ 95%，因而可大大缩短充电时间，且不需照管和调整，因此较适合于补充充电。由于不能调整充电电流的大小，因此不能用于蓄电池的初充电和去硫充电。定压充电各蓄电池必须并联到充电电源上，所以各蓄电池的额定电压必须相同。在汽车上蓄电池与发电机是并联的。所以蓄电池始终是在发电机的恒定电压下进行充电。

3. 脉冲快速充电

上述充电方法也可称为常规充电，要完成一次初充电需 60 ~ 70 h，补充充电也要 20 h 左右，由于充电时间太长，给使用带来很大不便，而单纯靠加大充电电流来缩短充电时间是不行的，因为这不仅使蓄电池达不到额定容量，而且由于温升快，产生大量气泡，造成极板弯曲，大量活性物质脱落，大大影响蓄电池使用寿命。20 世纪 50 年代初，国外已开始研究快速充电技术，探寻其理论基础，近年来我国快速充电技术也发展很快，已研制成功可控硅快速充电机，使新蓄电池初充电一般不超过 5 h，补充充电只需 0.5 ~ 1.5 h，大大缩短了充电时间，提高了效率。

(1)快速充电的理论基础

在充电后期化学反应过程中，电池两极之间的电位差会高于两极活性物质的平衡电极电位(每单格为2.1 V),这种现象称之为"极化"。

极化是阻碍蓄电池充电过程中电化学反应正常进行的主要因素,也影响充电接受能力。要实现快速充电,就必须找出极化的原因并采取措施消除之。产生极化的原因有:

①欧姆极化:因蓄电池各导电部分均有一定电阻,当电流通过时将会产生电压降,充电停止后会自动消失。

②浓差极化:充电过程中,由于化学反应在极板的孔隙中生成硫酸,使极板附近的电解液比重较其他地方稍高一些,这种由电解液浓度差异而引起极板电位的变化,称为浓差极化。停止充电后,由于分子的扩散,浓差极化也会逐渐消失。

③电化学极化:充电时,当极板表面上的活性物质大部分变成二氧化铅和铅后,如果再继续充电,则水开始分解并在负极板上逸出氢气,而氢离子在负极板上与电子结合较为缓慢,使负极板附近积存有多量的氢离子,造成负极板电位降低;同时,正极板逐渐被氧离子包围,形成过氧化极板,使正极板电位提高,产生电化学极化。随着充电的进行和充电电流的增加,这种电化学极化会更加显著。

理论和实践证明,在充电过程中,蓄电池能够接受的充电电流是随时间按指数曲线而衰减的。如图1-9所示,即

$$i = I_0 e^{-xt} \tag{1-16}$$

式中 $I_0$——当 $t=0$ 时,电池可能接受的充电电流最大值;

$x$——衰变率常数。

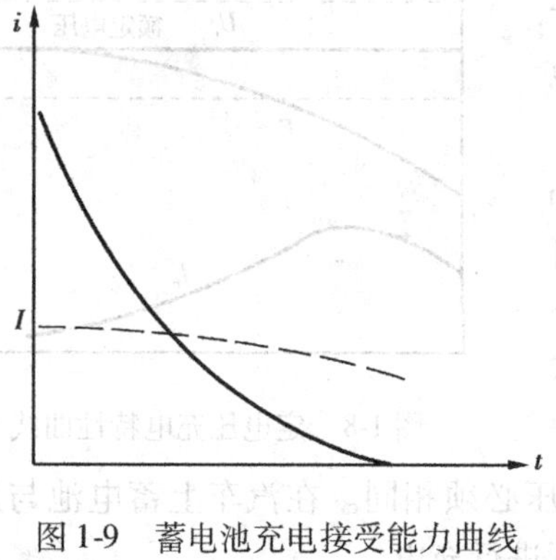


图1-9 蓄电池充电接受能力曲线

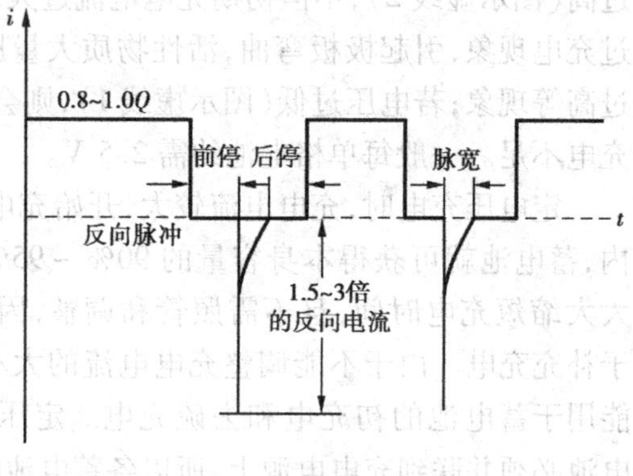


图1-10 脉冲快速充电的电流波形

一般认为 $x = I_0/Q$,即 $x$ 等于电池初始接受电流值与所需充电的电量 $Q$ 之比。

遵循这条曲线进行充电,电池则处于最佳接受状态,超过这条曲线只会使水分解而不能提高充电速率;若低于这条曲线,则会使充电时间延长。

(2)脉冲快速充电初期,由于极化现象不明显,蓄电池可以接受大的充电电流,因此,可采用大电流($0.8 \sim 1Q_e$ 的电流)进行定电流充电,使蓄电池在较短的时间内达到容量的60%左右,当单格电压上升到2.4 V,水开始分解而冒气泡时,由控制电路控制,开始进行脉冲充电,脉冲电流的波形如图1-10所示。先停止充电24~40 ms(称前停充),停充后随着电流的消失,则欧姆极化消失,浓差极化也因扩散作用而部分消失。接着再反充,使蓄电池反向通过一个较大的脉冲电流,其脉宽为150~1 000 μs,脉冲深度为1.5~3倍充电电流,以消除电化学极化中产生的电荷积累。同时,消除极板孔隙中形成的气泡,进一步消除浓差极化,然后再停止放

电 25 ms(称为后停充),如此重复正脉冲充电—前停充—负脉冲瞬间放电—后停充—再正脉冲充电的循环过程,直至充足。

由于脉冲快速充电具有充电时间短、电解液温升低、空气污染小、节省电能等优点,因此应用日广。表 1-5 为国产快速充电机的技术参数。

### 1.6.3 充电注意事项

①严格遵守各种充电方法的充电规范。

②在充电过程中,要注意各个单格电池电压和电液比重。及时判断其充电程度和技术状况。

③在充电过程中,要注意各单格电池的温升,以免温度过高,影响蓄电池的使用性能。

④初充电工作不可长时间间断。

⑤室内充电时,打开电池孔盖,使气体顺利逸出,以免发生事故。

⑥充电室要安装通风设备,严禁室内用明火取暖。

⑦充电时,导线务必连接可靠,严防火花发生。

**表 1-5 国产快速充电机技术参数**

| 型号 | 功率/kW | 额定输出 | | 充电时间 | | 具有的保护功能 | 质量/kg | 生产厂名 |
|---|---|---|---|---|---|---|---|---|
| | | 电压/V | 电流/A | 初充/h | 复充/h | | | |
| KCJ-2 | 3 | 72 | 80 | 5~10 | 0.5~1.5 | 反接、定时 | 85 | 青岛华夏微电机厂 |
| KCJ-3 | 2.2 | | 75 | <6 | <2 | 反接、定时 | | |
| MFC-2 | | | 40 | 5~10 | 0.5~1.5 | 反接、定时 | 65 | |
| KSCD-120/20 | 2.4 | 20 | 120 | <5 | <2 | 反接、过电流充满自停 | 58 | 四川诺尔光电高技术研究所 |
| SKDM80-10 | 10 | 100 | 100 | <10 | <3 | 过电流、充满自停 | 300 | 上海延中充电机厂 |
| DKC2430 | 1.0 | 34 | 30 | 4~7 | 0.5~2 | 反接、开路、充满自停、定时恒流、稳压电源 | 6 | 重庆江川机械厂 |
| DKC2450 | 1.5 | 34 | 50 | 4~7 | 0.5~2 | | 8 | |

### 1.6.4 充电设备

蓄电池是直流电源,必须用直流电充电,直流充电电源有三相交流电动机-直流发电机组,各种固体整流器(硒整流器、氧化铜整流器、硅整流器),气体管整流器(钨灯整流器)和水银整流器等。由于电动发电机组体积大、笨重、移动不方便、价格高,现已不用,而各种固体、气体整流器,也需较笨重的调压变压器,故现已少用。可控硅调压充电机,由于它采用移相调压,故体积小、重量轻、结构简单、使用方便、工作可靠,在充电设备中得到广泛的使用。现以 8 kW 可控硅移相调压充电机为例,说明其工作原理。

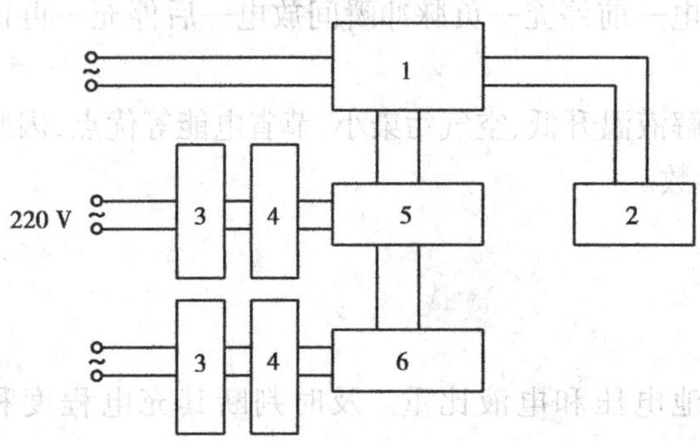


图 1-11　可控硅移相充电机方框图

1—可控硅整流器　2—蓄电池　3—变压器

4—整流器　5—触发电路　6—控制电路

图 1-11 为可控硅移相调压充电机原理方框图，220 V 交流电源经可控硅整流器变为直流电，输出电压的大小，由触发电路改变可控硅导通的时刻来增减，触发电路发生触发信号的时刻，则由控制电路进行控制。所以，可控硅移相调压充电机应包括主整流电路、触发电路和控制电路三个部分，如图 1-12 所示。

主整流电路是用两个硅二极管，两个可控硅元件组成的单相桥式整流电路。而可控硅只有在控制极上加正向触发信号使之导通后，正向电流才能通过，如图 1-13 所示。

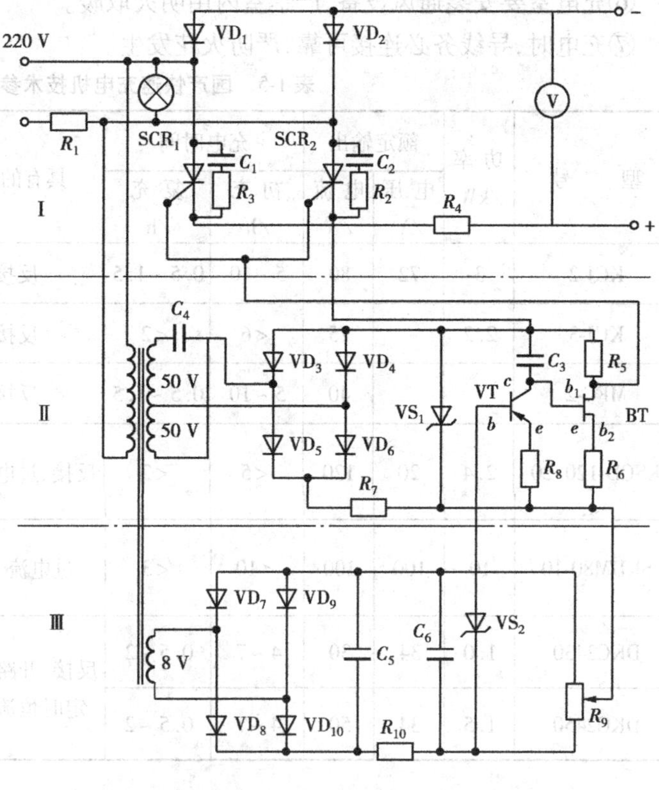


图 1-12　8 kW 可控硅移相调压充电机电路图

Ⅰ—主整流电路　Ⅱ—触发电路　Ⅲ—控制电路

在图 1-13 中，当控制极上未加触发信号时，可控硅 $SCR_1$ 及 $SCR_2$ 都处于截止状态，电流不能通过，这时交流电源的波形如图 1-14(1)所示。当交流电源电压在正半周时，将正向脉冲信号 $U_{g1}$ 在 $a_1$ 时刻加在可控硅 $SCR_1$ 及 $SCR_2$ 上，由于 $SCR_2$ 上承受的是反向电压而不导通，电流不能通过，此时电流从电源 $A$ 流经 $SCR_1$→蓄电池→二极管 $VD_2$→电源 $B$，如图 1-13 实线箭头所示。当交流电源处于负半周时，控制脉冲信号在 $a_2$ 时刻加在 $SCR_1$ 及 $SCR_2$ 上，此时 $SCR_1$ 上承受的是反向电压，电流不能通过，电流电从电源 $B$→$SCR_2$→蓄电池→二极管 $VD_1$→电源 $A$ 端。如图 1-13 中虚线箭头所示。但通过蓄电池的电流方向不变。由图 1-14(a)波形图可知，在一个周期($0 \sim 2\pi$)中，蓄电池两次获得充电电压，时间从 $a_1 \sim \pi$ 及 $a_2 \sim 2\pi$，如图 1-14(d)中阴影面积所示，阴影面积越大，则平均有效电压也越高。

如果使控制脉冲信号加到可控硅控制极上的时刻从 $a_1 a_2$ 移到 $b_1 b_2$，则可控硅提前导通，输出电压的有效值增大，这样就达到了调节充电电压的目的，故称为移相调压。

图 1-12 中Ⅱ是触发电路，由双基极二极管 BT、三极管 VT 及电阻、电容等组成，其工作原

理简述如下：

从变压器来的交流电压（50 V）经二极管 $VD_3$、$VD_4$、$VD_5$、$VD_6$ 组成桥式全波整流电路，再由稳压二极管 $VS_1$ 与电阻 $R_7$ 将整流后的电压变成平稳的梯形波，供给触发电路，直流电压还通过 $R_5$、$R_6$ 加在双基极二极管的基极 $b_1$ 及 $b_2$ 上，它在 $b_2$ 与发射极 $e$ 之间及 $e$ 与 $b_1$ 之间产生一定比例的电压降。同时又通过 $R_3$，三极管 VT 的 $e$、$c$ 极向电容 $C_3$ 充电，并有电流经过 $eb_1$。当电容 $C_3$ 两端的电压 $U_c$ 逐渐升高时，流过 $eb_1$ 的电流慢慢增加。双基极二极管有这样的特性：当加到 $eb_1$ 上的电压达到一定值（峰值电压）时，$eb_1$ 之间导通，在 $R_5$ 上产生电压降，这就是正向脉冲触发信号电压 $U_{g1}$ 或 $U_{g2}$，它加到可控硅控制极上，使之导通。由于电容器 $C_3$ 的迅速放电而 $U_c$ 急剧下降，$eb_1$ 间电阻提高又变成高阻态（截止状态），$R_5$ 上电压降消失，直至电容 $C_3$ 再充电，$U_c$ 增高使 $eb_1$ 又呈现低阻态（导通状态），$R_5$ 上再产生电压降，输出脉冲电压。如此反复，在控制极上就受到一系列的触发信号。

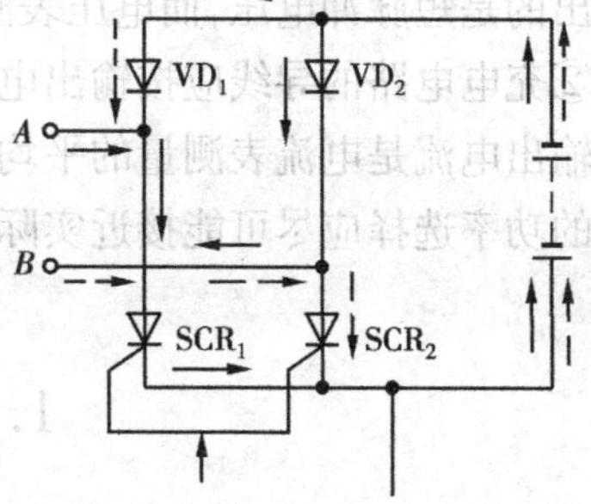

图 1-13　单相桥式半可控硅整流电路

由于触发信号电路和主整流电路取自同一交流电源，这就保证了输出脉冲与主整流电路同步，也就是当电源电压过零点时，单结晶体管 BT 的振荡自动停止，故电容的每次充电都是从零开始。

图 1-12Ⅲ为触发电路的控制电路，其工作原理如下：

改变加到晶体三极管 VT 的发射极与基极之间的电压（控制电压），就可改变触发信号发生的时刻，从而改变主整流器的输出电压。在图 1-12Ⅱ中，当三极管 VT 的 $e$、$c$ 极向电容器 $C_3$ 充电的速度及电压 $U_c$ 上升加快时，输出脉冲就提前使可控硅导通，并使充电电压提高。在控制电路中，采用4 μF/250 V电容器 $C_3$，相位角可后移 6°，在充电电压低时也能很好触发。

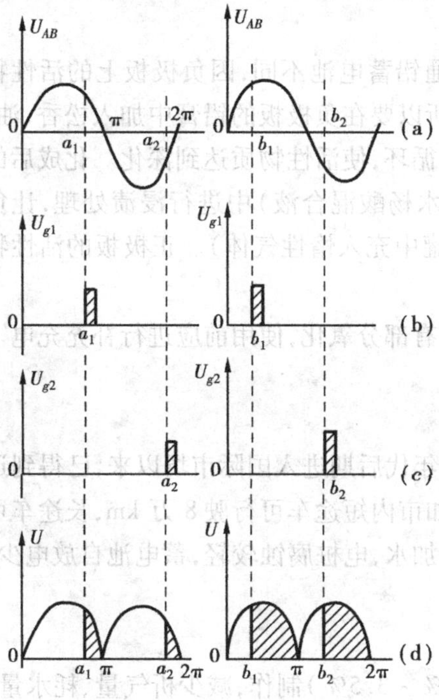

图 1-14　电路波形图

三极管 VT 的控制电压，是通过控制电路Ⅲ来改变的，从变压器来的交流电，经 $VD_7$、$VD_8$、$VD_9$、$VD_{10}$进行全波整流，并经 $R_{10}$、$C_5$、$R_6$ 进行滤波后，再用 $VS_2$ 稳压二极管稳压，然后将直流电压加在电位器 $R_9$ 上，用手调节该电位器，改变三极管的发射极 $e$ 和基极 $b$ 间的电压，就可改变触发信号发生时刻，达到移相调压的目的。

使用时，应首先将电位器 $R_9$ 的阻值调到最小，接上被充蓄电池，再接上交流电源，指示灯亮，再调节电位器 $R_9$，使输出的直流电压值达到所需的数值。工作完毕后，先将电位器 $R_9$ 的电阻调到最小，切断交流电源，最后断开被充蓄电池。

在使用可控硅移相调压充电机时，还应注意以下几点：

①在充电电压低于蓄电池电势一定值的情况下，还会出现充电电流，这是因为可控硅充电

机输出的是短脉冲电压,而电压表测量的是平均电压之故。

②充电电路的导线应按输出电流的有效值选择,否则会出现异常发热现象,因可控硅充电机的输出电流是电流表测量的平均值,它和电流有效值有较大差别。在实际使用中,可控硅充电机的功率选择应尽可能接近实际需要的功率,以便可控硅在较大的导通角下工作。

## 1.7 其他的铅蓄电池

### 1.7.1 干荷电铅蓄电池

干荷电铅蓄电池与普通铅蓄电池的区别是,极板组在干燥状态下,能够较长时期保存在制造过程中所得到的电荷,在规定的保存期内(一般为两年)如需使用,只要灌入符合规定比重的电解液,放置半小时,调整液面高度至规定值,不需进行初充电即可使用。因此,它使用方便,是应急的理想电源,故已成为近年来的发展方向。

干荷电铅蓄电池主要是负极板的制造工艺与普通铅蓄电池不同,因负极板上的活性物质是海绵状铅,由于表面积大,化学活性高,容易氧化,所以要在负极板的铅膏中加入松香、油酸、硬脂酸等防氧化剂,并且在化成过程中有一次深放电循环,使活性物质达到深化。化成后的负极板,先用清水冲洗后,再放入防氧化剂溶液(硼酸、水杨酸混合液)中进行浸渍处理,让负极板表面生成一层保护膜,并采用特殊干燥工艺(干燥罐中充入惰性气体)。正极板的活性物质 $PbO_2$ 化学活性比较稳定,其电荷可以较长期地保持。

对贮存期超过两年的干荷电铅蓄电池,因极板上有部分氧化,使用前应进行补充充电。

### 1.7.2 免维护电池

免维护蓄电池(也叫 MF 蓄电池),从 20 世纪 70 年代后期进入国际市场以来,已得到迅速发展。它在汽车合理使用过程中,不需添加蒸馏水,如市内短途车可行驶 8 万 km,长途车可行驶 40 万 ~48 万 km,不需进行维护,可用 3 ~4 a 不必加水,电桩腐蚀较轻,蓄电池自放电少,在车上或贮存时,不需进行补充充电。

1. 免维护蓄电池的结构特点

①极板栅架采用铅钙锡合金或低锑合金(含锑 2% ~3.5%)制作,减少析气量、耗水量,自放电也大大减少。

②隔板采用袋式微孔聚氯乙烯隔板将极板包住,可保护正极板上的活性物质不致脱落,并防止极板短路,因而壳体底部不需凸筋,降低了极板组的高度,增大了上部容积,使电解液贮存量增多。

③通气孔采用新型安全通气装置,阻止水蒸气和硫酸气体的通过,避免与外部火花接触以防爆炸,也减少极桩的腐蚀。另外,通气塞中还装入催化剂钯,帮助排出的氢氧离子结合生成水,再回到蓄电池中去,减少了水的消耗。

④单格电池间的连接条采用穿壁式贯通连接以减小内阻。

⑤外壳为聚丙烯塑料热压而成,工艺性好,重量轻。

2. 免维护蓄电池的优缺点

(1)使用中不需加水

铅蓄电池在使用中,消耗水的途径一是水的蒸气,一是水的电解,尤其是在过充电情况下,水的电解更加严重。采用低锑合金或铅钙锡合金制成极板栅架,可使蓄电池析气量和耗水量减至最小,加之免维护蓄电池壳体底部无凸筋、贮液量增加,故在使用中无需补充加水。

(2)自放电少,寿命长

普通铅蓄电池极板栅架采用铅锑合金,在放电过程中,锑从栅架内转移到正负极板的活性物质及电解液中去,增加了自放电,缩短了使用寿命。免维护蓄电池,由于栅架中无锑,因而自放电大大减少,使用寿命延长(一般在4年左右),比普通铅蓄电延长1倍多。如图1-15所示。

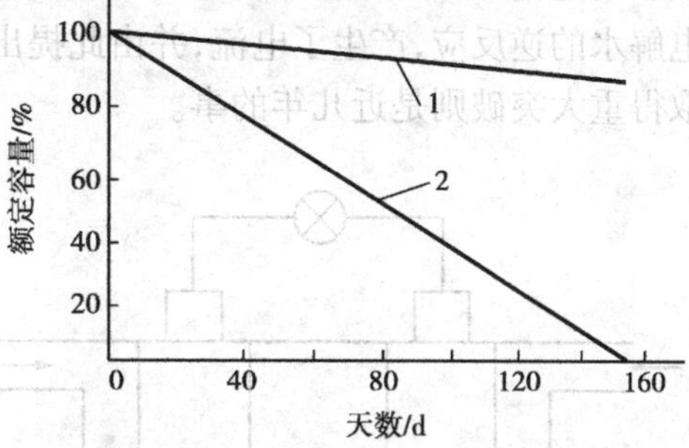


图1-15　两种电池自放电比较

1—免维护蓄电池　2—普通铅蓄电池

(3)接线柱腐蚀较小

普通铅蓄电池,由于析出的酸气聚集在蓄电池顶部,腐蚀接线柱及形成自放电电流,而免维护蓄电池,由于采用新型安全通气系统,电池中的酸气不会排出,保持顶部干燥,减少了接线柱的腐蚀。

(4)起动性能好

免维护蓄电池,由于单格间采用穿壁式连接,缩短了电路的连接长度,放电电压可提高0.15~0.4 V。因此,有较好的起动性能。

免维护蓄电池,目前生产工艺中栅架的铸造尚有一定困难,成本高,价格贵,但随着科学技术的发展,在不远的将来会完全取代普通的铅蓄电池。

### 1.7.3　胶体电解质铅蓄电池

普通铅蓄电池中的电解质为硫酸水溶液,而在胶体电解质蓄电池中,电解质用经过净化的硅酸钠溶液和硫酸水溶液混合后,凝结成稠厚的胶状物质,故称胶体电解质铅蓄电池。其主要优点是电解质呈胶体状,不会流动,无溅出,使用中只需加蒸馏水,不需调整电液比重,所以使用、维护、保管和转运都比较安全和方便。同时,可保护极板活性物质不易脱落,其使用寿命可延长约20%。其缺点是内阻增大,容量有所降低,自放电现象也有所增加。

## 1.8　氢燃料电池

20世纪70年代以来,世界各国都在大力开发新型电池的研究,以作为电动车的动力源,由于铅蓄电池的比能量小(仅为40~50 w. h/kg),故重量大,又需经常充电,不宜作电动车动力源。

目前,世界各国正在研制的新型高能电池种类繁多,主要有:钠硫电池、燃料电池、锌空气电池、锂离子电池等,作为电动车动力源最具发展前景的是氢燃料电池,下面就氢燃料电池做一简单介绍。

### 1.8.1 氢燃料电池的发电原理

氢燃料电池并不是最新发明,早在1839年英国物理学家威廉·格拉夫在实验室中成功地实现电解水的逆反应,产生了电流,并由此提出了氢燃料电池的基本原理,但在氢燃料电池研发上取得重大突破则是近几年的事。

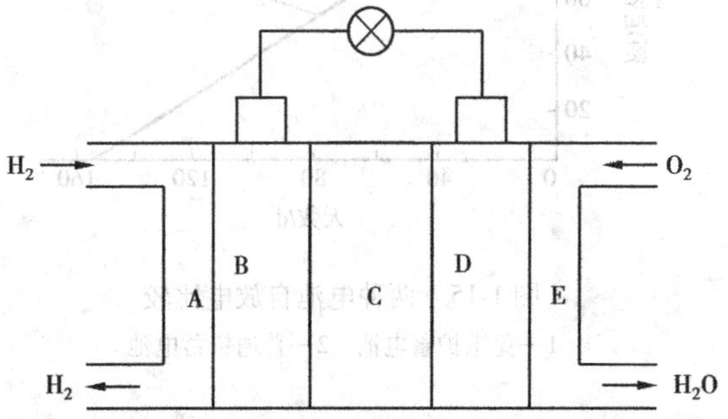

图1-16 质子交换膜氢燃料电池

A—氢气腔 B—阳极 C—质子交换膜 D—阴极 E—氧气腔

按燃料电池的电解质类型燃料电池可分为:碱性燃料电池(AFC)、质子交换膜燃料电池(PEMFC)、磷酸燃料电池(PAFC)、熔融碳酸盐燃料电池(MCFC)和固体氧化物燃料电池(SOFC)等。下面以质子交换膜燃料电池为例,介绍氢燃料电池的基本原理。如图1-16所示,质子交换膜燃料电池直接将氢的化学能转化为电能,电解质是质子交换膜,作为燃料的氢气从电池一端导入氢气腔A输入到阳极B,在阳极催化剂的作用下,氢分子电离为带正电的氢离子(即质子)和带负电的电子,电子在外电路形成电流,通过适当的连接即可向负载输出电能,氢离子穿过中间的质子交换膜C到达阴极D,并与从电池另一端导入的氧气腔输入到阴极的氧一起在催化剂的作用下生成水,电离和化合平衡方程式为

$$2H_2 \longrightarrow 4H + 4e$$

$$4H^+ + O_2 + 4e \longrightarrow 2H_2O$$

电池总反应为

$$2H_2 + O_2 \longrightarrow 2H_2O$$

质子交换膜燃料电池的优点在于:它发生化学反应时,内部温度一般不超过80 ℃,为此,人们也将其称为“冷燃料电池”,所以它不会产生NOx氧化物,另外,质子交换膜燃料电池是通过氢氧的化合直接将化学能转化为电能,其能量转化效率高达60%以上,也无需机械的运动部件,极大地减少了运行噪声,不排放任何有毒有害的污染物,副产物就是纯净水。

### 1.8.2 质子交换膜燃料电池为汽车提供最理想的动力

由于质子交换膜燃料电池工作温度低且启动快,无污染(零排放),是汽车最理想的动力源,得到世界各大汽车生产商的青睐,奔驰、大众、通用、福特、丰田、日产等汽车产业巨人纷纷加盟研发,20世纪90年代质子交换膜燃料电池取得了突破性进展,2000年加拿大巴拉德能源公司成功研制出包括250 kW在内的系列质子交换膜燃料电池并装到有关汽车公司的氢能汽车上,2000年1月,美国通用推出了使用氢燃料电池的“氢能概念车”,可连续行驶800 km,最高车速达190 km/h,1999年5月德国在慕尼黑国际机场建成了世界上第一个加氢站,使用液氢燃料的改装宝马车只需大约3分钟就可将储氢罐加满,每加一次液氢可行驶300 km,计划

到2005年在欧洲各国首都都建一个加氢站,2010年在欧洲形成一个加氢站网络。我国也奋起直追,近年来,在上海研制出1.5 kW、2.5 kW、10 kW质子交换膜燃料电池后,又完成了30 kW质子交换膜燃料电池动力系统。我国首辆可乘坐9人,使用氢燃料电池汽车已经面世,该车加一次氢燃料可续驶300 km。

### 1.8.3 尚需解决的两大难题

氢燃料电池要得到广泛应用,尚需解决以下两大难题:

1. 氢的制取

质子交换膜燃料电池的原料是氢气和氧气,氧气可以方便地从空气中获取,但氢是一种二次能源,若用电解水法制氢的电能消耗远远高于获取的氢在燃料电池中所发的电,即得不偿失。若从石油、天然气及其他富含氢的物质中制取,但这些方法制氢效率低、价格昂贵,且仍未摆脱对石化能源的依赖,且会产生环境污染,为此,人们意识到用于制取氢的能源必须是太阳能、风能等无污染可再生的能源。

值得一提的是德国奔驰公司推出以甲醇分解方式提供动力的燃料电池电动车,它比较安全,燃料充装方便,现有车的油箱容积即可满足要求,一次加足甲醇能行驶500 km以上,有望在5~10年内推向市场。

其主要反应为

$$CH_3OH \longrightarrow 2H_2 + CO$$

$$CO + H_2O \longrightarrow H_2 + CO_2$$

我国石油资源较缺,但煤储量很丰富,而用煤生产甲醇已是成熟技术,再用甲醇为燃料,经热分解后制成纯氢,作为质子交换膜氢燃料电池的燃料是很有前途的。

2. 氢的储存

氢的储存也是一大困难,如使用常压储氢罐,要与燃油汽车行驶相同距离,储氢罐的体积是燃油汽车油箱的3 000倍,即使用液化氢或压缩,成本高且不说,储氢罐本身也十分笨重,即使储存罐内充满了氢,储存的氢也只占整个储存罐重量的5%~7%,另一种办法是将氢储存到某些金属原子里,这些金属被加热时可吸收比其体积大上千倍的氢气,金属冷却后氢被锁在金属原子里,当金属再次受热时氢又被释放出来,不过就储存的量来讲,比储存罐也好不了多少,因此,研制高效率、低成本的储氢方法也是人们着力解决的问题。

## 思考题

1. 汽车用蓄电池有哪些功用?
2. 铅蓄电池的构造及各部分的作用如何?
3. 试述蓄电池的充、放电特性。了解这些特性对我们有什么指导意义?
4. 什么叫蓄电池的容量? 如何表示? 哪些使用因素对蓄电池容量有影响?
5. 何谓蓄电池的额定容量?
6. 蓄电池充电有哪些种类? 各用在什么情况?
7. 蓄电池有哪些充电方法? 各有何优缺点?

8. 蓄电池过充电或过放电有何危害？在汽车上如何判断蓄电池的充、放电程度？

9. 什么叫蓄电池自由放电？其原因何在？

10. 何谓极板硫化？极板硫化的蓄电池有何表象？极板硫化的原因何在？

11. 如何正确使用蓄电池？

12. 何谓免维护蓄电池？它的结构和材料有何特点？

# 第 2 章　交流发电机及调节器

在第 1 章已经提到,汽车上使用的电源,除蓄电池外,还有发电机,在发动机正常工作转速范围内,汽车的用电设备,主要是靠发电机供电,而且当蓄电池存电不足时,发电机还给蓄电池充电。现代汽车的各种设施愈来愈完善,用电设备数量也愈来愈多。因此,要求发电机有较大的功率输出。传统的整流子换向的直流发电机已不能适应现代汽车的要求而逐渐被交流发电机所取代,特别是从 20 世纪 60 年代初,用硅整流元件的交流发电机开始在很多国家的各型汽车上得到推广应用。所以本书不再叙述直流发电机及其调节器。

## 2.1　交流发电机的构造

汽车用交流发电机,多采用三相同步交流发电机,由 6 只二极管构成三相桥式全波整流器。各国生产的交流发电机都大同小异,主要由定子、转子、滑环、电刷、整流二极管、前后端盖、风扇及皮带轮等组成。有的还将调节器与发电机装在一起。

图 2-1 为 JF132 型交流发电机的组件图,图 2-2 为其结构剖视图。

### 2.1.1　转子

交流发电机的转子是发电机的磁场部分,它主要由两块爪极、磁场绕组、滑环和轴等组成。如图 2-2 所示。

两块爪极压装在转子轴上,在两块爪极的空腔内装有磁轭,其上绕有磁场绕组,两引出线分别焊在与轴绝缘的两个滑环上,滑环与装在后端盖上的两个电刷相接触。当两电刷与直流电源相接时,磁场绕组中便有电流通过,产生轴向磁通,使得一块爪极被磁化为 N 极,另一块爪极为 S 极,从而形成了 6 对相互交错的磁极,如图 2-3 所示。

转子爪极的形状像鸟嘴,这种形状可以使定子感应的交流电动势近似于正弦波形。磁极对数也有 4 对和 6 对的,各工厂设计得不一样,我国设计的交流发电机多采用 6 对。转子每转一转,定子的每相电路上能产生 6 个周波的交流电动势。

### 2.1.2　定子

定子又叫电枢,由定子铁心和定子绕组组成。定子铁心由相互绝缘的内圆带槽的环状硅钢片叠成。定子槽内置有三相对称绕组,三相绕组连接方法大多数为 Y 形(星形),也有用△形连接的。

为使三相绕组中产生大小相等、相位差 120°(电角度)的对称电动势,在三相绕组的绕法上应遵循以下原则:

1)每相绕组的线圈个数和每个线圈的匝数和每个线圈的节距都必须完全相等。

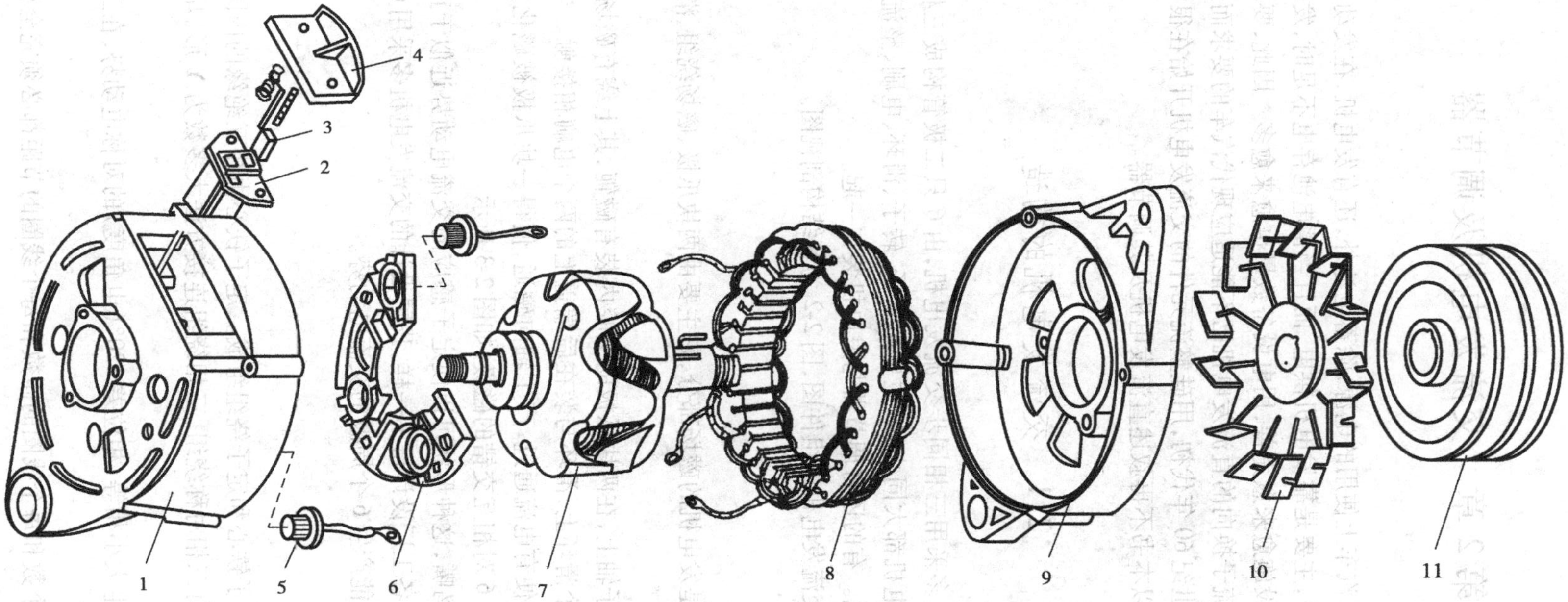


图2-1 JF132型交流发电机的组件

1—后端盖 2—电刷架 3—电刷 4—电刷弹簧压盖 5—硅二极管 6—散热板 7—转子 8—定子总成 9—前端盖 10—风扇 11—皮带轮

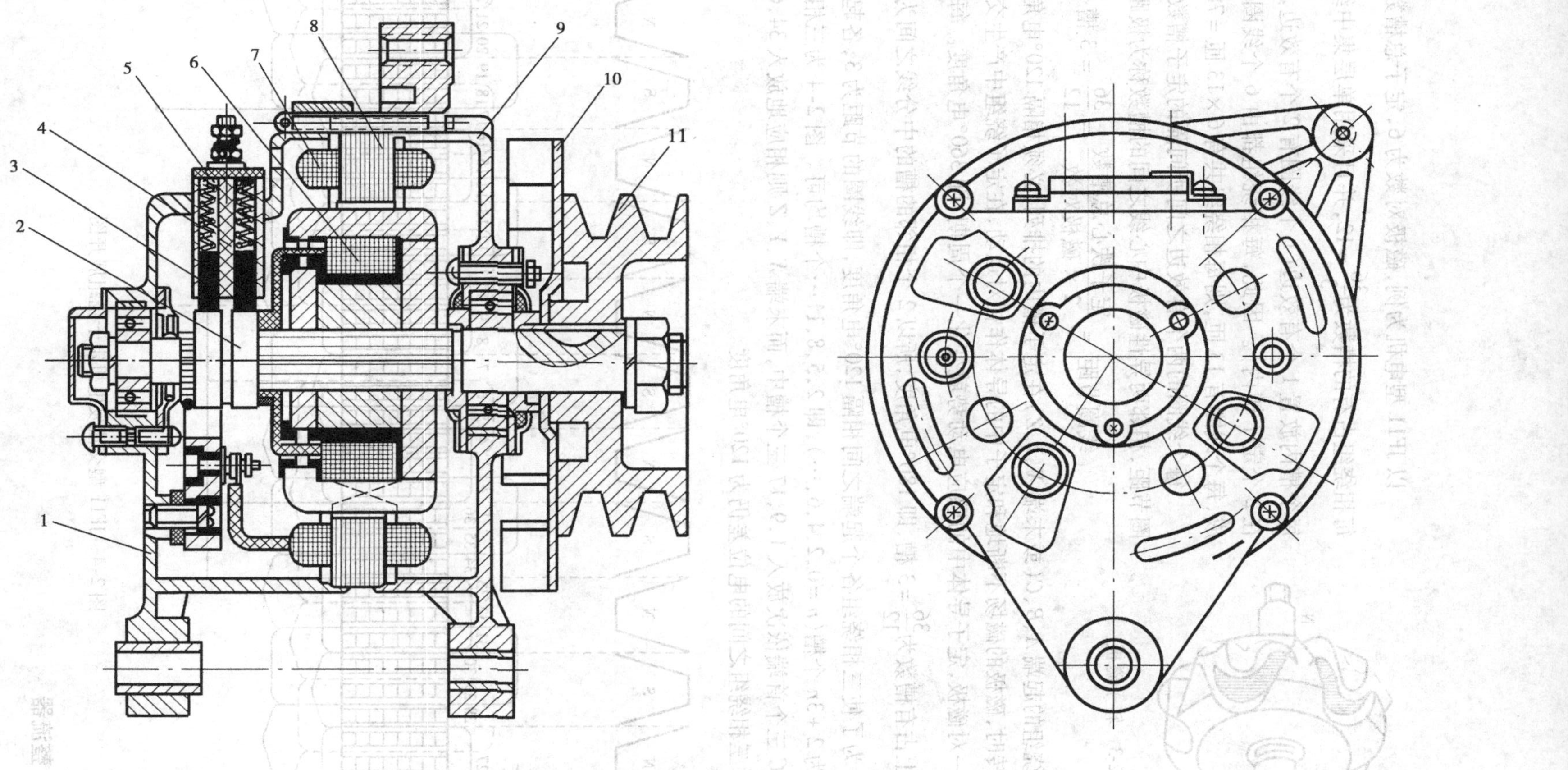


图2-2 JF132型交流发电机的结构

1—后端盖 2—滑环 3—电刷 4—电刷弹簧 5—电刷架 6—磁场绕组 7—定子绕组 8—定子铁心 9—前端盖 10—风扇 11—皮带轮

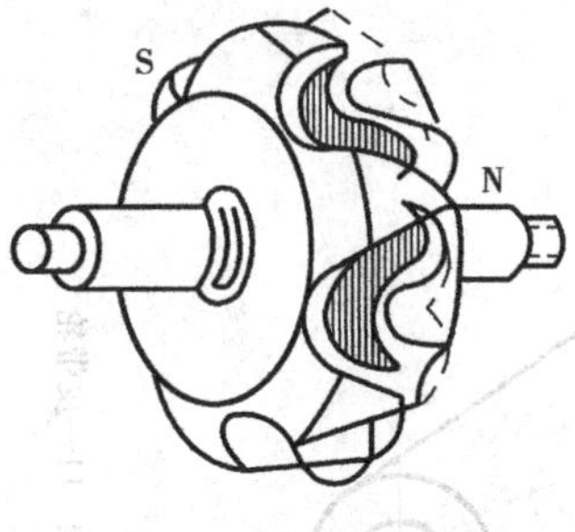

图 2-3　转子磁极

以 JF11 型电机为例，磁极对数为 6，定子总槽数为 36，每相绕组占有的槽数为$\frac{36}{3}=12$，并且采用单层集中绕法，即每个槽内放置 1 个有效边（1 个线圈有 2 个有效边，分别放在 2 个定子槽内）。因此，每相绕组都由 6 个线圈串联而成，每个线圈有 13 匝，则每相绕组共有 6×13 匝 =78 匝。

每个线圈的两个有效边之间所间隔的定子槽数叫做线圈节距，相邻两异性磁极中心线之间的槽数称为极距。即

$$线圈节距 = \frac{定子铁心总槽数}{2\times 磁极对数} = \frac{36}{12} = 3\ 槽$$

2）三相绕组的起端 $A$、$B$、$C$（或末端 $X$、$Y$、$Z$）在定子槽内的排列，必须相隔 120°电角度。

转子旋转时，磁极的磁场不断地和定子中的导体作相对运动，在定子绕组中产生交流电动势。每转过一对磁极，定子导体中的感应电动势就变化一个周期，即 360°电角度。每个磁极在定子圆周上占有槽数为$\frac{36}{12}=3$ 槽，即 180°电角度，所以 2 个相邻的槽的中分线之间为$\frac{180°}{3}=$ 60°电角度。为了使三相绕组各个起端之间相隔 120°电角度，即线圈的节距为 3，各起端之间的距离则应为 $2+3n$ 个槽（$n=0,2,4,6,\cdots$），即 2，5，8，11…个槽均可。图 2-4 为三相绕组展开图。$A$、$B$、$C$ 三个首端依次放入 1，9，17 三个槽中，而末端 $X$、$Y$、$Z$ 则相应地放入 34，6，14 三个槽内，这时三相绕组之间的电位差仍为 120°电角度。

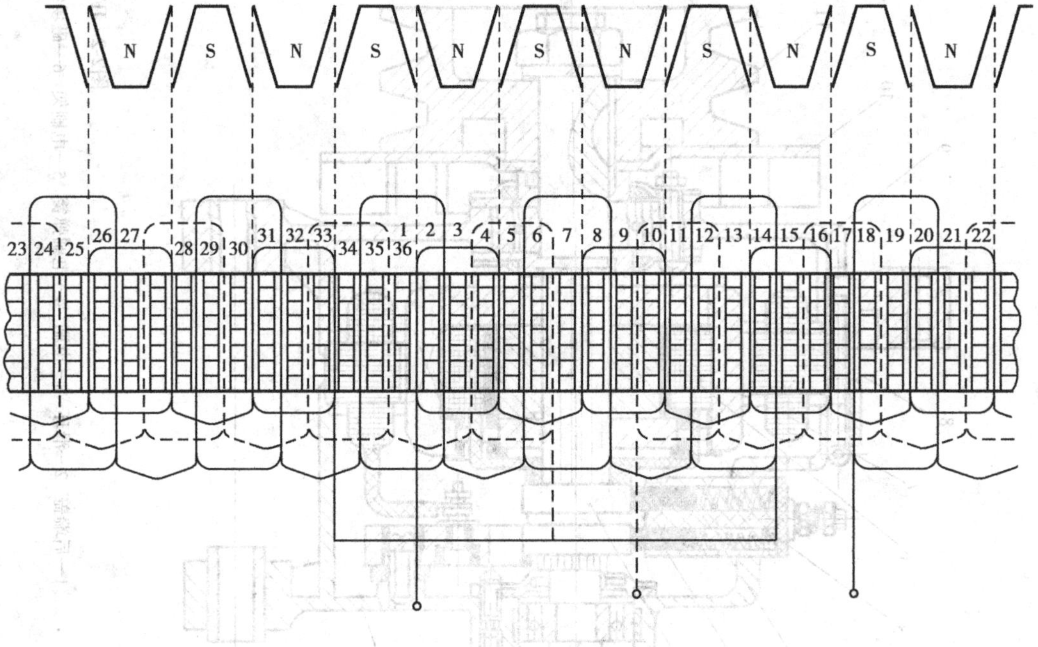

图 2-4　JF11 型交流发电机定子绕组展开图

### 2.1.3　整流器

交流发电机的整流器，由 6 只硅二极管接成三相桥式全波整流电路。目前，国内外交流发

电机均为负极接铁。压装在后端盖上的二极管其引线为管子的负极，俗称负极管子，壳体上打有黑色标记，由于这3只管子压装在后端盖的3个孔中，所以它的外壳（二极管正极）和发电机的外壳接在一起成为发电机的负极（搭铁极）。另外，3只二极管压装在铝质的元件板上，见图2-5。其引线为正极，俗称正极管子，管底打有红色标记。由于这种管子的外壳压装在元件板的3个孔中和元件板接在一起成为发电机的正极，元件板与后端盖之间，用尼龙或其他绝缘材料制成的垫片隔开，并固定在后端盖上。元件板经螺栓引至后端的外部作为发电机的火线接线柱，标记"+"或"电枢"。

### 2.1.4 前后端盖

前后端盖是由非导磁材料铝合金制成，漏磁少，重量轻，散热性能好。在后端盖内装有炭刷和刷架。目前，国产交流发电机的电刷架有两种结构：一种电刷架可直接从发电机的外部拆装（图2-6（a））；另一种电刷则不能直接在电机外部进行拆装（图2-6（b）），如需更换电刷，必须将电机拆开。绝缘炭刷的引出线接到发电机后端盖上的磁场接柱（标记"F"或"磁场"）上。接铁炭刷的引线，用螺钉固定在后盖上（标记"－"）。

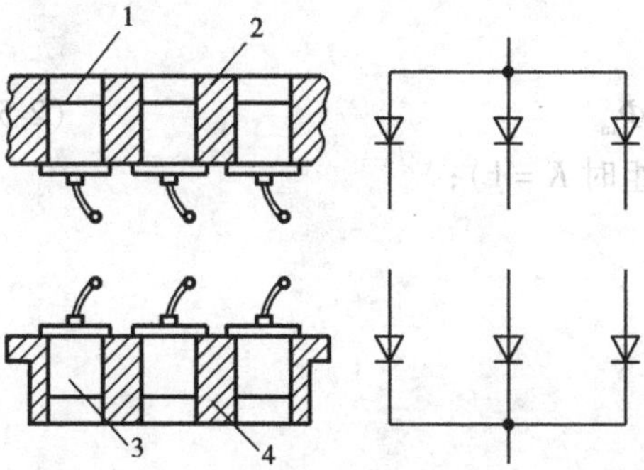


图2-5　硅二极管安装示意图

1—黑色标记，负极管　2—后端盖

3—红色标记，正极管　4—元件板

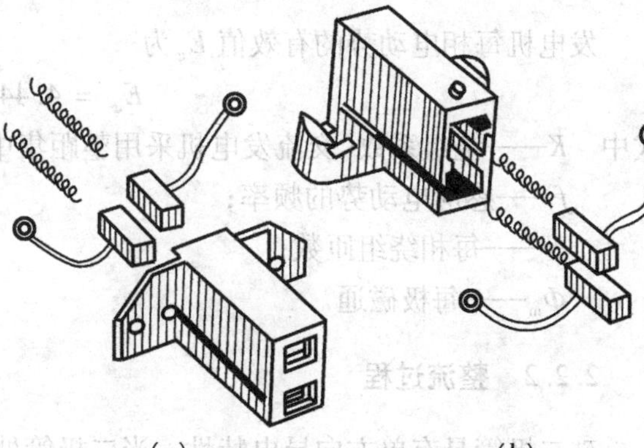


图2-6　电刷架的结构

发电机的后端盖上有进风口，前端有出风口，当皮带轮与风扇一起旋转时，使空气高速流经发电机进行内部冷却。

## 2.2 交流发电机的工作原理

### 2.2.1 发电原理

交流发电机的转子为一旋转磁场，磁力线和定子绕组之间产生相对运动，在三相绕组中产生交流电动势，其频率 $f$ 为

$$f = \frac{p \cdot n}{60} \quad (\mathrm{Hz}) \tag{2-1}$$

式中　$p$——磁极对数；

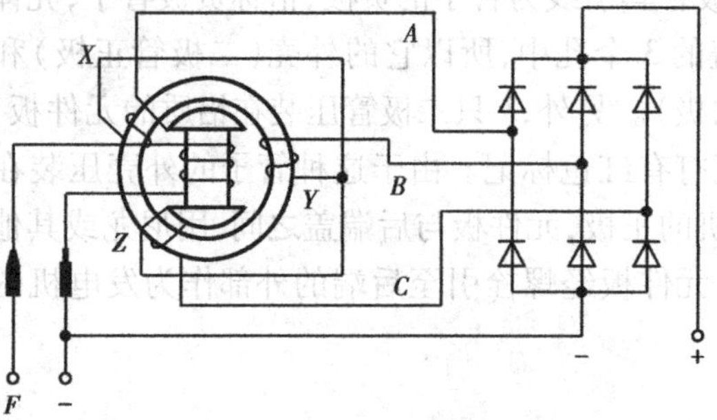


图 2-7　交流发电机工作原理

$n$——发电机转速。

在汽车交流发电机中，由于转子磁极呈鸟嘴形，其磁场分布近似于正弦规律，所以感应电动势也近似于正弦波形。三相绕组在定子槽中是对称绕制的，因此，三相电动势大小相等，相位差互为120°电角度，其瞬时值为

$$e_A = \sqrt{2}E_\varphi^* \sin\omega t \tag{2-2}$$ *

$$e_B = \sqrt{2}E_\varphi \sin(\omega t - \frac{2}{3}\pi) \tag{2-3}$$

$$e_C = \sqrt{2}E_\varphi \sin(\omega t - \frac{4}{3}\pi) \tag{2-4}$$

式中　$E_\varphi$——每相电动势的有效值；

$\omega$——电角速度，$\omega = 2\pi f = \frac{\pi pn}{30}$。

发电机每相电动势的有效值 $E_\varphi$ 为

$$E_\varphi = 4.44KfN\Phi_m \tag{2-5}$$

式中　$K$——绕组系数（交流发电机采用整距集中绕组时 $K=1$）；

$f$——感应电动势的频率；

$N$——每相绕组匝数；

$\Phi_m$——每极磁通。

### 2.2.2　整流过程

硅二极管具有单方向导电特性。当二极管处于正向电压时（即二极管正极电位高于负极电位），管子呈低电阻，处于"导通"状态；而加反向电压（正极电位低于负极电位）时，管子呈高电阻，处于"截止"状态。利用硅二极管的这种单向导电性，就可以组成各种形式的整流电路，把交流电变成直流电。

三相桥式整流电路的原理如图 2-8。

由于3个正极管子（$VD_1$、$VD_3$、$VD_5$）的正极分别接在发电机三相绕组的首端（$A$、$B$、$C$），而它们的负极同接在元件板上，所以在某瞬时，哪一相的电压最高，哪一相就获得正向电压而导

* $E_\varphi$ 可推导如下

$$\Phi = \Phi_m \sin\omega t$$

$$e = N\frac{d\Phi}{dt} = \frac{Nd(\Phi_m \sin\omega t)}{dt} = N\Phi_m\omega\cos\omega t$$

$$= N\Phi_m 2\pi f\sin(\omega t + \frac{\pi}{2}) = E_m\sin(\omega t + \frac{\pi}{2})$$

$$E_\varphi = \frac{E_m}{\sqrt{2}} = \frac{2\pi f}{\sqrt{2}}N\Phi_m = 4.44fN\Phi_m$$

考虑到实际绕组的各个线圈在定子圆周布置，每相各线圈感应电动势的大小和相位有所不同，所以乘一系数 $K$。

通。由于 3 个负极管子（$VD_2$、$VD_4$、$VD_6$）的负极也分别接在三相绕组的首端，而它们的正极同时接在后端盖上，所以在某一瞬间，哪一相的电压最低，哪一相的负极管子就导通。根据以上原则，三相桥式整流过程如下：

在 $t=0$ 时，$U_A=0$，$U_B$ 为负，$U_C$ 为正，故二极管 $VD_5$、$VD_4$ 处于正向电压而导通。$B$、$C$ 之间的线电压加在负载上。

在 $t_1 \sim t_2$ 时间内，$U_A$ 最高而 $U_B$ 最低，$VD_1$、$VD_4$ 处于正向电压而导通。$A$、$B$ 之间的线电压加在负载上。

在 $t_2 \sim t_3$ 时间内，$U_A$ 仍为最高，$U_C$ 最低，故 $VD_1$、$VD_6$ 导通。$A$、$C$ 之间的线电压加在负载上。

以此类推，周而复始。在负载上得到一个比较平缓的直流脉动电压，其波形如图2-8（c）所示。发电机输出的直流电压的平均值为

$$U = 1.35U_{AB} = 2.34U_{\phi}（星形连接） \tag{2-6}$$

或 $$U = 1.35U_{\phi}（三角形连接） \tag{2-7}$$

式中　$U_{AB}$——线电压的有效值；

$U_{\phi}$——相电压的有效值，$U_{\phi}=\dfrac{U_{AB}}{\sqrt{3}}$。

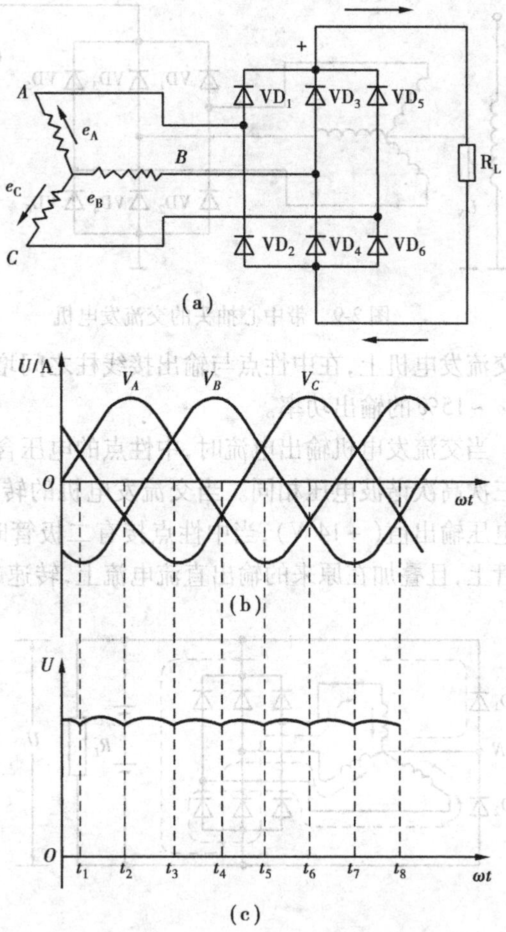


图 2-8　三相桥式整流电路及电压波形图

如考虑硅二极管正向导通时的电压降 $U_d$，则应减去 $U_d$ 值，汽车用二极管 $U_d$ 约为0.2～0.6 V。

由于三相桥式整流电路中，在交流电的每一个周期内，每只二极管只有三分之一时间导通，所以每只二极管的平均电流 $I_D$ 只为负载电流的三分之一。即

$$I_D = \frac{1}{3}I \tag{2-8}$$

每只二极管所承受的最高反向电压 $U_{DRM}$ 为线电压 $U_{AB}$ 的最大值。即

$$U_{DRM} = \sqrt{2}U_{AB} = \sqrt{2}\cdot\sqrt{3}U_{\phi} = 2.54U_{\phi} = 1.05U \tag{2-9}$$

实际上，汽车交流发电机所选用的二极管，其反向工作电压要高得多。这是因为汽车电路中，其他电气设备产生的自感电动势，可能会作用于交流发电机的二极管上，所以反向电压必须要有一定的安全系数。

有的交流发电机带有中心抽头，它是从三相绕组的中性点引出来的。如图 2-9 所示，其接线柱的记号为“N”。中性点对发电机外壳（即搭铁）之间的电压 $U_N$ 是通过 3 个负极管 $VD_2$、$VD_4$、$VD_6$ 的半波整流后得到直流电压。故

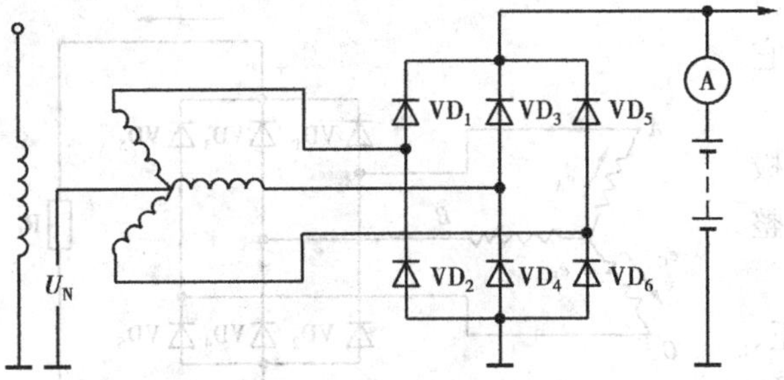

图 2-9　带中心抽头的交流发电机

$$U_N = \frac{1}{2}U \qquad (2\text{-}10)$$

中性点电压，一般用来控制各种用途的继电器，如磁场继电器、充电指示灯继电器等。

国外的部分交流电机（如日本的电装、三菱公司及德国波许公司的交流发电机），还利用中性点的输出提高发电机的输出功率。在Y型连接的交流发电机上，在中性点与输出接线柱之间增加2个二极管（如图2-10所示），它可以提高10%～15%的输出功率。

当交流发电机输出电流时，中性点的电压含有交流成分，这是由于输出电流各相所感应的第三次高次谐波电压相同。当交流发电机的转速超过2 000～3 000 r/min时，其峰值超过直流电压输出值（+14 V），当中性点接有二极管时，这个电流流经接在正负输出接线柱间的二极管上，且叠加在原来的输出直流电流上，转速越高，叠加的输出电流越大。

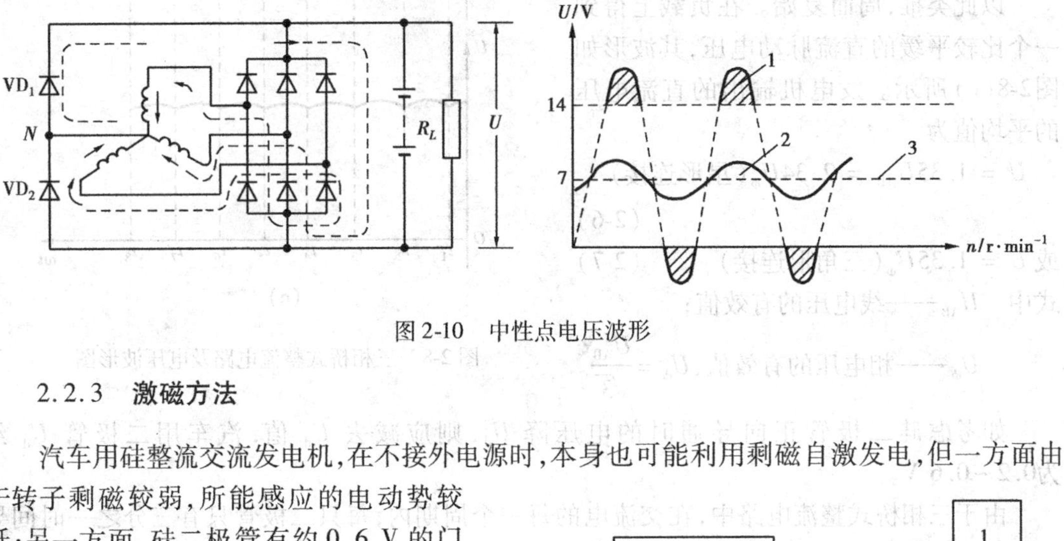

图 2-10　中性点电压波形

### 2.2.3　激磁方法

汽车用硅整流交流发电机，在不接外电源时，本身也可能利用剩磁自激发电，但一方面由于转子剩磁较弱，所能感应的电动势较低；另一方面，硅二极管有约0.6 V的门坎电压。在电压低于门坎电压时，二极管处于截止状态，所以交流发电机只有在较高转速下，才可能自激发电，但这不能满足汽车要求，因此，汽车上用的交流发电机在低转速时，是采用他激方式，即蓄电池供给激磁绕组电流，以增强磁场，使电压很快上升。当转速达到一定值后，即发电机产生的电压达到蓄电池充电电压时，发电机才自激，即利用定子绕组产生的经过整流的直流电供给激磁绕组。

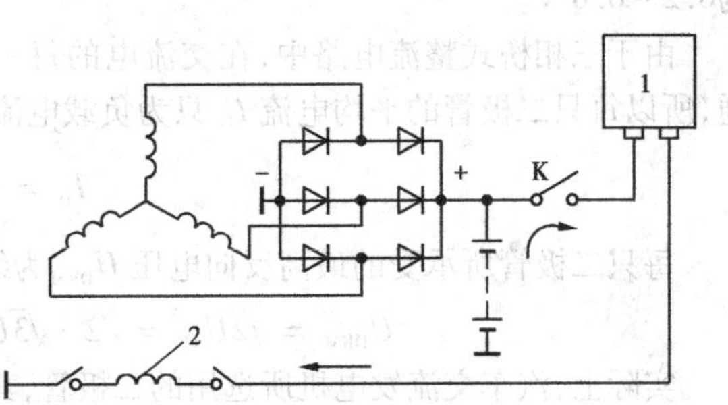

图 2-11　交流发电机的激磁回路

1—电压调节器　2—激磁绕组

图2-11表示交流电机的一种激磁方式，当开关K接通时，蓄电池就通过调节器的触点向

发电机激磁绕组供电，但这种激磁电路存在一个缺点，开关K闭合后，如果停车时，操作者忘记关断开关K，则蓄电池就会通过调节器长时间向激磁绕组供电。对汽油机而言，开关K就是点火开关，问题还不太大；但对柴油机来说，K是一电源开关，停车后忘记关开关的可能性很大。为了克服这一缺点，有的交流发电机增加3个二极管，专供激磁电流，所以又叫激磁二极管，如图2-12所示。当开关K闭合时，激磁电路为：

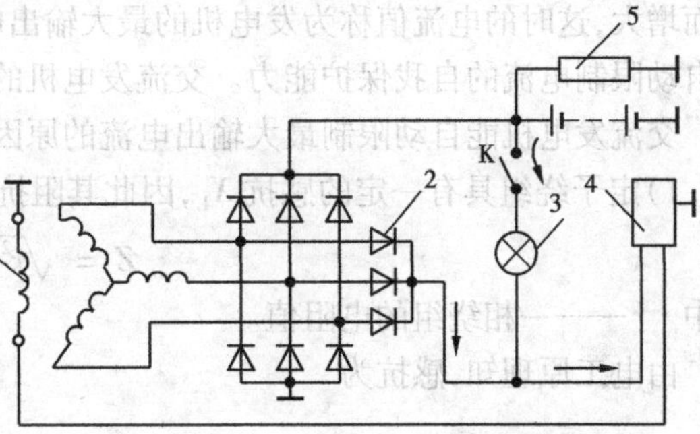

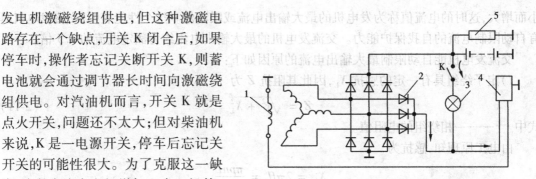

图2-12 九管交流发电机的原理图

1—激磁绕组 2—激磁二极管 3—充电指示灯 4—调节器 5—负载电阻

蓄电池正→指示灯→调节器触点→激磁绕组→搭铁→蓄电池负，此时，充电指示灯亮。

当发动机起动后，随着发电机转速上升，其输出电压超过蓄电池电动势时，一方面可向蓄电池充电，另一方面通过3只激磁二极管和3只负极管所组成的桥式整流电路自行提供激磁电流，此时，由于充电指示灯两端电位相等而熄灭，这样，就可在停车后，使充电指示灯亮，提醒驾驶员断开电源开关K。

## 2.3 交流发电机的特性

汽车用交流发电机的工作特点是转速变化范围大，一般汽油机为1~8，柴油机为1~5，因此汽车用交流发电机，必须了解发电机输出电流、端电压与转速变化之间的关系，称为交流发电机的特性。交流发电机的特性有空载特性、输出特性和外特性等。

### 2.3.1 输出特性

输出特性是指发电机端电压不变，即 $U=$ 常数的情况下，输出电流与发电机转速之间的关系，即 $I=f(n)$ 的函数关系，如图2-13所示。由输出特性可知：

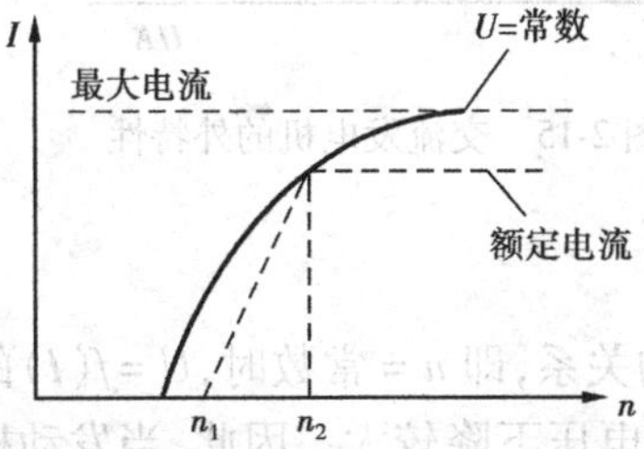


图2-13 交流发电机的输出特性

①发电机转速甚低时，其端电压低于额定电压，此时发电机不向外供电；当发电机空载时，电压达到额定电压值的转速 $n_1$，称为空载转速。只有当发电机转速高于 $n_1$ 时才可能向外供电。所以 $n_1$ 常用作选择发电机与发动机速比的主要依据。

②发电机达到额定功率时的转速称为满载转速 $n_2$。空载转速和满载转速是交流发电机的主要指标，在产品说明书中均有规定。使用中，只要测得这两个数据，与规定值作比较，便可判断发电机的性能是否良好。

③当发电机转速达到一定值以后，发电机输出电流就不再随转速的升高和负载电阻的减

小而增大，这时的电流值称为发电机的最大输出电流或限流值。这个性能表明，交流发电机具有自动限制电流的自我保护能力。交流发电机的最大输出电流约为额定电流的1.5倍。

交流发电机能自动限制最大输出电流的原因如下：

1）定子绕组具有一定的感抗 $X_L$，因此其阻抗 $Z$ 为

$$Z = \sqrt{r^2 + X_L^2} \tag{2-11}$$

式中 $r$——一相绕组的电阻值。

由电工原理知，感抗为

$$X_L = 2\pi f L = \frac{\pi p n L}{30}$$

式中 $p$——磁极对数；

$L$——一相定子绕组的电感；

$n$——发电机的转速。

在转速较高时，$r$ 比 $X_L$ 小得多，而可略去不计。即阻抗 $Z$ 约等于感抗 $X_L$，所以转速升高时，阻抗随之增大，产生较大的内阻压降，端电压有所下降。

2）定子电流增加时，电枢反应增强，感应电动势也会下降。

由于以上两个方面的原因，就可使输出电流的最大值受到限制，所以交流发电机，可以不需另加电流限制器，而具有自我保护能力。

### 2.3.2 空载特性

空载特性是指发电机空载时，发电机端电压与转速之间的关系，即 $I=0$ 时，$U=f(n)$ 的函数关系，如图2-14所示。

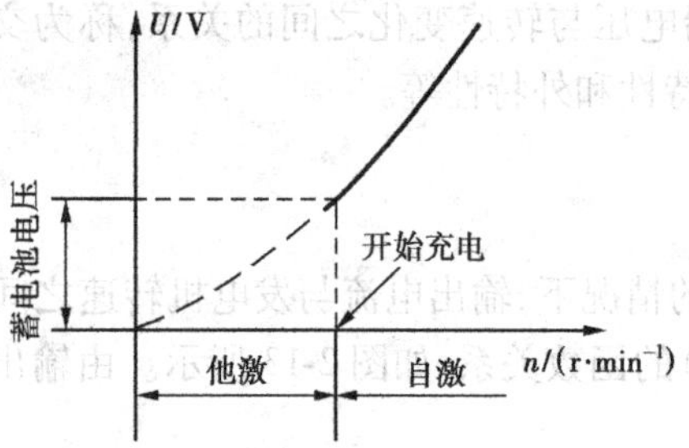


图2-14 交流发电机空载特性

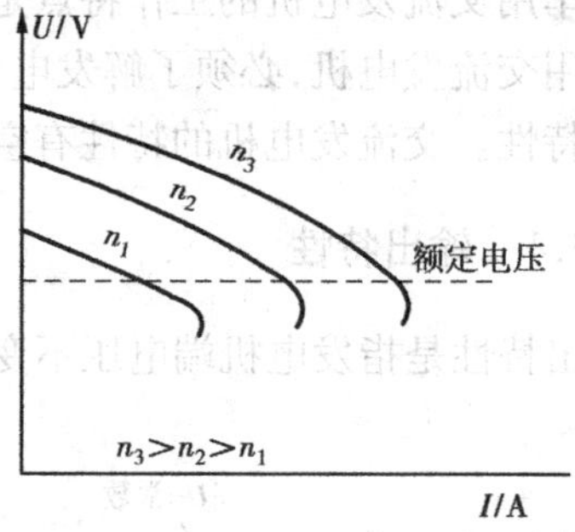


图2-15 交流发电机的外特性

### 2.3.3 外特性

外特性是指转速一定时，发电机的端电压与输出电流的关系，即 $n$ = 常数时，$U=f(I)$ 的函数关系。由图2-15可知，随着输出电流的增加，发电机的端电压下降较大。因此，当发动机在高速运转时，如果突然失去负载，则其端电压急剧升高，这时发电机中的二极管以及调节器中的电子元件将有被击穿的危险。

## 2.4 电压调节器

由前所述，交流发电机的硅二极管具有单方向导电特性，有阻止反向电流的作用，所以不需另设逆电流截流继电器。另外，交流发电机具有自动限制最大电流的能力，不需要电流限制继电器，只需一个电压调节继电器。现在汽车上用的电压调节器有电磁振动式、晶体管式和集成电路等多种。另外，有的还将磁场继电器、充电指示继电器与电压调节器装在一起。

下面分别介绍其工作原理和实际电路。

### 2.4.1 电磁振动式调节器

(1)基本线路和工作原理

电磁振动式电压调节器是利用触点的开闭，使激磁电路中串入或隔除附加电阻 $R_1$ 来调节激磁电流，从而达到调节电压的目的。附加电阻的阻值越大，则电压调节起作用的转速范围就愈宽。由前所知，交流发电机的转速比直流发电机高，所需 $R_1$ 较大，触点打开时，会产生强烈的火花，使触点烧蚀。这是因为触点间火花的大小取决于触点的切断功率，即

$$P_K = I_K U_K = I_f^2 R_1 \tag{2-12}$$

式中 $I_K$——触点打开时的电流即磁场电流 $I_f$；

$U_K$——触点打开时两触点间的电压，也即附加电阻 $R_1$ 上的电压降 $U_K = I_f \cdot R_1$。

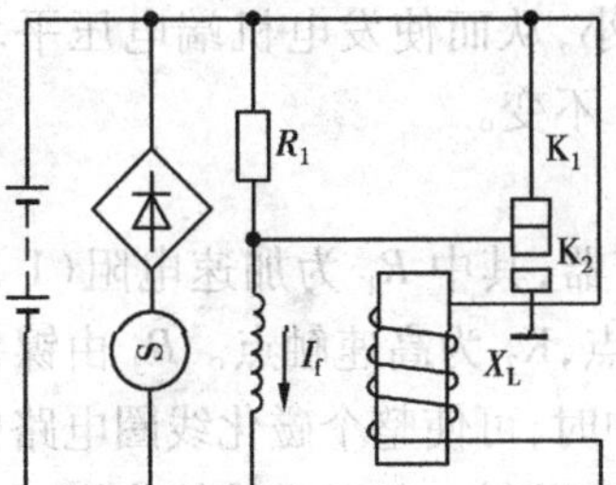


图 2-16 双级电磁振动式调节器工作原理

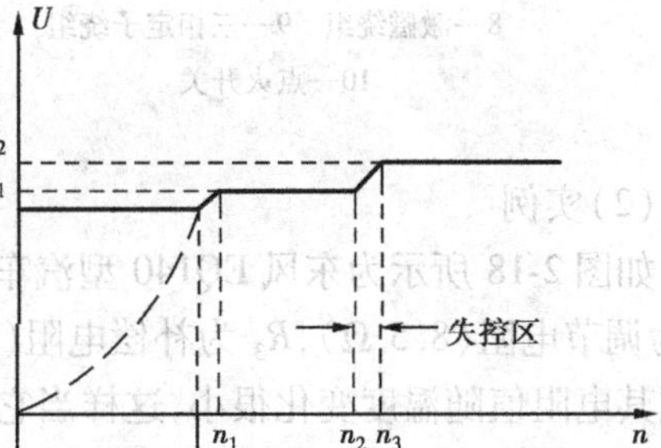


图 2-17 双级式电压调节器电压调节特性

由式(2-12)可知，触点的切断功率与 $I_f^2$ 和 $R_1$ 成正比。$I_f$ 和 $R_1$ 越大，则火花越强。但要减小切断功率，又不能从减小 $I_f$ 或 $R_1$ 着手，因为 $R_1$ 减小，则发电机的工作转速范围减小；而 $I_f$ 减小，就要增大发电机的重量和尺寸，故交流发电机调节器多采用双极式电压调节器，如图 2-16所示，其工作原理如下：

调节器不工作时，低速触点 $K_1$ 闭合，高速触点 $K_2$ 处于开启状态。

发电机低速运转时，低速触点 $K_1$ 是闭合的，激磁电流由蓄电池供给(他激)，随着发电机转速的增加，输出电压增加，当电压升高到蓄电池电动势时，发电机进入自激阶段，如图 2-17 所示。

当发电机转速升到 $n_1$ 时，发电机电压稍高于第一级调节电压 $U_1$ 时，流经电磁铁线圈 $X_L$

的电流产生的吸力克服弹簧拉力使 $K_1$ 打开，电阻 $R_1$ 串入激磁回路，激磁电流减小，发电机电压下降，铁心吸力减小，$K_1$ 复位，电压又上升。这样，$K_1$ 不断开闭，转速愈高，$K_1$ 打开时间越长，激磁电流的平均值越小，从而使发电机在 $n_1$ 到 $n_2$ 转速范围内输出电压的平均值维持在 $U_1$ 不变。

当发电机转速超过 $n_2$ 又小于 $n_3$ 时，$K_1$ 一直打开，$R_1$ 一直串入激磁回路中，激磁电流和发电机端电压都随转速的升高而升高，低速触点失去调节作用，活动触点处于中间位置，称为失控区。

当发电机转速继续升高，高于 $n_3$ 时，磁化线圈 $X_L$ 的吸力使高速触点 $K_2$ 闭合，将激磁绕组短路，激磁电流减小到零，发电机电压随之迅速下降，磁化线圈的吸力减小。$K_2$ 分开，活动触点处于中间位置，激磁回路又串入 $R_1$，发电机端电压又随之上升，在转速大于 $n_3$ 范围内，发电机转速愈高，$K_2$ 闭合的时间就越长，激磁电流的平均值就越小，从而使发电机端电压平均值维持在 $U_2$ 不变。

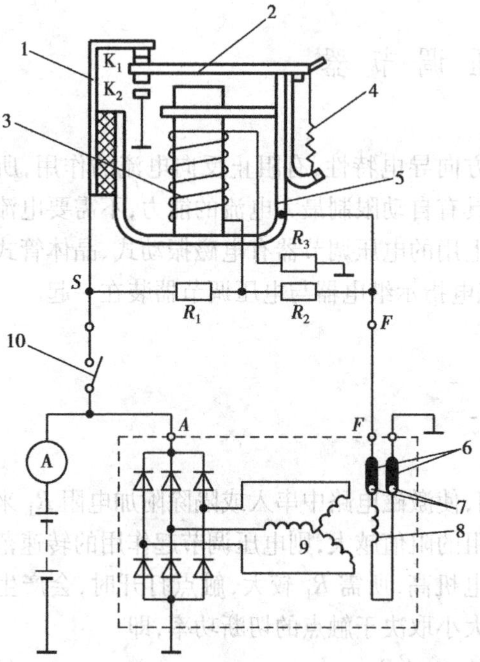


图 2-18　FT61 型双级式电磁振动调节器线路图

1—静触点支架　2—衔铁　3—磁化线圈
4—弹簧　5—磁轭　6—炭刷　7—滑环
8—激磁绕组　9—三相定子绕组
10—点火开关

(2)实例

如图 2-18 所示为东风 EQ140 型汽车上用的 FT61 型调节器，其中 $R_1$ 为加速电阻(1 Ω)，$R_2$ 为调节电阻(8.5 Ω)，$R_3$ 为补偿电阻(13 Ω)，$K_1$ 为低速触点，$K_2$ 为高速触点。$R_3$ 由镍铬丝制成其电阻值随温度变化很小，这样当它串入磁化线圈电路中时，可使整个磁化线圈电路中的电阻值随温度的变化相应减小，使调节电压值不随温度的升高而增加，起温度补偿作用。

为了提高触点振动频率，以减小电压脉动幅度，一方面应减小振动触点臂的机械惯性，即采用薄而轻的衔铁，将其做成三角形或半圆形，使其质心靠近支点；另一方面设置加速电阻 $R_1$，以减小铁心的磁惯性。接入 $R_1$ 后，当触点闭合时，磁化线圈的电流 $I_0$ 分两路流入，一路经 $R_1$，另一路经触点 $K_1$→衔铁 2→磁轭 5→调节电阻 $R_2$，所以流经 $R_1$ 的电流只是 $I_0$ 的一部分。由于 $I_0$ 很小，因此 $R_1$ 上的电压降可忽略不计，此时作用在磁化线圈上的电压几乎等于发电机的端电压。触点打开时，激磁电流 $I_f$ 和 $I_0$ 同时流过 $R_1$，因为 $I_f \gg I_0$。故在 $R_1$ 上的电压降增大，结果使作用在磁化线圈上的电压减小。$I_0$ 急剧减小，加速了铁心的退磁，使触点 $K_1$ 迅速闭合，从而提高了触点振动频率。

FT61 型调节器除增加了 $R_1$、$R_3$ 外，其工作原理与前述双级电磁振动式电压调节相同，在此不再赘述。

### 2.4.2 电子电压调节器

电磁振动式电压调节器由触点、铁心、线圈、磁轭、弹簧等机械部分组成,不仅结构复杂,重量和体积大,而且火花易烧蚀触点,寿命低,对无线电干扰大,虽然采取了一些措施,但仍具有一定的机械惯性和磁惯性,触点开闭动作迟缓。如果发电机在高速满负荷下突然失载,就可能由于触点不能马上切断激磁回路而导致发电机瞬时过电压,对整流二极管或其他的晶体管造成危害。电子电压调节器以开关管代替触点,不但开关频率提高,且不会产生火花,调节效果好,具有重量轻、体积小、寿命长、可靠性高等优点,所以电子调节器使用愈来愈广。

1. 晶体管调节器的基本原理

图 2-19 为晶体管调节器的基本电路。$VT_1$ 为小功率开关管($VT_2$ 为大功率开关管,用以接通或断开激磁电流),VS 为稳压二极管。$R_1$ 与 $R_2$ 组成分压器,两端电压 $U_{AB}$ 为总电压。$R_1$ 两端的电压为 $U_{AC}=\frac{R_1}{R_1+R_2}U_{AB}$,其值是这样确定的:当发电机端电压 $U_{AB}$ 达到规定的调整电压时,$U_{AC}$ 正好等于稳压管的反向击穿电压。当发电机未转动时,接通点火开关 K,蓄电池加在 $R_1$ 两端的电压小于稳压管的反向击穿电压,VS 处于截止状态,$VT_1$ 基极无电流也处于截止状态,$VT_2$ 导通,产生激磁电流,$R_3$ 既是 $VT_2$ 的偏流电阻,也是 $VT_1$ 导通时的负载电阻。激磁电流回路为:

蓄电池正→开关 K→$VT_2$ 的 $e$、$c$ 极→激磁绕组→蓄电池负极(他激)。

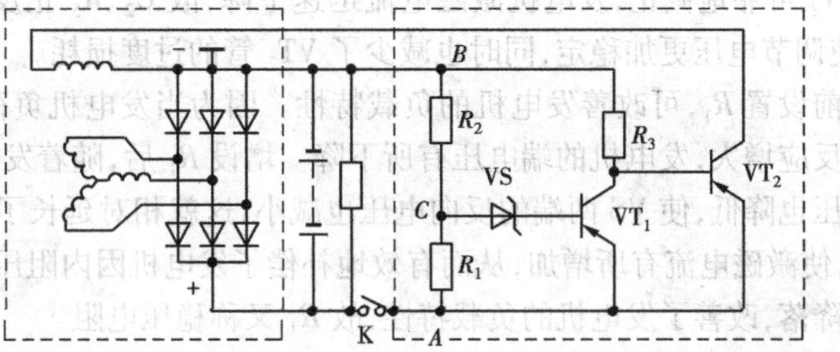


图 2-19 晶体管调节器的基本电路

启动发动机后随着转速的升高,发电机端电压迅速上升。当电压稍高于调整值时,$R_1$ 上的检测电压 $U_{AC}$ 达到稳压管的反向击穿电压,VS 导通,随即 $VT_1$ 导通,$VT_2$ 截止,激磁电流降至零,使电压急剧下降,当下降到低于调整值时,VS 又恢复到截止状态,$VT_1$ 截止,$VT_2$ 导通。如此反复,就使发电机端电压维持在规定的调整值上。所以 $VT_1$、$VT_2$ 在组成双稳态电路中起开关作用。

以上只是晶体管电压调节器的基本电路,为使调节器能可靠地工作和改善调节特性,还必须附加某些线路,这样就构成了不同形式的调节器。下面举几个实例:

2. JFT201 型晶体管调节器

由图 2-20 可知,JFT201 型调节器比基本电路增加了部分元件,现将其作用简述如下:

①$R_2$、$R_3$、$R_4$ 组成分压电路,电位器 $R_3$ 可用以调整调节器的调节电压,使之达到规定值。

②二极管 VD 与激磁绕组并联,用以保护大功率三极管 $VT_2$。因为当 $VT_2$ 由导通变为截止时,在激磁绕组中会产生很高的自感电势,从而击穿 $VT_2$。并联 VD 后,激磁绕组自感电势

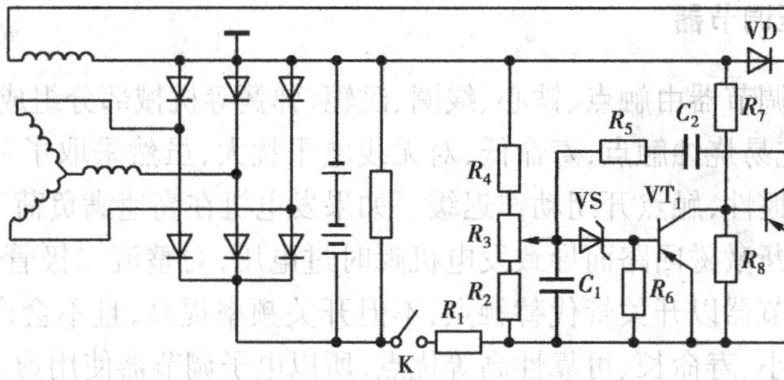


图 2-20 JFT 201 型晶体管调节器

VD—2DZ1A150 V $VT_1$—2AX81A $VT_2$—2AD30C

$R_1=0.25\ \Omega$ $R_2=56\ \Omega$ $R_3=68\ \Omega$ $R_4=56\ \Omega$ $R_5=56\ \Omega$

$R_6=56\ \Omega$ $R_7=180\ \Omega$ $R_8=56\ \Omega$

$C_1=20\ \mu F$ $C_2=0.22\ \mu F$ VS—2CW15

自成回路，从而保护了 $VT_2$。

③$C_1$ 用来降低 $VT_1$ 的开关频率，减小管子的损耗。由于 $C_1$ 两端的电压不能突变，电容的充放电需要一定时间，这就推迟了稳压管 VS 导通和截止时间，从而降低了 $VT_1$ 的开关频率。

④$C_2$、$R_5$ 组成正反馈电路，以提高晶体管调节器的灵敏度，改善电压波形。当 $VT_2$ 趋向截止时，集电极电压下降，通过 $C_2$、$R_5$ 正反馈给稳压管 VS，使其左端电位降低，$VT_1$ 基极电流增大而迅速导通，$VT_2$ 可靠地截止，发电机激磁电流迅速下降，故 $C_2$、$R_5$ 正反馈电路加速了 $VT_2$ 管的截止速度，使调节电压更加稳定，同时也减少了 $VT_2$ 管的过度损耗。

⑤在分压器前设置 $R_1$，可改善发电机的负载特性。因为当发电机负荷增大时，由于电枢绕组压降及电枢反应增大，发电机的端电压有所下降。增设 $R_1$ 后，随着发电机端电压的下降，分压器两端的电压也降低，使 VS 两端的反向电压也减小，这就相对延长了 $VT_1$ 管截止时间与 $VT_2$ 管导通时间，使激磁电流有所增加，从而有效地补偿了发电机因内阻压降和电枢反应的增加而造成的电压降落，改善了发电机的负载特性，故 $R_1$ 又称稳压电阻。

$R_6$、$R_7$、$R_8$ 为 $VT_1$、$VT_2$ 的偏置电阻，用以调节 $VT_1$、$VT_2$ 的工作点。JFT201 适用于 14 V 500 W以下的交流发电机。

3. JFT106 型晶体管调节器

JFT106 型晶体管调节器为 14 V 负极搭铁，可以配 14 V 750 W 的 9 管交流发电机，也可用于 14 V 功率小于 1 000 W 的六管交流发电机，调节电压为 13.8 ~ 14.6 V。其电路如图 2-21 所示。其工作过程如下：

①接通点火开关 K，蓄电池经充电指示灯，$R_5$、$VD_2$ 和 $R_7$ 向 $VT_2$ 管提供偏流使其导通，$VT_3$ 也接着导通。蓄电池正极经点火开关 K→充电指示灯→激磁绕组 $L$→$VT_3$ 的 $c$、$e$ 极→蓄电池负极（搭铁），对交流发电机进行他激，此时充电指示灯亮。

②随着发电机转速升高，电压逐渐升高，通过激磁二极管加于指示灯两端电位相近，指示灯熄灭。当 $A$ 点电压达到调节电压时，$R_1$、$R_2$ 组成的分压器上 $R_1$ 两端的电压将 $VS_1$ 反向击穿，使 $VT_1$ 导通，$VT_2$ 与 $VT_3$ 则截止，激磁电流迅速下降，发电机端电压及 $A$ 点电位亦随之下降。

③$A$ 点电位下降，$VS_1$ 截止，$VT_1$ 随之截止，而 $VT_2$、$VT_3$ 导通，电压又迅速上升。如此反复

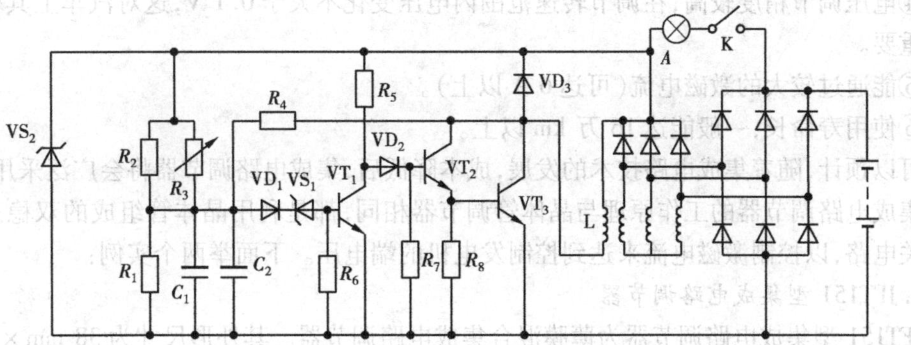


图 2-21　JFT 106 调节器

$R_1=1\ \text{k}\Omega$　$R_2=510\ \Omega$　$R_3$—微调电阻　$R_4=240\ \text{k}\Omega$　$R_5=1\ \text{k}\Omega$　$R_6=510\ \Omega$　$R_7=510\ \Omega$　$VS_1$—2CW

$VS_2$—10W40　$VT_1$—3DG12A　$VT_2$—3DG27B　$VT_3$—3DD15D　$VD_1$、$VD_2$—2CP12　$VD_3$—2CZ85D　$C_1C_2=4.7\ \mu\text{F}$

交替工作，控制发电机电压保持在额定值上。

显然，$R_3$ 起稳定作用，$C_1$、$C_2$ 起降低 $VS_1$、$VT_1$ 开关频率作用，$VD_3$ 起保护 $VT_3$ 不被激磁绕组自感电势击穿；$VD_1$、$VD_2$ 为温度补偿二极管，以减少温度对晶体管工作特性的影响；$R_4$ 为正反馈电阻，以提高晶体管转换速度，减少其损耗，改善电压调节波形。

4. 使用晶体管调节器时的注意事项

①接线必须正确，否则会损坏调节器的管子及电解电容。

②发动机停熄时，应关掉点火开关或电源开关；否则，蓄电池对发电机激磁绕组长时间放电，会损坏激磁绕组和大功率晶体管。

③调节器出厂时已调整正确，使用中不要轻易打开盖子任意调整。

④检查调节器故障时可用万用表，不得使用兆欧表，以免击穿电子元件。

### 2.4.3　集成电路调节器

自从分立元件型晶体管调节器出现后，人们不断地对其改进。1967 年美国通用汽车公司的台尔柯无线电分部(The Delco Radio Division of General Motors)，成功地发展了集成电路调节器，并于 1969 年在汽车上采用，把这种集成电路调节器作为一个部件，装在交流发电机上。

集成电路可分为两大类：绝缘基片和半导体基片。绝缘基片上的电路由镀在一块绝缘板上的各种无源元件(电阻和电容)和焊上的分立半导体元件组成。按它的无源元件的涂镀方法又分为厚膜和薄膜两种。厚膜集成电路的制造工艺是从印刷电路制造工艺发展来的，半导体基片上的电路是以晶体管制造工艺为基础，因此，必须进行以专门生产为目标的全新设计。

汽车上采用的集成电路调节器，通常是并用半导体技术和薄膜(或厚膜)技术的混合集成电路。通过减少电阻层厚度，容易实现调节器的调整，校正分压器电阻的阻值。集成电路调节器有如下优点：

①由于它是用树脂封装的，能防潮及泥土、油污等溅污，并在 130 ℃的高温环境正常工作。

②由于内部无可移动零件，能承受较大的振动和冲击。

③体积小、重量轻，可以作为一个标准件装到发电机上，简化了接线，同时省去了通常从点火开关到调节器及调节器到交流发电机的导线，减少了线路损失，从而使发电机的实际输出功率提高 5% ~10%。

④电压调节精度较高,在调节转速范围内电压变化不大于0.1 V,这对汽车上其他电子设备很重要。

⑤能通过较大的激磁电流(可达6 A以上)。

⑥使用寿命长,一般能达16万km以上。

可以预计,随着集成电路技术的发展,成本降低后,集成电路调节器将会广泛采用。

集成电路调节器的工作原理与晶体管调节器相同,都是利用晶体管组成的双稳态电路作为开关电路,以控制激磁电流来达到控制发电机的端电压。下面举两个实例:

1. JFT151 型集成电路调节器

JFT151型集成电路调节器为薄膜混合集成电路调节器。其外形尺寸为38 mm×34 mm×10.5 mm,装在JF132E型和JF15型交流发电机外壳上。其内部电路如图2-22所示。由图可知,其工作原理与晶体管调节器同,在此不再赘述。由于$VT_2$采用达林顿管,提高了该级的放大倍数$\beta$,使动态过程中,微小的输入变化$\Delta I_b$也能反应至输出上,提高了电路灵敏度。另外,稳压管$VS_2$与电枢并联,起过电压保护作用(详见后述)。电容$C_2$提供负反馈电路以衰减高频的瞬变过程。

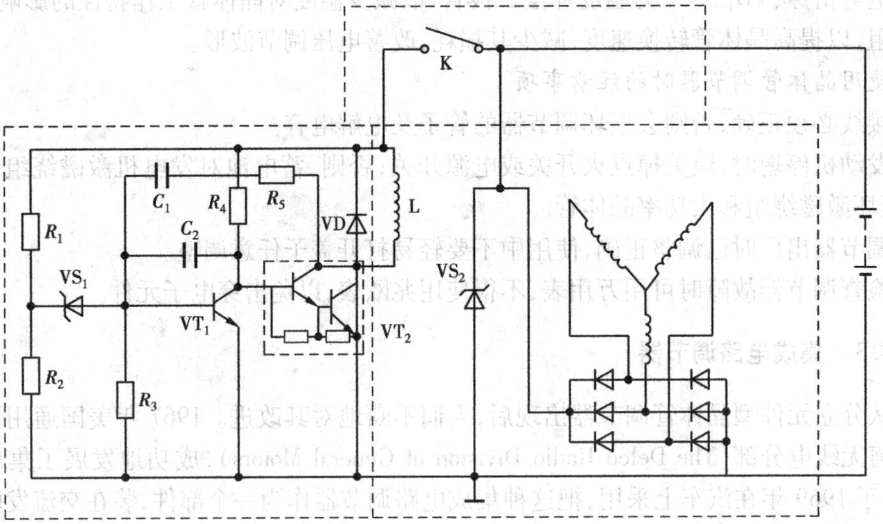


图2-22 JFT151型集成电路调节器

2. 英国鲁卡斯集成电路调节器(8TR型)

图2-23为英国8TR型调节器。电子元件是厚膜工艺中最早的调压器,电阻用钌制造,连接导线用钯银材料,2个电容器和5个半导体器件是另外加上的,整个部件装在一个导热良好的铝壳内。为了保证密封,成品电路由硅橡胶封装。

当接通点火开关K时,蓄电池电流经充电指示灯流入激磁绕组L,由于正的预电压经$R_4$加给$VT_2$基极,使$VT_2$导通,$VT_3$也随之导通。激磁绕组L经$VT_3$和$R_7$形成回路,产生激磁电流。

当发电机电压随转速升高时,经分压器$R_1$、$R_2$加给VS的电压使VS击穿,$VT_1$导通,$VT_2$、$VT_3$截止,激磁电流减小,端电压下降;$VT_1$截止,$VT_2$和$VT_3$导通,激磁电流增大,电压升高。如此反复,其余元件的作用与JFT151相同。

### 2.4.4 发电机电压检测方法

集成电路调节器分压电路检测电压，可以检测发电机电压和蓄电池电压。它们的基本电路如图 2-24 所示。

1. 发电机电压检测法

图 2-24(a)所示，加在分压器 $R_1$、$R_2$ 上的电压是激磁二极管 $VD_L$ 输出端电压 $U_L$，它和发电机输出端 $B$ 点的电压 $U_B$ 相等，检测点 $P$ 的电压为

$$U_P = \frac{R_2}{R_1 + R_2} U_B \qquad (2\text{-}13)$$

由于检测点 $P$ 加到稳压管 VS 的两端反向电压与发电机端电压 $U_B$ 成正比，所以称发电机电压检测法。

2. 蓄电池电压检测法

如图 2-24(b)所示，加在分压器 $R_1$、$R_2$ 上的电压为蓄电池端电压 $U_{BE}$，此时检测点 $P$ 的电压为

$$U_P = \frac{R_2}{R_1 + R_2} U_{BE} \qquad (2\text{-}14)$$

由图 2-24 可知，发电机电压检测法可以减少一条从发电机引出的导线，缺点是从发电机输出端至蓄电池端之间的电压降较大，蓄电池的充电电压偏低使蓄电池充电不足。故一般大功率发电机宜采用蓄电池电压检则法，直接控制蓄电池的端电压。但应注意，如当蓄电池至发电机的接线($AS$ 或 $AB$)断裂时，由于不能检测发电机的端电压，发电机的电压就会失控。为了克服这个缺点，必须采取补救措施。图 2-25 为采用的蓄电池电压检测法的补救电路。其特点是在分压器与发电机的 $B$ 端间接入了电阻 $R_4$，与蓄电池 $S$ 间增加了二极管 $VD_2$。

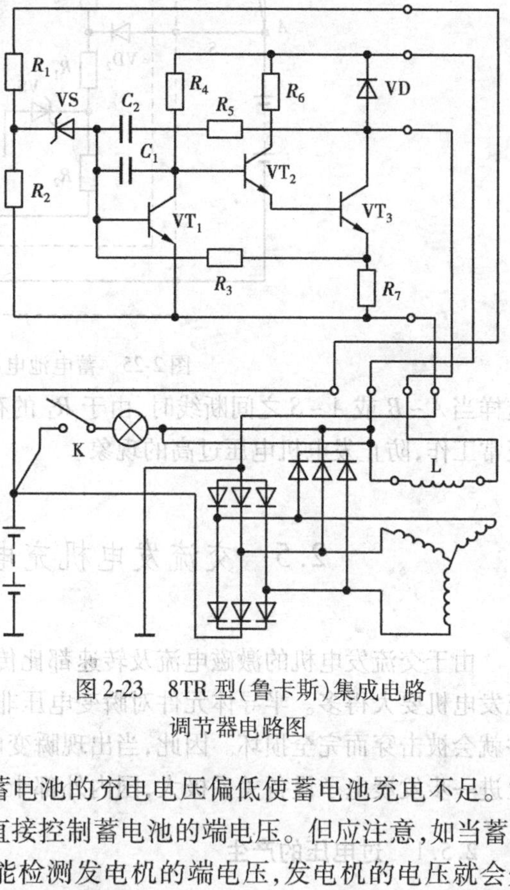


图 2-23　8TR 型(鲁卡斯)集成电路调节器电路图

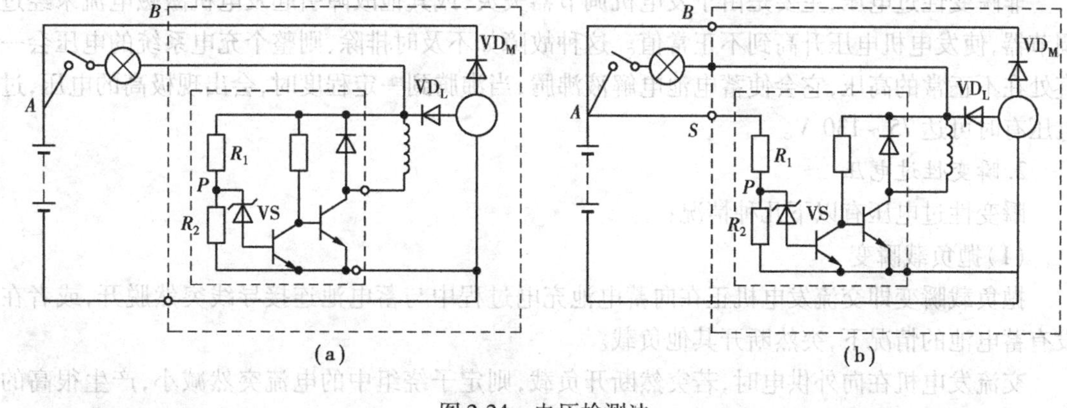


(a)　(b)

图 2-24　电压检测法

(a)发电机电压检测法　(b)蓄电池电压检测法

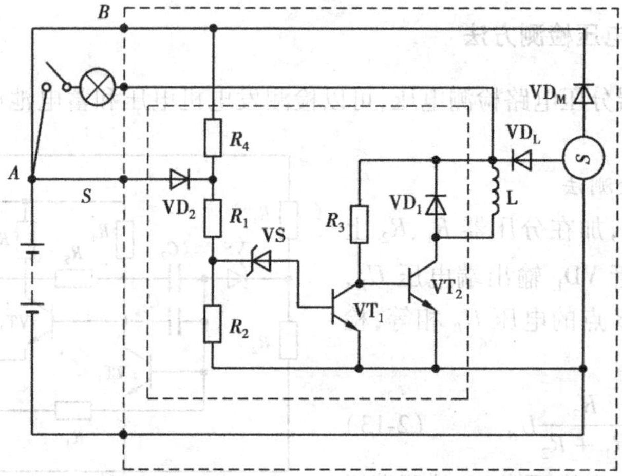


图 2-25　蓄电池电压检测电路的补救法

这样当 $A \sim B$ 或 $A \sim S$ 之间断线时,由于 $R_4$ 的存在,仍能检测出发电机的端电压 $U_B$ 使调节器正常工作,防止发电机电压过高的现象。

## 2.5　交流发电机充电系的过电压保护装置

由于交流发电机的激磁电流及转速都比传统的直流发电机高,它所产生的瞬变能量较直流发电机要大得多。半导体元件对瞬变电压非常敏感,当瞬变电压值达到一定值时,半导体元件就会被击穿而完全损坏。因此,当出现瞬变电压时,如何保护半导体元件不受损坏,对汽车上进一步发展电子设备关系极大,国内外都十分重视对过压保护装置的研究。

### 2.5.1　过电压的产生

从过电压的性质来分,可分为瞬变性和非瞬变性过电压两种。

1. 非瞬变性过电压

非瞬变性过电压,主要是由于发电机调节器失灵,或其他故障引起发电机激磁电流未经过调节器,使发电机电压升高到不正常值。这种故障如不及时排除,则整个充电系统的电压会一直处在不正常的高压,它会使蓄电池电解液沸腾,当沸腾到一定程度时,会出现极高的电压,过电压有时可达 75 ~ 130 V。

2. 瞬变性过电压

瞬变性过电压有以下几种情况:

(1)抛负载瞬变

抛负载瞬变即交流发电机正在向蓄电池充电过程中与蓄电池连接导线突然脱开,或者在没有蓄电池的情况下,突然断开其他负载。

交流发电机在向外供电时,若突然断开负载,则定子绕组中的电流突然减小,产生很高的自感电势。由于交流发电机与蓄电池并联工作,而蓄电池内阻很小,电容量大,断开负载所产生的瞬变能量为蓄电池吸收,因此,不会产生很高的瞬时尖峰电压。但是若发电机正在向蓄电池充电和供给其他负载时，发电机与蓄电池之间的连接突然中断，或者在不带蓄电池的不正常情况下，突然断开一些负载时，由于没有蓄电池，发电机会产生很高的瞬时过电压。抛除的负载越大，发电机的转速越高，断接的速度越快，所产生的瞬变电压的幅值越大，衰减时间也越长。所以交流发电机与蓄电池的连接一定要牢靠。

(2)磁场衰减瞬变

磁场衰减瞬变即交流发电机的激磁绕组，由于点火开关(或电源开关)转到断开位置而与蓄电池突然中断时，就会产生按指数衰减的负脉冲电压，幅值可高达50~100 V。由于激磁电路时间常数大，发电机端子上在较长时间内(衰减时间可达200 ms)保持危险电压。

(3)点火系瞬变

点火线圈的初级电路由初级线圈(电感)、电容器和开关(有触点的或无触点的)组成，并与蓄电池、发电机整流二极管、调节器及其他用电设备相连，如图2-26所示。当触点开关闭合或断开时，在初级线圈 $L_1$ 中都会产生高达数百伏的自感电势，且 $L_1$ 与 $C$ 成一振荡电路。点火系产生的瞬变虽然能量很小，但电压很高，且重复变化。在正常工作情况下，点火系产生的振荡的瞬时高压由蓄电池吸收。在汽油发动机的汽车里，如果在蓄电池脱开情况下继续运转，则点火系的电源直接由交流发电机供给，这个振荡的浪涌电压就作用到晶体管调节器上，使调节器容易损坏。

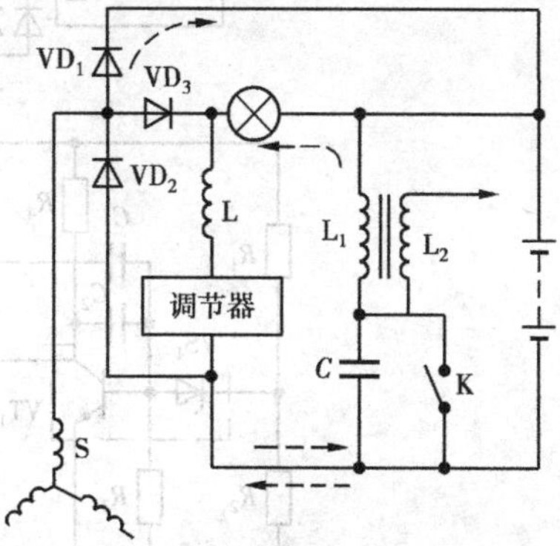

图 2-26　汽车点火系瞬变过程电路图

(4)切换电感性负载瞬变

在汽车运行中，不论什么时候切换一个电感性辅助电器(电喇叭、刮水器、电风扇、螺线管继电器等)，都会产生自感引起的瞬变过电压，其严重程度决定于所切换电感负载的大小及输出线路的阻抗，一般这种性质的瞬变过电压不会造成元件的损坏。

### 2.5.2　过电压的保护

从理论讲，防止过电压有两种可能的方案：一种是提高电子设备的定额，把电子设备中各元件能承受的电压，选择得高于电系中可能产生的瞬变高电压，并且还要考虑到在高温时电子元件的定额值要下降等因素，这种方法的优点是不增加系统中元件的数量，但不经济；另一种是另外增加过电压保护装置，来吸收电系中可能产生的各种瞬变性过电压能量，以保护电子设备中各电子元件的正常工作，这种保护可以是针对某些关键电子设备进行局部保护，也可在交流发电机输出和搭铁之间或磁场与搭铁之间加上保护装置，以对汽车整个电系进行集中保护。究竟采用哪一种方式，要从保护装置的可靠性和经济性来具体分析。下面介绍几种国外实际应用的保护电路。

1. 稳压管保护电路

稳压管保护电路是目前应用最广泛的一种，其典型线路如图2-27所示。在交流发电机激磁二极管输出端与搭铁之间接上一个稳压二极管 $VS_2$，在正常情况下，这个浪涌保护稳压二极管是不导通的，当出现瞬时高压时，该稳压管导通，电压只能升到 $VS_2$ 的击穿电压。该浪涌电压的能量通过 $VS_2$ 到搭铁消耗之后，$VS_2$ 又恢复到不导通状态，用这种保护装置有如下优点：

①反应迅速，反应时间约为几十纳秒；

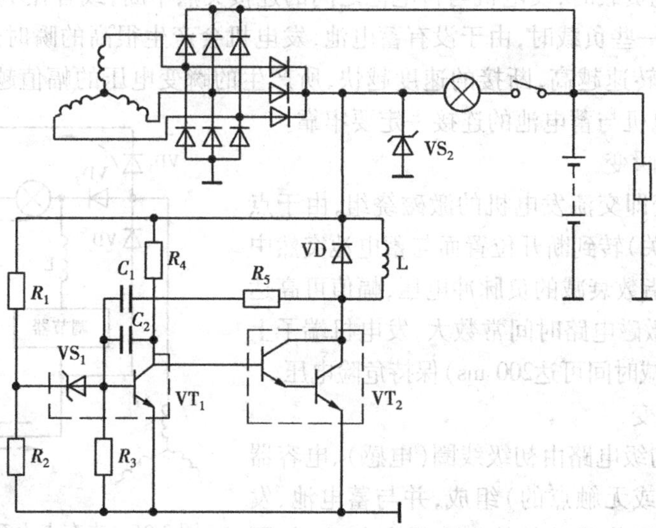


图 2-27　英国鲁卡斯调节器电路图

②当线路中没有出现瞬变高电压时无功率消耗；

③线路简单，工作可靠。

其缺点是：

①一旦浪涌电压超过 $VS_2$ 的反向击穿电压将其击穿后，$VS_2$ 变成一个短路的低电阻，激磁绕组 $L$ 被隔除，发电机端电压下降，充电指示灯亮，必须更换稳压管发电机才能恢复正常工作。

②如果稳压管处在开路状态，则系统得不到保护。

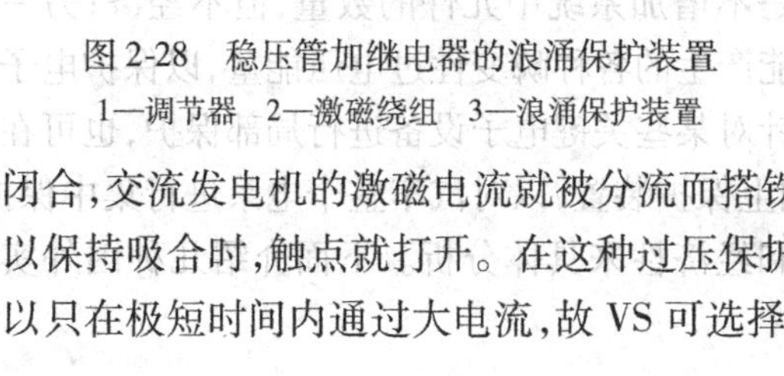

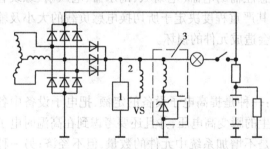


图 2-28　稳压管加继电器的浪涌保护装置

1—调节器　2—激磁绕组　3—浪涌保护装置

③如果蓄电池极性接反，则 $VS_2$ 会被大电流烧毁。故有的交流发电机充电系统中与 $VS_2$ 串接一快速熔断器作为反接保护。

④如交流发电机功率很大时，就需用功率很大的稳压管。故英国 CAV 公司曾采用稳压管与继电器线绕组串联，继电器绕组的抽头接到一个触点，另一个触点接到稳压管的正端如图 2-28 所示。当发生浪涌电压时，由于 VS 的导通，产生电流使继电器触点闭合，交流发电机的激磁电流就被分流而搭铁，发电机电压下降；当发电机输出电压降到不足以保持吸合时，触点就打开。在这种过压保护中，稳压管由于继电器触点一闭合就被短接，所以只在极短时间内通过大电流，故 VS 可选择得较小。

## 2.6　交流发电机充电系的故障判断

发动机转动时，由发电机、调节器、蓄电池等组成的充电系的工作情况，是靠电流表或充电指示灯来判断的。当充电系出现不充电、充电电流过大或过小、充电电流不稳定等故障现象时，应及时进行检查并排除，绝对不能勉强继续运行，以免造成更大损失。

充电系的故障现象、故障部位和原因及其处理方法等，如表2-1所示。

同一种故障现象，其原因可能是多方面的。所以在诊断故障部位和原因时，一方面要综合考虑整个充电系各部分之间的关系，同时还应按一定的步骤进行检查，方能尽快地准确地找到和排除故障。另外，交流发电机和晶体管调节器中都有电子元件，检查故障时，不能用检查直流发电机及其调节器的习惯方法；否则，稍有失误就会造成新的损坏，必须引起注意。

**表2-1　充电系的故障部位及原因**

| 故障现象 | 故障部位 | | | 故障原因 | 处理方法 |
|---|---|---|---|---|---|
| 全完不充电（电流表指示放电或充电指示灯亮） | 接线 | | | 接线断开或脱落 | 修理 |
| | 电流表 | | | 损坏或接线错误 | 更换、改接 |
| | 发电机不发电 | | | ①二极管烧坏<br>②电刷卡死与滑环不接触<br>③定子、转子绕组断路、短路绝缘不良 | 更换<br>更换、修理<br>更换、修理 |
| | 调节器 | 调节电压过低 | 触点式 | ①调整不当<br>②触点接触不良 | 调整<br>修理 |
| | | | 电子式 | 调整不当 | 调整 |
| | | 调节器不工作 | 电子式 | ①大功率管断路<br>②其他元件断路、短路 | 更换<br>更换 |
| | | | 触点式 | ①高速触点烧结在一起<br>②内部断路或短路 | 更换<br>更换、修理 |
| | | 磁场继电器工作不良 | | ①继电器线圈或电阻断路、短路<br>②触点接触不良 | 更换<br>修理 |
| 充电电流过小（起动性能变差，灯光变暗） | 接线 | | | 接头松动 | 修理 |
| | 发电机发电不足 | | | ①发电机皮带过松<br>②个别二极管损坏<br>③电刷接触不良，滑环油污<br>④转子绕组局部短路，定子绕组局部短路或接头松开 | 调整<br>更换<br>修理<br>更换、修理 |
| | 调节器 | | | ①电压调整偏低<br>②触点脏污或接触不良 | 调整<br>修理 |
| 充电电流过大（灯丝易烧坏电解液消耗过快） | 调节器 | | | ①调整不当<br>②触点脏，高速触点接触不良<br>③线圈断路，短路<br>④加速电阻断路<br>⑤低速触点烧结<br>⑥功率晶体管击穿 | 调整<br>修理、更换<br>修理、更换<br>更换<br>修理、更换<br>更换 |

续表

| 故障现象 | 故障部位 | | | 故障原因 | 处理方法 |
|---|---|---|---|---|---|
| 充电电流不稳定(电流表指针摆动) | 接线 | | | 各连接处松动,接触不良 | 修理 |
| | 发电机 | | | ①皮带过松 | 调整 |
| | | | | ②转子或定子绕组有故障 | 修理、更换 |
| | | | | ③电刷压力不足,接触不良 | 修理、更换 |
| | | | | ④接线柱松动,接触不良 | 修理 |
| | 调节器 | 调节作用不稳定 | 触点式 | ①触点脏污,接触不良 | 修理 |
| | | | | ②线圈、电阻有故障 | 修理、更换 |
| | | | | ③附加电阻断路 | 更换 |
| | | | 电子式 | ①连接部分松动 | 修理 |
| | | | | ②电子元件性能变坏 | 更换 |
| | | 继电器工作不良 | | ①继电器线圈或电阻断路、短路 | 更换 |
| | | | | ②触点接触不良 | 修理、更换 |
| 发电机有异响(机械故障) | 发电机 | | | ①发电机安装不当,连接松动 | 修理 |
| | | | | ②发电机轴承损坏 | 修理、更换 |
| | | | | ③转子与定子相碰擦 | 修理 |
| | | | | ④二极管短路、断路、定子绕组断路 | 更换 |

不充电故障的检查步骤如下:

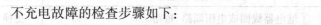

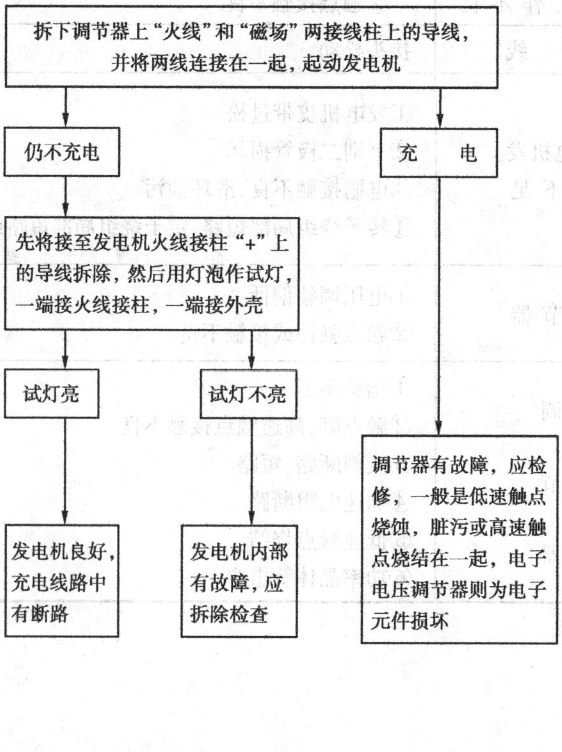

充电电流小(中等转速)的检查步骤如下:

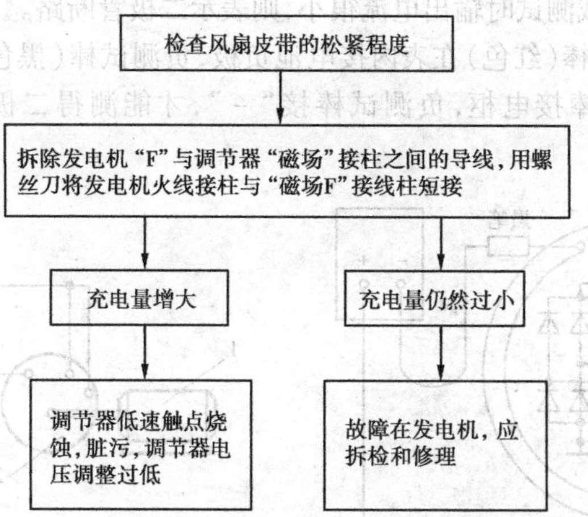
检查风扇皮带的松紧程度
拆除发电机“F”与调节器“磁场”接柱之间的导线,用螺丝刀将发电机火线接柱与“磁场F”接线柱短接
充电量增大
充电量仍然过小
调节器低速触点烧蚀,脏污,调节器电压调整过低
故障在发电机,应拆检和修理

## 2.7 交流发电机的检查与测试

交流发电机每运转 750 h(相当于 3 万 km)后,应拆开检修一次,主要检查电刷和轴承的情况,新电刷高度是 14 mm,磨损至 7 ~ 9 mm 时,则应更换新电刷。

当充电系不正常,经检查后,如确属交流发电机有故障,则应将发电机从汽车上拆下作进一步检查。

### 2.7.1 整机检测

1. 用万用表测量各接线柱之间的电阻值

各接线柱之间电阻的正常值见表 2-2。

表 2-2 交流发电机各接线柱之间的电阻值/Ω

| 发电机型号 | “F”与“-” | “+”与“-” | | “+”与“F” | |
|---|---|---|---|---|---|
| | | 正向 | 反向 | 正向 | 反向 |
| JF11<br>JF13<br>JF15<br>JF21 | 5 ~ 6 | 40 ~ 50 | >1 000 | 50 ~ 60 | >1 000 |
| JF12<br>JF22<br>JF23<br>JF25 | 19.5 ~ 21 | 40 ~ 50 | >1 000 | 50 ~ 70 | >1 000 |

如果“F”与“-”之间电阻值过大,表明炭刷与滑环接触不良,或激磁绕组断路。

若"+"与"-","+"与"F"之间的正向电阻小于表中所列之值,则表示硅二极管短路;如接近表中的数值,但负载测试时输出电流很小,则表示二极管断路。

由于万用表正测试棒(红色)在表内接电池负极,负测试棒(黑色)在表内接电池正极,所以应特别注意正测试棒接电枢,负测试棒接"-",才能测得二极管的正向电阻,如图 2-29 所示。

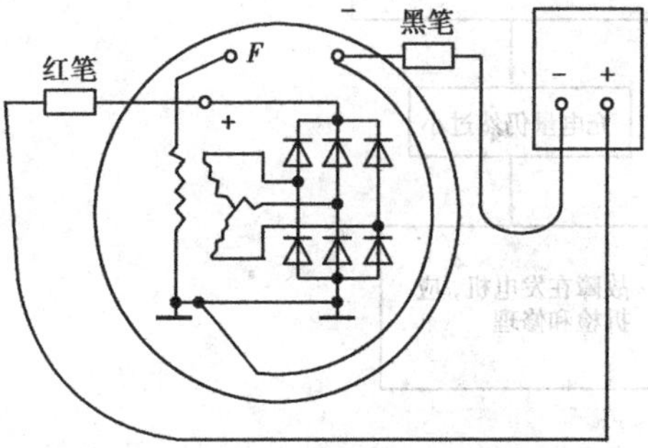


图 2-29　万用表测发电机正向电阻

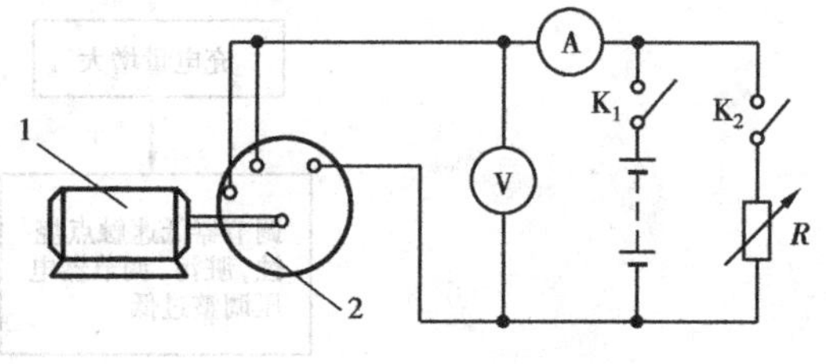


图 2-30　交流发电机试验台电路图

1—无级调速电动机　2—被试发电机

2. 在试验台上对发电机进行发电试验

图 2-30 为交流发电机试验电路,试验时,将发电机固定在试验台上,并由调速电动机驱动,先合上 $K_1$,由蓄电池向激磁绕组供电,然后逐渐提高发电机转速,并记下电压升高到额定值时的转速,即空载转速。然后打开 $K_1$ 并合上 $K_2$,同时调节负载电阻 $R$,记下额定负载情况下电压达到额定值时的转速,即满载转速。试验结果应符合表 2-3 的规定,否则表明发电机有故障。

表 2-3　国产交流发电机规格

| 发电机型号 | 额定数据 | | | 空载转速 /($r \cdot min^{-1}$) | 满载转速 /($r \cdot min^{-1}$) |
|---|---|---|---|---|---|
| | 功率/W | 电压/V | 电流/A | | |
| JF11<br>JF13<br>JF132 | 350 | 14 | 25 | 1 000 | 2 500 |
| JF12<br>JF23 | 350 | 28 | 12.5 | 1 000 | 2 500 |
| JF21<br>JF152<br>JF153 | 500 | 14 | 36 | 1 000 | 2 500 |
| JF22<br>JF25 | 500 | 28 | 18 | 1 000 | 2 500 |
| JF1000<br>JF210 | 1 000 | 28 | 36 | 1 000 | 2 250 |

续表

| 发电机型号 | 额定数据 | | | 空载转速 /(r·min⁻¹) | 满载转速 /(r·min⁻¹) |
|---|---|---|---|---|---|
| | 功率/W | 电压/V | 电流/A | | |
| 2JF150 | 150 | 14 | 11 | 1 050 | 2 000 |
| JF200 | 200 | 14 | 15 | 1 000 | 3 500 |
| JF01 | 175 | 14 | 13 | 1 300 | 3 500 |

3. 用示波器观察输出电压波形

当发电机有故障时，其输出电压的波形将会发生变化。根据电压波形可判断故障所在，如图 2-31 所示。

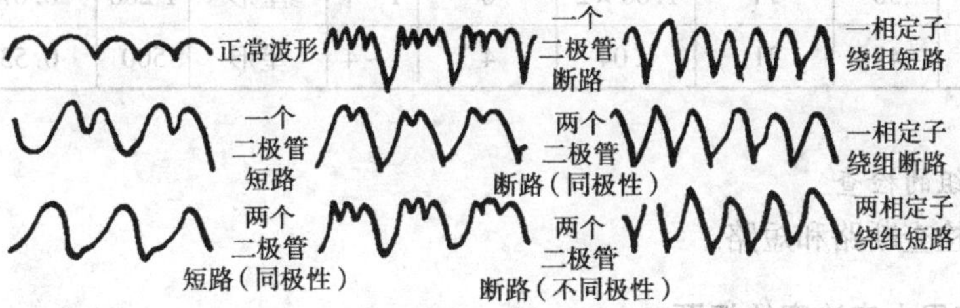


图 2-31　各种故障整流波形

## 2.7.2　解体后的检查

1. 硅二极管的检查

拆开定子绕组与二极管的连线，用万用表测量每个二极管的正向和反向电阻，即可判断二极管的好坏，正常的二极管正向电阻应在 8 ~ 10 Ω 范围内，反向电阻应在 10 kΩ 以上。

2. 磁场绕组的检查

用万用表测量磁场绕组的阻值（$R\times1\ \Omega$ 挡），应符合表 2-4 的规定。若小于规定值，说明磁场绕组有短路，若电阻很大，磁场绕组断路。

表 2-4　JF 系列交流发电机定子、磁场绕组参数

| 发电机型号 | 定子绕组 | | | | | | 磁场绕组 | | |
|---|---|---|---|---|---|---|---|---|---|
| | 槽数 | 每个线圈匝数 | 导线直径 /mm | 每相串联线圈数 | 节距 | 三相绕组接法 | 匝数 | 导线直径 /mm | 电阻值 /Ω |
| JF11 | 36 | 13 | 1.08 | 6 | 1 ~4 | 星形 | 520 | 0.62 | 5.3 |
| JF13 | 36 | 13 | 1.04 | 6 | 1 ~4 | 星形 | 530 | 0.62 | 5.3 |
| JF12 | 36 | 25 | 0.83 | 6 | 1 ~4 | 星形 | 1 060 | 0.44 | 19.3 |
| JF23 | 36 | 25 | 0.83 | 6 | 1 ~4 | 星形 | 1 100 | 0.47 | 20 |
| JF21 | 36 | 11 | 1.08 ×2 | 6 | 1 ~4 | 星形 | 575 | 0.64 | 5 |
| JF152 | 36 | 11 | 1.35 | 6 | 1 ~4 | 星形 | 600 | 0.67 | 5.5 |
| JF22 | 36 | 21 | 1.08 | 6 | 1 ~4 | 星形 | 1 000 | 0.47 | 18 |

续表

| 发电机型号 | 定子绕组 | | | | | | 磁场绕组 | | |
|---|---|---|---|---|---|---|---|---|---|
| | 槽数 | 每个线圈匝数 | 导线直径/mm | 每相串联线圈数 | 节距 | 三相绕组接法 | 匝数 | 导线直径/mm | 电阻值/Ω |
| JF25 | 36 | 21 | 1.0 | 6 | 1～4 | 星形 | 1 100 | 0.47 | 20 |
| 2JF750 | 36 | 8 | 1.2 | 6 | 1～4 | 星形 | 600 | 0.86 | 3.35 |
| JF172 | 36 | 7 | 1.68 | 6 | 1～4 | 星形 | 700 | 0.74 | 5 |
| JF750 | 36 | 15 | 0.93×2 | 6 | 1～4 | 星形 | 950 | 0.67 | 8.5 |
| JF27 | 36 | 15 | 1.25 | 6 | 1～4 | 星形 | 1 100 | 0.59 | 13 |
| JF1000 | 42 | 12 | 1×2 | 7 | 1～4 | 星形 | 1 250 | 0.67 | 14.7 |
| JF210 | 36 | 14 | 1.08×2 | 6 | 1～4 | 星形 | 1 200 | 0.67 | 13 |
| JF01 | 42 | 21 | 1.04 | 4 | 1～4 | 星形 | 500 | 0.53 | 5 |

3. 定子绕组的检查

用万用表检查断路和短路。

### 2.7.3 使用中应注意的问题

①JF 系列交流发电机为负极搭铁，蓄电池也必须负极搭铁，否则蓄电池会通过二极管放电而烧坏二极管。

②发电机必须与专用的调节器配合使用。

③发动机熄火后，应将点火开关（或电源开关）断开，否则蓄电池将长期向激磁绕组和调节器磁化线圈放电，易烧坏线圈（有磁场继电器者例外）。

④发现发电机不发电时，应及时找出故障并加以排除，不要再长期运转。如果一个二极管短路，发电机若继续运转就会烧坏其他二极管。如图 2-32 所示，如 $VD_2$ 被击穿短路，则 $a$ 相绕组感应电流经 $VD_1$ 后，通过 $VD_2$ 回到 $b$ 相绕组而不经过负载；同样 $c$ 相绕组感应产生的电流经过 $VD_3$ 回到 $b$ 相绕组而不经过负载，这样由于绕组内部短路产生环流，运转时间长，$VD_1$、$VD_3$ 和定子绕组就容易烧坏。

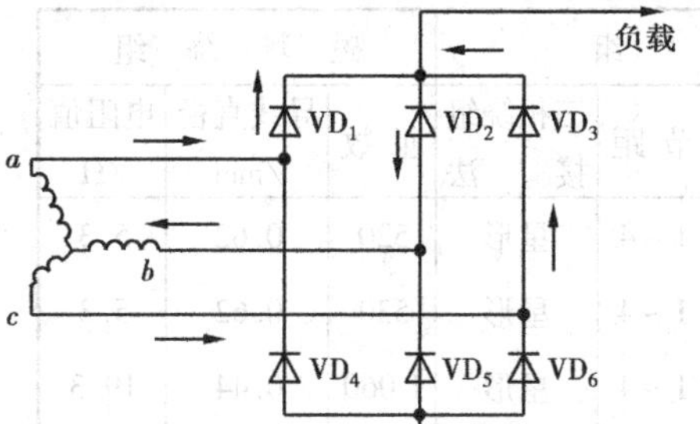

图 2-32 一个管子烧坏后的情况

⑤发电机运转时，决不能像直流发电机那样用试火方法检查交流发电机是否发电，否则易烧坏二极管。如果要在汽车上检查，可将发电机上所有导线拆除，另用一根导线把发电机电枢（+）与磁场（F）两接线柱连起来，启动发动机，然后用蓄电池的火线（正极）碰一下（F）接线柱进行他激，然后将其离去，用万用表测电枢（+）与搭铁间的直流电压，缓慢提高发动机的转速，观察电压表电压值应随发动机转速的升高而增大。若电压表无指示，则说明发电机不发电。若无万用表，也可用一小灯代替，观察小灯亮度变化进行判断。

⑥当整流二极管与定子绕组相连接时，绝对禁止用兆欧表或220 V交流电源检查发电机的绝缘，否则将击穿二极管。

## 2.8 无刷交流发电机

普通的交流发电机，因具有旋转磁场绕组，故必须装滑环和电刷，磨损后会造成接触不良，影响激磁电流的稳定或不发电等故障，无刷交流发电机则可克服上述缺点。无刷交流发电机有爪极式和感应子式两种类型，现以感应子式交流发电机为例，说明其构造特点和工作原理。

### 2.8.1 结构特点

感应子式交流发电机也由定子、转子、整流器和机壳等部分组成。

1. 定子

定子铁心由硅钢片冲片叠制而成，共有大槽4个，小槽12个，在4个大槽和12个小槽中安放有电枢绕组，在4个大槽中安放激磁绕组，如图2-33所示。

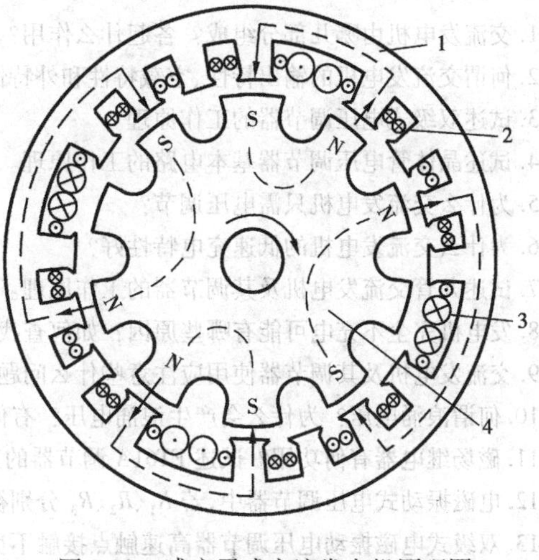


图2-33 感应子式交流发电机原理图

1—定子铁心 2—电枢绕组 3—磁场绕组 4—转子

2. 转子

转子由具有10个凸齿的低碳钢片叠成。

3. 整流器

电枢绕组并联成两条支路，每支路串接一硅二极管，构成单相全波整流电路，如图2-34所示。

### 2.8.2 工作原理

当磁场绕组通入直流电后，根据右手定则，可在图2-34中确定主磁道的方向，在定子铁心中产生固定磁场，由于转子凸齿部分与定子磁极正对着时，磁阻最小，磁感应强度最大，从而形成磁极。转子的每个凸齿没有固定极性，当它对着N极时就是N极，对着S极时就是S极。可见，定子上的每个电枢绕组只与同极性的凸极起作用。

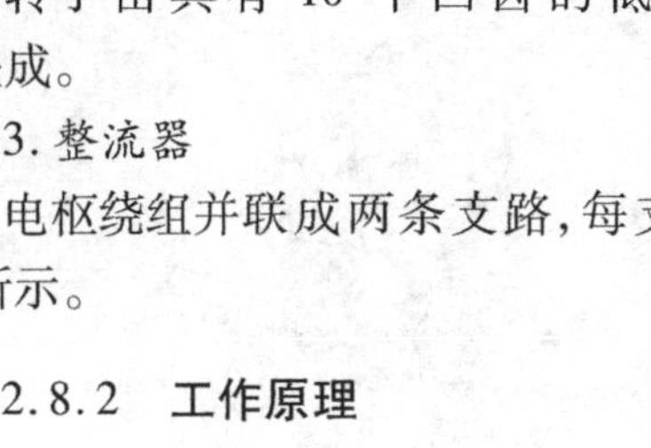


图2-34 整流接线圈

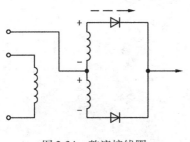

当转子在磁场内旋转时，凸齿正对着定子凸极时，磁通量最大，凹槽正对着定子凸极时，则磁通量最小。因此，转子旋转时，定子凸极内产生脉动磁通，在定子绕组中便感应出交变电动势，经整流后，获得汽车使用的直流电。感应子式交流发电机中

电枢绕组交变电动势的频率为$\frac{Zn}{60}$（$Z$ 为转子齿数），与定子上磁场绕组所形成的磁极对数无关，这与同步交流发电机有本质区别。

感应子式交流发电机的缺点是用铁量较多，与同容量的有刷交流发电机相比，其体积和重量均较大，空载和满载转速较高，故适用于在长途汽车上使用。

## 思考题

1. 交流发电机由哪几部分组成？各起什么作用？
2. 何谓交流发电机的输出特性、空载特性和外特性？了解这些特性对我们有何指导意义？
3. 试述双级式电压调节器的工作原理。
4. 试述晶体管电压调节器基本电路的工作原理。
5. 为什么交流发电机只需电压调节？
6. 为什么交流发电机的低速充电特性好？
7. 试述九管交流发电机及其调节器的工作原理。
8. 发电机完全不充电可能有哪些原因？如何查找？
9. 交流发电机及其调节器使用应注意些什么问题？
10. 何谓浪涌电压？为什么会产生浪涌电压？有何危害？
11. 磁场继电器有何功用？试述 FT61A 调节器的工作原理。
12. 电磁振动式电压调节器中，若 $R_1$、$R_2$、$R_3$ 分别被烧毁而断路时，会发生什么变化？为什么？
13. 双级式电磁振动电压调节器高速触点接触不良会出现什么情况？烧结在一起又会出现什么情况？
14. 晶体管电压调节器中，功率晶体管断路会出现什么情况？短路（击穿）又会出现什么情况？

# 第3章 起 动 机

汽车发动机是靠外力起动的，常用的起动方式有人力起动和电力起动。

人力起动最简单(手摇起动)，但不方便，劳动强度大，且不安全，目前在汽车上只作为后备方式。

现代汽车均采用电力起动，由于它操作方便，起动迅速，安全可靠，所以在汽车上得到了广泛的应用。

电力起动由电动机、传动机构和控制装置三部分组成。下面分别介绍其构造与工作原理。

## 3.1 直流电动机

### 3.1.1 构造

汽车用起动电动机，都是用串激式直流电动机。它由电枢、磁极和换向器等主要部分组成。由于汽车起动机工作时间短、起动转矩大，所以在构造上有以下特点。

1. 电枢

为了得到较大的转矩，流经电枢绕组和换向器的电流很大(达几百安培)，因此电枢用较粗的矩形裸铜线绕制，换向片比较厚，而且换向片的云母不必割低，以免电刷磨损的粉末落入换向片间造成短路。

2. 磁极

为了增大起动转矩，磁极的数量较多，一般多为4极，功率超过7.35 kW的起动机也有用6个磁极的。磁极绕组与电枢绕组串联，也是用矩形裸铜线绕制。4个磁极绕组的连接方式有图3-1所示两种接法。不管采用哪一种方式连接，其4个磁场绕组所产生的磁极应是相互交错的。

3. 电刷

用铜与石墨粉压制而成，加入铜，可减小电阻并增加其耐磨性。

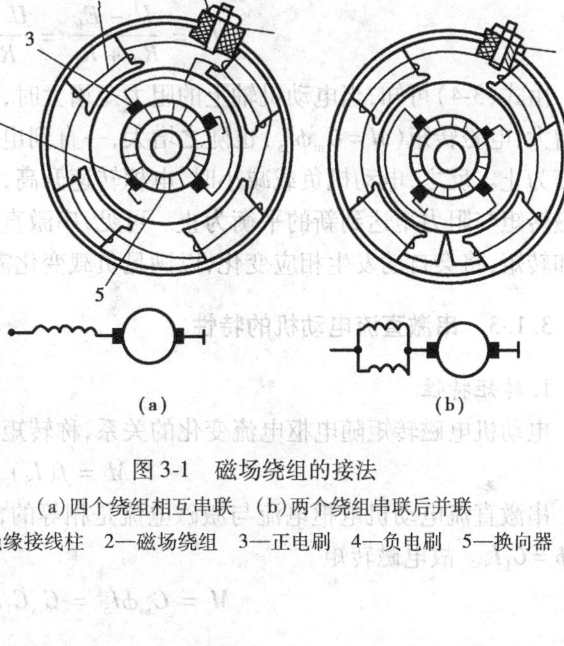


图3-1 磁场绕组的接法

(a)四个绕组相互串联 (b)两个绕组串联后并联

1—绝缘接线柱 2—磁场绕组 3—正电刷 4—负电刷 5—换向器

4. 轴承

因起动工作时短，每次仅几秒钟，故一般都是采用青铜石墨轴承或铁基含油轴承。

### 3.1.2 工作原理

直流电动机是将电能转变为机械能的设备。它根据带电导体在磁场中受电磁力作用这一原理（左手定则）工作。由于换向器作用，使在N极和S极下面导体中的电流方向保持不变，电磁力形成的转矩方向也就不变，使电枢仍按原来的反时针方向转动。如图3-2所示。

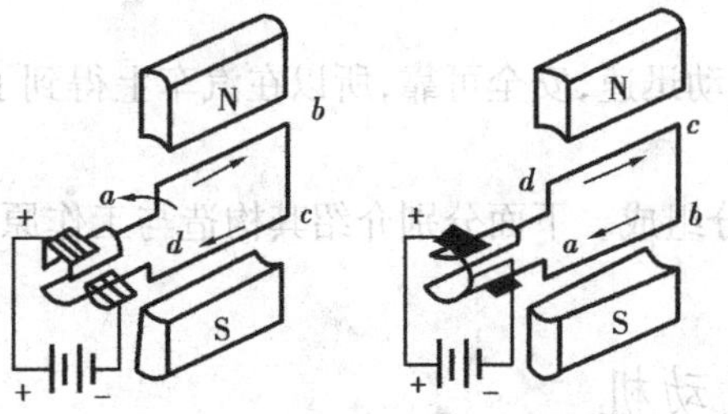


图3-2 直流电动机工作原理

由于一个线圈所产生的转矩不够大，且转速不稳定，因此，实际上电动机的电枢上绕有很多线圈，换向片数也随线圈的增多而相应增加。由电工学知，电动机转矩为

$$M = C_m I_s \phi \tag{3-1}$$

式中 $C_m$——电机常数，与电机的结构有关；

$I_s$——电枢电流；

$\phi$——磁极磁通。

当直流电动机接入直流电源时，产生电磁转矩使电枢旋转。而电枢旋转，其绕组又切割磁力线而产生感应电动势，其方向按右手定则判断，恰与电枢电流的方向相反，故称为反电动势。其大小为

$$E_f = C_m \phi n \tag{3-2}$$

式中 $n$——电动机的转速。

这样，外加电压 $U$ 除一部分降落在电枢绕组和激磁绕组的电阻 $R_S$ 和 $R_L$ 上外，另一部分则用来平衡电动机的反电动势 $E_f$，即

$$U = E_f + I_S R_S + I_S R_L \tag{3-3}$$

上式称为电动机的电压平衡方程式。由上式可得

$$I_S = \frac{U - E_f}{R_S + R_L} = \frac{U - C_m \phi n}{R_S + R_L} \tag{3-4}$$

由式(3-4)可知，当电动机轴上的阻力矩增大时，电枢转速就会降低，故 $E_f$ 减小，电枢电流 $I_S$ 增大，电磁转矩（$M = C_m \phi I_S$）也随之增大，一直到电动机产生的电磁转矩与阻力矩达到新的平衡为止。反之，电动机负载减小时，电枢转速升高，$I_S$ 减小，电枢转矩 $M$ 也随之减小，一直到电磁转矩与阻力矩达到新的平衡为止。可见，串激直流电动机，当负载发生变化时，其转速、电流和转矩，将会自动发生相应变化，以满足负载变化需要。

### 3.1.3 串激直流电动机的特性

1. 转矩特性

电动机电磁转矩随电枢电流变化的关系，称转矩特性。即

$$M = f(I_S)$$

串激直流电动机电枢电流与激磁电流是相等的，故 $\phi$ 在磁路未饱和时，它与电流成正比，即 $\phi = C_1 I_S$。故电磁转矩

$$M = C_m \phi I_S = C_m C_1 I_S^2 = C I_S^2 \tag{3-5}$$

即在磁路未饱和时，电磁转矩随电流的平方而增加；在磁路饱和后，电流增大，磁通保持不变。此时，电磁转矩才与电枢电流成线性关系，如图3-3中$M$曲线所示。

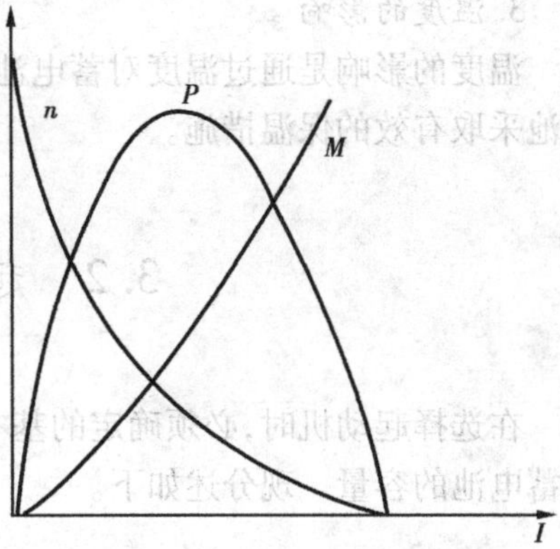

图3-3 串激直流电动机的特性曲线

2. 机械特性

电动机的转速，随转矩而变化的关系称为机械特性，即$n=f(M)$的函数关系。

由电压平衡方程式可得

$$n=\frac{U-I_S(R_S+R_L)}{C_m\phi} \tag{3-6}$$

在磁路未饱和时，$I_S$增大时，$\phi$也增大，故其转速$n$随电枢电流$I_S$的增加而迅速下降。如图3-3中$n$曲线所示。由于$M\propto I_S^2$，所以串激直流电动机的转速随转矩的增加而迅速下降，即具有软的机械特性，如图3-4所示。

3. 功率特性

$$P=\frac{M\cdot n}{97.3}(\text{kW}) \tag{3-7}$$

式中 $M$——扭矩（N·m）；

$n$——转速（r/min）。

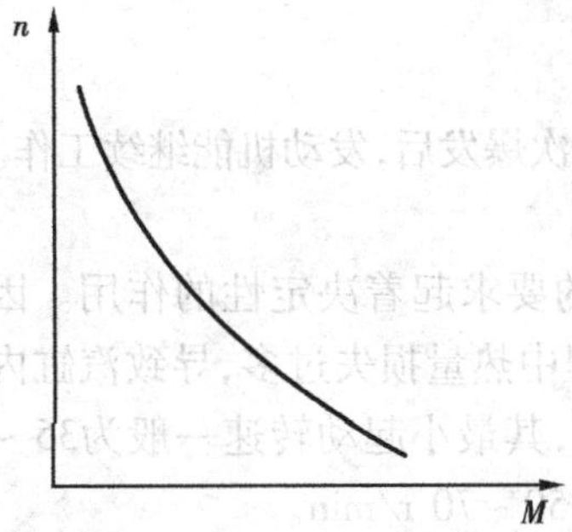

图3-4 串激直流电动机的机械特性

因此，完全制动（$n=0$）和空载（$M=0$）时，起动机的功率均等于零。

可以证明，在$I_S=\frac{1}{2}I_{Smax}$时，起动机功率达到极大值，如图3-3$P$曲线所示。

因为起动机的运行时间很短，允许以它的最大功率运转，所以通常将起动机的最大功率作为起动机的额定功率。工厂也经常通过空转和完全制动两项实验来检验起动机的工作是否正常。

由上述可知，串激直流电动机有软的机械特性，即当负载增加时，它的转速迅速下降，电磁转矩迅速增大。这个特性特别适合于做起动电动机。

### 3.1.4 影响起动机功率和转矩的因素

1. 接触电阻和导线电阻的影响

电刷与换向器接触不良，电刷弹簧弹力减弱，以及导线与接线柱连接不紧等都会使电路电阻增加，导线过长及截面积过小，也会造成大的电压降，使起动机功率和转矩减小。

因此起动机应尽可能缩短与蓄电池之间的距离，选用截面积大的导线，并保证连接处接触良好。

2. 蓄电池内阻的影响

蓄电池容量越大，则其内阻越小，起动机的功率和转矩可以增大。

3. 温度的影响

温度的影响是通过温度对蓄电池容量和内阻的影响而影响起动机功率的，故冬季应对蓄电池采取有效的保温措施。

## 3.2 起动机基本参数的确定

在选择起动机时，必须确定的基本参数是：起动机的功率、起动机与发动机曲轴的传动比及蓄电池的容量。现分述如下。

### 3.2.1 功率

为了使发动机能迅速、可靠地起动，起动机必须具有足够的功率，它主要取决于发动机最低起动转速和发动机的起动阻力矩。可按下式计算

$$P = \frac{M_Q n_Q}{9\ 550} \quad (\text{kW}) \tag{3-8}$$

式中 $M_Q$——发动机起动阻力矩（N·m）；

$n_Q$——最低起动转速（r/min）。

所谓发动机的最低起动转速，是指保证发动机可靠起动的曲轴最低转速。对于汽油发动机的可靠起动，需要三个条件：

①汽缸中吸入可能着火的混合气。

②压缩行程终了时，混合气要具有一定的温度和压力，使第一次爆发后，发动机能继续工作。

③点火装置能发出足够能量的火花。

上述条件都直接与曲轴转速有关，其中第一个条件对转速的要求起着决定性的作用。因为转速过低时，进气管中流速过低，使汽油雾化不良，且压缩行程中热量损失过多，导致汽缸内混合气不易着火。因此，根据汽油雾化条件，汽油机在0～20℃时，其最小起动转速一般为35～40 r/min。为了在更低的温度下顺利起动，常取最低起动转速为50～70 r/min。

柴油机靠压缩点火，而压缩行程终了的空气温度，则取决于周围介质的温度、汽缸壁的温度和压缩时间的长短。转速低时，压缩时间长，散热、漏气损失增加，压缩行程终了时的空气温度降低，使燃料不易点燃。因此，柴油机的最低起动转速比汽油机要高，一般为100～200 r/min。直喷式可取偏低些，预燃室式取偏高些。

发动机的起动阻力矩是指在最低起动运转速度时发动机阻力矩。它包括三部分：

(1)摩擦力矩

主要是活塞与缸壁的摩擦，曲轴轴承的摩擦及搅油阻力等。摩擦阻力矩占全部阻力矩的60%左右，温度越低，摩擦阻力矩也越大。

(2)压缩损失力矩

它主要取决于汽缸容积和压缩比的大小，一般约占25%。

(3)发动机附件损失的力矩

发动机用于驱动发动机附件，如发电机、分电盘、汽油泵、风扇、水泵、机油泵等所消耗的力矩，汽油机约占全部阻力的15%。

柴油机的阻力矩比汽油机几乎大一倍，这是因为柴油机压缩比高，驱动高压油泵的功率消耗也较大。各型发动机的阻力矩，应由实验方法测定，也可用经验公式计算。

0° C 时起动机所必须的功率为：

汽油机 $P=(1\sim2)L(\mathrm{kW})$

柴油机 $P=(1\sim3)L(\mathrm{kW})$ (3-9)

式中 $L$——发动机排量(L)。

### 3.2.2 传动比的选择

起动机与发动机之间的传动比如果选择不当，则起动机的功率不能充分利用，发动机仍会起动困难。因此，必须正确选择传动比，以便起动机在发动机最低起动转速时，能发出它的最大功率。

1. 最佳传动比的确定

所谓最佳传动比，就是起动机工作在最大功率时所对应的传动比。

如果已知起动机的特性曲线，则可从特性曲线上找出与最大功率所对应的起动机转速 $n_{起}$，则最佳传动比为

$$i=\frac{n_{起}}{n_{发}}=\frac{Z_{发}}{Z_{起}} \qquad (3\text{-}10)$$

根据前述发动机的最低起动转速代入式(3-10)计算出最佳传动比。

若无起动机的特性曲线，则可先测定制动工况的最大电流 $I_{smax}$。由前述可知，最大功率是在$\frac{1}{2}I_{smax}$处，则可给起动机加上负载力矩，使电枢电流为$\frac{1}{2}I_{smax}$稳定运行，并测其转速，即为最大功率时所对应的转速 $n_{起}$，代入式(3-10)，即可计算出最佳传动比。

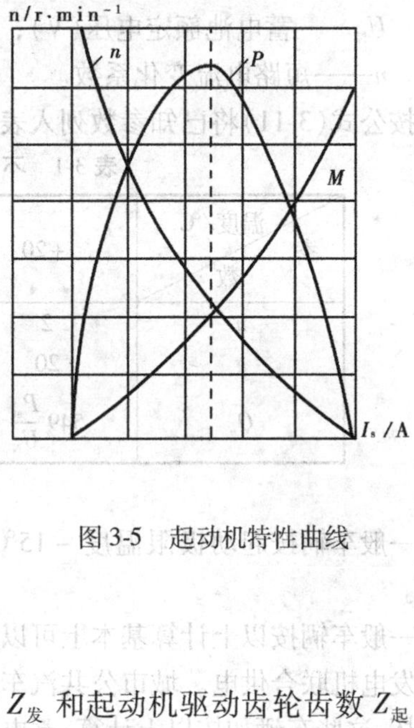

图3-5 起动机特性曲线

2. 传动比的实际选择

由式(3-10)可知，传动比的选择要受飞轮齿圈齿数 $Z_{发}$ 和起动机驱动齿轮齿数 $Z_{起}$ 的限制。由机械原理知，$Z=\frac{D}{m}$，齿轮模数 $m$ 由齿的强度决定，不能任意减小，飞轮齿圈的节圆直径由发动机总布置决定，$Z$ 不能任意增大。而起动机齿轮齿数 $Z_{起}$ 又受齿轮根切的限制，齿数的减少是有限的，故传动比的最大值往往不能满足最佳传动比的要求。一般选择的传动比往往比最佳传动比稍小，这时，虽然起动机功率有所减小，起动电流增加，但起动机的转矩却增大较多，对起动有利。

一般汽油机，起动机与曲轴的传动比为 13 ~ 17，柴油机因起动转速较高，传动比为 8 ~ 10。

### 3.2.3 蓄电池容量的确定

蓄电池的容量必须与所装汽车的用电系统相匹配，否则，会使蓄电池处于不正常工作状

态,而影响蓄电池的寿命。据了解,有的单位达不到正常使用寿命的蓄电池,多达60% ~ 70%,浪费很大。影响蓄电池寿命的因素较多,但最重要的因素是蓄电池容量与车型的用电系统不匹配。

蓄电池的功能主要是保证车辆的起动性能,所以,一般可先根据起动机功率计算出初步结果,然后再结合其他因数进行校核和调整,最后按蓄电池的规格选取合适的额定容量的蓄电池。

按起动机功率、蓄电池特性并考虑环境条件可推导出如下计算公式

$$Q_e = 5\,487\,\frac{n}{g}\,\frac{P_{st}}{U_N} \tag{3-11}$$

而

$$g = \frac{I_{kd}}{Q_e}$$

式中 $P_{st}$——起动机功率(kW);

$I_{kd}$——蓄电池短路电流(A);

$Q_e$——蓄电池额定容量(A·h);

$U_N$——蓄电池额定电压(V);

$n$——短路电流变化系数。

按公式(3-11)将已知参数列入表3-1中。

**表3-1 不同环境温度下蓄电池容量的计算**

| 参数 \ 温度/℃ | +20 | 0 | -15 | -35 |
|---|---|---|---|---|
| $n$ | 2 | 1.88 | 1.80 | 1.70 |
| $g$ | 20 | 15.1 | 11.8 | 5.9 |
| $Q_e$ | $549\,\frac{P_{st}}{U_N}$ | $683\,\frac{P_{st}}{U_N}$ | $837\,\frac{P_{st}}{U_N}$ | $1\,580\,\frac{P_{st}}{U_N}$ |

一般车辆按起动极限温度-15℃计算即可,因在低温地区,蓄电池均应采取预热保温措施。

一般车辆按以上计算基本上可以满足要求。但对高级客车,因用电设备增加很多,蓄电池常与发电机联合供电。城市公共汽车由于停车起动频繁,且汽车运行速度低使发电机输出特性变坏,这些车辆如按以上计算,蓄电池容量显得偏小,应适当加以调整。

## 3.3 直接操纵强制啮合式起动机

起动电动机一般都是串激直流电动机,但传动机构和控制装置各种起动机却差别较大,所以在叙述各种类型的起动机时,主要是阐明控制装置和传动机构的特点。

### 3.3.1 构造和工作过程

直接操纵强制啮合式起动机的开关装在起动机的外壳上。开关上有4个接线柱,如图3-7

所示。1、2 是起动机主电路接线柱;4、10 是两个辅助接线柱,分别与点火线圈上的“开关”和“开关电源”两接线柱连接,在起动时将点火线圈附加电阻短路。

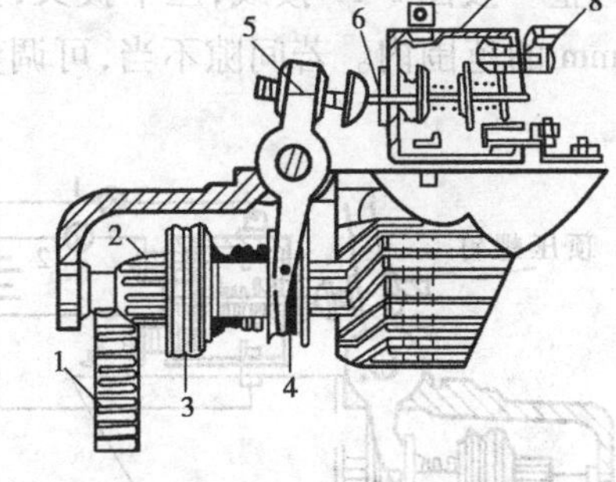


图 3-6　直接操纵强制啮合式起动机

1—飞轮齿圈　2—小齿轮　3—单向离合器　4—移动套　5—拨叉　6—推杆　7—开关　8—接线柱

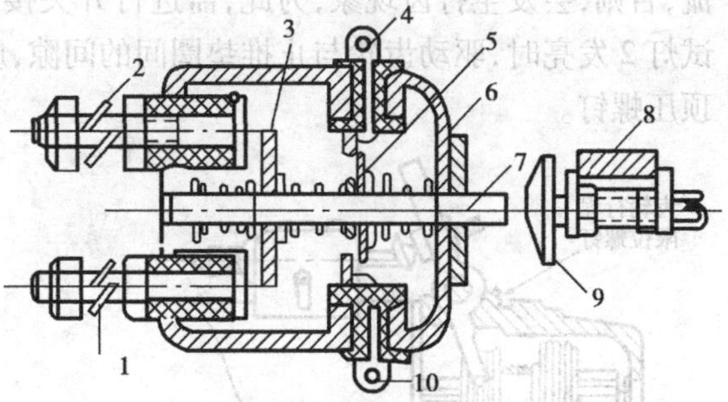


图 3-7　起动机开关

1、2—起动机开关主接柱　3、5—接触盘　4、10—辅助接柱　6—外壳　7—推杆　8—传动叉　9—顶压螺钉

单向滚柱式啮合器的构造如图 3-8 所示,起单向传递扭矩作用。当踩下起动踏板时,传动拨叉 5 拨动移动套 4(见图 3-6),使小齿轮 2 啮入飞轮齿圈,另一方面又推动杆 6,使接触盘 5(见图 3-7)先接通辅助接线柱 4、10,短路隔除点火线圈的附加电阻,以提高点火线圈次级电压,然后接触盘 3 接通主电路,起动机便驱动飞轮齿圈旋转,使发动机起动。起动后,放松踏板,拨叉在复位弹簧的作用下拨动移动套 4,使驱动齿轮脱出啮合而恢复原位,同时开关也断开,起动机停止工作。

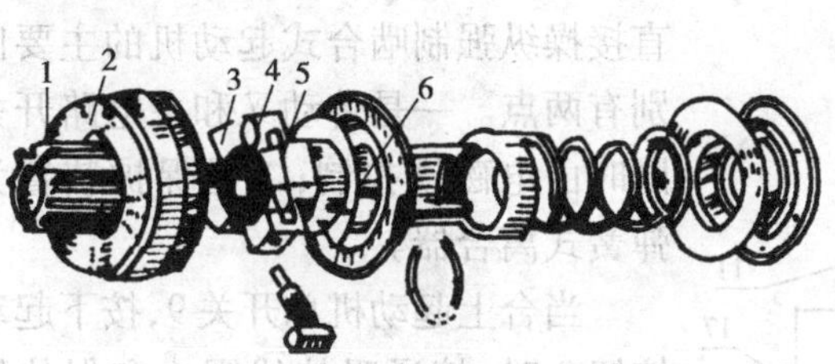


图 3-8　单向滚柱式啮合器

1—驱动小轮　2—外壳　3—十字块　4—滚柱　5—压帽弹簧　6—垫圈

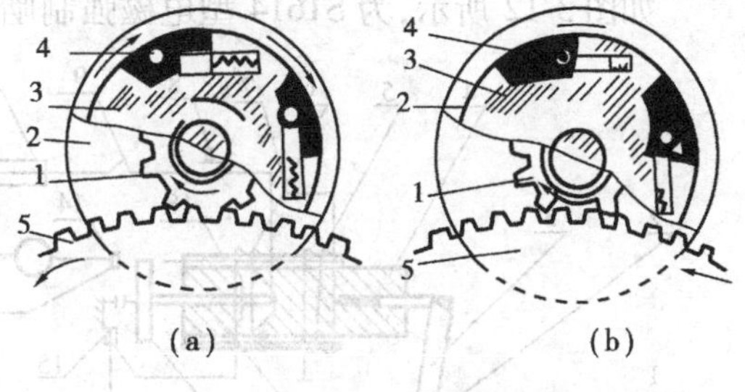


图 3-9　单向滚柱式离合器工作示意图

(a)起动　(b)打滑

1—驱动小齿轮　2—壳　3—十字块　4—滚柱　5—飞轮

滚柱式单向离合器在起动时,把起动机扭矩传给小齿轮,驱动飞轮齿圈,使发动机旋转。一旦发动机起动后,转速提高,飞轮齿圈带动驱动齿轮旋转,滚柱滚入楔形槽的宽处而打滑。如图 3-9(b)所示。这样转矩就不能从驱动齿轮传给电枢,从而防止了电枢超速飞散的危险。

### 3.3.2　调整

这种起动机需作如下调整:

1. 驱动齿轮与止推垫圈之间间隙的调整

如图 3-10 所示,将拨叉压到极限位置时,驱动齿轮与止推垫圈间的间隙应在 2 ±0.5 mm 的范围内,若间隙不当,可调整行程限位螺钉。

2. 开关接通时刻的调整

如图 3-11 所示，起动机必须使驱动小齿轮与飞轮齿圈啮合后才能接通起动机的工作电流，否则，会发生打齿现象，为此，需进行开关接通时刻的调整。按图 3-11 接线，压下拨叉，当试灯 2 发亮时，驱动齿轮与止推垫圈间的间隙，应在 4 ~ 5 mm 的范围内。若间隙不当，可调整顶压螺钉。

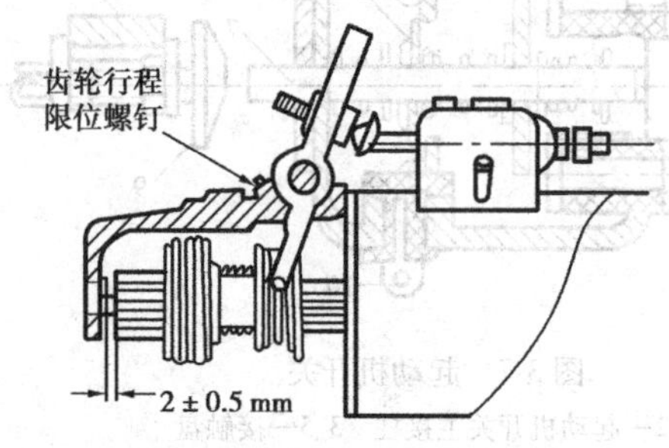


图 3-10　驱动齿轮间隙的调整

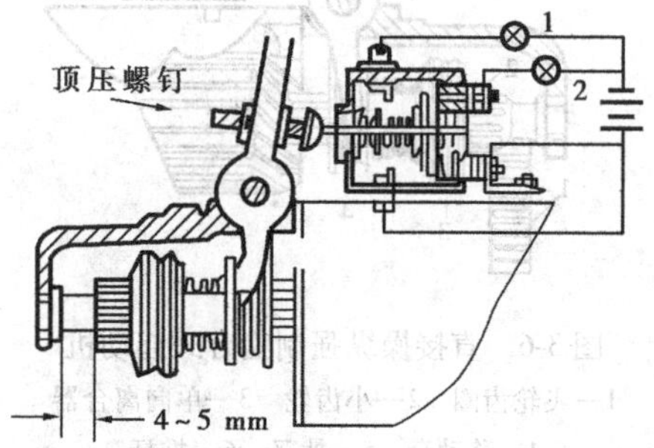


图 3-11　开关接通时间隙的调整

试灯 1 应与试灯 2 同时发亮或先发亮，否则需检查接触盘的弹簧弹力是否过弱，如弹力尚好，可在接触盘上加垫片予以调整。

## 3.4　电磁操纵强制啮合式起动机

如图 3-12 所示，为 ST614 型电磁强制啮合式起动机用于黄河 JN150 型载重汽车上，它与直接操纵强制啮合式起动机的主要区别有两点。一是传动叉和主电路开关同时由电磁铁控制；二是保护装置为弹簧式离合器。

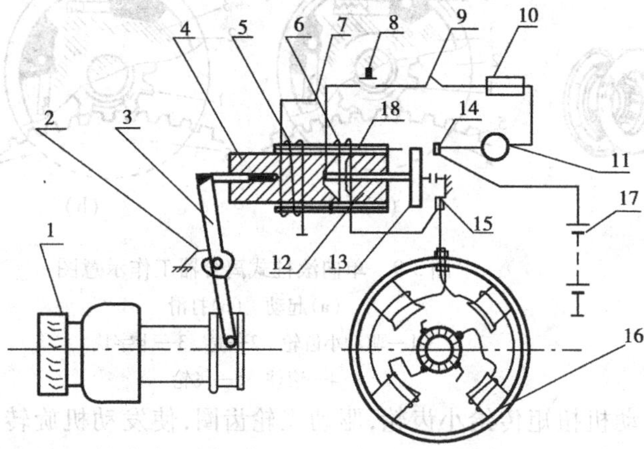


图 3-12　ST614 型起动机电路图

1—驱动小齿轮　2—回位弹簧　3—传动叉　4—活动铁心　5—保位线圈　6—吸拉线圈　7、14、15—接线柱　8—起动按钮　9—起动总开关　10—保险丝　11—电流表　12—挡铁　13—接触盘　16—起动机　17—蓄电池　18—黄铜套

当合上起动机总开关 9，按下起动按钮 8 时，接通吸拉线圈 6 和保位线圈 5 的电路，这时活动铁心 4 在两个线圈的电磁吸力下，克服回位弹簧 2 的弹力而向右移动，带动传动叉 3，驱动小齿轮 1 使之与飞轮齿圈啮合，这时由于吸拉线圈的电流流经激磁绕组和电枢绕组，产生一定的电磁转矩。所以小齿轮是在缓慢旋转的过程中啮合的。当齿轮啮合好后，接触盘 13 将触头 14、15 接通，于是蓄电池的大电流流经起动机的电枢和激磁绕组，产生正常的转矩。带动发动机旋转启动发动机。与此同时，吸拉线圈被短路，齿轮的啮合位置由保位线圈 5 的吸力来保持。

当发动机起动后，松开起动按钮瞬间，保位线圈中的电流只能经吸拉线圈获得。这时流经两个线圈所产生的磁通方向相反，互相抵消，于是活动铁心4在回位弹簧2的弹力作用下，迅速回复原位，驱使小齿轮退出啮合，接触盘13脱离接触，切断起动电路，起动机停止运转。

图3-13为弹簧式离合器的示意图。连接套筒6套在起动机电枢轴的螺旋花键上，起动机驱动齿轮1套在轴的光滑部分上。两者之间由两个月形圈3连接，使驱动齿轮与连接套筒之间不能做轴向移动，但可相对转动。在驱动齿轮柄和连接套筒6上包有扭力弹簧4，扭力弹簧的两端各有1/4圈内径较小，并分别箍紧在齿轮柄和连接套筒上。当起动机带动曲轴旋转时，扭力弹簧扭紧，包紧齿轮柄和连接套筒。于是电枢的扭矩通过扭力弹簧4驱动齿轮1传至飞轮齿圈，使发动机起动。发动机起动后，驱动齿轮的转速高于起动机电枢则扭力弹簧放松，这样飞轮齿圈的扭力便不能传给电枢，齿轮1只能在电枢轴的光滑部分上空转而起单向离合器的作用。

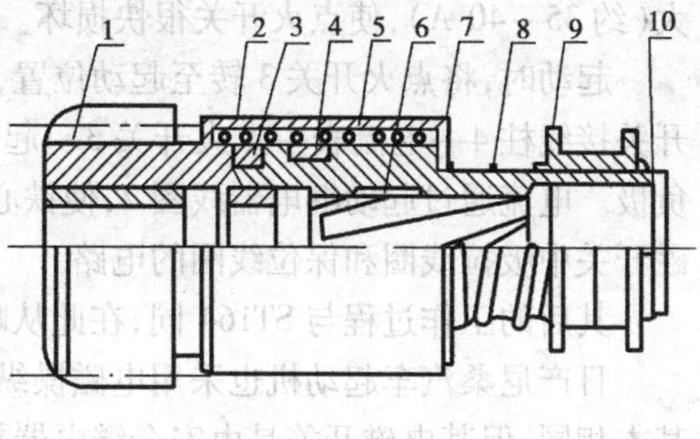


图3-13　弹簧式离合器

1—驱动小齿轮　2—挡圈　3—月形圈
4—扭力弹簧　5—护圈　6—连接套筒
7—垫圈　8—缓冲弹簧
9—移动衬套　10—卡簧

弹簧式离合器具有工艺简单、寿命长、成本低等优点，但弹簧圈数多，轴向尺寸较长，故不能用在小型起动机上。

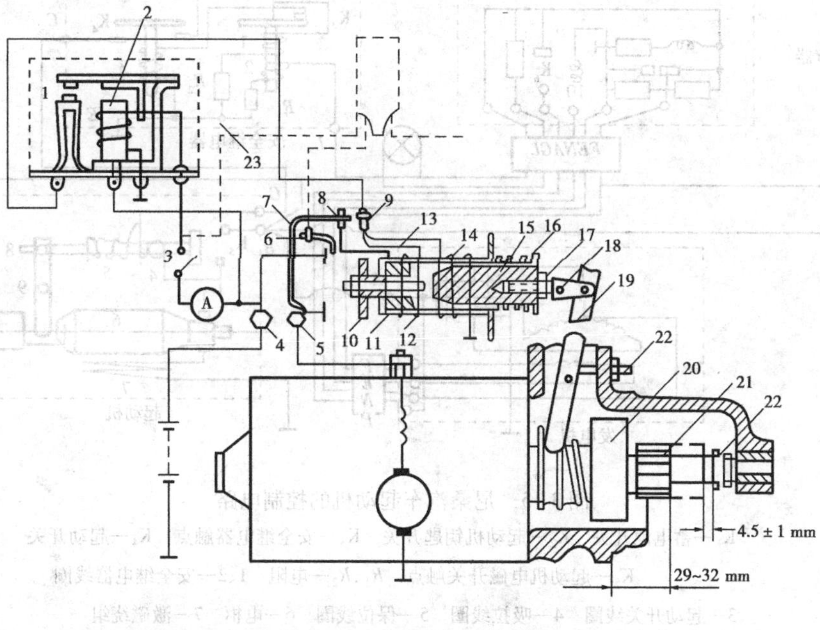


图3-14　DQ124型起动机的电路

1—起动继电器触点　2—起动继电器线图　3—点火开关　4、5—起动机开关接线柱
6—点火线圈附加电阻短路接线柱　7—导电片　8—接线柱　9—起动机开关接线柱
10—接触盘　11—推杆　12—固定铁心　13—吸拉线圈　14—保位线圈
15—活动铁心　16—复位弹簧　17—调节螺钉　18—连接片　19—拨叉
20—滚柱式单向离合器　21—驱动齿轮　22—限位螺母　23—附加电阻线（白线1.7 Ω）

图 3-14 为东风 EQ140 型载重汽车上,用的电磁操纵强制啮合式起动机。它的单向离合器采用滚柱式,不同之处是它的控制电路中多了一个附加继电器,用它来控制起动机电磁开关,借以保护点火开关。如直接用点火开关控制电磁开关线圈,则起动时,通过点火开关的电流很大(约 35 ~ 40 A),使点火开关很快损坏。其工作原理如下:

起动时,将点火开关 3 转至起动位置,起动继电器电路接通。电流从蓄电池正极→起动机开关接线柱 4→电流表→点火开关 3→起动继电器点火开关接线柱→线圈 2→搭铁→蓄电池负极。电流通过起动继电器线圈 2,使铁心磁化,吸下触点臂,于是常开触点 1 闭合,接通了电磁开关中吸拉线圈和保位线圈的电路。

其后的工作过程与 ST164 同,在此从略。

日产尼桑汽车起动机也采用电磁操纵强制啮合式。其工作原理与黄河牌汽车用的 ST614 基本相同,但其电磁开关是由安全继电器控制。安全继电器的作用是:

①发动机一旦发动后,即使起动钥匙开关仍停留在起动位置,起动机也会自动停止工作。

②当发动机运转时,即使驾驶员错误地闭合起动钥匙,起动机也不起作用,因此对起动机起到保护作用。

起动机和安全继电器的工作原理如下:

当蓄电池开关 $K_1$ 闭合的情况下,闭合起动钥匙开关 $K_2$ 时,线圈 1、3 中有电流流过,其电路见图 3-15。

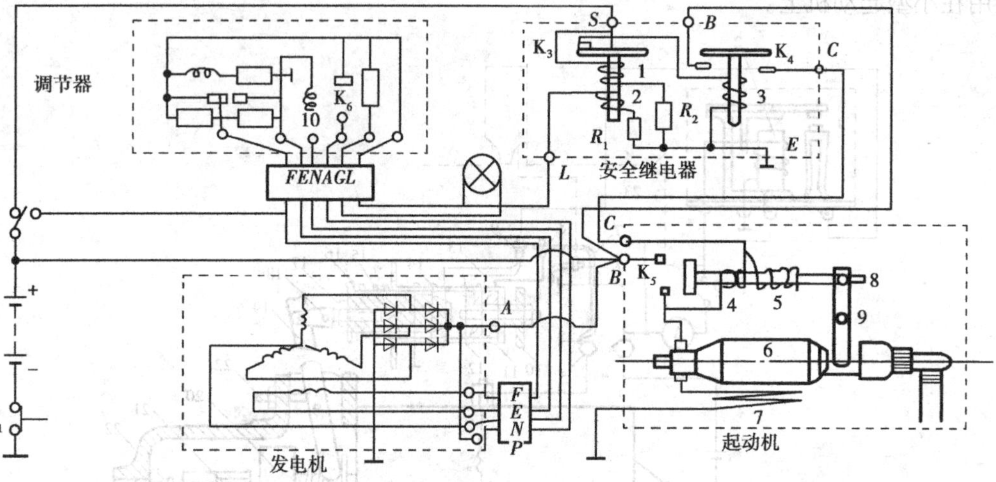


图 3-15　尼桑汽车起动机的控制电路

$K_1$—蓄电池开关　$K_2$—起动机钥匙开关　$K_3$—安全继电器触点　$K_4$—起动开关

$K_5$—起动机电磁开关触点　$R_1$,$R_2$—电阻　1、2—安全继电器线圈

3—起动开关线圈　4—吸拉线圈　5—保位线圈　6—电枢　7—激磁绕组

8—活动铁心　9—传动叉　10—磁场继电器线圈

蓄电池正极→起动钥匙开关 $K_2$→安全继电器 $S$ 接线柱 ↗常闭触点 $K_3$→线圈 3 ↘ / ↘继电器线圈 1→电阻 $R_2$ ↗ →搭铁

→蓄电池负极

线圈 1 的电流所产生的磁力,不足以使常闭触点 $K_3$ 打开,所以 $K_3$ 仍闭合。但线圈 3 中电

流所产生的磁力使 $K_4$ 闭合，即接通起动机电磁开关中吸拉线圈 4 和保位线圈 5 的电路。即

蓄电池正极→起动机接线柱 $B$→安全继电器接线柱 $B$→起动开关 $K_4$→接线柱 $C$→
↗吸接线圈 4→电枢绕组→激磁绕组 7↘搭铁→蓄电池负极
↘保位线圈 5↗

起动机电磁开关中的活动铁心 8，在吸拉线圈和保位线圈吸力的共同作用下而被吸入，传动叉 9 将驱动小齿轮推出，使其与飞轮齿圈啮合。当齿轮啮入后，电磁开关 $K_5$ 闭合，起动机的主电路接通。于是起动机发出正常转矩，使发动机启动。与此同时，吸拉线圈 4 则被短路隔除，活动铁心 8 只靠保位线圈 5 的电磁力，保持在啮合位置。

发动机起动后，当发电机电压达到规定值时，由于发电机中性点电压升高，流入磁场继电器线圈 10 中的电流增大，使常开触点 $K_6$ 闭合，安全继电器线圈 2 中有电流流过，电路为：

发电机正极→发电机 $P$ 接线柱→调节器 $A$ 接线柱→触点 $K_6$→调节器 $L$ 接线柱→线圈 2→电阻 $R_1$→搭铁→发电机负极

此时线圈 2、1 所产生的磁场方向相同，吸力增强，使 $K_3$ 打开，线圈 3 中的电流中断，$K_4$ 打开，保位线圈 5 中的电流经吸拉线圈 4 构成回路，此时由于两线圈所产生的磁通方向相反，磁力互相抵消，于是活动铁心回至原位，驱动小齿轮退出啮合，$K_5$ 打开，切断了起动机主回路而停止工作。这样，即使起动钥匙开关 $K_2$ 仍在起动位置，起动机主电路也处于断开位置，小齿轮也与飞轮脱离回到原始位置，使起动机自动停止工作。若发动机运转时，驾驶员误操作将起动钥匙开关 $K_2$ 闭合时，当然起动机也不会工作，因此对起动机起了保护作用。

## 3.5 移动电枢啮合式起动机

太脱拉 111R，斯可达 706R 等大功率的柴油机汽车上，用的是移动电枢啮合式起动机，其工作特点是：

①啮合过程是由整个电枢在磁场作用下的轴向移动来实现的，脱离啮合是靠弹簧的拉力实现；

②激磁绕组分串联和并联的辅助激磁绕组和主激磁绕组。由于扣爪和挡片的作用，使辅助激磁绕组首先接通；

③单向离合器是摩擦片式单向离合器。

图 3-16 为电枢移动式起动机（又称电磁啮合式）的构造和工作原理图。其工作过程如下：

起动机不工作时，电枢 11 在弹簧 9 的作用下，停止在与磁极错开的位置上，如图 3-16(a)所示。

当按下起动按钮 K 时，电磁铁 4 产生吸力吸引接触桥 6，但由于扣爪 8 顶住了挡片 7，接触桥仅能上端闭合，如图 3-16(b)所示。此时，辅助激磁绕组通电，并联辅助磁场绕组 3 和串联激磁绕组 2 产生的电磁力克服复位弹簧 9 的拉力吸引电枢向左移动，起动机驱动齿轮啮入飞轮齿圈。此时，由于串联辅助激磁绕组的电阻大，流过的电流很小，起动机仅以较低的速度旋转，使齿轮啮入柔和。这是接入起动机的第一阶段。

当电枢移动使小齿轮与飞轮齿圈完全啮合后，固定在换向器端面的圆盘 10 顶起扣爪 8，使挡片 7 脱扣，于是接触桥 6 的下端也闭合，接通了主磁场绕组 1，起动机便以正常的工作转

矩工作,启动发动机。这是接入起动机的第二阶段。

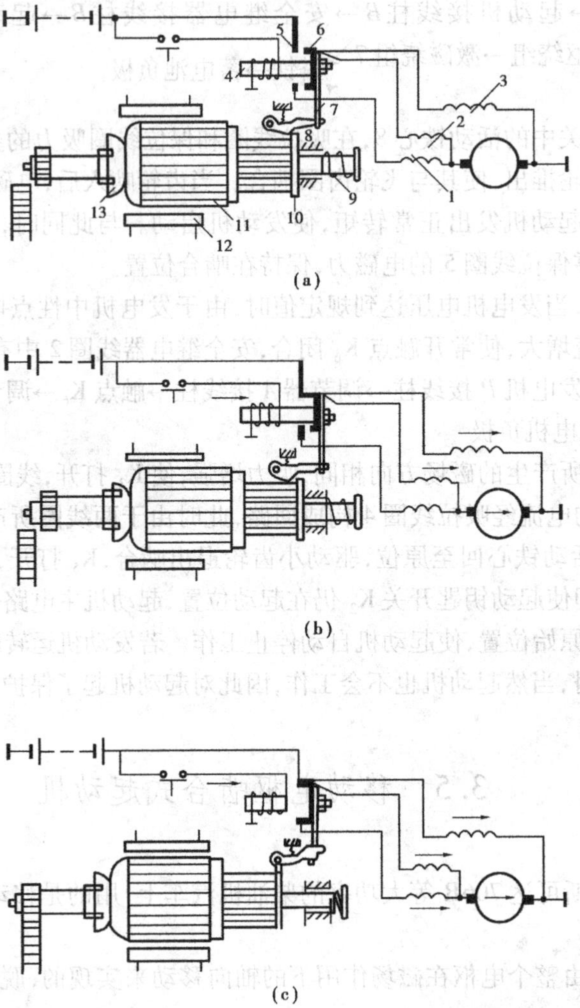


图 3-16　电枢移动式起动机的结构与工作原理简图

(a)未啮合　(b)进入啮合　(c)完全啮合

1—磁场绕组　2—串联辅助磁场绕组　3—并联辅助磁场绕组　4—电磁铁　5—静触点　6—接触桥

7—挡片　8—扣爪　9—复位弹簧　10—圆盘　11—电枢　12—磁极　13—摩擦片离合器

在起动过程中摩擦片离合器 13 接入并传递扭矩。发动机发动后,摩擦片离合器松开,曲轴转矩便不能传到电枢上,这时起动机处于空载状态。转速增高,电枢中反电动势增大,因而串联辅助磁场绕组 2 中的电流减小,当电流小到磁力不能克服复位弹簧的拉力时,电枢又被移回原位,于是驱动齿轮脱开,扣爪也回到锁止位置,为下次起动做好准备,直到断开起动按钮开关后,起动机才停止旋转。

并联辅助激磁绕组 3,不但可以增大吸引电枢的吸力,而且还起着限制空载转速的作用。摩擦片式单向离合器的结构和工作原理如图 3-17 所示。

外接合鼓 1 用半月键固定在起动机轴上,两个弹性圈 2 和压环 3 依次沿起动机轴装进外接合鼓中,青铜主动片 4 的外凸齿装入外接合鼓的切槽中,钢制的被动片 5 以其内齿插入内接合鼓 6 的切槽中,内接合鼓具有螺线孔并旋在起动机驱动齿轮柄 9 的三线螺纹上,齿轮柄则自由地套在起动机轴上，内垫有减震弹簧8，并用螺母锁着，以免从轴上脱落，内接合鼓6上具有两个小弹簧7，轻压诸片，以保证它们彼此接触。

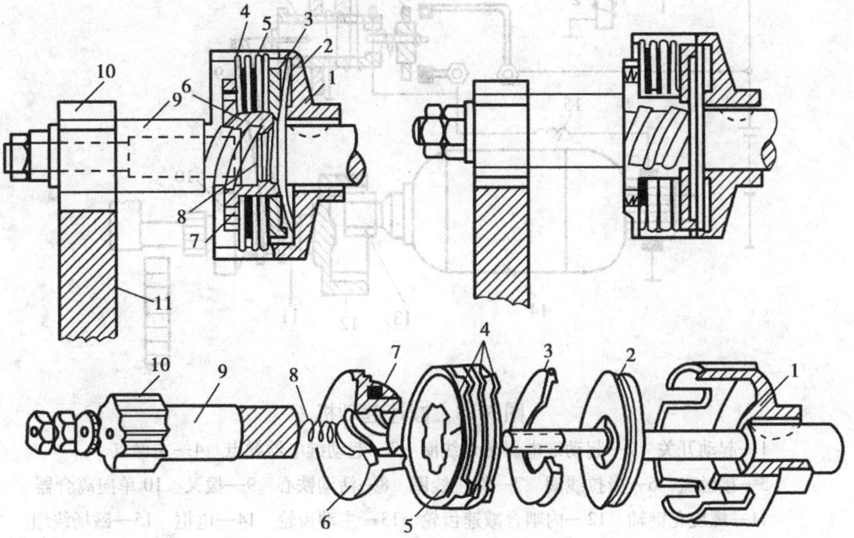


图3-17　摩擦片式单向离合器

1—外接合鼓　2—弹性线圈　3—压环　4—主动片　5—被动片　6—内接合鼓

7—小弹簧　8—减震弹簧　9—齿轮柄　10—小齿轮　11—飞轮

当起动机带动曲轴旋转时，内接合鼓沿螺旋向右移动，将摩擦片压紧，利用摩擦力，使电枢的转矩传给飞轮。发动机起动后，起动机驱动齿轮被飞轮齿圈带动，当其转速超过电枢转速时，内接合鼓则沿螺旋线向左退出，摩擦片松开。这时驱动齿轮虽高速旋转，但不驱动电枢，从而避免了电枢超速飞散的危险。

弹性圈2的中央部分，靠在外接合鼓1的凸起上，而周缘与压环3接触，当起动机传递转矩时，它在压环凸缘的压力下稍微弯曲，如果发动机发生反击，这时离合器中摩擦片仍保持被压紧状态，弹性圈则弯曲到使内接合鼓6的右端顶住它的中央部分，这就限制了内接合鼓向右的位移，因而限制了摩擦片压紧程度，摩擦片开始打滑，从而起到了保护反击的作用。

摩擦片式单向离合器，可以传递较大功率，但它不宜在倾斜位置工作（上坡或下坡上起动），且结构复杂，传动比不能大，摩擦片磨损后，摩擦力会大大降低，故需经常调整。由于上述缺点，故现已少用。

## 3.6　减速起动机

为了提高起动性能并减轻起动机的重量，近年来，又研制了一种内装减速齿轮的起动机，称为减速起动机。

所谓减速起动机，就是在电枢和驱动齿轮之间，装有一对内啮合式减速齿轮，一般传动比为3~4，如图3-18所示。将电动机转速降低后，再带动驱动齿轮。因为应用了减速齿轮，可采用小型、高速、低转矩的电动机，一般电机转速可达15 000~20 000 r/min，因此使起动机的重量减少约35%，总长度缩短约29%，转矩增高，不仅提高了起动性能，而且蓄电池的负担也减轻。

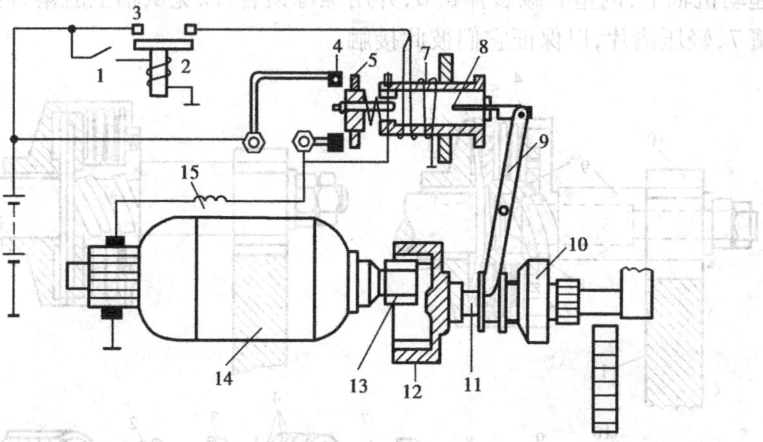


图 3-18　减速起动机

1—起动开关　2—起动继电器磁化线圈　3—起动继电器触点　4—主触点
5—接触盘　6—吸拉线圈　7—保位线圈　8—活动铁心　9—拨叉　10 单向离合器
11—螺旋花键轴　12—内啮合减速齿轮　13—主动齿轮　14—电枢　15—磁场绕组

## 3.7　起动机的实验

起动机检修后，可对其进行空转试验和全制动试验，以检验其质量是否符合要求。

### 3.7.1　空转实验

将起动机夹在虎钳上，接通起动机电路(每次不超过 1 min)，起动机应运转均匀，电刷下无火花，记下电流表、电压表及转速表读数。其值应符合表 3-2 规定。

若电流大于标准值，而转速低于标准值，表明起动机装配过紧或电枢绕组和磁场绕组内有短路或搭铁故障。若电流和转速都小于标准值，则表示起动机线路中有接触不良的地方，如电刷弹簧压力不足，换向器与电刷接触不良等。

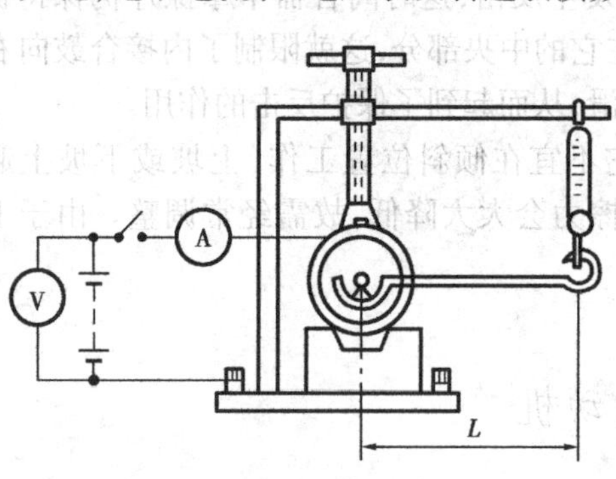


图 3-19　起动机全制动试验

### 3.7.2　全制动试验

全制动试验是测量起动机在完全制动时所消耗的电流和制动力矩，以判断起动机主电路是否正常，并检查单向离合器是否打滑。

试验时将起动机夹持在试验台上，使杠杆的一端夹住起动机驱动齿轮，另一端挂在弹簧秤上。接通起动机电路，每次时间不超过 5 s，以免损坏起动机和蓄电池。观察单向离合器是否打滑，并迅速记下电流表和弹簧秤读数，其值应符合表 3-2 规定。

表 3-2　常用车型起动机性能

| 厂牌车型 | 起动机型号 | 额定电压/V | 功率/kW | 驱动装置及操纵型式 | 齿轮参数 | | | 电刷弹簧压力/N | 空转试验 | | | 全制动试验 | | |
|---|---|---|---|---|---|---|---|---|---|---|---|---|---|---|
| | | | | | 模数 | 齿数 | 压力角 | | 电压/V | 电流不大于/A | 转速不低于/$r\cdot min^{-1}$ | 电压/V | 电流不大于/A | 扭矩不小于/N·m |
| 解放 CA10B<br>CA30A<br>吉斯 150、吉尔 157 | ST8B<br>2201<br>315B | 12 | 1.32 | 直接操纵强制啮合、单向滚柱式离合器 | 3 | 11 | 20° | 1 200～1 500<br>11.8～14.7 | 12 | 75 | 5 000 | 8 | 600 | 26 |
| 跃进 NJ130、NJ230<br>格斯 51 | ST8<br>308B | 12 | 1.32 | 直接操纵强制啮合、单向滚柱式离合器 | 2.5 | 9 | 15° | 8.8～12.7<br>11.8～14.7 | 12 | 75 | 5 000 | 8 | 600 | 26 |
| 交通 SH141 | ST96 | 12 | 1.5 | 电磁操纵 | 3.25 | 10 | 20° | 11.8～14.7 | 12 | 75 | 6 000 | 8 | 640 | 26 |
| 北京 BJ212 | 321 | 12 | 1.1 | 电磁操纵强制啮合、单向滚柱式离合器 | 2.5 | 9 | 15° | 11.8～14.7 | 12 | 100 | 5 000 | 8 | 525 | 16 |
| 黄河 JN150<br>JN151 | ST614 | 24 | 5.15 | 电磁操纵强制啮合、摩擦片式离合器 | 4 | 11 | 20° | 8.8～14.7 | 24 | 80 | 6 500 | 8 | 900 | 60 |
| 格斯 69<br>胜利 M-20 | ST8A<br>320A | 12 | 1.32 | 直接操纵 | 2.5 | 9 | 15° | 11.8～14.7 | 12 | 75 | 5 000 | 7 | 600 | 26 |
| 依发 H3A | 340 | 24 | 5.15 | | 3 | 10 | 20° | | 24 | 65 | 6 000 | 14 | 900 | 50 |
| 亚斯 210、210E<br>玛斯 200 | QD26C | 24 | 8.1 | | 4.25 | 11 | 20 | | 24 | 110 | 5 000 | 11 | 1 000 | 80 |
| 克拉斯 219<br>太脱拉 138 | QD26D | 24 | 8.1 | 电磁啮合式、摩擦片式离合器 | 3 | 9 | 15° | | | | | | | |

续表

| 厂牌车型 | 起动机型号 | 额定电压/V | 功率/kW | 驱动装置及操纵型式 | 齿轮参数 | | | 电刷弹簧压力/N | 空转试验 | | | 全制动试验 | | |
|---|---|---|---|---|---|---|---|---|---|---|---|---|---|---|
| | | | | | 模数 | 齿数 | 压力角 | | 电压/V | 电流不大于/A | 转速不低于/r·min$^{-1}$ | 电压/V | 电流不大于/A | 扭矩不小于/N·m |
| 斯可达 706R<br>太脱拉 111R | ST9187 | 24 | 4.4 | 电磁啮合式、摩擦片式离合器 | | | | | 22.5 | 60 | 5 600 | 10 | 600 | 48 |
| 却贝尔 D350<br>D420、D450 | QD35 | 24 | 5.15 | | 3 | 9 | 15° | | | | | | | |
| 红岩 CQ260<br>贝利埃 GCH、GBC | QD26 | 24 | 5.15 | | 3.175/2.54 | 11 | 20° | | | | | | | |
| 红旗 CA770A<br>红旗 CA770B | QD77<br>372A | 12<br>12 | 1.5<br>1.32 | | 2.25<br>2.5 | 9<br>9 | 20°<br>20° | 8.3～13.7 | | | 5 000 | | | 26 |
| 上海 SH760、SH130 | ST811 | 24 | 0.6 | | 2.5 | 9 | 20° | | | | | | | |
| 五十铃 TXD50 | | 12 | 3.68 | | 3 | 11 | 14.5° | | | | | | | |
| 日野 KM400 | | 24 | 3.68 | | | 11 | | | | | | | | |
| 尼桑 | | 24 | 5.15 | | 3 | 11 | 14.5° | | 24 | 75 | | | | |

若扭矩小于标准值而电流大于标准值，则表明磁场和电枢绕组中有短路和搭铁故障；若扭矩和电流都小于标准值，表明线路中接触不良；若驱动齿轮锁止而电枢轴有缓慢转动，则说明单向离合器有打滑现象。

## 3.8 电压转换开关

由于柴油发动机的压缩比较大，所需起动扭矩增加，为此，一般柴油车均采用 24 V 起动机，以提高起动机的比功率，但发电机和全车用电设备仍用 12 V。为了解决这一问题，可在电路中装一电压转换开关，起动时，转换开关将两只 12 V 蓄电池串联工作，以 24 V 电压供电，在非起动状态时，转换开关又将两只蓄电池恢复为并联工作，以满足 12 V 电压的需要。

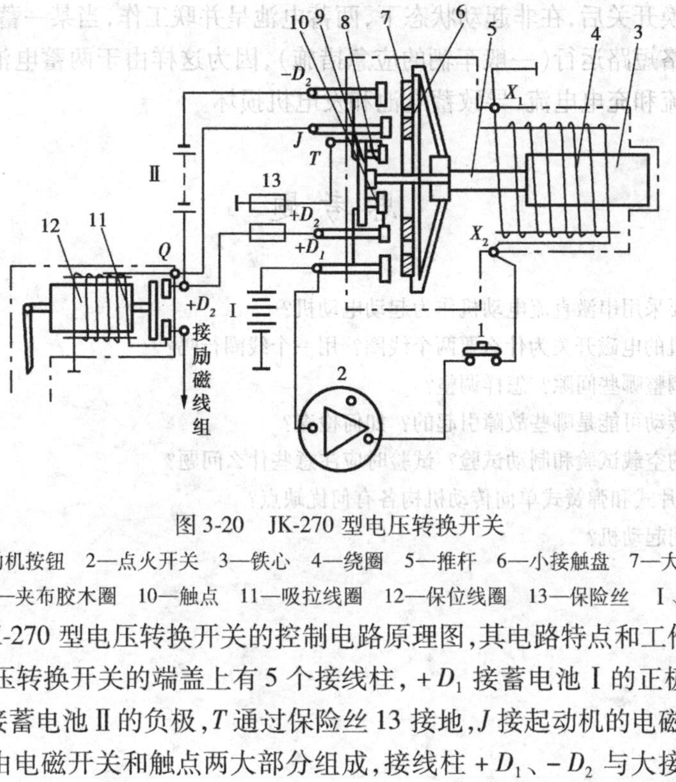


图 3-20 JK-270 型电压转换开关

1—起动机按钮 2—点火开关 3—铁心 4—绕圈 5—推杆 6—小接触盘 7—大接触盘 8—触点 9—夹布胶木圈 10—触点 11—吸拉线圈 12—保位线圈 13—保险丝 Ⅰ、Ⅱ—蓄电池

图 3-20 为 JK-270 型电压转换开关的控制电路原理图，其电路特点和工作原理如下：

JK-270 型电压转换开关的端盖上有 5 个接线柱，$+D_1$ 接蓄电池Ⅰ的正极，$+D_2$ 接蓄电池Ⅱ的正极，$-D_2$ 接蓄电池Ⅱ的负极，$T$ 通过保险丝 13 接地，$J$ 接起动机的电磁开关。

其内部主要由电磁开关和触点两大部分组成，接线柱 $+D_1$、$-D_2$ 与大接触盘的两个触点相连，$+D_2$ 和 $J$ 与小接触盘的两个触点相连，8 和 10 为两个常闭触点。电磁开关磁化线圈的额定电压为 12 V，在 8 V 电压下便能正常工作，铁心 3 上连有推杆 5，其上装有两个接触盘，推杆 5 前端有一个夹布胶木圈 9，用来分开常闭触点 8 和 10。

在非起动状态下，常闭触点 8 和 10 闭合，蓄电池Ⅰ的正极经接线柱 $+D_1$、常闭触点 10、接线柱 $+D_2$ 与蓄电池Ⅱ的正极相连，蓄电池Ⅰ的负极搭铁，蓄电池Ⅱ的负极经接线柱 $-D_2$、常闭触点 8、接线柱 $T$ 和保险丝 13 后搭铁，所以两蓄电池处于并联状态。

在接通点火开关 2 并按下起动机按钮 1 后，两只蓄电池都向磁化线圈 4 供电，其电路为：蓄电池Ⅰ的正极→点火开关 2→按钮 1→接柱 $X_2$→线圈 4→接柱 $X_1$→搭铁→蓄电池负极；蓄电池Ⅱ的正极→起动机接柱 $+D_2$→转换开关接柱 $+D_2$→常闭触点 10→接柱 $+D_1$ 和蓄电池Ⅰ的正极相连。蓄电池Ⅱ的负极→接柱 $-D_2$→常闭触点 8→接柱 $T$→保险丝 13—搭铁。

线圈 4 得电后，产生电磁吸力，吸动铁心 3，通过推杆 5，推动接触盘和夹布胶木圈向左移动，大接触接通 $+D_1$ 和 $-D_2$，小接触盘接通 $+D_2$ 和 $J$，与此同时夹布胶木圈 9 断开常闭触点 8 和 10，从而使蓄电池Ⅰ与蓄电池Ⅱ串联，并向起动机的吸拉线圈 11 和保位线圈 12 通电，产生电磁力。此时，蓄电池Ⅰ与蓄电池Ⅱ串联后向起动机供电，其电路为：蓄电池Ⅱ的正极→起动机接线柱 $+D_2$→保险丝→转换开关接柱 $+D_2$→小接触盘 6→接柱 $J$→起动机接柱 $Q$→

↗吸拉线圈→激磁绕组→电枢绕组→搭铁↘<br>
　　　　　　　　　　　　　　　　　　　　↗蓄电池Ⅰ的负极。<br>
↘保位线圈→搭铁

以后的工作情况与电磁操纵强制啮合式起动机相同。在此不再赘述。

发动机起动后，松开按钮 1，线圈 4 失电，磁力消失，铁心 3 在回位弹簧作用下向右移动。蓄电池恢复成并联方式，起动机停止转动。

安装电压转换开关后，在非起动状态下，两蓄电池呈并联工作，当某一蓄电池单格损坏时，切莫将损坏的单格短路运行（一般车辆的应急措施），因为这样由于两蓄电池端电压不等会造成较大的放电电流和充电电流，导致蓄电池和发电机损坏。

## 思考题

1. 汽车为什么要采用串激直流电动机作为起动电动机？
2. 321 型起动机的电磁开关为什么要两个线圈？用一个线圈行吗？
3. 起动机需要调整哪些间隙？怎样调整？
4. 起动机不能转动可能是哪些故障引起的？如何检查？
5. 何谓起动机的空载试验和制动试验？试验时应注意些什么问题？
6. 滚柱式、摩擦片式和弹簧式单向传动机构各有何优缺点？
7. 怎样合理使用起动机？

# 第4章 汽车点火系

在现代汽油发动机中,气缸内的可燃混合气是采用高压电火花点燃的。为了在气缸中产生高压电火花,必须采用专门的点火装置。

根据电能的来源,可分为蓄电池点火和磁电机点火两大类。

磁电机点火系,其低压电流是自己产生的,且其点火线圈、断电器和配电器组合为一整体,由于它的结构复杂,低速点火性能不好,主要用于没有蓄电池的情况。如拖拉机的启动汽油机、摩托车、飞机发动机及小型固定式汽油机等。

蓄电池点火系的电能由蓄电池或发电机供给。由于其结构简单、工作可靠、成本低,所以在汽车上广泛采用。

## 4.1 对点火系统的要求

总的要求是点火系统应在发动机各种不同工况和使用条件下,保证可靠而准确地点燃混合气。为此,点火装置应满足下列三个基本要求:

### 4.1.1 产生足以击穿火花塞间隙的高电压

火花塞电极之间产生火花的电压称为击穿电压,它与下列因素有关。

1. 火花塞电极间隙的大小

电极间隙越大,气体中的离子和电子与电极的距离增大,受电场力的作用减小,不易发生碰撞电离,因此需要较高的电压才能跳火。

2. 气缸内混合气的压力与温度

实际上击穿电压与混合气的密度有关,密度越大,单位体积中气体分子数量越多,离子自由运动的距离(即两次碰撞之间的距离)就越短,故不易发生碰撞电离作用,只有提高加在电极上的电压,增大作用于离子上的电场力,使离子加速才能发生碰撞电离而使火花塞间隙击穿,因此混合气的密度越大,则击穿电压越高。而混合气的压力与温度,影响混合气密度,从而间接影响击穿电压。

3. 电极的温度和极性

实验证明,当火花塞的电极温度超过混合气的温度时,击穿电压约降低30% ~50%,因电极温度越高,其周围混合气的密度就越小,容易发生碰撞电离。此外,当受热的电极(火花塞中心电极)是负极时,由于热电发射和二次电子发射作用(即在正离子的轰击下,使阴极又发射新的电子的现象),火花塞的击穿电压约可降低20%。

4. 发动机的工作情况

发动机不同的工况,其击穿电压也不相同,其值随发动机转速、负荷率、压缩比、点火提前角以及混合气成分而变化。

起动时的击穿电压最高,因为起动时缸壁、活塞及火花塞处于冷态,吸入的混合气温度低,雾化不良,压缩终了混合气温升也较小,加之火花塞电极间可能含有油污等,所以击穿电压最高。此外,汽车加速时,大量冷的混合气吸入也需较高的击穿电压。

为了保证点火可靠,点火装置必须有一定的高压储备,以保证在各种情况下均能大于该工况下的击穿电压。但过高的次级电压,又会造成绝缘困难,成本提高。一般次级电压常限制在 30 kV 以内。

### 4.1.2 火花应具有足够的能量

为使混合气点燃可靠,火花应具有一定的能量。发动机正常工作时,由于混合气压缩终了的温度已接近其自然温度,因此所需的火花能量很小(1 ~5 mJ)。传统点火系能发出 15 ~50 mJ 的火花能量,足以点燃混合气。但在发动机起动、怠速以及节气门突然急剧打开时需较高的火花能量。为了保证可靠点火,一般应保证有 50 ~80 mJ 的点火能量,起动时应大于 100 mJ 的火花能量。

### 4.1.3 点火时刻应适应发动机的工况变化

由内燃机原理知,不同发动机均有不同的最佳点火提前角,而且同一发动机在不同工况和不同使用条件下的最佳点火提前角也不相同。影响最佳点火提前角的因素有:

1. 转速

发动机转速越高,最佳点火提前角越大。这是因为转速越高,在同一时间内活塞移动的距离越大,曲轴转角也就加大。如果混合气的燃烧速率不变,则最佳点火提前角应按线性增加。但当转速升高时,混合气的压力和温度增高,扰流也增强,使燃烧速度随之加快,因此,最佳点火提前角,应随发动机转速升高而增大,但不是线性的。

2. 负荷

在同一转速下,发动机负荷率增大,最佳点火提前角随之减小,这是由于负荷率增大,即节气门开度增大,吸入气缸的混合气量增多,压缩终了时,压力和温度增高,使燃烧速度加快,因此最佳点火提前角,随负荷的增大而减小。

3. 起动及怠速

发动机起动和怠速时,虽然混合气燃烧速度较慢,但混合气的全部燃烧时间,只占较小的曲轴转角,如果点火过早,可能使曲轴反转,因此,要求点火提前角减小或不提前。

4. 汽油的辛烷值

由内燃机原理知,爆燃使发动机功率下降、油耗增加、发动机过热等,对发动机极为有害。汽油的抗爆能力,用辛烷值表示。辛烷值高的汽油不易产生爆燃,其点火提前角可增大些,在燃用低辛烷值的汽油时,应适当减小点火提前角。

5. 压缩比

压缩比增大,压缩行程终了时的压力和温度增高,最佳点火提前角减小。

6. 混合气成分

混合气浓度直接影响燃烧速率,在 $\alpha = 0.8 \sim 0.9$ 时,燃烧速率最快,最佳点火提前角最小。过稀或过浓的混合气,由于燃烧速度变慢,必须增加点火提前角。

7. 进气压力

进气压力减小,混合气雾化和扰流变坏,燃烧速度变慢,高原地区大气压力低,空气稀薄,应适当加大点火提前角。

## 4.2 传统点火系

### 4.2.1 组成

图 4-1 为传统点火系的组成及电路原理图。

1. 蓄电池

供给点火系所需电能。

2. 点火开关

接通或断开点火系初级电路。

3. 点火线圈

为自耦变压器,将低电压变为击穿火花塞间隙所需的高电压。

4. 断电配电器

断电器由凸轮和断电器触点组成,凸轮凸角数与气缸数相等,其作用是用来接通和断开初级电路。分电器由分火头及旁电极组成,当分火头旋转时,将高压电按发动机工作顺序送给各缸火花塞。断电器凸轮与分电器分火头装在同一轴上,由配气凸轮轴驱动。另外触点支架还受离心点火提前装置和发动机进气歧管的真空点火提前装置控制,以实现点火提前角的自动调节。

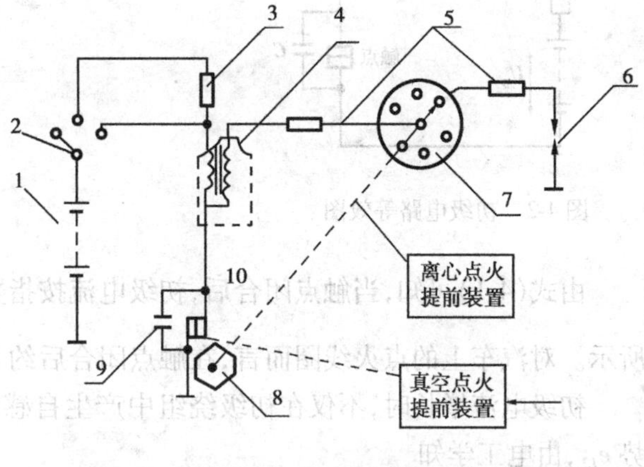


图 4-1 蓄电池点火系的组成及电路原理图

1—蓄电池 2—点火开关 3—附加电阻 4—点火线圈 5—高压阻尼线 6—火花塞 7—分电器 8—断电器凸轮 9—电容器 10—断电器触点

5. 电容器

电容器与断电触点并联,以减小触点分开时的火花,延长触点使用寿命。

6. 高压阻尼线

用以连接点火线圈至分电器中心和分电器旁电极至各火花塞。

7. 火花塞

将高压电引入气缸燃烧室,产生电火花点燃可燃混合气。

### 4.2.2 工作原理

点火系统的工作原理可分为触点闭合,初级电流增长;触点打开,次级绕组产生高压;火花塞电极间火花放电三个阶段进行分析。

1. 触点闭合,初级电流增长的过程

点火系的初级电路包括蓄电池、点火开关、附加电阻、点火线圈初级绕组、分电器的断电触点及电容器。其等效电路如图 4-2 所示。

触点闭合时，初级电流 $i_1$ 由蓄电池经附加电阻 $R_f$ 流过点火线圈初级绕组 $N_1$，并在其周围产生磁场，由电工学知

$$i_1 = \frac{U_B}{R}(1 - e^{-\frac{R}{L}t}) \tag{4-1}$$

式中 $U_B$——蓄电池端电压；

$R$——初级电路的电阻，包括 $N_1$ 绕组的电阻 $R_1$ 和附加电阻 $R_f$，即 $R = R_f + R_1$；

$L$——初级绕组的电感；

$t$——初级电流持续的时间，即触点闭合时间。

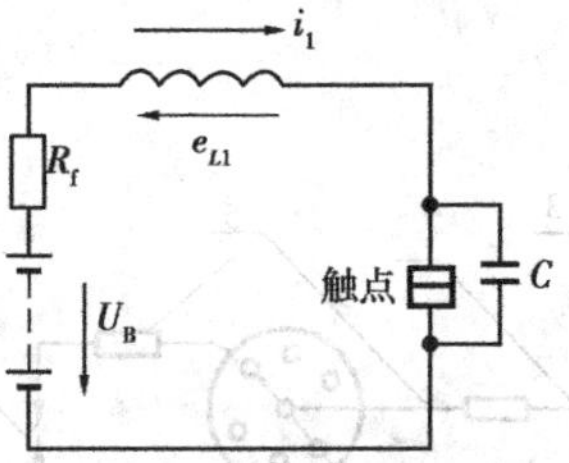


图 4-2 初级电路等效图

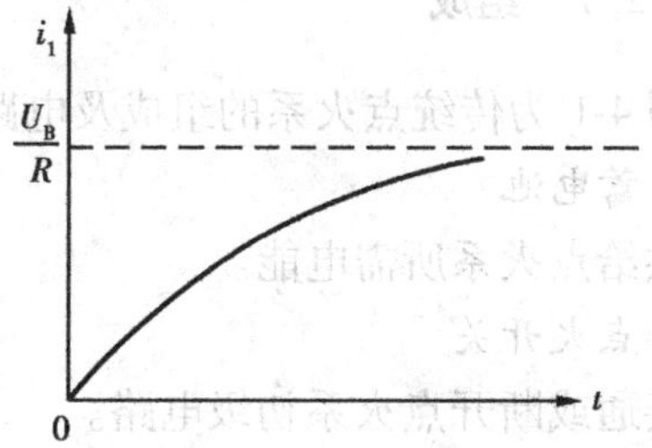


图 4-3 初级电流

由式(4-1)可知，当触点闭合后，初级电流按指数规律增长，并逐渐趋于极限值$\frac{U_B}{R}$，如图4-3所示。对汽车上的点火线圈而言，在触点闭合后约 20 ms，$i_1$ 就接近于其极限值。

初级电流增长时，不仅在初级绕组中产生自感电势 $e_{L1}$，同时在次级绕组中也会感应出电势 $e_{L2}$，由电工学知

$$e_{L1} = -U_B e^{-\frac{R}{L}t} \tag{4-2}$$

$$e_{L2} = -\frac{N_2}{N_1}U_B e^{-\frac{R}{L}t} \tag{4-3}$$

一般 $e_{L1}$ 约 20 V，$e_{L2}$ 约为 1.5 ~ 2 kV，不能击穿火花塞间隙。

2. 触点打开，次级绕组产生高压的过程

触点闭合后，初级电流按指数规律增长，当闭合时间为 $t_b$、$i_1$ 增长到 $I_P$ 时，触点被凸轮顶开，$I_P$ 称为初级断开电流，其值

$$I_P = \frac{U_B}{R}(1 - e^{-\frac{R}{L}t_b}) \tag{4-4}$$

此时，初级绕组储存的磁场能量

$$W_P = \frac{1}{2} \cdot I_P^2 L \tag{4-5}$$

触点打开后，初级电流 $I_P$ 迅速降到零，磁通也随之迅速减少，在初级绕组和次级绕组中都产生感应电动势，初级绕组匝数少，产生 200 ~ 300 V 的自感电势，次级绕组由于匝数多，产生高达 15 ~ 20 kV 的互感电势 $U_2$，如图 4-4(b)所示。

触点打开后，初级电路由 $L$、$R$、$C$ 组成振荡回路，产生衰减振荡。在次级绕组中的感应电动势也发生相应的变化。如果次级电压值不能击穿火花塞间隙，则 $U_2$ 将按图 4-4(b)中虚线变化，在几次振荡之后消失。如果 $U_2$ 升到 $U_j$ 时火花塞间隙被击穿，则电压的变化如图 4-4

(b)实线所示，$U_j$ 称为击穿电压。

触点闭合期间，铁心中储存的能量为 $W_P$。触点打开后，初级电流消失，它的磁场迅速消失，初级绕组 $N_1$ 中产生自感电动势 $e_L$，在次级绕组中产生互感电势 $e_M$，如图4-5所示。

在初级绕组中所产生的自感电势 $e_L$ 向电容器 $C_1$ 充电，并将 $C_1$ 充到最大电压 $U_{1max}$，电容 $C_1$ 中储存的电场能为

$$W_{C1} = \frac{1}{2}C_1U_{1max}^2 \tag{4-6}$$

在次级绕组中，高压导线和发动机机体之间，次级绕组匝与匝之间，火花塞中心电极与侧电极之间均有一定的电容，称为分布电容，用 $C_2$ 表示。次级感应电动势 $e_M$ 也会向 $C_2$ 充电，直至充到最大电压 $U_{2max}$，$C_2$ 储存的电场能为

$$W_{C2} = \frac{1}{2}C_2U_{2max}^2 \tag{4-7}$$

根据能量守恒定律，若略去热损失，则 $N_1$ 中储存的磁场能 $W_P$ 将全部转变为 $C_1$、$C_2$ 的电场能，即

$$\frac{1}{2}LI_P^2 = \frac{1}{2}C_1U_{1max}^2 + \frac{1}{2}C_2U_{2max}^2 \tag{4-8}$$

假设初级绕组和次级绕组无磁损失，则有

$$\frac{U_{1max}}{U_{2max}} = \frac{N_1}{N_2} \tag{4-9}$$

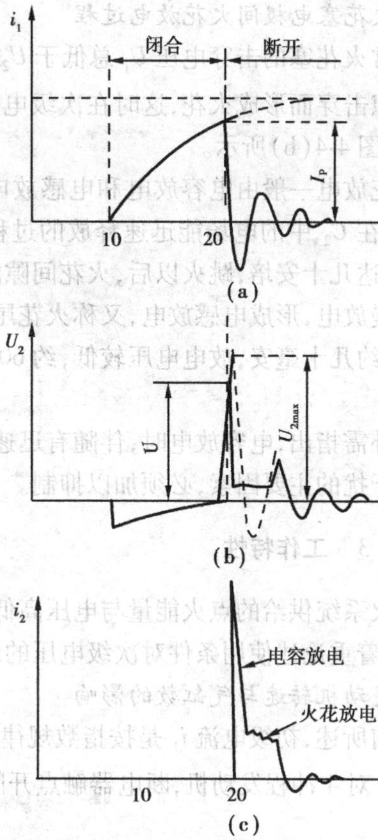

图4-4 传统点火系工作过程波形图

(a)初级电流波形 (b)次级电压波形

(c)次级电流波形

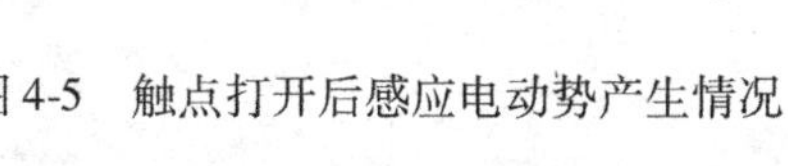

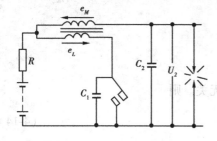

图4-5 触点打开后感应电动势产生情况

将式(4-9)代入式(4-8)整理可得

$$U_{2max} = I_P\sqrt{\frac{L}{C_1\left(\frac{N_1}{N_2}\right)^2 + C_2}} \tag{4-10}$$

实际上有热损失和磁损失，故

$$U_{2max} = \eta I_P\sqrt{\frac{L}{C_1\left(\frac{N_1}{N_2}\right)^2 + C_2}} \tag{4-11}$$

式中 $\eta$ 一般为0.75～0.85。

由上式可知，当点火线圈结构一定时，次级电压的最大值与初级断电电流成正比，并随 $C_1$、$C_2$ 的增大而减小。

另外，次级电压上升的时间对火花塞的工作能力影响极大，电压上升越快，损失越小，用于点火的能量就越多，为了便于对各种点火系统进行比较，把次级电压从1.5 kV上升到15 kV所需的时间称为次级电压上升时间。传统点火系一般约为120 μs。

3. 火花塞电极间火花放电过程

通常火花塞的击穿电压 $U_j$ 总低于 $U_{2max}$，在这种情况下，当次级电压 $U_2$ 达到 $U_j$ 时，就使火花塞间隙击穿而形成火花，这时在次级电路中出现 $i_2$，如图 4-4(c)所示。同时次级电压突然下降，如图 4-4(b)所示。

火花放电一般由电容放电和电感放电两部分组成。所谓电容放电是指火花间隙被击穿时，储存在 $C_2$ 中的电场能迅速释放的过程，其特点是放电时间极短(1 μs 左右)，但放电电流很大，可达几十安培，跳火以后，火花间隙的阻力减小，线圈磁场的其余能量将沿着电离的火花间隙缓慢放电，形成电感放电，又称火花尾。其特点是放电时间持续较长，达几毫秒，但放电电流较小，约几十毫安，放电电压较低，约 600 V，实验证明，电感放电持续的时间越长，点火性能越好。

另外需指出，电容放电时，伴随有迅速消失的高频振荡(频率约为 $10^6 \sim 10^7$ Hz)，它是产生无线电干扰的主要因素，必须加以抑制。

### 4.2.3 工作特性

点火系统供给的点火能量与电压高低，直接影响发动机的性能，而影响次级电压的因素很多，下面着重论述使用条件对次级电压的影响。

1. 发动机转速与气缸数的影响

由前所述，初级电流 $i_1$ 是按指数规律增长的。触点闭合时间 $t_b$ 与发动机转速 $n$ 和气缸数 $Z$ 有关。对 4 冲程发动机，断电器触点开闭的频率 $f$ 为

$$f = \frac{Z_n n}{2 \times 60} \tag{4-12}$$

设

$$\tau_b = \frac{t_b}{t_b + t_K} = \frac{t_b}{T} \tag{4-13}$$

式中 $t_b$——触点闭合时间；

$t_K$——触点断开时间；

$T$——触点开闭周期，$T = \frac{1}{f}$；

$\tau_b$——触点相对闭合时间。

触点相对闭合时间 $\tau_b$ 只与凸轮形状有关而与转速无关。则

$$t_b = \tau_b T = \frac{120\tau_b}{Zn} \tag{4-14}$$

将式(4-14)代入式(4-4)得初级断电电流

$$I_P = \frac{U_B}{R}(1 - e^{-\frac{R120}{LZn}\tau_b}) \tag{4-15}$$

将式(4-15)代入式(4-11)，得

$$U_{2max} = \eta \frac{U_B}{R}(1 - e^{-\frac{R\tau_b 120}{LZn}}) \sqrt{\frac{L}{C_1\left(\frac{N_1}{N_2}\right)^2 + C_2}} \tag{4-16}$$

由式(4-16)可知，当 $Z$、$n$ 增加时，$U_{2max}$ 将减小。次级电压随转速升高而降低的现象，是多

缸发动机高速时容易断火的原因，如果在图 4-6 中标一条相当于发动机最不利情况下，所需击穿电压的水平虚线，则此水平虚线与两条曲线的交点对应的发动机转速即为该发动机的极限转速 $n_{max}$，超过此转速不能保证可靠点火。

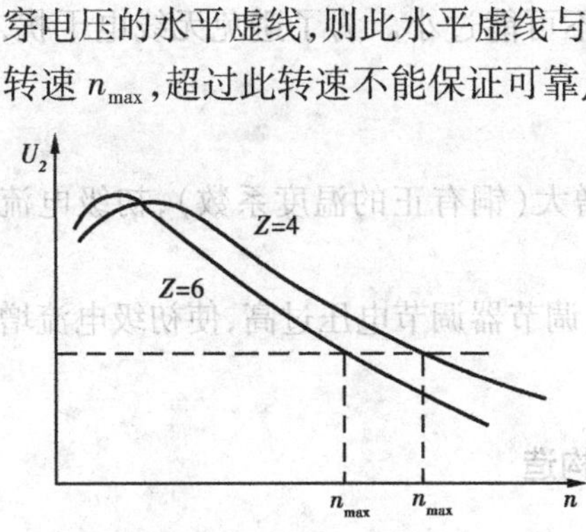


图 4-6 传统点火系 $n$、$Z$ 对 $U_{2max}$ 的影响

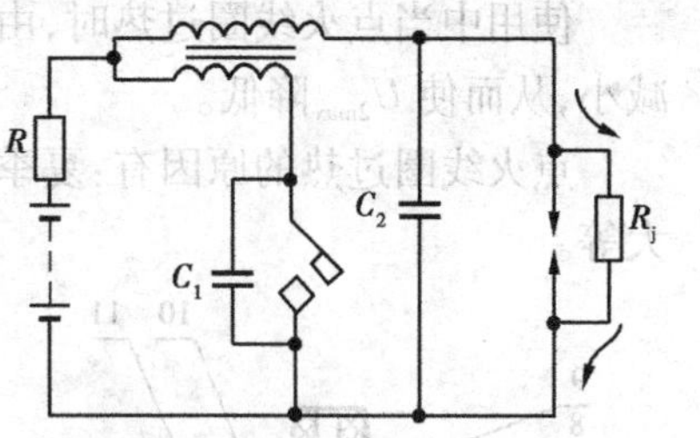


图 4-7 火花塞积炭的分路作用

从理论上讲，转速越低，触点闭合时间越长，$U_{2max}$ 应越高，但实际上，由于转速很低时，触点打开得很慢，触点间的火花会损失一部分能量，$U_{2max}$ 反而有所降低。

2. 火花塞积炭的影响

如图 4-7 所示，当积炭渣存在于火花塞绝缘体时，相当于在火花塞电极之间并联了一个电阻 $R_j$，使次级电路闭合，于是在次级电压还未上升到火花塞击穿电压时，就通过积炭产生漏电，使次级电压下降，造成点火困难，若在高压线与火花塞间预留 3 ~ 4 mm 的附加间隙，则火花塞便能正常跳火，称为打吊火。但这种方法只能应急，不能长期使用。

3. 触点间隙的影响

在使用中触点间隙大小是否合适，将影响 $U_{2max}$ 值，如图 4-8 所示。当触点间隙大时，触点闭合角 $\beta$ 变小，如图 4-8(a) 所示，使 $I_P$ 减小，$U_{2max}$ 下降。触点间隙小时，$\beta$ 角增大，$I_P$ 增大，故 $U_{2max}$ 可以提高。但是如果间隙太小，会使触点分开时，火花加强而 $i_1$ 下降缓慢，反而会降低次级电压。因此，触点间隙应按制造厂规定进行调整。

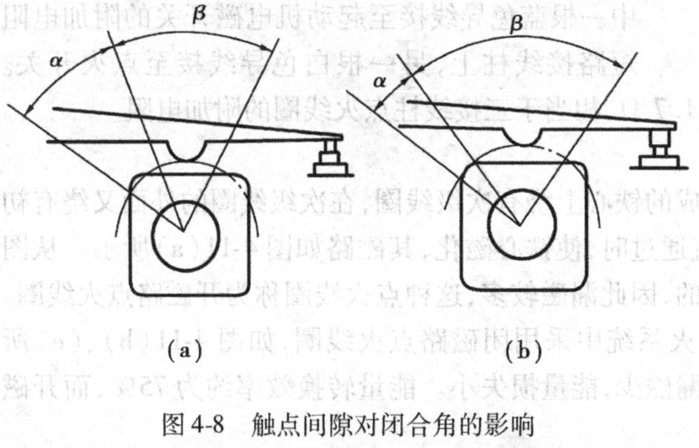


图 4-8 触点间隙对闭合角的影响

(a) 触点间隙大 (b) 触点间隙小

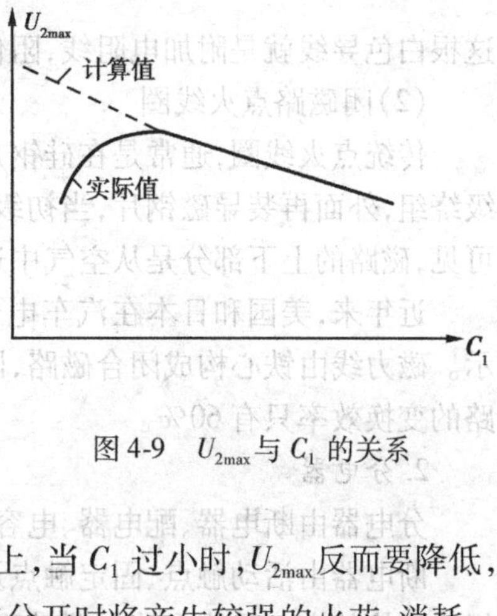


图 4-9 $U_{2max}$ 与 $C_1$ 的关系

4. 电容的影响

由式(4-16)可知，$U_{2max}$ 随 $C_1$、$C_2$ 的减小而增高，但实际上，当 $C_1$ 过小时，$U_{2max}$ 反而要降低，如图 4-9 所示。这是因为 $C_1$ 过小时，起不到灭弧作用，触点分开时将产生较强的火花，消耗一部分初级线圈中的磁场能量，从而降低了 $U_{2max}$。火花严重时，$i_1$ 下降速率减慢，$U_{2max}$ 也要下

降，一般 $C_1$ 取 0.15～0.25 μF 为宜。

次级分布电容 $C_2$ 也有同样影响，但受结构限制，$C_2$ 不可能过小。为了避免无线电干扰，有时在点火装置中有屏蔽，此时 $C_2$ 将有所增加。

5. 点火线圈温度的影响

使用中当点火线圈过热时，由于初级绕组的电阻值增大（铜有正的温度系数），初级电流减小，从而使 $U_{2max}$ 降低。

点火线圈过热的原因有：夏季天气炎热、发动机过热、调节器调节电压过高，使初级电流增大等。

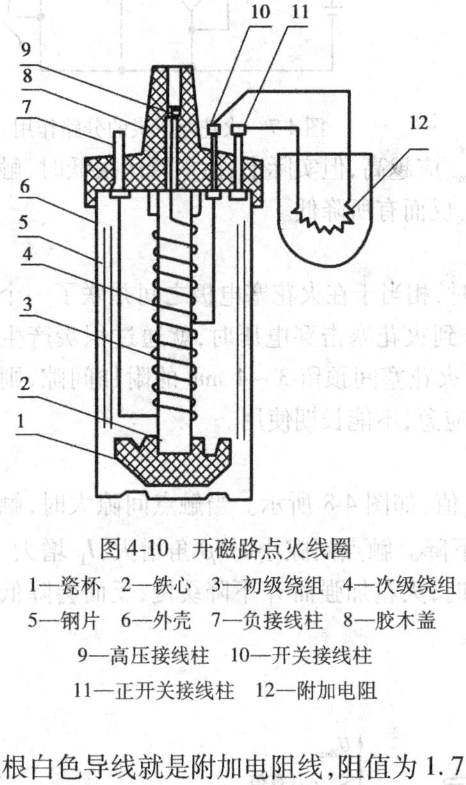


图 4-10 开磁路点火线圈

1—瓷杯 2—铁心 3—初级绕组 4—次级绕组 5—钢片 6—外壳 7—负接线柱 8—胶木盖 9—高压接线柱 10—开关接线柱 11—正开关接线柱 12—附加电阻

### 4.2.4 构造

1. 点火线圈

(1) 开磁路点火线圈

点火线圈的构造如图 4-10 所示。

三接线柱式点火线圈上装有一附加电阻，接在标有"开关"和"＋开关"的两接线柱上，附加电阻由低碳钢丝或镍铬丝制成，具有受热时电阻迅速增大，冷却时电阻迅速降低的特性，因此，在发动机工作时，可自动调节初级电流，改善高速时的点火特性。在安装时应将附加电阻的两接线柱接至起动机的辅助开关触点上，以便起动时将其短路隔除，以提高起动时的初级电流，使起动容易。

二接线柱式无附加电阻，如 EQ140 型汽车上装的 DQ125 型点火线圈即是。其"－"接线柱接至分电器触点，而"＋"接线柱上接有两根导线，其中一根蓝色导线接至起动机电磁开关的附加电阻短路接线柱上，另一根白色导线接至点火开关。这根白色导线就是附加电阻线，阻值为 1.7 Ω，相当于三接线柱点火线圈的附加电阻。

(2) 闭磁路点火线圈

传统点火线圈，通常是在硅钢片叠成的铁心上绕有次级线圈，在次级线圈的外面又绕有初级绕组，外面再装导磁钢片，当初级电流通过时，使铁心磁化，其磁路如图 4-11(a) 所示。从图可见，磁路的上下部分是从空气中通过的，因此漏磁较多，这种点火线圈称为开磁路点火线圈。

近年来，美国和日本在汽车电子点火系统中采用闭磁路点火线圈，如图 4-11(b)、(c) 所示。磁力线由铁心构成闭合磁路，因而漏磁少，能量损失小。能量转换效率约为 75%，而开磁路的变换效率只有 60%。

2. 分电器

分电器由断电器、配电器、电容器和点火提前调节机构等组成。

断电器由活动触点、固定触点及凸轮组成，凸轮与拨板制成一体，活装在分电器轴上，离心提前机构的离心重块由分电器轴驱动。

配电器由分电器盖和分火头组成，分火头插装在凸轮的顶端，和凸轮一起转动，分电器盖

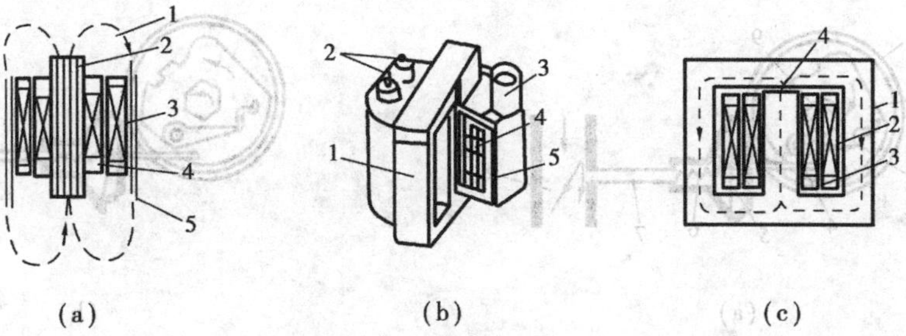


图 4-11　闭磁路点火线圈

(a)开磁路：1—磁力线　2—铁心　3—初级绕组　4—次级绕组　5—导磁钢片

(b)闭磁路点火线圈外形：1—日字形铁心　2—低压接线柱　3—高压接线柱　4—初级绕组　5—次级绕组

(c)闭合磁路：1—日字形铁心　2—次级绕组　3—初级绕组　4—空气隙

有与发动机气缸数相等的旁电极，分火头上的导电片在距离旁电极0.2～0.8 mm 间隙处越过，高压电自导电片跳至与其相对的旁电极，再经高压分线送至火花塞。电容器应能耐500 V 电压。

分电器中断电配电器部分的结构较简单，在此不作详述。比较复杂的是点火提前角调节机构。

(1)离心点火提前机构

离心点火提前机构，如图 4-12 所示，随发动机转速升高，重块的离心力增大，克服弹簧拉力绕柱销转动一角度，销钉 8 推动拨板，使凸轮沿旋转方向相对于轴转过一角度，点火提前角增大，反之亦然。

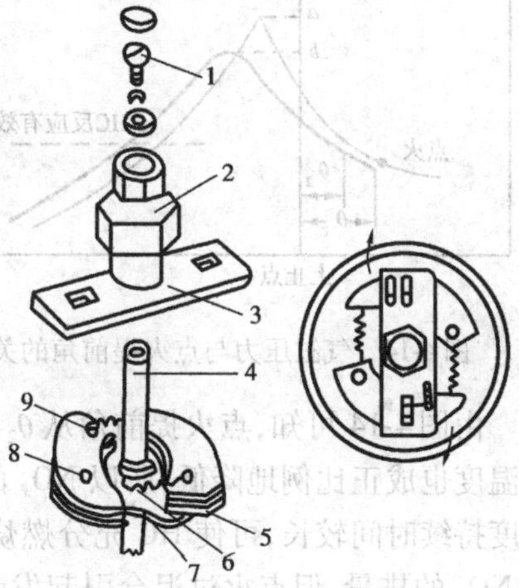

图 4-12　离心点火提前机构

1—固定螺钉　2—凸轮　3—拨板　4—分电器轴　5—重块　6—弹簧　7—托板　8—销钉　9—柱销

(2)真空点火提前机构

安装在分电器壳体的外侧，内部构造如图 4-13 所示。

当发动机负荷小时，节气门开度小，小孔处真空度较大，吸动膜片，拉杆 4 推动活动板带着触点副逆凸轮旋转方向转动一定角度，使点火提前角增大。节气门开度大时(负荷增大)，小孔处真空度降低，膜片在弹簧力作用下，使点火提前角自动减小。怠速时，节气门接近全闭。小孔处于节气门上方，真空度几乎为零，使点火提前角很小或基本不提前。

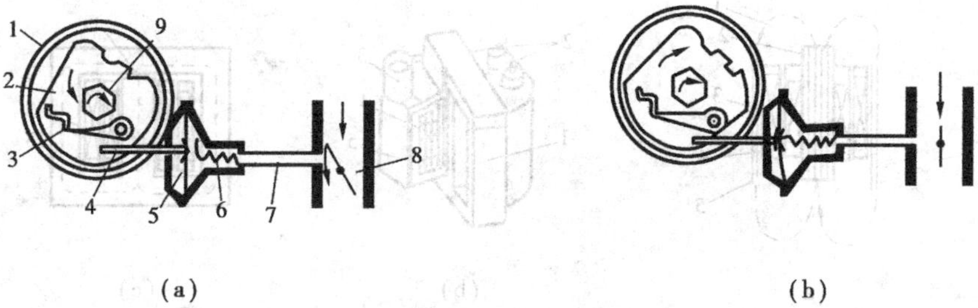


图 4-13　真空点火提前机构工作原理图

(a)小负荷工况　(b)大负荷工况

1—分电器壳体　2—活动板　3—触点副　4—拉杆　5—膜片　6—弹簧　7—真空连接管　8—节气门　9—凸轮

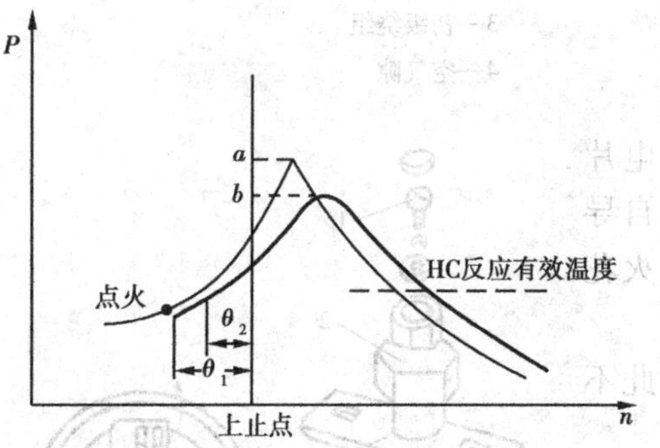


图 4-14　气缸压力与点火提前角的关系

研究指出，适当延迟点火时刻可降低燃烧温度并延长燃烧时间，是使排气净化的最基本、最重要的方法之一。由发动机燃烧理论可知，发动机排气中，有害气体主要是 CO、HC 和 $NO_x$ 与未燃的 HC 在太阳光紫外线作用下产生的光化学烟雾。CO、HC 在燃烧不完全和燃气温度较低时产生较多，而 $NO_x$ 则在气缸温度较高时，由可燃混合气内的 $N_2$ 和 $O_2$ 化合而成。所以与 CO、HC 正相反，$NO_x$ 在燃烧完全和燃气温度较高时产生最多。

由图 4-14 可知，点火提前角从 $\theta_2$ 降为 $\theta_1$ 时，气缸内的最高压力从 $a$ 降到 $b$，则混合气的最高温度也成正比例地降低，所以 $NO_x$ 的排量减少。又由于燃烧时间延长，使 HC 燃烧所必须的温度持续时间较长，可使 HC 充分燃烧而使 HC 排量减少。即减小点火提前角，可以减少 HC 和 $NO_x$ 的排量，但点火过迟会引起发动机功率下降，油耗增加和发动机过热等不良影响。由于汽油发动机在怠速时排放最为恶劣，所以国外也有采用双真空室提前机构，仅在怠速时，延迟点火时刻，减少 $NO_x$，HC 的排量，而中速时，仍提前点火，以保证发动机的功率输出和降低比油耗。

图 4-15 为双真空室点火提前机构原理图，中等负荷时(节气门在虚线位置)，提前真空室 2 起作用，拉杆右移，使点火提前角增大。怠速时，节气门处于实线位置，延迟真空室起作用，拉杆左移，使点火不提前或提前很少，以减少 HC 和 $NO_x$ 的排量。

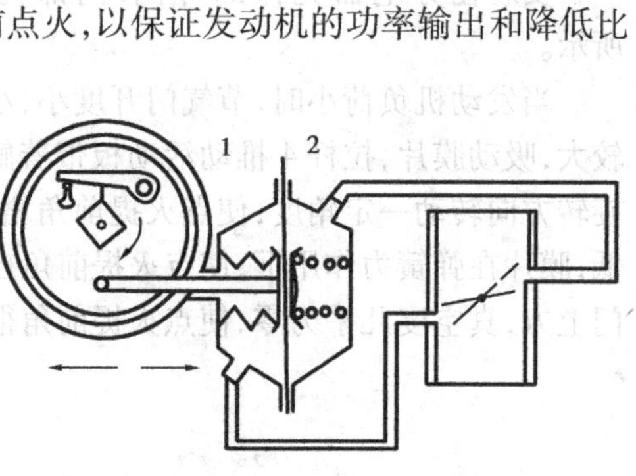


图 4-15　双真空提前机构

1—延迟真空室　2—提前真空室

3. 辛烷选择器

为了适应不同汽油的不同抗爆性能，常需调整点火时间，为此，在分电器上设有辛烷选择器，安装在分电器的壳体上，用以转动分电器壳，使其相对于凸轮转过一定角度，以调节点火提前角度。

4. 火花塞

(1)火花塞的工作条件及其要求

火花塞在发动机上的作用,主要是在发动机燃烧室中形成火花放电,使可燃混合气着火燃烧。

火花塞的工作条件十分恶劣,它承受很大的机械、化学及电的负荷。它的工作好坏对发动机的工作影响极大,因此对它提出了较高的要求:

①火花塞承受冲击性高电压作用,因此它的绝缘体应有足够的绝缘强度,能承受3万伏以上的高压。

②混合气燃烧时,火花塞下部受到1 500~2 000 ℃的高温燃气作用,而进气时,又受到50~60 ℃的混合气冷却,因此,要求能承受温度剧烈变化引起的热应力。

③火花塞的裙部应保持一定的温度,不可过高或过低,且不得有局部过热。

④混合气燃烧时,其最高压力可达5.8~6.9 MPa,此外,在火花塞制造中卷轧壳体边缘时,经铜垫圈传给绝缘体的压力高达3.4 kN,因此,要求它应有足够的机构强度。

⑤发动机工作时,火花塞电极会受到燃烧产物中的活性气体和物质(如臭氧、氧、一氧化碳、氧化硫、氧化铅)的作用,使电极腐蚀。因此,火花塞的电极应采用难熔、耐蚀的材料制成。

⑥火花塞应具有尽可能低的工作电压,以减轻整个电路的负担,降低成本,延长使用寿命。

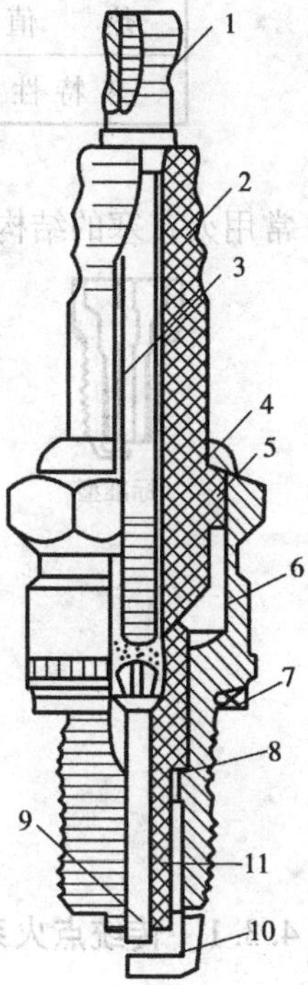

图4-16 火花塞的结构

1—接线螺母 2—绝缘体
3—金属杆 4—内垫圈
5—壳体 6—导体玻璃
7—密封垫圈 8—内垫圈
9—中心电极 10—侧电极
11—绝缘体裙部

(2)火花塞的构造和类型

火花塞的构造如图4-16所示,中心电极用镍铬合金制成,具有良好的耐高温、耐腐蚀性能,导体玻璃起密封作用。火花塞间隙多为0.6~0.7 mm,但当采用电子点火时,间隙可增大至1.0~1.2 mm。

火花塞的热特性是指火花塞吸收的热量与散出的热量达到平衡状态时的温度。实践证明,火花塞绝缘体裙部温度保持在500 ~600 ℃时,落在绝缘体上的油滴能立即烧去。这个不形成积炭的温度,称为火花塞的自净温度,低于这个温度时,火花塞易产生积炭而漏电,高于这个温度时,又易产生炽热点火,形成早燃。因此,火花塞的热特性必须与发动机相适应,以保证火花塞在发动机内良好工作。

火花塞的热特性主要决定于绝缘体裙部的长度,绝缘体裙部长的火花塞,其受热面积大,传热距离长,散热困难,裙部温度高,称为“热型”火花塞;反之,裙部短的火花塞,吸热面积小,传热距离短,散热容易,裙部温度低,称为“冷型”火花塞。热型火花塞用于低压缩比、低转速、小功率的发动机中;冷型火花塞用于高压缩比、高转速、大功率的发动机中。

火花塞的热特性,我国是以绝缘体裙部的长度来标定的,并分别用热值来表示,如表4-1所示。火花塞的热特性选用得是否合适,其判断方法是:如火花塞经常由于积炭而导致断火,表示它太冷;如果发生炽热点火(易引起爆燃或化油器回火现象),则表示太热。

表 4-1　裙部长度与热值

| 裙部长度/mm | 15.5 | 13.5 | 11.5 | 9.5 | 7.5 | 5.5 | 3.5 |
|---|---|---|---|---|---|---|---|
| 热　值 | 3 | 4 | 5 | 6 | 7 | 8 | 9 |
| 热 特 性 | 热 | | | ⟵⟶ | | | 冷 |

常用火花塞的结构类型如图 4-17 所示。

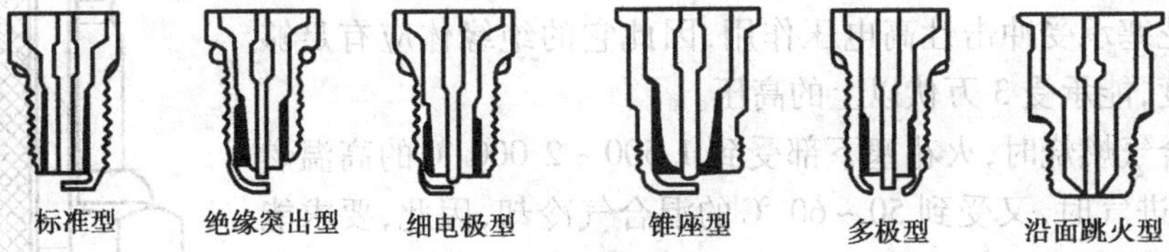


图 4-17　常用火花塞结构类型

## 4.3　电子点火系

### 4.3.1　传统点火系的缺点

在汽车上传统点火系的应用已有半个多世纪的历史了，虽然它的部件不断地有所改进，使其发火性能及使用寿命有所提高，但是并未从根本上解决问题。在传统的点火系里，断电器触点是最薄弱的环节，它像一个大的电流开关，当汽车行驶时，以很高的频率工作着，由于它受许多相互矛盾的制约因素的限制，传统的点火系统已不能适应现代发动机向高转速、高压缩比及燃用稀混合气发展的要求。传统点火系主要存在下列几个问题：

1. 火花能量的提高受到限制

汽车上发动机所需要的点火能量，最低应不少于 30 mJ，否则，混合气的点燃就会发生困难。现代汽车发动机，随着压缩比及转速的提高，点火系统的次级电路必须克服在火花塞电极间高的气缸压力（约 137.3 kPa）。另外，为适应排气净化的要求，已纷纷采用稀薄混合气燃烧，并把火花塞间隙加大到 1～1.2 mm 左右，所有这些都要求点火系统提供更高的点火能量，现在的发动机要求在整个转速范围内发火电压接近 2～2.5 万伏。而传统点火系的断电器触点，不可能有足够长的闭合时间去储存足够的能量$\left(E=\dfrac{LI_b^2}{2}\right)$，因为增大 $L$ 就意味着增加初级电流上升时间，即减小了初级断开时的电流 $I_b$，触点尺寸又受到机械惯性的限制不能太大，于是通过电流也受到限制（一般为 4 A），所以传统点火系火花能量的提高受到限制，已不能适应现在及将来发展的需要。

2. 触点故障多、寿命短

断电器主要存在以下三个问题，影响其使用寿命和使故障增多。

①触点的电腐蚀。当触点闭合时，初级电流通过它，而当触点断开时，在其表面就产生电弧，这个电弧就使触点表面发生电腐蚀，引起一个触点的金属向另一个触点转移，使一个触点

形成凹坑(通常是固定的搭铁触点),另一个触点表面凸起(动触点)。触点的导电面积就减小,电流密度增加,有时就使触点引起某种程度的熔化,使触点的使用寿命降低。同时,由于触点接触电阻增加,初级电流减小使火花能量减小。

②顶块磨损。顶块是装在动触点臂上,工作时与分电器凸轮接触,由于顶块磨损,使触点断开时间的间隙减小,点火时间改变,影响发动机的功率输出,当间隙小到一定程度后,由于触点断开时产生的电弧不能切断,致使触点在很短时间内烧蚀而失去工作能力。

③发动机在高速时,触点易产生"回跳"或"颤动"现象,故实际闭合角减小,影响火花能量,导致高速失火。

3. 对火花塞积炭和污染敏感

传统点火系中次级电压上升速率低(一般需 120 μs),故对火花塞积炭和污染很敏感。当火花塞积炭时,次级电压就会显著下降。

为了从根本上克服传统点火系的缺陷,早在 50 年代初,人们已开始研究用晶体管控制点火系的工作。从此,为蓄电池点火系开辟了新的途径。直到 1963 年,美国福特汽车公司才把最基本的晶体管点火系统,装在他的重型载货汽车上,作为选择性的装备使用。近十年来随着发动机转速和压缩比的提高,以及为了减少排气污染和节约燃油,采用稀薄混合气等,都要求提高点火能量和点火电压,各国都在探索改进点火系的途径,并研制了一系列的新型电子点火系统,随着电子技术的发展,可以预期它将逐渐取代传统的蓄电池点火系统。

目前研究和使用的电子点火系统,根据储能方式不同可分为电感式和电容式,根据有无触点又可分为有触点和无触点两种类型。下面结合实际线路,介绍其工作原理和特性。

### 4.3.2 电感储能有触点电子点火系

这种点火系统,是用一个功率晶体管代替断电器触点,去接通和切断点火线圈的初级电流,同时,仍保留触点断电器,用它去接通和断开功率晶体管的基极电流和完成点火提前的调整装置,这是最早的一种电子点火装置。其优点是成本低,能切断和接通大的初级电流(8 ~ 10 A),次级电压高,火花能量大、使用寿命长。下面举两个实例说明其工作原理。

1. 国产 BD-71F 型点火装置

图 4-18 为 BD-71F 型电子点火装置电路图。$R_2$、$R_4$ 为功率晶体管 $VT_2$ 的偏流电阻,用以控制其基极电流,$R_2$ 同时也是 $VT_1$ 的负载电阻,$R_3$ 是 $VT_1$ 的偏流电阻,用以调整 $VT_1$ 的基极电流,使它导通时处于饱和状态,$R_1$ 主要起限流作用,电容器 $C_1$ 起 $VT_2$ 的过压保护作用,用来旁路点火线圈中电流突然切断时所产生的高频脉冲电压,VD 的作用是保证 $VT_1$ 饱和导通时,$VT_2$ 能可靠地截止。

当点火开关 K 闭合后,断电器触点闭合

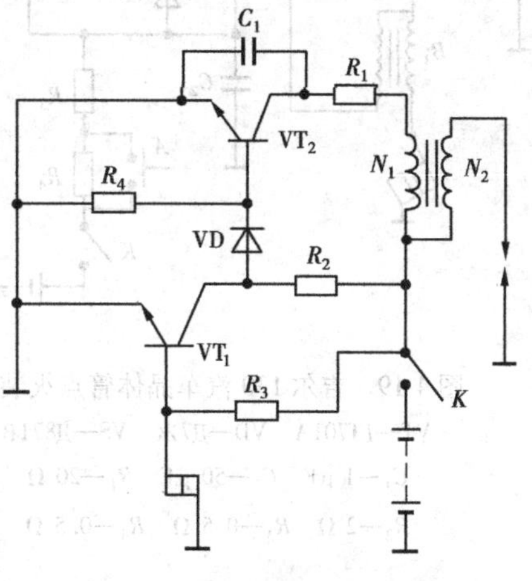


图 4-18 BD-71F 型电子点火装置

$VT_1$—3DD5A $VT_2$—3DD15E

$C_1$ = 100 pF $R_1$—0.7 Ω/50 W

$R_2$—20 Ω/20 W VD = $2CZ_2$

$R_3$—68 Ω/4 W $R_4$—47 Ω/4 W

时，$VT_1$ 基极与发射极短路，基极无电流，$VT_1$ 截止，这时由于 $R_2$、$R_4$ 组成的分压作用，使 $VT_2$ 的基极处于正向偏置电压而导通，于是蓄电池电流便经点火开关 K、初级绕组 $N_1$、附加电阻 $R_1$ 及 $VT_2$ 的集电极、发射极至搭铁构成回路，产生约 8～10 A 的初级电流。

当触点打开时，$VT_1$ 处于正向偏置而导通，$VT_2$ 基极电位下降而截止，点火线圈初级绕组电流中断，在次级绕组中，感应出高压电势。

由上可知，功率晶体管 $VT_2$ 就起到了传统点火装置中断电器的作用，用以接通和断开初级电流。由于 $VT_2$ 是一个无触点开关，故允许流过较大的初级电流，从而提高了次级电压和点火能量。此时的断电器触点，只是用以控制 $VT_1$ 很小的基极电流（约为初级电流的 $\frac{1}{5}$ ～ $\frac{1}{10}$），故触点不会产生严重烧蚀现象，延长其使用寿命。

使用 BD-71F 型点火装置时应注意：

①必须与专用的 DQ710 型点火线圈配套使用，在使用中如三极管损坏，在无备件情况下，可将 DQ710 型点火线圈按普通点火线圈接线暂时使用，但时间长了会使触点烧坏。

②应保证 BD-71F 搭铁可靠，除将 BD-71F 的搭铁线，直接可靠地接在分电器壳体上外，最好再将分电器外壳另用搭铁线与气缸体相接。

③装用 BD-71F 点火装置以后，应将分电器触点打磨清洁一次，以消除以前触点烧蚀的氧化层，使触点接触良好，触点间隙可适当调小（0.25～0.33 mm），点火提前角适当调小 1°～4°。

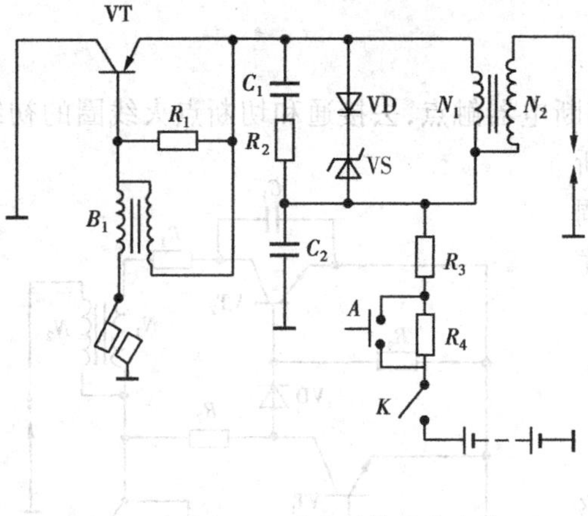


图 4-19 吉尔 130 汽车晶体管点火装置

VT—ГТ701А VD—Д7Ж VS—Д871В

$C_1$—1 μF $C_2$—50 μF $R_1$—20 Ω

$R_2$—2 Ω $R_3$—0.5 Ω $R_4$—0.5 Ω

④将火花塞间隙调整到 1～1.2 mm。

⑤由于 BD-71F 点火装置点火能量大，故可适当减小主量孔，使混和气稀一些，怠速转速也可调低一些，以达到节油效果。

2. 吉尔 130 汽车晶体管点火装置

苏联从 1967 年起，就在吉尔 130 载重汽车上采用带触点的晶体管点火装置。图 4-19 是该装置的电路图，其工作原理与 BD-71F 相似，当点火开关 K 接通及触点闭合时，晶体管 VT 导通，点火线圈通过初级电流，电容器 $C_1$ 充电到点火线圈初级绕组的电压，当触点断开时，VT 的基极被切断而截止，初级电流急剧减小，次级绕组就感应出高压电势。

脉冲变压器 $B_1$ 的次级感应电动势，按 VT 的截止方向加到 VT 的发射极上，形成有效截止，加速点火线圈初级电流的消失，因而可提高次级电压。点火线圈初级所产生的自感电动势，受稳压管 VS 的限制和 $C_1$、$R_2$ 的吸收作用，保护 VT 不被击穿，二极管 VD 防止 VS 起分流作用。电容器 $C_2$ 为过电压浪涌保护，避免从电源电路来的瞬变性浪涌电压损坏晶体管。

电阻 $R_3$、$R_4$ 是串联在初级电路里的附加电阻，以限制初级电流，减少点火线圈过高的热负荷。当启动发动机时，$R_4$ 被起动开关 $A$ 短路，以提高起动时的初级电流。

该点火装置主要用于八缸汽油发动机上，也可适用于其他汽油发动机，可在 -60 ~ +70 ℃的环境温度内工作。

### 4.3.3 电容储能有触点电子点火系

早在1948年，就已有电容放电点火系统，当时应用的是闸流气体管及真空管组成的电路，由于体积大、成本高、易损坏、故未能推广应用，随着电子技术的发展，用适当的晶体管电路组成的新的电容放电点火系统，在60年代中期，已实际应用于汽车上。

电容放电点火系统的基本特点，是能量储存在电容器的电场里，而不是储存在初级绕组的磁场里，电容器充电电压的高低，决定了能量储存的大小，这种点火系仍需要一个点火线圈。

1. 组成与工作原理

电容放电点火系统，一般由直流升压器、储能电容器、开关元件(可控硅)、触发器以及点火线圈、分电器、火花塞等组成，如图4-20所示。

直流升压器一般包括振荡器、变压器和整流器三部分，其作用是将蓄电池的12 V低压直流变为300 ~500 V的高压直流，向储能电容充电，储能电容器(0.5 ~2 μF)用来储存产生火花的能量。可控硅起开关作用，由触发器在规定的点火时间触发可控硅，所以电容储能电子点火系统有时又称为可控硅点火系统。当触发脉冲使可控硅导通时，储能电容器储存的电场能向点火线圈初级放电，在次级感应出高压电动势。触发器可以用传统的断电-配电器来完成。由于可控硅是很敏感的元件，一个微弱的信号作用到可控硅的触发极，就可使其导通而引起误触发，故对机械式断电器触发电容放电点火系统，还必须有"跳起脉冲防止装置"。

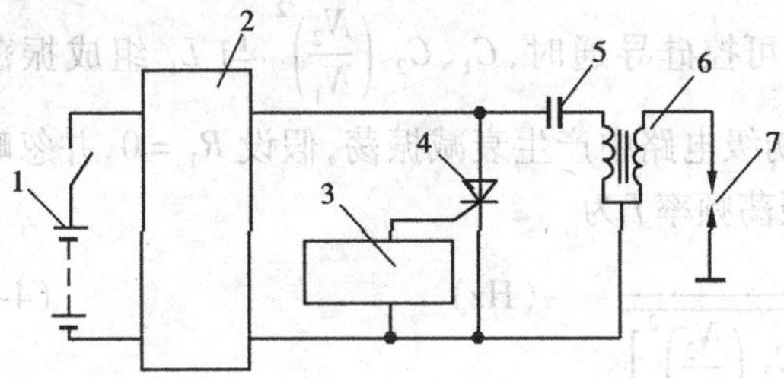


图4-20 电容储能点火装置的组成

1—蓄电池 2—直流升压器 3—触发器 4—可控硅 5—储能电容 6—点火线圈 7—火花塞

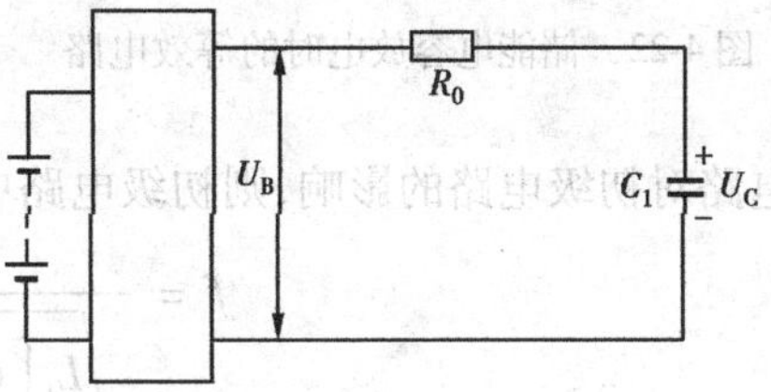


图4-21 储能电容充电的等效电路

2. 工作过程分析

电容放电电子点火系统的工作过程，由下面两个阶段进行分析。

1)触点闭合，可控硅关断，储能电容充电的过程

此时的等效电路如图4-21所示。其中 $U_B$ 为直流升压器的输出电压；$R_0$ 为直流升压器的内阻；$C_1$ 为储能电容器的电容量。

储能电容充电时，其端电压 $U_C$ 按指数规律增长。

$$U_C = U_B(1 - e^{-\frac{t}{R_0C_1}}) \tag{4-17}$$

$R_0C_1$ 称为充电电路的时间常数，在 $t = 3R_0C_1$ 左右，储能电容的电压，即可上升到接近于 $U_B$

值，这时电容器储存的电场能为 $W_C$

$$W_C = \frac{1}{2}C_1U_B^2 \tag{4-18}$$

保证电容放电点火系正常工作的条件是：当发动机以最高转速运转时，储能电容器 $C_1$ 能够在两次火花时间间隔内，$C_1$ 上的充电电压应达到与 $U_B$ 相等的数值，即时间常数 $\tau$ 应满足如下要求：

$$\tau = R_0C_1 \leqslant \frac{20 \cdot W}{Zn_{max}} \quad (s) \tag{4-19}$$

式中 $Z$——发动机的气缸数；

$n_{max}$——发动机的最高转速(r/min)；

$W$——冲程系数，二冲程发动机 $W=1$，四冲程发动机 $W=2$。

储能电容器的电容量常选在0.5～2 μF。直流升压器内阻 $R_0$，由其输出电阻决定。因此，只要正确选择 $C_1$ 和 $R_0$，使 $R_0C_1$ 满足式(4-19)的要求，则高速时，仍能确保把储能电容 $C_1$ 的电压充到 $U_B$ 值。

2）触点打开，可控硅导通，储能电容放电过程

假设点火线圈中的初、次级绕组间设有直接耦合，且耦合系数为1，次级电路的分布电容以一个集中电容 $C_2$ 代替，则此时的等效电路如图4-22所示。图中 $C_2\left(\frac{N_2}{N_1}\right)^2$ 是次级分布电容折算到初级电路上的电容；$L_1$ 为初级绕组的电感；$R_1$ 为初级电路的电阻。

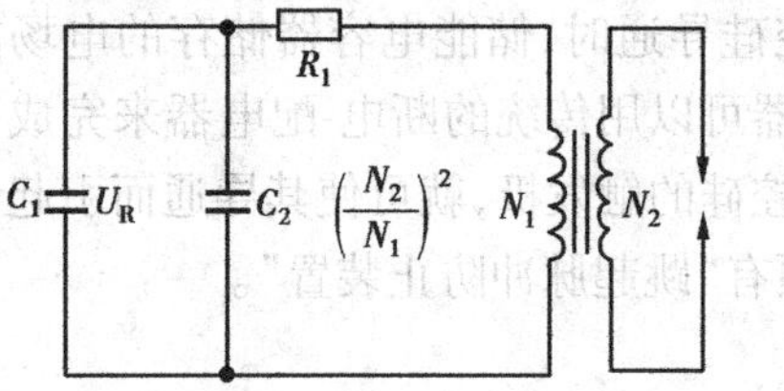


图4-22 储能电容放电时的等效电路

可控硅导通时，$C_1$、$C_2\left(\frac{N_2}{N_1}\right)^2$ 与 $L_1$ 组成振荡回路，初级电路中产生衰减振荡，假设 $R_1=0$，并忽略次级电路对初级电路的影响，则初级电路中的振荡频率 $f$ 为

$$f = \frac{1}{\sqrt{L_1\left[C_1 + C_2\left(\frac{N_2}{N_1}\right)^2\right]}} \quad (Hz) \tag{4-20}$$

在可控硅将导通的瞬间，储能电容器上储存的电荷量为

$$Q = C_1U_B \tag{4-21}$$

可控硅导通后，由于附加电容 $C_2\left(\frac{N_2}{N_1}\right)^2$ 与储能电容器并联，使 $C_1$ 上的电压有所下降，其值为 $U_{1max}$

$$U_{1max} = \frac{Q}{C_1 + C_2\left(\frac{N_2}{N_1}\right)^2} = \frac{C_1U_B}{C_1 + C_2\left(\frac{N_2}{N_1}\right)^2} \tag{4-22}$$

则次级电压的最大值等于

$$U_{2max} = U_{1max}\frac{N_2}{N_1} = U_B\frac{N_2}{N_1}\frac{C_1}{C_1 + C_2\left(\frac{N_2}{N_1}\right)^2} \tag{4-23}$$

一般
$$C_1 \gg C_2\left(\frac{N_2}{N_1}\right)^2$$

故
$$U_{2\max} \approx U_B \frac{N_2}{N_1} \tag{4-24}$$

由此可得出结论：只要适当选择 $C_1$，即可使 $C_2$ 对次级电压最大值的影响减小到最低限度，且可认为点火系统的次级电压的最大值，不受转速的影响。

3. 实际电路举例

1）国产 JD-3F 型电容储能有触点点火系

图 4-23 为负极搭铁，电源电压 12 V 的电容式点火系统的电路图。该装置包括直流升压器、可控硅、储能电容和触点式触发器等部分。

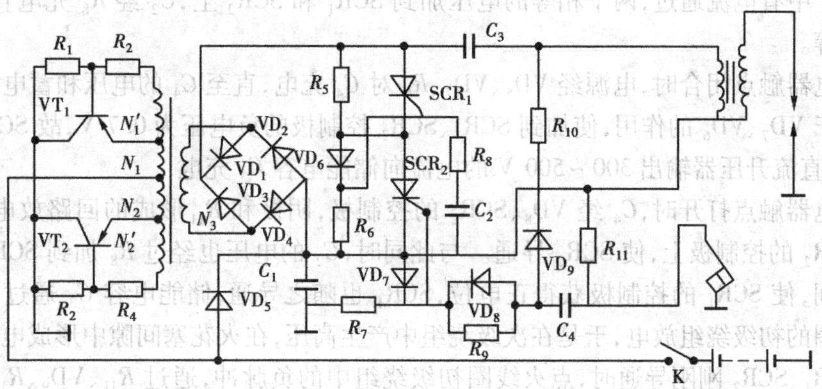


图 4-23　JD-3F 型电容放电式有触点点火系

直流升压器由两个共集电极的三极管 $VT_1$、$VT_2$ 和变压器 B 构成自励推挽振荡器及单相全波整流器等组成。变压器有 3 个绕组：$N_1$、$N_2$ 为初级绕组；$N_3$ 为次级绕组；$N'_1N'_2$ 为反馈绕组。如图 4-24 所示。

当开关 K 闭合后，$R_3$、$R_4$ 分别向 $VT_1$、$VT_2$ 提供正向偏压，使 $VT_1$ 和 $VT_2$ 中产生偏流，由于 $VT_1$、$VT_2$ 的电路参数不可能完全对称，因此不可能同时导通。如 $VT_1$ 先导通，则电流从蓄电池正极→点火开关 K→$N_1$→$VT_1$ 发射极、集电极→搭铁→蓄电池负极，电流通过 $N_1$ 时，在变压器的各个绕组中产生感应电动势，其方向如图 4-24 中实线箭头所示，由于 $N'_1$中的电动势使 $VT_1$ 的基极更负，而 $N'_2$中的电动势使 $VT_2$ 的基极更正，产生强烈的正反馈，促使 $VT_1$ 迅速饱和导通，$VT_2$ 迅速截止。

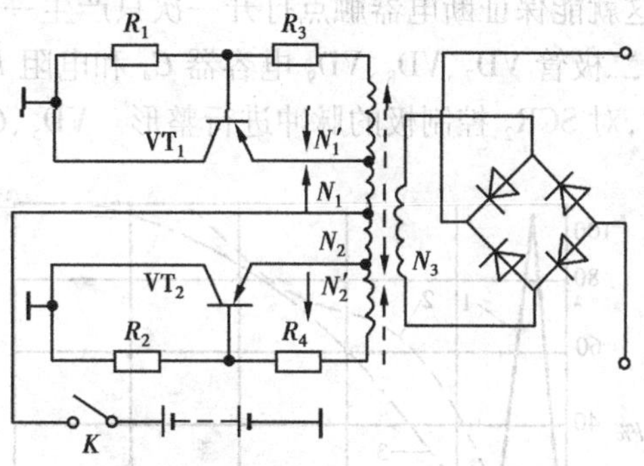


图 4-24　直流升压器电路图

当 $VT_1$ 饱和后，集电极电流不再增加，各绕组中的感应电动势下降至零，于是 $VT_1$ 的基极电位上升，集电极电流又急剧减小，这样在各绕组中，又出现了极性相反的感应电动势，并使 $VT_1$ 的基极造成正电位而截止，$VT_2$ 的基极造成负电位开始导通，并使通过 $N_2$ 绕组的电流增长，此时在 $N_2$ 和其他绕组中又产生感应电动势，如图 4-24 中虚线箭头所示，使 $VT_2$ 迅速导通，$VT_1$ 迅速截止，当 $VT_2$ 达到饱和状态时，电路又发生翻转，$VT_1$ 饱和导通，$VT_2$ 截止。如此不断翻转，两管周而复始的轮流导通与截止，就形成了自激振荡，变压器次级绕组 $N_3$ 升压，并产生了矩形波交流电压，再经桥式全波整流后即可获得所需的 300 ~ 500 V 的直流电压。

可控硅 $SCR_1$、$SCR_2$ 是储能电容 $C_3$ 的无触点开关，它保证在断电器触点打开的时刻，把储能电容 $C_3$ 同点火线圈的初级绕组接通。

两个同型号的可控硅 $SCR_1$、$SCR_2$ 串联使用，是因为这种型号的可控硅一个管子的转折电压，低于直流升压器的输出电压 500 V，$R_5$、$R_6$ 的电阻值相等，所以加到 $SCR_1$、$SCR_2$ 上的电压大致相等，$R_8$、$C_2$、$VD_7$ 组成的支路保证在 $SCR_2$ 导通后 $SCR_1$ 导通。点火过程如下：

接通点火开关 K，直流升压器工作，把蓄电池 12 V 直流电压变换成 300 ~ 500 V 的高压，$R_5$、$VD_6$、$R_6$ 中有电流通过，两个相等的电压加到 $SCR_1$ 和 $SCR_2$ 上，$C_2$ 经 $R_8$ 充电直到和 $R_6$ 上的电压相等。

当断电器触点闭合时，电源经 $VD_5$、$VD_7$、$R_9$ 对 $C_4$ 充电，直至 $C_4$ 的电压和蓄电池电压几乎相等。由于 $VD_7$、$VD_6$ 的作用，使加到 $SCR_1$、$SCR_2$ 控制极的负电压为 0.7 V，故 $SCR_1$、$SCR_2$ 截止，这时由直流升压器输出 300 ~ 500 V 的电流向储能电容 $C_3$ 充电。

当断电器触点打开时，$C_4$ 经 $VD_8$、$SCR_2$ 的控制极，阴极和 $R_{11}$ 形成的回路放电，并把正电压加到 $SCR_2$ 的控制极上，使 $SCR_2$ 导通。与此同时，$C_2$ 的电压也经过 $R_8$ 加到 $SCR_1$ 的控制极与阴极之间，使 $SCR_1$ 的控制极获得正电位，$SCR_1$ 也随之导通，储能电容 $C_3$ 通过 $SCR_1$、$SCR_2$ 向点火线圈的初级绕组放电，于是在次级绕组中产生高压，在火花塞间隙中形成电火花。

当 $SCR_1$、$SCR_2$ 刚刚导通时，点火线圈初级绕组中的负脉冲，通过 $R_{11}$、$VD_9$、$R_{10}$ 对 $C_4$ 进行反向充电，把 $SCR_2$ 控制极上的正向电压消除掉，使可控硅在断电器触点打开时不会多次触发。由于有 $R_{10}$ 和 $VD_9$ 这段电路的作用，使加到 $SCR_2$ 控制极上的正向电压的持续时间仅有 10 μs，这就能保证断电器触点打开一次只产生一个火花。

二极管 $VD_7$、$VD_8$、$VD_9$ 电容器 $C_4$ 和电阻 $R_9$、$R_{10}$、$R_{11}$ 组成脉冲整形电路，当断电器触点打开时，对 $SCR_2$ 控制极的脉冲进行整形。$VD_5$、$C_1$ 构成低频滤波器，减小干扰，防止误触发。

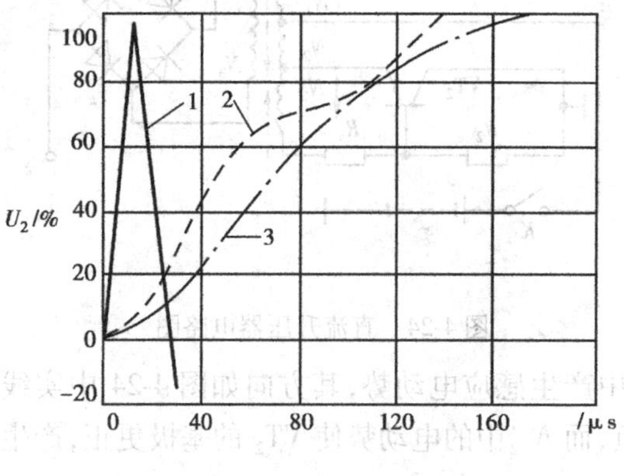


图 4-25　次级电压上升时间比较
1—电容储能　2—传统点火　3—电感储能

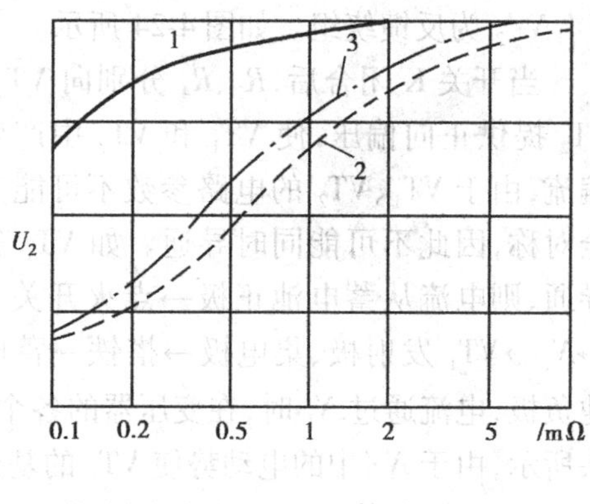


图 4-26　分路电阻与次级有效电压值的关系
1—电容储能　2—传统点火　3—电感储能

4. 优缺点

电容放电点火系具有如下优点：

①次级电压的上升时间快，当火花塞被污染时，仍可提供较好的发火性能，三种点火系的比较见图 4-25 及 4-26 所示。

②火花能量超过其他形式的点火系统，且容易控制。

③断电器触点通过的电流很小（约 250 mA），触点寿命长，触点的表面状态不像传统点火系统那样重要，它只作时间控制，因此，它具有比较高的可靠性。

④由于电容放电点火系统是固定地消耗 1 A 电流，而不是像传统的点火系统需要 3～4 A 或电感储能电子点火系需更大的初级电流，因而对蓄电池缺电反应不灵敏，对 12 V 点火系统来说，当蓄电池电压降到 6 V 时它输出的火花是相同的。

⑤由于整流桥路对电容器的充电，仅仅是输出频率电压周期的 1/4，因此，电容放电点火系在很高的发火频率下，仍具有较高的次级电压，即可以适应很高的发动机转速，如图 4-27 所示。

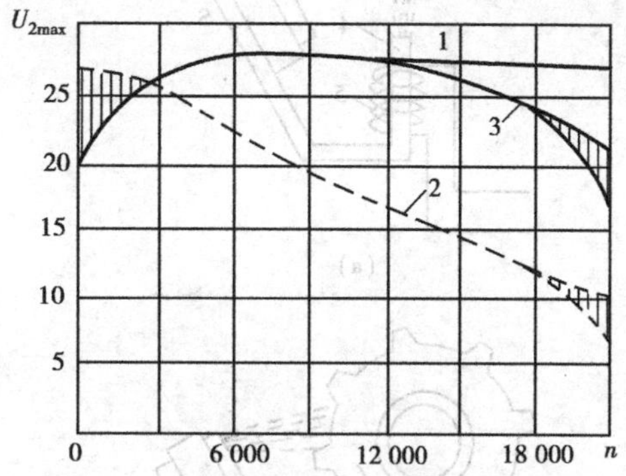


图 4-27　点火系统次级有效电压与火花率的关系
1—电容储能　2—传统点火　3—电感储能

电容放电点火系的缺点：

①由于火花持续时间比其他形式点火系短，因此对点燃稀薄混合气是不利的。

②由于具有较高的火花能量输出，故对分电器盖、分火头、高压线等绝缘性能要求较高。

③电容放电点火系用的元件数比其他晶体管控制的点火系多，故从可靠性工程理论来说，工作时的可靠性较低，同时成本也较高。

### 4.3.4　无触点电子点火系

无触点点火系统于 20 世纪 60 年代初开始研究，它不使用断电器触点，而是使用一个脉冲触发器去接通或切断一个电子控制的放大器电路，去导通或截止功率晶体管，从而在点火线圈的初级绕组里产生或切断初级电流。由于没有断电器触点，它能够避免高速时，触点“跳起”等弊病，可以得到更高的发火率。由于没有凸轮、顶块等磨损零件，故寿命长，且在整个转速范围内有精确的时间控制。次级火花能量高，从而可以采用较大的火花塞间隙，能够点燃稀薄混合气，改善发动机的经济性和提高排气净化性能，因此，目前无触点点火系统，已在国内外得到广泛应用。

触发脉冲的产生有很多种方式，下面简述几种常见的触发脉冲的工作原理及实际电路。

1. 磁脉冲式（发电机式）

磁脉冲式无触点电子点火系统，由于其结构简单，性能稳定，工作可靠，目前已在国内外普遍使用。

在这种点火系统里，有一装在分电器轴上的定时转子，它由良好的导磁材料制成，当它旋转时，使永久磁铁的磁通在定时转子内发生改变，从而在衔铁上的线圈感应出脉冲信号电压，这个脉冲信号电压输送到放大器，经放大后来控制点火线圈初级电流的接通与断开。定时转子的圆周方向有数个凸起，其数目与缸数相等，定时转子每旋转一转，就产生与凸起数相同的脉冲信号电压，如图 4-28 所示。

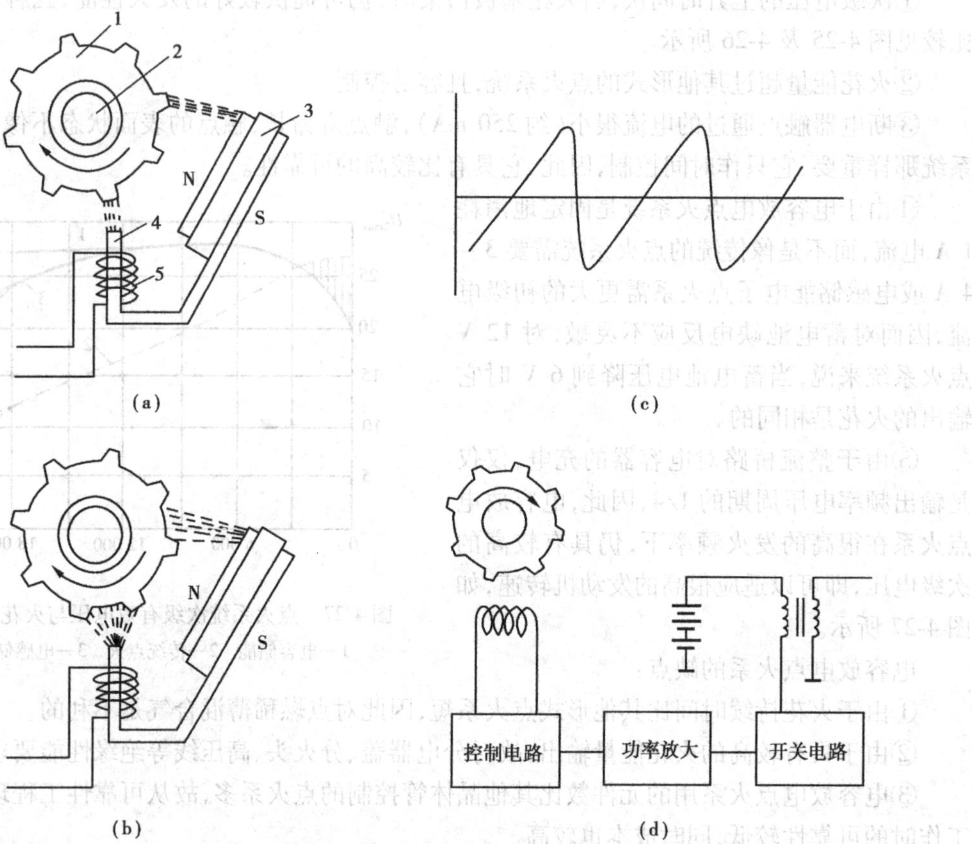


图 4-28 磁脉冲式无触点点火系工作原理

(a)间隙最小时感应出最大电压 (b)间隙最大时感应出最低电压 (c)信号电压波形 (d)基本电路框图

1—定时转子 2—分电器轴 3—永久磁铁 4—衔铁 5—传感器线圈

当定时转子旋转时,它的凸部接近触发发生器时,耦合线圈感应的电压愈来愈高,对准衔铁时达最大值。当定时转子再继续旋转离开衔铁时,电压愈来愈快地改变它的极性,并达到负的峰值脉冲,图4-28(c)表示触发脉冲电压波形,经过功率放大去触发功率晶体管,使其接通或断开初级电路,从而在次级感应出高压,经分电器送至各火花塞进行点火。

图4-29是日本丰田 MS75 系列汽车上使用的无触点点火装置,它由分电器(内装无触点信号发生器)、放大电路、点火线圈和火花塞等组成。分电器的提前点火装置与传统的结构相同,下面分别对各部分的工作过程加以说明。

(1)点火信号发生器

点火信号发生器结构示意图和工作过程如前所述,由于感应电动势与磁通量的变化率有关,故感应电动势随发动机转速的变化而变化,如图4-30所示。

(2)放大电路的工作原理

放大电路如图4-31所示,$VT_2$ 为点火信号输入控制晶体管,由于放大电路中 $VT_3$ 的基极接在 $VT_2$ 的集电极上,而 $VT_4$ 的基极又接在 $VT_3$ 的集电极上(见图4-29),当前级导通时,后一级的基极电位下降而截止,即后级与前级正好相反,所以当 $VT_2$ 截止时,$VT_3$ 导通 $VT_4$ 截止,末级功率管 $VT_5$ 也截止,使点火线圈初级电路切断,次级送出高压经分电器至相应的火花塞点火。

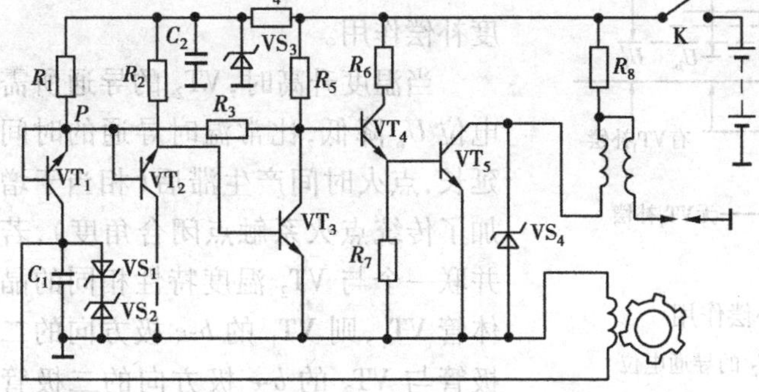


图 4-29 日本丰田皇冠 MS75 系列汽车上使用的无触点点火装置电路图

$R_1$—20 kΩ $R_2$—4.7 kΩ $R_3$—10 kΩ $R_4$—1 kΩ

$R_5$—330 Ω $R_6$—12 Ω $R_7$—33 Ω $R_8$—1.4 Ω

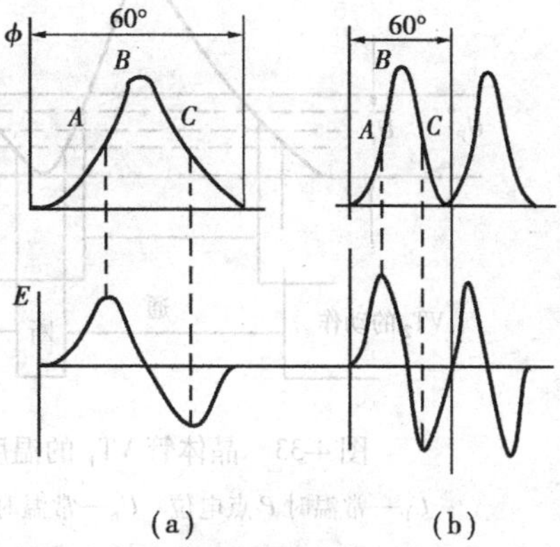


图 4-30 感应电动势与转速的关系

(a)低速时 (b)高速时

与晶体管 $VT_2$ 并联了一个晶体管 $VT_1$,其发射极与基极短接,作为二极管使用,如图 4-32 所示。当发动机未发动时,接通点火开关,耦合线圈无感应电动势,此时,$P$ 点的电位由 $R_1$ 与耦合线圈电阻组成的分压决定,$P$ 点的电位设计时使 $VT_2$ 在发动机未转动时处于导通状态,经放大电路后,功率晶体管 $VT_5$ 也为导通状态,点火线圈有初级电流通过。

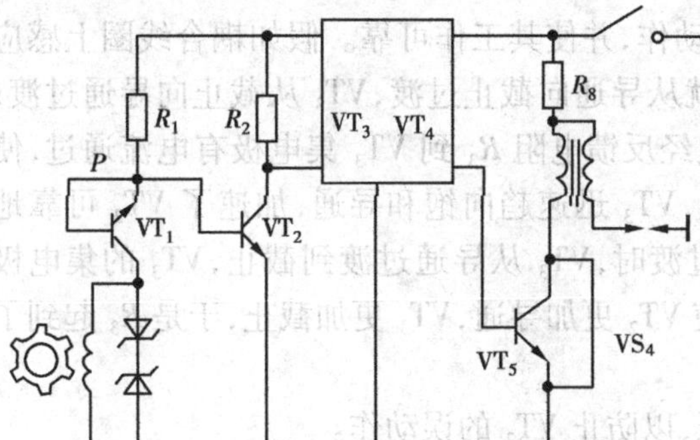


图 4-31 放大电路电路图

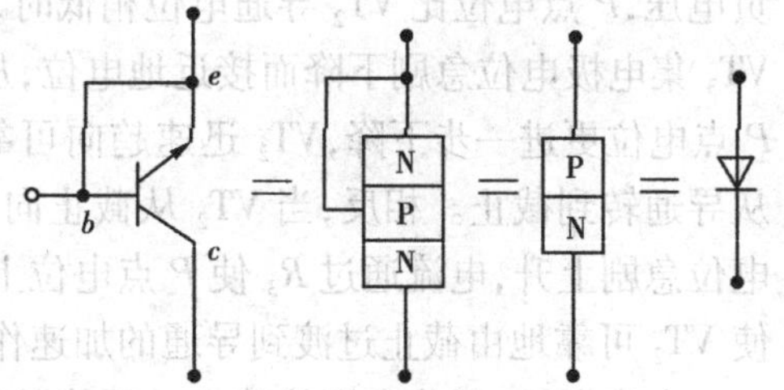


图 4-32 NPN 管改为二极管示意图

当发动机运转时,耦合线圈感应电动势叠加在 $P$ 点电位上,当输出电压对 $P$ 点来说为正时,$VT_1$ 维持 $P$ 点原来的电位,$VT_2$ 仍处于导通状态,$VT_5$ 也处于导通状态;当耦合线圈输出电压对 $P$ 点来说为负时,$P$ 点电位下降,这时电流就通过 $R_1$、耦合线圈而构成回路,$VT_2$ 无基极电流而立即截止,经放大电路后,$VT_5$ 也立即截止,切断点火线圈的初级电流,次级就感应出高压。然后,当耦合线圈输出电压对点 $P$ 电位为正时,$VT_2$ 又导通,$VT_5$ 也相应导通,点火线圈又有初级电流通过。当发动机运转时,定时转子旋转,重复上述过程,且每转过一凸齿便在耦合线圈感应出一个由正到负的电动势,$VT_5$ 也就由导通到截止变化一次,产生出一个高压。

(3)晶体管 $VT_1$ 的作用

$VT_1$ 的发射极与基极短路作为二极管使用,起输入控制管 $VT_2$ 的温度补偿作用。

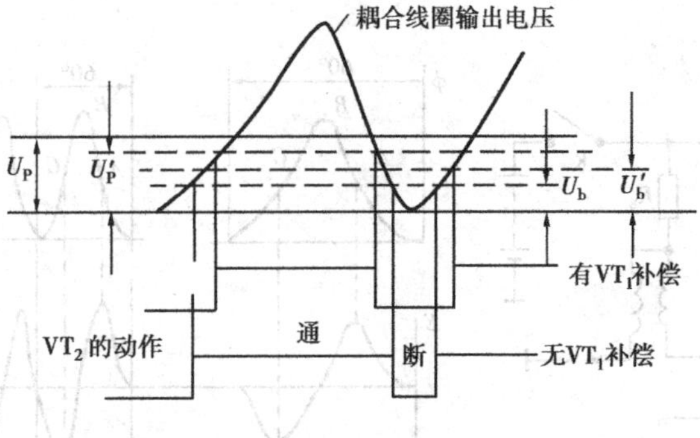


图 4-33 晶体管 $VT_1$ 的温度补偿作用

$U_P$—常温时 $P$ 点电位 $U_b$—常温时 $VT_2$ 的导通电位

$U'_P$—高温时 $P$ 点电位 $U'_b$—高温时 $VT_2$ 的导通电位

当温度升高时,$VT_2$ 的导通所需电位 $U_b$ 降低,比常温时导通的时间延长,点火时间产生滞后(相当于增加了传统点火系触点闭合角度),若并联一个与 $VT_2$ 温度特性相同的晶体管 $VT_1$,则 $VT_1$ 的 $b$-$c$ 极方向的二极管与 $VT_2$ 的 $b$-$e$ 极方向的二极管温度特性相同,所以当温度升高时,由 $VT_1$ 的 $b$-$c$ 极方向的二极管的正向电压降下降,$P$ 点电位降低,使 $VT_2$ 能与正常时一样的开关动作,如图 4-33 所示。

(4)其他元件的作用

稳压管 $VS_1$ 起保护晶体管 $VT_2$ 的作用,当耦合线圈产生的负方向感应电动势或者点火线圈的二次感应负方向的电压脉冲,加到 $VT_2$ 的 $e$、$b$ 极之间时,可能使 $VT_2$ 损坏。加上 $VS_1$ 后,当感应电动势达到一定值后 $VS_1$ 就击穿,从而保护了 $VT_2$ 不被击穿。

稳压管 $VS_2$ 起阻流作用,防止耦合线圈上的正向高压引起点火延迟,另外,当点火线圈二次感应正向电压脉冲时,保护晶体管 $VT_1$。

$C_1$ 是滤波电容,滤除耦合线圈上产生的高频振荡成分,防止 $VT_2$ 误动作。

反馈电阻 $R_3$ 起加速作用,加速 $VT_2$ 的开关动作,并使其工作可靠。假如耦合线圈上感应负电压,$P$ 点电位比 $VT_2$ 导通电位稍低时,$VT_2$ 就从导通向截止过渡,$VT_3$ 从截止向导通过渡,$VT_3$ 集电极电位急剧下降而接近地电位,从 $P$ 点经反馈电阻 $R_3$ 到 $VT_3$ 集电极有电流通过,使 $P$ 点电位更进一步下降,$VT_2$ 迅速趋向可靠截止,$VT_3$ 迅速趋向饱和导通,加速了 $VT_2$ 可靠地从导通转到截止。相反,当 $VT_2$ 从截止向导通过渡时,$VT_3$ 从导通过渡到截止,$VT_3$ 的集电极电位急剧上升,电流通过 $R_3$ 使 $P$ 点电位上升,使 $VT_2$ 更加导通,$VT_3$ 更加截止,于是 $R_3$ 起到了使 $VT_2$ 可靠地由截止过渡到导通的加速作用。

电容器 $C_2$ 吸收电源线路上的干扰脉冲电压,以防止 $VT_2$ 的误动作。

稳压管 $VS_3$ 是防止电源电压升高对 $P$ 点电位的影响,因为如果 $P$ 点电位升高,则 $VT_2$ 的导通时间加长,将造成点火时间延迟。

稳压管 $VS_4$,用以保护 $VT_5$ 不被点火初级线圈在初级电流切断时,所感应的电势击穿。

日本日立公司生产的 E12-50 型无触点点火装置,如图 4-34 所示。这种无触点点火装置允许工作电压为 6 ~16 V,当电源电压为 12 V,分电器转速在 3 000 r/min 时,次级电压在 2. 2 万 V 以上;当电源电压为 8 V,分电器转速在 750 r/min 时,次级电压在 3. 1 万伏以上。

这种电路的工作原理如下:当点火开关 K 接通,$VT_1$ 导通,$VT_2$、$VT_3$ 截止时,点火线圈无初级电流,这是这种电路的特点。虽然点火开关接通,如果发动机不转动,点火线圈内无电流,可防止因点火开关未切断而使点火线圈过热及蓄电池放电。

当发动机运转时,耦合线圈 $L$ 产生负方向脉冲信号时,电流经 $VD_3 \rightarrow R_2 \rightarrow VD_2 \rightarrow R_1$ 成回

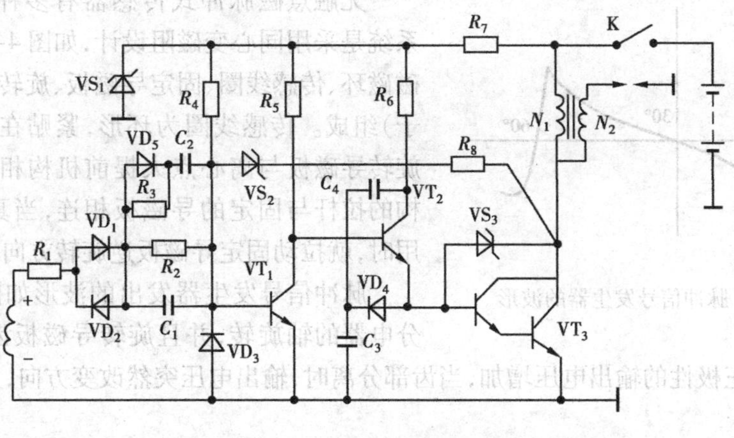


图 4-34　日本日立公司 E12-50 型无触点点火装置电路图

路，使 $VT_1$ 处于反向偏置而截止，$VT_2$、$VT_3$ 导通，点火线圈初级绕组有电流通过。当耦合线圈产生正方向脉冲信号时（如图 4-34 所示），又使 $VT_1$ 导通，$VT_2$、$VT_3$ 截止，切断点火线圈的初级电流，次级感应出高压。

图中 $VD_5$、$C_2$、$R_3$ 组成一点火线圈初级电流控制回路，使初级电流接通时间与一个周期的时间之比，基本上不随转速而变化，其数值约为 58%，这一控制电路使其当发动机在低速时，初级电流接通时间相对地减少，高速时，相对地增加，以提高高速时次级电压的输出，其工作原理如下：从耦合线圈来的正向脉冲信号，经 $R_1 \rightarrow VD_1 \rightarrow VD_5 \rightarrow C_2$ 与 $R_2$ 并联电路到 $VT_1$ 的基极-发射极构成回路，电容 $C_2$ 被充电。发动机转速愈高，耦合线圈感应的电压愈高，向 $C_2$ 充电量也愈大。当耦合线圈为负脉冲信号时，则脉冲信号经 $VD_3 \rightarrow R_2 \rightarrow VD_2 \rightarrow R_1$ 至耦合线圈上端，同时已充电电容 $C_2$ 放电，其放电电路为 $R_3 \rightarrow VD_2 \rightarrow R_1 \rightarrow L \rightarrow VD_3 \rightarrow C_2$ 以及 $R_3 \rightarrow R_2 \rightarrow C_2$，结果，与传感器发出的信号一起控制 $VT_1$ 的截止时间，分电器的转速愈高，$VT_1$ 截止的时间愈长，点火线圈初级电流流过的时间率愈长，这样就可以改善过去高速时次级电压降低的问题。在低速时，$C_2$ 的充电量小，$VT_1$ 的截止时间相对地缩短，减少了初级电流接通的时间，也节省了电能的消耗，图 4-35为该种点火装置与传统点火装置初级电流接通时间与一个周期之比的情况。

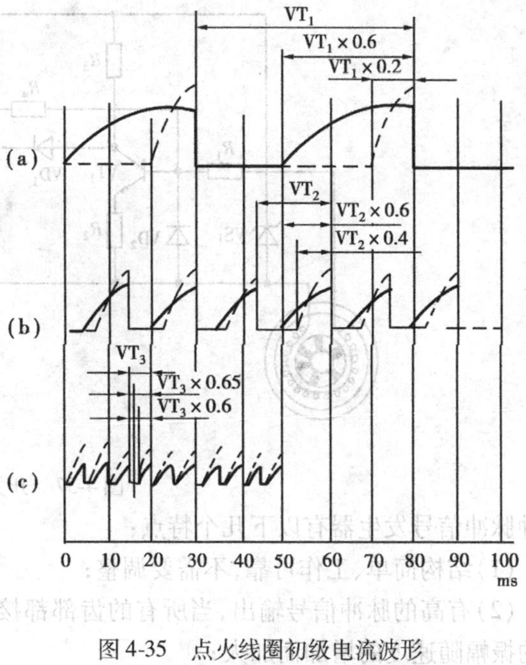


图 4-35　点火线圈初级电流波形

(a)分电器转速 300 r/min　(b)分电器转速 1 000 r/min　(c)分电器转速 3 000 r/min

虚线—无触点　　实线—有触点

无触点磁脉冲式传感器有多种结构形式，HEL系统是采用同心变磁阻设计，如图4-37所示，它由永磁磁环、传感线圈、固定导磁板、旋转导磁板（定时转子）组成。传感线圈为环形，紧贴在永久磁铁下部，旋转导磁板与离心点火提前机构相连，真空提前机构的拉杆与固定的导磁板相连，当真空调节器起作用时，就拉动固定导磁板逆旋转方向转过一个角度。

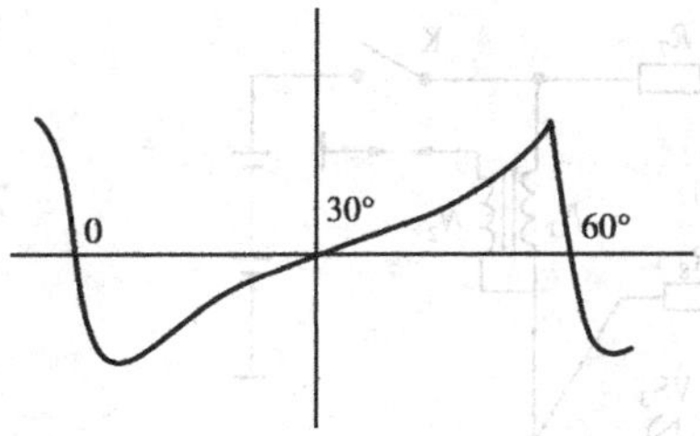

图4-36　脉冲信号发生器的波形

脉冲信号发生器发出的波形如图4-36所示，当分电器的轴旋转，并且旋转导磁板齿部接近固定导磁板齿部时，正极性的输出电压增加，当齿部分离时，输出电压突然改变方向，且通过零点到负的极性。

与该磁感应式信号发生器配套的开关电路如图4-37所示。当传感器耦合线圈电压低于$VT_1$的导通电压时，$VT_1$截止，$VT_2$、$VT_3$导通，点火线圈初级绕组通电，而在耦合线圈的电压高于$VT_1$的导通电位时，$VT_1$导通，$VT_2$、$VT_3$截止，初级绕组断电，次级绕组产生高压，经分电器供火花塞跳火。

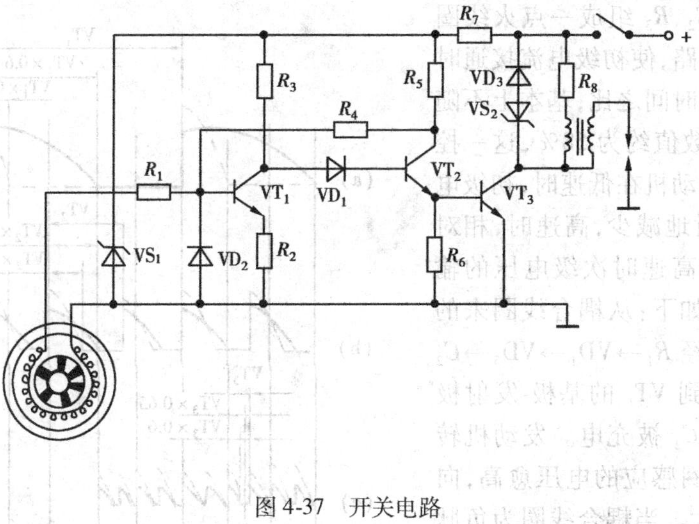

图4-37　开关电路

这种脉冲信号发生器有以下几个特点：

（1）结构简单、工作可靠，不需要调整；

（2）有高的脉冲信号输出，当所有的齿部都接近时产生脉冲信号，信号源的阻抗较低，信号的振幅随速度的增加而加大；

（3）有高的同步精确性，每一脉冲是在所有齿的平均位置上产生，这样，每一脉冲之间的间隔是固定的；

（4）由于耦合部分的同心结构是固定的，不会由于转子振动引起径向运动而使磁通流及输出信号改变。

2. 光电式

光电式无触点电子点火系是应用光电效应的原理，以发光元件、光敏器件和遮光盘组成光电脉冲信号发生器产生的信号脉冲，经放大电路去触发功率晶体管控制的点火系，这一种点火系是由英国鲁明兴(Lumention)公司设计制造并获得了专利。该公司于1960年开始研究,现在,很多国家已在多种车辆上应用光电效应原理的无触点点火系。

光电式无触点点火系,不但具有一般电子点火的优点,而且比电磁感应式无触点点火系具有独到之处,如低速时,火花持续时间长,能减轻排气的污染;光电触发器的信号及闭合角不受转速的影响;点火正时长久不变而且十分精确,结构简单,使用寿命长等。

光电式传感器由光触发器、遮光盘及放大器组成。把传统结构分电器的电容去掉,由光电传感器代替原来的机械式断电器及凸轮等部件,其他点火提前调节装置与传统的分电器相同,点火线圈也可沿用传统结构。

图4-38为光电脉冲发电原理图。

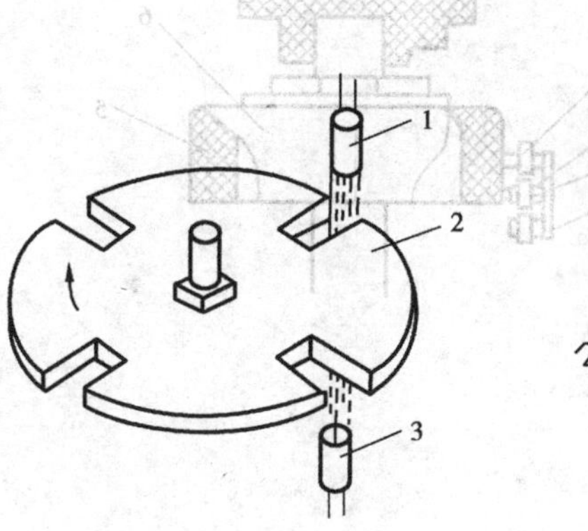


图4-38　光电脉冲发电原理

1—光源　2—遮光盘　3—光敏器件

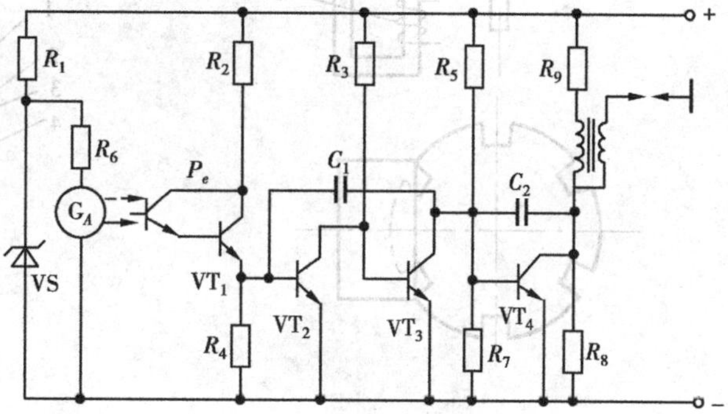


图4-39　英国Lumention光电点火系典型电路图

光源现一般用发光二极管(镓砷晶体管),它发出红外线光束,用一只近似半球形的透镜聚焦,焦点宽度约1~1.5 mm,这种发光二极管耐振动,并能耐较高的温度,在150 ℃的环境温度下,能连续工作,在一般工作情况下,它的工作电流是110 mA,150 ℃时工作电流是26 mA,它的使用寿命特别长。

光接收器是一只硅光敏晶体三极管,它与光源相对应,并相隔一定距离,以使红外线光束聚焦后照射到光敏三极管上,光敏三极管的工作类似于普通三极管,不同之处是它的基极电流由光产生,因此,不必在基极上输入电信号,也无需基极引线。当光敏三极管接收到的正常光有90%被遮住时,光敏三极管仍应处于饱和导通状态,所以,即使发光二极管的表面受到灰尘等污染时,仍不影响正常工作。光电发生器组件用螺钉固定在分电器内。

遮光盘是用金属或塑料制成,安装在分电器轴上,位于分火头下面,盘的外缘伸入光源与接收器之间,盘上有缺口,允许光速通过,未开缺口部分则可完全挡住光束。当盘旋转时,光束通过缺口,光敏三极管接收到光束信号时,通过放大器把信号放大,控制功率晶体管。

各气缸点火时间的精确程度,取决于遮光盘上缺口在盘上分布位置精度,由于圆盘的尺寸较大,缺口的形状简单,所以精度可以做到很高,能够保证各缸发火时刻所需要的精度。

放大器装在一个盒内,它的安装位置不受限制,一般安装在汽车车身上,具有良好通风的位置。图4-39是英国鲁明兴光电点火系统的典型电路。

它的光源是镓砷发光二极管,用稳压管VS控制它在固定的电压下工作(约3 V左右),接收器是一硅光敏三极管,接通点火开关,当遮光盘缺口对着发光二极管时,光敏三极管有电流输出，$VT_1$、$VT_2$ 导通，$VT_3$ 截止，$VT_4$ 导通，点火线圈有初级电流，电容 $C_1$ 正反馈，使 $VT_2$ 开关速率加快，电阻 $R_7$、$R_8$ 和电容 $C_2$ 保护功率晶体管 $VT_4$，并滤去输出波形中不需要的谐波。当遮光盘遮断光源时，$VT_1$、$VT_2$ 立即截止，$VT_3$ 导通，$VT_4$ 立即截止，点火线圈初级电流消失，在次级输出高压。

3. 电磁振荡式

这种点火装置，是利用振荡式传感器作为开关线路的触发器来控制点火的。

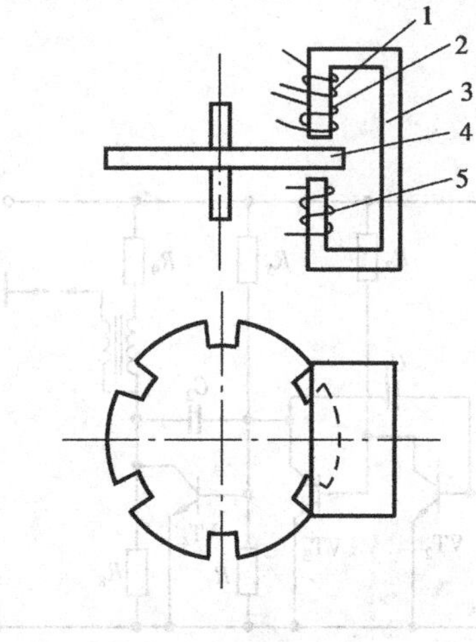


图 4-40　电磁振荡式传感器原理

1—振荡线圈 $L_1$　2—正反馈线圈 $L_2$　3—铁心　4—定时转子　5—耦合线圈 $L_3$

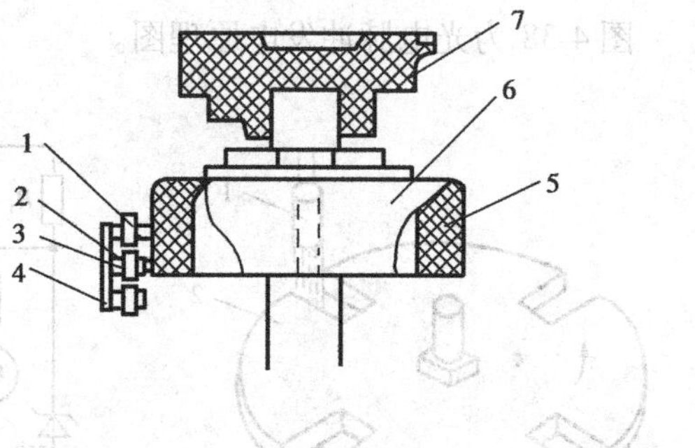


图 4-41　电磁振荡式传感器原理图

1—正反馈线圈　2—E 形铁心　3—振荡线圈　4—负反馈线圈　5—铁淦氧磁杆　6—塑料定时转子　7—分火头

传感器有不同的结构形式，但都有一个振荡电路，由维持振荡不衰减的正反馈线圈和耦合线圈以及控制耦合的定时转子组成，如图 4-40 和图 4-41 所示。$L_1$ 为振荡器线圈，$L_2$ 为维持振荡不衰减的正反馈线圈，$L_3$ 为耦合线圈。图 5-24 的定时转子由圆铜片制成，在圆周上开有宽为 1～1.2 mm 的槽口，当气隙被铜片遮挡时，由于涡流效应，其振荡信号几乎都消耗在铜片上，$L_3$ 无信号，当槽口正对 $L_1$、$L_3$ 时，由于气隙无铜片遮挡，$L_1$ 的振荡信号便耦合到 $L_3$ 上。图 4-41 工作原理类似，此时 $L_1$ 与 $L_3$ 的耦合是靠嵌在塑料定时转子中的磁棒来实现。

图 4-42 是电磁振荡式无触点点火装置的例子，其工作原理如下：

由 $VT_1$、$L_1$、$C_2$、$L_2$ 组成正弦振荡器，当 $C_2$、$L_1$ 两端加上电压时，组成 LC 振荡器，为了使振荡幅度不衰减，由 $L_2$ 正反馈线圈将 $L_1$ 的电压感应到 $L_2$ 上来，反回来输送到 $VT_1$ 的基极上，然后经 $VT_1$ 放大后又送到 $L_1$、$L_2$ 上来，维持等幅振荡，$C_1$ 提供正反馈线圈 $L_2$ 的交流通路。

$R_2$、$R_3$ 是 $VT_1$ 的偏置电阻，以稳定 $VT_1$ 的工作点，$R_4$ 为电流负反馈电阻，以提高热稳定性，使工作点稳定，$C_3$ 为射极旁路电容，使 $R_4$ 对交流电不起超负荷作用，$VT_1$ 的放大倍数不致下降，二极管 $VD_1$ 保护 $VT_1$ 的基极-发射极不受反向电压击穿，稳压管 $VS_1$、$VS_2$ 和限流调节电阻 $R_5$ 与 $R_1$ 组成简单的稳压电源，使 $VT_1$ 的电源电压控制在大约 6.5～8 V 范围内，因为振荡信号的幅值受电源电压变化的影响较大，如不加稳压，在汽车起动与正常运行时，电源电压变化很大，致使调选 $VT_1$ 的直流工作点发生困难，如果按低电压调选，则在正常运行时，高电压工作点偏高，管子易发热，但若按高电压调选，则在起动时，由于电压太低，振荡信号太弱，使工

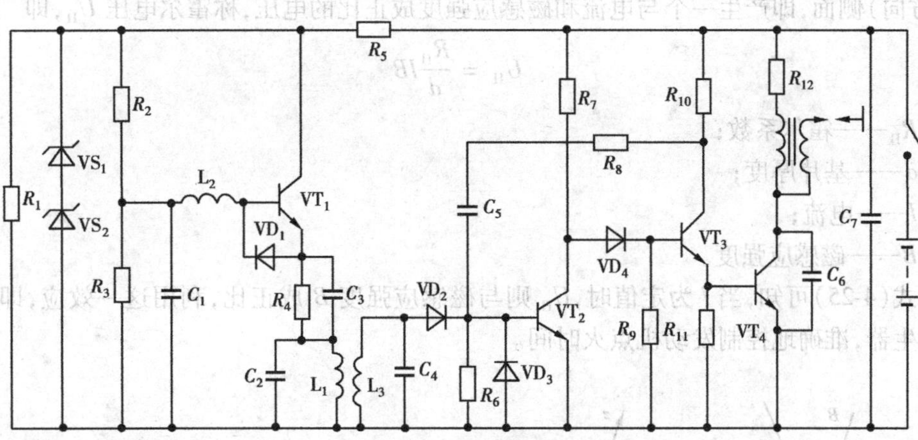


图 4-42　电磁振荡式无触点点火系统电路图

作不正常或不工作，同时，电源电压波动过大，振荡管 $VT_1$ 的稳定性较差，影响点火正时，所以必须加稳压措施。振荡频率约 170 kHz，$L_3$ 检拾到正弦波信号后，通过 $VD_2$、$VT_2$、$VD_4$、$VT_3$ 组成的射极输出单稳态电路进行检波、整形放大，即当 $L_3$ 的正弦波信号，经 $VD_2$ 检波为正向半波触发脉冲输入到 $VT_2$ 的基极，使 $VT_2$ 导通，$VT_3$ 截止，其集电极电位升高，通过 $R_8$、$C_5$ 正反馈电路，$VT_2$ 基极电位加速上升，使 $VT_2$ 很快饱和导通，$VT_3$ 迅速截止，从而 $VT_3$ 的射极 $R_{11}$ 两端输出一个方波，去控制下一级功率开关。$C_4$ 的作用为 $L_3$ 滤去杂波，以改善波形，$R_6$ 为 $C_5$ 放电时提供通路，同时，$VT_2$ 的输入信号起调节分流作用，$R_9$ 有利于 $VT_3$ 截止，$VD_4$ 是增加 $VT_2$ 集电极与 $VT_3$ 基极之间的电位差，有利于 $VT_3$ 的截止，$R_7$ 为 $VT_2$ 的负载电阻，同时与 $R_9$ 组成分压，固定 $VT_3$ 的工作点，$R_{10}$ 为 $VT_3$ 的负载电阻，$VD_3$ 为保护 $VT_2$ 的发射极-基极不受反向电压击穿。

$R_8$、$C_5$ 正反馈维持时间 $\tau = C_5R_8$，它的作用既提高了灵敏度，又使触发信号的第一个正半波输入到 $VT_2$ 基极时，电路便按点火要求的规律实现翻转，并维持时间 $\tau$，而不受触发信号的第二个负半波及高频负半波的影响，只要 $\tau$ 大于触发信号正弦波的周期就可以。

$VT_4$ 是功率晶体管，它受 $VT_3$ 控制，当 $VT_3$ 导通时，$VT_4$ 也导通，点火线圈流过电流，当 $VT_3$、$VT_4$ 截止时，点火线圈就感应出高压，$C_6$ 是保护 $VT_4$ 免受点火线圈感应电动势的击穿，$C_7$ 为吸收电源可能产生的波动干扰，有利于整个电路的正常工作。

综上所述，当电源一接通时，振荡线圈 $L_1$ 便产生一定频率的正弦波振荡（约 170 kHz），当 $L_3$ 没有收到信号时，$VT_2$ 截止，$VT_3$、$VT_4$ 导通，点火线圈初级绕组通电储能；当 $L_3$ 收到信号时，$VT_2$ 导通，$VT_3$、$VT_4$ 截止，点火线圈初级电流切断，次级感应出高压。

振荡式触发器的起动性能好，其性能与光电式触发器相当，但元件较多，其可靠性及寿命不如磁脉冲式和光电式，故目前使用较少。

4. *霍尔效应式*

约在 100 年前，霍尔氏发现了霍尔效应，随着半导体技术的发展，根据霍尔效应制成的霍尔元件已得到实际应用。

霍尔效应的原理如图 4-43 所示，当电流 $I$ 通过放在磁场中的半导体基片（即霍尔元件），且电流方向（$X$ 方向）与磁场的方向（$Z$ 方向）垂直时，在垂直于电流与磁通的半导体基片的横

向（$Y$ 方向）侧面，即产生一个与电流和磁感应强度成正比的电压，称霍尔电压 $U_H$，即

$$U_H = \frac{R_H}{d} IB \tag{4-25}$$

式中　$R_H$——霍尔系数；

$d$——基片厚度；

$I$——电流；

$B$——磁感应强度。

由式（4-25）可知，当 $I$ 为定值时，$U_H$ 则与磁感应强度 $B$ 成正比，利用这一效应，即可制成霍尔发生器，准确地控制发动机点火时间。

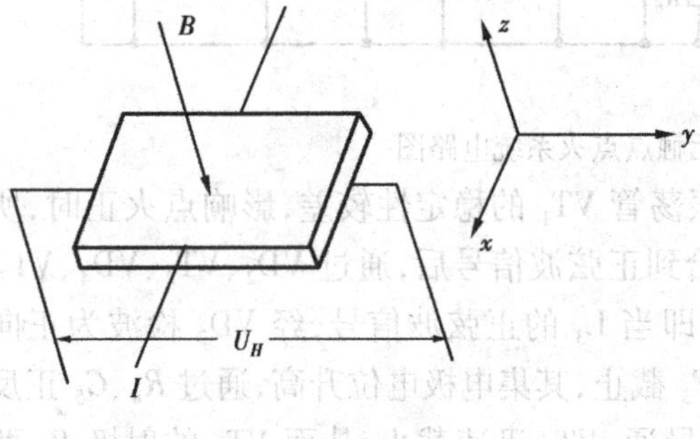


图 4-43　霍尔效应原理图

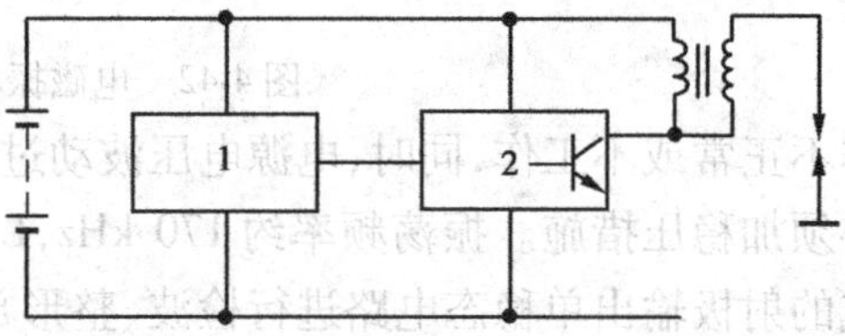


图 4-44　霍尔式电子点火装置原理框图

1—霍尔发生器　2—放大器

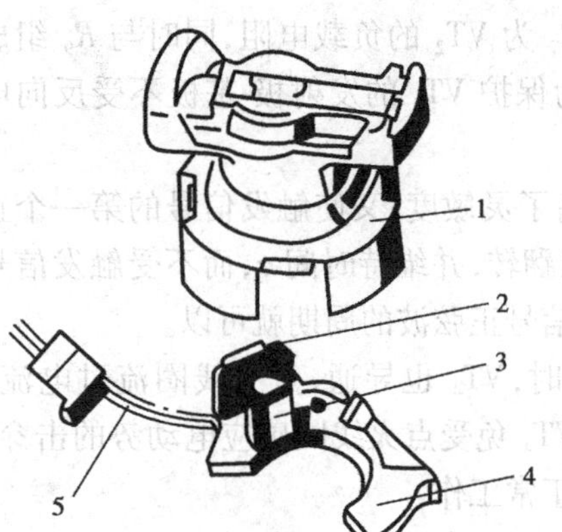


图 4-45　霍尔发生器

1—与分火头制成一体的触发叶轮

2—霍尔集成电路

3—带导板的永久磁铁

4—触发开关　5—专用插座

图 4-44 为霍尔式电子点火装置原理方框图，它由内装霍尔发生器的分电器、放大器、点火线圈和火花塞等组成。霍尔发生器的结构如图 4-45 所示，它由触发叶轮 1，霍尔集成电路 2 和带导板的永久磁铁 3 组成，触发叶轮与分火头制成一体由分电器轴带动，其叶片数与气缸数相等，它在霍尔集成电路和永久磁铁之间转动，每当叶片进入永久磁铁与霍尔元件之间的空气隙时，霍尔集成电路中的磁场即被触发叶轮的叶片所旁路，如图 4-46（a）所示，这时不产生霍尔电压，发生器无信号输出，集成电路放大器输出级导通，点火线圈的初级绕组中有电流通过。

当触发叶轮的叶片离开空气隙时，永久磁体的磁通便通过导磁板 4 至霍尔元件，如图 4-46（b）所示，这时产生霍尔电压，发生器有信号输出，集成电路放大器输出级截止，初级电流被切断，次级绕组中便感应出高压电动势。

霍尔式电子点火装置无功率消耗，使用寿命长，可靠性高，点火正时精度高，同时不受温度、湿度、灰尘、油污的影响，工作频率范围大（直流为 100 kHz 以上），是一种新型的电子点火

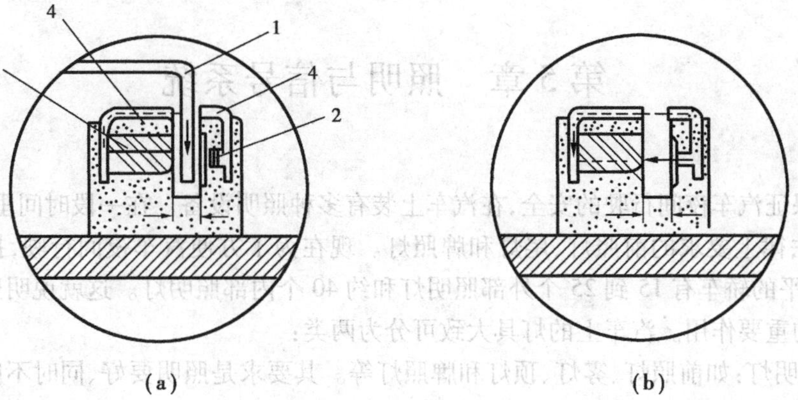


图 4-46　霍尔发生器工作原理

(a) 磁场被旁路　(b) 磁场通过霍尔元件

1—触发叶轮　2—霍尔元件　3—永久磁铁　4—导磁板

系统。

## 思考题

1. 对蓄电池点火系有哪些基本要求？
2. 试述蓄电池点火系的工作原理及过程。
3. 哪些因素对次级高压有影响？为什么？
4. 点火线圈的附加电阻有何作用？
5. 断电器触点间隙的大小对点火特性有何影响？为什么？
6. 火花塞的冷型、热型是怎样区分的？当火花塞的热特性与发动机不匹配时会产生哪些现象？
7. 什么叫点火正时？怎样调整和检查点火正时？
8. 当点火系电路有故障时，怎样判别故障在电源电路、初级电路和高压电路？
9. 当发动机个别缸不能点火时有何现象？如何检查？
10. 点火瞬间，火花塞的侧电极应为正极还是负极？为什么？
11. 电子点火系与蓄电池点火系相比较有何优点？
12. 试述有触点电感储能电子点火系的工作原理。
13. 试述有触点电容储能电子点火系的组成及各组成部分的功用。
14. 试分析比较电感储能与电容储能两种电子点火系的优缺点。
15. 无触点电子点火系中现常用的触发脉冲的产生有哪几种类型？
16. 直流升压器的作用是什么？由哪几部分组成？
17. 使用晶体管点火系时，应注意哪些事项？为什么？

# 第5章　照明与信号系统

为了保证汽车夜间行驶的安全，在汽车上装有多种照明设备。在一段时间里，汽车照明系统只包括法律上要求的前照灯、尾灯和牌照灯。现在为了方便汽车夜间行驶，提供舒适和安全，一般水平的轿车有15到25个外部照明灯和约40个内部照明灯。这就说明照明系统在现代汽车上的重要作用。汽车上的灯具大致可分为两类：

(1)照明灯：如前照灯、雾灯、顶灯和牌照灯等。其要求是照明要好、同时不应使对面来车和后车司机引起眩目。

(2)标识灯：如示廓灯、尾灯、制动灯、转向信号灯、倒车灯等。其要求是必须对其他车辆的驾驶员和行人、交通警察给出明确的信号，且在夜间能提供不眩目又具有一定亮度的照明。灯光的颜色选择应兼顾灯具的数量、安装位置及满足法规的要求。

在汽车上，除标识灯的光信号外，也有声音信号如蜂鸣器、语音、电喇叭等。

## 5.1　前照灯和标识灯

### 5.1.1　前照灯

1. 对前照灯的基本要求

世界各国都以法律形式规定了汽车前照灯的照明标准，以确保夜间行驶的安全。其基本要求是：

(1)前照灯应保证车前有明亮而均匀的照明，使驾驶员能辨明车前100 m以内路面上的任何障碍物。随着汽车行驶速度的提高，汽车前照灯的照明距离也相应要求越来越远。

(2)前照灯应具有防止眩目的装置，以免夜间两车迎面相遇时，使对方驾驶员眩目而造成交通事故。

2. 前照灯的结构

前照灯的光学系统包括灯泡、反射镜和配光镜三部分。

目前汽车前照灯的灯泡有两种：

(1)充气灯泡

其灯丝用钨丝制成。由于钨丝变热后会蒸发，缩短灯泡寿命，因此，制造时将玻璃泡内空气抽出，然后充以约86%的氩和约14%的氮的混合惰性气体。

(2)卤钨灯泡

虽然充气灯泡抽成真空，并充满了惰性气体，但灯丝的钨质点，仍然要蒸发使灯丝耗损，而且蒸发出来的钨，沉积在灯泡上使其发黑。国内外现已使用一种新型的电光源——卤钨灯泡，它是利用卤钨再生循环反应的原理制成。其再生过程是：从灯丝上蒸发出来的气态钨与卤素反应生成了一种挥发性的卤化钨，它扩散到灯丝附近的高温区又受热分解，使钨重新回到灯丝上去，被释放出来的卤素（指卤族元素如碘、溴、氯、氟等元素），继续参与下一次循环反应，从而防止了钨的蒸发和灯泡变黑的现象。

卤钨灯泡尺寸小，泡壳的机械强度高，耐高温性强，所以充入惰性气体的压力较高，因而工作温度高，钨的蒸发也受到工作气压的抑制。

由于前照灯灯泡的灯丝发出的光度有限，功率仅 40 ~ 60 W，如无反射镜，那只能照亮汽车灯前 6 m 左右的路面。反射镜的作用，就是将灯泡的光线聚合并导向前方，如图 5-1 所示。灯丝位于焦点 $F$ 上，灯丝的绝大部分光线向后射在立体角 $\omega$ 范围内，经反射镜反射后变成平面光束射向远方，使光度增强几百倍至上千倍，达到 2 万 cd ~ 4 万 cd 以上，从而使车前 150 m 甚至 400 m 内的路面照得足够清楚。

配光镜又称散光玻璃。它是用透光玻璃压制而成，是很多块特殊的棱镜和透镜的组合，其几何形状比较复杂，外形一般为圆形和矩形，其作用是将反射镜反射出的平行光束进行折射，使车前路面和路缘具有良好而均匀的照明。

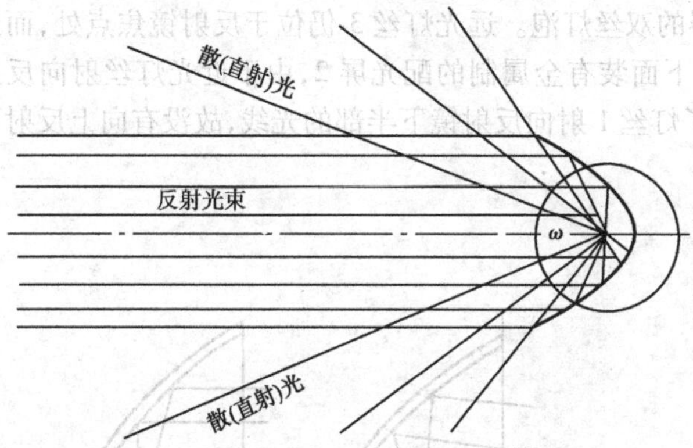


图 5-1　反射镜反射灯丝光的作用

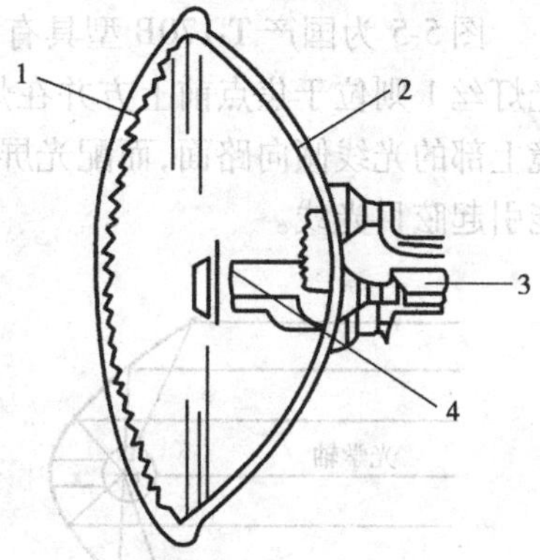


图 5-2　封闭式前照灯

1—配光镜　2—反射镜　3—接头　4—灯丝

前照灯按反射镜的结构形式可分为可拆卸式、半封闭式和全封闭式三种。

可拆卸式前照灯因气密性不良，反射镜易受潮气和灰尘污染而降低反射能力，现已被淘汰。

半封闭式前照灯，其配光镜靠卷曲反射镜边缘上的牙齿，而紧固在反射镜上，二者之间垫有橡皮密封圈，灯泡从反射镜后端装入，灯泡可以互换，目前仍被各国广泛采用。

全封闭式前照灯，其反射镜和配光镜用玻璃制成一体，形成灯泡，里面充以惰性气体，如图 5-2 所示。封闭式前照灯反射镜不受大气中灰尘和潮气污染，它的发光率较高，一个约 30 W 的前照灯可产生 7.5 万 cd 的照度，且使用寿命长。目前美国、日本生产的汽车大都采用这种全封闭式前照灯，我国生产的汽车也已大量采用。这种前照灯的缺点是灯丝烧坏后，只能更换整个总成。

现代汽车上通常使用 2 个前照灯（两灯制），小轿车上使用 4 只前照灯，它由只有远光的Ⅰ型灯和既有远光，又有近光的Ⅱ型灯组合而成（ECE 标准和 EEC 指令中认可这两种组合）。1987 年 1 月，日本修改了四灯制前照灯的组合形式，新的四灯制组合方式如图 5-3 所示。在新的四灯制的规定中，远光灯不论单独亮，还是和近光灯同时亮，都符合规定。

| | 远光 | 近光 |
|---|---|---|
| 原来的四灯制 | ⊕⊕　⊕⊕ | ⊕⊖　⊖⊕ |
| 新的四灯制 | ⊕⊕　⊕⊕<br>⊖⊕　⊕⊖ | ⊕⊖　⊖⊕<br>⊕⊖　⊖⊕ |

⊕——点灯　⊖——熄灯

图 5-3　四灯制的组合方式

3. 前照灯的防眩

为了避免前照灯眩目作用，并保持良好的路面照明，在现代汽车上，普遍采用双丝灯泡的前照灯。一根灯丝为远光，光度较强，灯丝放在反射镜的焦点上；另一根灯丝为近光，光度较弱，位于焦点的上方和前方。当夜间行驶无迎面来车时，可接通远光灯丝，使前灯光束射向远方，便于提高车速。当两车相遇时，接通近光灯丝，使光束倾向路面，从而避免迎面来车驾驶员的眩目，并使车前 50 m 内的路面，也照得十分清晰。

双丝灯泡有以下几种结构形式：

(1)常用双丝灯泡

其远光灯丝位于反射镜的焦点，近光灯丝在焦点上方，如图 5-4 所示。

(2)具有配光屏的双丝灯泡

图 5-5 为国产 T-170B 型具有配光屏的双丝灯泡。远光灯丝 3 仍位于反射镜焦点处，而近光灯丝 1 则位于焦点前上方并在灯丝 1 下面装有金属制的配光屏 2，由于近光灯丝射向反射镜上部的光线倾向路面，而配光屏挡住了灯丝 1 射向反射镜下半部的光线，故没有向上反射可能引起眩目光线。

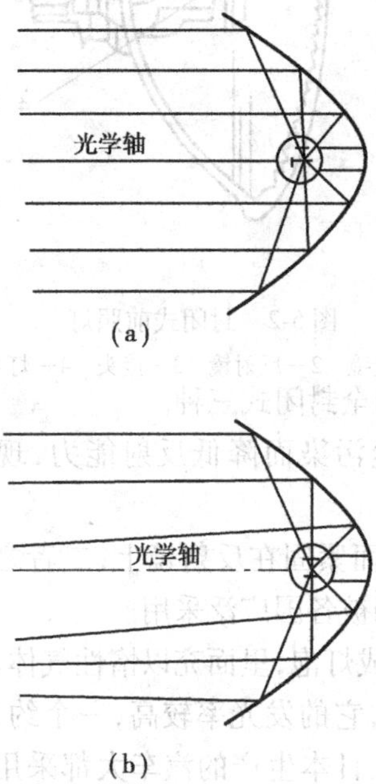


图 5-4　常用双丝灯

(a)远光灯　(b)近光灯

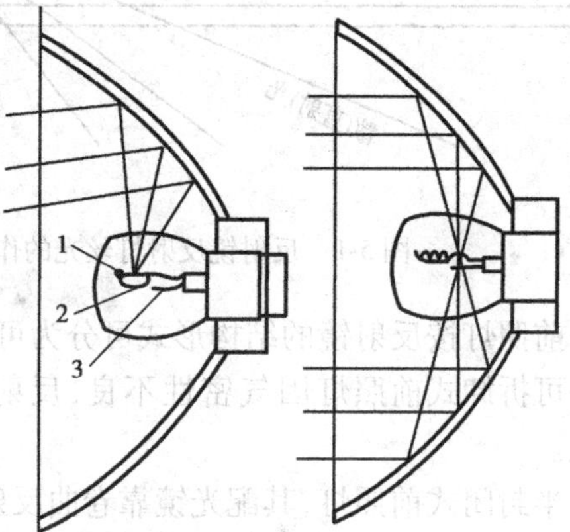


图 5-5　具有配光屏的双丝灯泡

1—近光灯丝　2—配光屏　3—远光灯丝

(3)非对称配光屏双丝灯

现在国内又生产了一种新的防眩前照灯 WD170F-2 型。其配光屏安装时偏转一定角度，其近光的光形分布不对称，使其符合如图 5-6 所示的 ECE 配光标准。其光形有一条明显的明暗截止线，即上方区Ⅲ是一个明显的暗区。该区点 B50L 表示相距 50 m 处，迎面驾驶员的眼睛的位置。下方区域Ⅰ、Ⅱ、Ⅳ区及右上为 15°内是一个亮区，可将车前面和右方人行道照亮。

4. 安全式前照灯

在夜间行车时，若一个前照灯的灯丝坏了，只有一个前照灯亮时，在 30 m 以外的迎面来车，就不能准确地看清其轮廓，容易造成汽车碰撞事故。美国 Tung-sul 公司在全封闭式前照灯的主灯丝上，并联了一根高阻抗的备用灯丝，在正常情况下，它不发光，但一旦主灯丝烧断，它立即起作用。这种备用灯丝发出的光，可使迎面来的汽车驾驶员，至少在相距 150 m 时，就能看到，从而可以预先让路，避免碰车。

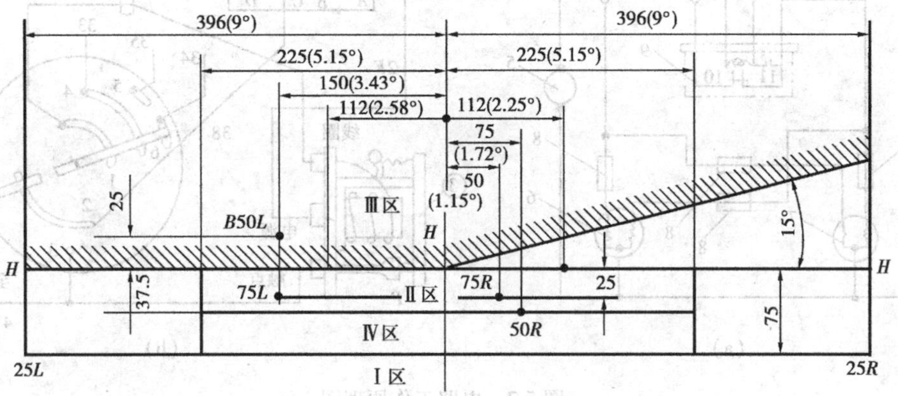


图 5-6　非对称近光配光图(尺寸：cm；测定距离 25 m)

5. 前照灯的保护电路

大家知道，汽车夜间行驶时，灯光照明是非常重要的，一旦发生故障，灯光突然熄灭，其后果难以想像。因此，对前照灯的可靠性提出了较高要求。

EQF140 型汽车采用灯光继电器，保证前照灯远光在发电机短路状态下，也能正常工作，从而提高了前照灯工作的可靠性。图 5-7 为电路工作原理图。$K_3$、$K_4$ 为前照灯的远光和近光灯开关，$K_1$ 为电源总开关。其工作原理如下：

(1)发电机正常工作状态由发电机供电时

如图 5-7(a)所示，若 $K_3$、$K_4$ 断开，前照灯远光灯丝和近光灯丝都不工作。由于继电器线圈两边电位相等没有电流流过，常闭触点 10 不动作，保持闭合状态，常开触点 11 保持常开状态。此时，若闭合 $K_3$，前照灯供电电路为：

发电机正极→$K_3$→触点 10→远光灯丝→发电机负极。前照灯远光灯丝工作。若闭合 $K_4$，前照灯近光灯丝工作。

(2)当发电机短路状态时

发电机停止供电，60 A 熔断丝快速熔断，此时蓄电池供电。供电电路为：

蓄电池正极→线圈→发电机短路→蓄电池负极。由于继电器线圈通电，常闭触点 10 断开，常开触点 11 闭合。此时，前照灯供电电路为：

蓄电池正极→触点 11→远光灯丝→蓄电池负极，前照灯远光灯丝工作。

此外，由于继电器触点 10 断开，从而保证了前照灯远光灯丝不被短路，对线路起到保护作用。

东风 EQ140 型载货汽车增设一侧灯，其侧灯线路的设计，能确保除侧灯以外的灯线路发生搭铁故障时，自动点亮侧灯给汽车夜间行驶提供一定的照明光，有效地防止因前照灯突然熄灭而造成的行车事故，同时，根据侧灯亮时转换开关所在的位置，说明该挡有关灯系线路有搭铁，给排除灯系故障提供了方便。

图 5-7(b)为东风 EQ140 灯系控制电路图，其工作原理如下：

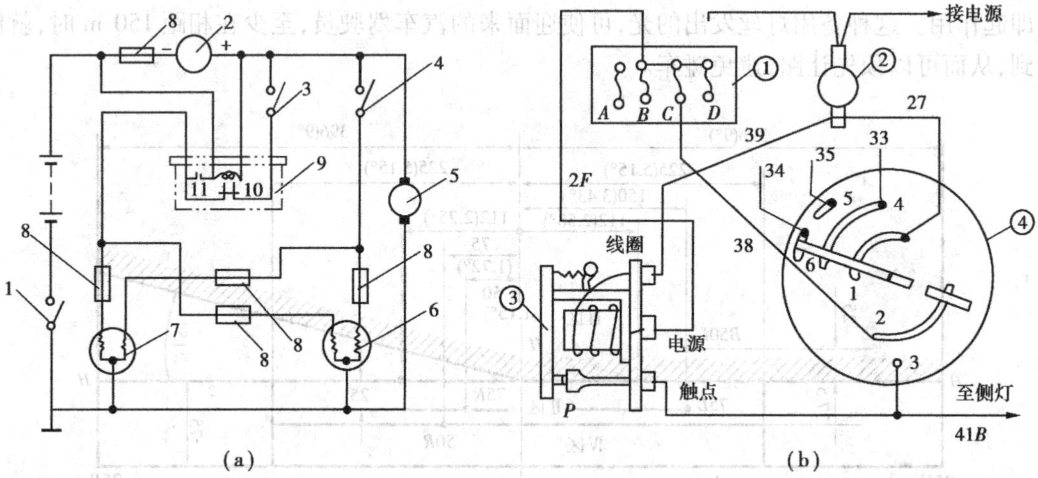


图 5-7 电路工作原理图

(a)EQF-140 前照灯保护电路图
1—电源总开关($K_1$) 2—电流表 3—远光开关($K_3$)
4—近光灯开关($K_4$) 5—发电机 6—左前照灯
7—右前照灯 8—保险丝 9—继电路 10—常闭触点
11—常开触点

(b)东风 EQ140 灯系控制电路
①—熔断丝盒 ②—20 A 双金属保险器
③—灯光继电器 ④—灯开关

在正常情况下，除顶灯、转向灯之外，其他灯光均由转换开关④控制，转换开关内有 2 个电源接头 2 和 4，其中电源接头 4 经双金属保险器与电源相连；电源接头 2 经熔断丝盒与电源连接。电源接头 4 可转换接通尾灯和仪表灯(33 号线位)、前照灯(35 号线位)和前小灯(34 号线位)。电源接头 2 只为侧灯提供电源。

在正常情况下，灯光继电器的线圈，其一端经熔断丝盒与电源相连；另一端经双金属保险器与电源相通，两端电位相等，故没有电流通过线圈，触点 $P$ 处于断开状态，即灯光继电器不起作用。

若转换开关接通前照灯，电流经双金属保险器→27 号线→电源接柱 4→35 号线至前照灯，前照灯亮。当前照灯 35 号线路出现搭铁故障时。短路电流就会使双金属保险器自动切断电路，前照灯就会熄灭，与此同时，搭铁故障却经转换开关，双金属保险器接线柱使灯光继电器的“线圈”接线柱搭铁，于是灯光继电器线圈中有电流流过，产生磁吸力，使触点 $P$ 闭合，自动接通侧灯电路。这样不仅保证了车前的照明，使汽车可继续行驶，同时也指示搭铁故障在前照灯电路，以便查找、排除。

故障排除后，按下双金属保险器的按钮，电路即可恢复正常工作。

同理，当灯开关转至某一挡时，若侧灯点亮，说明该挡位有关灯线路有搭铁故障，这样给排除灯系故障指明了问题所在。

6. 前照灯的控制电路

(1)前大灯关闭延时控制电路

1970 年,美国通用汽车公司,研究出一种前大灯关闭延时固态元件控制装置,使驾驶员在关闭前照灯和点火开关后,只要接通仪表板上的按钮开关,就能使前照灯延长一个时间关断,以便于汽车停放在无照明的车库时,延长切断前照灯照明,直到司机离开车库后,自动切断前照灯。

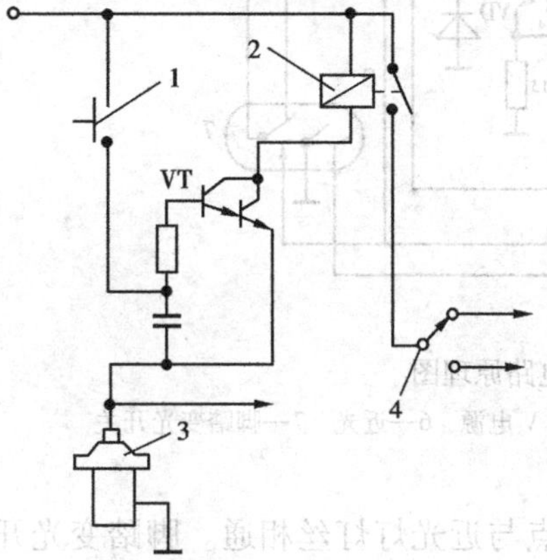


图 5-8 延迟切断前照灯电路图

1—按钮开关 2—继电器

3—发动机机油压力开关 4—变光开关

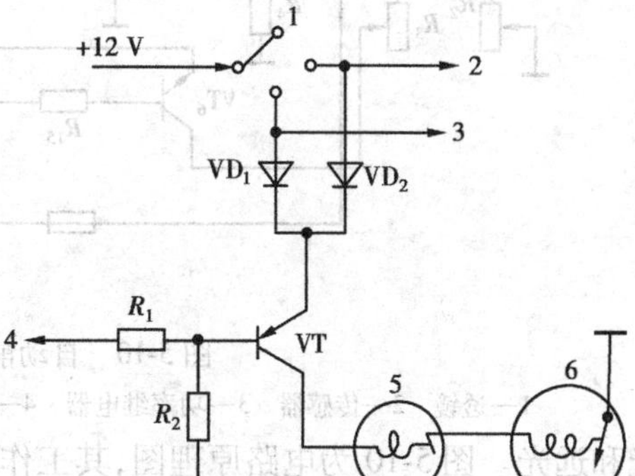


图 5-9 提醒关灯装置电路原理图

1—原有的灯开关 2—至前照灯 3—至停车灯

4—接点火开关控制的任何导线 5—闪光器 6—蜂鸣器

图 5-8 为其工作原理图。图中机油压力开关,当发动机不运转时,它的触点是闭合的,此时才与搭铁接通。而当发动机运转时,靠机油压力使触点断开。VT 为高增益的复合晶体管(达林顿电路),用来接通继电器线圈。VT 的发射极通过机油压力开关搭铁,所以只有当发动机停车或机油压力不足时才接通。RC 组成延时电路,当切断点火和前照灯电路后,揿下按钮 S 时,电容器 $C$ 开始充电,当电容器充电电压达到 VT 的导通电压时,VT 导通,电流流经继电器线圈,触点闭合,接通前照灯的远光或近光,松开按钮 S,则电容器通过 $R$ 向 VT 放电,维持其导通状态,前照灯一直亮着。在电容 $C$ 放电电压下降到不能维持 VT 的导通所必须的基极电流时,VT 截止,前照灯熄灭。延迟时间取决于 $C$ 及 $R$ 的参数,一般可延迟约 1 min。

(2)提醒关灯电路

有时白天行车时,在细雨濛濛或雾天阴沉的早晨,驾驶员开灯,不是为了照明,而是为了安全,或者在通过较长的隧洞而打开前照灯等。由于是白天行车,有时人们会忘记前大灯开关是接通的,提醒关灯电路就是针对这种情况提出来的。

图 5-9 所示为提醒关灯装置电路图。它在点火开关断开而前照灯(或停车灯)仍然亮着的情况下,电流经二极管 $VD_1$(或 $VD_2$),使 VT 产生基极电流而导通,蜂鸣器发出声音提醒驾驶员关灯。当接通点火开关时,VT 的基极电位提高,VT 截止,蜂鸣器不发出声音。

(3)前照灯自动减光电路

在夜间行驶时,为了防止对迎面来车造成眩目,驾驶员必须频繁使用脚踏变光开关,分散了驾驶员的注意力。前照灯自动减光装置,它可以根据迎面来车的灯光自动地调节前照灯的

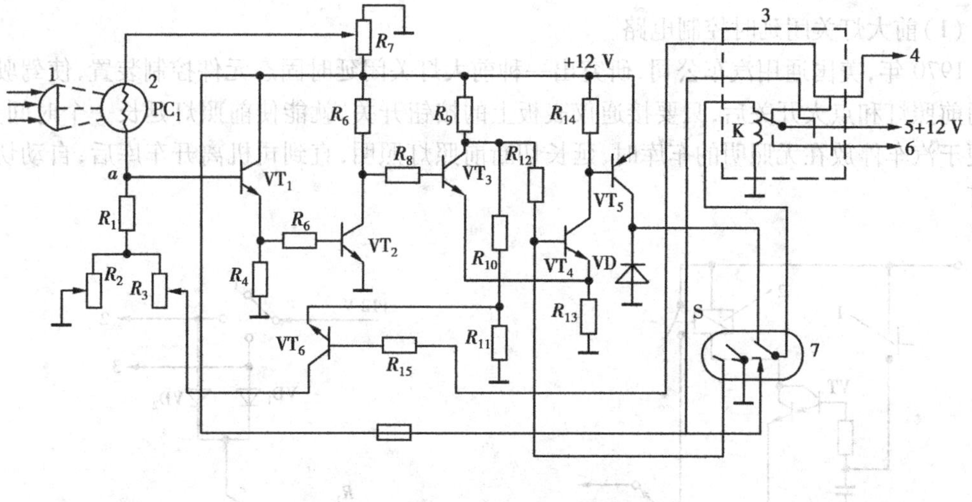


图 5-10　自动前照灯减光电路原理图

1—透镜　2—传感器　3—功率继电器　4—远光　5—12 V 电源　6—近光　7—脚踏变光开关

近光和远光。图 5-10 为电路原理图,其工作原理如下:

继电器 K 的常闭触点与远光灯灯丝相接,常开触点与近光灯灯丝相通。脚踏变光开关 S 由驾驶员控制,图示实线位置为接通远光灯位置,虚线为接通近光灯位置。光敏电阻 $PC_1$ 用来传感光照情况,其电阻值反比于光照强度,在黑暗中,$PC_1$ 呈高阻态,但当受到一定的光照射时,它的电阻值便迅速下降。$PC_1$ 和 $R_7$、$R_1$、$R_2$、$R_3$、$VT_6$、$R_{11}$ 一起组成分压器。射极输出器 $VT_1$ 的输出,由 $VT_2$ 放大并反相,$VT_2$ 的输出加在施密特触发器 $VT_3$ 和 $VT_4$ 上,$VT_4$ 的集电极控制继电器激励级 $VT_5$。

现设脚踏变光开关处于远光位置(图示实线位置),若迎面无来车,$PC_1$ 呈高阻态,$a$ 点呈低电位,$VT_1$ 截止,$VT_2$ 截止,$VT_3$ 导通,$VT_4$ 截止,$VT_5$ 也由于基极电位提高而处于截止状态。继电器 K 线圈无电流,常闭触点接通远光灯。当迎面有来车时,来车灯光照射到 $PC_1$ 上使 $PC_1$ 阻值迅速下降,$a$ 点电位迅速提高,$VT_1$ 导通,$VT_2$ 也随之导通,$VT_3$ 截止,$VT_4$、$VT_5$ 导通,继电器 K 线圈得电,常开触点闭合而接通近光灯。如果迎面来车的前照灯也转换到近光灯,光敏电阻 $PC_1$ 接收的光通量减少,但由于此时 $VT_6$ 已处于截止状态而使 $R_3$ 和 $R_{11}$ 从 $R_2$ 的并联电路中隔除,从而使 $a$ 点电位仍能使 $VT_1$ 处于导通状态而维持近光。只有当迎面来车驶过而 $PC_1$ 无光照射而呈高阻态时,$VT_1$ 才截止,$VT_5$ 也随之截止,继电器 K 线圈失电,常闭触点闭合而恢复远光。

当驾驶员将脚踏变光开关处于近光位置时,继电器 K 的线圈直接从蓄电池得电而使常开触点闭合而接通近光灯。而与 $PC_1$ 上有无光照射无关。由此可见,倘若自动减光电路发生故障时,驾驶员仍可通过脚踏变光开关操作远光或近光,丧失的只是自动从远光变近光和由近光变远光的能力。

### 5.1.2　其他灯具

#### 1. 停车灯和尾灯

用于停车灯和尾灯的小型灯泡通常为双丝灯泡,一根为大电流灯丝,电流约 2.1 A,发光强度 32 cd,用于转向和制动信号;另一根为小电流灯丝,电流约 600 mA,发光强度 3 cd,用作停车灯和尾灯。

2. 示廓灯

为了夜间行驶安全,在汽车的 4 个角上装上 4 个灯。前面 2 个为琥珀色,后面 2 个为红色。当停车信号灯或者尾灯亮时,这些示廓灯也一直亮着,以便会车。示廓灯一般采用电流为 270 mA,发光强度为 2 cd 的小型灯泡。

3. 牌照灯

这种灯由控制停车灯和前照灯电路的开关控制。当其中的一个电路接通,牌照灯即亮,通常采用电流为 700 mA,发光强度为 4 cd 的灯泡。

4. 倒车灯

汽车倒车灯有两个作用,一是向其他驾驶员和行人发出倒车警告(有的还加上倒车蜂鸣器);二是提供夜间倒车时的照明,避免撞车。通常采用电流 2. 1 A,发光强度为 32 cd 的照明灯泡。

5. 转弯照明灯

在 SAEJ852 中,此灯定义为"所谓转弯照明灯,就是在汽车转弯方向上提供附加照明,辅助前照灯的照明灯,此灯与转向系统联动,但不闪烁。"汽车转弯时,点亮相应的转弯照明灯,就可以对前照灯照射不到或亮度不足的地方补充照明,从而提高了夜间行车的安全性。它通常采用电流约 3 A,发光强度为 50 cd 的照明灯泡。

6. 内部照明灯

现代汽车的内部采用了各种各样的内部照明灯,用于一般照明和指示,其发光强度一般不超过 2 cd。公共汽车、旅行车有的采用低压日光灯作为内部照明,提高了光的亮度且光线柔和均匀。

### 5. 1. 3　信号灯

汽车上通常有 4 种主要的信号灯,即制动信号灯、转向信号灯、倒车信号灯、报警信号灯。

1. 制动信号灯

汽车上采用的第一个信号灯就是制动信号灯,它装在汽车尾部。当汽车进行制动时,制动信号灯亮,给尾随其后的汽车驾驶员发出制动信号,以避免造成追尾事故。

1985 年美国还规定了高位制动灯,它装在小轿车的后窗中心线的附近。这样,在前后两辆汽车靠得太近时,后面汽车驾驶员就能从高位制动灯的工作状况,知道前面汽车的行驶状况。经 1985—1986 年两年的撞车事故分析表明,装置高位制动灯,对于防止相撞事故发生,可取得相当好的效果。

制动信号灯开关通常有两种形式:一种是弹簧负载式常开开关,装在制动踏板的后面,当踏下制动踏板时,开关闭合,制动灯亮。另一种是液压或气压式开关,装在制动总泵出口处,当踩下制动踏板,液压管路(或气压管路)中压力增加时,经过开关薄膜的作用,开关闭合,制动灯亮,当释放制动踏板时,管路压力下降,开关又恢复到原来的常开位置。

2. 转向信号灯

当汽车要转弯时,由驾驶员打开相应的转弯开关,转向信号灯亮并按一定频率闪烁,以告知前后车辆驾驶员、行人和交通警察。

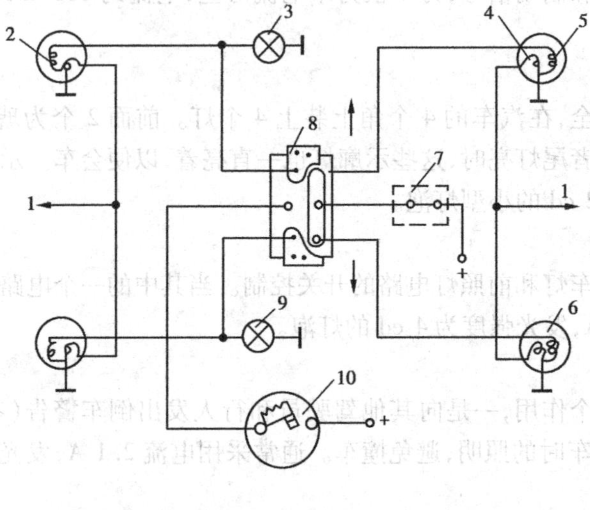


图 5-11　转向灯、制动灯及停车灯的电路示意图

1—至灯开关的停车尾灯接线柱　2—转向灯灯丝　3—右转向指示灯
4—尾灯灯丝　5—转向制动灯灯丝　6—双丝灯　7—制动灯开关
8—转向灯开关　9—左转向指示灯　10—闪光继电器

转向信号灯从两个不同的电路中得到电流：一是从制动灯开关；二是从闪光继电器。如图5-11所示，当转向信号灯开关处在中间位置时，制动灯开关闭合，电流经制动灯开关进入转向灯开关，该开关的两个接线柱分别接在后面的两个转向/制动灯泡上。当转向信号灯开关拨到转向位置时，需要转向的那个后转向灯，从制动电路上断开，接到转向信号灯电路上，于是发出闪光。另一个后转向灯仍旧接在制动灯电路中，发出持续光。例如，当转向信号灯开关处于左转弯位置时，闪光继电器与左前转向灯，左指示灯和左后灯中的转向/制动灯丝相接。这时左后灯从制动灯电路上断开，但右后灯仍然与制动灯电路相接，因而作为制动信号灯。

3. 报警信号灯

当汽车发生故障或有紧急情况时，打开报警信号灯开关，这时，前后左右 4 个转向灯一起闪烁，以示报警。

## 5.2　低压直流日光灯

汽车车厢内的照明，过去一直采用白炽灯，由于其耗电量大，光线较暗，而且发出黄光影响市容，故近来在公共汽车、旅行车上，已开始采用低压直流日光灯供车厢照明，低压直流日光灯发光效率高、光色均匀白净、省电。

低压直流日光灯由日光灯管和电源变换器组成。

汽车电源一般为 12 V 直流电源。它不能使日光灯起辉，故必须通过电源变换器，把低压直流变换为适合日光灯工作的高压交流。其电路图如图 5-12 所示。

变压器仍采用铁氧体磁芯，其上绕有 4 个线圈，$L_1$ 为三极管 VT 的集电极负载，$L_2$ 为正反馈线圈，并作为日光灯管一端灯丝的预热线圈，$L_4$ 为日光灯管另一端灯丝预热线圈，$L_3$ 是使日光灯具有正常工作电压的线圈。

当接通电源时，蓄电池通过二极管VD、电阻 $R_1$、电位器 $R_2$ 向电容器 $C_2$ 充电。当 $C_2$ 的端电压上升到使三极管VT获得足够的偏压而开始导通时，VT导通，$L_1$ 初级线圈中有电流，通过变压器在三个次级绕组中产生感应电动势。其中 $L_2$ 产生的感应电动势正反馈加在VT的基极上，使基极电位迅速提高，因此，VT很快饱和导通。在VT饱和导通过程中，线圈 $L_2$ 的感应电动势通过VT的发射极给 $C_2$ 反向充电，所以当 $C_2$ 反向充电到一定电压时，VT开始截止，$I_C$ 减小，即 $L_1$ 中电流减小，随之在次级绕组中感应出相反方向的电动势，$L_2$ 中的感应电动势使VT的基极迅速变负，VT立即截止。这一过程进行得非常迅速，VT的截止状态是暂时的，因为当 $L_2$ 中的反向电动势下降到零时，$C_2$ 向 $R_2$ 放电之后，直流电源又通过 $R_1$、$R_2$ 向 $C_2$ 充电，如此重复上述过程，于是在初级线圈中产生约20~40 kHz的振荡，在次级绕组 $L_3$ 中，感应出相同频率的近似方波的高压交流电势，使日光灯起辉。

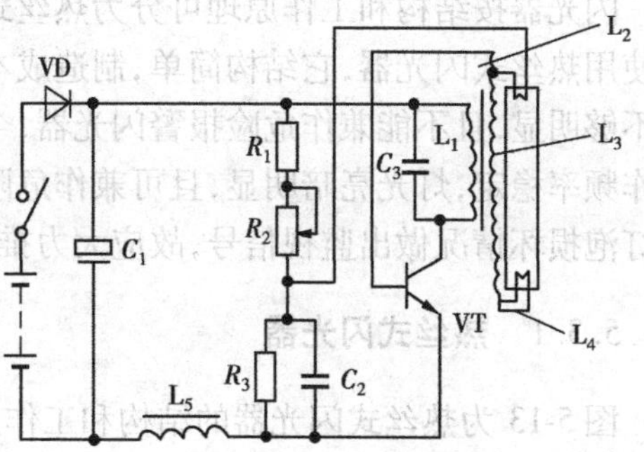


图 5-12　低压直流日光灯电路图

$R_1$—2 kΩ　$R_2$—3 kΩ　$R_3$—2 kΩ

$C_1$—100 μF/25 V　$C_2$—0.15 μF　$C_3$—2 200 pF

$L_1$—71 匝　$L_2$—13 匝　$L_3$—185 匝　$L_4$—10 匝

$L_5$—磁环　VT—3DD13A　D—1N4148

二极管VD保护VT在电源反接时不被烧坏，$R_1$、$R_2$ 是VT的偏流电阻，用以调节偏流的大小，控制输出功率和灯管亮度。$R_3$ 是 $C_2$ 的释放回路，$C_3$ 用来吸收 $L_1$ 中的自感电势，以保护VT不被击穿。$C_1$、$L_5$ 组成Γ型滤波器，能保持电源变换器工作电压的稳定。同时，能消除一个蓄电池带动数个电源变换器同时工作时所引起的差频现象。低压直流日光灯的故障及原因见表5-1。

**表 5-1　低压直流日光灯故障及其原因**

| 故　障 | 现　象 | 原　　因 |
|---|---|---|
| 荧光灯不起辉 | 无输入电流 | ①电源反接　②可调电阻 $R_2$ 断线　③晶体管VT烧坏　④接触不良 |
| | 输入电流过小 | ①$R_2$ 线松脱　②VT的工作点变动 |
| | 输入电流正常 | 荧光灯管烧坏 |
| 荧光灯起辉但亮度异常 | 灯光翻动 | 新灯管起辉不稳定，使用一段时间后能正常 |
| | 灯光太亮 | VT的工作点变动 |
| 有　叫　声 | 灯 管 亮 | ①振荡频率太低　②有元件接触不良 |
| | 灯管不亮 | ①变压器次级断路或短路　②变压器线头接错 |

## 5.3　转向信号灯的闪光器

闪光器是控制转向信号灯的闪烁频率的装置。近年来，国外有些汽车在行驶中，如遇危险情况，使前后左右4个转向灯同时闪烁，作为危险报警信号，我国交通法规也已采用。因此，闪光器按用途有转向和报警之分，但一般都是用同一闪光器，用不同开关进行控制。

闪光器按结构和工作原理可分为热丝式、电容式、翼片式和电子式等多种。目前国内仍广泛使用热丝式闪光器,它结构简单,制造成本低,但闪光频率不稳定,使用寿命短、信号灯的亮暗不够明显,且不能兼作危险报警闪光器,今后将趋于淘汰。而电容式和电子式闪光器,由于工作频率稳定,灯光亮暗明显,且可兼作危险报警闪光器,还可在电路中增加少量元件,对闪光灯灯泡损坏情况做出监视信号,故应大力推广使用。

### 5.3.1 热丝式闪光器

图 5-13 为热丝式闪光器的结构和工作原理图。

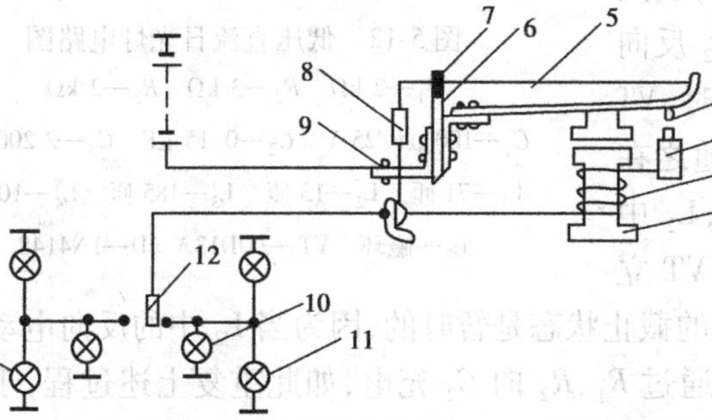


图 5-13 热丝式闪光器

1—铁心 2—线圈 3—定触点 4—动触点
5—镍铬丝 6—调节片 7—玻璃球 8—附加电阻
9—接线柱 10—转向指示灯 11—后转向灯
12—转向开关 13—前转向灯

当转向开关未接通时,活动触点 4 在镍铬丝 5 的拉紧下,与固定触点 3 分开。当汽车转弯前,接通转向方向的开关 12,则电流便从蓄电池正极→接线柱 9→活动触点臂→镍铬丝 5→附加电阻 8→转向开关 12→相应的转向信号灯和转向指示灯→搭铁→蓄电池负极,形成回路。此时,由于附加电阻 8 和镍铬丝 5 串入电路中,电流较小,转向信号灯和指示灯不亮。经过一较短时间后,镍铬丝受热膨胀而伸长,使触点 3、4 闭合,此时电流从蓄电池正极→接线柱 9→活动触点臂→闭合触点 3、4→线圈 2→转向开关 12→转向信号灯和转向指示灯→搭铁→蓄电池负极,形成回路。由于附加电阻 8 及镍铬丝 5 被短路隔除,而线圈 2 中有电流通过,产生电磁力,使触点 3、4 闭合更为紧密,线路中电阻小,电流大,故信号灯及指示灯亮。与此同时,镍铬丝被短路隔除,逐渐冷却而收缩,触点 3、4 又打开,附加电阻 8 及镍铬丝又串入电路,灯光又变暗,如此反复,从而使转向信号灯及指示灯一明一暗地闪烁。我国规定闪烁频率为 90 ± 30 次/min。当频率过高或过低时,可扳动调节片 6,改变镍铬丝 5 的拉力,以及触点间隙进行调整。

### 5.3.2 翼片式闪光器

翼片式闪光器,也是利用电流的热效应,以热胀条的热胀冷缩为动力,使翼片产生突然动作,接通和断开触点,使转向信号灯闪烁。根据热胀条加热情况不同,又分为直热式和旁热式。

图 5-14 为具有监视装置的旁热翼片式闪光器。它主要由翼片 12、热胀条 10 和加热电阻丝 11、主触点 1、支架 13 等组成翼片式闪光器。翼片为弹簧钢片,平时靠热胀条绷成弓形。铁心 2、线圈 9 和副触点臂 3、副触点 4、指示灯 5 组成监视系统。其工作原理如下:

当汽车直行时,主触点 1 和副触点 4 均处于开启状态,转向信号灯与指示灯均不亮。

当汽车需要转向时,接通转向开关 $S$,则蓄电池向转向信号灯供电,电流从蓄电极正极→接线柱 $B$→支架 13→翼片 12→热胀条 10→电阻丝 11→线圈 9→转向开关 $S$→转向信号灯→搭铁→蓄电池负极。由于电路中串有电阻丝11,电流较小,此时信号灯不亮。当电阻丝加热热胀条使其热膨胀伸长时,翼片12依靠自身弹性突然绷直,主触点1接通,电流则从蓄电池正极→接线柱 *B*→支架13→翼片12→主触点1→线圈9→转向开关 *S*→转向信号灯→搭铁→蓄电池负极,形成回路。由于电阻丝11被隔除,电流增大,转向信号灯发亮,同时,副触点4闭合,转向指示灯也亮。待热胀条逐渐冷却收缩后,又拉紧翼片突然成弓形,主触点分开,如此反复,转向信号灯及指示灯一明一暗地闪烁。

当转向信号灯有一个或两个灯泡烧坏时,由于通过线圈9的电流将减小(因转向信号灯是并联的)。这时磁力不足以使副触点4闭合,转向指示灯不亮,以示转向信号灯有故障,起到监视作用,从而保证了行车安全。

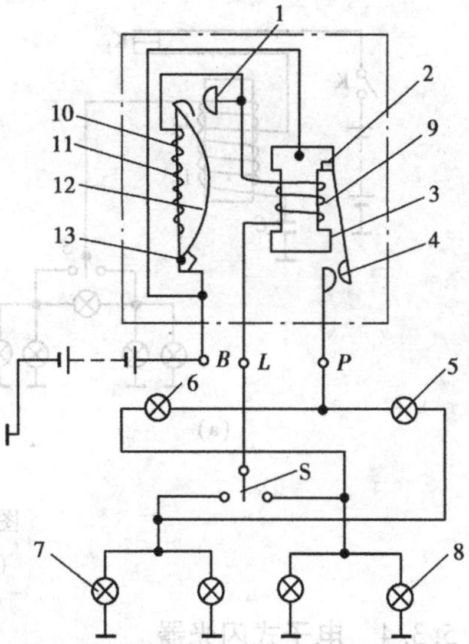


图5-14 具有监视装置的旁热翼片式闪光器

1—主触点 2—铁心 3—副触点臂 4—副触点 5、6—转向指示灯 7、8—转向信号灯 9—线圈 10—热胀条 11—电阻丝 12—翼片 13—支架

### 5.3.3 电容式闪光器

电容式闪光器,根据衔铁线圈的接线不同分为电流型和电压型。

所谓电流型,就是衔铁线圈与转向灯泡串联工作,如图5-15(a)所示。电压型是闪光器的衔铁线圈与转向信号灯并联,如图5-15(b)所示。

电容式闪光器,主要是利用向电容器的充电和放电来控制转向信号灯的闪烁频率,现以电流型电容闪光器为例说明其工作过程。

当接通电源开关K,电流通过触点 $K_1$ 经线圈 $L_2$ 后向电容 *C* 充电。当转向开关接通转向信号灯时,电流通过串联线圈 $L_1$ 到转向信号灯及指示灯,由 $L_1$ 产生的电磁吸力,将常闭触点 $K_1$ 打开,灯泡就不亮。触点 $K_1$ 断开,电容 *C* 开始放电,$L_1$、$L_2$ 两线圈的吸力继续使触时断开,直至放电电流基本消失。放电电流消失后,触点 $K_1$ 在本身弹力作用下,回复闭合状态,此时流过 $L_1$ 中的负荷电流与流过 $L_2$ 的充电电流方向相反,磁力互相抵消,$K_1$ 继续闭合,灯泡继续亮,当 *C* 接近充满电时,电流减小,两线圈产生的磁力失去平衡,吸下 $K_1$,灯泡熄灭。如此反复工作,故转向信号灯就以一定的频率闪烁。

当一个闪光灯泡损坏时,流过 $L_1$ 的电流减小一半,触点 $K_1$ 一直闭合,指示灯也不熄灭,表示有故障。

我国规定,转向信号灯故障监视信号,可以是以下四种方式中的任何一种:

①指示灯不亮;

②指示灯一直亮(即不闪烁);

③指示灯闪烁频率明显加快(150次/min以上);

④指示灯闪烁频率明显减慢(50次/min以下)。

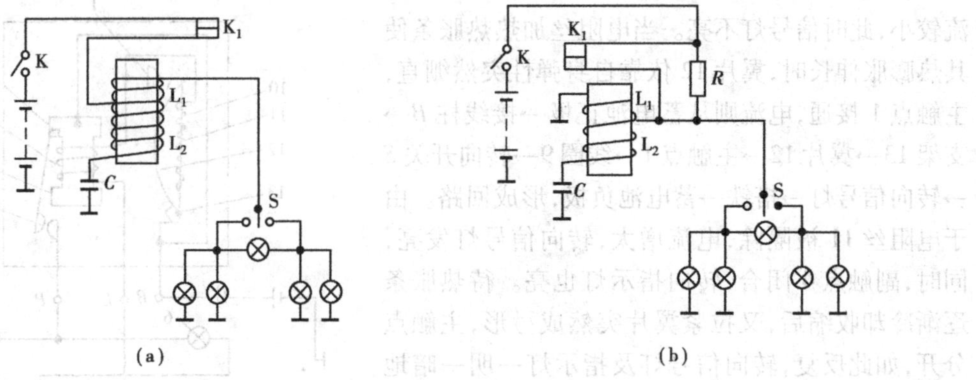


图 5-15　电容式闪光器

(a)电流型　(b)电压型

### 5.3.4　电子式闪光器

随着电子技术的发展,电子式闪光器,已逐渐应用在汽车上,它的发展分两个阶段。第一阶段时,采用电子节拍定时器,但电流较大的转向信号灯仍由继电器控制,称为电子控制的闪光器;第二阶段是用电子功率开关代替继电器,称为全电子式。下面分别举例说明其工作原理。

1. 非稳态多谐振荡器闪光器

非稳态多谐振荡器的两种状态是不稳定的,经过一定的时间,电路自动从一种状态转换为

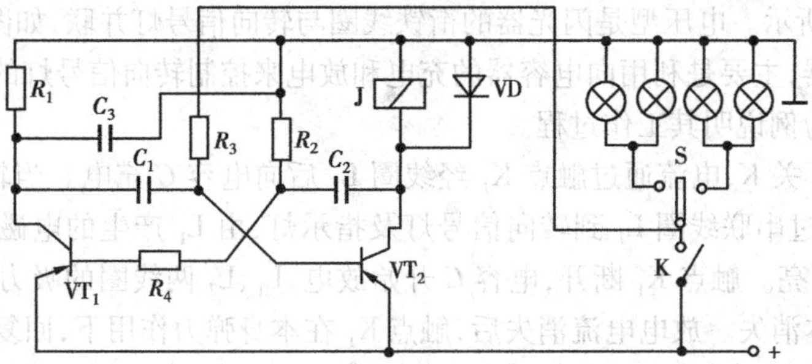


图 5-16　电子控制闪光器电路图

$R_1$—680 Ω　$R_2$—5 kΩ　$R_3$—5 kΩ　$R_4$—5.1 kΩ　$C_1=C_2=100$ μF

$C_3$—10 pF　$VT_1=VT_2$—CS9012　D—1N4148

另一种状态,然后再经过一定的时间又重新返回原始状态。电子闪光器,就是利用非稳态多谐振荡器作为节拍定时的,图 5-16 为其电路图。

由于电阻 $R_3$ 通过转向开关 S 和转向信号灯搭铁,所以当转向开关未接通时,$VT_2$ 处于截止状态,多谐振荡器不翻转,只有接通转向开关时,电流才能流经晶体管 $VT_2$ 的发射极-基极,所以信号灯闪光周期开始闪烁。二极管 VD 使继电器线圈截止时,产生的感应电动势短路,以保护 $VT_2$ 不被击穿。调整 $C_1$、$R_3$、$C_2$、$R_2$ 的值,即可调整闪光频率和占空比(即灯亮占周期的比值)。

2. 法国 Ducellier 晶体闪光器

图 5-17 为法国 Ducellier 公司生产的电子闪光器的工作原理。这种闪光器的安装为插片式,它既可作转向信号指示,又可作危险报警信号指示,并有监视指示灯,当只有一只灯泡工作时,指示灯一直不亮。

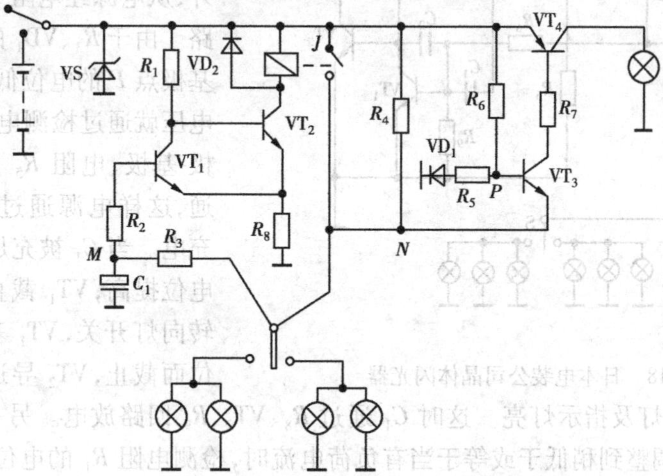


图 5-17 法国 Kucellier 晶体管闪光器电路

在接通电源前,所有元件处于不工作状态,当接通电源后,电容 $C_1$ 经 $R_4$、$R_3$ 充电。由于充电电流很小,$M$ 点电位很低,不足以使 $VT_1$ 导通。电流经 $R_1$、$VT_2$ 导通,继电器 J 得电,触点闭合,同时向电容 $C_1$ 充电。当 $M$ 点电位上升到足以使 $VT_1$ 导通时,$VT_2$ 就截止,继电器释放触点,$C_1$ 经电阻 $R_4$、$R_3$ 保持充电。当转向开关 S 拨向左或向右时,信号灯电流经 $R_4$,所以不足以使信号灯亮。与此同时,$C_1$ 通过 $R_3$,转向信号灯放电,$M$ 点电位下降,$VT_1$ 截止,$VT_2$ 导通,触点闭合,转向信号灯亮,同时向 $C_1$ 充电。当 $M$ 点电位提高使 $VT_1$ 导通时,$VT_2$ 截止,触点断开,信号灯灭,电容 $C_1$ 又经 $R_3$ 放电,如此反复,转向灯就以一定的频率闪烁。

监视电路主要用于了解转向信号灯泡有无损坏。它是通过 $R_5$、$R_6$ 组成分压器,控制 $VT_3$ 基极 $P$ 点电位,以及由 $R_4$ 和转向信号灯丝电阻组成分压器,控制 $VT_3$ 发射极 $N$ 点电位来控制监视指示灯。在每一闪光的熄灭周期,控制电路进入工作,在两只转向信号灯泡的功率适当并处于良好状态时,则 $P$ 点电位高于 $N$ 点电位,$VT_3$ 导通,$VT_4$ 也导通,监视指示灯亮。

当继电器触点闭合,信号灯亮的期间,$N$ 点电位高于 $P$ 点电位,$VT_3$ 截止,$VT_4$ 也截止,指示灯熄灭。所以监视指示灯与转向信号灯,是同频率而异步工作的。

当有一个转向信号灯泡损坏时,则在信号灯熄灭期间,$N$ 点电位相对升高,$VT_3$、$VT_4$ 截止,指示灯不亮,在信号灯亮的期间,$N$ 点电位更高,所以指示灯也继续不亮。

$R_3$ 固定 $C_1$ 的充放电电流,起调整闪光频率作用(改变其参数时)。$R_8$ 是 $VT_1$、$VT_2$ 的发射极电阻,起加速 $VT_1$ 与 $VT_2$ 的转换作用。$VD_1$ 与 $R_5$ 和 $R_6$ 组成的分压器串联,以对 $P$ 点电位进行温度补偿。VS 保证电路不受电源电压瞬变脉冲的影响。

3. 日本电装公司晶体闪光器

这种闪光器,也兼作危险报警闪光器,同时,它也具有监视指示作用。当转向信号灯有一个灯泡损坏时,指示灯的闪光频率提高,提醒驾驶员注意。图5-18为其工作原理图。当电源开

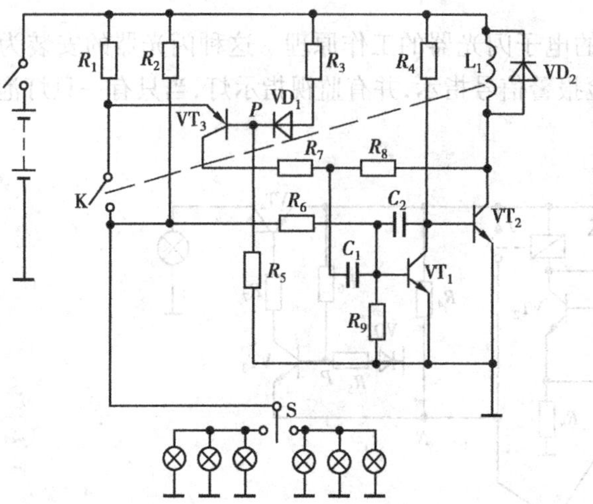


图 5-18　日本电装公司晶体闪光器

关接通时，$VT_1$ 基极经 $R_2$、$R_6$ 提供偏流而导通，$VT_2$ 处于截止状态。因此，电源从继电器线圈 $L_1$、电阻 $R_8$、电容 $C_1$、$VT_1$ 的基极→发射极成回路。另外，从电源经电阻 $R_3$、$VD_1$、$R_5$ 也成回路。由于 $R_3$、$VD_1$ 的正向压降，使 $VT_3$ 基极点 $P$ 的电位低于电源电位，电源电压就通过检测电阻 $R_1$、$VT_3$ 的发射极-基极、电阻 $R_5$ 成回路，使 $VT_3$ 导通，这样电源通过 $R_1$、$VT_3$、$R_7$ 对 $C_1$ 充电。当 $C_1$ 被充足电时，$VT_3$ 集电极电位提高，$VT_1$ 截止。这时如果接通转向灯开关，$VT_1$ 基极电位接近地电位而截止，$VT_2$ 导通，继电器动作，触点闭合，转向信号灯及指示灯亮。这时 $C_1$ 通过 $R_8$、$VT_2$、$R_9$ 回路放电。另一方面，电阻 $R_3$ 及 $VD_1$ 的正向压降调整到稍低于或等于当有负荷电流时，检测电阻 $R_1$ 的电位，则集电极电位低于或等于 $VT_1$ 基极电位，使 $VT_1$ 仍保持截止状态。当 $C_1$ 的负边达到 $VT_1$ 的阈门电压时，$VT_1$ 的基极电流通过继电器触点 K 及电阻 $R_6$ 使其导通，$VT_2$ 截止，继电器失去电流，K 断开，信号灯熄灭。然后，电源电压又加到 $VT_3$ 的发射极，由于 $VD_1$ 的压降，基极电流就通过 $R_5$ 成回路而导通，相应的 $C_1$ 充电电流通过电阻 $R_7$，$VT_1$ 基极-发射极搭铁，$VT_1$ 导通，$VT_2$ 截止。另外，$VT_1$ 的基极电流，也通过继电器线圈 L，电阻 $R_8$，向 $C_1$ 充电，直到 $C_1$ 被充满电为止。而电阻 $R_6$ 的另一端接到转向信号灯，它的电阻很小，这样 $VT_1$ 的基极就无电流而截止，$VT_2$ 导通，继电器线圈得电，触点闭合，转向信号灯又亮。重复上述过程，转向信号灯就以一定频率闪烁。

如果转向信号灯泡有一个损坏，当 K 闭合时，则流经检测电阻 $R_1$ 的负荷电流减少一半，其电压降减小，结果，使其发射极电位高于基极电位，通过电阻 $R_5$ 使 $VT_3$ 导通，于是 $VT_3$ 的集电极电流通过检测电阻 $R_1$、$VT_3$、$R_7$、$R_8$、$VT_2$ 搭铁。在电阻 $R_8$ 的电压降及 $VT_2$ 的集电极与发射极之间的电压降的总和加到 $C_1$ 的正边，完全充电的电容 $C_1$ 就放电到剩下的电荷等于电阻 $R_8$ 与 $VT_2$ 发射极、集电极之间的电压降的总和，然后 $VT_1$ 的基极电流通过继电器触点 K 及电阻 $R_6$ 使其导通。$VT_2$ 截止，K 断开，转向信号灯熄灭。在这种情况下，转向信号灯亮的持续时间决定于 $C_1$ 的充放电周期，$C_1$ 的电荷，由于 $VT_1$ 的导通没有完全放掉，则灯亮的周期，就短于正常情况下灯未损坏时的周期。$VT_1$ 的基极电流不仅通过 $VT_3$，也通过 L 及电阻 $R_8$，使 $VT_1$ 保持导通。由于 $C_1$ 的电荷原来没有完全被放掉，故很快又被充满，其充满电的时间短于正常的时间。因此，灯灭的时间也就缩短，即转向信号灯的闪烁频率明显提高。

**4. 苏联拉达轿车晶体闪光器**

图 5-19 是苏联拉达轿车电子闪光器电路图，其工作原理如下：

$C_1$、$C_2$、$C_3$ 和 $R_2$ 组成定时网络。当转向开关未接通时，$VT_1$ 发射极经 $R_4$、$R_5$ 分压，约为 6.5 V，$VT_1$ 基极电位由 $R_1$、$R_2$、$VD_3$ 分压约 6.2 V。故 $VT_1$ 由于发射极反偏而截止，$VT_2$、$VT_3$ 也截止，继电器 $J_1$ 线圈中无电流。

当闭合转向开关时，流经 $R_4$ 的电流中一部分经由 $R_3$、$VD_2$、转向开关 S 及转向信号灯搭铁

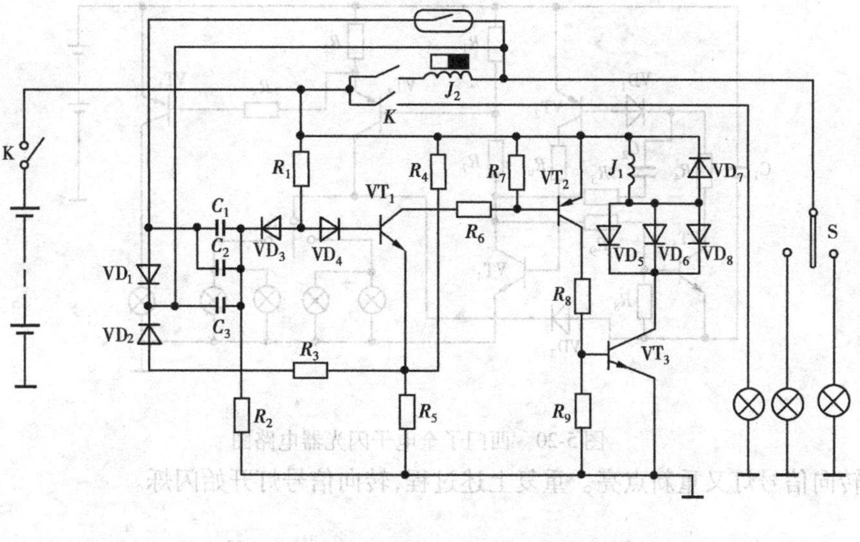


图 5-19　苏联拉达轿车闪光器电路图

$R_1=240\ k\Omega$　$R_2=240\ k\Omega$　$R_3=750\ k\Omega$　$R_4=1.5\ k\Omega$　$R_5=1.8\ k\Omega$

$R_6=7.5\ k\Omega$　$R_7=10\ k\Omega$　$R_8=1.5\ k\Omega$　$R_9=2.7\ k\Omega$

$VD_1$、$VD_2$、$VD_3$、$VD_4$ = 1N4007　$VD_5$、$VD_6$ = 1N4003　$VD_7=VD_8$ = 1N4148

$VT_1$—KT3102(9013)　$VT_2$—KT501(9012)　$VT_3$—KT817(BV406)

形成回路。忽略 $VD_2$ 和信号灯丝电阻,这相当于把 $R_3$、$R_5$ 并联,从而使 $VT_1$ 发射极电压下降至3.5 V 左右。$VT_1$ 导通,$VT_2$、$VT_3$ 也迅速饱和导通,继电器动作,触点 K 闭合,转向信号灯亮。触点 K 闭合的同时,$VD_2$ 反偏截止,$VT_1$ 管的发射极电位又恢复到较高的电位。但是,由于此时电容器 $C_1$、$C_2$、$C_3$ 对于突变的电压相当于短路,右端电压上升到正的电源电压,将 $VD_3$ 反偏截止,$R_1$ 提供的电流全部加在 $VT_1$ 的基极上,$VT_1$ 导通。当电容右端的电位通过电阻 $R_2$ 放电而下降,致使 $VD_3$ 导通时,电路又恢复到原来的分压状态,$VT_1$ 截止,这一过程结束。如此反复,使信号灯闪烁。

干簧管继电器 $J_2$ 对信号灯起监视作用。当转向信号灯有一只损坏时,通过 $J_2$ 线圈电流减小一半,不足以使 $J_2$ 的触点吸合,$C_1$、$C_2$ 不工作,这时,只有电容器 $C_3$ 工作在充放电状态,因此,转向信号灯及指示灯的闪烁频率明显加快(约 200 次/min 以上)。

### 5. 西门子全电子闪光器

图 5-20 是西门子公司生产的全电子闪光器的电路原理图,转向信号灯的电流,由功率开关管 $VT_3$ 接通和断开,电路的非稳态多谐振荡器由共轭晶体管组成。

当转向信号灯开关 S 未接通时,整个电路不工作,即所有晶体管都处于截止状态。当 S 闭合瞬间,电容器 $C_2$ 充电时流过的电流使 $VT_2$ 导通,充电回路为蓄电池正极、$VT_2$ 的 $e$、$b$ 极、$VD_1$、$C_2$、$R_5$、$R_9$、$R_8$、$VD_2$、S、转向信号灯搭铁、蓄电池负极。结果,共轭晶体管 $VT_4$ 和功率开关管 $VT_3$ 相继导通,转向信号灯点亮。与此同时,由于 $VT_4$ 集电极的电位接近地电位,使 $VT_5$ 仍处于截止状态。当电容 $C_2$ 充电结束时,$VT_2$ 基极电位提高而截止,$VT_4$、$VT_3$ 也跟着截止,转向信号灯熄灭。与此同时,$VT_4$ 集电极电位迅速提高使 $VT_5$ 导通,电容器 $C_2$ 经电阻 $R_4$ 放电而被反极性充电,于是,当 $C_2$ 放电到 $VD_1$ 的门限电压时,$VD_1$ 导通,$VT_2$、$VT_4$ 又重新导通,$VT_3$ 也跟

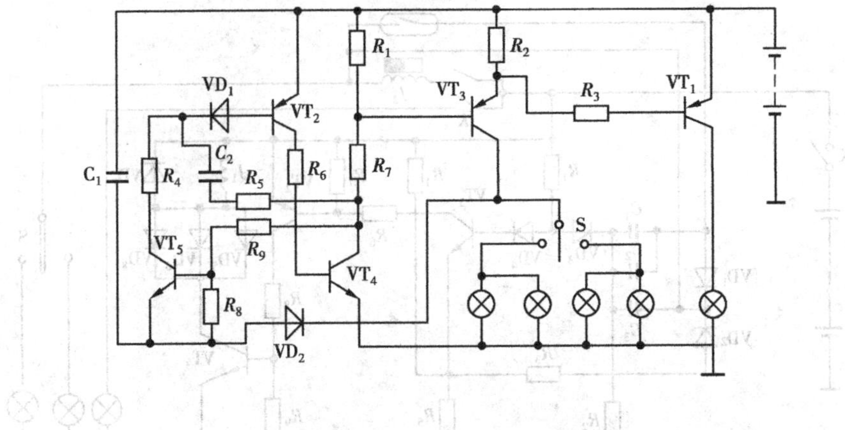


图 5-20　西门子全电子闪光器电路图

着导通,转向信号灯又重新点亮。重复上述过程,转向信号灯开始闪烁。

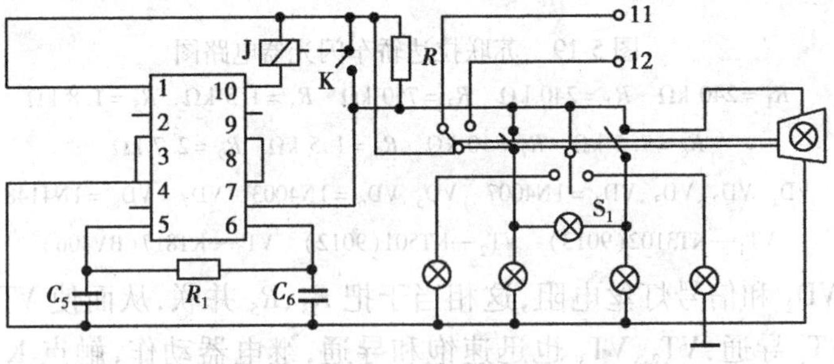


图 5-21　集成电路闪光器

$VT_1$ 开关管用来监视转向信号灯的工作情况,当转向信号灯正常时,监视灯与转向信号灯同频率闪烁,如果某一转向信号灯损坏时。则因流经 $R_2$ 的电流减小,其电压降不足以维持 $VT_1$ 的导通状态,监视灯就一直处于熄灭状态。

6. 集成电路闪光器

图 5-21 为集成电路电子闪光器。节拍定时用 TAA-775G 功率振荡集成块,外部电路由 $C_5$、$R_1$ 控制转换频率,使输出端 10 产生矩形脉冲。11 接在点火开关之后,12 接在点火开关之前。当有一只转向信号灯烧坏时,闪烁频率增加 2.2 倍。

集成电路由于体积小,外接元件数少,电路简单,可靠性高,缺点是 TAA-775G 价格较高。

## 5.4　信号灯的监控电路

### 5.4.1　制动信号灯监视电路

因为制动灯在汽车尾部,信号灯丝的烧断,不易被驾驶员发现,而一旦制动灯丝烧断,在紧急制动时,制动灯不亮,失去了对后面车辆驾驶员的警告作用,很容易发生追尾事故,所以危险性很大。

图 5-22 为制动灯监视电路，用以监视制动灯的工作情况，其工作原理如下：

当踩下制动踏板时，电源经保险丝，线圈 $L_2$ 到制动信号灯搭铁成回路，制动灯亮，但流过 $L_2$ 线圈所产生的磁场，还不足以闭合干簧管继电器触点。但在点火开关接通的情况下，经可调电阻 $R$、$L_1$ 线圈、搭铁成回路，使 $L_1$ 中也产生磁场。这两个磁场叠加时，干簧管继电器触点才闭合，12 V 电压加在指示灯上，表示制动灯的工作正常。当一只制动灯损坏时，流过 $L_2$ 的电流减小一半，磁场减弱，干簧管继电器触点不闭合，指示灯不亮，表示制动灯有故障。

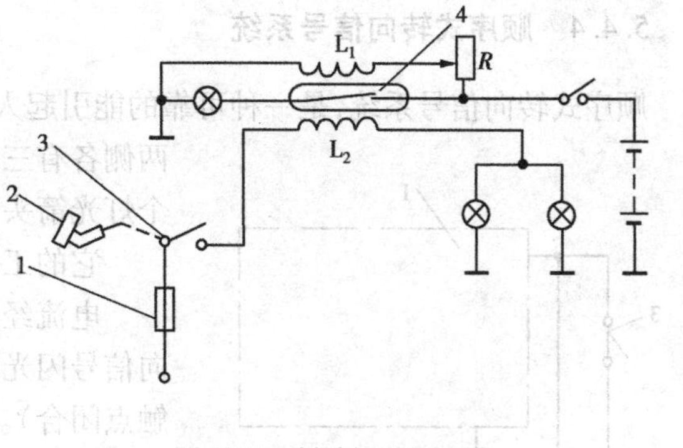

图 5-22　制动灯监视电路
1—保险丝　2—制动踏板
3—制动灯开关　4—干簧管继电器

监视指示灯的灵敏度可一次调整好，踏下制动踏板时，制动灯开关接通，调整可调电阻 $R$，直到干簧管触点闭合为止。为了模拟故障，可将一个制动灯拆下，这时，再踏下制动踏板时，指示灯应不亮。

在制动灯电路中，短路的情况比较少见，由于制动灯电路有保险丝，当短路时，保险丝烧断，这时，踏下制动踏板时，指示灯也不亮。

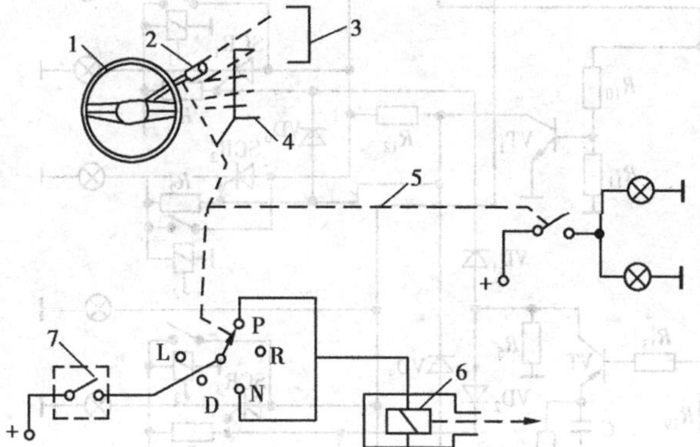

图 5-23　倒车灯与中性安全开关工作原理示意图
1—转向盘　2—变速杆　3—至起动机电磁阀电路闭合
4—至起动机电磁阀电路断开　5—变速杆操纵开关
6—起动机电磁开关　7—点火开关上的起动开关

### 5.4.2　倒车灯和中性安全开关

一般汽车都将由变速杆操纵的倒车灯的开关和中性安全开关结合在一起，这样比较经济。如图 5-23 所示，所谓中性安全开关，就是当变速杆只有在空挡时，才能起动发动机。当变速杆处在其他位置时，到起动机电磁阀的电路断开，防止在挂上挡时，启动发动机，特别是在挂上倒挡的情况下，启动发动机。

### 5.4.3　报警灯电路

美国从 1967 年以后生产的汽车都装上了报警灯系统，以指示汽车处于紧急或危险状况中。当报警灯的电路接通时，所有的转向信号灯同时闪烁，仪表板上的指示灯也亮。由于闪光器直接通过报警开关与蓄电池连接，因此，报警灯不管点火开关是否接通，都可发出报警信号。

### 5.4.4 顺序式转向信号系统

顺序式转向信号系统，是一种可靠的能引起人们高度注意的转向信号系统。汽车的后部两侧各有三个信号灯，按1—2—3的顺序闪光，形成一个灯光箭头，更加清晰地示出要转去的方向。

它的工作原理如下（见图5-25）：

电流经点火开关后，再经过下述装置的触点：①转向信号闪光器（常闭触点）；②转向信号灯开关（转向时，触点闭合）。

点火开关接通后，系统的通电由转向信号灯开关控制，当拨到接通位置时，电流分成两路：

第一路电流，流至晶体管程序装置内的左示廓灯或右示廓灯上，同时使前转向信号灯和指示灯通电。第二路电流，接至晶体管程序装置内的左转向信号灯或右转向信号灯上，同时，使选定的那一边（左边或右边）的内侧灯通电。当这些灯同时通电时，程序装置便开始控制后部灯光的电流，产生顺序闪光。

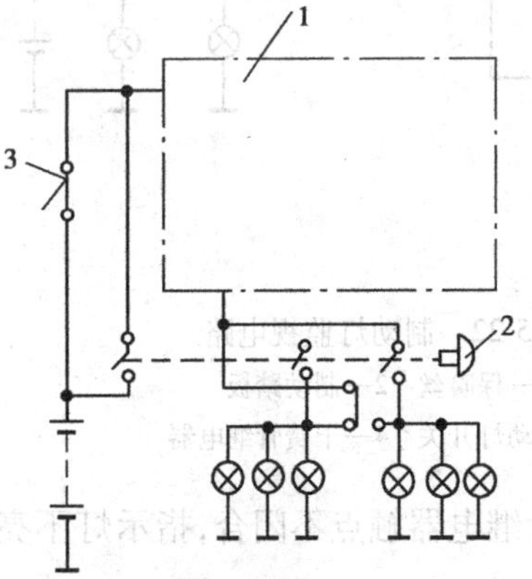


图5-24 作危险报警器时的电路

1—报警闪光器 2—报警开关 3—点火开关

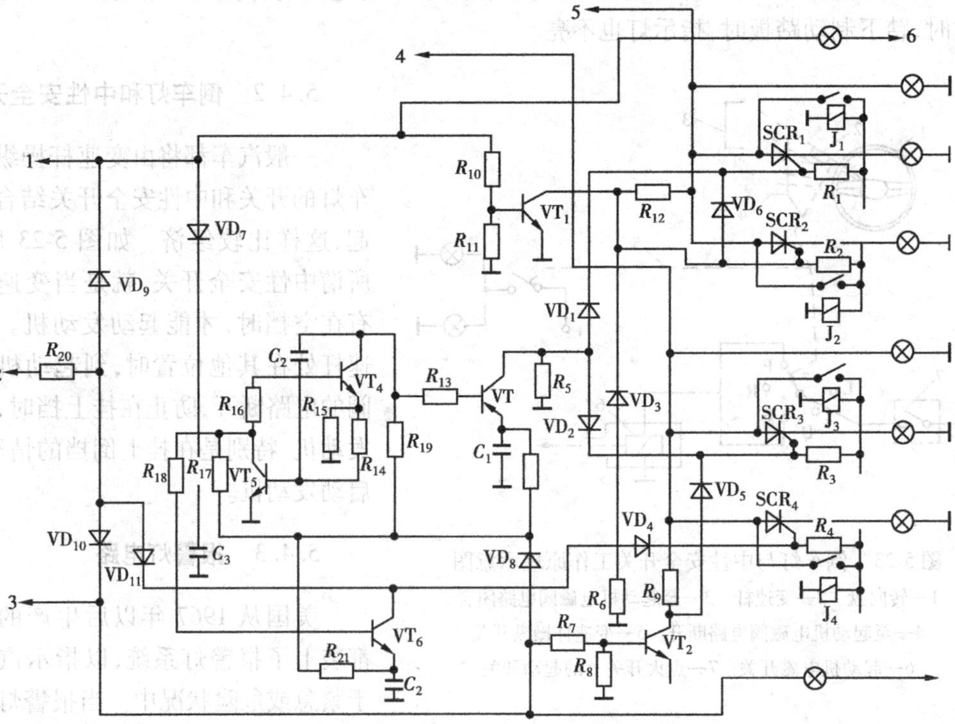


图5-25 福特顺序转向信号灯电路图

1—经闪光器至右示廓灯 2—至制动灯开关 3—经闪光器至左示廓灯

4—经闪光器至左转向灯 5—经闪光器至右转向灯 6—经尾灯搭铁

转向信号灯按下列顺序接通:首先,前信号灯和后侧内信号灯接通发亮,并保持在这个接通状态。然后,后部的中间那个灯接通,也保持在接通状态。最后,后外侧信号灯亮。当通过转向信号闪光器的电流,超过4个灯的电流值时,闪光器的触点打开,所有的灯光熄灭。其后,闪光器的触点又闭合,重复上述过程,直到转向信号灯开关回到中间位置为止。

转弯制动时,后部3个灯不顺序发光。当转弯时,程序装置开关将制动灯电路和顺序式转向信号系统隔开,制动开关由另外一根导线相接。

电路的工作原理分析如下:

顺序式转向信号灯的接通或断开,由可控硅整流元件控制,可控硅元件和汽车后部两侧的中间灯、外侧灯串联。当转向信号灯开关,外在转向位置上,汽车后部的内侧灯亮了以后,它顺序地使中间灯、外侧灯通电,$SCR_1$ 和 $SCR_2$ 用于控制右边灯组,$SCR_3$ 和 $SCR_4$ 用于控制左边的灯组。三极管 $VT_4$ 和 $VT_5$ 组成一个多谐振荡器,当转向信号灯开关处在一个转向的位置上时,即开始振荡。开始 $VT_4$ 导通,$VT_5$ 截止,因此与导通的 $VT_4$ 直接耦合的 $VT_3$,在信号灯开关闭合时也导通。这时,内侧灯立即亮起来,$C_1$ 使 $VT_3$ 的导通要延迟一个时间,$VT_3$ 将 $VD_1$、$VD_2$ 和 $R_5$ 的交点提高到正电源电压,向中间灯的可控硅整流器提供一个触发脉冲,只有在已通电的那一组内的可控硅才触发。当它触发以后,与转向灯并联的继电器线圈通电,触点闭合,电流流到中间灯上,同时SCR截止,这时,多谐振荡器($C_4$、$VT_5$)已改变状态,即 $VT_5$ 导通,$VT_4$ 截止。但是由于 $VT_5$ 导通,$VT_6$ 正向偏压,于是在二极管 $VD_3$、$VD_4$ 和电阻 $R_6$ 的交点上出现一个触发脉冲,该脉冲又加到两个外侧灯的可控硅控制极上,但只有对于已通电的那一组转向灯的SCR才触发导通。当SCR导通后,与它并联的继电器触点闭合,电流流到外侧灯上。这时,后部的三个转向信号灯都已通电。转向信号灯和与其并联的继电器线圈上的总电流已足够大,使闪光器触点工作。闪光器触点打开后,信号灯无电流,继电器触点打开,当闪光器触点冷却并闭合以后,顺序式地接通转向灯的过程又开始。

报警开关的动作使所有的信号灯电路通过固态程序装置组件彼此并联。当闪光器作用时,汽车前后部的所有转向信号灯、示廓灯均开始闪光。

制动灯单独供电线路经 $R_{20}$ 接到该程序装置上,加在该接点上的正电压,接到不转向的那一组灯上,使该组灯同时发亮。因此,如果左边一组灯是转向顺序发亮,则左边的一组灯从电路中隔开,由制动灯开关供电,反之亦然。

## 5.5 音响信号

现代汽车上除前述灯光信号之外,还装有音响信号。

### 5.5.1 电喇叭

汽车上都装有喇叭,用以警告行人和其他车辆,引起注意,保证行车安全。喇叭按发音动力有气动和电动之分。电动喇叭声音悦耳,体积小,重量轻,已广泛用于各型汽车上。

1. 筒形、螺旋形电喇叭

图5-26为筒形、螺旋形喇叭构造图。其主要机件由山形铁心5、线圈9、衔铁8、膜片3、共鸣板2、扬声筒1、触点以及电容16等构成。膜片3和共鸣板2借中心杆13与衔铁8、调整螺

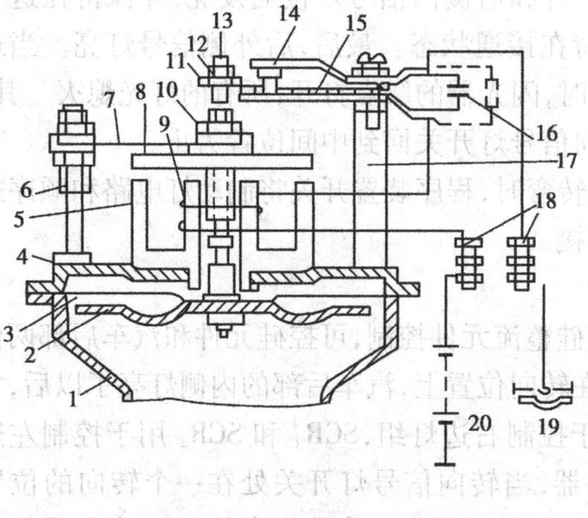


图 5-26 筒形、螺旋形电喇叭

1—喇叭筒 2—共鸣板 3—振动膜 4—底板
5—山形铁心 6—螺柱 7—弹簧片 8—衔铁 9—线圈
10、12—锁紧螺母 11—调整螺母 13—中心杆
14—固定触点臂 15—活动触点臂 16—电容器
17—触点支架 18—接线柱 19—按钮 20—蓄电池

母 11、锁紧螺母 12 联成一体。当按下按钮 19 时，电流由蓄电池正极→线圈 9→触点臂 14、15→按钮 19→搭铁→蓄电池负极。当电流通过线圈 9 时，产生电磁吸力，吸下衔铁 8，中心杆上的调整螺母 11 压下活动触点臂 15，使触点分开而切断电路，此时，线圈 9 电流中断，电磁吸力消失，在弹簧片 7 和膜片 3 的弹力作用下，衔铁又返回原位，触点闭合，电路又接通。此后，上述过程重复进行，膜片不断振动，从而发出一定音调的音波，由扬声器 1 加强后传出。共鸣板与膜片刚性连接，在振动时发出伴音，使声音更加悦耳。灭弧电容可减少触点断开时所产生的火花。

喇叭的音调调整是通过减小衔铁与铁心间的间隙，可以提高音调，一般为 0.5 ~ 1.5 mm 之间，调整时铁心要平整，四周间隙要均匀，否则，会产生杂音。

喇叭音量的调整，是通过调整螺母 11 使触点压力变化，从而调整了通过线圈 9 的平均电流。当触点压力增大时，音量增大。

2. 盆形电喇叭

图 5-27 为盆形电喇叭结构示意图。电磁铁采用螺管式结构，铁心 9 上绕有线圈 2，上下铁心间的气隙在线圈 2 中间，所以能产生较大的吸力。它无扬声筒，而是将上铁心 3、膜片 4 和共鸣板 5 固装在中心轴上。当电路接通时，线圈 2 产生吸力，上铁心 3 被吸下与铁心 1 碰撞，产生较低的基本频率，并激励与膜片一体的共鸣板 5 产生共鸣，从而发出比基本频率强得多，且分布又比较集中的谐音。触点 7 间仍需并联一灭弧电容器。

3. 喇叭继电器

为了得到更加悦耳的声音，在汽车上常装有两个不同音调的喇叭。

当装用双喇叭时，因为消耗的电流较大（约 15 ~ 20 A），用按钮直接控制时，按钮容易烧坏，故常采用喇叭继电器，如图 5-28 所示。当按下按钮时，电流从蓄电池正极→线圈 2→按钮→搭铁→蓄电池负极。由于线圈电阻很大，所以通过按钮的电流很小。线圈 2 通电后产生吸力，使触点 4 闭合，则喇叭大电流从磁轭 5 和触点 4 流到喇叭。

4. 无触点电喇叭

上述有触点电磁振动式电喇叭，由于触点烧蚀、氧化，影响输入电流，故使喇叭变音，而且它的音色和音量不容易调整。

无触点电喇叭则克服上述缺点。

晶体管控制的无触点电喇叭主要由多谐振荡器及功率放大器组成，图 5-29 为其电路图。$VT_1$、$VT_2$、$VT_3$ 构成一多谐振荡器。为了保证其振荡频率稳定，多谐振荡器接在稳压电源上，由 DW 稳压管供给稳压电源，二极管 $VD_1$ 作为稳压管的温度补偿。$VT_4$、$VT_5$ 组成直接耦

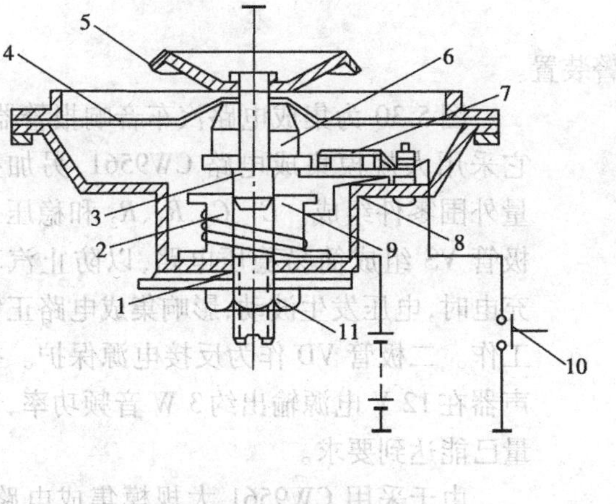


图 5-27　盆形电喇叭

1—下铁心　2—线圈　3—上铁心　4—膜片
5—共鸣板　6—衔铁　7—触点　8—调整螺钉
9—铁心　10—按钮　11—锁紧螺母

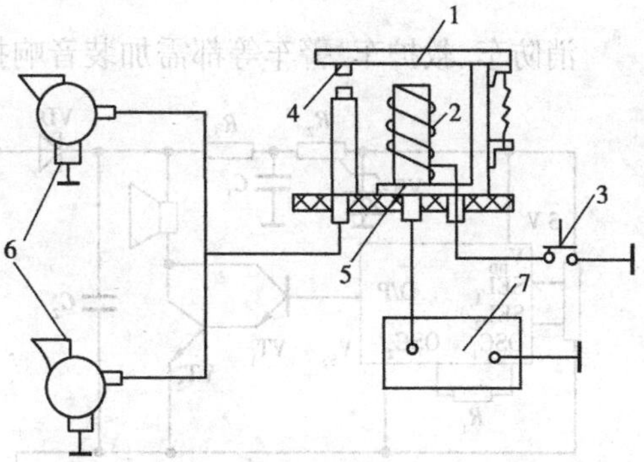


图 5-28　喇叭继电器

1—触点臂　2—线圈　3—按钮　4—触点
5—支架　6—喇叭　7—蓄电池

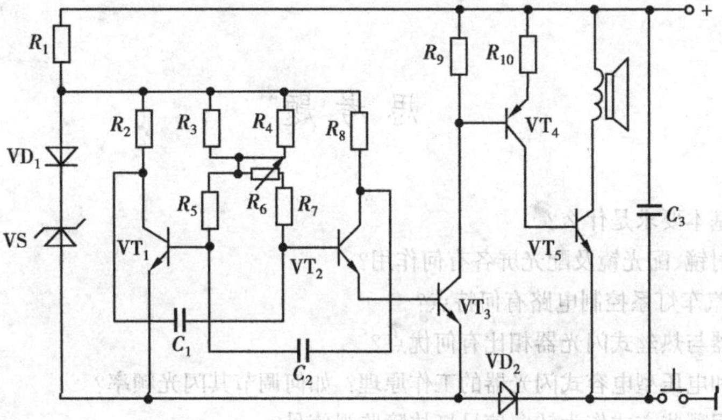


图 5-29　无触点电喇叭电路图

高音：$R_3=10\ \mathrm{k\Omega}$　$R_4=10\ \mathrm{k\Omega}$　$R_5=130\ \mathrm{k\Omega}$　$R_7=82\ \mathrm{k\Omega}$

低音：$R_3=6.8\ \mathrm{k\Omega}$　$R_4=20\ \mathrm{k\Omega}$　$R_5=150\ \mathrm{k\Omega}$　$R_7=130\ \mathrm{k\Omega}$

$VD_1$、$VD_2$—2CP12　$VT_1$、$VT_2$、$VT_3$—3DG6B(C)

$VT_4$—3DG12B(C)　$VT_5$—3DD15C　$R_6$—WSW30

合放大器，喇叭的激励线圈就接在 $VT_5$ 的集电极上。电容器 $C_3$ 是为了防止汽车点火电路引起的干扰。

如果振荡器线路中 $VT_2$ 截止，则 $VT_3$ 也截止，于是 $VT_4$、$VT_5$ 导通，喇叭线圈中有电流，电磁系统吸动喇叭的膜片。如果 $VT_2$ 导通，$VT_3$ 也导通，于是 $VT_4$、$VT_5$ 截止，喇叭线圈中无电流，膜片复位。从线路可知，如果 $VT_2$、$VT_3$ 截止的时间长，则喇叭线圈中通电的时间也长，膜片的振幅就越大，声压级也就越大，相反，声压级就越小，这样，就可以方便的调整音量。只要改变 $R_6+R_7$ 及 $C_1$ 的时间常数就可以了，也就是调整电位器 $R_6$ 就可以调整音量大小。$VD_2$ 保护电路在反接时不会烧坏管子。

### 5.5.2 汽车音响报警器

消防车、救护车、警车等都需加装音响报警装置。

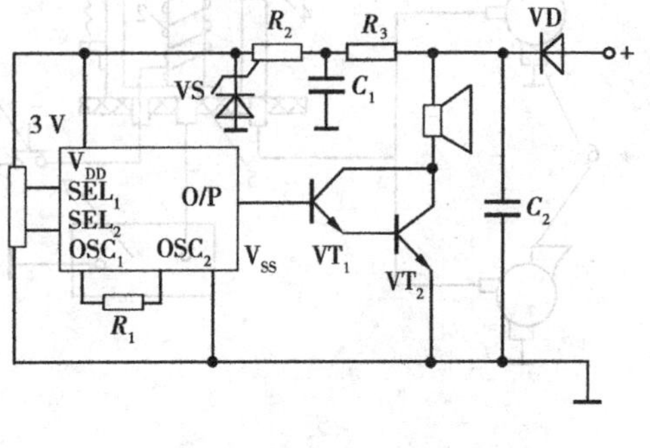


图 5-30　集成电路报警音响器

$R_2 = 120\ \Omega$　$R_3 = 1\ k\Omega$　$C_1 = 100\ \mu F/16\ V$

$C_2 = 1\ 000\ \mu F/25$　$VT_1$—3DG12　$VT_2$—3DD03

VD—2CZ13　VS—2CW11

图 5-30 为集成电路汽车音响报警器。它采用大规模集成电路 CW9561，另加少量外围零件组成。$C_1$、$C_2$、$R_1$、$R_2$ 和稳压二极管 VS 组成简易稳压电路，以防止汽车充电时，电压发生波动，影响集成电路正常工作。二极管 VD 作为反接电源保护。扬声器在 12 V 电源输出约 3 W 音频功率，音量已能达到要求。

由于采用 CW9561 大规模集成电路，故报警器所用元件少，体积小，无需调试即可正常工作。

## 思考题

1. 对前照灯的基本要求是什么？
2. 前照灯的反射镜、配光镜及配光屏各有何作用？
3. 东风 EQ140 汽车灯系控制电路有何特点？
4. 电子式闪光器与热丝式闪光器相比有何优点？
5. 试述电流型和电压型电容式闪光器的工作原理？如何调节其闪光频率？
6. 我国规定可用哪些方式作为转向信号灯故障监视信号？
7. 试述电磁振动式电喇叭的工作过程和音量、音调的调整方法。

# 第6章 汽车仪表及信息显示系统

## 6.1 概 述

汽车上都装备有一定数量的汽车仪表。不同的车型,不同的生产年代,这些仪表的数目与类型有很大的变化。各种仪表、指示灯及报警器是驾驶员了解汽车状态的不可缺少的部件。汽车仪表可随时反映出汽车各机件的运行状态和汽车上各种系统的有用信息,为驾驶员正确使用汽车及安全驾驶提供了保证。

传统的汽车仪表是机械或电气机械式,它们是通过指针和刻度实现模拟显示,这种仪表存在着信息量少、准确率低、体积较大、可靠性较差以及视觉特性不好等缺点,还使驾驶员易疲劳,不能满足人们对汽车舒适性和方便性等方面愈来愈高的追求。进入20世纪60年代后,人们开始研制汽车电子仪表,但当时的电子元器件达不到汽车使用所要求的水平,直到20世纪70年代后期,随着半导体技术和显示元器件技术的进步,汽车电子仪表终于问世。随着电子技术的进步,新型传感器、新型电子显示器件的出现,汽车电子仪表得以迅速发展。现代汽车使用微机驱动的电子仪表系统日益普及。微机驱动的仪表板采用微机处理来自传感器的信息,并指挥仪表显示器。

现代汽车的仪表板总成一般分成两部分,一部分是指转向盘前的仪表板和仪表罩及平台,另一部分是指驾驶员旁通道上的副仪表板。仪表板是安装指示器的主体,集中了全车的监视仪表,通过它们显示出发动机的转速、油压、水温和燃油的储量,灯光和发电机的工作状态,车辆的现时速度和行驶里程等。有的仪表板还能显示变速挡位、时钟、车内外环境温度、路面倾斜和地面高度等信息。现代轿车多数将空调、音响等设备的控制部件安装在副仪表板上,这样既显得整体布局紧凑合理,也能方便驾驶员的操作。

### 6.1.1 汽车仪表的基本情况

汽车仪表是驾驶员与汽车进行信息交流的重要接口和界面。随着现代汽车工业和电子技术的发展,汽车中各种系统和机构日趋复杂,汽车行驶和各部分工作状况的信息量显著增加。同时,出于对汽车环保、安全性、经济性、智能化要求的提高,汽车驾驶员需要更多、更迅速地了解汽车运行的各种信息,使得汽车仪表向信息显示中心发展,它是驾驶员信息系统重要的组成部分。汽车电子仪表代替传统机械或电气机械式模拟仪表已成为发展的趋向。

利用电子显示技术,也就是薄型平面电子显示器技术做成的汽车平面仪表板显示数字及信息,十分清晰明了,它代替了以往采用的模拟显示的车速和发动机转速表等,使驾驶者在开车的同时,仍然可以清楚地看到仪表数字及其他信息的变动。它具有测试速度快、指示准确、图形设计灵活、数字清晰、可视性能好、集成度高、可靠性强、功耗低等优点。由于没有运动部件,反应快,可靠性高,其布置灵活紧凑,并有最佳显示形式。一般除要求汽车仪表耐用、耐振、指示准确、读数方便,以及受温度、湿度的影响小之外,还要求轻巧、舒适、美观并具有较好的互换性。汽车电子仪表能较好地满足这些要求。

目前,电子仪表采用电子显示器件和高压驱动器集成电路等技术,有些则采用全数字集成电路,既提高了测试精度,又可将数字信息输入汽车微机内,实现了车速与里程等参数的数据分析和计算,使汽车具有更多的自控功能。转速表、电压表、燃油表、油压表和水温表则采用线性集成电路,方便配接各类电子传感器件。

汽车电子仪表将成为一个集感觉、识别、分析、信息库、适应和控制六大功能于一体的,提供车辆行驶信息、保障安全驾驶的智能化系统。如图6-1所示为汽车电子仪表面板,它采用微机采集处理不同传感器信号,不仅可把各种传感器检测到的信息,如车速、发动机转速等如实地显示出来,而且还能把经微机处理、计算、分析后的信息,如燃油消耗和行车里程等综合信息显示出来。另外,带有诊断程序的汽车微机还能在汽车行驶过程中,根据发动机、传动系及行驶系等各机件的运行情况,及时显示出故障或的警告信息,驾驶员想检查时也能随时调出多重显示,或采用按钮开关实现有选择的显示。

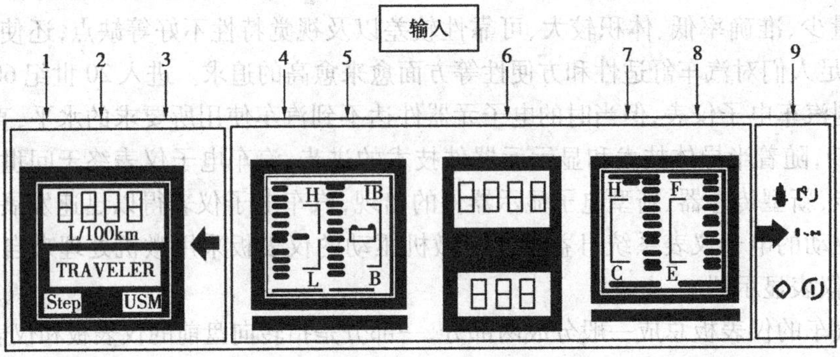


图6-1 汽车电子仪表板

1—点火开关 2—燃油流量 3—变阻器 4—发动机机油压力

5—充电系统 6—车速 7—发动机温度 8—燃油油位

9—发动机控制模块、安全带、变光器、制动灯等

### 6.1.2 汽车电子仪表的优点

采用汽车电子仪表的优点如下:

1.能提供大量、复杂的信息

汽车排放、节能、安全和舒适性等使用性能不断提高,使得汽车电子控制程度也越来越高。汽车电子控制装置必须能迅速、准确地处理各种信息,并通过电子仪表显示出来,使驾驶员及时了解并掌握汽车的运行状态,妥善处理各种情况。现在,汽车的故障诊断、全球导航和定位系统的大量、复杂的信息服务已开始大量装备到汽车上,汽车电子仪表作为信息显示终端能够完成这些任务。

2.具有高精度和高可靠性

汽车电子仪表,可为驾驶员提供高精度的数据信息。由于没有机械传动部分,大大减少了故障出现的概率,改善并提高了系统的可靠性。不少系统还有安全隐患的自动显示。如驾驶员选择显示机油压力,若当时发动机温度已到上限,则仪表便自动显示温度以警告驾驶员,同时报警灯点亮、报警器发出声响提醒驾驶员注意。

3. 具有一表多用的功能

汽车电子仪表采用数字显示方式，既可用一组数字进行分时显示，也可同时显示多个参数。不必为每个参数设置一个指示表，具有一表多用的功能，驾驶员可以选择仪表显示的内容，使得仪表系统的结构得以简化。

4. 外形设计美观

汽车电子仪表相对传统机械或电气机械式仪表来说，更易于实现汽车仪表盘的外观美化，从而提高产品的现代化程度。

此外，汽车电子仪表还能适应各种传感器或控制系统的电子化，节约有限的车内空间，满足汽车仪表小型、轻量化的要求。

### 6.1.3 未来的汽车仪表系统

未来的汽车仪表系统，正向"综合信息系统"的方向发展。这种仪表系统以液晶显示器为基础，车内通信与互联网相连，乘员室内各操纵件通过语音进行控制。汽车收音机、DVD 播放机和音响设备等构成乘员室配置部分。构成信息通信系统的主要部件有：漫游器、移动电话、电子邮件和国际互联网终端、视频或电子游戏中控台等。系统的主要功能有：导航、音响、通信、远程微机通信和信息处理等。

1. 综合信息显示

除常规汽车电子仪表系统显示的信息外，未来汽车仪表"综合信息系统"还可显示如下信息：

(1)地图信息

可按任意比例显示地图信息，并可通过滚屏，使需要的部分被单独放大显示出来。借助全球导航定位系统，使汽车的当前位置显示在电子地图上。

(2)行程信息

从出发开始的行程计算、所用时间和总的燃料消耗，并根据燃料消耗率和存油量显示以后可能行走的里程。还可计算到达目的地的距离，休息后的行驶时间和距离等。

(3)维修信息

如发动机更换机油后所运行的时间、更换轮胎后所行驶的里程等。

(4)日历信息

驾驶员的日历和日程安排等，包括出发时间、日期、预计到达的时间等。

(5)空调信息

显示空调的操作模式和设置，通过触摸屏幕操作空调。

(6)多媒体信息

在汽车停车时，可接收电视节目或播放 VCD、DVD 或录像带。汽车行驶期间屏幕自动切换为其他的内容。通过触摸屏操作，十分方便。

(7)电话信息

显示诸如蜂窝电话号码的信息，并可通过触摸屏幕来实现拨号和挂机。

(8)后视信息

在倒车时，显示汽车后部摄像镜头摄取的景象。

2. 数据传输

数据传输网络技术在“综合信息系统”中占有重要位置,正是由于各部件之间的联网才使得这种模块式可标定的系统体系结构成为可能,各种功能可以灵活地被分配到各个部件上,通过补充或者交换各部件,整个系统的功能将进一步增强。

除了传输控制指令和状况信息之外,需要传输的信息还有音频数据流、视频数据流、图表数据流以及系统体系结构件之间较高带宽的其他数据流。

(1)光学数据传输

为了满足上述要求,采用了“面向媒体系统传输”(MOST)的网络技术,该网络技术是迄今汽车领域里最先进的数据传输形式。其主要特征是:

1)用塑料光波导体进行光学数据传输。

2)环形网络布置。

3)高带宽。

4)传输控制器指令和状态信息。

5)传输数据包(图表或漫游)。

光学信号传输的优点是网络具有极小的电磁干扰光,并且对外界干扰光不敏感。目前正处于开发阶段的面向媒体系统传输(MOST)的网络技术,传输速率大于40 Mbit/s,下一个目标是达到100 Mbit/s。

“MOST”网络技术是由许多知名汽车制造厂家、配件供应商家和技术企业联合研制的项目。目前,在这个框架下,曼内斯曼 VDO公司一直从事设计方案和起草将漫游模块连接到系统内部数据总线上的协议书技术规范,以便传输图表和视频数据。

(2)无线数据传输

以由蓝牙(Bluetooth)局域网络技术用于无线连接。这种设在微机、移动电话和其他便携式仪器之间、价格低廉的无线接口以特殊的方式提供给汽车使用。

(3)无线应用协议(WAP)

无线应用协议是在交通信息或国际互联网服务器领域里另一项大有前途的技术,它是一个由多家企业共同讨论成文的数据通信非规范性标准。目的是使大量产品和不同技术平台的服务器兼容,例如将互联网上的信息显示在移动电话的显示器上。

3. 系统组成和操作形式

这种系统不仅支持驾驶员工作,而且还可以为所有乘客提供大量的通信和信息手段,因此在未来的汽车后排座椅靠背上也将设有显示屏和操作元件。届时,根据情况可以满足乘员对各种信息通信及功能的需要。

信息管理内容采用提示语,数据处理和数据整理通过微机插接在该提示语后面。数据的这种可自由支配性,进一步软化了经典产品的界限;功能块进一步扩展,乃至发展成为汽车信息与通信系统的综合体,通过数据总线将这些硬件彼此连接。与网络沟通的各种功能全靠和显示屏及输入器件对话的形式进行,对操作者十分有利。中央操作单元允许对各功能分别按情况进行干预,驾驶员则靠按键、旋转调节器或靠语音控制与操纵部件和显示屏上的图像进行沟通。

举例来说,手工操纵是利用手的触觉去触动被触觉器件——触觉旋转调节器。操纵“触觉旋转调节器”,通过不同的转矩和分辨率来确认所选的任务,根据感受响应,驾驶员可集中精力处理各种交通情况。为减轻驾驶员负担和提高安全性而做的另一个贡献,是将音频部分舒适的语音操作系统与电话合到了一起,与用户无关、会自行学习的语音操作系统靠"按钮—操纵—对讲—键"(Push—to—talk—Taste)工作。这种功能和来自互联网或某些电子邮件信息的语音复述功能,它们都是对光学信息传输的有利补充,利用语音操纵,可以使驾驶员全身心地关注交通情况。

## 6.2 汽车电子仪表常用的显示装置

汽车电子仪表的显示装置是用来向驾驶员指示汽车上各个主要系统工作情况的。现代汽车对显示的要求越来越高,不仅要求显示直观、清晰、稳定、响应速度快、显示精度高,而且要求体积小、重量轻、便于装配和维护。随着汽车电子仪表的开发和使用,汽车仪表的显示技术也进入了电子化时代。这些装置功能更完善、性能更优越。

### 6.2.1 汽车电子仪表的显示方式

目前汽车电子仪表中显示装置的显示方式,主要有指针指示、数字显示、声光和图形辅助显示等。

1. 指针指示方式

传统的汽车仪表都采用机械指针指示仪表刻度,这种方式结构简单、工作性能稳定可靠,因此仍有一些汽车中使用指针指示仪表。如奥迪100轿车仪表盘中的水温表、燃油表、车速表均采用机械指针指示方式。夏利2000则在安装数字式仪表的同时,让客户自己决定是否选装模拟式仪表。由于机械指针指示仪表抗震性能差,指针抖动造成读数不准,也不利于汽车仪表的全电子化。因此,大多数厂家采用点阵模拟指针代替机械指针,一方面能保留传统的指针指示仪表刻度的方式,另一方面又能克服机械指针容易抖动的不足。点阵模拟指针的指示方式是将所要显示的信号转化为一定角度的点阵发光带来模拟指针。从实际结果来看,模拟指针指示方式是比较理想的显示方式,但其技术要求较高,成本也较贵,有待于进一步的研究。

2. 数字显示方式

完整的汽车电子仪表系统一般应采用数字逻辑电路或微机控制系统。将汽车通常采用的模拟传感器的输出信号经电路或A/D(模拟量/数字量)转换器转换(经微机处理)后,再以数码、字形码或开关信号等形式传输给显示装置,从而显示出相应的数字、字母或图形。数字显示方式容易实现,而且精度高、响应速度快,但作为车速显示时变化太快,容易造成驾驶员的视觉疲劳,有的显示器件在阳光直射下清晰度不高,这些有待于进一步研究完善。

3. 声光、图形辅助显示方式

汽车电子仪表系统通常设置有很多辅助显示功能,如:燃油液位过低、发动机冷却液温度过高等报警信号,汽车转向、倒车及制动信号,远近光及雾灯等灯光信号,这些装置是否正常工作,在电子仪表盘上可用声光、图形辅助显示方式显示。

### 6.2.2 汽车常用的电子显示器件的种类和要求

显示元器件在汽车电子仪表中是重要的元器件之一,只有通过它们正确、清晰的显示,驾驶员才能获得汽车状态的重要信息。目前在汽车上使用的显示元器件有许多不同的类型,并且各有特点。最常用的电子显示器件可分为发光型和非发光型显示器两大类。发光型显示器自身发光,容易获得鲜艳的流行色显示,非发光型显示器靠反射环境光显示。发光型显示器件主要有:真空荧光管(VFD)、发光二极管、(LED)、阴极射线管(CRT)、等离子显示器件(PDP)和电致发光显示器件(ELD)等几种、非发光型显示器件有液晶显示器件(LCD)和电致变色显示器件(ECD)等。这些都可以作为汽车电子显示器件使用,既可做成数字式的,也可做成图形或指针式的。它们的基本性能和有关情况见表6-1。

表6-1　各种显示器件的性能比较

| 项　目 | 发 光 型 | | | | 非 发 光 型 | | |
|---|---|---|---|---|---|---|---|
| | VFD | LED | CRT | PDP | LCD(TN型) | LED(GH型) | ECD |
| 工作温度 | △ | △ | △ | △ | ○ | ○ | △ |
| 响应时间 | △ | △ | △ | △ | ○ | ○ | ※ |
| 对比度 | △ | △ | △ | △ | △ | ○ | ○ |
| 亮　度 | △ | ○ | ○ | ※ | △ | △ | △ |
| 颜　色 | △ | ○ | △ | ※ | △ | △ | ※ |
| 耐环境性 | △ | △ | △ | △ | △ | △ | ○ |
| 工作电压 | △ | △ | ※ | ○ | △ | △ | △ |
| 设计灵活 | ○ | ※ | △ | △ | △ | △ | ○ |
| 显示面积 | △ | ※ | △ | △ | △ | △ | △ |
| 寿　命 | △ | △ | △ | △ | △ | △ | ○ |

注：△—良好　　○—可用　　※—不好

由于汽车的工作条件较为苛刻,所以要求汽车电子仪表所用的显示器件具有很高的可靠性,各种信息的显示必须准确、及时、清晰、可靠。对汽车用电子显示器件的要求见表6-2。

表6-2　汽车用电子显示器件的要求

| 名　称 | 要　求 | 名　称 | 要　求 |
|---|---|---|---|
| 工作温度 | -30～+85 ℃ | 颜　色 | 红、绿、蓝 |
| 响应时间 | 500 ms(-30 ℃) | 工作电压 | 5 V |
| 对比度 | 10∶1 | 显示面积 | 100 mm×200 mm |
| 视角范围 | ±45° | 寿　命 | $>10^5$ h |
| 亮　度 | 1 713 cd/m$^2$ | | |

从表6-1和表6-2可知,作为汽车电子仪表显示器件,一般情况下采用真空荧光管(VFD)和液晶显示器件(LCD)为好,它们的性能和显示效果都比较好。当然,作为信息终端显示来说,用阴极射线管(CRT)更好,但其体积太大。所以作为汽车电子仪表用显示器件,用得最多

的还是真空荧光管(VFD)和液晶显示器件(LCD)。

1. 真空荧光管(VFD)

真空荧光管实际上是一种低压真空管，它是最常用的数字显示器。如图6-2所示，它由钨丝、栅极和涂有磷光物质的屏幕构成,它们被封闭在抽真空后充以氩气或氖气的玻璃壳内。负极是一组细钨丝制成的灯丝,钨丝表面涂有一层特殊材料,受热时释放出电子。多个涂有荧光材料的数字板片为正极,夹在负极与正极之间用于控制电子流的为栅极。正极接电源正极,每块数字板片接有导线,导线铺设在玻璃板上,导线上覆盖绝缘层,数字板片在绝缘层上面。

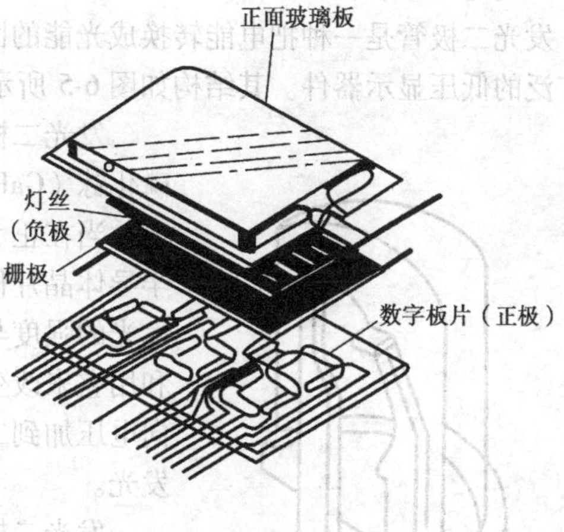


图6-2 真空荧光管组成

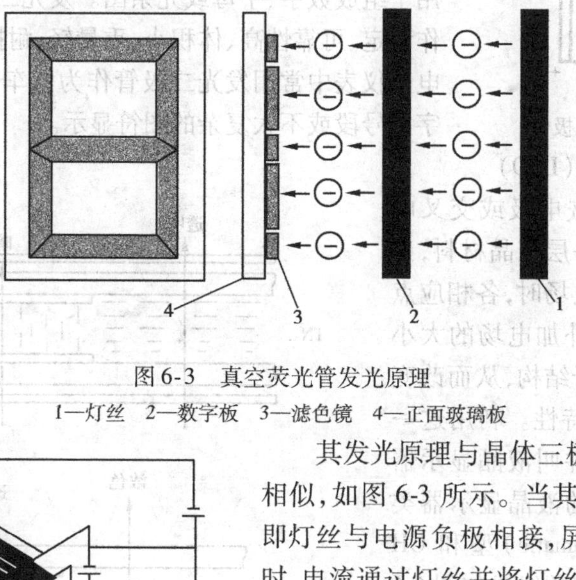


图6-3 真空荧光管发光原理

1—灯丝 2—数字板 3—滤色镜 4—正面玻璃板

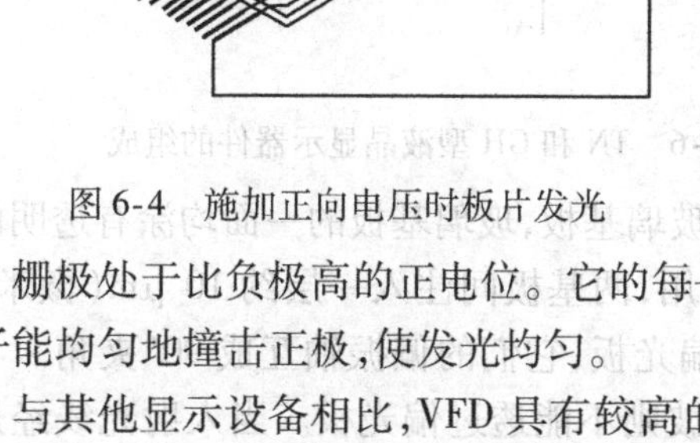

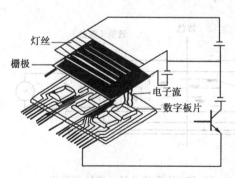


图6-4 施加正向电压时板片发光

其发光原理与晶体三极管载流子运动原理相似,如图6-3所示。当其上施加正向电压时,即灯丝与电源负极相接,屏幕与电源正极相接时,电流通过灯丝并将灯丝加热至600 ℃左右,从而导致灯丝释放出电子,数字板片会吸引负极灯丝放出的电子。当电子撞击数字板片上的荧光材料时,使数字板发光,通过正面玻璃板的滤色镜显示出数字。因此,如图6-4所示,若要使某一块板片发光就需在它上面施加正向电压,否则该板片就不会发光。

栅极处于比负极高的正电位。它的每一部分都可等量地吸引负极灯丝放出的电子,确保电子能均匀地撞击正极,使发光均匀。

与其他显示设备相比,VFD具有较高的可靠性和抵抗恶劣环境的能力,且只需要较低的操作电压,真空荧光管色彩鲜艳、可见度高、立体感强。真空荧光管的缺点:由于是真空管,为保持一定强度，必须采用一定厚度的玻璃外壳，故体积和重量较大。

2. 发光二极管(LED)

发光二极管是一种把电能转换成光能的固态发光器件，实际上也是一种晶体管，它是应用最广泛的低压显示器件。其结构如图6-5所示。

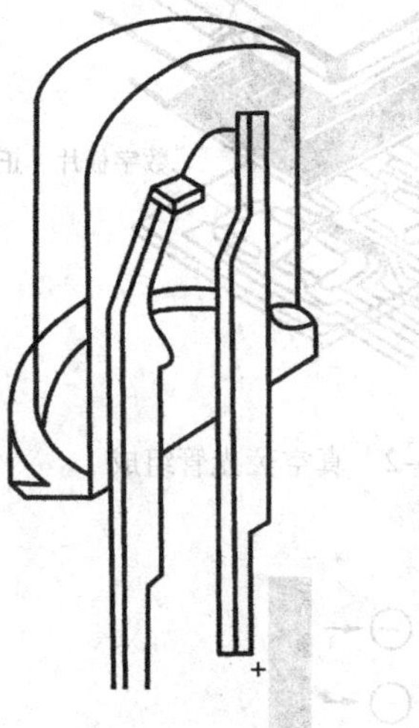

图6-5　发光二极管

发光二极管一般都是用半导体材料，如砷化镓(GaAs)、磷化镓（GaP)、磷砷化镓(GaAsP)和砷铝化镓(GaAlAs)等制成。当在正、负极引线间加上适当正向电压后，二极管导通，半导体晶片便发光，通过透明或半透明的塑料外壳显示出来。发光的强度与通过管芯的电流成正比。外壳起透镜作用，可和用它来改变发光形式和发光颜色以适应不同的用途。当反向电压加到二极管上时，二极管截止，管芯无电流通过，不再发光。

发光二极管可通过透明的塑料壳发出红、绿、黄、橙等不同颜色的光，以便需要时使用。发光二极管可单独使用，也可用于组成数字、字母或光条图。发光二极管响应速度较快、工作稳定、可靠性高、体积小、重量轻、耐振动、寿命长，因此汽车电子仪表中常用发光二极管作为汽车仪表板上的指示灯，数字符号段或不太复杂的图符显示。

3. 液晶显示器件(LCD)

在两层做有镶嵌电极或交叉电极的玻璃板之间夹一层液晶材料，当板上各点加有不同电场时，各相应点上的液晶材料即随外加电场的大小而改变晶体特殊分子结构，从而改变这些特殊分子光学特性。利用这一原理制成的显示器件叫液晶显示器件。现在广泛采用的液晶显示器类型是TN(Twisted Nematic)型和GH(Gust Host)型。它们的组成如图6-6所示。

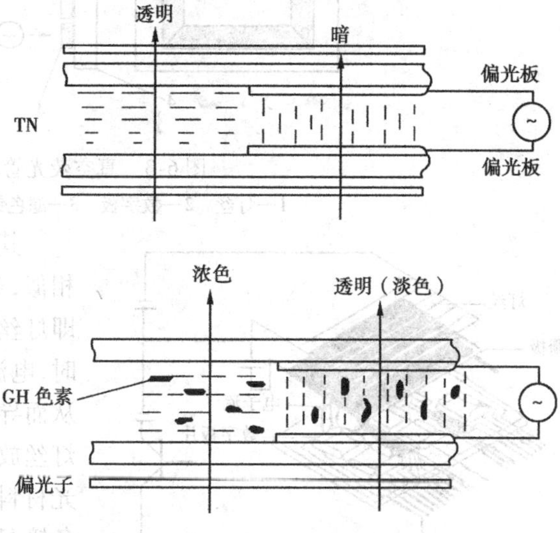


图6-6　TN和GH型液晶显示器件的组成

液晶是有机化合物，由长形杆状分子构成。在一定的温度范围和条件下，它具有普通液体的流动性质，也具有固体的结晶性质。液晶显示器件的结构如图6-7所示。它有两块厚约1 mm的玻璃基板，玻璃基板的一面均涂有透明的导电材料作为电极，其中一面的电极做成图形供显示用，两基极间注入一层约10 μm(微米)厚的液晶，四周密封，两块玻璃基板的外侧分别贴有偏光板，它们的偏振轴互成90°夹角。与偏振轴平行的光波可通过偏光板，与偏振轴垂直的光波则不能透过偏光板。当入射光线经过前偏光板时，仅有平行于偏振轴的光线透过，当此入射光经过液晶时，液晶使该入射光线旋转

90°后射向后偏光板。由于后偏光板偏振轴恰好与前偏光板偏振轴垂直，所以该入射光可透过后偏光板并经反射镜反射，顺原路径返回，如图6-8(a)所示。此时液晶显示板形成一个背景发亮的整块图像。

当以一定电压对两个透明导体面电极通电时，位于通电电极范围内（即要显示的数字、符号及图形）的液晶分子重新排列，失去使偏振入射光旋转90°的功能。这样的入射光便不能通过后偏光板，因而也不能经反射镜反射形成反射光。这样，通电部分电极就形成了在发亮背景下的黑色字符或图形，如图6-8(b)所示。

由于液晶显示器件为非发光型显示器件，所以只有在光亮的环境中才能观察液晶显示器的内容。由于在较暗的环境中难于观察液晶显示器的内容，因此在汽车上所用的液晶显示器通常采用白炽灯作为背景照明光源。

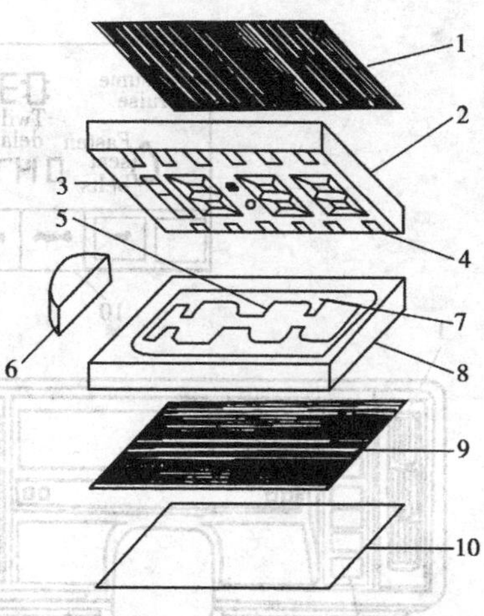


图6-7　液晶显示器件的结构

1—前偏光板　2—前玻璃板　3—笔划电极　4—接线端　5—后板　6—端部密封件　7—密封面　8—后玻璃板　9—后偏光板　10—反射镜

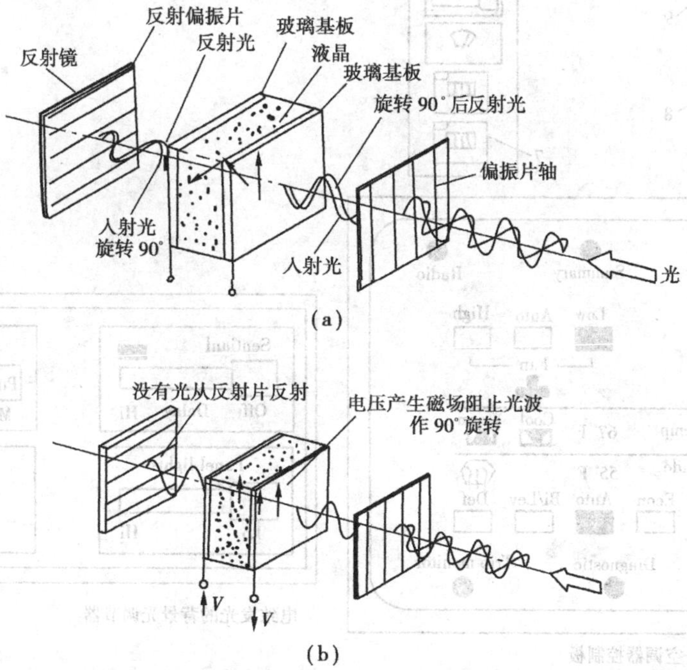


图6-8　液晶显示器件及原理

液晶显示的优点很多，如：工作电压低（3 V左右），功耗非常小；显示面积大、示值清晰，通过滤光镜可显示不同颜色；电极图形设计灵活，设计成任意显示图形的工艺都很简单。因此在汽车上得到广泛应用。缺点是液晶为非发光型物质，白天靠日光显示，夜间必须使用照明光源。低温条件下灵敏度较低，有时甚至不能正常工作。汽车的使用工作环境变化较大，在摄氏

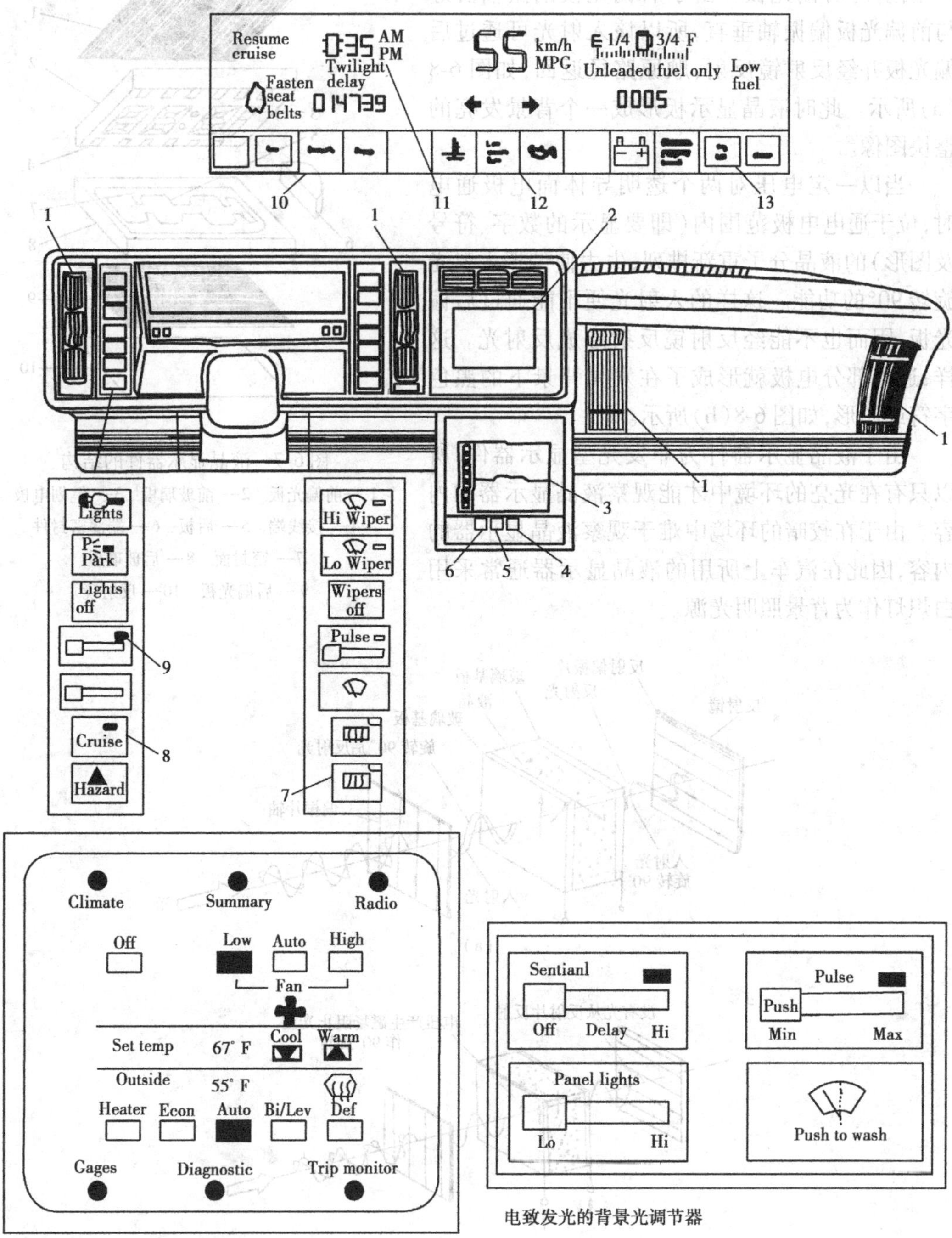


电致发光的背景光调节器

图示式操纵中心—空调器控制板

图6-9　阴极射线管显示器

1—出风口　2—图示式控制中心　3—磁带放音机　4—开启杂物箱钮　5—开磁带仓门　6—解除燃油访问　7—后窗除霜器　8—巡航控制显示　9—前照灯延时调节钮　10—防盗系统　11—时钟　12—洗涤液位指示　13—行程设定钮

零下十几度、几十度的环境下使用也是常事。为了克服液晶显示器的这一缺陷，现在往往在液晶显示器件上附加加热电路，驱动方式也进行了改进，扩大了它在汽车电子仪表上的应用。

4. 阴极射线管(CRT)

阴极射线管也称显像管或电子束管，它是一种特殊的真空管。阴极射线管具有全彩色显示、图像显示的灵活性大、分辨率和对比度高等特点，且具有 -50 ~ 100 ℃的工作温度范围，有微秒级以下的响应速度，所以它是目前显示图像质量最高的一种显示器件。

阴极射线管显示器作为标准配备，首先出现在 1986 年的别克(Buick Riviera)上，如图 6-9 所示。通过触摸屏幕上的按钮(菜单)，便能变更显示信息的内容，驾驶员可挑选显示汽车工作的个别内容。项目菜单包括收音机、空调、行程计算器和仪表板仪表信息等。修理人员可通过阴极射线管进行故障诊断。但是阴极射线管作为汽车电子仪表显示器件，体积太大。尽管扁平型的阴极射线管已经实用化，但仍嫌太长、太重，不便安装。另外，阴极射线管还要采用 10 kV 以上的高压，不仅安全性差，而且对其他电子电器有很大的无线电干扰。然而，阴极射线管确实是一种值得研究开发的汽车电子仪表显示系统。

### 6.2.3 显示方法

发光二极管、液晶显示器件与真空荧光显示器等均可以用以下数种显示方法提供给驾驶员。

1. 字符段显示法

字符段显示法，通常是真空荧光管、发光二极管或液晶显示器采用的方法。它是一种利用七段、十四段或十六小线段进行数字或字符显示的方法。用七段小线段可以组成数字 0 ~9，用十四(或十六)段小线段可以组成数字 0 ~9 与字母 A ~ Z，每段可以单独点亮或成组点亮，以便组成任何一个数字、字符或一组数字、字符。每段都有一个独立的控制荧屏，由作用于荧屏的电压来控制每段的照明。为显示特定的数位，电子电路选择出代表该数位的各段，并进行照明。当用发光二极管进行显示时，也是用电子电路来控制每段发光二极管，方法与真空荧光显示器相同。图 6-10 所示为七字符段和十四字符段。图 6-11 所示为用七只发光二极管组成的数字显示板。

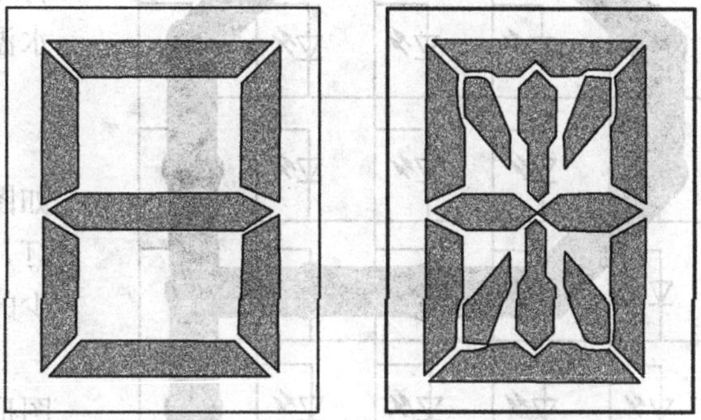
(a)　　(b)

图 6-10　七字符段和十四字符段

(a)七字符段　(b)十四字符段

2. 点阵显示法

点阵是一组成行和成列排列的元件，有 7 行 5 列、9 行 7 列等。点阵元素可为独立发光的二极管或液晶显示，或是真空荧光管显示的独立荧屏。电子电路供电照明各点阵元素，数字 0 ~9和字母 A ~ Z 可由各种元素组合而成，如图 6-12 所示为发光二极管组成的 5 ×7 点阵显示板。

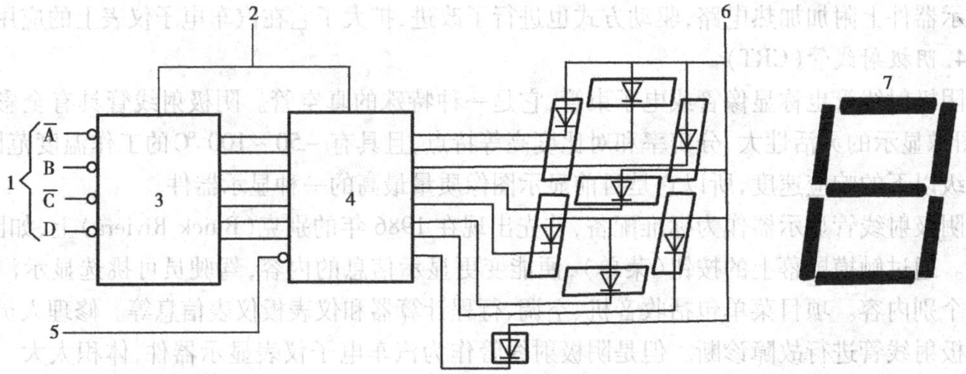


图 6-11 七只发光二极管显示板

1—输入端 2—逻辑电路 3—译码器 4—恒流源 5—小数点

6—发光二极管电源 7 —“8”字形

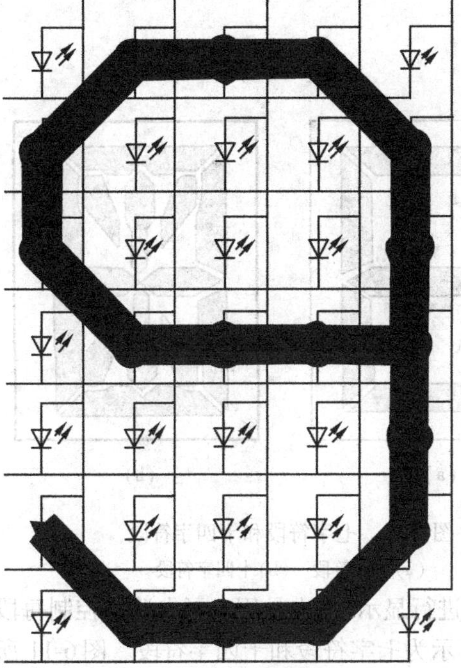

图 6-12 5×7 点阵显示板

3. 特殊符号显示法

真空荧光管与液晶显示器还可取代数字与字母，显示特殊符号。如图 6-13 所示为电子仪表显示板显示的 ISO(国际标准化组织)符号。图 6-14 为电子仪表显示板显示油量和水温的特殊符号。

4. 图形显示法

图形显示法以图形的方式提供给驾驶员。如图 6-15 表示用图形显示提醒驾驶员注意大灯、小灯与制动灯的故障以及清洗液与油量多少的方法。

图形显示警告器上显示出汽车顶视外观图形。在所需警告显示的部位上均装有发光二极管显示装置，当这个部位上出现故障时，传感器即向电子组件提供信息，控制加在发光二极管上的电压，使发光二极管闪光，以提醒驾驶员注意。

还有一种用杆图进行油量等显示的方法，如图 6-16 所示。用 32 条亮杆代表油量，当油箱装满时，所有的杆都亮；当油量降至三条亮杆时，油量符号开始闪烁，提醒驾驶员该加油了。

也有的厂商喜欢用光条图进行油量等的显示，如图 6-17 所示。

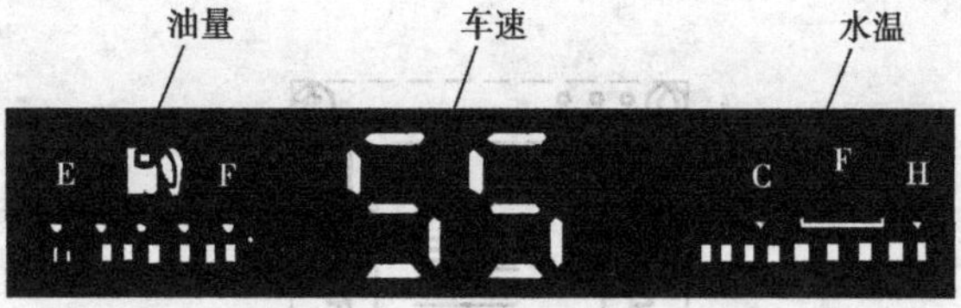


图 6-13　国际标准符号

图 6-14　用特殊符号的电子仪表显示板

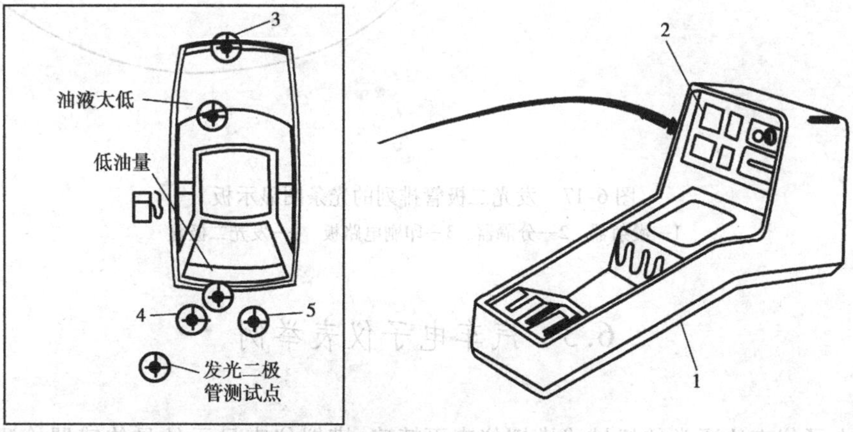


图 6-15　用发光二极管作图形显示

1—座架　2—图形显示警告器　3—大灯　4—尾灯　5—制动灯

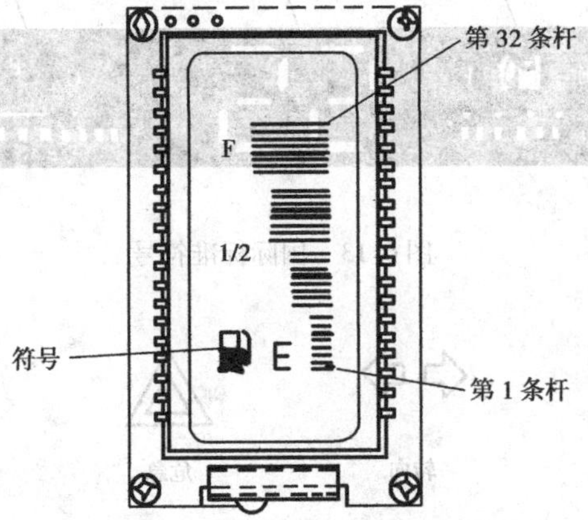


图6-16　采用杆图的油量显示板

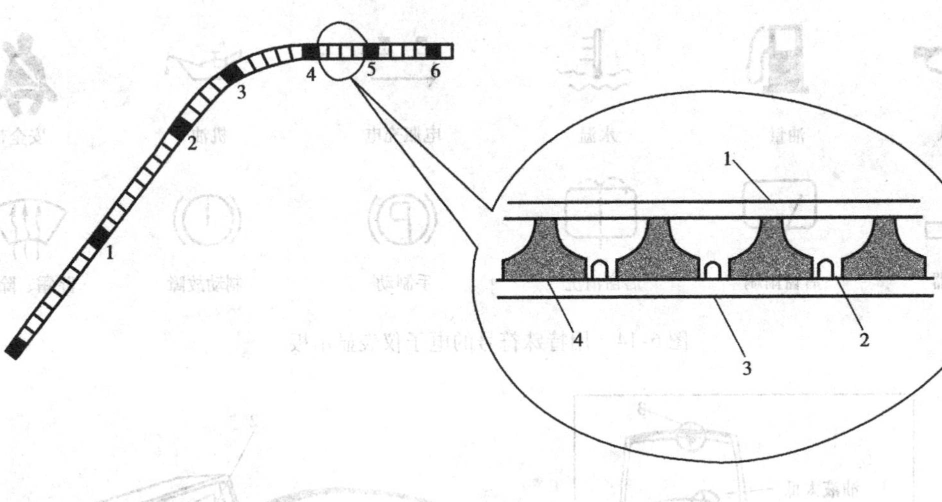


图6-17　发光二极管排列的光条图显示板

1—漫射器　2—分隔器　3—印刷电路板　4—发光二极管

# 6.3　汽车电子仪表举例

汽车电子仪表比通常的机械式模拟仪表更精确，模拟仪表显示的是传感器检测值的平均值，而电子仪表刷新速度较快，显示的是即时值。汽车电子仪表采用的数字显示仪表通常都能提供英制单位或米制单位值的显示，并能一表多用，驾驶员可通过按钮选择仪表显示的内容。大多数汽车电子仪表都有自诊断功能，每当打开点火开关时，电子仪表板便进行一次自检，也

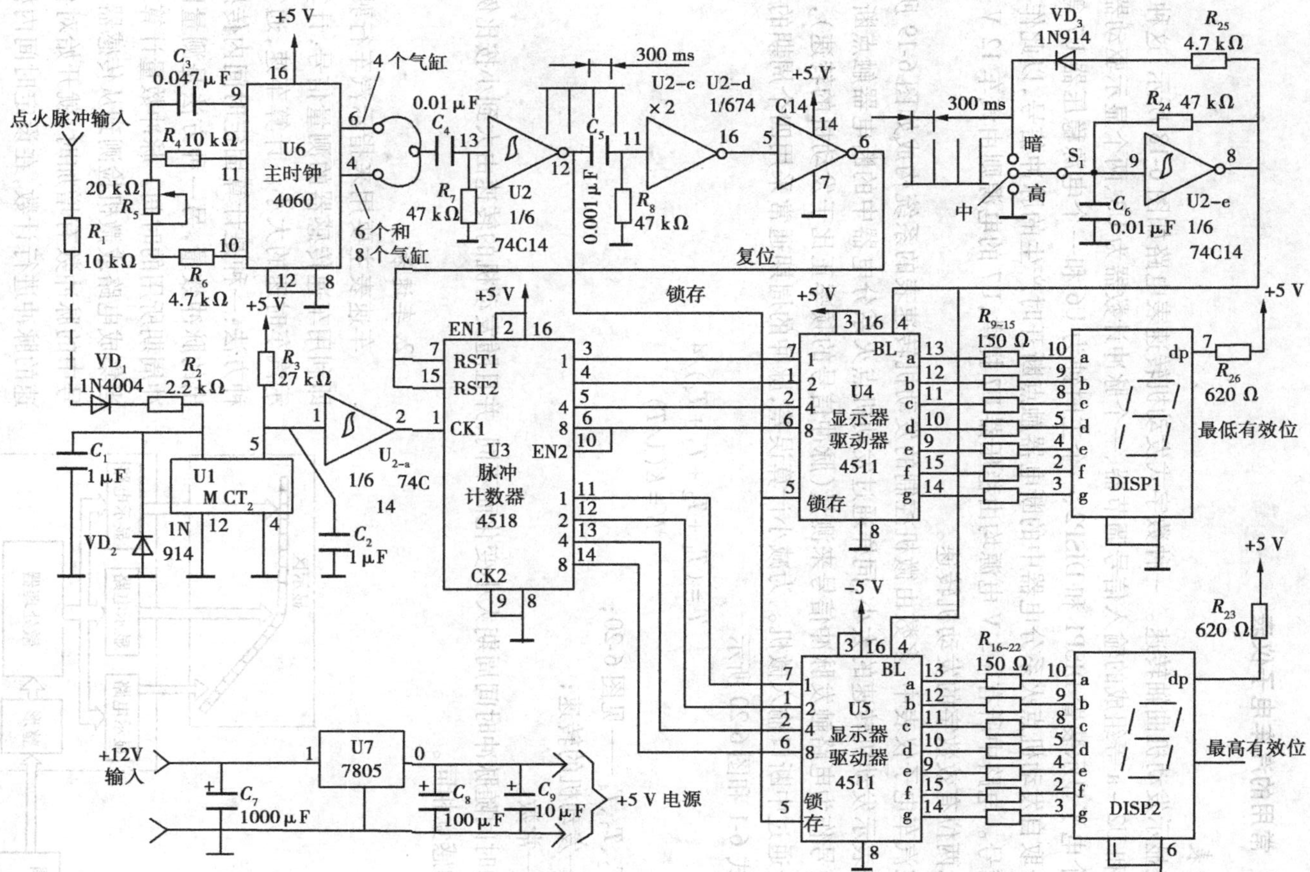


图6-18 发动机转速表电路

有的仪表板采用诊断仪或通过按钮进行自检。自检时，通常整个仪表板发亮，同时各显示器都发亮。自检完成时，所有仪表均显示出当前的检测值。如有故障，便点亮警告灯或给出故障码以提醒驾驶员。

### 6.3.1 常用的汽车电子仪表

1. 转速表

转速表显示发动机曲轴转速。一种数字式发动机转速表电路如图 6-18 所示，这种转速表由一个 U1 和 U2 - a 等组成的输入信号调节器、一个脉冲计数器为 U3、两个显示驱动器 U4 和 U5 带动两个电子显示装置 DISP1 和 DISP2、一个主时钟为 U6 和一个电源稳压器 U7 等组成。其输入信号取自发动机点火系分电器中的断电器触点断开时产生的脉冲信号，以此作为电路触发脉冲信号。电路中所有 +5 V 电源均由稳压器 U7 提供，U7 的电源则由汽车 12 V 电源提供。可显示两位有效数字的发动机转速。

目前在汽车电子仪表中，多数由微机控制的发动机转速表的系统构成如图 6-19 所示，以柱状图形来表示发动机转速的大小，同样通过发动机点火系分电器中的断电器触点断开时产生的脉冲信号作为电路触发脉冲信号来测量（脉冲信号的频率正比于发动机的转速），这种前沿脉冲信号通过中断口输入微机。为减小计算误差，脉冲的周期通常采用四个周期的平均值来计算，如式 6-1 和图 6-20 所示。

$$T=(T_1+T_2+T_3+T_4)/4 \qquad (6\text{-}1)$$
$$N=K(1/T)$$

式中 $T_1$、$T_2$、$T_3$、$T_4$——见图 6-20；

$n$——发动机的转速；

$K$——常数。

显示的时间随脉冲时间周期大小变化而不同，并且随发动机的转速由大到小按比例缩短，以便与人的感觉相同。

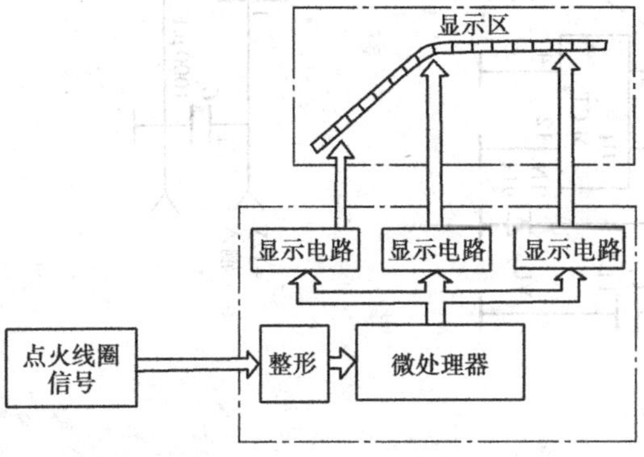


图 6-19 发动机转速表

2. 车速表

车速表主要用来指示汽车行驶速度。即利用车速传感器的测量信号，计算并显示汽车时速的大小。计算车速，通常用两种方法：一种是计算固定时间内传感器输出的脉冲数量，另一种方法是测量固定脉冲周期所用的时间。脉冲数量计算方法是当集成电路或微机检测到从传感器传来信号中的脉冲数有增加时，就开始对代表车速的脉冲进行计数，在设定时间内检测脉冲数量，然后将计数器中的数据和内存中的数据进行比较，如果差值达到或超过每小时一公里或更多时，计数器的数据就输出到显示电路来刷新显示值，整个过程不断重复。若测量时间很短（比如只有 0.3 s），从车速传感器测得的脉冲数较少，有时会有很大误差，因此大多数的系统都采用每转产生 20 个以上脉冲的车速传感器。

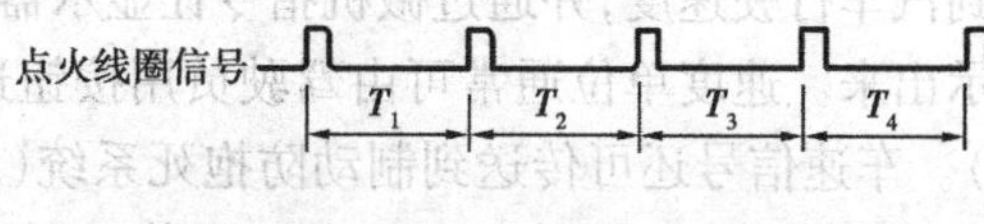

图 6-20 发动机转速计算脉冲周期

最常见的车速表传感器如图6-21所示。这是一种采用内置式光耦合器的车速传感器结构,光耦合器由发出光线的发光二极管、接收光线的光敏三极管和一个开有20条可透过光线的窄槽的转轮组成。开槽转轮由常规车速表的软轴驱动,其转速根据车速的快慢而变化,发光二极管与光敏三极管相对安装于槽轮的上下两侧,由槽轮隔开。当转轮转动时,由于轮子不断遮断发光二极管发射的光束,使光敏三极管时通时断,每当轮槽与发光二极管对准时,发光二极管所发光通过轮槽到达光敏三极管,光敏三极管便产生电压脉冲信号。

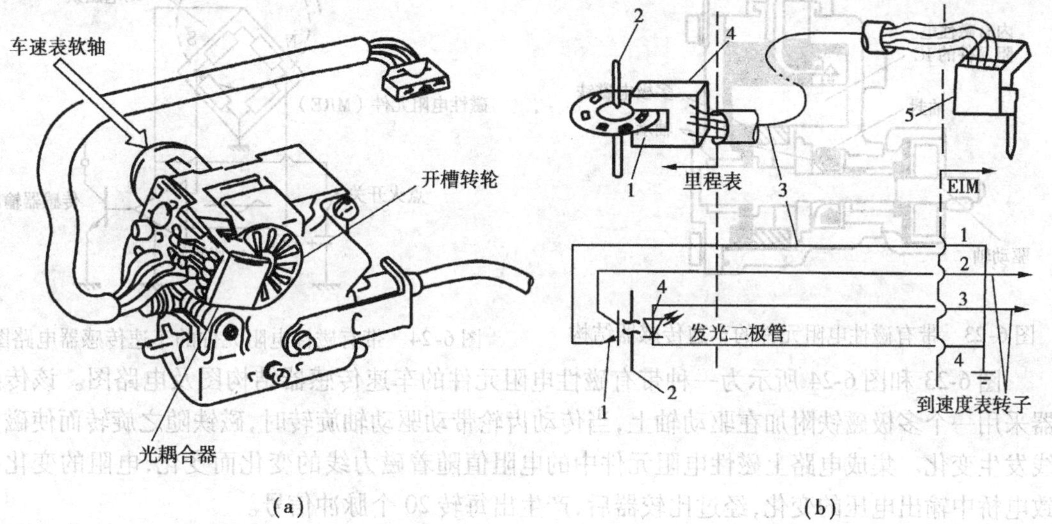

图 6-21 车速表传感器结构

1—光电晶体管 2—光盘解码轮 3—光传感线 4—光传感器 5—光传感线连接器

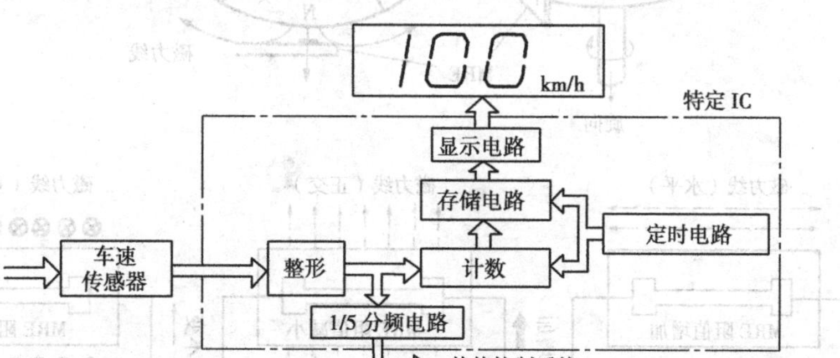

图 6-22 车速表系统构成

车速表系统构成如图6-22所示。车载微机随时接收车速表传感器送出的电压脉冲信号,并计算在单位时间里车速传感器发出的脉冲信号次数,再根据计时器提供的时间参考值,经计算处理可得到汽车行驶速度，并通过微机指令让显示器显示出来。无论前进还是倒退，汽车的速度都能显示出来。速度单位通常可由驾驶员用按钮选择，即显示 km/h（公里/小时）或 mph（英里/小时）。车速信号还可传送到制动防抱死系统（ABS）和巡航控制系统（CCS）的电子控制单元中用于它们的控制。当车速超过某极限值时还可向驾驶员发出警报。

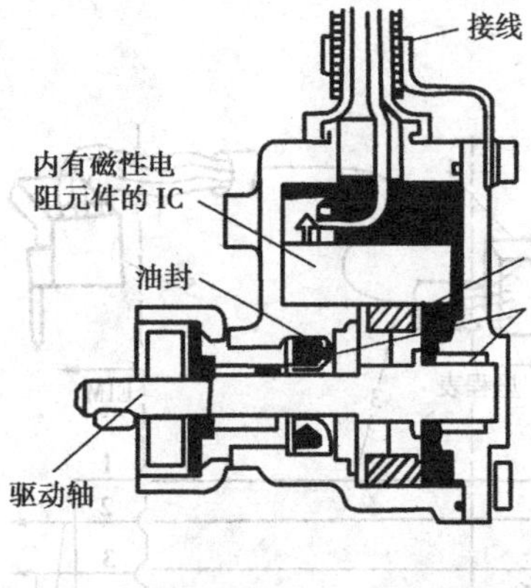


图 6-23　带有磁性电阻元件的车速传感器结构

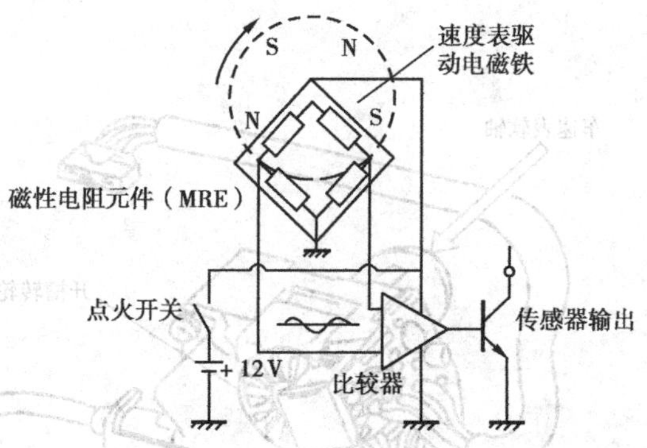


图 6-24　带有磁性电阻元件的车速传感器电路图

图 6-23 和图 6-24 所示为一种带有磁性电阻元件的车速传感器结构图及电路图。该传感器采用一个多极磁铁附加在驱动轴上，当传动齿轮带动驱动轴旋转时，磁铁随之旋转而使磁力线发生变化。集成电路上磁性电阻元件中的电阻值随着磁力线的变化而变化，电阻的变化导致电桥中输出电压的变化，经过比较器后，产生出每转 20 个脉冲信号。

磁性电阻元件的工作原理如图 6-25 所示，当电流方向和磁力线方向平行时磁性电阻元件上的电阻最大。相反，当电流方向与磁力线方向成直角时，磁性电阻元件上的电阻最小。该车速传感器可在 60 km/h 车速时以 637 r/min 的转速旋转，并在每转中输出 20 个脉冲信号。

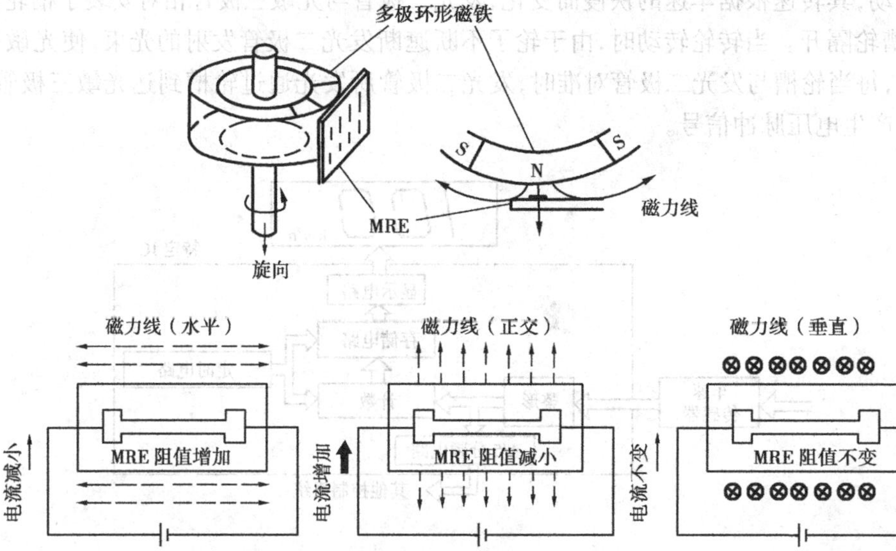


图 6-25　磁性电阻元件工作原理

### 3. 里程表

汽车的里程表用于累计、储存和显示汽车所走过的路程，既有在需要的时候重新置值的短途表，也有用来指示汽车走过的总里程表。如果车速表采用内置式光耦合器传感器，里程表可能仍采用传统的结构。每次行驶里程是利用集成电路通过车速传感器所产生的脉冲信号来计算并存储汽车所走过的里程。累加各次行驶过的里程数，便可得到总里程数。通常这种里程表显示七位数字，最小的一位数字是里程单位的十分之一。里程范围由指定的二组数字存储空间限定，各国车辆安全规范都有其规定值，其中美国《联邦机动车辆安全规范》要求英制单位范围是从 000 000.0 ~ 500 000.0 mile，目前大多数里程表的英制范围为 000 000.0 ~ 199 999.9 mile。容量范围大的英制单位范围为 000 000.0 ~ 925 691.9。对于米制单位，范围则从 000 000.0 ~ 858 993.4 km，然后转到 000 000.0，再继续增加到 622 113.6 km（总里程数等价于英制单位的 925 691.9 mile）。一般采用 EEPROM 存储器，即使蓄电池掉电，也不会使存储的数据丢失。

采用集成电路的里程表，如果集成电路坏了，有的制造厂能提供替换的芯片。不过新的芯片要进行程序化处理，以显示里程表最后的读数。大多数替换的芯片会显示一个 X、S 或 *，表示该里程表已经换过了。集成电路里程表回零是不可能的。通常集成电路里程表读数的校正，只能在新车初驶的 10 mile 内进行。

如果里程表电路出错，显示屏会给出错误信息提醒驾驶员。错误的形式，各制造厂的产品不完全相同。

### 4. 电压显示器

电压显示器用于指示汽车电源的电压，即指示蓄电池充、放电电量的大小以及充、放电的情况。传统的采用电流表或充电指示灯的方法不能比较准确地指示出电源电压。在实际使用中，往往因发电机电压失调，而发生蓄电池过充电和用电器过电压造成损坏。

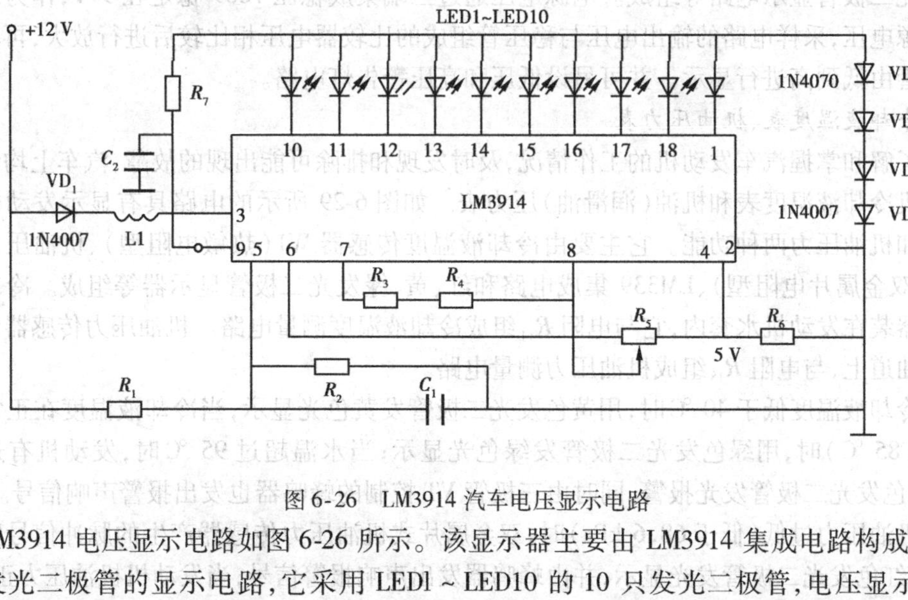


图 6-26　LM3914 汽车电压显示电路

LM3914 电压显示电路如图 6-26 所示。该显示器主要由 LM3914 集成电路构成柱形/点状带发光二极管的显示电路，它采用 LED1 ~ LED10 的 10 只发光二极管，电压显示范围是 10.5 ~ 15 V，每个发光二极管代表 0.5 V 的电压升降变化。电路的微调电位器 $R_5$，将 7.5 V 电压加到分压器一侧，电阻 $R_7$、二极管 VD2 ~ VD5 是将各发光二极管的电压控制在 3 V 左右，L1 和 C2 所构成的低通滤波器，用来防止电压波动干扰，二极管 $VD_1$ 的作用是防止万一电源接反时保护显示器不至损坏。为了提高汽车电源电压的指示精度，可用两个以上的 LM3914 集成块组成 20 级以上的电压显示器，用以提高汽车电子仪表板刻度的分辨率。

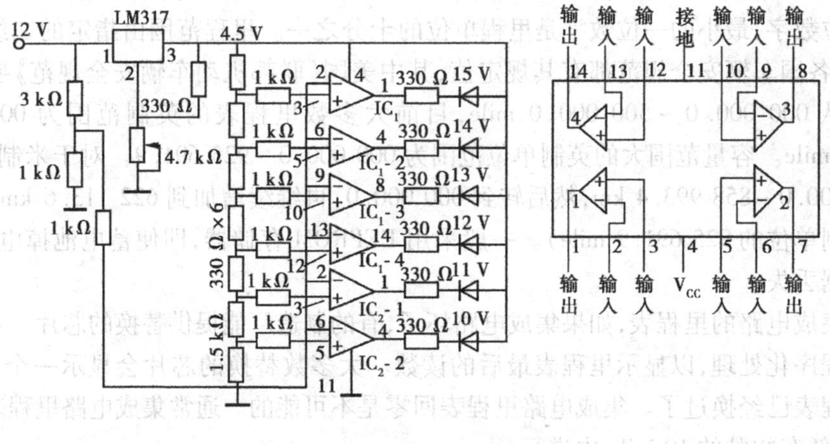


图 6-27　LM324 汽车电压显示电路

LM324 电压显示电路如图 6-27 所示。LM324 内独立的运算放大器被接成电压比较器来使用。该显示器主要由 LM317 三端可调稳压集成块把电源电压稳定在 4.5 V，并用电阻进行分压后，作为各运算放大器的输入基准电压。待测电压与基准电压比较后使电路中的运算放大器的输出端输出高电平或低电平，使发光二极管点亮或熄灭，从而指示出汽车的电源电压值。这种电路电压显示的范围为 10 ~ 15 V，每个发光二极管代表 1 V 的电压升降变化。

CA3083 电压显示电路如图 6-28 所示。该显示器主要由采样电路、电压比较电路、放大电路和发光二极管显示电路等组成。电源电压通过三端集成稳压 7809 稳定在 9 V，作为后级电路的电源电压，采样电路的输出电压与稳压管组成的比较器电压相比较后进行放大，再驱动发光二极管由低到高进行显示。并可另设低压和高压警告灯电路。

5. *冷却液温度表、机油压力表*

为了解和掌握汽车发动机的工作情况，及时发现和排除可能出现的故障，汽车上均装有汽车发动机冷却液温度表和机油（润滑油）压力表。如图 6-29 所示的电路具有显示发动机冷却液温度和机油压力两种功能。它主要由冷却液温度传感器 W1（热敏电阻型）、机油压力传感器 W2（双金属片电阻型）、LM339 集成电路和红、黄、绿发光二极管显示器等组成。冷却液温度传感器装在发动机水套内，它与电阻 $R_{11}$ 组成冷却液温度测量电路。机油压力传感器装在发动机主油道上，与电阻 $R_{18}$ 组成机油压力测量电路。

当冷却液温度低于 40 ℃时，用黄色发光二极管发黄色光显示；当冷却液温度在正常工作温度（约 85 ℃）时，用绿色发光二极管发绿色光显示；当水温超过 95 ℃时，发动机有过热危险，以红色发光二极管发光报警，同时由三极管 VT 控制的蜂鸣器也发出报警声响信号。

当机油压力过低（低于 68.6 kPa）时，双金属片式机油压力传感器产生的脉冲信号频率最低，此时红色发光二极管发光显示，并由蜂鸣器发出声响报警信号；当发动机机油压力正常时，绿色发光二极管发光显示，表示发动机润滑系统工作正常；而在油压过高时，机油压力传感器产生的脉冲信号频率较高，黄色发光二极管发光显示，以引起驾驶员的注意，防止润滑系统故

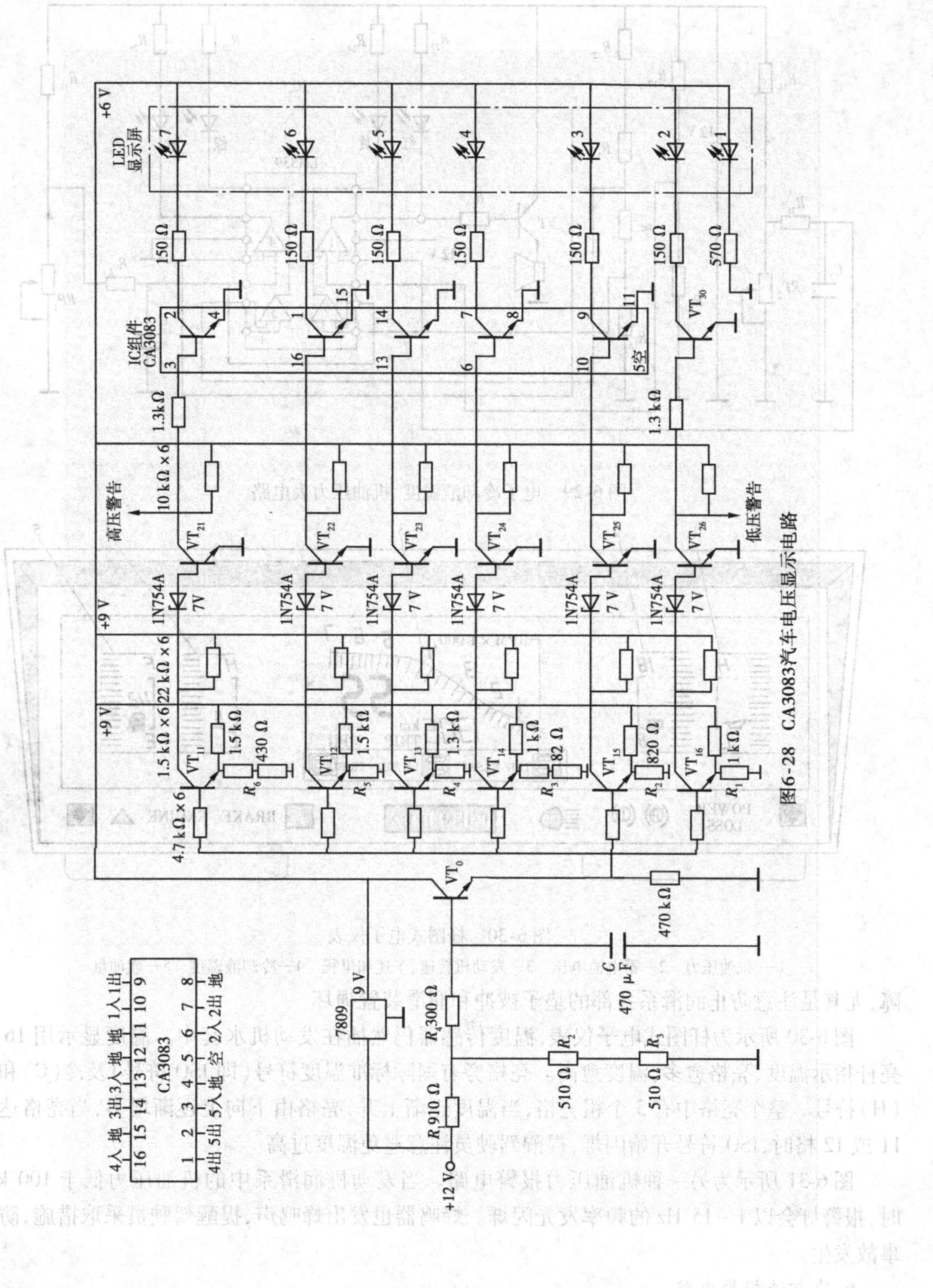


图6-28 CA3083汽车电压显示电路

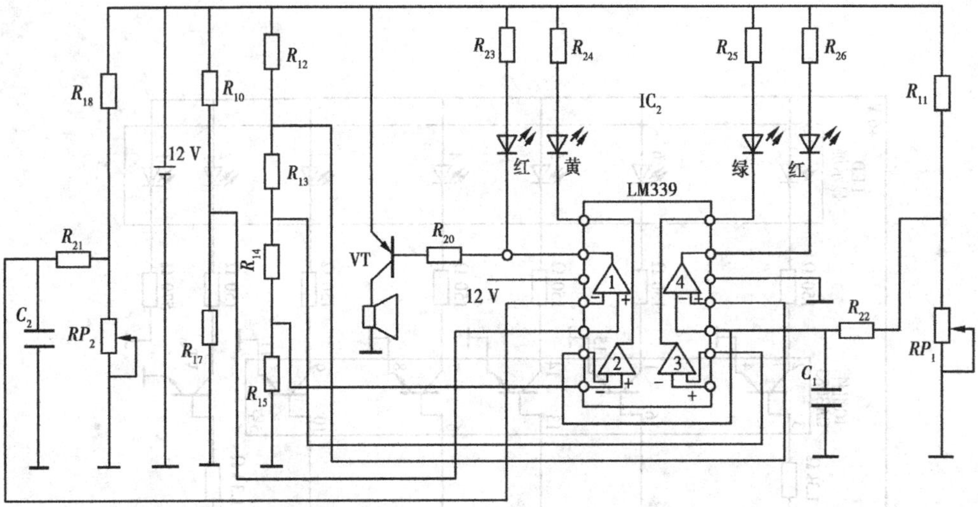


图 6-29　电子冷却液温度、机油压力表电路

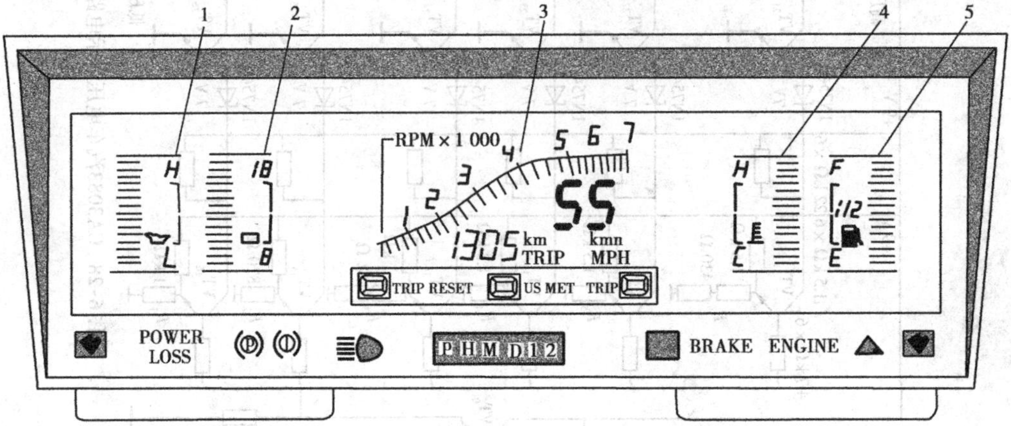


图 6-30　杆图式电子仪表

1— 机油压力　2—蓄电池电压　3—发动机转速、车速和里程　4—冷却液温度　5—燃油量

障，尤其是注意防止润滑系各部的垫子被冲和润滑装置损坏。

图 6-30 所示为杆图式电子仪表，温度传感器仍然插在发动机水套中。温度显示用 16 格亮杆指示温度，亮格愈多，温度愈高。亮格旁有国际标准温度符号（即 ISO 符号）及冷（C）和热（H）符号。整个亮格中有 5 个粗亮格，当温度逐渐上升，亮格由下向上逐渐增多，当亮格达到 11 或 12 格时，ISO 符号开始闪烁，提醒驾驶员注意避免温度过高。

图 6-31 所示为另一种机油压力报警电路。当发动机润滑系中的机油压力低于 100 kPa 时，报警灯会以 1 ~ 15 Hz 的频率发光闪烁。蜂鸣器也发出蜂鸣声，提醒驾驶员采取措施，防止事故发生。

6. 冷却液报警电路

如图 6-32 所示为发动机冷却液报警电路。若冷却液液位正常，则传感器通过液体接地，图中 a 点电位为零。当接通点火开关时，液位报警系统进行自检。具体工作过程如下：

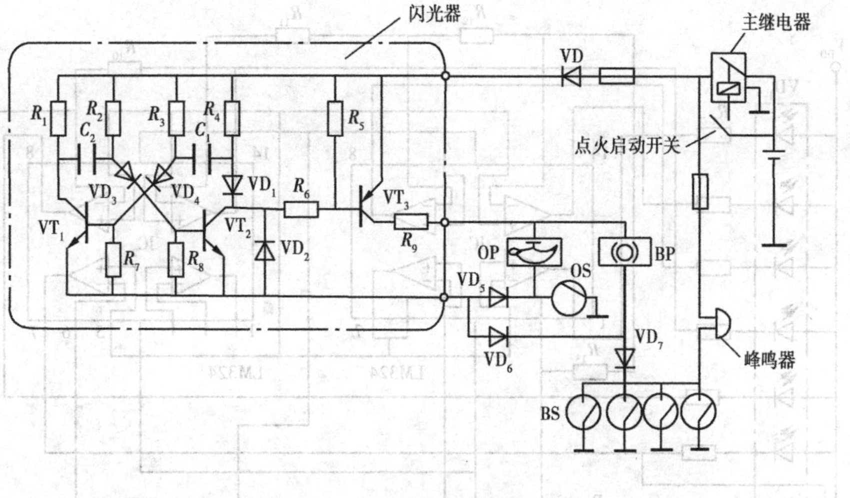


图 6-31　机油压力报警电路

（1）接通点火开关时，主继电器动作。$C_1$ 被充电，开始充电电流较大，可维持 $VT_1$ 导通，$VT_2$ 导通，$VT_3$ 导通，则指示灯亮。

（2）当 $C_1$ 基本充足电时，流过的电流逐渐减少，$VT_1$ 截止，$VT_2$ 截止，$VT_3$ 截止，则指示灯熄灭。

灯亮时间与参数 $C_1$ 有关。如果自检时报警灯不亮，表明报警系统有故障，应进行检查。

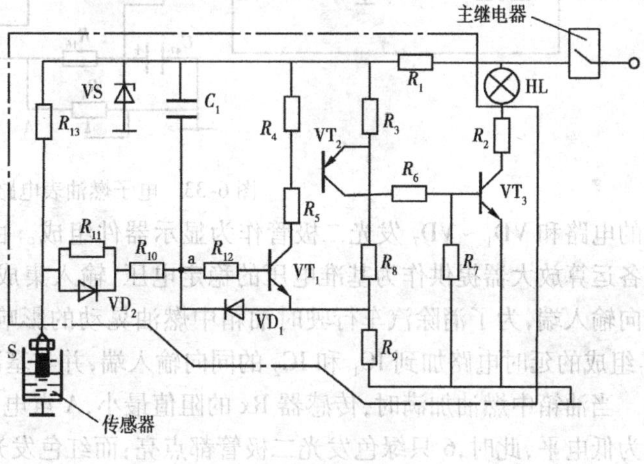


图 6-32　冷却液报警电路

（3）若液位不足，则传感器接触不到液体，相当于断开，此时 a 点电位升高，$VT_1$ 基极电位也升高，$VT_1$ 导通，$VT_2$ 导通，$VT_3$ 导通，指示灯亮，且自检时报警灯不熄灭，则表明冷却液液位不足，应加注冷却液。

若加注冷却液时发现如果冷却液已满，而报警灯仍不熄灭，说明报警系统有故障。

（4）当冷却液液位正常时，若关闭点火开关，$C_1$ 放电，放电回路为：$C_1(+) \rightarrow R_1 \rightarrow R_{11} \rightarrow R_{10} \rightarrow C_1(-)$。

7. 燃油表

电子燃油表可以随时测量并显示汽车油箱内的燃油情况，一般采用柱状或其他图形方式来提醒驾驶员油箱内可用的剩余燃油量。电子燃油表的传感器仍然采用浮子式滑线电阻器结构，由一个随燃油液面高度升降的浮子、一个带有电阻器的机体和一个浮动臂组成。传感器由机体固定在油箱壁上，当浮子随燃油液面的高度升降时，带动浮动臂使接触片在电阻器上滑动，从而使检测回路产生不同的电信号。当在整个电阻外部接上固定电压时，燃油高度就可根据接触片相对地线的电压变化输出测量值。

如图 6-33 所示为一电子燃油表电路。$R_x$ 是浮子式滑线电阻器传感器，两块 LM324 及相

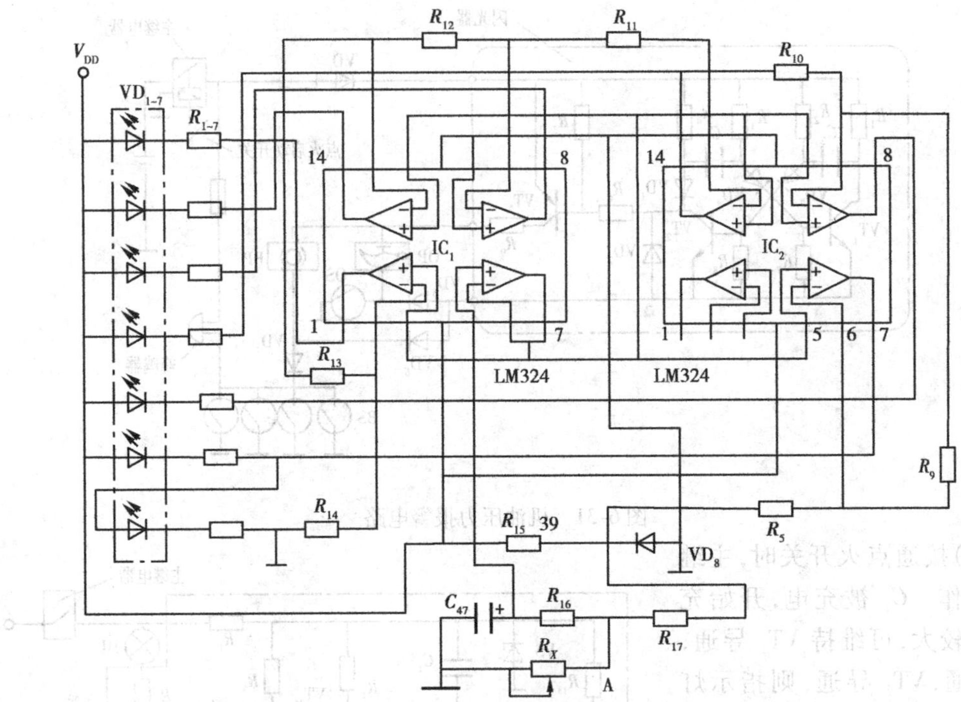


图 6-33　电子燃油表电路

应的电路和 $VD_1 \sim VD_7$ 发光二极管作为显示器件组成。由 $R_{15}$ 和 $VD_8$ 组成的串联稳压电路，为各运算放大器提供作为基准电压的稳定电压，输入集成电路 $IC_1$ 和 $IC_2$ 组成的电压比较器反向输入端，为了消除汽车行驶时油箱中燃油晃动的影响，*Rx* 输出端 A 点的电位通过 $R_{16}$ 及 $C_{47}$ 组成的延时电路加到 $IC_1$ 和 $IC_2$ 的同向输入端，并与基准电压进行比较并加以放大。

当油箱中燃油加满时，传感器 Rx 的阻值最小，A 点电位最低，由 $IC_1$ 和 $IC_2$ 电压比较器输出为低电平，此时，6 只绿色发光二极管都点亮：而红色发光二极管 $VD_1$ 熄灭，表示油箱中的燃油已满。

当油箱中燃油量逐渐减少，显示器中绿色发光二极管按 $VD_7$，$VD_6$，$VD_5$…次序依次熄灭。油量越少，绿色发光二极管亮的个数越少。

当油箱中燃油量达到下限，Rx 的阻值最大，A 点电位最高，集成块 $IC_2$ 的第 5 脚电位高于第 6 脚的基准电位，6 只绿色发光二极管全部熄火，红色发光二极管 $VD_1$ 点亮，提醒驾驶员补充燃油。

图 6-34 所示为微机控制的燃油表系统构成。微机给燃油传感器施加固定的 +5 V 电压，并将燃油传感器输出的电压通过 A/D 转换后送至微机进行处理，控制显示电路以条形图方式显示处理结果。为了在系统第一次通电时加快显示，通常 A/D 转换不到 1 s 进行一次。在一般的运行环境下，为防止因汽车行驶时油箱中燃油晃动对浮子的影响等因素造成的突然摆动而导致显示不稳定，微处理器将 A/D 转换的结果每隔一定时间平均一次。另外，鉴于仅靠平均办法还不足以使显示完全平稳下来，系统控制显示器只允许在更新数据时每次仅升降一段，并且显示结果经数次确认后才显示出来。微机接收到油量信息时，立即将其转换为操作显示器的电压信号，显示器上有 16 格亮杆，亮杆愈多，油量愈多。亮格旁有国际标准油量符号（即

ISO 油量符号)及 5 个粗亮格,每两个粗亮格之间代表 1/4 油位,ISO 符号上下有空(E)与满(F)符号。当油量逐渐减少时,亮杆自上向下逐渐熄灭,当油量减至危险值时,ISO 符号即闪烁,提醒驾驶员补充燃油。

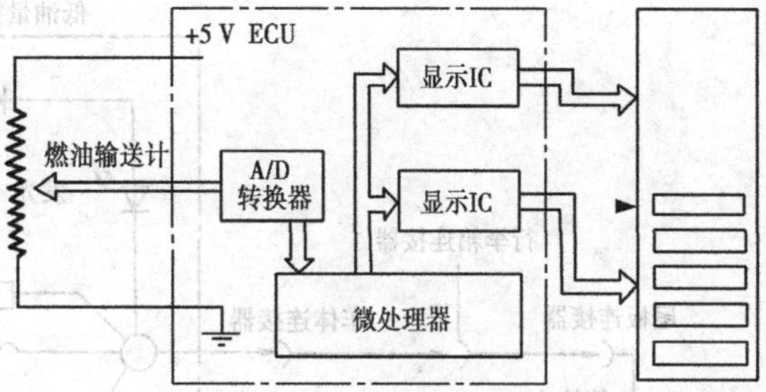


图 6-34 微机控制的燃油表系统构成

图 6-35 所示为电子油量警告系统。当油箱浮子高度下降,传感器的电阻升高,经过油量表的电流减少,电压降低,电子开关组件测定油量表两端的电压。当电压降低到预定的危险值时,电子组件将电压值通过 6 脚输出,警告灯亮。

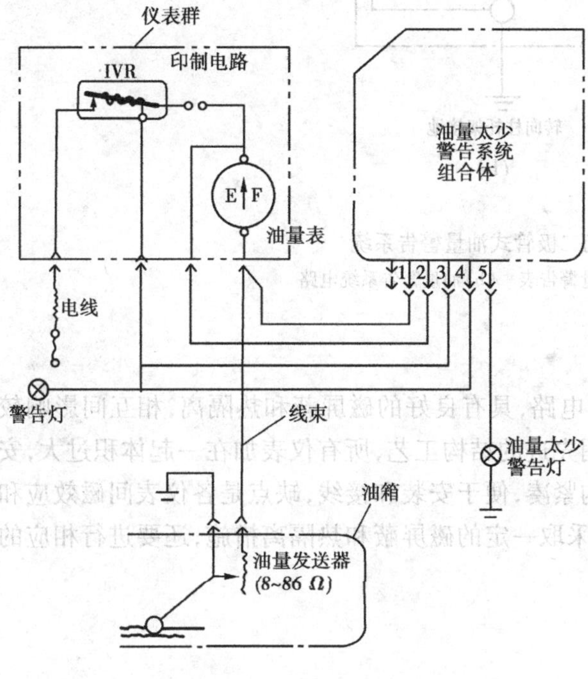


图 6-35 电子油量警告系统线路图

图 6-36 所示为另一种油量警告系统,发光二极管与电磁油量表低油位线圈的两侧相连。当油量过少,通过低油位线圈的电流增大,线圈两侧的电压降增大。油位愈低,电压降愈大,当电压降大到一定程度时,发光二极管发光,警告灯亮。

这里要注意的是,有些用于光条图和数字显示的燃油传感器,其阻值随油位降低而减小。

8. 声音报警器

由于有时凭视觉容易看漏,故在有的汽车上还用到声音传递信息的电子装置,除上面介绍的蜂鸣报警器以外,还有谐音器及声音合成器等,用来提醒驾驶员有关汽车的一些状态,主要包括以下这些:

请检查车门(车门半开时);

请系好安全带(忘系安全带时);

请检查手制动器(忘记停车制动,离开时);

请检查车灯(当车灯一直未关时);

请检查车钥匙(当钥匙还插在门锁上时);

请加燃油(燃油不够时)。

这些信息都可以通过音响装置发送出来。所需的声音模型经过数字化后,存储在计算机的 ROM 中,计算机接收来自点火开关、充电指示灯继电器、车灯继电器、驻车制动器开关、门窗开关,以及燃料液面指示信号发生器等传感器的信息,经过逻辑判断,从 ROM 中取出所需的声音模型,再经过 D/A 数模转换器,还原成模拟信号,加以滤波与放大,最后送至扬声器输出。

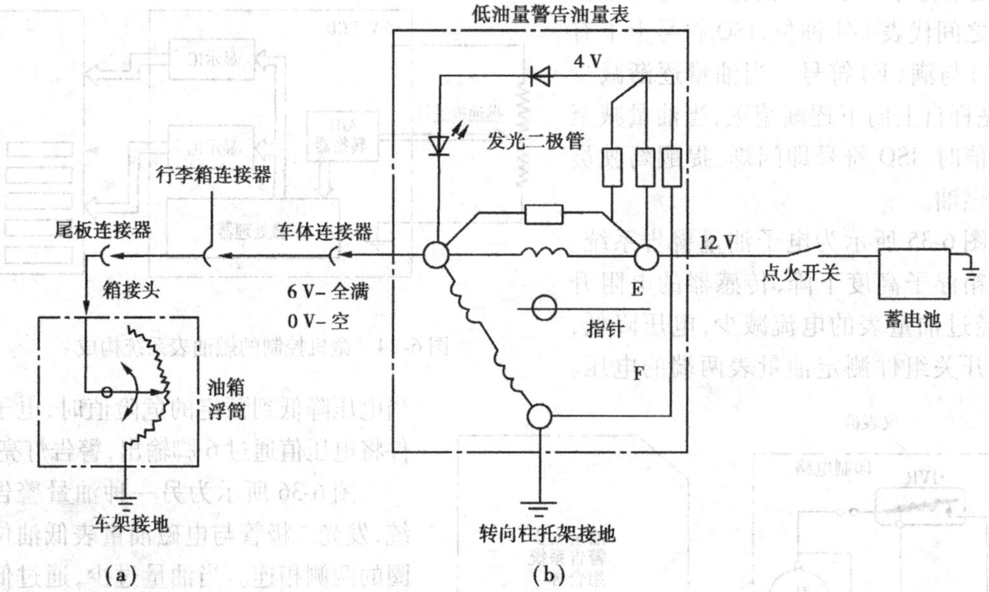


图 6-36　发光二极管式油量警告系统

(a)发光二极管式油量警告表　(b)油量警告系统电路

### 6.3.2　汽车电子组合仪表

上述分装式汽车仪表具有各自独立的电路,具有良好的磁屏蔽和热隔离,相互间影响较小,具有较好的可维修性。缺点是不便采用先进的结构工艺,所有仪表加在一起体积过大,安装不方便。有些汽车采用组合仪表,其结构紧凑,便于安装和接线,缺点是各仪表间磁效应和热效应相互影响,易引起附加误差,为此要采取一定的磁屏蔽和热隔离措施,还要进行相应的补偿。

1. ED-02 型电子组合仪表

图 6-37 所示为 ED-02 电子组合仪表。

(1)主要功能

1)车速测量范围为 0 ~ 140 km/h,仍采用模拟显示。

2)冷却液温度表采用具有正温度系数的 RJ-1 型热敏电阻为传感器,显示器采用发光二极管杆图显示,其中最小刻度 C 为 40 ℃,最大刻度 H 为 100 ℃。从 40 ℃起,冷却液温度每增加 10 ℃,点亮一个发光二极管。

3)电压表采用发光二极管杆图显示,最小刻度电压为 10 V,最大刻度电压为 16 V。从 10 V 起,蓄电池电压每增加 1 V,点亮一个发光二极管。该表能较好地指示蓄电池的电压情况,包括汽车启动时的蓄电池电压降、蓄电池充电和放电情况等。

4)燃油表也采用发光二极管杆图显示,刻度为 E-1/2-F。当油箱内的燃油约为油箱的一半时 1/2 指示灯点亮。加满油时,F 指示段点亮。

5)当有汽车车门未关好时,相应的车门状态指示灯发光报警。

6)当燃油低于下限时,报警灯点亮。

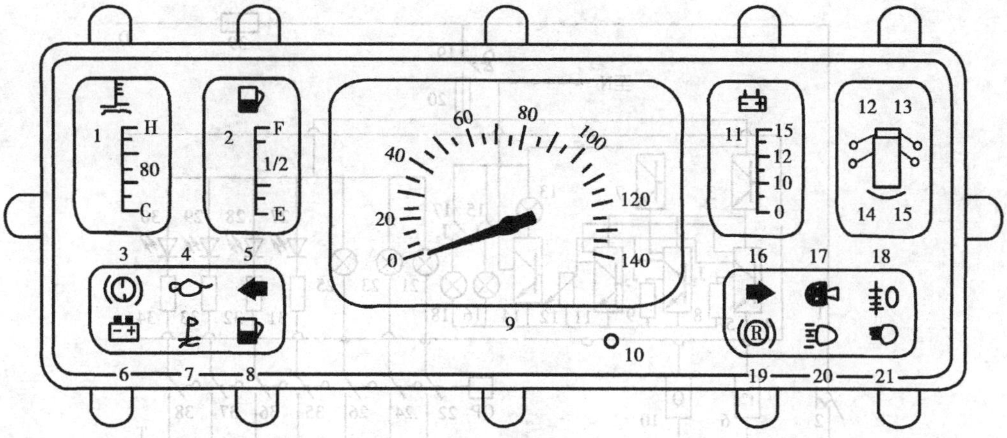


图 6-37　ED-02 型电子组合仪表

1—冷却液温度表　2—燃油表　3—制动故障报警灯　4—油压报警灯　5—左转向指示灯　6—充电指示灯　7—冷却液温度过高报警灯　8—缺燃油报警灯　9—车速表　10—蓄电池继电器开关　11—电压表　12～15—车门状态指示灯　16—右转向指示灯　17—倒车指示灯　18—雾灯指示灯　19—手制动指示灯　20、21—前照灯远光、近光指示灯

7)当冷却液温度到达上限时,报警灯点亮。

8)当润滑油压力过低时,报警灯点亮。

9)当制动系统出现问题时,报警灯点亮。

10)设置有左右转向、灯光远近、倒车、雾灯、手制动、充电等状态信号指示灯。指示灯均为蓝色,报警灯均为红色。

(2)电路

图 6-38 所示为 ED-02 电子组合仪表电路。额定电压为 12 V,负极搭铁,采用插接器连接。

2. 汽车智能组合仪表

图 6-39 所示为单片机控制的汽车智能组合仪表基本组成,它由汽车工况采集、单片机控制及信号处理、显示器等系统组成。

(1)信息采集

汽车工况信息通常分为模拟量、频率量和开关量三类。

1)模拟量:汽车工况信息中的发动机冷却液温度、油箱燃油量、润滑油压力等,经过各自的传感器转换成模拟电压量,经放大处理后,再由模/数转换器转换成单片机能够处理的二进制数字量,输入单片机进行处理。

2)频率量:汽车工况信息中的发动机转速和汽车速度等,经过各自的传感器转换成脉冲信号,再经单片机相应接口输入单片机进行处理。

3)开关量:汽车工况信息中的由开关控制的汽车左转、右转、制动、倒车,各种灯光控制、各车门开关情况等,经电子转换和抗干扰处理后,根据需要,一部分输入单片机进行处理,另一部分直接输送至显示器进行显示。

(2)信息处理

汽车工况信息经采集系统采集并转换后,按各自的显示要求输入单片机进行处理。如汽

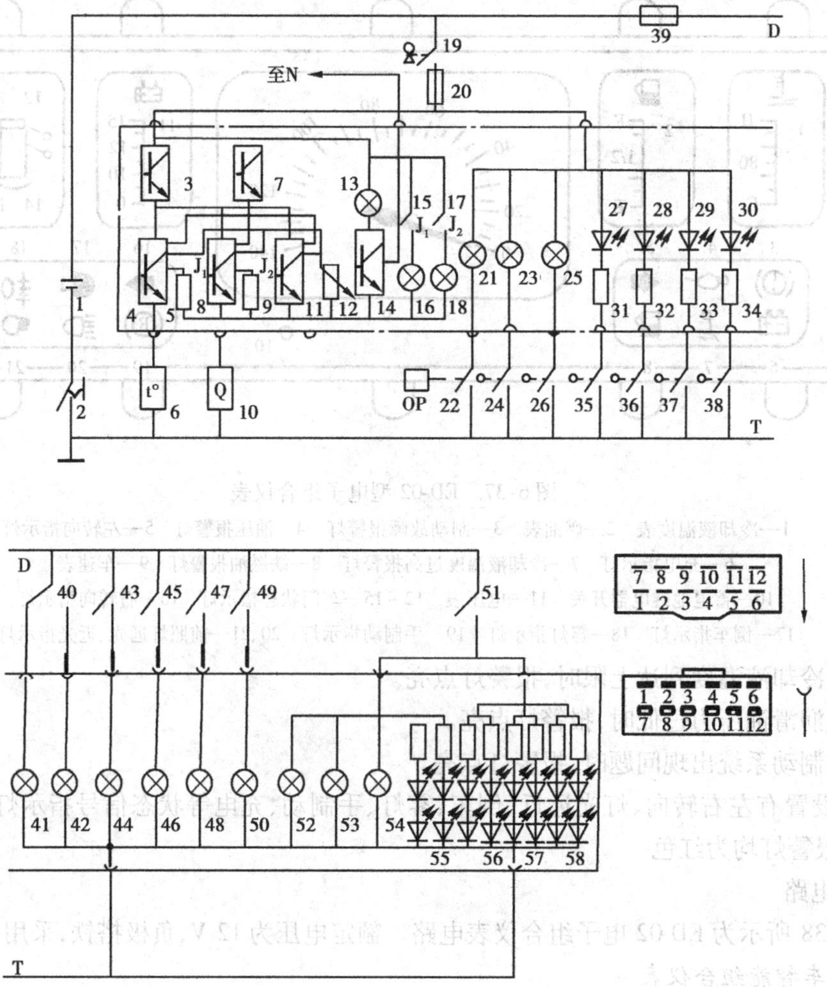


图 6-38　ED-02 电子组合仪表电路

车速度信号除了要由车速显示器显示外,还要根据里程显示的要求处理后输出里程量的显示。车速信息在单片机系统中按一定算法处理后送 2816A 存储器累计并存储。汽车其他工况信息,都可以用相应的配置和软件来处理。

(3)信息显示

信息显示可采用本章第二节中汽车电子仪表的显示方式介绍的方式显示,如指针指示、数字显示、声光和图形辅助显示等。

除了显示装置以外,汽车仪表系统还设有功能选择键盘,微机与汽车电气系统的接头和显示装置连接。当点火开关接通时,输入信号有蓄电池电压、燃油箱传感器、温度传感器、行驶里程传感器、喷油脉冲以及键盘的信号。微机即按相应汽车动态方式进行计算与处理,除了发出时间脉冲以外,还可用程序按钮选择显示出瞬时燃油消耗、平均燃油消耗、平均车速、距离、行程时间/秒表和外界温度等各种信息。

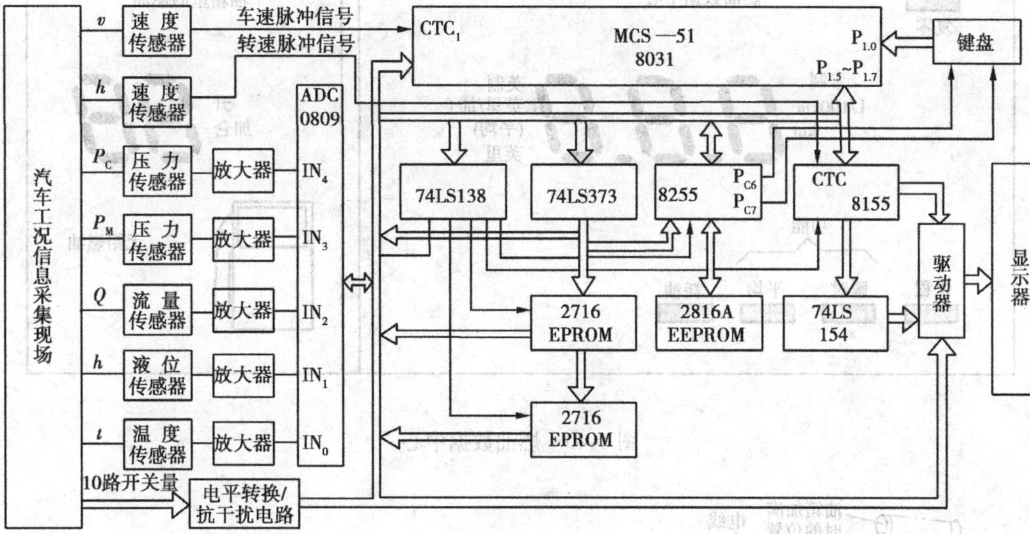


图 6-39　单片机控制的汽车智能组合仪表基本组成

### 6.3.3　综合信息系统

20 世纪 80 年代以来，随着电子技术的进步，新型传感器和电子显示器件不断涌现，汽车仪表电子化的发展尤为迅速，可以把各种仪表、报警装置以及舒适性控制器组合到一起，形成综合信息系统。这种信息系统可以是简单的组合，如单纯计算燃油经济性、存油能行驶的距离和剩余油量的计算器；也可以是对各种信息进行分析计算、加工处理，具有更多功能的一体式信息系统。

图 6-40 所示为燃油数据中心，它可给驾驶员提供油箱内燃油剩余量的信息。按一下“量程”键，车载微机能立刻计算出油箱内剩余油量可继续行驶的距离和平均燃油消耗率。按一下“瞬时”键，燃油数据中心立刻显示瞬时燃油消耗率。按一下“平均”键，则显示自按“复零”键到现在总的行驶距离的平均燃油消耗率。按“耗油”键，显示的是自最近一次设定到目前为止的总的燃油消耗量。图 6-41 所示为燃油系统计算所需的传感器输入信号，燃油流量依据喷嘴开启时间和车速脉冲求出。

综合信息系统还能从大量信息中选择出驾驶员或乘员需要的内容，包括电子行车地图、维修、后视镜等信息，还可以显示电视、广播、电话等信息。显示设备通常安装在仪器面板上，并将控制开关安装在显示设备附近，供驾驶员或乘员选择需要的信息。许多情况下也有将控制开关制作成显示在屏幕上的模拟按键，驾驶员可以通过触摸屏幕按下按键，或者使用红外远程控制等方法进行操作。

综合信息系统所监控的车上信息，如图 6-42 所示。图 6-43 为能够显示汽车的多种信息的综合信息系统配置。“CRT ECU”用于管理通信和控制整个系统，“CD ECU”用于调用 CD-ROM 的数据，“TV ECU”用于接收电视信号，“音频 ECU”用于控制音响系统，“空调 ECU”用于控制空调、“GPS ECU”用于接收从 GPS 卫星发出的信号、计算汽车的当前位置，“电话 ECU”

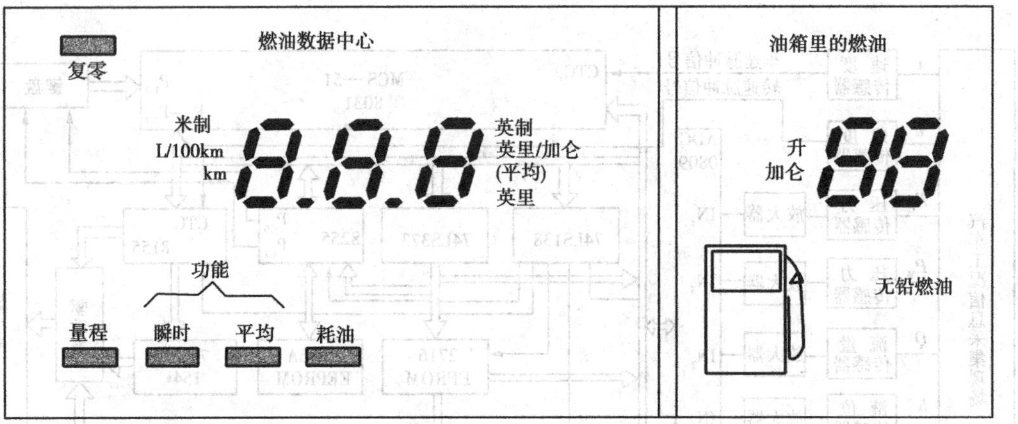


图 6-40 燃油数据中心

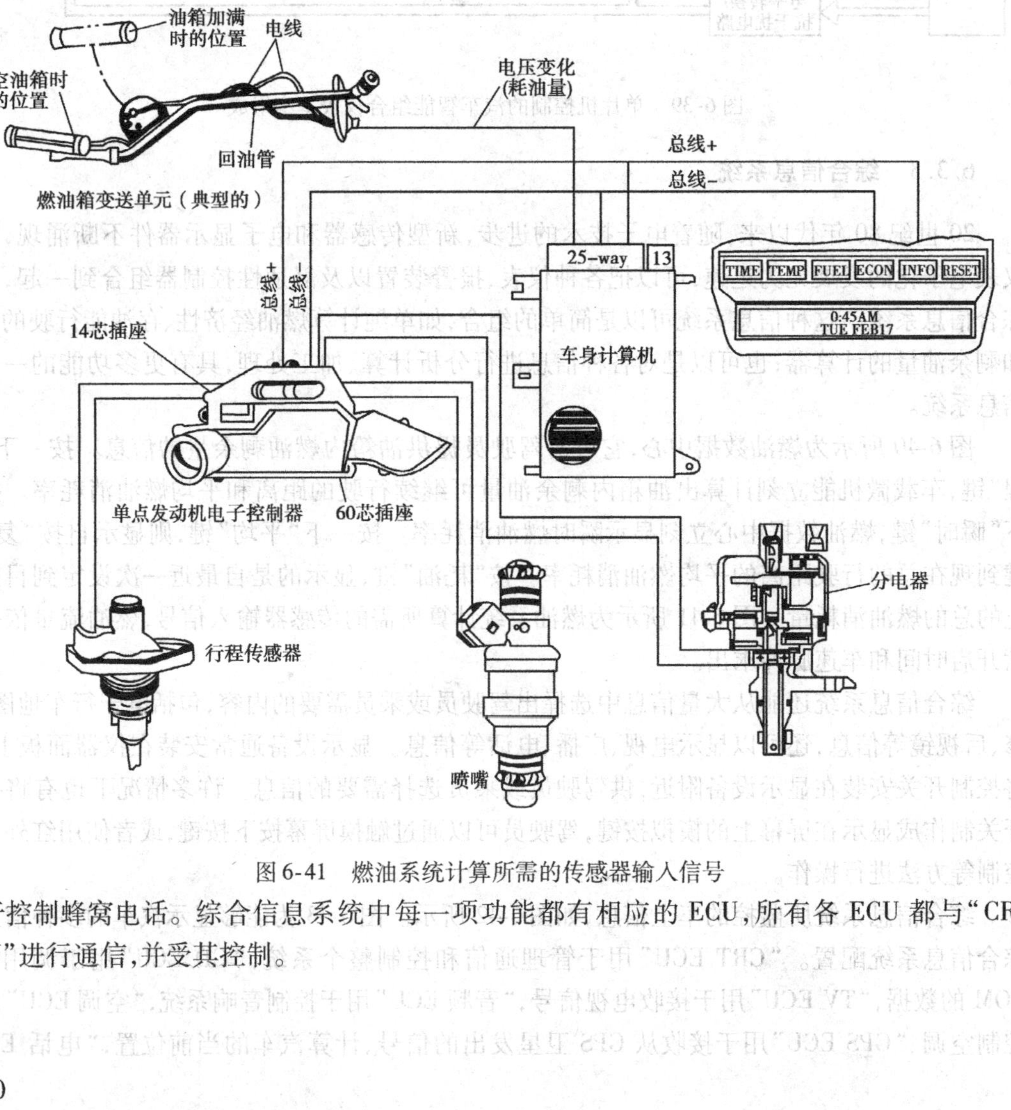


图 6-41 燃油系统计算所需的传感器输入信号

用于控制蜂窝电话。综合信息系统中每一项功能都有相应的 ECU，所有各 ECU 都与“CRT ECU”进行通信，并受其控制。

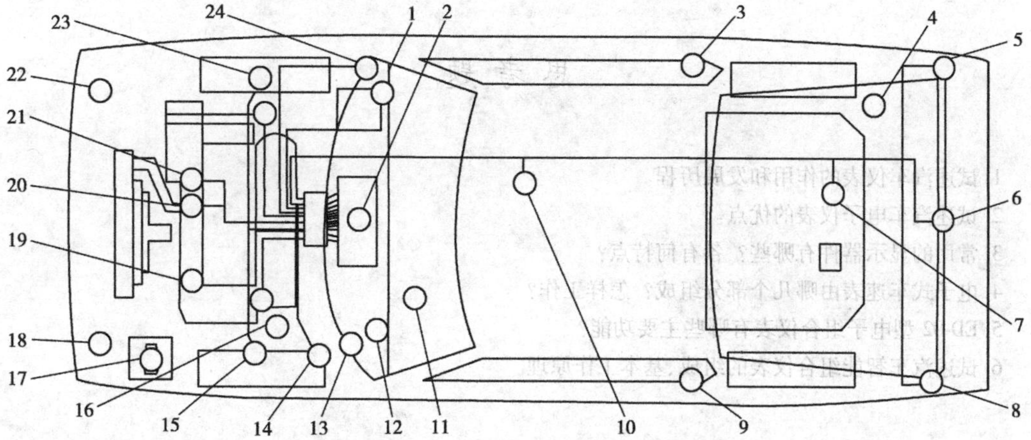


图 6-42　综合信息系统所监控的车上信息

1—电子声音报警器 2—监控器 3,9—关门信号 4—后洗涤器液量 5,8—尾灯/制动灯 6—后门关门信号 7—燃油量 10—安全带信号 11—车钥匙信号 12—喷洗器液量 13—驻车制动 14—制动液 15,23—制动踏板信号 16—机箱温度 17—发动机冷却液量 18,22—前照灯 19—变速箱压力 20—冷却液温度 21—机油量 24—蓄电池报警

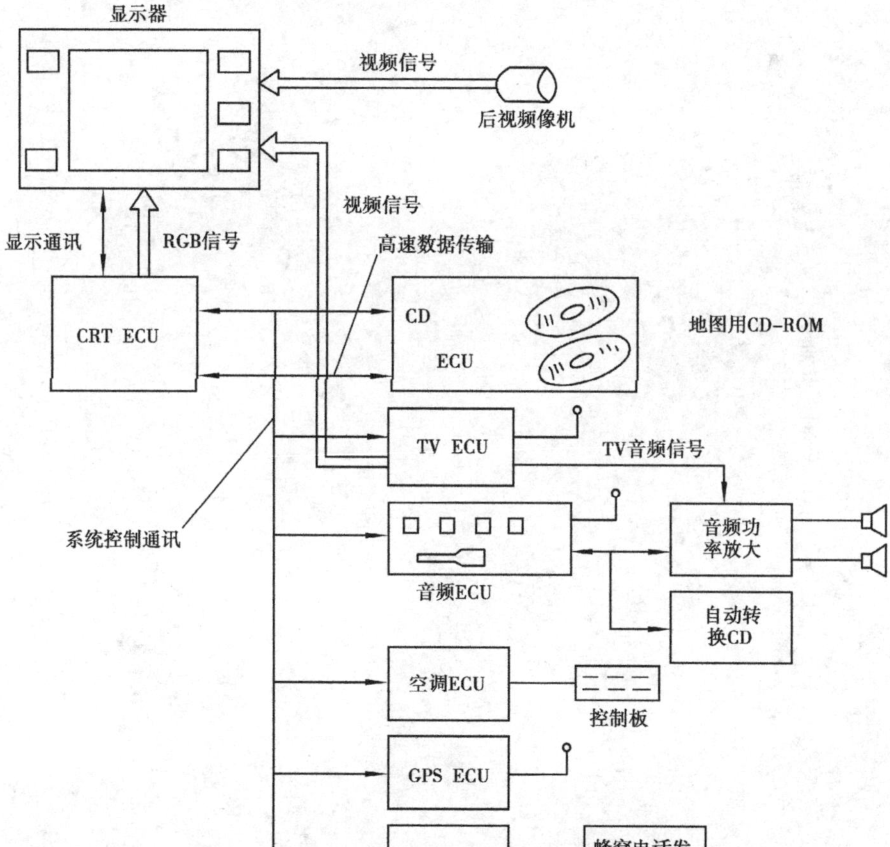


图 6-43　综合信息系统配置

# 思考题

1. 试述汽车仪表的作用和发展历程。
2. 试述汽车电子仪表的优点。
3. 常用的显示器件有哪些？各有何特点？
4. 电子式车速表由哪几个部分组成？怎样工作？
5. ED-02 型电子组合仪表有哪些主要功能？
6. 试述汽车智能组合仪表的组成、基本工作原理。

# 第7章 汽车空调系统

## 7.1 概 述

汽车空调是空调技术在汽车上的应用,它是空气调节的一个重要分支,利用它可以使人们建立和保持新鲜而舒适的车室内环境。

### 7.1.1 汽车空调的发展

汽车空调技术是随着汽车的普及而发展起来的,汽车空调技术的发展经历了由低级到高级,由单一功能到多功能的发展过程,其发展大体上可以概括为如下五个阶段:

(1)单一供暖阶段;

(2)单一制冷阶段;

(3)冷暖型空调阶段;

(4)自动控制空调阶段;

(5)电脑控制空调阶段。

### 7.1.2 汽车空调的基本组成和分类

(1)汽车空调的基本组成

汽车安装空调装置的目的,是为了调节车室内空气的温度、湿度,改善车内空气的流通,并且提高空气的洁净度。因此,汽车空调主要由下列几个部分组成:

1)制冷装置:对车内空气或由外部进入车内的新鲜空气进行冷却或除湿,使车室内变得凉爽舒适。

2)采暖装置:对车内空气或由外部进入车内的新鲜空气进行加热,达到取暖、除湿的目的。

3)通风装置:它可将外部新鲜空气吸进车内,起通风和换气作用。

4)加湿装置:在空气湿度较低的季节,对车内空气进行加湿,以提高车内空气的相对湿度。

5)空气净化装置:除去车内空气中的尘埃、异味,使空气变得清洁。

上述装置全部或部分有机地组合在一起安装在汽车上,便组成了汽车空调系统。

(2)汽车空调的分类

分类的方法很多,从某个方面或某个特征出发,都可以进行分类。现仅按空调装置的功能、驱动形式、机组形式、送风方式和布置方式等方面加以分类。

1. 按功能来分,可分为单一功能型和冷、暖一体式多功能型

(1)单一功能型:这种类型的空调系统是指制冷、或采暖、或通风,各自独立,自成系统。

通常，制冷或采暖系统兼备有通风功能。一般多用于大型客车和加装冷气装置的轿车上。

①通风系统：有自然通风和强制通风，通风的目的在于把车室内污浊的空气排出车室外，同时把新鲜空气补充进来，从而保证车室内空气环境符合卫生标准要求。尤其车室容积小，人员密集，如没有新鲜空气补充，则空气中二氧化碳的含量增加，二氧化碳对人体健康有很大影响。空气中二氧化碳的容积浓度达到1.5% ~2.0%时，开始呼吸急促，感到轻度头痛，浓度越大，反应越严重。所以，一般规定，长途客车的二氧化碳含量允许值小于1.25 $L/m^3$，城市客车为小于2 $L/m^3$，即每个乘客每小时需要新鲜空气量为15 ~21 $m^3$，折算成换气次数，通风系统应保证每分钟换三次气，除二氧化碳外，尚有人体散发出来的异味，可能还有食物等物品的气味，给人以不愉快的感觉，通过通风可排出车外。通风在一定程度上还可以改善车室内空气的温度、湿度和气流速度。

要注意通风系统进、排风口的位置选择，布置的合理与否对通风效果有重要影响；选择不当甚至起反效果，不仅污浊空气排不出去，尘土和烟气反而会倒灌进来。

取暖系统：在寒冷季节用于向车室内供应暖气和对风窗除霜，根据能源不同，有余热式和独立燃烧式两种；根据工作介质不同分为气暖和水暖两种；根据进风来源不同，有内循环、外循环和混合式之分。

②冷气系统：在炎热季节用于向车室内供冷，对空气进行降温或降温除湿，由于汽车是移动的，冷气系统中的冷凝器只能采用风冷方式，而对空气的冷却又都是采用直接蒸发式空气冷却器来实现。

(2)冷、暖一体式多功能型：这种类型的空调系统是集制冷、采暖和通风功能于一体的空调方式，它们共用一个风机及操纵机构，根据需要提供出合适的冷、暖或通风。这是现在在轿车上普遍采用的一种方式，所不同的是在控制方式和自动化程度上有差异。

2. 按驱动形式分有非独立式和独立式

(1)非独立式：非独立式又称被动式，以汽车发动机为动力直接驱动压缩机工作。其运行制冷工况受汽车行驶速度和负荷的影响。车速和负荷改变，压缩机转速也随之变化，工况不稳定。特别是在怠速时，不能保证有足够的制冷量。由于是主机带动，如果主机功率不富裕，则对汽车的加速和爬坡能力有影响。其特点在于系统结构简单，不增加辅助发动机，不另占空间，质量小，造价低。一般适用于轿车和中型车中压缩机功耗不太大，而主机功率也足够的场合。

(2)独立式：独立式汽车空调装置的压缩机是由专门设置的辅助发动机带动。制冷能力与车速和负荷无关，工况较稳定。即使在停车时也能向车内提供冷气。根据需要，空调能力的大小与辅助发动机进行优化匹配。由于加装了一台辅助发动机，能耗与成本增加，占空间位置也大，增加了维修工作量。多用于大中型客车上。

3. 按机组型式分有整体独立式和分散式

(1)整体独立式是把空调装置的各个组件统统装在一个专用机架上，自成体系。由辅助发动机驱动，冷风或热风由风管送入车室内。

这种方式的特点是结构紧凑，可安装在地板下不占车室空间，整个制冷系统各个组件间的连接管路短，制冷剂充灌量少，泄漏问题易于控制；但是机组高度受到限制，由于集中安置，装置的质量大，要考虑轴荷的分配要求。

(2)分散式是指压缩机、冷凝器和蒸发器等各自独立的总成，分散安装在汽车的适当部位。分散安装的方案有多种多样,如蒸发器和冷凝器组合成一体,压缩机与驱动机构在一起的组合式。冷凝器和蒸发器分开安装在车顶、车后、车内等,可形成多品种、多规格产品。其优点是安装灵活性大,有利于轴荷分配和气流组织,但往往管道增长,阻力损失增加。这种方式是当前大多数中、小型汽车采用的方式。

4. 按送风方式有直吹式和风道式

(1)直吹式即将经空调机处理后符合要求的空气直接从空调器吹出。这种方式结构简单,风压损失小,但送风难以均匀,一般轿车和中、小型旅行车采用。

(2)风道式是将处理后的空气通过风道送出,这种方式可把风送到需要的部位,达到良好的气流组织,提高舒适性,同时也带来零件数增多,风阻加大等弊端。

冷风管道的布置应考虑到以下一些方面:

①风道的长度应尽可能短,风道长则风阻大。送风机功率增加,能耗加大。不仅如此,风阻大要求风机风压增加,风机的噪声会加大;管道长还会引起二次噪声,因此,要求对风管采取隔噪声措施,以免车室内噪声大影响舒适性。

②风口设置应使车内具有良好的气流状况,充分利用自然对流作用,使气流速度和温度场均匀,满足舒适性的要求。

③风道内走的是冷风,若冷风温度低于车内空气的露点温度,则在管壁上会结露并形成水滴滴下,另外还应防止车外热量进入管道,造成冷量损失,因此管道应采取必要的保温隔热措施。

④管道的布置与其他相邻部位要统一协调,做到车内的整体美观,给人以美的享受。

⑤便于安装和维修,保证风道的良好气密性等。

5. 按蒸发器箱布置方式分

(1)仪表板式。蒸发器箱布置在汽车仪表板中间或是仪表板下方,轿车、货车、小型旅行车基本上都采用这种方式。

(2)车内顶置式。蒸发器箱布置在车内顶棚下,有前置、中置和侧置等几种。采取哪种方式布置与车内座位排列有关。

(3)立式。蒸发器箱为一种特制的直立式结构,安装在前座后面或乘客座侧面。

(4)下置式。指蒸发器箱置于汽车中部地板下或后座地板下,然后通过竖风道把风送到车内横风道,由风口送入车室。

(5)后置式是把蒸发器箱置于汽车后围,冷风通过后围侧面竖直风管把冷风送到横风道,然后空调冷风经风口送入车室。这种方式占用了后座面积,减少了乘员数。

(6)车外顶置式,即车顶式空调器。这种方式不占用汽车有效空间,风道阻力损失小,但制冷剂管路较长。适合于已有车加装空调,整个车身高度增加。

## 7.2 汽车空调的通风与送风

### 7.2.1 通风

为了健康和舒适,使车内空气符合卫生标准,就需要把一定量的新鲜空气送进车内。除了考虑人们因抽烟、除臭等应增加的新鲜空气量以外，还必须考虑造成车内正压和局部排气量所需风量。我们把新鲜空气送进车内，取代污浊空气，保持空气洁净度的过程，称为通风。

通风方法有自然通风和强制通风两种，也有人将自然通风称为迎风通风，而将强制通风称为动力通风。汽车行驶时将一定动压的风引入车厢内的方法叫自然通风。自然通风不需要什么设备，只需在汽车的有关部位开设通风口和通风窗，用阀的启闭来控制进风。强制通风是在汽车的某一部位装通风机，用机械办法将外界的空气经处理后送至车内。调节通风机转速的大小，就能达到控制风量的目的。

排气的方式也有两种，一种是自然排气，另一种是强制排气。

为了保证车内空气压力为正值，以及考虑到新鲜空气洁净度，选择通风的进风口和排风口是十分重要的。很显然，进风口必须布置在汽车行驶的正压分布区内。这时，外界空气经过过滤和进气控制阀的控制，可保证车内的空气为正压、清洁；反之排风口则应选择在负压区，以有利于迅速排除车内污浊空气。图 7-1 是汽车行车时，车室内外空气压力分布情况。

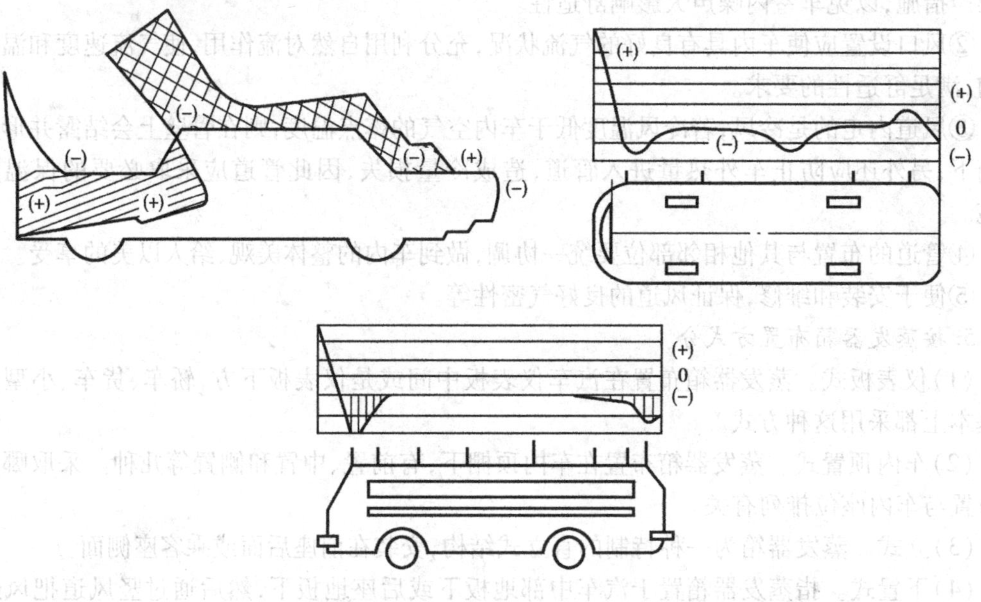

图 7-1　轿车和客车内外空气压力分布

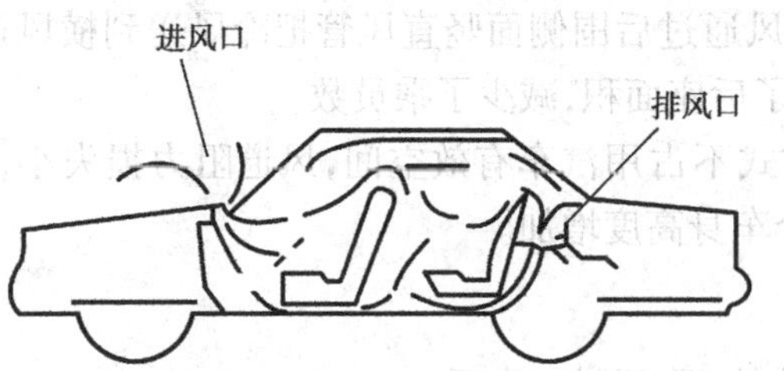

图 7-2　轿车空调风的循环

轿车内的空气流动方式如图 7-2 所示，车外新鲜空气从头顶布置的进气口进入，然后在车内循环流动，从后门棱上的空气出口栅格排出。只要风机一起动，车内即开始吸入新鲜空气。进风处都装有进气阀门和内循环空气阀门，用来控制新鲜空气的流量。不过应该注意的是，当空调器刚起动时，车内温度比较高，这时应关闭外来空气口。让车内空气循环通过蒸发器，尽快降低车内的温度，然后才打开外来空气口进气阀，保持车内空气的清新度。

### 7.2.2 暖风

对车内空气或进入车内的外部空气进行加热的装置，称为汽车暖风装置。

近代汽车空调与早期空调不同，即不是单一的夏季制冷或冬季暖风，而是全年性的冷暖一体化的装置。通过冷热风的混合，人为设定冷热风量的比例，通过风门开闭和调节，满足人们对舒适性的要求。因此，暖风是汽车空调的重要组成部分。

(1)暖风系统的分类

按所使用的热源不同可分为：

1)水暖式暖风系统，利用发动机的冷却液热量，多用于轿车。

2)独立热源式，装有专门的暖风装置，多用于客车和载货车。

3)综合预热式，既利用发动机的冷却液热量，又装有燃烧预热的综合加热暖风装置，多用于大客车。

(2)暖风系统的作用

1)冬季天气寒冷，在运动的汽车内人们感觉更寒冷。这时，汽车空调可以向车内提供暖风，提高车室内的温度，使乘员不再感觉到寒冷。

2)冬季或者初春，室内外温差较大，车窗玻璃会结霜或起雾，影响司机和乘客的视线，不利于安全行车，这时可以用暖风来除霜和除雾。

(3)水暖式暖风系统

水暖式暖风系统一般由控制开关、鼓风机、暖风水箱、循环水控制开关及相应的管路组成，如图 7-3 所示。需要暖风时，接通控制开关，循环水控制开关也自动接通，这样发动机的冷却液开始在暖风水箱及管路中循环。鼓风机同时开始转动，冷风通过暖风水箱后变成暖风通过出风口吹向车内。

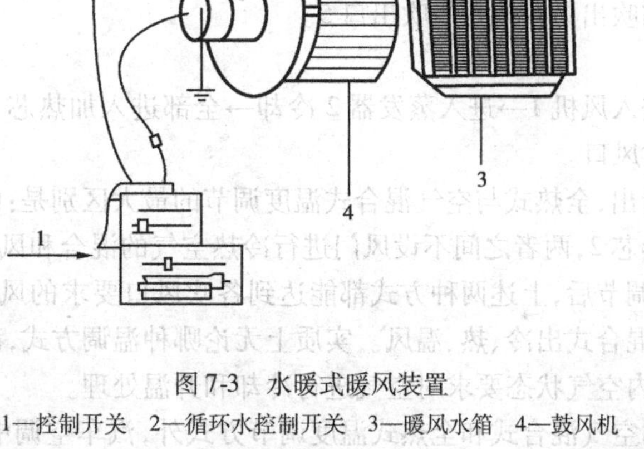


图 7-3 水暖式暖风装置

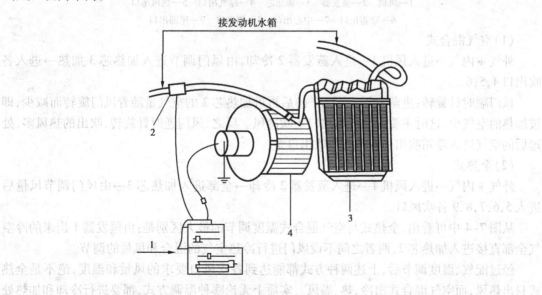

1—控制开关 2—循环水控制开关 3—暖风水箱 4—鼓风机

这种暖风装置结构简单、耗能少、成本低、维修方便，所以各种汽车一般都采用这种暖风装置。

### 7.2.3 汽车空调配气

汽车空调配气,主要是解决车室内温度、风量控制的自动化和各类通风温调方式,以提高舒适性。

车室内配气,有各种用途的吹出口,如前席、后席、侧面、冷风、暖风、除霜、除雾等出风口。吹出口风温由风门切换,所以风门布置是配气优劣的重要因素。

汽车空调典型配气方式有空气混合式和全热式,如图7-4所示。

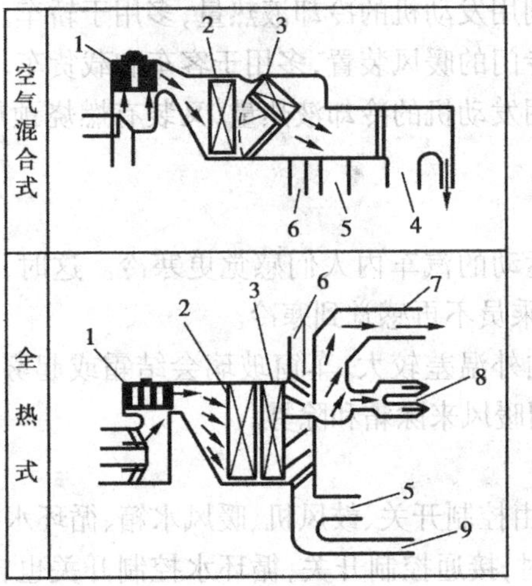


图7-4 典型配气方式的温度调节

1—风机 2—蒸发器 3—加热芯 4—冷气出口 5—热风出口
6—除霜出口 7—中心出口 8—侧出口 9—尾部出口

(1)空气混合式

外气+内气→进入风机1→进入蒸发器2冷却,由风门调节进入加热芯3加热→进入各吹出口4,5,6。

风门顺时针旋转:进蒸发器3(冷空气)后再进加热芯2的空气量随着风门旋转而减少,即被加热的空气少,这时主要由冷气吹出口4吹冷风。反之,风门逆时针旋转,吹出的热风多,处理后的空气进入除霜吹出口6或热风吹出口5。

(2)全热式

外气+内气→进入风机1→进入蒸发器2冷却→全部进入加热芯3→由风门调节风量后进入5,6,7,8,9各吹风口。

从图7-4中可看出,全热式与空气混合式温度调节的最大区别是:由蒸发器1出来的冷空气全部直接进入加热芯2,两者之间不设风门进行冷热空气的混合和风量的调节。

经过配气、温度调节后,上述两种方式都能达到各吹风口要求的风量和温度,绝不是全热式只出热风,而空气混合式出冷、热、温风。实质上无论哪种温调方式,都要进行冷却和加热处理,都要按进入车室内空气状态要求对空气进行冷却和升温处理。

除了上面介绍的空气混合式和全热式温度调节方式外,汽车空调中常用的配气温度调节方式还有几种,详见图7-5所示。

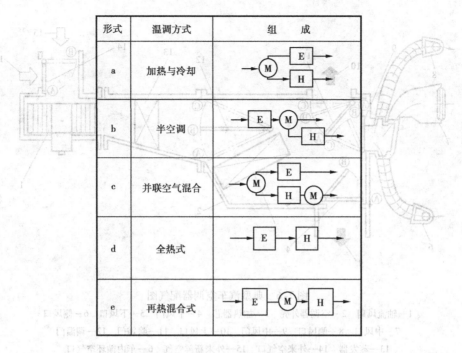

| 形式 | 温调方式 | 组　成 |
| --- | --- | --- |
| a | 加热与冷却 | 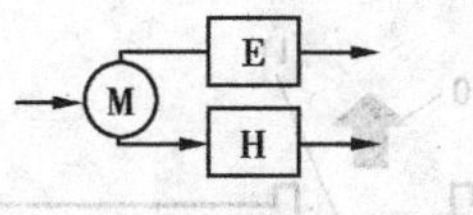 |
| b | 半空调 | 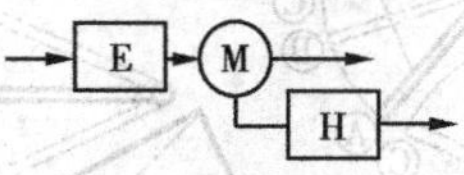 |
| c | 并联空气混合 | 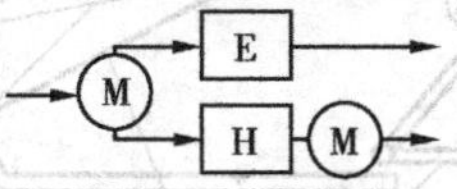 |
| d | 全热式 | 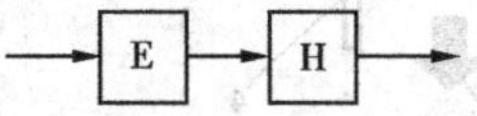 |
| e | 再热混合式 | 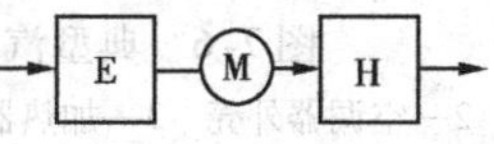 |

图 7-5　配气温度调节方式分类

E—蒸发器　H—加热芯　M—风门

(3)配气系统举例

目前市场上带空调的汽车,基本上采用冷暖一体化空调器(可同时制出冷气和暖风)。其配气系统如图 7-6 所示。其空气温度调配和输送分配如下:空气的清新度由风门 4 来调节和控制,外来新鲜空气 3 和循环空气 2 在风扇抽力下进入空调器。风门 4 在 A 位置时,将外来新鲜空气送入空调器;当风门 4 在 B 位置时,则送风机供车内空气自循环使用。有些空调的风门可以在 A 和 B 之间的任意位置,这样可将外来空气和车内空气进行适当调配后送入车内。

夏天为了降低车内温度,冬天为了升高车内温度,空气在风扇 1 的输送下,流过蒸发器 13,发生降温除湿变化。调温门 12 的作用是调节空气的温度。当调温门 12 在 A 位置时,冷空气不经过加热器,这样的空气温度最低。当调温门 12 在 C 位置时,冷空气全部经过加热器芯 3 加热,这样的空气温度最高。当调温门 12 在 B 位置时,有一部分冷气经过加热器芯,温度升高,一部分空气不经过加热器芯,两部分不同温度的空气混合后,得到某一温度的空气,输送到车内。调温门 12 在 A ~ C 之间的某一位置,可以得到所需调配温度的空气。这样,人们可以根据实际需要,调节调温门 12 位置,得到不同温度的空气,来调配车内的温度。经过和不经过蒸发器 13 降温除湿的两种 C 位置的空气状态是不同的,最大的区别是相对湿度不同,温度也有一定差别。

调节温度后的空气,需要经过除霜门 11、中风门 7 和下风门 4 输送到车内。当车前挡风玻璃有霜和雾时,可以打开除霜门 11,让外来空气经蒸发器除湿后,再全部通过加热器芯加热,热空气从上风口 10 吹向挡风玻璃,进行除霜。冬天,脚下较易感觉寒冷,这时可以打开下风门 4,让热空气从下风口吹向脚部。一般情况下,空调风从中风口 7 吹向乘员的前上部。中风门 9 用于控制进入中风口 7 和侧风口 6 和 8 的风量。调节中、侧风口上的栅格,可以将空气导向头部和前胸各部位。

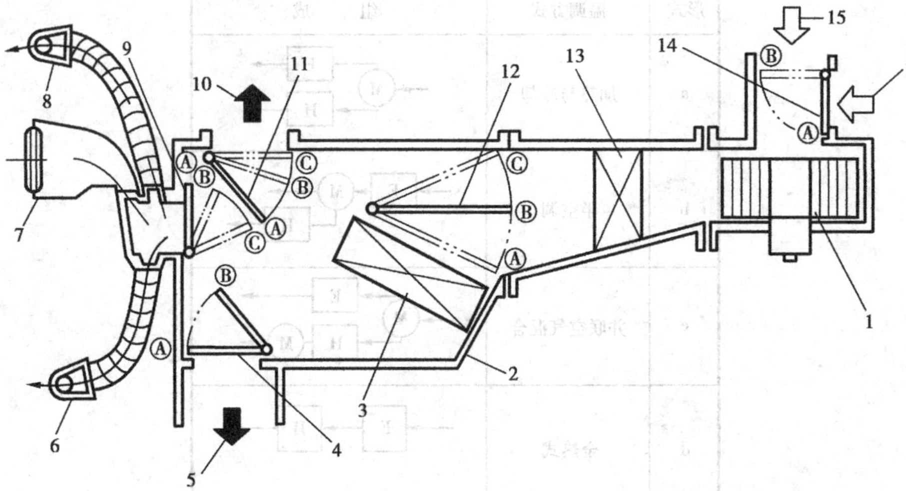


图 7-6　典型汽车空调器配气图

1—轴流风扇　2—空调器外壳　3—加热器芯　4—下风门　5—下风口　6—侧风口
7—中风口　8—侧风口　9—中风门　10—上风口　11—除霜门　12—调温门
13—蒸发器　14—外来空气口　15—外来新鲜空气　6—车内循环空气口

为了快速达到所需温度，通常采用车内空气循环的方式，即把风门 16 置于 B 的位置。为了保证车内空气清新，应尽快使用外来空气引入车内的方式。

# 7.3　汽车空调制冷系统

## 7.3.1　制冷原理及制冷系统

### 1. 制冷原理

蒸气压缩制冷系统主要由压缩机、冷凝器、液体膨胀装置和蒸发器等总成构成。各部件之间采用铜管（或铝管）和高压橡胶管连接成一个密闭系统。制冷系统工作时，制冷剂以不同的状态在这个密闭系统内循环流动，汽车空调系统的制冷剂循环（简称制冷循环）流程如图 7-7 所示。

制冷循环是由压缩、放热、节流和吸热四个过程组成。

(1)压缩过程

压缩机吸入蒸发器出口处的低温低压的制冷剂气体，把它压缩成高温高压的气体，然后送入冷凝器。此过程的主要作用是压缩增压，以便气体易于液化。压缩过程中，制冷剂状态不发生变化，而温度、压力不断升高，形成过热气体。

(2)放热过程

高温高压的过热制冷剂气体进入冷凝器（散热器）与大气进行热交换；由于压力及温度的降低，制冷剂气体冷凝成液体，并放出大量的热。此过程作用是排热、冷凝。冷凝过程的特点是制冷剂的状态发生变化，即在压力、温度不变的情况下，由气态逐渐向液态转变。冷凝后的制冷剂液体是高压高温液体。制冷剂液体过冷，过冷度越大，在蒸发过程中其蒸发吸热的能力也就越大，制冷效果越好，即产冷量相应增加。

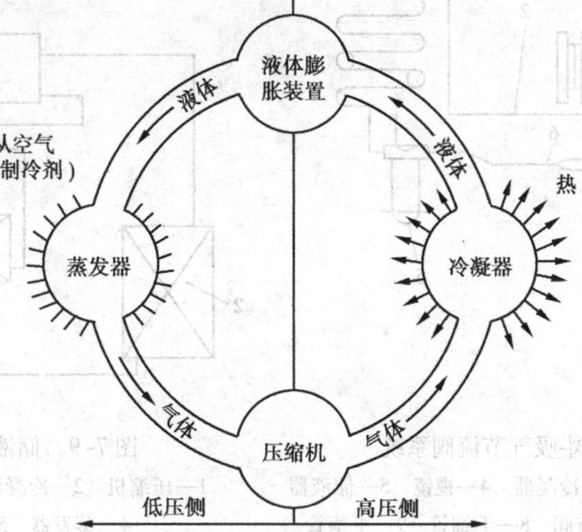


图 7-7　制冷循环流程

(3)节流过程

高压高温制冷剂液体经膨胀阀节流降温降压，似雾状(细小液滴》排出膨胀装置。该过程的作用是使制冷剂降温降压，由高温高压液体，迅速地变成低温低压液体，以利于吸热、控制制冷能力以及维持制冷系统正常运行。

(4)吸热过程

经膨胀阀降温降压后的雾状制冷剂液体进入蒸发器，因此时制冷剂沸点远低于蒸发器内温度，故制冷剂液体在蒸发器内蒸发、沸腾成气体。在蒸发过程中大量吸收周围的热量，降低车内温度。然后低温低压的制冷剂气体流出蒸发器等待压缩机再次吸入。吸热过程的特点是制冷剂状态由液态变化到气态，此时压力不变，即在定压过程中进行这一状态的变化。

上述过程周而复始地进行，便可使汽车内温度达到并维持在给定的状态。

2. 制冷系统

空调制冷系统有许多种，目前应用于汽车空调的制冷系统，主要采用单级压缩蒸气制冷循环系统，主要有四种类型，即：恒温膨胀阀-吸气节流阀系统、储液器。阀组合系统、离合器恒温膨胀阀系统以及离合器节流管系统。它们的共同点是它们都能防止蒸发器结霜，其中的恒温膨胀阀－吸气节流阀系统、储液器-阀组合系统是通过节流方法减少压缩机的排气量，防止蒸发器在低压下结霜。离合器恒温膨胀阀系统以及离合器节流管系统，则在蒸发器开始结霜时，通过压力开关或热敏开关使电磁离合器与压缩机脱开，终止压缩机运行。

(1)恒温膨胀阀-吸气节流阀系统

恒温膨胀阀－吸气节流阀系统如图 7-8 所示。吸气节流阀在蒸发器出口和压缩机进口之间，以便将蒸发压力控制在设定值范围内。

系统工作时，蒸发器出口处压力作用到吸气节流阀的活塞上，再通过活塞上的小孔作用到膜片下方。当该压力大到克服弹簧压力时，将阀的活塞打开，蒸发压力下降，弹簧压力又使活塞向关闭位置移动。活塞不停地开和关，直到蒸发压力和弹簧压力平衡为止。这里的弹簧预紧力可通过调节螺钉来调整。

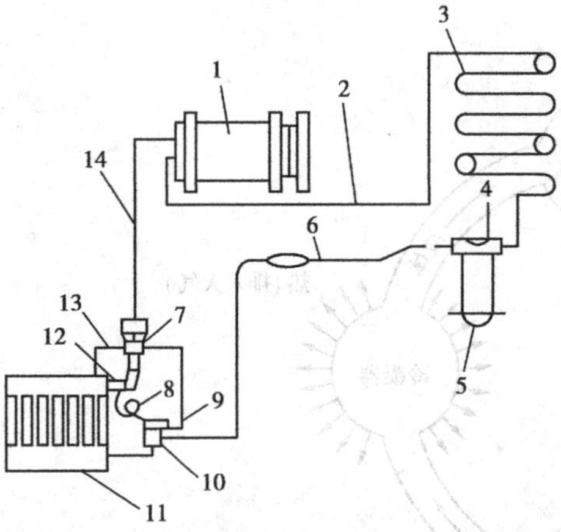


图 7-8　恒温膨胀阀-吸气节流阀系统

1—压缩机　2—高压气管　3—冷凝器　4—视镜　5—储液器　6—高压液体管　7—吸气节流阀　8—毛细管　9—平衡管　10—膨胀阀　11—蒸发器　12—感温包　13—油分离管　14—低压气管

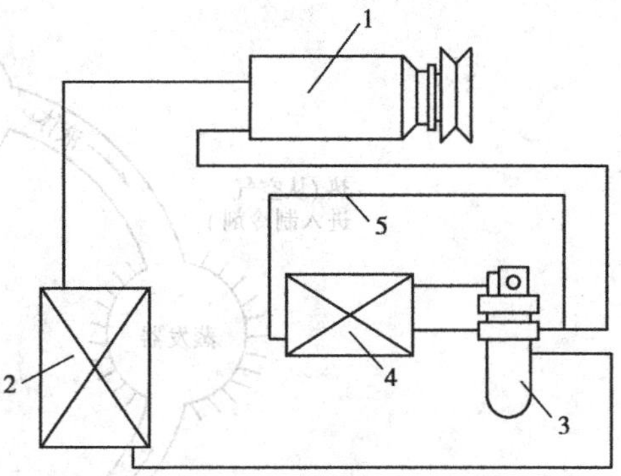


图 7-9　储液器-阀组合系统

1—压缩机　2—冷凝器　3—储液器-阀组合件　4—蒸发器　5—制冷剂溢流管

(2)储液器-阀组合系统

储液器-阀组合系统是由吸气节流阀、热力膨胀阀、储液器/干燥器组成的一个整体部件，如图 7-9 所示，储液器-阀组合件与蒸发器进出口相连。系统工作时，液体制冷剂从冷凝器通过储液器-阀组合件流向蒸发器。流入储液器-阀组合件的液体制冷剂降落到储液器底部，通过干燥剂除去水分后进入膨胀阀节流降压，再流向蒸发器。从蒸发器返回的制冷剂蒸气流向吸气节流阀后，进入压缩机，吸气节流阀能控制蒸发压力稳定在规定值范围内。

(3)离合器恒温膨胀阀系统

离合器恒温膨胀阀系统比较常用，它由热力膨胀阀和离合器控制蒸发压力，如图 7-10 所示。由热力膨胀阀来控制蒸发器供液量，从而保证蒸发压力在一定范围内变化。汽车车速增加时，压缩机转速随之增加，蒸发压力则随之降低，蒸发器表面结霜。这时，压力开关或热敏开关使离合器脱开压缩机，使压缩机停机，待霜层融化后，压力开关或热敏开关又自动接通，压缩机开始运行。

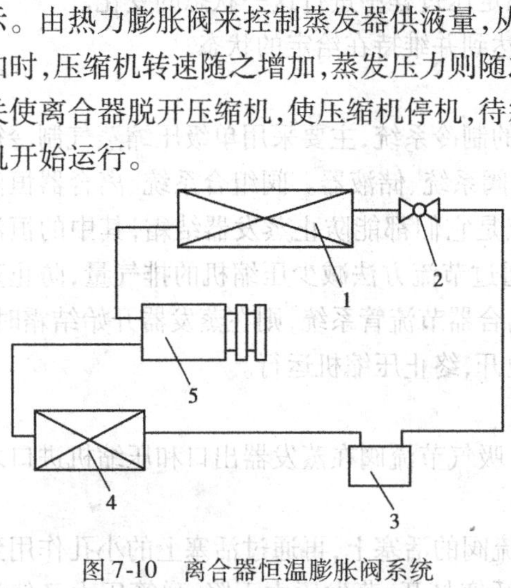


图 7-10　离合器恒温膨胀阀系统

1—蒸发器　2—膨胀阀　3—储液器　4—冷凝器　5—压缩机

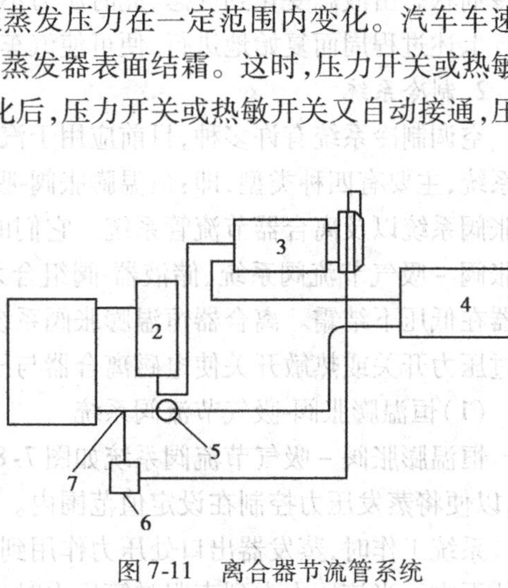


图 7-11　离合器节流管系统

1—蒸发器　2—油液/气态分离器　3—压缩机　4—冷凝器　5—节流管　6—热力开关　7—感温元件

(4)离合器节流管系统

图7-11所示为离合器节流管系统。该系统与离合器恒温膨胀阀系统不同之处在于它用节流管代替了膨胀阀。

节流管结构简单,不易损坏。但只能起节流降压作用。不能控制蒸发器的供液量,不能保证蒸发压力的稳定。汽车车速增加时,压缩机转速随之增加,蒸发压力降低,蒸发器表面结霜。这时,压力开关或热敏开关切断离合器电源,使压缩机停机,待霜层融化后,压力开关或热敏开关又自动接通,压缩机开始运行。

### 7.3.2 制冷系统主要构件

汽车空调制冷系统由压缩机、冷凝器、储液干燥器、膨胀阀、蒸发器、风机及制冷管道等组成。

1. 制冷压缩机

制冷压缩机是汽车空调制冷系统的心脏,其作用是维持制冷剂在制冷系统中的循环,吸入来自蒸发器的低温、低压制冷剂蒸气,压缩制冷剂蒸气使其压力和温度升高,并将制冷剂蒸气送往冷凝器。其原理与普通空气压缩机相似,只是对密封程度要求更高。

目前应用于汽车制冷系统的压缩机,通常分为容积型和速度型两大类。所谓容积型,即制冷蒸气在气缸原有容积被压缩,使单位容积内气体分子数目增加来使压力升高。而速度型是气体压力的增长由气体的速度转换而来,即先使蒸气获得一定的高速度,再让其缓慢下来,这时气体的动能变为气体位能,气体压力得到提高。

容积型有两种结构形式:往复活塞式和回转式。速度型也有两种形式:离心式和轴流式。汽车空调制冷压缩机主要采用容积型制冷压缩机,容积型制冷压缩机按其运动形式和主要零部件形状,分类如表7-1所示。还有一些类型有待于进一步研制。

下面介绍两种汽车上广泛使用的空调压缩机。

(1)斜板式压缩机

斜板式压缩机是一种轴向活塞式压缩机,其工作原理如图7-12所示。斜板压缩机的主要零件是主轴和斜板。各气缸以压缩机主轴为中心布置,活塞运动方向与压缩机的主轴平行。三缸斜板式,为三活塞等间隔120°分布,五缸斜板式为五活塞等间隔72°分布。为了使机器受力合理,结构紧凑,通常将活塞制成双头活塞,如果是轴向6缸,3缸在压缩机前部,另外3缸在压缩机后部;如果是轴向10缸,5缸在压缩机前部,另外5缸在压缩机后部。双头活塞的两活塞各自在相对的气缸(一前一后)中,活塞一头在前缸中压缩制冷剂蒸气时,活塞的另一头就在后缸中吸入制冷剂蒸气;反向时互相对调。各缸均备有高低压气阀,另有一根高压管,用于连接前后高压腔。斜板与压缩机主轴固定在一起,斜板的边缘装合在活塞中部的槽中,活塞槽与斜板边缘通过钢球轴承支承在一起。

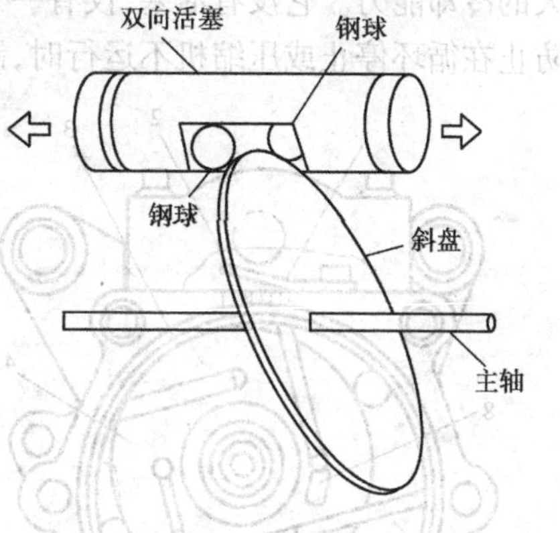

图7-12 斜板式压缩机工作原理图

当主轴旋转时,斜板也随着旋转,斜板边缘推动活塞作轴向往复运动。如果斜板转动一周,前后两个活塞各完成压缩、排气、膨胀、吸气一个循环,相当于两个气缸作用。如果是轴向

6 缸压缩机，缸体截面上均匀分布 3 个气缸和 3 个双头活塞，当主轴旋转一周，相当于 6 个气缸的作用。

表 7-1　汽车空调制冷压缩机分类表

| 结构形式 | 运动形式 | 主要零部件形状 | 结构形式 | 运动形式 | 主要零部件形状 |
|---|---|---|---|---|---|
| 往复活塞式 | 曲轴连杆式 | 直列式 | 旋转式 | 旋叶式 | 气缸圆形 |
| | | V 型 | | | 气缸椭圆形 |
| | | W 型 | | 变容旋叶式 | |
| | | S 型 | | 转子式 | 滚动活塞式 |
| | 变容曲轴连杆式 | | | | 三角转子式 |
| | 径向活塞式 | | | 螺杆式 | 单转子螺杆 |
| | | | | | 双转子螺杆 |
| | 轴向活塞式 | 翘板式 | | 变容螺杆式 | |
| | | | | 涡旋式 | |
| | | 斜板式 | | 变容涡旋式 | |

(2)旋叶式压缩机

旋叶式压缩机的气缸形状有两种形状，一种是圆形，一种是椭圆形，如图 7-13 和图 7-14 所示。圆形缸叶片有 2-4 片，椭圆形缸叶片有 4-5 片。旋叶式压缩机其单位压缩机质量具有最大的冷却能力。它没有活塞，仅有一个阀，称为排气阀。排气阀实际上起一个止回阀的作用，防止在循环停止或压缩机不运行时，制冷剂蒸气通过排气口进入压缩机。

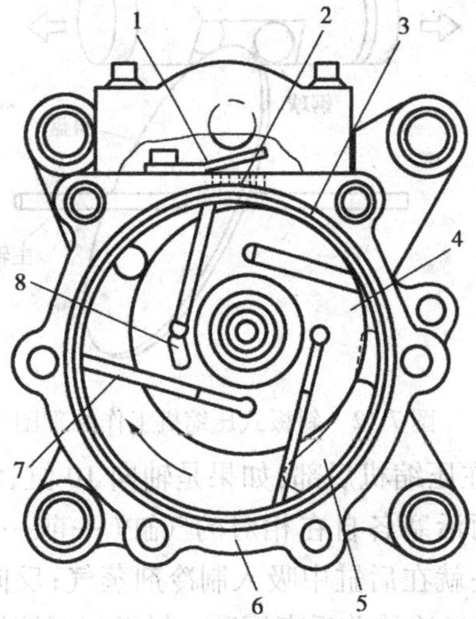


图 7-13　四叶片圆形气缸旋叶式压缩机

1—排气阀　2—排气孔　3—转子和气缸接触点

4—转子　5—吸气孔　6—气缸　7—叶片　8—油孔

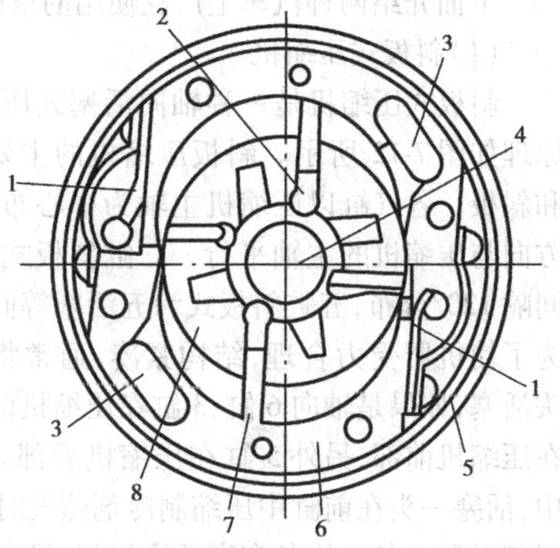


图 7-14　四叶片椭圆形气缸旋叶式压缩机

1—排气簧片　2—进油孔　3—吸气腔

4—主轴　5—机壳　6—缸体

7—叶片　8—转子

在圆形气缸的旋叶式压缩机中，叶轮是偏心安装的，叶轮外圆紧贴气缸内表面的吸、排气孔之间；在圆形气缸中，转子的主轴和椭圆中心重合，转子上的叶片和它们之间的接触线将气缸分成几个空间。当主轴带动转子旋转一周时，这些空间的容积发生“扩大—缩小—几乎为零”的循环变化，制冷剂蒸气在这些空间内也发生“吸气—压缩—排气”的循环。压缩后的气体通过簧片阀排出。

旋叶式压缩机没有吸气阀，因为滑片能完成吸入和压缩制冷剂的任务。对于圆形气缸而言，2 叶片将空间分成 2 个空间，主轴旋转一周，即有 2 次排气过程；4 叶片则有 4 次。叶片越多，压缩机的排气脉冲越小。对于椭圆形气缸，4 叶片将气缸分成 4 个空间，主轴旋转一周，有 4 次排气过程。

2. 冷凝器

汽车空调制冷系统中的冷凝器是热交换设备，其作用是使从压缩机排出的高温、高压制冷剂蒸气在冷凝器中得到液化或冷凝，并把热量散发到车外空气中，从而使其凝结为高压制冷剂液体。汽车空调系统冷凝器的结构形式主要有管片式、管带式等几种。

(1)管片式

它是汽车空调中早期采用的一种冷凝器，制造工艺简单，由铜质或铝质圆管套上散热片组成，如图 7-15 所示。片与管组装后，经胀管法处理；使散热片胀紧在散热管上。这种冷凝器散热效果较差。一般用在大中型客车的制冷装置上。

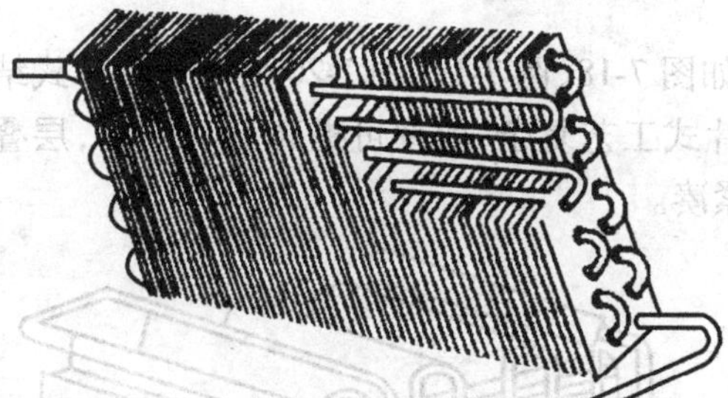

图 7-15　管片式冷凝器

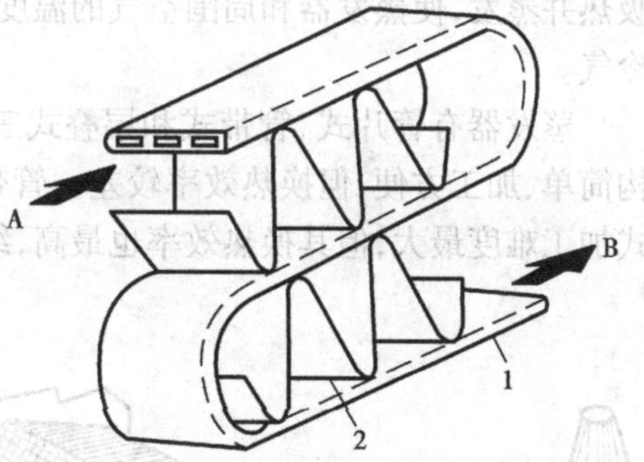


图 7-16　管带式冷凝器

(2)管带式

它是由多孔扁管弯成蛇管形，并在其中安置散热带后焊接而成，如图 7-16 所示。管带式冷凝器的散热效果比管片式冷凝器好一些(一般高 15% 左右)，但工艺复杂，焊接难度大，且材料要求高。一般用在小型汽车的制冷装置上。

(3)鳍片式

它是在扁平的多通管道表面直接加工出鳍片状散热片，然后装配成冷凝器，如图 7-17 所示。由于散热鳍片与管子为一个整体，因而不存在接触热阻，故散热性能好。另外，管、片之间无需复杂的焊接工艺，加工性好，节省材料，而且抗振性也特别好。因此，它是目前较先进的汽车空调冷凝器。

对于轿车，冷凝器一般安装在发动机冷却系散热器之前，利用发动机冷却风扇吹来的新鲜空气和行驶中迎面吹采的空气流进行冷却。对于一些大、中型客车和一些面包车，则把冷凝器安装在车厢两侧、车厢后侧或车厢的顶部。当冷凝器远离发动机散热器时，在冷凝器旁都必须安装辅助冷却风扇加速冷却。

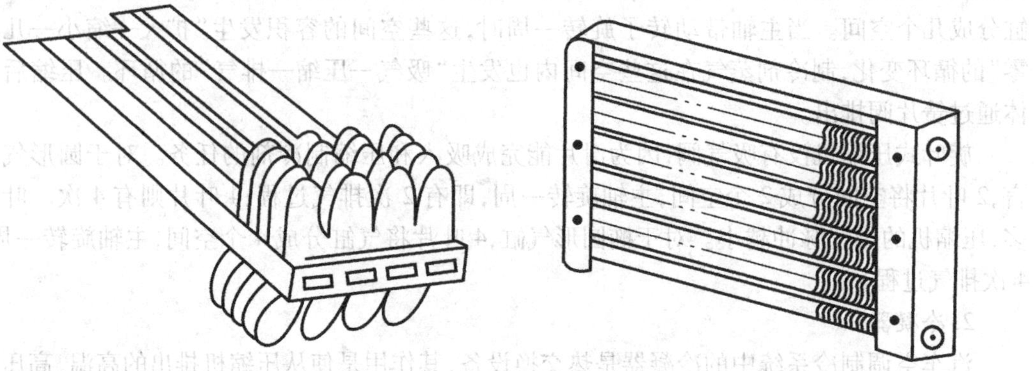

(a)　　　　(b)

图 7-17　鳍片式冷凝器

(a)散热片形状　(b)冷凝器外形

### 3. 蒸发器

蒸发器和冷凝器一样,也是一种热交换器,也称冷却器,是制冷循环中获得冷气的直接器件。外形近似冷凝器,但比冷凝器窄、小、厚。它的作用是让低温、低压液态制冷剂在其管道中吸热并蒸发,使蒸发器和周围空气的温度降低,从而在鼓风机的风力通过它时,能输出更多的冷气。

蒸发器有管片式、管带式和层叠式三种结构,如图 7-18、图 7-19、图 7-20 所示。管片式结构简单、加工方便,但换热效率较差。管带式比管片式工艺复杂,效率可提高 10% 左右,层叠式加工难度最大,但其换热效率也最高,结构也最紧凑。

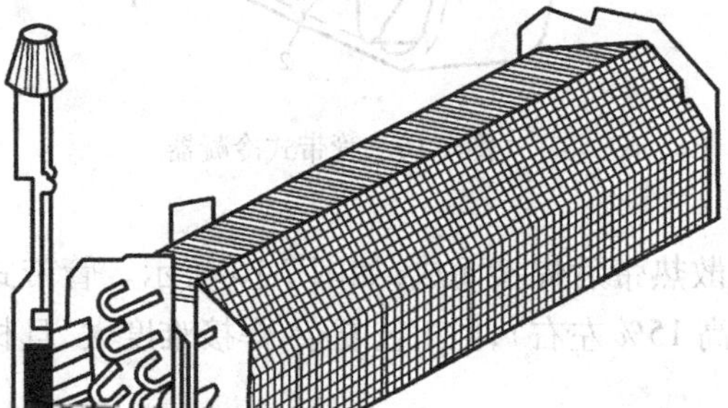

图 7-18　管片式蒸发器

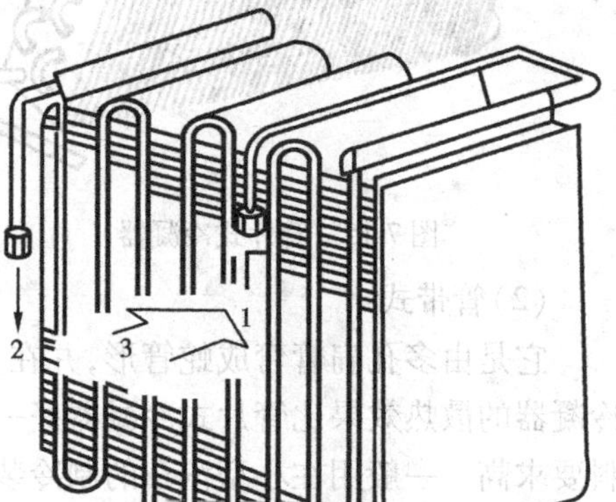


图 7-19　管带式蒸发器

各种车型所用蒸发器的工作原理是基本相同的,进入蒸发器排管内的低温、低压液态制冷剂,通过管壁吸收穿过蒸发器传热表面空气的热量,使之降温。与此同时,空气中所含的水分由于冷却而凝结在蒸发器表面,经收集排出,使空气减湿,被降温减湿后的空气由鼓风机吹进车室内,就可使车内获得冷气。

蒸发器可有二三或多排蒸发管,这取决于蒸发器的结构和系统所需的容量。节流后主入蒸发器的制冷剂过多或太少都不好。

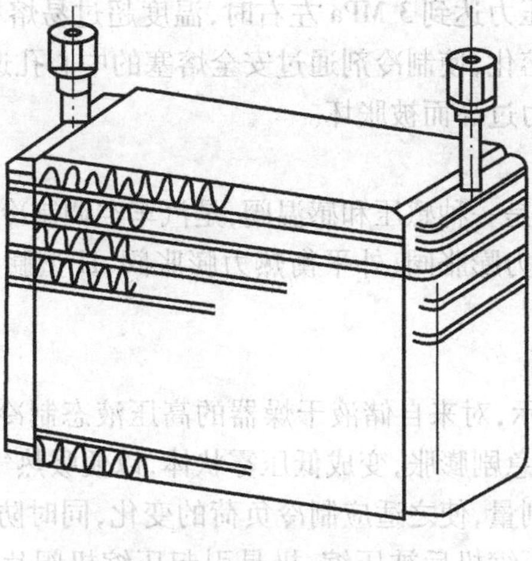

图 7-20　层叠式蒸发器

4. 储液干燥器

储液干燥器简称储液器。采用它的目的是为了防止过多的液态制冷剂储存在冷凝器里,使冷凝器的传热面积减少而使散热效率降低,还可滤除制冷剂中的杂质,吸收制冷剂中的水分,防止制冷系统管路脏堵和冰塞,保护设备部件不受侵蚀,从而保证制冷系统的正常工作。

它用于以膨胀阀为节流装置的系统中,安装在冷凝器和膨胀阀之间,当含有蒸气的液态制冷剂进入储液器后,使液态和气态的制冷剂分离。液态制冷剂通过膨胀阀进入蒸发箱(吸热箱),多余制冷剂可暂时储存在储液罐中。在制冷负荷变动时,及时补充和调整供给热力膨胀阀的液态制冷剂量,以保证制冷剂流动的连续和稳定性。同时,由于水分与制冷剂结合会生成酸或结冰,因此储液器中的干燥剂可用来吸收制冷剂中的水分,防止机件腐蚀或冰块堵塞膨胀阀。滤网用于过滤制冷剂中的杂质,防止膨胀阀堵塞。

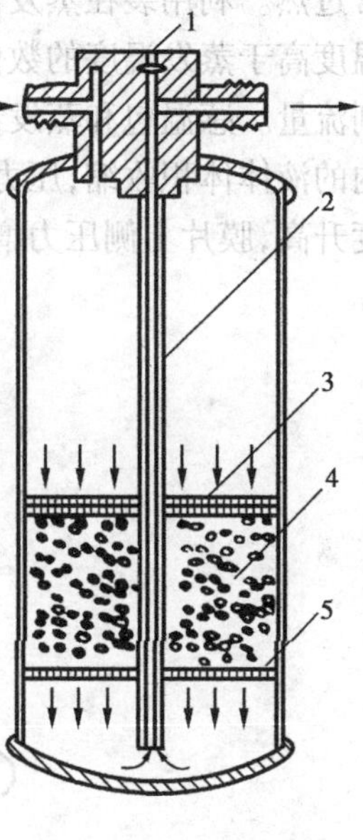


图 7-21　储液器结构

1—检视玻璃孔　2—出液管

3、5—滤网　4—干燥剂

储液干燥器的结构如图 7-22 所示。它主要由外壳、视液镜、安全熔塞和管接头等组成。制冷剂在储液器中的流动情况如图中箭头所示。在储液器上部出口端装有一个玻璃视液镜,用于观察制冷剂在工作时的流动状态,由此可判断制冷剂量是否合适。对直立式储液器而言,安装时,一定要垂直,倾斜度不得超过 15°。在安装新的储液干燥器之前,不得过早将其进出管口的包装打开,以免湿空气侵入储液器和系统内部,使之失去除湿的作用。安装前一定要先搞清楚储液器的进、出口端,在储液器的进出口端一般都打有记号,如进口端用英文字母 IN,出口端用 OUT 表示,或直接打上箭头以表示进、出口端。

储液器出口端旁边装有一只安全熔塞,也称易熔螺塞,它是制冷系统的一种安全保护装置。其中心有一轴向通孔,孔内装填有焊锡之类的易熔材料,这些易熔材料的熔点一般为85 ~

95 ℃。当冷凝器因通风不良或冷气负荷过大而冷却不够时,冷凝器和储液器内的制冷剂温度和压力将会异常升高。当压力达到 3 MPa 左右时,温度超过易熔材料的熔点,此时,安全熔塞中心孔内的易熔材料便会熔化,使制冷剂通过安全熔塞的中心孔逸出散发到大气中去,从而可避免系统的其他部件因压力过高而被胀坏。

5. 膨胀阀

膨胀阀也称节流阀,它是一种感压和感温阀,是汽车空调制冷系统中的一个主要部件。目前膨胀阀主要有:内平衡热力膨胀阀、外平衡热力膨胀阀、H 型膨胀阀、膨胀节流管(孔管)四种结构形式。

(1)内平衡热力膨胀阀

它的结构如图 7-22 所示,对来自储液干燥器的高压液态制冷剂节流减压,即将液态高压制冷剂从其孔口 6 中喷出,急剧膨胀,变成低压雾状体,以便吸热气化。此外,它还调节和控制进入蒸发器中的液态制冷剂量,使之适应制冷负荷的变化,同时防止压缩机发生液击现象(即未蒸发的液态制冷剂进入压缩机后被压缩,极易引起压缩机阀片的损坏)和蒸发器出口蒸气异常过热。利用装在蒸发器出口处的感温包来感知制冷剂蒸气的过热度(过热度是指蒸气实际温度高于蒸发温度的数值),由此来调节膨胀阀开度的大小,从而控制进入蒸发器的液态制冷剂流量。感温包和蒸发器出口管接触,蒸发器出口温度降低时,感温包 1、毛细管 2 和薄膜 3 腔内的液体体积收缩,压力降低,阀口将闭合,限制制冷剂进入蒸发器。相反,如果蒸发器出口温度升高,膜片上侧压力增高,针阀离开阀座,孔口开启,制冷剂流入蒸发器。

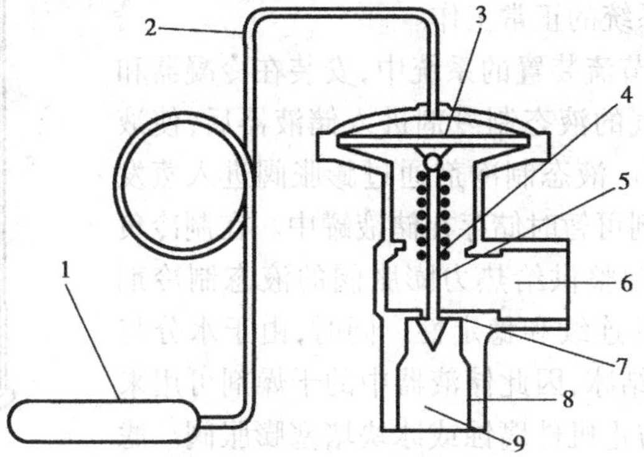


图 7-22　内平衡膨胀阀

1—感温包　2—毛细管　3—膜片　4—内补偿器气门

5—针阀　6—出口　7—孔口　8—阀体　9—入口

随着针阀开启,较多的制冷剂进入蒸发器,蒸发器内压力上升,回气温度降低,膜片下侧压力增加,阀门关闭。由于膜片上、下侧压力处于不平衡状态,因此,孔口不断地开启和闭合,使制冷装置与负载相匹配。

感温包和蒸发器必须紧密接触,不能和大气相通。如果接触不良,感温包就不能正确地感应蒸发器出口的温度。如果密封不严,感应的温度是大气温度。因此,要用一种特殊的空调胶带,捆扎和密封感温包。

(2)外平衡热力膨胀阀

外平衡和内平衡热力膨胀阀的结构是大同小异的,内平衡式膜片下方的压力是蒸发器进口压力，而外平衡式膜片下方的压力是蒸发器出口的压力。由于蒸发器内部会产生压力损失，蒸发器出口压力要小于进口压力。要达到同样的阀开度，外平衡式需要的过热度小些，蒸发器容积效率可以提高。大客车空调系统要选用外平衡热力膨胀阀。

(3) H 形膨胀阀

H 形膨胀阀的结构如图 7-23 所示，因其内部通道形同 H 形而得名。它取消了外平衡膨胀阀的外平衡管和感温包，直接与蒸发器进出口相连。它有四个接口通往空调系统，其中两个接口和普通膨胀阀一样，一个接干燥过滤器出口，一个接蒸发器入口。另外两个接口，一个接蒸发器出口，一个接压缩机进口。感温元件处在进入压缩机的制冷剂气流中。H 形膨胀阀具有结构紧凑、使用可靠、维修简单等优点，符合汽车空调的要求。

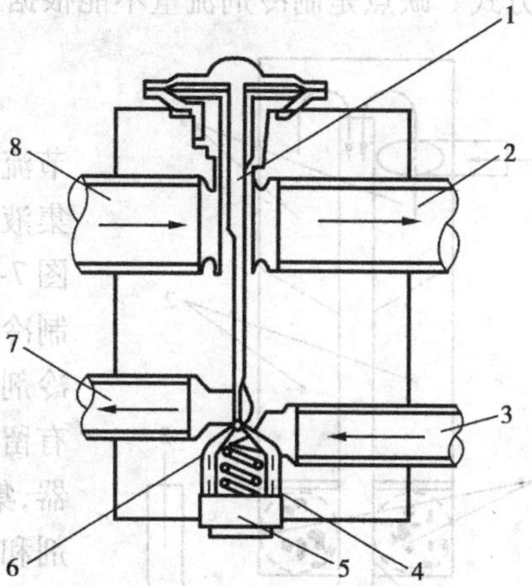

图 7-23　H 形膨胀阀结构

1—感温器　2—至压缩机　3—从储液干燥器来　4—弹簧　5—调整螺栓　6—球阀　7—至蒸发器　8—从蒸发器来

这种膨胀阀安装在蒸发器的进出管之间，感应温度不受环境影响，也无需通过毛细管而造成时间滞后，调节灵敏度较高。由于无感温包、毛细管和外平衡管不会因汽车颠簸使充注系统断裂外漏以及感温包包扎松动而影响膨胀阀的正常工作。

(4) 膨胀节流管(孔管)

膨胀节流管是用于许多轿车制冷系统的一种固定孔口的节流装置。有人称它为孔管、固定孔管。膨胀节流管直接安装在冷凝器出口和蒸发器进口之间，用于将液态制冷剂节流蒸发。由于不能调节流量，液体制冷剂很可能流出蒸发器而进入压缩机，造成压缩机液击。因此，装有膨胀节流管的系统，必须同时在蒸发器出口和压缩机进口之间，安装一个集液器，实行气液分离，避免压缩机发生液击。

膨胀节流管系统目前使用的温度控制方法有：循环离合器膨胀节流管系统(CCOT)、可变容积膨胀节流管系统(VDOT)、固定膨胀节流管离合器系统等。

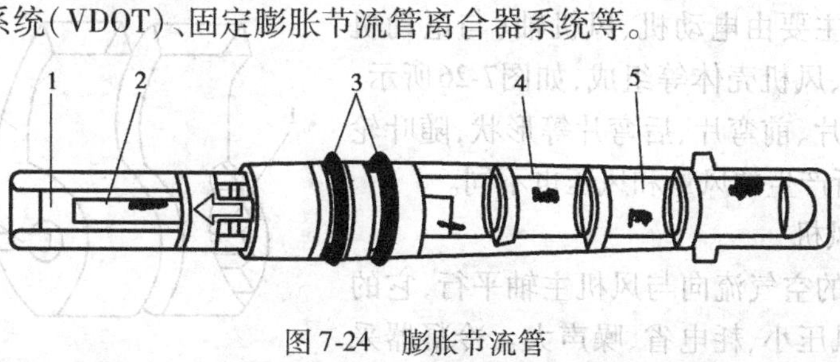

图 7-24　膨胀节流管

1—出口滤网　2—节流孔　3—密封圈　4—管外壳　5—进口滤网

膨胀节流管的结构如图 7-24 所示。它是一根细铜管，装在一根塑料套管内。在塑料套管外环形槽内，装有密封圈。有的还有两个外环形槽，每槽各装一个密封圈。把塑料套管连同膨胀节流管都插入蒸发器进口管中，密封圈就是密封塑料套管外径和蒸发器进口管内径间的配合间隙用的。膨胀节流管两端都装有滤网，以防止系统堵塞。安装使用后，系统内的污染物集聚在密封圈后面,使堵塞情况更加恶化。就是这种系统内的污染物,堵塞了孔管及其滤网。膨胀节流管不能维修,坏了只能更换。

由于膨胀节流管没有运动部件,结构简单、可靠性高,同时节省能耗,很多高级轿车都采用这种方式。缺点是制冷剂流量不能根据工况变化进行调节。

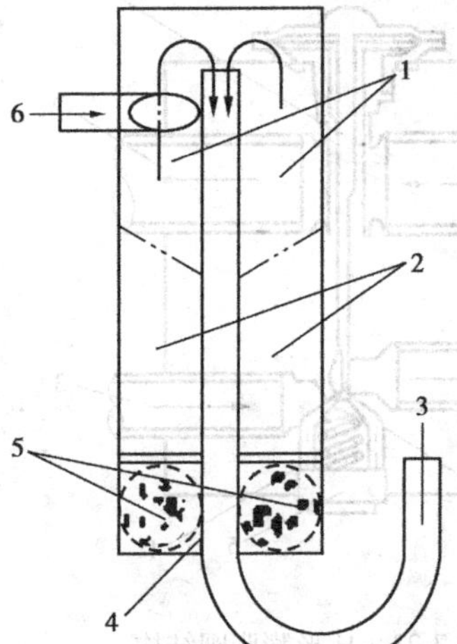

图 7-25 集液器

1—蒸气 2—液体 3—至蒸发器

4—过油孔 5—干燥剂

6—来自蒸发器

6. 集液器

集液器是膨胀节流管空调系统的重要部件。用膨胀节流管代替膨胀阀时,汽车空调制冷系统要在低压侧安装集液器。集液器是一种特殊形式的储液干燥器,其结构如图 7-25 所示。在一定条件下,膨胀节流管会将较多的液态制冷剂节流入蒸发器用以蒸发,而留在蒸发器中的多余制冷剂则会进入压缩机造成损害。为防止这一问题,应使所有留在蒸发器中的液态、蒸气制冷剂和冷冻油进入集液器,集液器允许制冷剂蒸气进入压缩机,而留下液态制冷剂和冷冻油。在集液器出口处有一毛细孔,通常称其为油泻放孔,目的是仅允许少量液态制冷剂和冷冻油在给定时间随制冷剂蒸气返回压缩机,它也允许少量制冷剂进入。

集液器还装有化学干燥剂,可吸附、吸收并滞留因不当操作而进入系统的湿气。干燥剂不能维修,若有迹象表明需更换干燥剂时,集液器必须整体更换。

7. 风机

汽车空调制冷系统采用的风机为通风机、鼓风机。按工作原理不同,风机可分为叶轮式和容积式两类。叶轮式风机按气体流向与风机主轴的相互关系,又可分为离心式风机和轴流式风机两种。

(1)离心式风机

离心式风机的空气流向与风机主轴成直角,它的特点是风压高、风量小、噪声也小。蒸发器采用这种风机,因为风压高可将冷空气吹到车室内每个乘员身上,使乘员有冷风感。噪声小是设计空调的一项重要指标,车室内噪声小,乘员不至于感到不适而过早疲劳。

离心式风机主要由电动机、风机轴(与电动机同轴)、风机叶片、风机壳体等组成,如图7-26所示。风机叶片有直叶片、前弯片、后弯片等形状,随叶轮叶片形状不同,所产生的风量和风压也不同。

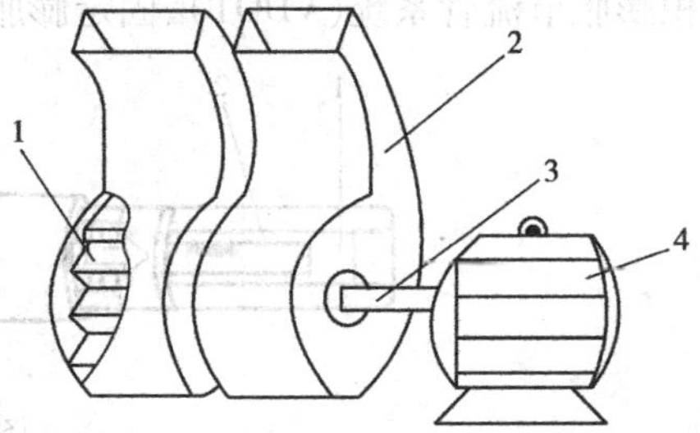

图 7-26 离心式风机

1—风机叶片 2—风机壳体

3—风机轴 4—电动机

(2)轴流式风机

轴流式风机的空气流向与风机主轴平行,它的特点是风量大、风压小、耗电省、噪声大。冷凝器采用这种风机,因为风量大可将冷凝器四周的热空气全部吹走。轴流式风机能满足耗电省的要求。它的缺点是风压小、噪声大,对冷凝器来说不是大问题,因为冷凝器只要将其四周的热空气吹离即可,所以风压小不影响冷凝器正常工作。另外,冷凝器安装在车室外面,风机噪声大也不影响到车内。

轴流式风机主要由电动机、风机轴、风机叶片、键等组成,如图 7-27 所示。叶片固定在骨架上,叶片常做成 3,4,5 片不等,叶片骨架穿在电机轴上,由键带动旋转。

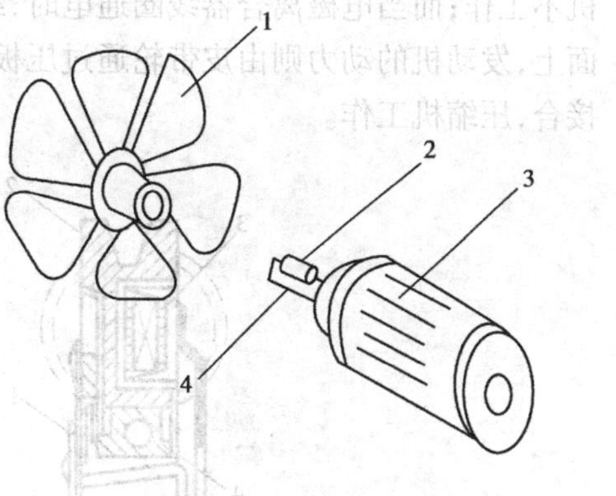

图 7-27 轴流式风机

1—风扇叶 2—键 3—电动机 4—风机轴

### 7.3.3 制冷剂和冷冻机油

汽车空调制冷系统中,由制冷剂流动实现制冷工质的循环。制冷剂在蒸发器内吸取被冷却对象的热量而蒸发,在冷凝器内将热量传递给周围空气而被冷凝成液体,如此不断循环,借助于制冷剂的状态变化,达到制冷的目的。目前,汽车空调使用的制冷剂一般为氟利昂,代号R-12,化学名称为二氟二氯甲烷($CCl_2F_2$)。它在大气压力下的沸点为 -29.8 ℃,凝固点为 -158 ℃,它的冷凝压力较低,特别适合用于小型空调制冷装置。它无色、不燃烧、不爆炸,对人体危害小。但在处理 R-12 时应特别小心,以避免触及手或皮肤,造成冻伤。一定要戴上防护镜,而且绝对不允许 R-12 接触火焰,因为 R-12 遇高温会分解成十分有害的毒气,更要注意不要使制冷剂泄漏到大气中,造成环境污染。

冷冻机油是保证压缩机正常运行的必要条件。小型车中制冷压缩机一般采用飞溅或压差润滑,大型车或独立驱动式一般利用液压泵进行压力润滑。

## 7.4 汽车空调的控制

为了保证汽车空调系统正常工作,维持车室内所要求的温度,充分发挥空调装置的最大功效,就必须对汽车空调系统的工作状态进行必要的控制。控制内容包括温度控制、压力控制、蒸发器控制、压缩机控制以及在恶劣运行条件下的系统保护和增进车辆动力性能的控制等。本节将对汽车空调系统常用的控制元器件、电控气动的汽车空调系统、全自动的汽车空调系统以及微机控制的汽车空调系统作较为详细的阐述。

### 7.4.1 汽车空调系统常用的控制元器件

1. 电磁离合器

在非独立式汽车空调制冷系统中,发动机的动力是通过电磁离合器传递给制冷压缩机的,受控于空调 A/C 开关、温控器、空调放大器、压力开关等,在需要时接通或中断发动机与制冷压缩机之间的动力传递。另外,当压缩机过载时,它还能起到一定的保护作用。

在汽车空调系统中,电磁离合器一般都安装在压缩机前端而成为压缩机组成的一部分。电磁离合器结构及工作原理如图 7-28 所示,它主要由压板(衔铁)、皮带轮、电磁线圈等零件组成。电磁线圈有固定式和旋转式两种,固定式电磁线圈安装在皮带轮内,旋转式则直接将电磁线圈与皮带轮固定在一起随皮带轮旋转。当电磁离合器线圈不通电时,压板在三个片簧作用下,其结合端面与皮带轮外端面之间保持一定间隙,皮带轮空转,电磁离合器处于分状态,压缩机不工作；而当电磁离合器线圈通电时，线圈内产生很强的磁场将压板紧紧地吸在皮带盘外端面上，发动机的动力则由皮带轮通过压板、片簧、压板轮毂、平口键传给压缩机轴，于是离合器接合，压缩机工作。

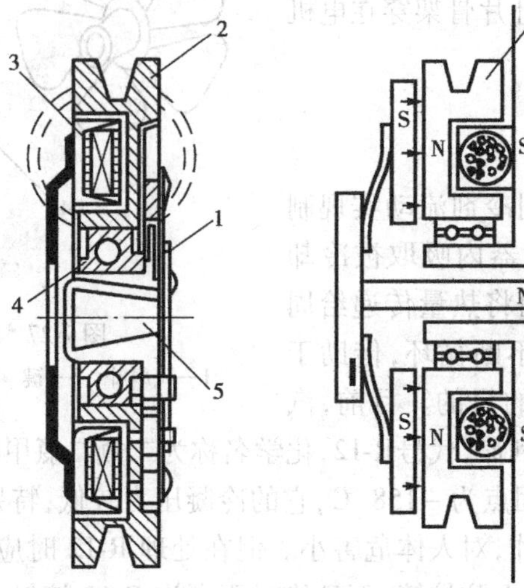


图 7-28　定圈式电磁离合器及工作原理

1—压板(衔铁)　2—带轮　3—电磁线圈

4—轴承　5—压缩机轴

电磁离合器的工作电压大多为 12 V，但也有 24 V 的。因此，更换电磁离合器或加装冷气装置时，应注意电磁离合器的工作电压，如将 12 V 的电磁离合器用于柴油车的 24 V 电压，应采用电压变换，否则将会烧坏电磁离合器，同样，如将 24 V 电磁离合器用于汽油车时，由于电压低而不能产生足够的电磁吸力，造成离合器打滑，使制冷系统无法正常工作。

压板和皮带轮外端面之间的间隙称为电磁离合器间隙，该间隙的大小对离合器的工作性能影响很大，因此，应经常检查离合器间隙，当不符合规定时应予调整，一般该间隙最小值为 0.3 mm 左右，最大不超过 1.2 mm，最佳值在 0.5 mm 左右。

2. 恒温器

恒温器又称温度开关，也称温度控制器(简称温控器)，是汽车空调系统中温度控制的一种开关元件。可以用来检测大气温度、车室内温度等。一般在二次控制时，用于空气混合调节风门的控制，更多地用来检测蒸发器表面温度，从而控制压缩机的起停，起到调节车室内温度和防止蒸发器结霜的作用。目前汽车空调常用的恒温器有波纹管式和热敏电阻式两种。

(1)波纹管式恒温器

波纹管式恒温器由三部分组成：驱动器件、设定温度调整机构和触点部分。

驱动器件由温度传感器、毛细管和波纹管构成。感温包内充有感温介质。当温度传感器感受到蒸发器表面的温度，通过内部工质的温度变化，导致波纹管内压力发生改变，引起波纹管的伸长或缩短，并将此位移信号传递出去。在弹簧力的作用下，其力的作用点 A 的位移与感温介质压力变化呈线性关系，如图 7-29 所示。

调温机构是由凸轮、转轴、调节螺钉等组成。其功能是使温度控制器能在最低至最高温度范围内对任一设定温度起控制作用。

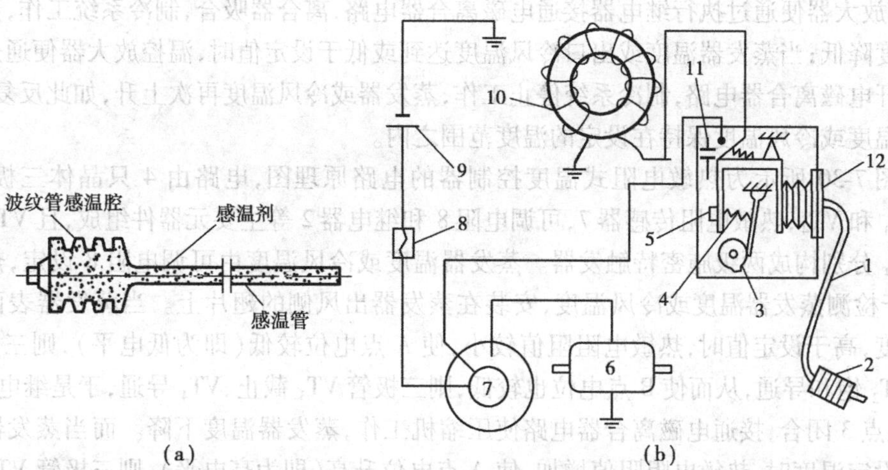


图 7-29　机械压力式温度控制器

(a)驱动器件　(b)机械压力式温度控制器电器

1—毛细管　2—感温包　3—凸轮　4—弹簧　5—调节螺钉　6—电动机　7—开关

8—熔断器　9—蓄电池　10—电磁离合器　11—触点　12—波纹管

触头开闭机构主要由触头、弹簧和杠杆等组成。其功能是通过接通和断开,使压缩机上的电磁离合器的电路通断,控制压缩机的开停。

恒温器的工作过程是:当流过的空气温度升高时,毛细管的气体膨胀,波纹管腔内的压力上升,波纹管伸长。波纹管与摆动框架相连,框架上有一动触头,恒温器壳体上有一个定触头。在波纹管驱动下,推动框架,使两个触点闭合,电流接通,电磁离合器吸合,带动压缩机工作。若流过的空气温度降低时,其工作过程恰好相反。由于压缩机停止工作后,蒸发器表面温度又升高,到某一定值,触点又闭合,压缩机又开始工作。恒温器接通与断开重复动作,使车室内的温度维持在一定范围之内,也防止了蒸发器表面结霜。

控制温度定值的高低是通过调整主弹簧对感温腔内的作用力的大小来决定的。

(2)热敏电阻式电子恒温器

热敏电阻式电子恒温器是以热敏电阻作为感温元件(传感器),配以由晶体管、集成电路(IC)等组成的电子放大器构成电子温控器。

热敏电阻温度传感器具有负温度系数(NTC),即当热敏电阻温度升高时,其电阻值将减小;反之,当温度降低时,电阻值增加。热敏电阻式温控器主要由热敏电阻、温控放大器、控制继电器等元器件所组成。

热敏电阻温控器用夹子夹在蒸发器冷风出口侧的翅片上,用来感受蒸发器表面温度或冷风温度,并将温度的变化通过热敏电阻阻值的变化转变为电信号输入给温控放大器。

蒸发器表面温度或吹出冷风的温度由安装在电子温控盒内(全空调系统)或驾驶室仪表空调操作面板上(单冷式空调或通用型冷气机的调温旋钮)的可调电阻器的阻值大小来设定或调节。该可调电阻获得的电压值便作为电子温控放大器的基准电压输入给电子温控放大器。

电子温控放大器是温控器的控制中心,它接收由热敏电阻送来的蒸发器温度电压信号,与可调电阻输入的设定温度基准电压信号进行比较。当蒸发器温度或出口冷风温度高于设定值时，温控放大器便通过执行继电器接通电磁离合器电路，离合器吸合，制冷系统工作，蒸发器或冷气温度降低；当蒸发器温度或出口冷风温度达到或低于设定值时，温控放大器便通过执行继电器断开电磁离合器电路，制冷系统停止工作，蒸发器或冷风温度再次上升，如此反复，便可使蒸发器温度或冷风温度保持在设定的温度范围之内。

如图 7-30 所示为热敏电阻式温度控制器的电路原理图，电路由 4 只晶体三极管 $VT_1$、$VT_2$、$VT_3$ 和 $VT_4$，热敏电阻传感器 7，可调电阻 8 和继电器 2 等主要元器件组成，且 $VT_1$、$VT_2$ 和 $VT_3$、$VT_4$ 分别构成两级施密特触发器。蒸发器温度或冷风温度由可调电阻 8 设定，热敏电阻 7 则用于检测蒸发器温度或冷风温度，安装在蒸发器出风侧的翅片上。当蒸发器表面温度或冷风温度，高于设定值时，热敏电阻阻值较小，使 A 点电位较低（即为低电平），则三极管 $VT_1$ 截止，$VT_2$ 饱和导通，从而使 B 点电位也较低，则三极管 $VT_3$ 截止、$VT_4$ 导通，于是继电器线圈 2 通电，触点 3 闭合，接通电磁离合器电路使压缩机工作，蒸发器温度下降。而当蒸发器温度降到最低设定温度时，热敏电阻阻值增加，使 A 点电位升高（即为高电平），则三极管 $VT_1$ 饱和导通、$VT_2$ 截止，从而使 B 点电位也升高，则三极管 $VT_3$ 导通，$VT_4$ 截止，继电器线圈 2 断电，触点 3 断开，切断了电磁离合器电路，使压缩机停止工作，如此来控制蒸发器的温度保持在所设定的温度范围之内。采用施密特触发器的目的是为了利用其电压回差特性，避免继电器在某一临界温度附近频繁地通断，保证了压缩机的正常运行。

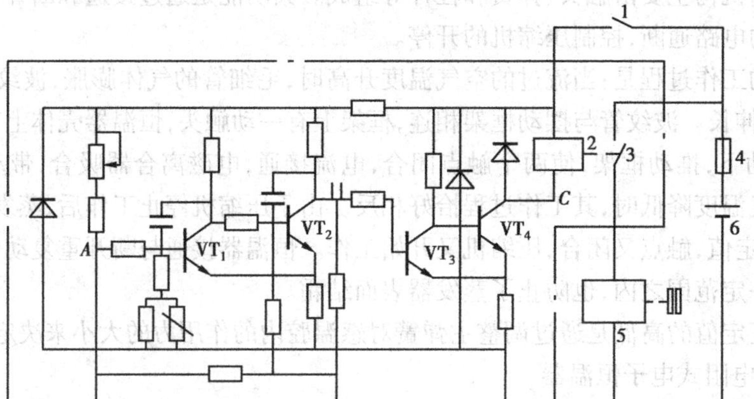


图 7-30　电子式温度控制器电路

1—点火开关　2—继电器线圈　3—继电器触点　4—熔断器

5—电磁离合器　6—蓄电池　7—热敏电阻　8—可调电阻

电子温控器由于采用了灵敏度较高的热敏电阻作为温度传感器，并配以电子放大器，与波纹管式温控器相比，其调节精度有了很大的提高，因此，被广泛地用于现代汽车空调上。

3. 真空控制元件

(1) 真空马达

真空马达是真空控制系统中的主要组成部分。这个器件并不是普通意义上的马达，它是在传递位移意义上的马达。图 7-31 是真空马达的构造图。膜片把真空盒分成两个互不相通的腔室，膜片一侧与推杆相连，另一侧装有弹簧。图中 (a) 表示松弛位置，图 (b) 表示处于应用的位置。松弛位置时,在弹簧力的作用下,维持推杆的伸长状态。在应用时,真空克服了弹簧力,弹簧被压紧,推杆缩向腔体内。通常,真空马达处于松弛位置,即断开状态。推杆的位移可拨动风门动作。

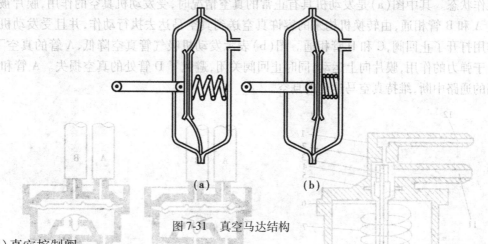

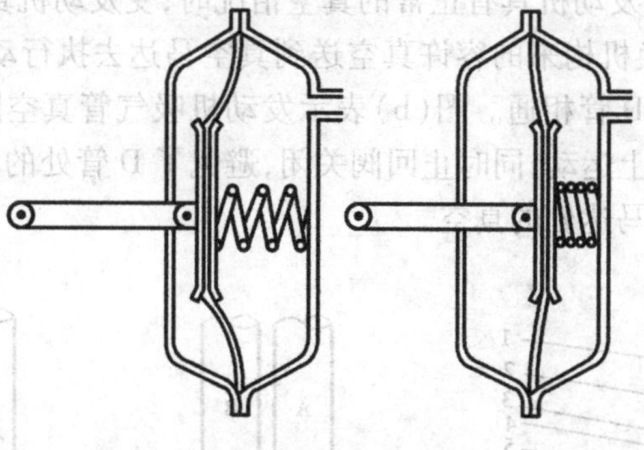


图 7-31　真空马达结构

(2)真空控制阀

图 9-16 是一典型的真空控制加热器芯进口的热水阀开度的情况。在未把真空提供给热水阀时,控制阀是关闭着的,如图中的(a)。在正常工作时,这个阀可以以不同的开度来控制热水的流量,图中(b)是部分真空时,阀门部分地打开。图中(c)则是处于完全真空状态,这时阀被全部打开。

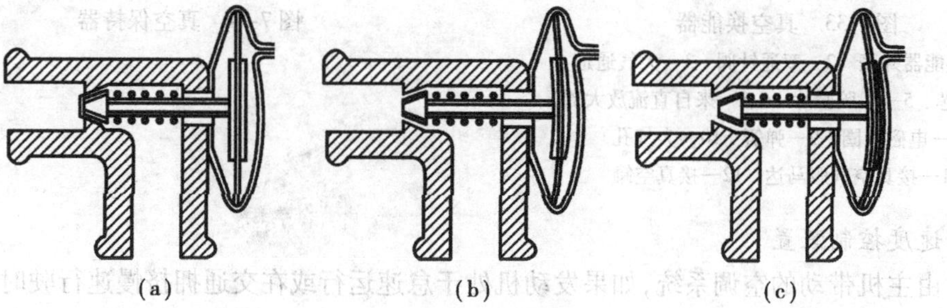


图 7-32　热水阀流量控制

(a)无真空　(b)部分真空　(c)全真空

(3)真空换能器

真空换能器的种类较多,原理都大同小异,图 7-33 是其中常用的一种。

在换能器的支架上,有一个双通针阀,一头控制真空源的通路,一头控制铁芯上的大气阀门。铁芯下端通大气,外部有一个电磁线圈。线圈的电压是 12 V,而电流大小由自动空调的恒温放大器来控制。由于橡胶膜片的密封作用,外面的大气只能通过柱塞阀门来和真空系空气渗入量越多,则进入真空伺服马达的真空越小,收缩量就小。当从放大器里传出的电流信号下降,弹簧推动铁芯向上,双通针阀的阀口开度减小,甚至关闭大气与真空系统的通路,这时系统的真空度增大,真空伺服马达收缩量增大,甚至达到最大值。

(4)真空保持器

真空保持器的构造如图 7-34 所示。它的作用是发动机真空度降低时,真空保持器关闭发动机的真空源,同时,膜片关闭真空转换器和伺服真空马达之间的真空气路,保持系统原来的工作状态。其中图(a)是发动机具有正常的真空情况时,受发动机真空的作用,膜片被推下来使 A 和 B 管相通,由转换机构来的容许真空送到真空马达去执行动作,并且受发动机真空的作用打开了止回阀,C 和 D 管相通。图(b)表示发动机吸气管真空降低,A 管的真空下降时,由于弹力的作用,膜片向上运动,同时止回阀关闭,避免了 D 管处的真空损失。A 管和 B 管之间的通路中断,维持真空马达处的真空。

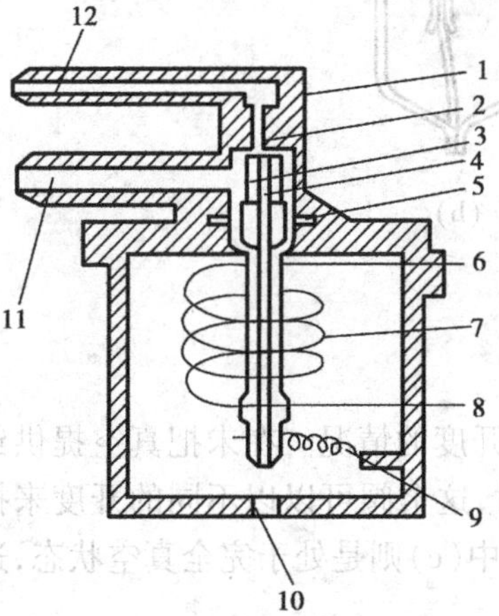


图 7-33　真空换能器

1—换能器外壳　2—双通针阀　3—大气通道
4—铁芯　5—橡胶膜片　6、8—来自直流放大器
7—电磁线圈　9—弹簧　10—大气孔
11—接真空伺服马达　12—接真空罐

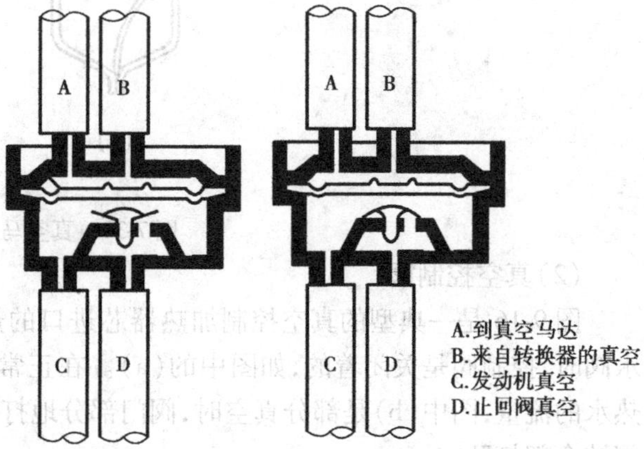


图 7-34　真空保持器

4. 速度控制装置

对由主机带动的空调系统,如果发动机处于怠速运行或在交通拥挤慢速行驶时,开启空调将会对汽车发动机和空调制冷系统带来以下不利影响。

①怠速和慢速行驶时,由于发动机转速较低,在正常怠速时的转速均低于 700 r/min,发出的功率仅能保证发动机自身稳定运转,因此,发动机带负载能力很差,如接通空调,发动机将会因负荷增加,转速降低而无法稳定运转甚至熄火。

②汽车怠速或慢速行驶时,不仅冷却风扇转速较低(电子风扇除外),极易使发动机和装在发动机水箱前面的冷凝器冷却不足而过热,而且无迎面风或迎面风减小更加使发动机和冷凝器的冷却条件进一步恶化,对发动机来说将影响发动机使用寿命。而对空调系统来说,将因冷凝效果不佳使制冷系统效率下降而影响空调系统性能的发挥。

③由于冷凝器冷却不足,制冷系统高压侧的压力和温度将上升很多,不仅影响制冷效果,还将使压缩机所需的扭矩迅速增大,发动机负荷也将增大,油耗增加,使发动机工作情况进一步恶化。

由此可见,汽车慢速行驶或发动机正常怠速时,由于发动机转速较低而不宜使用空调系统，这样势必造成在行车途中遇到短暂的停车怠速工况时，驾驶员需频繁地开、停空调，不仅操作麻烦，还会分散驾驶员的精力，易造成行车事故。

为了解决上述问题，对装有空调系统的汽车应调高汽车发动机的怠速转速或设置相应的自动速度控制装置，一般有发动机转速控制继电器和怠速转速自动提高装置两种。

(1)发动机转速控制继电器

发动机转速控制继电器能根据发动机转速的高低自动切断或接通汽车空调制冷压缩机的工作。即当发动机转速高于某一设定值时，空调系统能正常运行，而当汽车慢行或怠速时，发动机转速如低于某一设定值，它能自动切断压缩机电磁离合器电路。这样驾驶员可集中精力驾驶汽车而不必考虑当发动机转速过低时再去关闭空调开关。

如图 7-35 所示为汽车空调系统所采用的发动机转速控制继电器电路原理图。

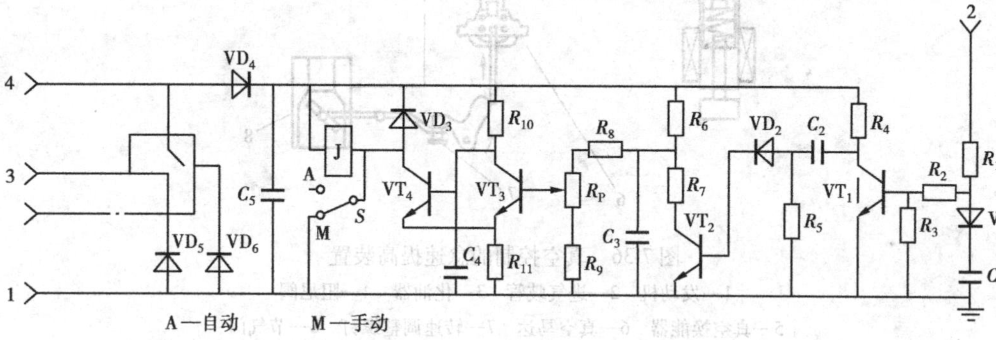


图 7-35 发动机转速控制继电器电路

1—电源负极 2—接点火线圈负极 3—接电磁离合器 4—接蒸发器温控开关

发动机转速信号取自点火线圈初级绕组负极接线柱，该信号为一脉动信号且其脉动频率与发动机气缸数、发动机转速成正比，发动机转速信号由 2 脚送入转速控制继电器电路，电路中 $VT_1$、$VT_2$ 及相应的阻容元件组成一频率电压转换电路。送入的发动机转速信号经 $R_1$、$R_2$、$C_1$ 衰减、滤波后由 $VT_1$ 进行放大，放大后的脉冲电压又被送入由电容 $C_2$、电阻 $R_5$ 和二极管 $VD_2$ 组成的微分及整流电路，再经 $VT_2$ 放大整形，$R_7$、$C_3$ 滤波后便在 $R_8$、$R_P$ 和 $R_9$ 组成的分压电路两端得到一电压幅值与脉冲的频率 $f$ 成反比的直流电压(如 $f$ 增加，$VT_2$ 导通时间加长，$C_3$ 两端的脉冲电压占空比变小，即直流电压变小)，该电压经电位器 $R_P$ 分压后送入由 $VT_3$、$VT_4$ 组成的施密特触发器的输入端，用来控制触发器的导通和截止状态，然后通过继电器 J 来控制压缩机电磁离合器的接通和断开。

当发动机转速低于某设定转速时，点火脉冲频率较低，经频率电压转换电路得到的直流电压较高，施密特触发器的输入电压也较高，则 $VT_3$ 导通、$VT_4$ 截止，继电器 J 断电，触点断开切断了电磁离合器电路，压缩机将不能运转；而当发动机转速高到某一设定转速时，点火脉冲频率增加，输入到施密特触发器的电压降低，而使 $VT_3$ 截止、$VT_4$ 导通，继电器通电，触点闭合，电磁离合器吸合，压缩机方能正常运转。

电位器 $R_P$ 可以调节输入到施密特触发器的输入电压，用来调节电磁离合器开始接通和断开的发动机转速值，一般接通转速为 900 ~ 1 100 r/min，断开转速为 650 ~ 750 r/min，应根据发动机缸数的不同具体掌握，多缸机的接通和断开转速可较低，而缸数较少时，应相应提高接通和断开转速。

该速度继电器具有“手动”和“自动”两挡控制，当“自动”挡出问题时，可将开关 S 扳到“手动”挡以应急使用，这时，电流直接通过二极管 $VD_4$→继电器线圈 J→开关 K→搭铁而形成回路，压缩机的工作状态将不受发动机转速的控制。

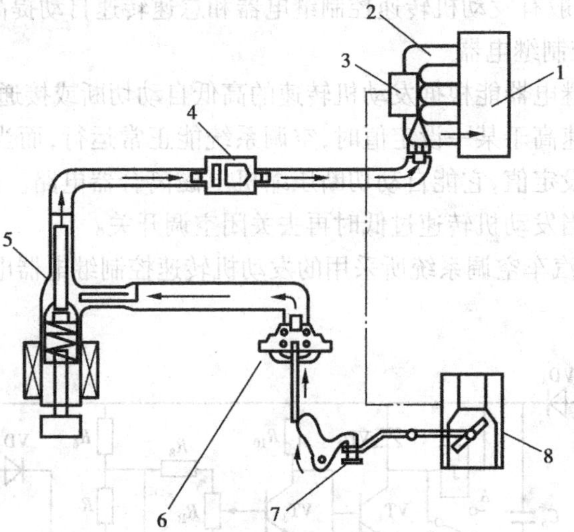

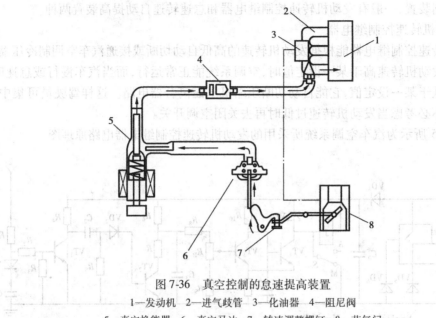

图 7-36　真空控制的怠速提高装置

1—发动机　2—进气歧管　3—化油器　4—阻尼阀

5—真空换能器　6—真空马达　7—转速调整螺钉　8—节气门

(2)发动机怠速转速提高装置

上述发动机转速继电器只能根据发动机转速高低自动控制压缩机的通断，因此，限制了空调系统在怠速和汽车低速行驶工况下的使用，实属一种消极的保护措施，而怠速提高装置则可在怠速或低速工况下使用空调时，自动提高发动机的转速，而使发动机的转速满足使用空调的需要，因而广泛地用于各种汽车空调系统中。

对于化油器式发动机，由于真空源容易获得，因此，可采用真空马达来控制节气门的位置。不用空调时，节气门处于正常怠速位置，而接通空调 A/C 开关后，通过一只真空换能器接通膜片式真空马达的真空通路，真空马达便使节气门开度加大，以提高发动机怠速转速，使之有足够的功率驱动空调压缩机。如图 7-36 所示为上述真空控制的怠速提高装置示意图。它主要由真空马达、真空换能器、阻尼阀以及真空管路、真空源等组成。

其工作原理如下：

当不使用空调时，真空换能器的电磁线圈不通电，真空换能器将关闭真空马达上腔与真空源(进气歧管)的真空通路，同时使真空马达与大气相通，真空膜片不动作，节气门处于正常怠速位置；当接通空调 A/C 开关后，真空换能器通电而动作接通了真空马达膜片上腔与真空源的真空通路，在真空吸力作用下膜片上拱，连接在膜片上的拉杆上移带动操纵臂将节气门开大一定角度，而使发动机处于“快怠速”工作状态，以提供足够的动力使空调系统稳定运转。图 7-36 中接在真空管路上的阻尼阀实际上是一只单向节流阀，其作用是当发动机处于怠速工况，进气管的真空度吸动真空马达膜片时，阻尼阀由于有节流作用，而使真空马达膜片平缓上吸，拉杆也缓慢动作使节气门慢慢打开一定角度，发动机的怠速转速得到平稳提高。当发动机出现反喷现象时，阻尼阀则起单向阀的作用而关闭真空通道，使真空换能器和真空马达不致受到发动机反喷压力的影响而受损,从而保护了怠速提高装置。

目前电控燃油喷射式汽油发动机大量采用,其怠速转速由 ECU 根据发动机各种传感器提供的信息操纵怠速控制阀来自动调整,空调 A/C 开关信号也是输入到 ECU 中的信号之一。

5. 压力开关

压力开关也称压力继电器,分为高压开关和低压开关两种,安装在制冷系统高压管路或低压管路上。当制冷系统工作时,如管路内制冷剂压力出现异常时,压力开关便会自动断开电磁离合器电路而使压缩机停止工作,保护制冷系统不被损坏。

(1)高压开关

高压开关一般安装在制冷系统高压管路上或贮液干燥器上,用来防止系统压力过高而使压缩机过载或系统管路被损坏。

高压开关有触点常闭型和触点常开型两种。常闭型高压开关的触点串联在压缩机电磁离合器电路当中,压力导入口则直接通过毛细管联结在高压管路上。

在制冷系统高压正常时,压力开关内触点始终处于闭合状态,当由于某种原因(如冷凝器冷却不良)使高压管路内压力超过某一额定值时,在制冷剂高压作用下触点打开以切断电磁离合器电路,压缩机停止工作,从而避免高压管路压力进一步升高。当高压管路内压力恢复正常值时,触点自动闭合,压缩机便可重新工作。

常开型高压开关一般用来控制冷凝器冷却电动风扇的高速挡电路。当压力超过某一规定压力时,自动接通风扇高速挡电路,使冷却风扇高速旋转以加强冷凝器的冷却能力,降低冷凝温度和压力,而当压力低于规定值时,则自动断开冷却风扇的高速挡电路。

(2)低压开关

低压开关也称制冷剂泄漏检测开关,在汽车空调系统中,因制冷剂泄漏或其他原因而造成制冷剂系统中制冷剂极端缺少或完全没有时,如果继续使压缩机工作,会引起压缩机由于润滑油循环不良而磨损加剧,甚至会使压缩机烧坏。低压开关则可在制冷系统严重缺少制冷剂时使压缩机停止转动,从而保护压缩机。

低压开关安装在冷疑器与膨胀阀之间的高压管路上或贮液干燥器上,其触点同样串联在电磁离合器的电路中。当制冷系统的压力高于 0.21 MPa 时,说明系统内有制冷剂,触点保持闭合,而当系统高压侧压力低于 0.21 MPa 时,触点在弹簧作用下而断开,压缩机便无法启动运转。

还有一种低压开关是装在蒸发器出口至压缩机吸入侧的一段低压管路上的,当它感受到吸入压力达到某一规定值时,就接通旁通阀(电磁阀),让部分高压蒸气直接进入蒸发器,以达到除霜的目的。

(3)高低压组合开关

高低压组合开关即是指将上述两种开关的结构和功能组合成一体,起双重保护作用。

### 7.4.2 电控气动的汽车空调系统

电控气动自动空调系统的全称为电子控制的真空回路操纵空调系统,是 20 世纪 70 年代就开始使用的汽车自动空调系统,经过这些年的不断改进,技术已趋于成熟。目前仍然广泛应用在许多高中级轿车上,例如部分皇冠、世纪、奔驰等轿车。美国通用汽车公司是最早使用电控气动的自动空调系统的,故它的汽车自动空调系统最具有代表性。

图7-37是自动空调控制系统在车内的布置图。它标出了汽车自动空调系统的基本功能元件。虽然不同的汽车,结构亦不尽相同,但自动空调原理和基本功能元件都相同。

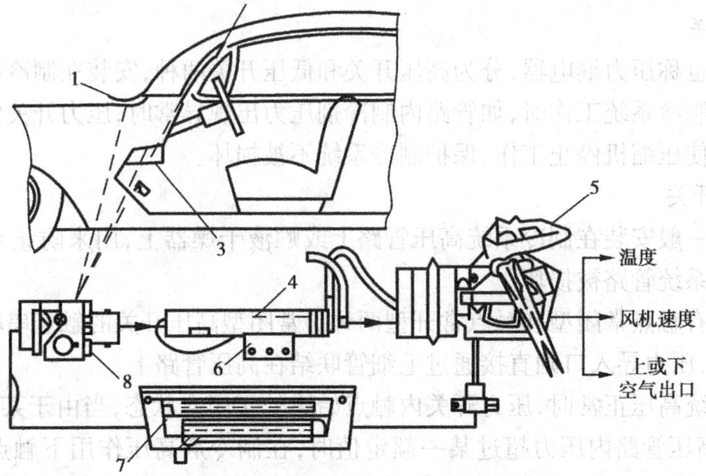


图7-37　汽车自动空调系统基本部件的布置

1—车外温度传感器　2—车内温度传感器　3—蒸发器温度传感器　4—电信号-真空换能器
5—真空控制的空调器　6—控制器　7—控制面板　8—电路放大器

1. 自动空调系统的控制面板

自动空调仍然还要通过人来输入某一个温度和确定空调的功能,整个系统才会为达到所预定的温度而自动工作,而不管车内外的气候如何变化。

图7-38是通用汽车自动空调的控制面板。板左侧是温度选择键,中间是空调功能选择键,现分述如下:

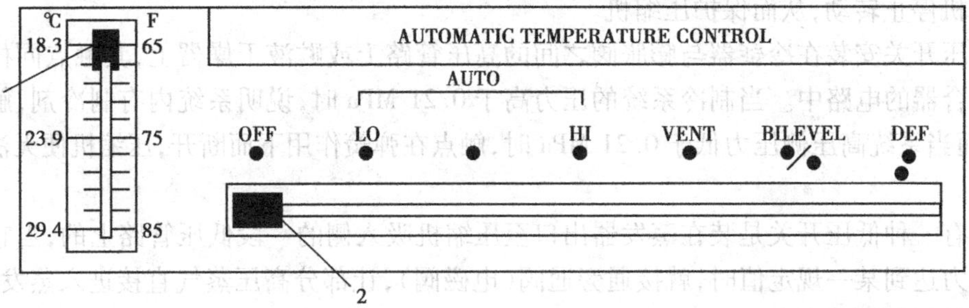


图7-38　自动空调控制面板

1—温度选择键　2—功能选择键

(1)温度选择键

温度选择键是从18.3 ℃(65F)~29.4 ℃(85F)之间任意选择,只要选定一个温度以及功能键,空调器为达到这个温度,并保持这个温度而工作。从经济角度考虑,夏天制冷时,应选择略高一些的温度,而冬天取暖时,可以选择低一点的温度。

(2)停止(OFF)

功能键在停止位置,若汽车点火开关断开,空调系统完全不工作。点火开关接通,压缩机也不工作,但是,当车内温度高于26.7 ℃(80F)时,空调器的风扇会自动地低转速吹入微风;在车内温度低于26.7 ℃(80F),而发动机冷却液温度高于82 ℃,空调器也自动吹出自然风。

(3)自然风(Vent)

功能键置于自然通风位置,空调系统的动作是:风扇低转速运行,把车外的空气吸入经中风门吹进车内。由于取暖、制冷系统不运行,故吹来的空气是未经加热和冷却的自然风。若车内温度高,风扇较高速度运转,反之,温度低,则风扇自动转入低速运转。

(4)低速-自动(Lo-Auto)

功能键在此位置时,风扇低速运行。当发动机水温高于82 ℃,车内温度低于预选温度时,则空气先经冷凝器再经加热器,送出暖气;若车内温度高于预选温度时,则空气冷却后不通过加热器或部分通过。冷却空气从中风口吹出,而加热空气从下风口吹出,形成"头冷脚暖"之环境。

(5)自动(Auto)

功能键置于此位置时,空调器的工作情况如Lo-Auto一样,只是风机不限于低速运行,而是根据车内的温度,风机在高速、中速1、中速2、低速等运行。如果车内空气温度比预选温度高出较多,需要最快降温,这时应该供车内最大的冷量,风扇会自动进入高速工作状态,将蒸发器的冷空气尽快送到车内,也促使蒸发器最大限度制冷。若车内温度与预选温度相差不多,风扇会自动降低其转速。

(6)高速-自动(Hi-Auto)

这个位置与上述两个动作相同,但是风扇在高速工作。如果车内温度达到预选温度,则风扇会自动慢速转动。在此位置时,热水阀不开,加热器不工作。部分通过加热器、从下风口吹出来的空气是冷气。

(7)双通风(Bi-Level)

功能键在这一位置时,风扇可以在任意一个转速工作,自动控制系统能按照预选温度和车内温度分别从中风口吹出空调风,从上、下风口吹出暖风,用于暖脚和除霜。

(8)除霜(Def)

在除霜键位置时,风扇高速运行,大部分暖风从上风口吹出,少部分在下风口吹出。

*2.真空控制系统及自动空调的工作原理*

发动机歧管的真空送到真空罐,并有真空保持阀来保持罐内的真空度。真空伺服马达所需的真空大小,由真空换能器来决定;而真空换能器是一种电能控制转变为真空控制信号的装置,它的电信号由自动空调的线路输入。电流信号越强,真空度越小;反之,电流信号越弱,真空度越大。这样无级变化的真空信号输入主控制真空伺服马达,其控制杆根据输入的不同信号,位置从缩短最小到伸长最大的两个极端之间变化,从而自动地控制真空选择器在选定的功能键位置上,自动地控制风机的转速和温度门的位置,以及自动地调定输出空气的温度,达到控制车内温度的稳定。其原因是真空伺服马达的控制杆上控制着风扇的四档调速器,以及连接着一根推动温度门连杆的轴。

实际上,自动空调的真空系统是由两个小真空系统组成。第一个小系统是真空转换器到真空伺服马达,作自动调节温度用。第二个小系统控制上、中、下风门的开关和热水真空阀,它由功能选择键来决定,而且是人工来决定功能键的位置。两个真空小系统的真空度和操作互不干涉。

图7-39是自动空调的工作原理图。从图中可以看出:当人工选好空调功能键时,空调系统就能在预定温度内自动的控制温度和风量。其控制过程如下:将预选温度的电阻、车外温度电阻、车内温度电阻一起输入到放大器,放大器即产生一个电流信号,输入真空换能器,将电流信号转换成对应的真空度大小的信号,输送到真空伺服马达上,真空伺服马达就会产生一个动作,使控制杆伸长或缩短一个量,对应的温度门、风扇转速和反馈电位器都有一个相应位置,从而输出一定温度和风量的空气。例如,功能健在自动空调时,当预选的温度电阻与车内温度电阻相比较,差值比较大,则放大器输入到换能器的电流信号比较大,换能器输出的真空度信号比较小,则真空伺服马达将其控制杆伸到最长,甚至极限的最大位置。这时,控制杆使温度门关死通向加热器芯的空气,使风扇控制在最高转速位置,使真空选择器切断热水阀的真空气路。因此,空调器输出最冷的、风量最大的空气到车内。反馈电位器是产生一个信号给放大器,限制放大器输出的电信号过大,而使伺服真空马达失灵。当温度下降时,放大器的电流信号减弱,真空度增大,真空伺服马达的控制杆不断缩短,温度门不断扩大通向加热器的空气通路(当控制杆离开极限位置时,加热器立即就有冷却水通过),风扇的转速不断下降。这个过程一直进行到车内温度和预选温度平衡为止,并继续控制车内温度在预定温度范围之内。

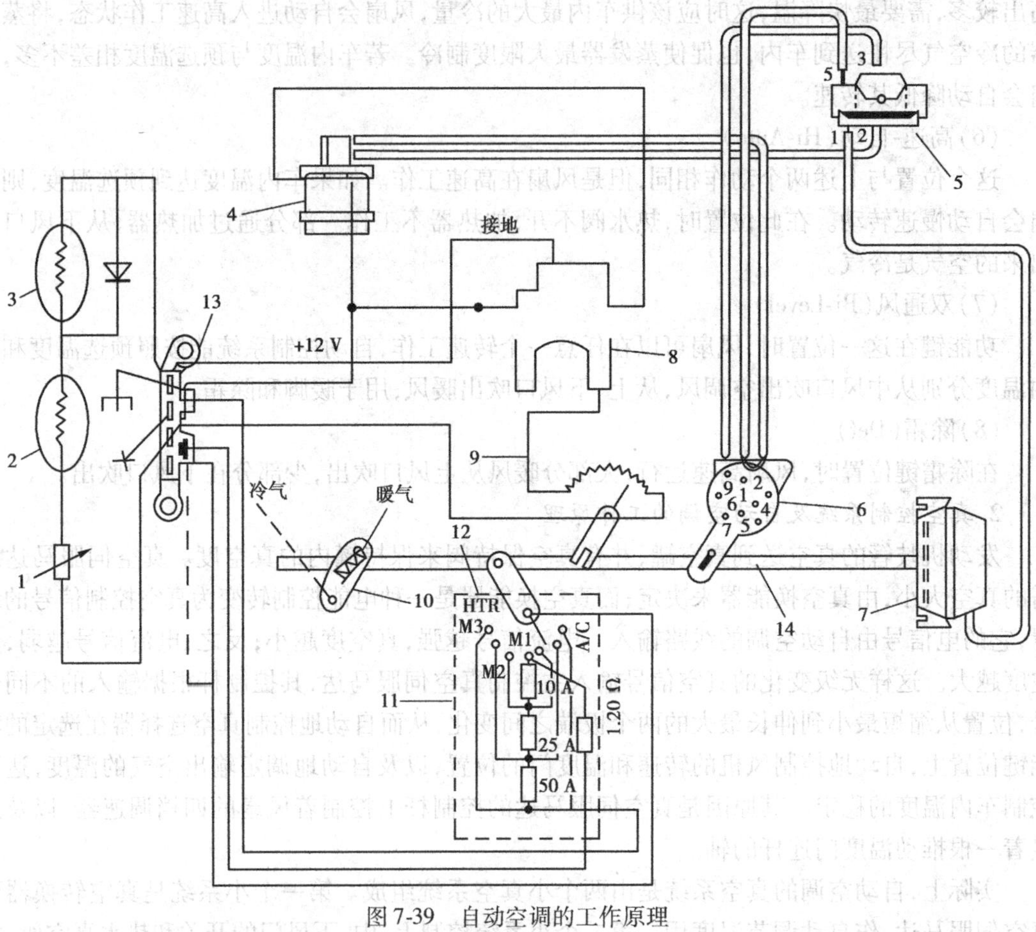


图7-39　自动空调的工作原理

1—温度选择电阻(调温键)　2—车内温度传感器　3—车外温度传感器　4—真空换能器　5—真空保持器　6—真空选择器　7—主控制的真空伺服马达　8—电子放大器　9—反馈电位器　10—温度门控制曲柄　11—风机调速线路板　12—加热器　13—功能选择键　14—控制杆

3. 自动空调系统的电路

电控气动自动汽车空调系统能保持温度在预选的范围内恒定，完全是由控制电路控制转换器的电流信号来实现的。控制电路中有三个传感器：即车内测温电阻传感器、车外气温传感器以及蒸发器温度传感器，还有一个人为设定温度值的调温电阻。控制放大器的电路如图7-40所示。目前，许多汽车还增加一个阳光辐射传感器，用来感知辐射热对车内温度的影响。本电路图中，车外温度传感器1、车内温度传感器3、蒸发器温度传感器4都是一个热敏电阻，且具有负温度特性，它们串联连接。与调温电阻5配合产生一个信号，且任何一个传感器上的温度变化都会影响放大器6的输入电压。当温度升高超过某一设定温度时，热敏电阻 $R_T$ 的阻值减小，电源电压经 $R$ 和 $R_T$ 分压后使三极管管基极电位降低，经 $VT_1$ 和复合管 $VT_2$、$VT_3$ 放大后得到一个较强的电流信号，在换能器的电磁线圈内产生较强的磁场，使换能器输出的真空度减小，真空伺服马达将其控制杆逐渐伸长，空调器输出冷的、风量大的空气到车内，从而使温度下降。当温度下降到低于某一设定温度时，$R_T$ 阻值增大，$VT_1$ 管基极电位升高，经 $VT_1$ 和 $VT_2$、$VT_3$，放大后得到一个较弱的电流信号，使换能器输出的真空度增大，真空伺服马达将其控制杆不断收缩，空调器输出热的、风量小的空气到车内，从而使温度回升，由此来控制输出空气量和温度。

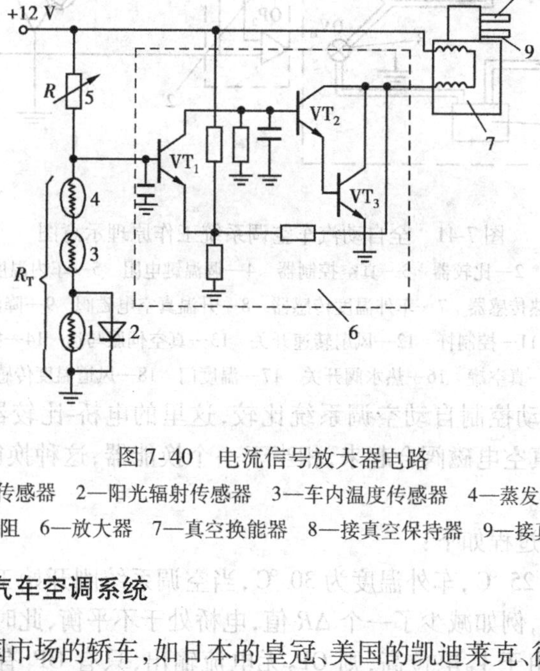


图7-40　电流信号放大器电路

1—车外温度传感器　2—阳光辐射传感器　3—车内温度传感器　4—蒸发器温度传感器
5—调温器电阻　6—放大器　7—真空换能器　8—接真空保持器　9—接真空伺服马达

### 7.4.3　全自动的汽车空调系统

目前，大量进入中国市场的轿车，如日本的皇冠、美国的凯迪莱克、德国的宝马等，其空调系统都是采用全自动的，它比前面讲的用真空控制的自动空调要准确得多，而且控制面板也简单。

1. 全自动的汽车空调系统的工作原理

在自动空调系统中，有一套计算比较电路，通过对传感器信号和预调信号的处理、计算、比较、输出不同的电信号指挥控制机构工作，改变温度门的位置调节空调温度，并使风扇的转速随着空调参数的改变而改变。空调风向和各风门的开关是用电磁阀控制的，操作方便。

图7-41是全自动汽车空调系统的工作原理图，主要由电桥、比较器、真空伺服马达控制三部分组成。由车外温度传感器、车内温度传感器、太阳辐射热传感器和调温键电阻组成的电桥

和比较器组成一个控制系统，温度变化时，由热敏电阻组成的传感器电阻必然引起电阻变化，电桥的输出电位 $V_A$ 和 $V_B$ 相应发生变化，电桥处于不平衡状态，引起比较器 OP 的启动。$OP_1$ 和 $OP_2$ 组成的比较器，对电桥的电信号进行比较后，或 $OP_1$、或 $OP_2$ 输出一个电流值给真空电磁阀，真空电磁阀将电信号转换成真空信号，指挥真空伺服马达工作，带动控制杆对温度门的开度进行控制，同时对风扇转速和热水阀进行控制，最后达到恒温。

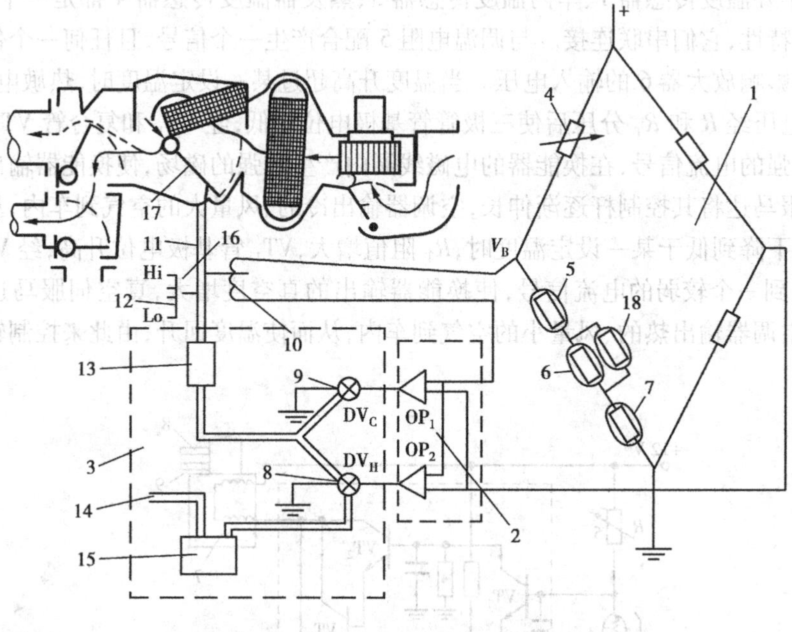


图 7-41　全自动汽车空调系统工作原理示意图

1—电桥　2—比较器　3—真空控制器　4—调温键电阻　5—车内温度传感器
6—太阳辐射热传感器　7—车外温度传感器　8—升温真空电磁阀　9—降温真空电磁阀
10—反馈电位器　11—控制杆　12—风扇转速开关　13—真空伺服马达　14—接发动机进气歧管
15—真空罐　16—热水阀开关　17—温度门　18—风道温度传感器

和上面讲的电控气动控制自动空调系统比较，这里的电桥-比较器代替了放大器和换能器。实质上，比较器和真空电磁阀合起来，相当于一个换能器，这种换能器比铁心式的针阀换能器控制精度要高得多。

全自动空调的工作过程如下：

如果设定的温度为 25 ℃，车外温度为 30 ℃，当空调系统刚开始工作时，由于预定温度比传感器桥臂的总电阻低，例如减少了一个 $\Delta R$ 值，电桥处于不平衡，此时，电桥输出的电位 $V_B > V_A$，比较器开始工作。由于 $V_B$ 电位高，则 $OP_2$ 无电流输出，只有 $OP_1$ 有电流，真空电磁阀 DVc 打开；由于 DVc 是打开大气通路的，因此，真空伺服马达的真空度减少，膜片在气压增大作用下，将控制杆推上移动，并将温度门通往加热器芯的气体通道减少，而且风扇转速上升，空气温度下降。若预调温度和车内温度差值越大，则电桥两端输出的电位差和比较器输给真空电磁阀的电流越大，则电磁阀的开度和真空伺服马达的膜片移动量越大。此时，随着控制杆的上移，反馈电位器的电阻下降，控制杆通过温度门关死加热器芯的通道，使反馈电位器的电阻为零。此时，风扇在最高转速运转，蒸发器以最大制冷量输出冷气，而冷气没有经过再热，以最凉的风吹进车内进行降温调节。

在车内降温过程中，调温键电阻和车内温度传感器电阻之差值不断减小。在某一温度下，$\Delta R$ 之值和反馈电位器的最大电阻相同，$V_B$ 电位和电位器的反电位相同，比较器 $OP_1$ 无信号输出，DVc 关闭大气通路，真空伺服马达维持在最大制冷量时的工作状态。温度门仍然关死，风扇高速运转。因此，车内温度继续快速下降，车内温度传感器电阻不断增大，并与调温键电阻差值越来越小，这时 $V_B$ 虽大于 $V_A$，但是，由于反馈电位器电阻的作用，在比较器两端的电位变成 $V_A > V_B$，$OP_2$ 输出电流信号，真空电磁阀 $DV_B$ 打开真空气路，真空伺服马达的真空度增大，膜片克服弹簧力下移，带动控制杆下移，温度门逐渐打开加热器芯空气通路，让一部分冷空气重新加热，并混合后再送到车内。这时，随着控制杆的下移，反馈电位器电阻不断减小，而且电桥的总电阻差值也不断减小。最后，当车内温度达到预选温度，电桥的总电阻差值和反馈电位器电阻值相同时，比较器两端的电位也相等，即 $V_{oP1} = V_{oP2}$，$OP_1$ 和 $OP_2$ 都无信号输入，DVc 和 $DV_B$ 都关闭，真空伺服马达保持原工作状态，这时，输到车内的空调风的冷量刚好保持车内温度与预选温度恒定。如果外界的条件有变化，例如太阳直晒，则车内变得热量增多，电桥又会输 $V_B$ 电位给 $OP_1$，使 DVc 工作，空调风的温度下降一些。如果外界温度下降，电桥会输 $V_A$ 给 $OP_2$，空调风的温度会自动高一些。保持车内的温度在预定的 25 ℃。

由于车外环境的温度、太阳辐射热和其他因素的改变，两个比较器不断工作，输出电流给真空电磁阀，使真空伺服马达不断地调节控制杆的位置和温度门的位置，使输出的空调温度不断变化，以适应车内变化微小的温度差，使车内的温度保持在预定的温度。

热水阀开关在控制杆关闭温度门的加热器空气通路时，控制杆上有一个装置，切断热水阀的真空气路。只要控制杆打开温度门通入加热的通道，就恢复通过热水。这样安排是很合理的，因为在空调器输出最大冷量时，是不使用加热器的。其他场合，控制杆都不会在最冷位置。

风扇的转速在需要大制冷量时高速运行，在需要制冷量少或不需制冷时，低转速运行。

2. 温度自动控制电路

从上面分析可知，温度自动控制主要是指挥两个真空电磁阀，在环境和车内温度发生变化时，自动工作即可。图 7-42 是实际的温度自动控制电路。

该温度控制电路由车内温度传感器和太阳辐射热传感器 C、车外温度传感器 D、反馈电位器 B，以及温度选择器的可变电阻 A 组成一个检测信号电桥；$OP_1$、$OP_2$ 和晶体管组成控制放大器 E，输出信号控制两个真空电磁阀 $DV_B$ 和 $DV_C$。

电路原理为：由传感器 C、D 测得的温度变化转换成电信号（电阻值的增减），引起电压变化，输入比较器 OP，同时，温度选择器在选定某一个温度时，则有一个确定的阻值，其端电位也输入到比较器 OP，两个信号比较后，将信号送到放大器放大，输入真空电磁阀 DV，再控制真空伺服马达按所需要的条件调节温度，并在反馈电位器的作用下，根据车内的温度，不断修正系统输出的信号，使车内的温度保持恒定。

温度自动控制过程如下：

（1）车内温度低于设定值时，两个传感器和电位器的总阻值 $R_1$ 增加，放大器输入电压 $V_1$ 上升或者提高设定温度，可变电阻 $R_2$ 阻值减小，$OP_1$ 无输出电压 $V_1$，则晶体管 $VT_1$ 截止，$VT_2$ 导通，真空电磁阀 $DV_B$ 导通，真空马达动作使送风温度升高直到车内温度达到设定值。$OP_2$ 有输出电压 $V_2$，则 $VT_3$ 导通，$VT_4$ 截止，DVc 截止。

（2）车内温度高于设定值，或降低所设定度时，放大器输入电压 $V_1$ 降低，这时，$OP_1$ 有输出电压 $V_1$，则晶体管 $VT_1$ 导通，$VT_2$ 截止，$DV_B$ 截止。$OP_2$ 无输出电压 $V_2$，则晶体管 $VT_3$ 截止，$VT_4$ 导通，DVc 导通，真空马达与上述相反的方向动作，使送风温度降低直到车内温度达到设定值。

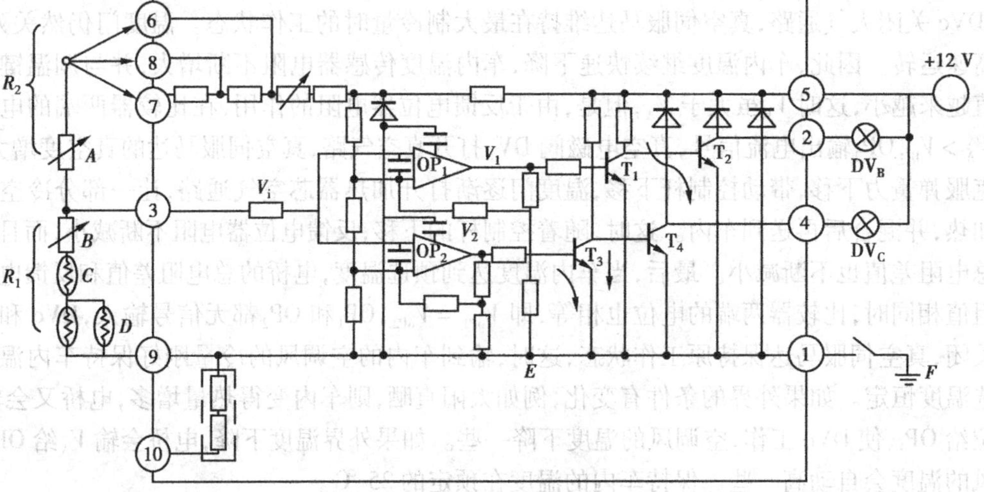


图 7-42　自动空调系统温度控制电路

### 7.4.4　微机控制的汽车空调系统

1980 年，美国通用汽车公司首先在"别克"（Buick）轿车上引用微型计算机控制的汽车空调系统，接着丰田的世纪、皇冠、凌志等高级轿车也应用微机控制的汽车空调。目前日产、大众、奔驰等欧美日汽车公司的高级汽车都装上微机控制的全自动空调系统。这种自动空调系统以微型电子计算机为控制中心，结合各种传感器对汽车发动机的有关运行参数（如水温、转速等），车厢外的气候条件（如气温、空气湿度、日照强度等）、车厢内的平均温度、湿度、空调的送风模式（送风速度、送风口的选择等）以及制冷压缩机的开、停状况，制冷循环有关部位的温度、制冷剂压力等多种参数进行实时检测，并与操作面板送来的信号（如设定温度信号、送风模式信号等）进行比较，通过运算处理后做出判断，然后输出相应的调节和控制信号，通过相应的执行机构（如电磁真空转换阀和真空马达、风门电机、继电器等），对压缩机的开停状况，送风温度、送风模式、回风方式；热水阀开度等做及时的调整和修正，以实现对车厢内空气环境进行全季节、全方位、多功能的最佳调节和控制。

（1）微机控制的汽车空调系统的功能

微机控制的汽车空调系统具有如下功能：

1）空调控制：温度自动控制、风量控制、运转方式给定的自动控制、换气量的控制等，满足车内空调对舒适性的要求。

2）节能控制：压缩机运转速度的控制，换气量的最适量控制以及随温度变化换气切换、自动转入经济运行、根据室内外温度自动切断压缩机电源等。

3）故障、安全报警：制冷剂不足报警、制冷压力高出或低出报警、离合器打滑报警、各种控制器件的故障判断报警，并对故障部位用闪烁指示灯报警，直到修好为止。微机控制的空调系统在某种器件发生故障报警的同时，将这一故障器件自动转入常规运行状态而不影响空调系统的工作。例如：进气门发生故障，则车内再循环空气门不再使用，进气门自动地将其接到车外空气通路，空调系统继续工作，但由于外界空气进入车内，空调器不能提供最凉的空气。

4)显示:能显示给定的温度、控制温度、控制方式、运转方式的状态以及运转时间等。

5)故障诊断储存:空调系统发生故障,计算机将故障部位用代码的形式储存起来,在需要修理时能指示故障的部位,所以很容易修理。

微机控制的空调系统具有高度自动化、高度可靠性、经济性和舒适性、安全性等优点,是微机汽车空调日益普及的根本原因。

(2)微机控制的汽车空调系统的基本原理

微机空调系统包括了硬件系统和软件系统。硬件系统是由主控计算机、辅助计算机、传感器及开关、执行机构、显示器等组成,主控计算机与辅助计算机间通过通信接口进行信息交换。传感器检测和变换来的信号通过模拟开关和 A/D 转换器(模/数转换器)输入主机,开关信号通过辅助计算机输入主机,主机完成演算、记忆、判断、计时,然后发出驱动各执行机构的输出信号,控制各个电磁阀和继电器的动作。在本图中,主机主要控制压缩机工况和空调器一些主要功能以及进行监视,辅助计算机系统通过开关发出控制信号,控制着空调系统的制冷、风力、风向、温度、流速等。软件系统是由数据采集处理程序、控制算法及执行机构控制程序、过程监视程序、故障自诊断程序等组成。

微机主机是单独接受和计算各种传感器输入的信号,以及对控制信号的反馈进行迅速的演算、记忆、比较、判断,再发出各种指令,驱动各执行机构工作,调节、控制车内的温度和各种空调参数。

下面就具体介绍微机空调的工作原理,图 7-43 是微机控制原理图。

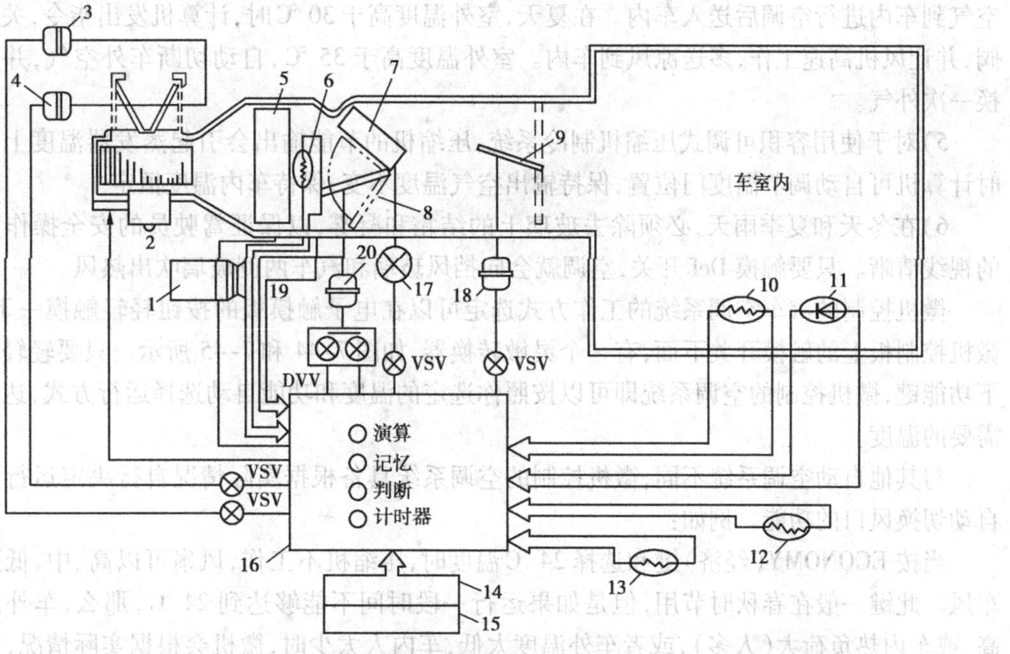


图 7-43 微机控制汽车空调系统

1—压缩机 2—风机 3—上风口真空电动机 4—气源门真空电动机 5—蒸发器 6—蒸发器传感器 7—加热器芯 8—温度门 9—吹出风门 10—车内温度传感器 11—太阳辐射传感器 12—车外温度传感器 13—冷却水温度传感器 14—触摸开关 15—设定温度键 16—微型计算机 17—热水阀 18—风口切向真空马达 19—反馈电位器 20—真空伺服马达 VSV—真空转换阀 DVV—DVc(降温电磁阀)+DVh(升温电磁阀)

从图7-43可知，微机控制的空调输入的信号有四类：

1）车内温度、大气温度、太阳辐射三个传感器（热敏电阻）输入信号。

2）驾驶员预定的调节温度信号、选择功能信号。

3）由分压器检出温度风门的位置信号，以及蒸发器温度传感器、冷却水温度传感器信号。

4）压缩机的工作参数，如转速、制冷剂、压力、温度等。

计算机控制的基本控制方法是，在各传感器输入信号的总和上再加上修正项，使之成为一个定值，即按下列温度平衡方程进行：

（选定温度）=（车内温度）+（车外温度）+（出风温度）+（修正项）

式中的修正项包括太阳辐射、节能等修正内容。

计算机根据这个方程计算、比较、判断后发出各类指令，让执行机构实施动作：

1）向有关的真空电磁阀发出指令，驱动各个风门在相应的位置。

2）根据温度平衡方程和热水阀传感器的信息和蒸发器温度的信息，发出指令，控制DVV阀动作，调节温度门在适当的位置，输出合适温度的空调风。

3）根据车内的温度情况，调节空调风量，指令风扇马达输送调节电压信号。例如，在冬天，车内温度较低，若送风量大，送出的风温度较低，使人感觉有寒意而不舒适。若调低转速，送出的暖风温度较高，使人暖和得多。这点是其他自动空调系统不能做到的。

4）根据室外温度的高低，自动切断压缩机的工作，或切断加热器的工作。这点对节省油耗很重要。例如，当室外温度降低到10 ℃以下，计算机会自动切断压缩机的电路，并引进外界空气到车内进行空调后送入车内。在夏天，室外温度高于30 ℃时，计算机发出指令，关闭热水阀，并让风机高速工作，多送凉风到车内。室外温度高于35 ℃，自动切断车外空气，并定期切换一次外气。

5）对于使用容积可调式压缩机制冷系统，压缩机的节能输出会引起蒸发器温度上升。这时计算机可自动调节温度门位置，保持输出空气温度不变，保持车内温度恒定。

6）在冬天和夏季雨天，必须除去玻璃上的结霜和凝雾，以保证驾驶员的安全操作和乘员的视线清晰。只要触摸Def开关，空调就会向挡风玻璃和汽车两侧玻璃吹出热风。

微机控制的汽车空调系统的工作方式选定可以在电子触摸板的按钮轻轻触摸一下即可。微机控制板上的触摸开关下面，有一个灵敏转换器，如图7-44和7-45所示。只要轻轻触按一下功能键，微机控制的空调系统即可以按照你选定的温度和功能自动选择运行方式，达到你所需要的温度。

与其他自动空调系统不同，微机控制的空调系统具备根据实际情况自行决定运行方式和自动切换风口的功能。例如：

当按ECONOMY（经济）键和选择24 ℃温度时，压缩机不工作，风扇可以高、中、低速吹进车风。此键一般在春秋时节用，但是如果运行一段时间不能够达到24 ℃，那么，车外温度太高，或车内热负荷大（人多），或者车外温度太低，车内人太少时，微机会根据实际情况，自动地制冷一段时间（或取暖），达到预定温度时，又自动切断压缩机或加热器电磁阀，保持经济工作方式。此挡的空调风从中风门吹进车内。压缩机工作的车外温度25 ℃，而热水阀开启温度为15 ℃。在经济键，空调系统是采用单冷或单暖控制方式。

选择Bilevel键，预定温度在24 ℃，其运行方式与Economy挡是一样的，只不过空气是由中风门和下风门两个口输入车内，压缩机、加热器一直在（微机控制间断）工作，吹出的风的温度由微机控制温度门的位置来决定,其目的是保持车内恒温 24 ℃。

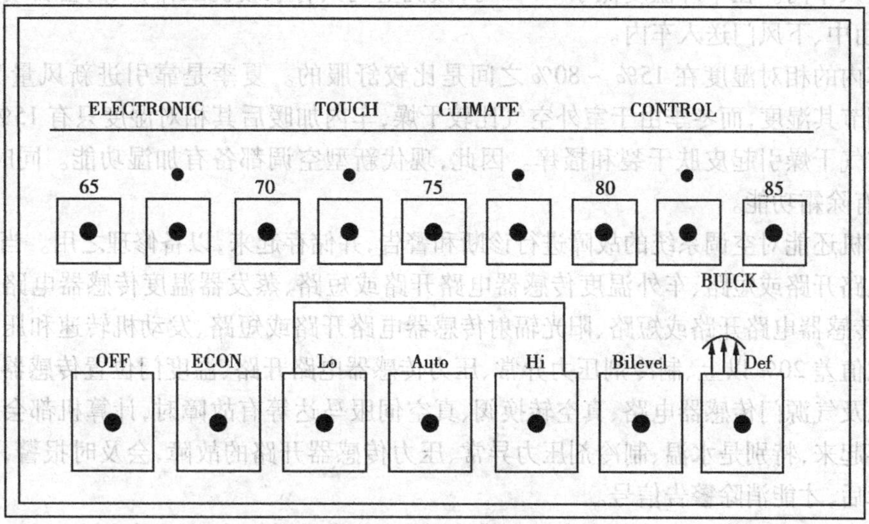


图 7-44 别克轿车微机空调控制面板

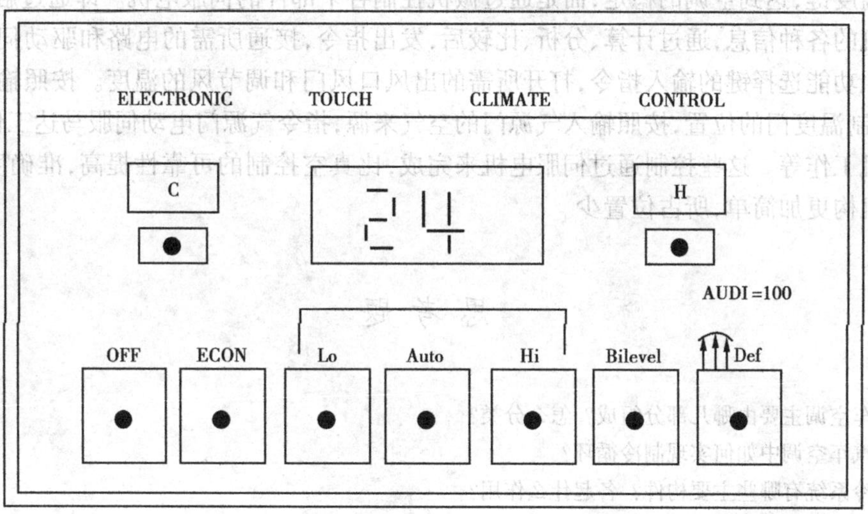


图 7-45 奥迪-100 轿车微机空调控制面板

若在夏季,按键在 Lo、Auto、Hi 三挡,温度选择在 25 ℃,则微机也会根据具体的情况决定运行方式,但其吹风口是中风门输空气进车内,当车外温度在 35 ℃,或车内温度在 30 ℃时,微机会关闭车外气源门和热水开关,让车内空气循环通过蒸发器降温,风扇高速运行,尽快降低车内的温度,达到 24 ℃时,车外空气按一定的比例进来,和车内空气一起循环,利于保持温度、湿度和节能。当车外温度在低于 15 ℃时,压缩机会自动停止工作,让车外空气按一定比例进来,通过加热器加热后由中风门输入车内,有利于保持车内温度、湿度。同时风扇的速度也会根据车内温度的高低由低速向高速变化,以保证车内舒适性的风量。在 15 ~ 35 ℃之间的车外温度,送进车内的风是先经过蒸发器降温除湿,然后再经加热器升温送到车内。输送的空调风温度根据车内的温度，由微机自动调节温度门，送风量也由风扇的转速来确定，车外空气按一定比例送入车内。在车外温度低于 15 ℃时，微机空调只有取暖机工作，风门会自动打开下风门，暖风由中、下风门送入车内。

汽车内的相对湿度在 15% ~80% 之间是比较舒服的。夏季是靠引进新风量为 40% ~55% 来调节其湿度，而冬季由于室外空气比较干燥，车内加暖后其相对湿度只有 15% ~30%，故车内空气干燥引起皮肤干裂和搔痒。因此，现代新型空调都备有加湿功能。同时，为保安全，都具有除霜功能。

计算机还能对空调系统的故障进行诊断和警告，并储存起来，以备修理之用。当车内温度传感器电路开路或短路、车外温度传感器电路开路或短路、蒸发器温度传感器电路开路或短路、水温传感器电路开路或短路、阳光辐射传感器电路开路或短路、发动机转速和压缩机转速的正常比值差 20% 以上、制冷剂压力异常、压力传感器电路开路、温度门位置传感器电路短路或开路以及气源门传感器电路、真空转换阀、真空伺服马达等有故障时，计算机都会将其故障代码储存起来，特别是水温、制冷剂压力异常、压力传感器开路的故障，会及时报警，直到修好这些故障后，才能消除警告信号。

微机空调的执行机构，和上节介绍的全自动空调原理一样，这里不再重复。

最新的微机控制的空调系统的执行机构已经不是用电磁真空阀和真空马达来操纵各个功能键和温度键，达到空调的稳定，而是通过微机控制各个部件的伺服电机。即通过触摸按钮输入到微机的各种信息，通过计算、分析、比较后，发出指令，接通所需的电路和驱动伺服电机转动。按照功能选择键的输入指令，打开所需的出风口风门和调节风的温度。按照输入的预选温度，控制温度门的位置，按照输入气源门的空气来源，指令气源门电动伺服马达工作，以及控制压缩机工作等。这些控制通过伺服电机来完成，比真空控制的可靠性提高，准确度增加，而且控制机构更加简单，所占位置少。

## 思考题

1. 汽车空调主要由哪几部分组成？怎么分类？
2. 在汽车空调中如何实现制冷循环？
3. 制冷系统有哪些主要构件？各起什么作用？
4. 汽车空调系统常用的控制元器件有哪些？各有何作用？
5. 试述全自动的汽车空调系统的工作原理。
6. 试述微机控制的汽车空调系统的功能和基本工作原理。

# 第 8 章 车身电器设备

车身电器设备主要包括：电动雨刮、玻璃洗涤器、电动座椅、电动门窗、电动门锁与电子钥匙锁、电动后视镜、电动天窗等，都经历了由手动到电动，再到电子控制的过程。它不仅提高了工作的可靠性，同时，还减轻了驾驶员的劳动强度。

## 8.1 电动刮水器及其控制电路

为了提高汽车在雨天和雪天行驶时驾驶员的能见度，专门设置了风窗玻璃刮水器。刮水器有真空式、气动式和电动式三种。气动式只适用于具有压缩空气气源的汽车，所以电动式刮水器应用较广。本书只介绍电动刮水器的基本知识。

### 8.1.1 构造和工作原理

电动刮水器，由电动机和一套传动机构组成，如图 8-1 所示。电动机 11 旋转，通过蜗杆蜗轮减速使与蜗轮上偏心相连的拉杆 8 往复运动，通过拉杆 7,3 和摆杆 2,4,6 带动左、右两刷架 1,5 作往复摆动，橡皮刷便刷去风窗玻璃上的雨水、雪或灰尘。

刮水电动机现多用永磁式电动机，它的磁极为铁氧体永久磁铁，因为铁氧体具有陶瓷的脆性、硬性和不耐冲击的特点，故又称陶瓷永磁，但它不易退磁，且价廉，所以在汽车上得到广泛使用。

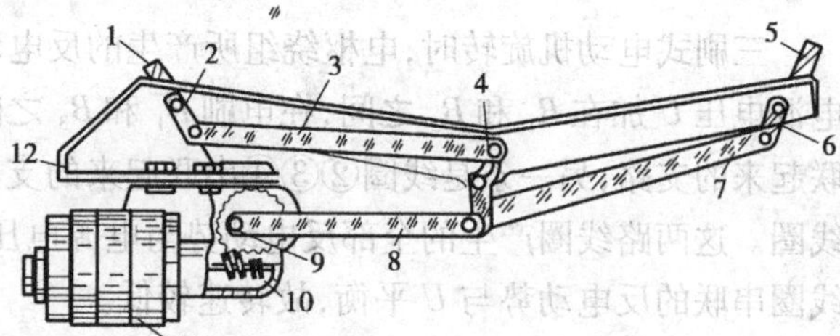


图 8-1 电动刮水器

1,5—刷架 2,4,6—摆杆 3,7,8—拉杆 9—蜗轮 10—蜗杆 11—电动机 12—底板

直流电动机的转速公式为

$$n = \frac{U - I_a R_a}{KZ\varphi} \quad (\mathrm{r/min}) \tag{8-1}$$

式中 $U$——电动机端电压；

$I_a$——通过电枢绕组中的电流；

$R_a$——电枢绕组的电阻；

$K$——常数；

$Z$——正、负电刷间串联的导体数；

$\varphi$——磁极磁通。

刮水电动机常采用改变两电刷间串联的导体数的方法，对其进行调速，如图 8-2 所示。

电刷 $B_3$ 为高低速公用电刷。$B_1$ 用于低速，$B_2$ 用于高速，$B_2$ 与 $B_1$ 相差 60°。电枢采用对称叠绕式。

永磁式三刷电动机，是利用3个电刷来改变正负电刷之间串联的线圈数实现变速的。当直流电动机工作时，在电枢内同时产生反电动势，其方向与电枢电流的方向相反。如要使电枢旋转，外加电压必须克服反电势 $e$ 的作用，即 $U>e$，当电枢转速上升时，反电动势也相应上升，只有当外加电压 $U$ 几乎等于反电动势 $e$ 时，电枢的转速才趋于稳定。

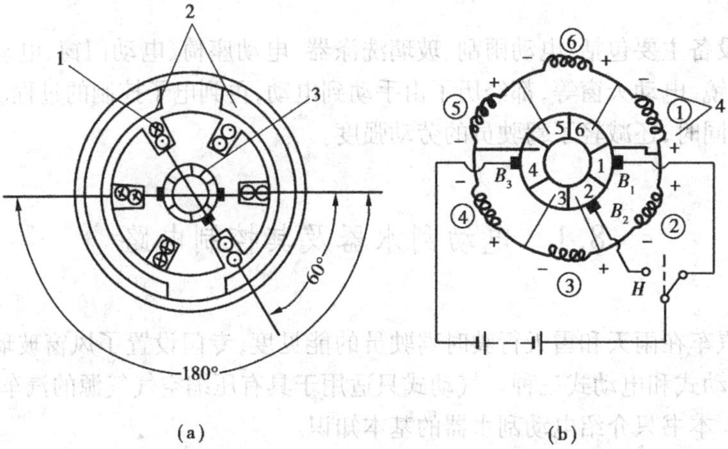


图 8-2 双速刮水电动机的工作原理

(a)结构原理 (b)电路原理

1—电枢绕组 2—永久磁铁 3—整流子 4—反电势

三刷式电动机旋转时，电枢绕组所产生的反电动势如图 8-2(b)所示。当开关拨向"$L$"时，电源电压 $U$ 加在 $B_1$ 和 $B_3$ 之间，在电刷 $B_1$ 和 $B_3$ 之间有两条并联支路，一条是由线圈①⑥⑤串联起来的支路；另一条是线圈②③④串联起来的支路，即在电刷 $B_1$、$B_3$ 间有两条支路，各 3 个线圈。这两路线圈产生的全部反电动势与电源电压平衡后，电动机便稳定旋转。由于有三个线圈串联的反电动势与 $U$ 平衡，故转速较低。

当开关拨向 $H$ 时，电源电压加在 $B_2$ 和 $B_3$ 之间，从图 8-2(b)可见。电枢绕组一条由 4 个线圈②①⑥⑤串联，另一条由两个线圈③④串联。其中线圈②的反电动势与线圈①⑥⑤的反电动势方向相反，互相抵消后，变为只有两个线圈的反电动势与电源电压平衡，因而只有转速升高使反电动势增大，才能得到新的平衡，故此时转速较高。可见，两电刷间的导体数减少，就会使电动机的转速升高，这就是永磁三刷电动机变速的原理。

另外，为了不影响驾驶员的视线，要求刮水器片自动复位，不管在什么时候切断电源，刮水器的橡皮刷都能自动停止在风窗玻璃的下部。图 8-3 为刮水器自动复位装置的示意图。

在减速蜗轮 8(由尼龙制成)上，嵌有铜环，其中较大的一片 9 与电机外壳相连接而搭铁，触点臂 3、5 用磷铜片制成(有弹性)，其一端分别铆有触点与蜗轮端面或铜片接触。

当电源开关 1 接通，把刮水器开关拉到"Ⅰ"挡(低速挡)时，电流从蓄电池正极→开关 1→熔断丝 2→$B_3$ 电刷→电枢绕组→$B_1$ 电刷→接线柱②→接触片 10→接线柱③→搭铁→蓄电池负极，形成回路，电动机以低速运转。

当刮水器开关拉到"Ⅱ"挡时，电流从蓄电池正极→开关 1→熔断丝 2→电刷 $B_3$→电枢绕组→电刷 $B_2$→接线柱④→接触片 10→接线柱③→搭铁→蓄电池负极，形成回路，电动机以高速运转。

当刮水器开关推到"0"挡(停止)时，如果刮水器橡皮刷没有停到规定位置时，由于触点与

铜环 9 接触,则电流继续流入电枢,其电路为蓄电池正极→开关 1→熔断丝 2→电刷 $B_3$→电枢

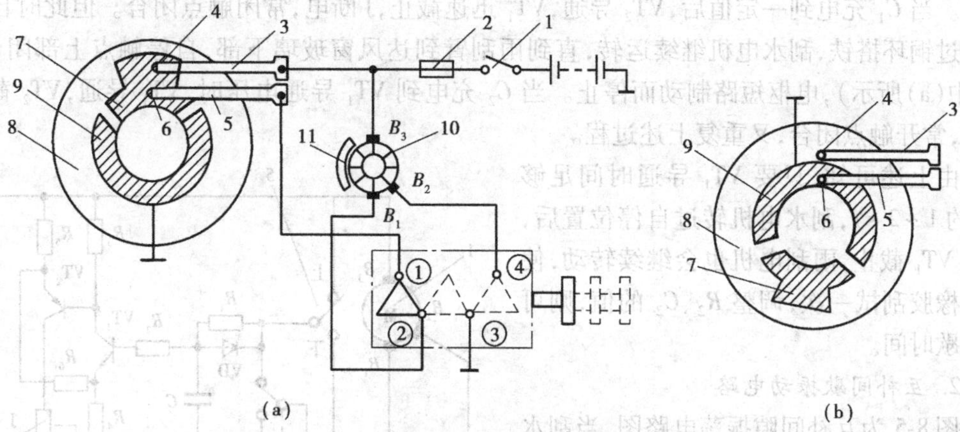


图 8-3　自动复位装置

(a)电枢短路制动　(b)雨刮电机继续转动

1—电源开关　2—熔断丝　3、5—触点臂　4、6—触点

7、9—铜环　8—蜗轮　10—电枢　11—永久磁铁

绕组→电刷 $B_1$→接线柱②→接触片→接线柱①→触点臂 5→铜环 9→搭铁→蓄电池负极,形成回路(如图 8-3(b)所示),电动机以低速运转直至蜗轮旋转到图 8-3(a)所示的特定位置,电路中断。由于电枢的惯性,电机不可能立即停止转动,电动机以发电机方式运行,因此时电枢绕组通过触点臂 3、5,与铜环 7 接通而短路,电枢绕组产生很大的反电动势,产生制动力矩,电机迅速停止转动,使橡皮刷复位到风窗玻璃的下部。

## 8.1.2　间隙式电动刮水器

汽车在毛毛细雨或雾天、小雪天气中行驶时,如按前述的刮水器速度(哪怕是低速)进行刮拭,那么风窗玻璃上的微量水分和灰尘就会形成一个发粘的表面。因此,不仅不能将风窗玻璃刮拭干净,反而会使玻璃模糊不清,留下污斑,影响驾驶员的视线。因此,现代汽车上一般都增设了电子间隙控制系统。在碰到上述情况时,开动间隙开关,使刮水器按一定周期自动停止和刮拭,即每刮水一次停止 2 ~ 12 s,这样,可使驾驶员获得良好的视野。下面介绍几种实用电路:

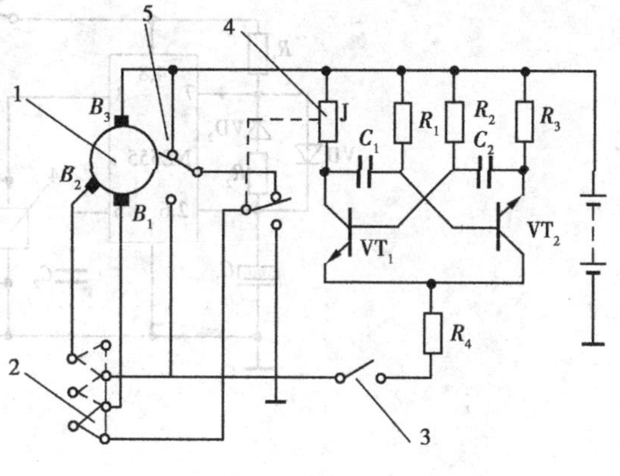


图 8-4　电子间歇刮水器

$R_1 = 20\ k\Omega$　$R_2 = 100\ k\Omega$　$R_4 = 51\ \Omega$

$R_3 = 680\ \Omega$　$C_1 = C_2 = 100\ \mu F$

$VT_1 = VT_2$—CS9012　VD—1N4148

1—刮水电机　2—刮水器开关

3—间歇刮水开关　4—继电器　5—自停开关

### 1. 无稳态方波发生器

图 8-4 为 $VT_1$、$VT_2$ 组成无稳态多谐振荡器。其工作原理与闪光器相同。$R_1$、$C_1$ 决定 J 通电吸合时间,$R_2$、$C_2$ 决定 J 的断电时间。当雨刮开关处在“0”挡位置时,刮水电动机电枢被 $B_3$、$B_1$ 电刷和自停触点(即图 8-3(a)中的 3、5)和继电器 J 的常闭触点短路,电动机不转动。

此时,若接通间隙开关,则 $VT_1$ 导通,$VT_2$ 截止,J 通电动作,常开触点闭合,此时刮水电机低速运转。当 $C_1$ 充电到一定值后,$VT_2$ 导通,$VT_1$ 迅速截止,J 断电,常闭触点闭合。但此时自停触点通过铜环搭铁,刮水电机继续运转,直到雨刮臂到达风窗玻璃下部,自停触点上部闭合(图 8-3 中(a)所示),电枢短路制动而停止。当 $C_2$ 充电到 $VT_1$ 导通电压时,$VT_1$ 导通,$VT_2$ 截止,J 动作,常开触点闭合,又重复上述过程。

由上述可知,只要 $VT_1$ 导通时间足够长(约 1 ~ 2 s),刮水电机转过自停位置后,即使 $VT_1$ 截止,雨刮电机也会继续转动,使雨刮橡胶刮拭一次,调整 $R_2$、$C_2$ 的值,则可调间歇时间。

2. *互补间歇振动电路*

图 8-5 为互补间隙振荡电路图,当刮水器开关置于断开位置("0"挡),间歇开关置于接通位置时,电源便向 $C$ 充电。当 $C$ 两端电压增加到一定值时,$VT_1$ 导通,$VT_2$ 也随之导通,继电器 J 得电,常闭触点打开,常开触点闭合,刮水电机运转。此时的电路为蓄电池正极→$B_3$→$B_1$→刮水器开关→J 的常开触点→搭铁→蓄电池负极。

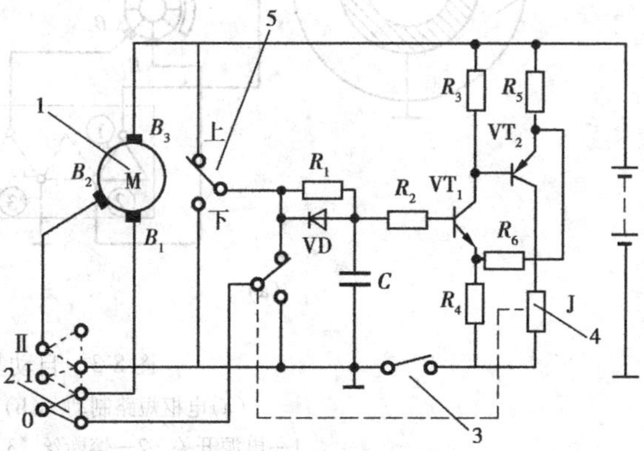


图 8-5　互补间隙振荡器

1—刮水电机　2—刮水器开关　3—间歇刮水开关

4—继电器　5—自停开关

当刮水电机转动使自停触点与下边接触时,(见图 8-3(b)),电容器 $C$ 便通过 VD 迅速放电,此时刮水电机仍继续运转。电容 $C$ 放电,使 $VT_1$ 的基极电位降低,从而使 $VT_1$、$VT_2$ 转为截止状态,J 中的电流中断,常闭触点闭合。但由于这时自停触点与下边接触,故刮水电机仍继续转动,直到刮水橡皮刷摆回原位,自停触点接通为止,电机才因电枢短路而停止。接着电源又通过自停触点向 $C$ 充电,重复上述过程,使刮水器橡皮刷间隙动作。其停歇时间长短取决于 $R_1$、$C$ 的充电时间常数。并且由上述工作原理可知,这种电路保证每个停歇周期内,雨刷只

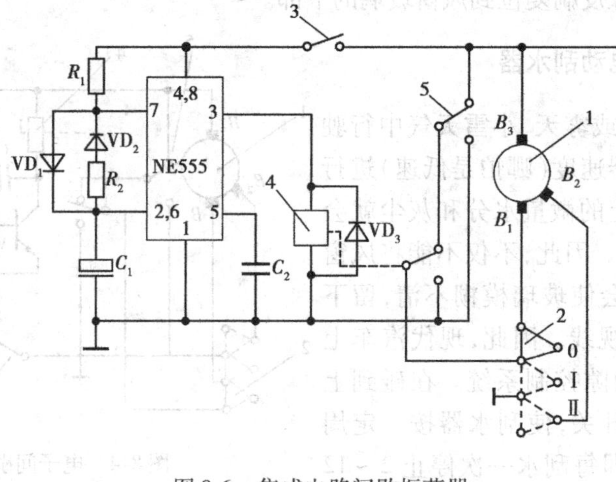


图 8-6　集成电路间歇振荡器

1—刮水电机　2—刮水器开关　3—间歇刮水开关

4—继电器　5—自停开关

摆动一次。

3. 集成电路电子间隙振荡电路

图 8-6 是用 NE555 集成电路接成的振荡器，充电时间为 $R_1$、$C_1$，放电时间为 $R_2$、$C_1$。当间隙开关闭合时，电路输出高电位，继电器 J 得电，常开触点闭合，刮水电机运转。经过一定时间后，电路翻转，3 端输出低电平，J 断电，常开触点断开，常闭触点闭合，此时，刮水电机继续运转，直至自停触点闭合，雨刷片停在原始位置。

4. 全电子间隙振荡器

上面所述，间隙刮水器都是用继电器控制刮水电机的运转或停止，由于工作电流较大，触点易烧蚀，耐震性差，寿命短。图 8-7 所示电路用达林顿管作为无触点开关，克服了上述缺点。

方波发生器用 NE555 时基电路产生，充电时间为 $R_1C_1$，放电时间为 $R_2C_1$。集成块 3 输出的方波控制达林顿管 VT 的导通和截止，所以 VT 相当于一个无触点开关。由于达林顿管的电流就能实行通断控制，且输出功率大，耐压高，达林顿管内部接有保护二极管，用以防止在断开感应负载时，所产生的自感电势将其反向击穿。

当刮臂往返一次到初始位置时，电子间歇控制器的 $P$ 端从蜗轮上的自动停位片上取得一跳变的高电平，并利用其跳变的上升沿，去触发一个由 CD4011 构成的单稳电路。单稳电路输出一个宽为 $t=0.7R_8C_7$ 的正脉冲。经过 $VD_2$、$R_3$ 向 $C_1$ 充电，当 $C_1$ 上的电压 $U_A$ 上升到$\frac{2}{3}V_{CC}$ 并充至 $V_{CC}$，从而导致 NE555 输出 $V_0$ 翻转为低电平，使 VT 迅速截止，电动机电源被切断，使其停在起始位置上。

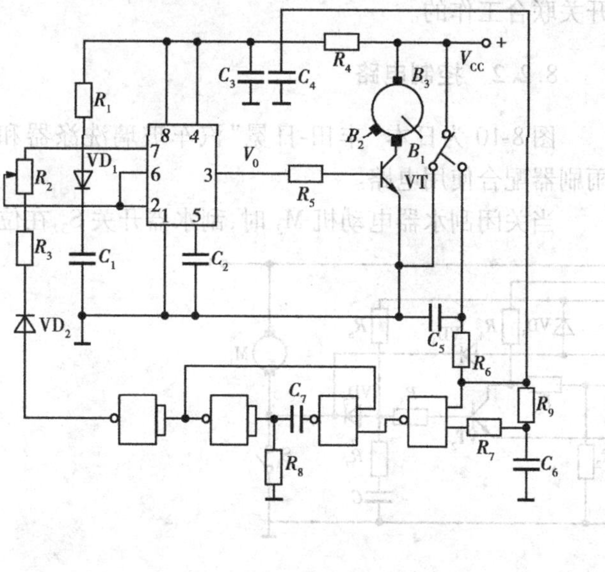


图 8-7 全电子间歇振荡器

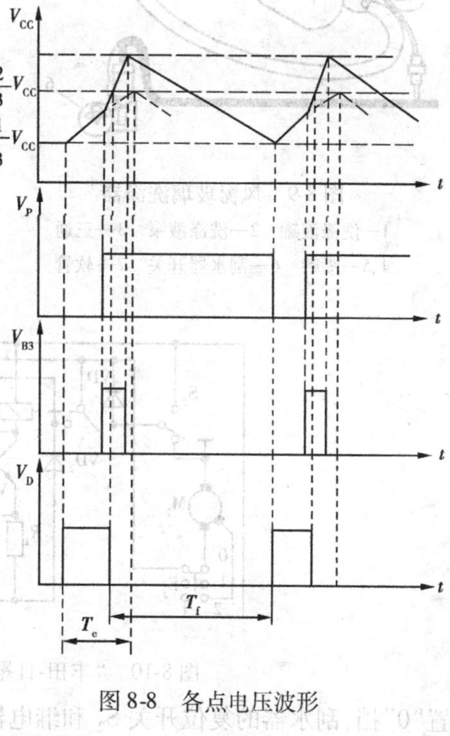


图 8-8 各点电压波形

然后 $C_1$ 上的电压 $V_A = V_{CC}$ 通过 $R_2$，NE555 的 7 脚进行放电，经过间歇时间 $VT_f$，在 $V_A \leqslant \frac{1}{3}V_{CC}$ 时，NE555 的输出 $V_0$ 又变为高电平，使 VT 饱和导通，电动机通电运转。如此反复，刮水器便间歇动作。

各点工作电压波形如图 8-8 所示。

## 8.2 风窗玻璃洗涤器

为了消除附在风窗玻璃上的脏物，现代汽车上又增设了风窗玻璃洗涤器，并与刮水器配合工作，保持驾驶员的良好视线。

### 8.2.1 组成

风窗玻璃洗涤器由洗涤液缸 1、电动泵 2、聚氯乙烯软管 7、三通 3、喷嘴 4、5 及刮水器开关 6 组成，如图 8-9 所示。

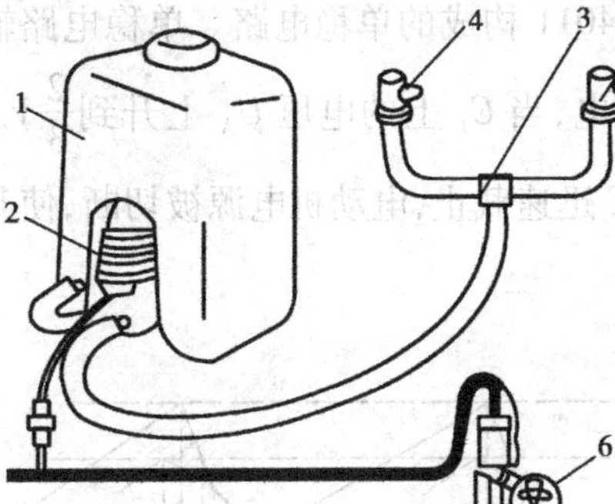


图 8-9 风窗玻璃洗涤器

1—洗涤液罐 2—洗涤液泵 3—三通 4、5—喷嘴 6—刮水器开关 7—软管

电动泵由永磁直流电动机和离心式叶片泵组成一体，喷射压力约 70 ~ 88 kPa。喷嘴安装在风窗玻璃下面，其喷嘴方向可以调整，使水喷射在风窗玻璃的适当位置。洗涤泵连续工作时间一般不超过 1 min，且应先开动液泵，后开动刮水器。在喷水停止后，刮水器应继续刮 3 ~ 5 次，这样配合使用才能达到良好的洗涤效果。所以洗涤器的电路，一般都是与刮水器开关联合工作的。

### 8.2.2 控制电路

图 8-10 为日本“丰田-日冕”汽车玻璃洗涤器和雨刷器配合使用电路。

当关闭刮水器电动机 $M_2$ 时，刮水器开关 $S_3$ 在位置“0”挡，刮水器的复位开关 $S_2$ 和继电器 J 的常闭触点使 $M_2$ 的电枢短路，这时电容器 $C$ 经继电器线圈，$VD_3$、$R_6$、$R_7$ 充电。当玻璃洗涤器开关 $S_1$ 接通时，电动泵 $M_1$ 起动，开始向风窗玻璃喷水。电容器 $C$ 经电阻 $R_7$、二极管 $VD_5$ 和开关 $S_1$ 放电。且当接通 $S_1$ 时，继电器 J 的绕组经二

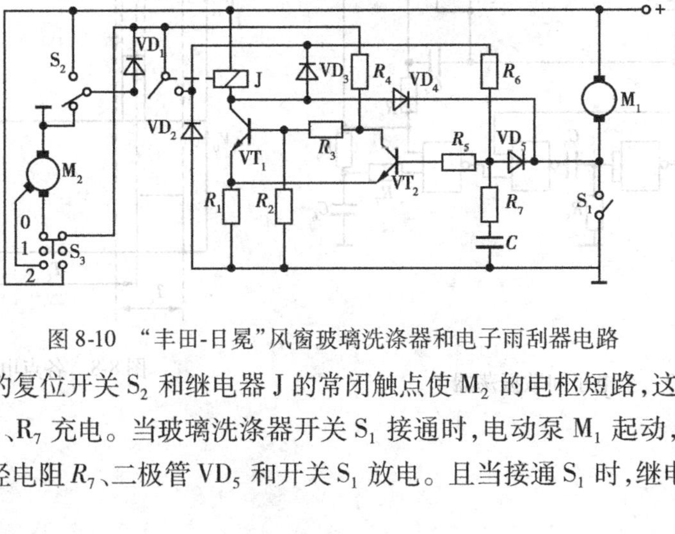


图 8-10 “丰田-日冕”风窗玻璃洗涤器和电子雨刮器电路

极管 $VD_4$ 和 $S_1$ 搭铁形成回路，继电器 J 动作，常开触点闭合。当打开刮水器开关时，($S_3$ 处于 1 挡)。继电器 J 绕组的电感引起一定的延时，电流流经继电器闭合触点和电阻 $R_4$、$R_3$、$R_2$ 组成的分压器，使 $VT_1$ 导通，所以只有在 $S_1$ 关闭时，电流才能流经继电器 J。当切断开关 $S_1$ 时，放电电容器经电阻 $R_6$ 和 $R_7$ 重新充电，当 $C$ 的电压充到足够使 $VT_2$ 导通时，$VT_2$ 导通，这时在由 $R_4$、$R_3$、$R_2$ 组成的分压器网络下部，经导通的 $VT_2$ 补充一个电阻 $R_1$，使 $VT_1$ 的基极电位低于门限值，$VT_1$ 截止，继电器 J 断电，刮水器电动机 $M_2$ 停止工作。由电容器 $C$ 和电阻 $R_6$ 及 $R_7$ 组成的延迟网络决定切断电动机 $M_2$ 的延迟时间。二极管 $VD_1$、$VD_2$ 和 $VD_3$ 起保护作用。

## 8.3 汽车电磁波的干扰及防止

汽车电气设备中，有许多导线、线圈和电子元件，都具有不同程度的电容和电感，而任何一个具有电感和电容的闭合回路都会形成振荡回路。当电气设备工作产生火花时，就会产生高频振荡并以电磁波的形式发射到空中，对汽车上及周围数百米范围内的收音机、电视机和其他无线电装置的正常工作，产生不同程度的干扰。

无线电干扰源主要是发动机的点火系统，其干扰波是由配电器中的间隙和火花塞间隙的火花放电引起的，如图 8-11 所示。其次，在发电机负载电流突变和整流也会产生电磁波，起动机，触点式电磁振动电喇叭，仪表系统等也都会产生较小的干扰波。

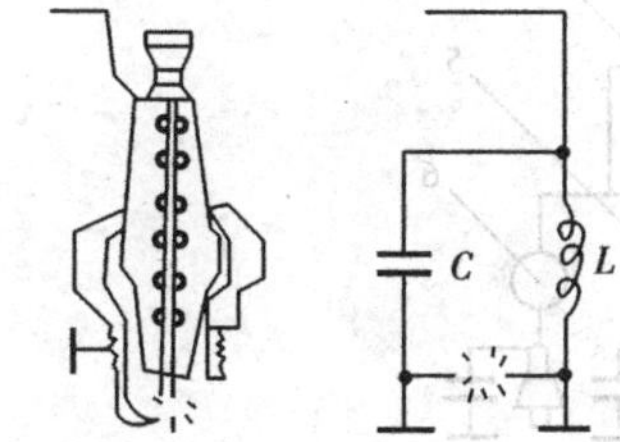

图 8-11　点火系中振荡回路形式

汽车电器产生的干扰电磁波具有脉冲特性且频带较宽，其频率一般在 0.15 ~ 1 000 MHz 之间。

汽车电器产生的干扰电磁波，分传导干扰和辐射干扰两种。传导干扰电磁波，是通过汽车导线直接输入无线电设备和电子设备内部的，而辐射干扰电磁波则是在空间传播，通过天线(如点火系高压线就相当于天线)输入无线电设备内部。

在装有电子设备的汽车上，除了无线电设备本身采取防干扰措施外(如在收音机天线上加扼制线圈，在电源上加滤波器、合理选择收音机的安装位置并加金属屏蔽等)，还必须在产生干扰电磁波的汽车电器上采取抑制措施。一般采取的措施有：

1. 加阻尼电阻

在点火装置的高压电路中，串入阻尼电阻，削弱火花产生的干扰电磁波。阻尼电阻值越大，抑制效果越好。但阻尼电阻太大，又会减少火花塞电极间的火花能量。阻尼电阻一般用碳质材料制成，电阻值约 10 ~ 20 kΩ，其结构如图 8-12 所示。阻尼电阻加在点火线圈端和火花塞接头端。

2. 加并联电容器

在可能产生火花处并联电容器，如在调节器的“电池”接柱与“搭铁”之间和发电机“电枢”接柱与“搭铁”之间并联 0.2 ~ 0.8 μF 的电容器；在水温表和机油压力表的传感器触点间并联 0.1 ~ 0.2 μF 电容器；在闪光继电器和电喇叭的触点处并联 0.5 μF 电容器等。图 8-13 是装有收音机的汽车的防干扰装置。

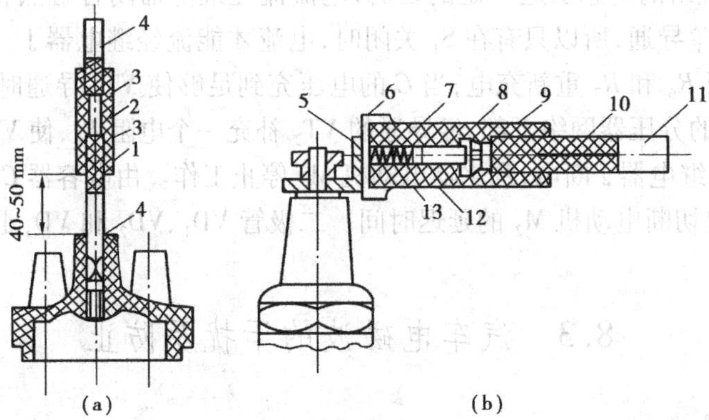


图 8-12　高压阻尼线

(a)点火线圈端加阻尼电阻　(b)火花塞端加阻尼电阻

1—胶木壳　2—电阻　3—装接钉　4—导线　5—紧固角架　6—罩杯　7—胶木壳

8—碳质电阻　9—螺钉　10—金属线芯　11—高压线　12—黄铜接触垫圈　13—弹簧

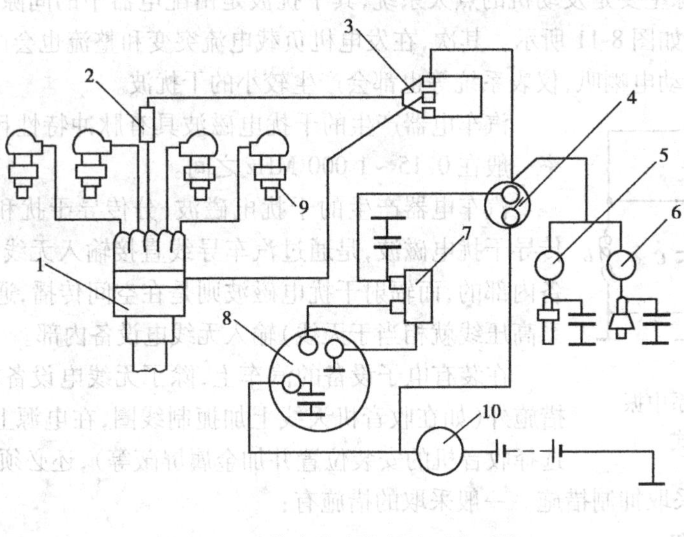


图 8-13　装有收音机的防干扰系统

1—分电器　2—阻尼电阻　3—点火线圈　4—点火开关

5—水温表　6—油压表　7—调节器

8—交流发电机　9—火花塞　10—电流表

3. 金属屏蔽

在所有容易产生火花的汽车电器上,用金属网遮蔽起来。导线也用密织的金属网或金属导管套起来,并将其搭铁。这样就使这些电器因工作火花而发射的电磁波,在金属屏蔽内感应寄生电流产生焦耳热而耗散,从而起到防干扰的作用。

这种措施有较好的防干扰效果,但装置复杂,成本高,并且会增大高压电路的分布电容,影响点火性能。因此,一般只用在特殊需要的汽车上。如图 8-14 所示。

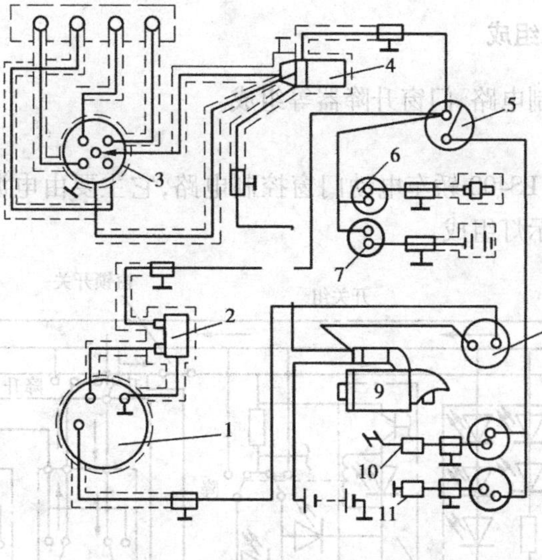

图 8-14　装有高灵敏度无线电设备时的防干扰装置

1—交流发电机　2—调节器　3—分电器　4—点火线圈

5—点火开关　6—水温表　7—油压表　8—电流表

9—起动机　10—刮水电机　11—风扇电机

4. 感抗型高压阻尼线

目前国内外多采用高压阻尼线，其线芯是用 $\phi$0.1 mm 的镍铬铝丝绕成，相当于电感、电容及电阻三者的复合体，抑制效果比集中电阻的效果更好。其结构如图 8-12(b)所示。

感抗型阻尼线的规格见表 8-1 所列。

**表 8-1　感抗型阻尼线规格**

| 气　　缸 | 长　　度/mm | 电　　阻/Ω |
|---|---|---|
| 1 | 790 | 2 865 |
| 2 | 775 | 2 855 |
| 3 | 770 | 2 790 |
| 4 | 770 | 2 804 |
| 5 | 775 | 2 754 |
| 6 | 800 | 2 822 |
| 总　高　压　线 | 745 | 2 612 |

## 8.4　电 动 门 窗

电动门窗，是指以电为动力使门窗玻璃自动升降的门窗。它是由驾驶员或乘员操纵开关接通门窗升降电动机的电路，电动机产生动力通过一系列的机械传动，使门窗玻璃按要求进行升降。其优点是操作简便，有利于行车安全。

## 8.4.1　电动门窗的组成

电动门窗主要由控制电路、门窗升降器等组成。

1. 控制电路图

图 8-15 所示为凌志 LS400 轿车电动门窗控制电路，它主要由电源、易熔线、断路器、主继电器、开关、电动机和指示灯组成。

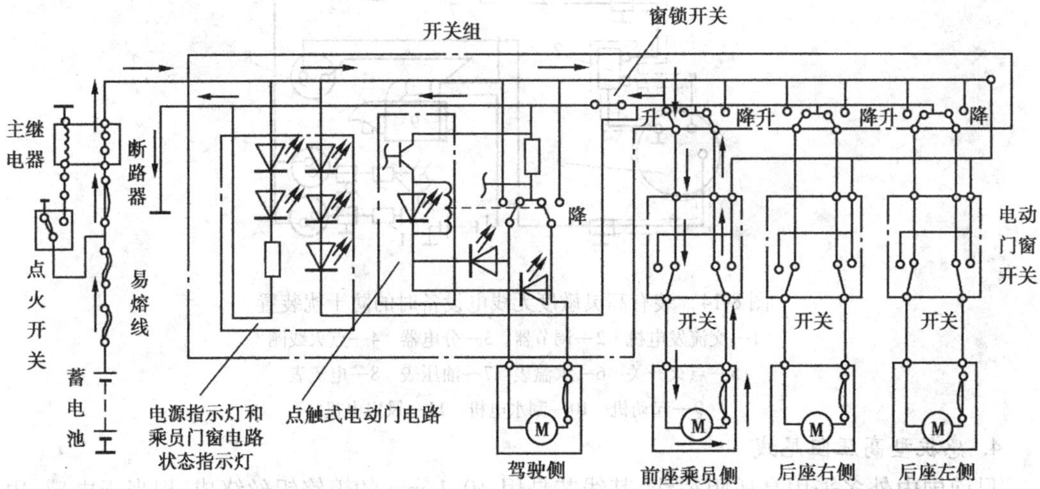


图 8-15　凌志 LS400 桥车电动门窗控制电路

(1) 电源

它为电气设备提供电能，以使电气设备工作。汽车的电源主要是发电机和蓄电池。

(2) 易熔线

易熔线的作用是防止电流过大而损坏电气设备。

(3) 断路器

电路或电动机内装有一个或多个热敏断路器，用以控制电流，防止电动机过载。当车窗完全关闭或由于结冰等原因使车窗玻璃不能自如运动时，即使操纵开关没有断开，热敏开关也会自动断路。其基本原理是，当电动机过载时，其阻抗减小甚至为零，此时，输入的电流过大，引起断路器的双金属片发热变形而断路。当关断开关后其电路中的电流为零，断路器的双金属片因无电流通过，便逐渐冷却触点又恢复接触状态，以备再次接通门窗的电路。

(4) 主继电器

主继电器的作用是接通或断开门窗电路。当接通点火开关电路时，同时也接通了主继电器的线圈电路，主继电器接通门窗的电路。当关断点火开关时，主继电器同时也断开门窗的电路，以防损坏电气组件和发生意外。

(5) 开关

开关用来控制门窗玻璃升降。一般电动门窗系统都装有两套控制开关；一套装在仪表板或驾驶员侧车门扶手上（即方便于驾驶员操纵的位置），为主开关，它由驾驶员控制每个车窗的升降。另一套分别装在每一个乘员的车门上，它为分开关，可由乘员操纵。一般在主开关上还装有窗锁开关。如果将其断开，则分开关就不起作用。

有的车上还专门装有一个延迟开关，在点火开关断开后约 10 min 内，或在打开车门以前，仍有电源提供，使驾驶员和乘员能有时间关闭车窗。

(6)指示灯

指示灯是用来指示门窗电路的工作状态。它主要有电源指示灯、乘员门窗电路指示灯和驾驶员侧门窗升降状态指示灯几种。电源指示灯的点亮或熄灭表示电源电路的通断。即门窗电路导通时，电源指示灯点亮，电源断开时指示灯熄灭。当接通窗锁开关时，乘员门窗电路指示灯点亮，断开时熄灭。

2. 门窗升降器

门窗升降器是一个执行机构，它是执行驾驶员或乘员的指令使门窗升降。它主要由电动机、传动装置等组成。

(1)电动机

电动机是用来为门窗的升降提供动力的装置。门窗升降电动机采用双向转动的电动机。它有永磁型和双绕组型两种。永磁型的电动机是外搭铁，双绕组型的电动机则是各绕组搭铁。这两种电动机都是通过改变电流方向来实现正反转以实现门窗的升或降。

(2)传动装置

按传动方式可分为齿扇式和齿条式两种。

1)齿扇式：齿扇式升降器如图 8-16 所示。齿扇上连有螺旋弹簧，当门窗下降时螺旋弹簧收缩吸收能量；当门窗上升时螺旋弹簧伸展而释放能量，以减轻电动机的负荷。于是无论门窗上升或下降，电动机的负荷基本相同。当电动机传动时，通过蜗轮蜗杆减速并改变旋转方向，使齿扇转动，并带着门窗上下进行升降。

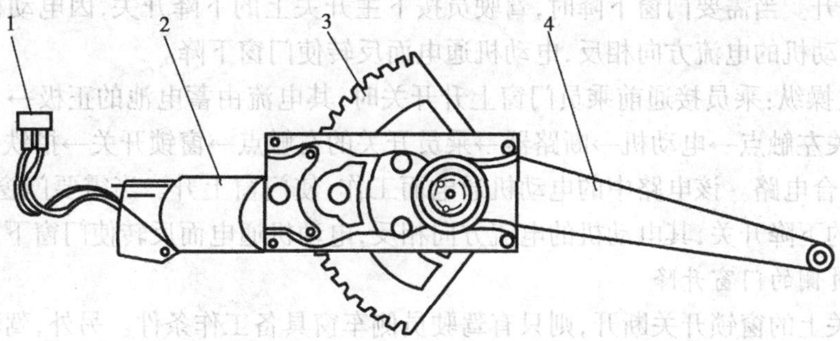


图 8-16　齿扇式电动门窗升降器

1—电源接头　2—电动机　3—齿扇　4—推力杆

2)齿条式：齿条式的升降器如图 8-17 所示。升降器采用柔性齿条和小齿轮。当电动机转动时，通过蜗轮蜗杆减速机构将动力传给小齿轮，小齿轮又使齿条移动，齿条通过拉绳带着门窗进行升降。

## 8.4.2　工作原理(以日本凌志 LS400 轿车为例)

如图 8-15 所示，当点火开关转至点火挡时，电动门窗主继电器工作，触点闭合，给电动门窗电路提供了电源，此时，电源指示灯点亮。如将主开关上的窗锁开关闭合，那么所有车窗都可随时进入工作状态，乘员门窗的指示灯点亮。

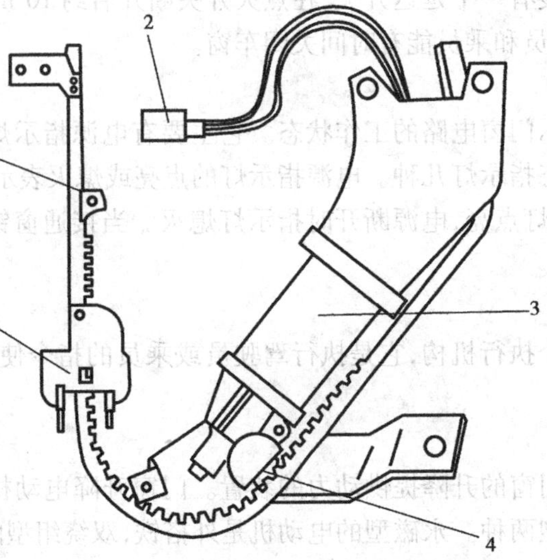


图 8-17　齿条式电动门窗升降器

1—齿条　2—电源接头　3—电动机　4—小齿轮　5—凸片

1. 前右侧门窗升降

(1)驾驶员操纵:当驾驶员按下主开关相应的前乘员门窗上升开关时,其电流由蓄电池的正极→易熔线→断路器→主继电器→主开关→前乘员开关左触点→电动机→断路器→乘员开关的右触点→窗锁开关→搭铁→蓄电池的负极,构成闭合回路。该电路中的电动机通电而工作,使门窗上升。当需要门窗下降时,驾驶员按下主开关上的下降开关,因电动机是永磁双向电动机,其电动机的电流方向相反,电动机通电而反转使门窗下降。

(2)乘员操纵:乘员接通前乘员门窗上升开关时,其电流由蓄电池的正极→易熔线→断路器→乘员开关左触点→电动机→断路器→乘员开关的右触点→窗锁开关→搭铁→蓄电池的负极,构成了闭合电路。该电路中的电动机通电而工作,使门窗上升。当需要门窗下降时,乘员按下开关上的下降开关,其电动机的电流方向相反,电动机通电而反转使门窗下降。

2. 驾驶员侧的门窗升降

若主开关上的窗锁开关断开,则只有驾驶员侧车窗具备工作条件。另外,驾驶员侧的车窗开关由点触式电路控制。门窗在下降过程中,如果要使其停止在某一位置,只要再点触一下开关即可。其工作电路为:当驾驶员侧的门窗需要下降时,可按下主开关上下降按钮,其电流由蓄电池的正极→断路器→电动机→驾驶员侧开关的另一触点→窗锁开关→蓄电池的负极,构成闭合电路。与此同时,触点式开关的电路也同时接通,下降指示灯点亮,继电器线圈也通电而产生吸力,保持开关处于下降工作状态直至下降到极限位置。在下降过程中,如果要使门窗停在某一位置,驾驶员可再点触一下开关,则继电器线圈断路,门窗下降停止。

其他后座乘员左、右门窗的升降操纵与前乘员侧的操纵方法相同,在此不再叙述。

# 8.5 电动天窗

汽车天窗用来使车内驾驶员或乘员采光、通风、遮阳等。按天窗开闭能量来源可分为手动天窗和电动天窗。一般大型客车和大型货车多是靠人力将天窗打开或关闭,电动天窗是靠电动机的动力来将天窗打开或关闭。大客车的天窗有向上平升、斜开和关闭三个工作状态,大货车的天窗只能斜开和关闭两个工作状态。小轿车多采用电动天窗,以下主要介绍电动天窗的组成和工作过程。

## 8.5.1 电动天窗的组成

汽车上的电动天窗主要有开关、电子控制系统和执行机构等组成。如图 8-18 所示。

1. 开关

电动天窗的开关可分为开关组和限位开关。

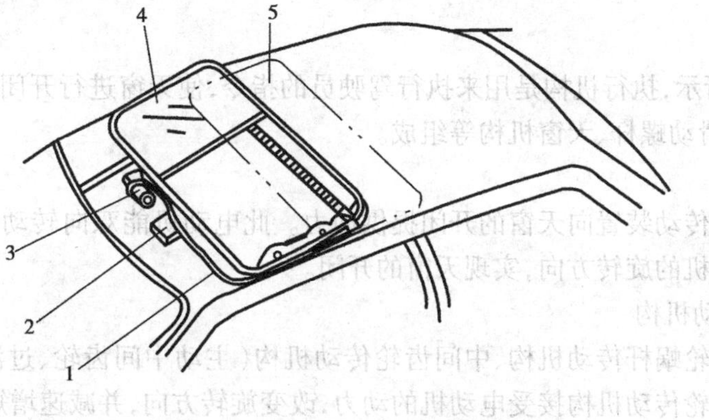


图 8-18 电动天窗结构图

1—滑动螺杆 2—ECU 3—电动机及驱动齿轮 4—天窗玻璃 5—遮阳板

(1)开关组

如图 8-19 所示,开关组的作用是用来使电动天窗执行机构的电动机实现正反转,使天窗实现不同状态的工作。开关组包括滑动开关和斜升开关。滑动开关有滑动打开、滑动关闭和断开(中间位置)三个位置;斜升开关也是有斜升、斜降和断开(中间位置)三个位置。

(2)限位开关

如图 8-20 所示,它由限位开关 1、限位开关 2 和凸轮组成。限位开关 1 是用来检测天窗的停止位置,即在完全关闭前 200 mm 处的位置和天窗斜降全关闭位置;限位开关 2 是检测天窗完全关闭位置。

限位开关主要是用来检测天窗所处的位置,犹如一个行程开关。限位开关是靠凸轮转动来实现断开和闭合,凸轮安装在驱动机构的动力输出端。当电动机将动力输出时,通过驱动齿轮和滑动螺杆减速以后带动凸轮转动,于是凸轮的周缘的突起部位顶动开关使其开闭,以实现对天窗的自动控制。

2. 电子控制系统 ECU

如图 8-21 所示,电子控制系统 ECU 是一个数字控制电路,并设有定时器、蜂鸣器和继电

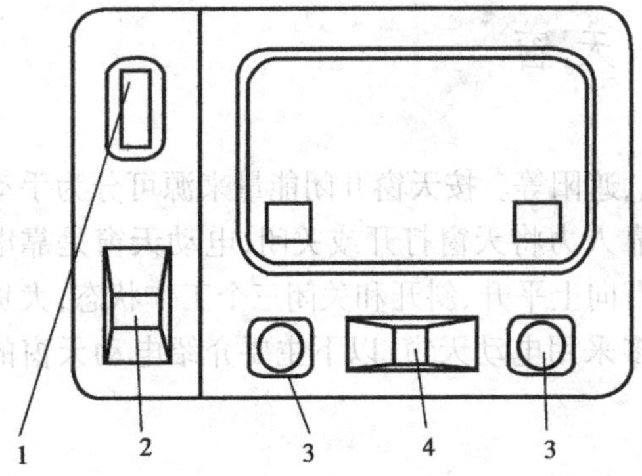


图 8-19　电动天窗开关组

1—斜升开关　2—滑动开关　3—阅读灯开关　4—顶灯开关

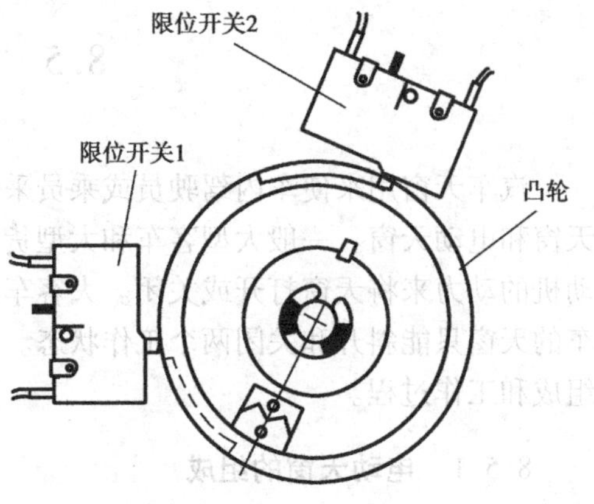


图 8-20　限位开关

器等。其作用是接受开关输入的信息，通过数字电路进行逻辑运算，确定继电器的动作，以控制天窗开闭。

3. 执行机构

如图 8-22 所示，执行机构是用来执行驾驶员的指令，使天窗进行开闭。它主要由电动机、齿轮驱动机构、滑动螺杆、天窗机构等组成。

(1)电动机

电动机通过传动装置向天窗的开闭提供动力。此电动机能双向转动，即通过改变电流的方向以改变电动机的旋转方向，实现天窗的开闭。

(2)齿轮传动机构

它主要由蜗轮蜗杆传动机构、中间齿轮传动机构（主动中间齿轮、过渡中间齿轮）和驱动齿轮等组成。齿轮传动机构接受电动机的动力，改变旋转方向，并减速增矩将动力传给滑动螺杆，使天窗实现开闭，同时又将动力传给凸轮，使凸轮顶动限位开关进行开闭。

主动中间齿轮与蜗轮固装在同一轴上，并与蜗轮同步转动。过渡中间齿轮与驱动齿轮固装在同一输出轴上，被主动中间齿轮驱动，使驱动齿轮带动滑动螺杆传动。

(3)滑动螺杆

滑动螺杆的作用是将驱动齿轮传来的动力，传给天窗机构的后枕座，使天窗机构进行开闭。

(4)天窗机构

天窗机构如图 8-23 所示，天窗机构接纳滑动螺杆传来的动力，通过后枕座 5、连杆 6 使导向销 3 在托架 8 固定的几何形状槽内沿导向槽 4 的轨迹滑动，实现天窗 1 理想的开闭动作。

### 8.5.2　电动天窗的工作过程

电动天窗有 9 种工作状态，即滑动打开、滑动关闭、全关闭前 200 mm 处停止、从停止到关闭、全关闭时的停止、斜升、斜升提醒、斜降、斜降至全关闭位置时停止。电动天窗的工作原理

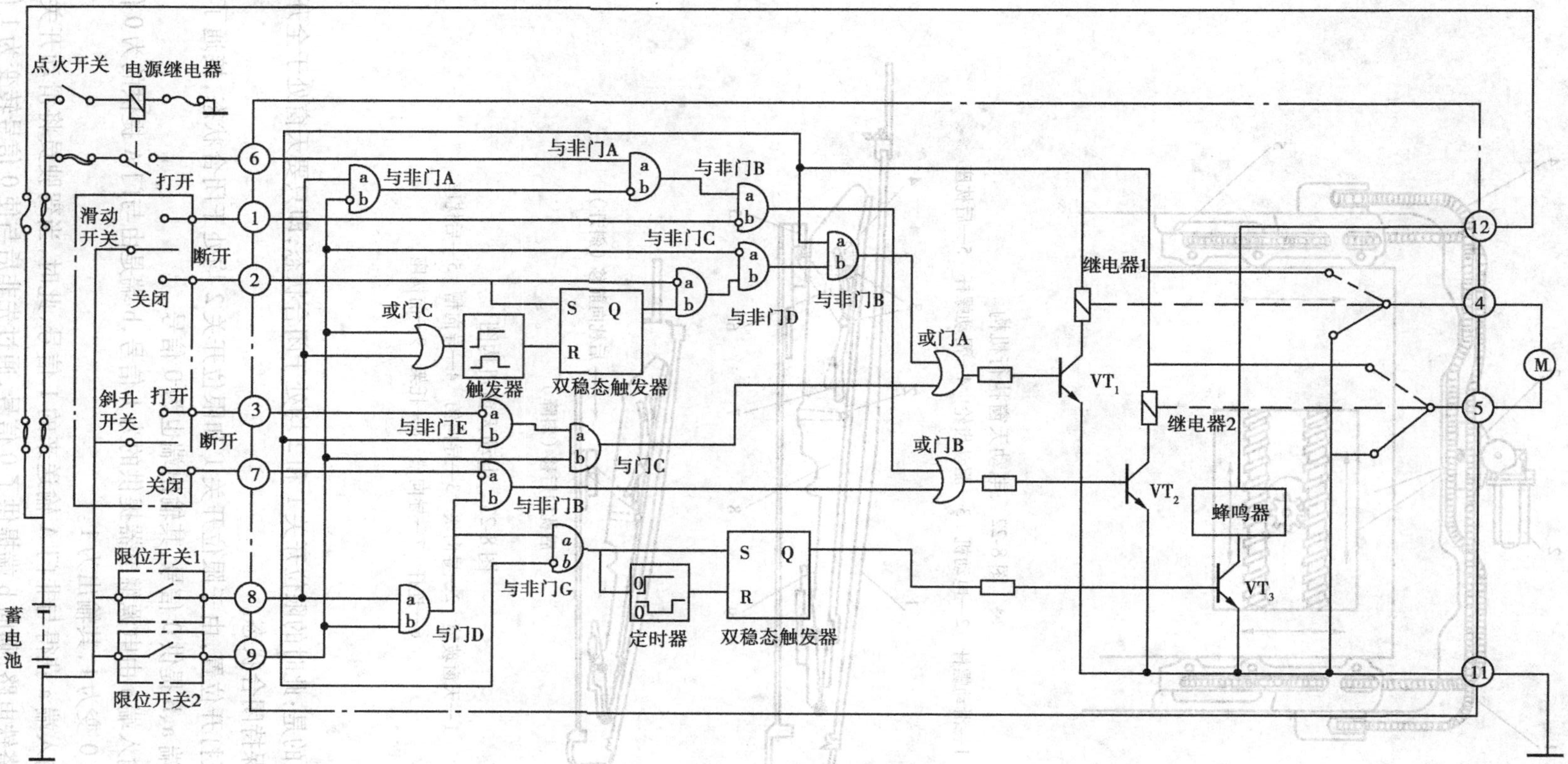


图8-21　电动天窗电子控制电路原理图

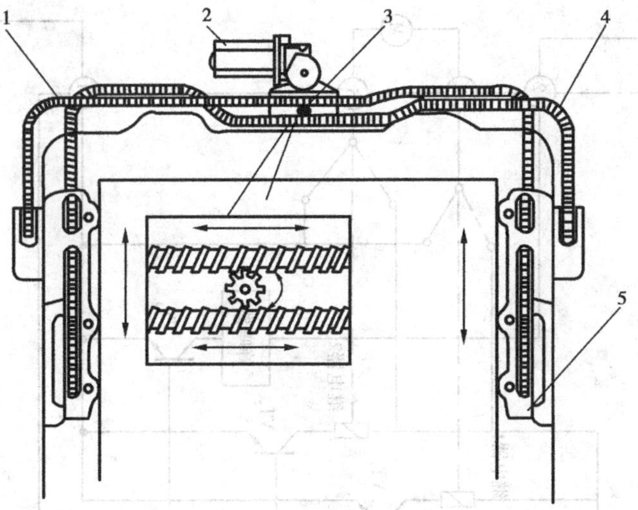


图 8-22　电动天窗执行机构

1—滑动螺杆　2—电动机　3—驱动齿轮　4—滑动螺杆　5—后枕座

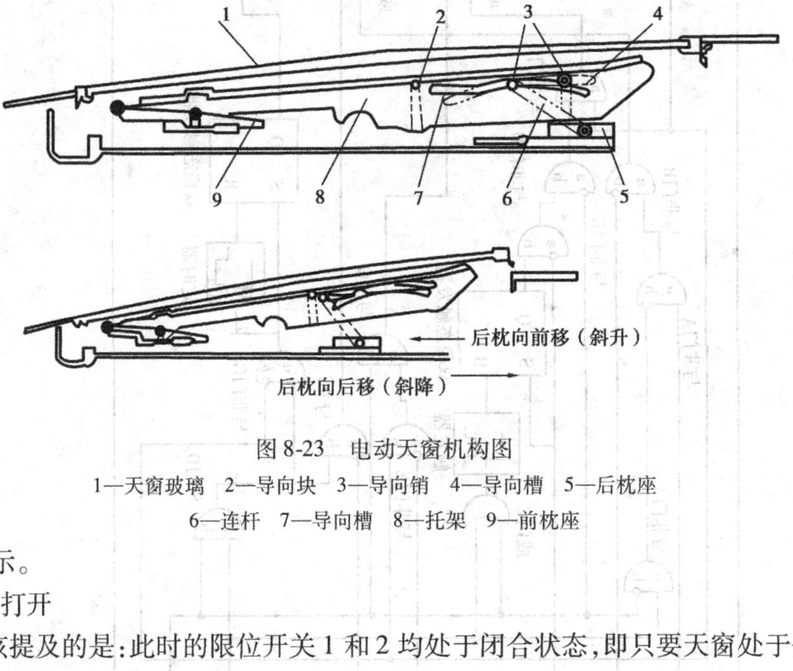


图 8-23　电动天窗机构图

1—天窗玻璃　2—导向块　3—导向销　4—导向槽　5—后枕座

6—连杆　7—导向槽　8—托架　9—前枕座

如图 8-24 所示。

(1)滑动打开

在此应该提及的是:此时的限位开关 1 和 2 均处于闭合状态,即只要天窗处于全开与全闭之间,限位开关就保持闭合状态。

滑动开关推至打开位置,由于限位开关 1 和限位开关 2 均处于闭合状态,接通了搭铁电路,向与门 A 输入端 a、b 提供 0 信号,其输出端也为 0 信号。

与非门 A 的输入端 a 由电源继电器提供的为 1 信号,b 端是由与门 A 提供的为 0 信号,根据先非后与 b 端由 0 变为 1,其输出为 1。

与非门 B 的输入端 a 获得与非门 A 输送来的 1 信号,此时,当驾驶员将滑动开关推向打开位置时,接通了搭铁电路,则向 b 端提供了 0 信号,通过先非后与使 0 信号转变为 1 信号,其输出端为1。

或门B获得1信号，三极管 $VT_2$ 有电流通过，则三极管 $VT_2$ 导通。

三极管 $VT_2$ 导通后，其电流由蓄电池的正极→易熔线→接点⑥→继电器2线圈→三极管 $VT_2$→接点11→搭铁→蓄电池的负极。继电器2线圈构成闭合电路产生吸力将触点吸合，接通了电动机的电路，其电流由蓄电池的正极→接点⑥→继电器2闭合触点→接点⑤→电动机→接点④→继电器1断开触点→接点11→搭铁→蓄电池的负极，构成了闭合回路。电动机通电产生转矩，并通过驱动机构、滑动螺杆使天窗机构动作，则天窗滑动打开。

(2)滑动关闭

驾驶员将滑动开关推至关闭位置时，接通了搭铁电路，向双稳态触发器的S端和与非门D端均提供了0信号。此时，由于限位开关1和限位开关2仍处于闭合状态，则向或门C的输入端a、b提供了0信号，其输出也为0。此信号输送到触发器输入端，其输出也为0信号。

双稳态触发器输入S端和R端获得滑动开关和触发器送来均为0信号，Q端输出为1信号。

与非门D输入端a获得滑动开关送来的0信号，b端得到双稳态触发器送来1信号，通过a端的先与后非(由0变1)，其输出也为1。

与门B获得与非门D输送来的1信号，其输出也为1，使得三极管 $VT_1$ 基极有电流通过三极管导通。

三极管 $VT_1$ 导通后，接通了继电器1线圈的电路，其电流由蓄电池的正极→易熔线→接点⑥→继电器1线圈→三极管 $VT_1$→接点11→搭铁→蓄电池的负极。继电器1线圈构成闭合电路产生吸力将触点吸合，接通了电动机的电路，其电流由蓄电池的正极→接点⑥→继电器1闭合触点→接点④→电动机→接点⑤→继电器2断开触点→接点11→搭铁→蓄电池的负极，构成了闭合回路。电动机通电产生转矩，将转矩传给驱动机构、滑动螺杆使天窗机构动作，由于此时通过电动机的电流与打开时电流方向相反，故电动机反转天窗滑动关闭。

(3)全关闭前在200 mm处位置停止

当天窗滑动到全关闭前200 mm处时，凸轮将限位开关1断开使搭铁电路中断，该电路输出的信号由原来的0变为1，并将1信号输送到触发器，触发器输出为1信号，:然后又回到0。

由于滑动开关一直处于关闭位置，其0信号送至双稳态触发器的S端，其Q端输出为0。与非门D的输入端a、b端获得信号均为0，通过先非后与，s端将0信号变为1信号，其输出为0信号。

由于非门C的输入端a、b获得的均为0信号，通过先非后与则输出的为0信号。

与门B的s端获得电源送来的1信号，b端获得与非门C送来的0信号，其输出也为0信号。或门A得到0信号，其输出也为0。此时三极管 $VT_1$ 基极无电流通过而截止，继电器1线圈触点断开，电动机的电路被截断而停止转动，则天窗关闭停止在全关闭前的200 mm处。

(4)从停止到全关闭

如图8-24所示，由于天窗在关闭过程中，是自动停止在全闭前200 mm处的，如果需要全关闭，需将滑动开关推至断开位置切断搭铁电路。其目的是由原来的电路中断重新接通，否则从停止到全关闭的工作过程无法执行。具体执行过程如下：

将滑动开关推至断开位置切断搭铁电路，其断开和关闭的两位置输出的信号均由原来0变成1。

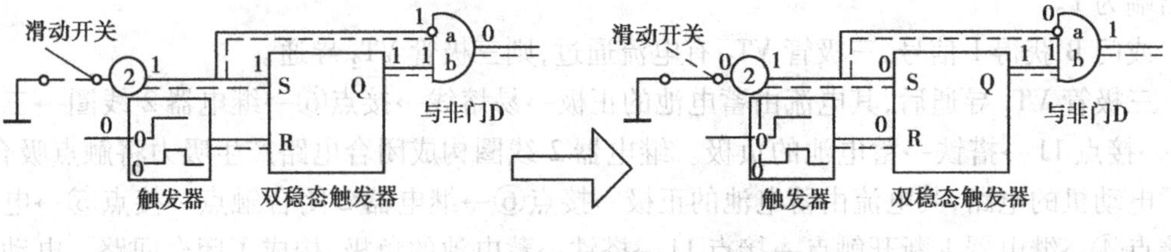


图 8-24　电动窗从停止到全部关闭状态图

滑动开关的关闭端将1信号分别输送到双稳态触发器S端和与非门D的a端。触发器输出的0信号至双稳态触发器R端，则Q端向与非门D的b端输送1信号。

将滑动开关再次推到关闭位置，接通搭铁电路，由原来的1信号变成0信号。

与非门D的a端获得滑动开关输送来的0信号，b端获得双稳态触发器Q端输送来的1信号，经过a端的先非后与，使原来输入的0信号变为1信号，故其输出为1信号。

与非门C的a端接受到限位开关;2送来的0信号;b端获得与非门C输送来的1信号，通过先非后与使a端的0信号变为1信号;其输出为厂信号。

与门B的输入端a获得电源送来的1信号，输入端b获得与非门C输送来的1信号，则其输出也为1信号。

或门A得到1信号后，使三极管 $VT_1$ 导通，继电器1的线圈通电产生吸力而将触点吸合，接通了电动机的电路，电动机转动使天窗继续关闭，直至全关闭状态停止。

(5)全关闭位置时的停止

如果天窗滑动到全关闭后，滑动开关仍处于关闭位置，此时，限位开关2被凸轮断开使搭铁电路中断，其输出的信号由原来的0变为1。

或门C接收到限位开关2输送来的1信号，其输出信号也为1。触发器获得或门输送来的1信号，其输出也为1信号，然后又变为0。

由于滑动开关保持在关闭位置，双稳态触发器S端获得0信号，R端获得为1信号，则Q端输出为0信号。如同前述(三)中的与非门0、与非门C与门B和或门A输出均为0。此时三极管 $VT_1$ 基极无电流通过而截止，继电器1线圈断电释放了触点，电动机的电路被截断而停止转动，则天窗停止在全关闭状态。

(6)天窗斜升

将倾斜开关推至斜升位置，接通了搭铁电路，向输入端a输送0信号。

与非门E输入端a获得开关输送来的0信号，经先非后与由0变为1信号，b获得电源输送来的1信号，于是输出为1信号。

由于限位开关2处于断开，故向与门C输入端b提供了1信号，与非门E也向与门C输入端a输送了1信号，与门C的输入端输入的均为1信号，其输出也为1信号。或门A获得1信号，则三极管 $VT_1$ 基极有电流通过而导通。

三极管 $VT_1$ 导通后，接通了继电器线圈的电路，其电流由蓄电池的正极→易熔线→接点⑥→继电器1线圈→三极管 $VT_1$→接点11→搭铁→蓄电池的负极。继电器线圈构成闭合电路产生吸力将触点吸合，接通了电动机的电路，其电流由蓄电池的正极→接点⑥→继电器1闭合触点→接点④→电动机→接点⑤→继电器2断开触点→接点11→搭铁→蓄电池的负极。构成了闭合回路。电动机通电产生转矩，将转矩传给驱动机构、滑动螺杆使天窗机构进行斜升运动。

(7)斜升提醒

为了汽车的安全,天窗在斜升期间驾驶员如果要下车,天窗控制系统会发出音响信号,其波形信号如图8-25所示,以提醒驾驶员现在天窗处于的状态,其工作过程如下。

当驾驶员下车时,关断点火开关后,电源继电器触点断开,由原来的1信号变为0信号。

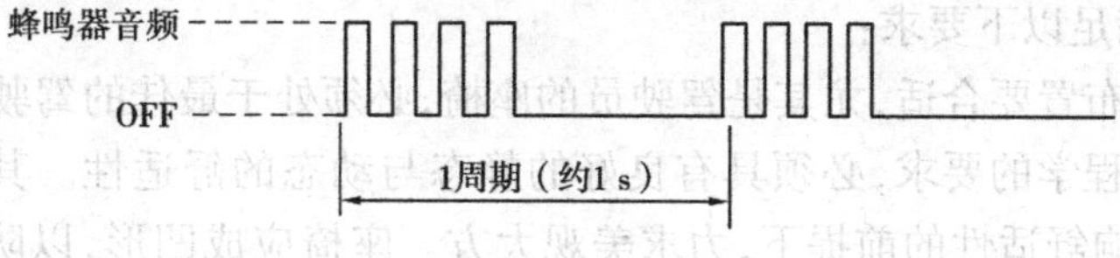


图8-25 斜升提醒信号波形

由于限位开关1和限位开关2均处于断开位置,即将搭铁电路切断,其信号由0变为1,从而与门D的a、b两端分别获得限位开关1和限位开关2输送来的1信号,其输出也为1信号。与非门C的a端获得与门D输送来的1信号,b获得电源输送来的0信号,经先非后与使0信号变为1信号,其输出为1信号。此信号既输送给双稳态触发器的S端,又输送至定时器的输入端,于是,定时器输出的信号1又送给双稳态触发器R端,使其Q输出为1,使基极有电流通过,$VT_3$导通。

三极管$VT_3$导通后接通了蜂鸣器的电路,其电流由蓄电池的正极→易熔线→接点12→蜂鸣器→三极管$VT_3$→接点11→搭铁→蓄电池的负极,构成了闭合电路。蜂鸣器便在定时器不断翻转的作用下发出脉冲信号,使蜂鸣器断续发出蜂鸣声,以提醒驾驶员现在天窗正处于斜升状态,其提醒时间为8 s。

(8)天窗斜降

当将倾斜开关置于斜降位置时,接通了搭铁电路,它能向与非门F提供0信号。

与非门F输入端,获得倾斜开关输送来的0信号,b获得与门D输送来的1信号,a端经先非后与将原来的,0信号变为1信号,其向外输出为1信号。

与门B获得1信号后,将三极管$VT_2$导通,于是接通了继电器2线圈的电路,其电流由蓄电池的正极→易熔线→接点⑥→继电器2线圈→三极管$VT_2$→接点11→搭铁→蓄电池的负极。继电器2线圈构成闭合电路产生吸力将触点吸合,接通了电动机的电路,其电流由蓄电池的正极→接点⑥→继电器2闭合触点→接点⑤→电动机→接点④→继电器1断开触点→接点11→搭铁→蓄电池的负极。构成了闭合回路。电动机通电产生转矩,驱动天窗斜降。

(9)斜降至全关闭位置时停止

当天窗斜降至全关闭位置时,限位开关1在凸轮的驱动作用下,由断开状态变为闭合状态,接通了搭铁电路,其输出信号由原来的1变为0。

与门D的a端获得限位开关输送来的0信号,b端获得1信号,根据逻辑运算,其输出为0信号。0信号输入或门B,则或门B又输出0信号。于是三极管$VT_2$无基极电流通过,三极管$VT_2$截止。

三极管$VT_2$截止之后,继电器2线圈的电流被切断,其触点断开并搭铁,从而切断了电动机的电路,电动机停止转动,天窗斜降至全关闭位置停止。

## 8.6　电动座椅

汽车座椅的主要功能是为驾驶员及乘员提供便于操作、舒适又安全、不易疲劳的驾乘位置。汽车座椅应满足以下要求：

(1)在车厢内布置要合适，尤其是驾驶员的座椅，必须处于最佳的驾驶位置。

(2)按人体工程学的要求，必须具有良好的静态与动态的舒适性。其外形必须符合人体生理功能，在不影响舒适性的前提下，力求美观大方。座椅应成凹形，以防止汽车转弯时驾驶员及乘员横向滑动而滑出座椅，同时座椅的前部可适当高于后部，这样汽车制动时可阻碍驾驶员及乘员向前滑动。另外，座椅的面料应适当粗糙，以增大驾驶员及乘员与座椅之间的摩擦阻力，增强乘坐的稳定性。

(3)采用最经济的结构，尽可能地减少质量。

(4)必须十分安全可靠，应具有充分的强度、刚度与耐久性。对可调的座椅，要有可靠的锁止机构，以保证安全。

(5)应有良好的振动特性，能吸收从车厢传来的振动。

(6)应具有各种调节结构，可适应不同驾驶员、乘员在不同条件下获得最佳位置，以提高乘坐舒适性。

电动座椅是指以电动机为动力，通过传动装置和执行机构来调节座椅的各种位置，使驾驶员或乘员乘坐舒适的座椅。

作为人和汽车之间联系部件的座椅，对其性能的要求越来越高，由过去的固定式不可调的座椅发展到能够上、下、前、后和靠背倾斜度机械调节的座椅，今天又进一步发展到带记忆性的电子控制自动调节的座椅，从而提高了驾驶员和乘员乘坐舒适性，减少了驾驶员和乘员长时间乘车的疲劳。

座椅的调节正向多功能化发展，使座椅的安全性、舒适性、可操作性日益提高。根据电动座椅出现的时期不同、汽车豪华的程度不同或生产技术的先进程度的不同，车辆配置的电动座椅也不同。目前常见有带电子控制调节系统的电动座椅和不带电子控制的调节系统的座椅。

带电子控制的电动座椅自动化程度高，它能够使座椅前后滑动、座椅的前后部垂直上下的调节、座椅的高度调节、靠背的倾斜度调节、枕垫的上下调节，以及腰垫的调节等。这种座椅是靠电子控制的，有的还有记忆功能。它能把驾驶员调定的座椅位置靠电脑储存下来，以作为以后调节的依据。驾驶员需要调节时，只要按一下按钮即可按记忆自动调节到理想的位置。

### 8.6.1　电动座椅(以六向电动座椅为例)

#### 1. 六向电动座椅的构造

如图 8-26 所示。六向电动座椅形式是 3 个电动机移动的 6 个不同方向：座椅的整体上、下高度调节和前、后滑动调节，以及前倾、后倾的调节。电动座椅前后方调节量一般为 100 ~ 160 mm，座位前部与后部的调节量约 30 ~ 50 mm。全程移动所需时间约为 8 ~ 10 s。电动座椅一般由控制装置和执行机构组成。

(1)控制装置

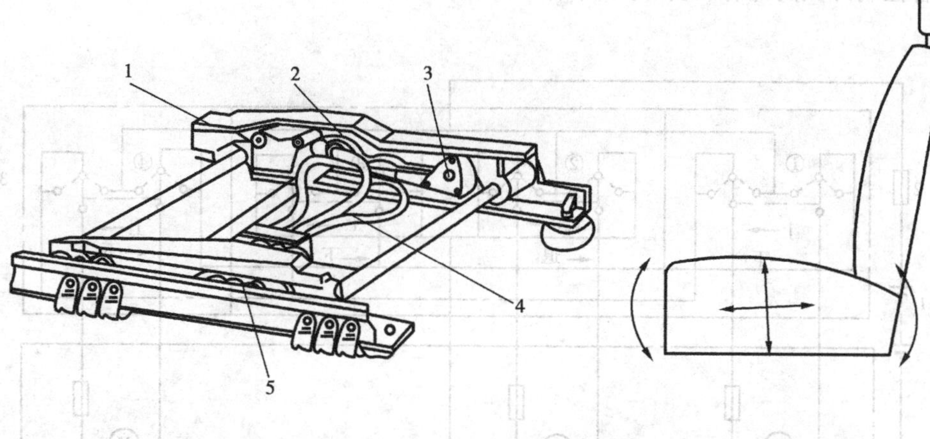

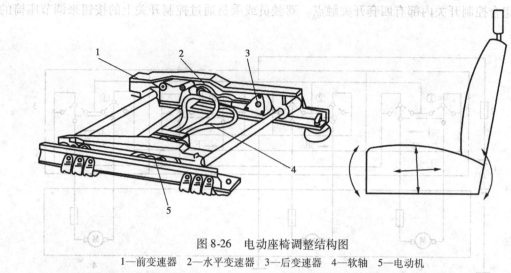

图 8-26　电动座椅调整结构图

1—前变速器　2—水平变速器　3—后变速器　4—软轴　5—电动机

控制装置接受驾驶员或乘员输入的命令,控制执行机构完成电动座椅的调整。电动座椅组合开关包括前倾开关、后倾开关和四向开关(即上下和前后),如图 8-27 所示。有的汽车电动座椅组合控制开关安装在车门上,有的汽车安装在座椅旁边,使驾驶员或乘员操纵方便。

(2)执行机构

执行机构用来完成驾驶员的指令,在传动装置提供的动力前提下完成座椅的调整,以实现座椅的调节。其主要由电动机、传动装置、调节装置等组成。

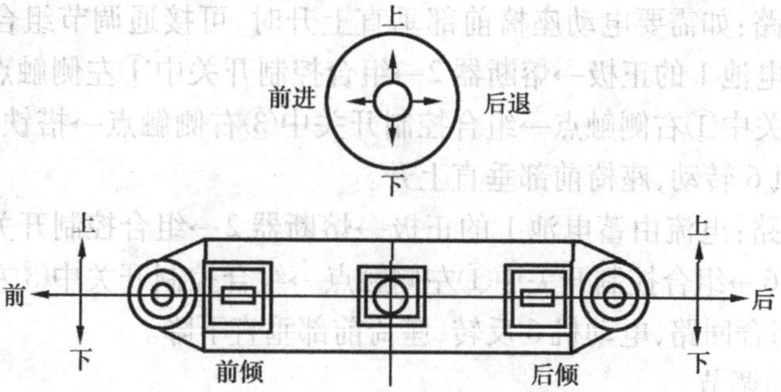


图 8-27　电动座椅组合控制开关

1)电动机:作用是为电动座椅的调节机构提供动力。此类电动机多采用双向电动机。

即电枢的旋转方向随电流的方向改变而改变,使电动机按不同的电流方向进行正转或反转,以达到座椅调节的目的。电动机的数量取决于电动座椅的类型,通常六向调节的电动座椅装有 3 个电动机。为防止电动机过载,电动机内装有熔断丝,以确保电器设备的安全。

2)传动、调节装置:传动装置的作用是将电动机的动力传给座椅调节装置,使其完成座椅的调整。它主要由联轴器、软轴、减速器与螺纹千斤顶或齿轮传动机构等组成。电动座椅动力传递过程是:电动机的动力→软传动轴→减速器→螺纹千斤顶或齿轮传动机构,使座椅按驾驶员或乘员的理想位置进行调节。

2. 电动座椅的工作过程

电动座椅的控制电路如图 8-28 所示。它主要由蓄电池、组合控制开关和三个电动机等组成。组合控制开关内部有四套开关触点。驾驶员或乘员通过控制开关上的按钮来调节座椅的位置。

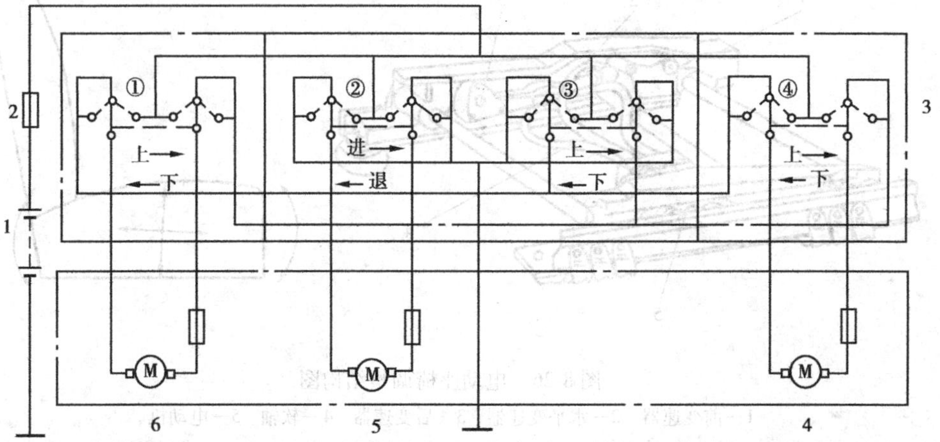


图 8-28　电动座椅的电路图

1—蓄电池　2—熔断器　3—控制开头　4—后高度电动机

5—前进/后退电动机　6—前高度电动机

(1)电动座椅前倾的调节

电动座椅前倾的调节,实际上就是座椅前部垂直的上下调节。

1)前部上升电路:如需要电动座椅前部垂直上升时,可接通调节组合控制开关 3 中的前倾开关。电流由蓄电池 1 的正极→熔断器 2→组合控制开关中①左侧触点→前倾电动机→熔断丝→组合控制开关中①右侧触点→组合控制开关中③右侧触点→搭铁→蓄电池的负极,构成闭合回路,电动机 6 转动,座椅前部垂直上升。

2)前部下降电路:电流由蓄电池 1 的正极→熔断器 2→组合控制开关中①右侧触点→熔断丝→前倾电动机 6→组合控制开关中①左侧触点→组合控制开关中③左侧触点→搭铁→蓄电池的负极,构成闭合回路,电动机 6 反转,座椅前部垂直下降。

(2)座椅后倾的调节

电动座椅后倾的调节实际上就是座椅后部垂直的上下调节。

1)后部上升电路:如需要电动座椅后部垂直上升时,可接通调节组合控制开关 3 中的后倾开关,这时,电流由蓄电池 1 的正极→熔断器 2→组合控制开关中④左侧触点→后倾电动机 4→熔断丝→组合控制开关中④右侧触点→组合控制开关中③右侧触点→搭铁→蓄电池的负极,构成闭合回路,电动机 4 转动,座椅后部垂直上升。

2)后部下降电路:蓄电池 1 的正极→熔断器 2→组合控制开关中④右侧触点→熔断丝→后倾电动机 4→组合控制开关中④左侧触点→组合控制开关中③左侧触点→搭铁→蓄电池的负极,构成闭合回路,电动机 4 反转,座椅后部垂直下降。

(3)座椅的上/下调节

当需要调节座椅的高度时,驾驶员接通座椅的上升(或下降)的开关③,电动机 4 和 6 同时通电同向转动,实现座椅的上、下调节。

1)座椅的上升电路:电动机 6 电路:蓄电池 1 正极→熔断器 2→③左侧触点→①左侧触点

→电动机 6→电动机熔断器→①右侧触点→③右侧触点→搭铁→蓄电池的负极,电动机 6 正转。

电动机 4 电路:蓄电池 1 正极→熔断器 2→③左侧触点→④左侧触点→电动机 4→电动机熔断器→④右侧触点→③右侧触点→搭铁→蓄电池的负极,电动机 4 正转。

2)座椅的下降电路:座椅的下降电路同上面类似,只是电动机 6 和 4 同时反转。

(4)座椅前进/后退的调节

1)前进电路:蓄电池 1 正极→熔断器 2→②左侧触点→电动机 5→电动机熔断器+②右侧触点→搭铁→蓄电池的负极,电动机 5 正转,座椅前进。

2)后退电路:蓄电池 1 正极→熔断器 2→②右侧触点→电动机熔断器→电动机 5→②左侧触点→搭铁→蓄电池的负极,电动机 5 反转,座椅后退。

### 8.6.2 电子控制自动调节电动座椅

电子控制自动调节电动座椅,如图 8-29 所示。这种电动座椅带有记忆功能,它能够将调节后的位置记录下来,作为以后自动调节的基准。驾驶员需要调节时,只要一按开关就可自动调节到理想的位置。

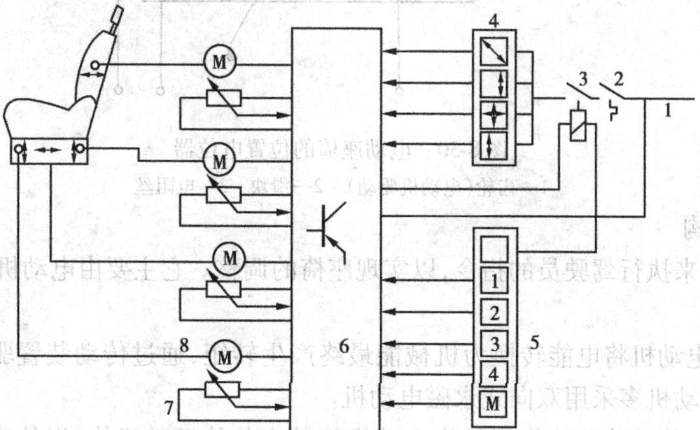


图 8-29 带记忆功能电动座椅电子控制示意图

1—接蓄电池 2—过载保护装置 3—继电器 4—手动调节开关
5—存储复位开关 6—电子控制模块 7—位置电位器 8—电动机

1. 电子控制自动调节电动座椅的组成

电子控制自动调节电动座椅主要由电气控制部分和执行机构等组成。

(1)电气控制部分

电气控制部分如图 8-29 所示。它主要由继电器 3、保护装置 2、控制开关(手动调节开关 4、存储复位开关 5)、电子控制模块 6、位置电位器 7 等组成。

1)继电器:继电器 3 的作用是接通和断开控制系统的电路。

2)保护装置:保护装置 2 的作用是防止电气设备过载,保护电气设备的安全。

3)控制开关:控制开关安装在驾驶员座椅的左侧,它的作用是控制座椅的调节。由手动调节开关 4 和存储复位开关 5 组成。当需要个别调节时,可按开关上的标志进行操作。

a. 存储是通过操纵存储开关，将电位器 7 输送来的电压信号存储在电子控制模块 6 中，作为以后调节的依据。

b. 复位开关的作用是通过操纵复位开关使座椅根据记忆恢复到原来的位置。

4）电子模块 6：主要是用来自动控制座椅的调节。

5）位置电位器 7：图 8-30 所示，它主要由壳体、螺杆、滑块、电阻等组成。它的作用是将座椅的位置转变成电压信号输送给电子模块存储起来。其基本原理是，当调节座椅时，电动机将动力传给螺杆使螺杆转动，螺杆又带动滑块在电阻丝上滑移，于是改变了电阻值。根据欧姆定律，电阻值的变化引起电压的变化，当座椅的位置调定后将电压输送给电子模块，驾驶员只要按下存储按钮，就能将选定的调节位置进行存储作为重新调节的基准。使用时只要按指定的按键，座椅就会调节到预先选定的座椅位置上。

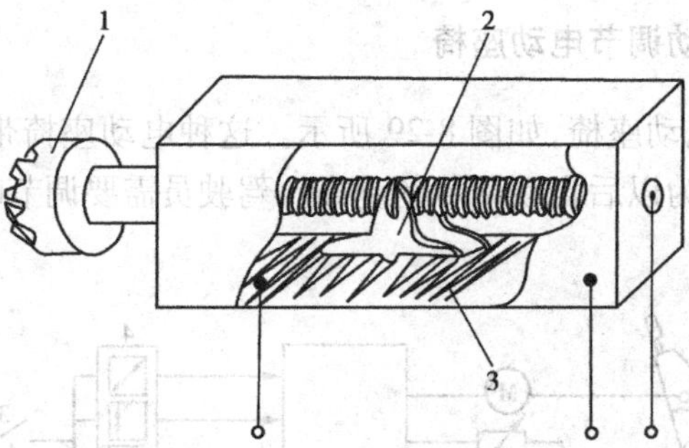

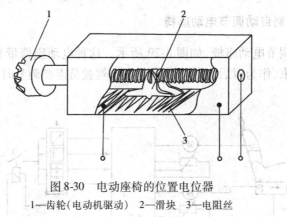

图 8-30　电动座椅的位置电位器

1—齿轮（电动机驱动）　2—滑块　3—电阻丝

（2）执行机构

执行机构用来执行驾驶员的指令，以实现座椅的调整。它主要由电动机、传动装置和调节机构等组成。

1）电动机：电动机将电能转换为机械能最终产生转矩，通过传动装置驱动调整机构对座椅进行调整。电动机多采用双向式永磁电动机。

2）传动装置：传动装置的作用是将电动机的动力传给调整机构，以使座椅实现调节。它主要由传动轴和联轴器等组成。为了便于布置，有的传动轴是软传动轴。传动轴的一端通过联轴器与电动机连接，另一端与调节机构连接。

3）调节机构：座椅的调节机构主要由蜗轮蜗杆减速器、螺杆和螺母（千斤顶）以及支承等组成。

2. 工作原理

下面以凌志 LS400 轿车电动座椅为例简介电动座椅的工作原理，如图 8-31 所示。驾驶员根据需要操纵开关并接通电动座椅的调节电路，即可完成不同的调节功能。图 8-31 中 7 为电动座椅组合控制开关，其内部有四套开关触点，从左到右分别是滑动开关、前垂直开关、倾斜开关和后垂直开关。

（1）靠背的倾斜调节

1）座椅前倾调节：按下组合控制开关上的相应位置，倾斜开关中的左触点向左结合，如图 8-31 所示。电路为：蓄电池 1→熔断丝 2→倾斜开关左触点→倾斜电动机 9→熔断器→倾斜开关右触点→搭铁→蓄电池负极，构成闭合回路。倾斜电动机通电转动，电动机动力→传动装置

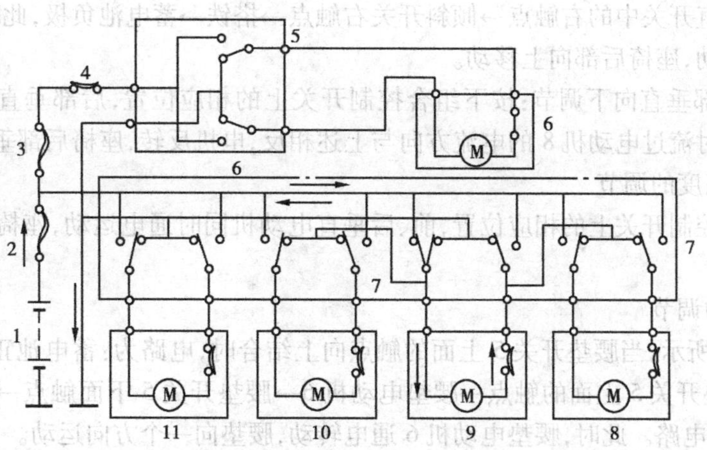


图 8-31　凌志 LS400 轿车电动座椅工作原理图

1—蓄电池　2、3—熔断丝　4—开关　5—腰垫电动机开关

6—腰垫电动机　7—电动座椅组合开关　8—后垂直电动机

9—倾斜电动机　10—前垂直电动机　11—滑动电动机

→蜗轮蜗杆减速机构→链轮→终端的内外齿轮,驱动靠背向前倾斜。

2)座椅后倾调节:如果需要靠背向后倾斜,只需要将开关向与原来相反的方向扳动,其电流就会与原来的方向相反。由于电动机是双向永磁性电动机,因此电流相反时,电动机旋转的方向也相反,则靠背就会向与原来相反的方向倾斜。

(2)电动座椅的前后滑动调节

所谓座椅的前后滑动调节,是指座椅前后移动。

1)座椅向前滑动:按下组合控制开关上的相应位置,滑动开关中的左触点向左结合。电路为:蓄电池正极→熔断丝 2→滑动开关左触点→滑动电动机 11→熔断器→滑动开关的右触点→搭铁→蓄电池的负极。滑动电动机通电工作,座椅水平向前滑动。

2)座椅向后滑动:若需要座椅向后滑动,滑动开关右触点向右闭合,此时流过电动机 11 的电流方向与上述相反,电机反转,座椅后移。

(3)座椅前/后垂直调节

前部垂直调节由电动机 10 控制,分为向上与向下两种运动。

1)座椅的前部垂直向上调节:按下组合控制开关上的相应位置,前部垂直开关中的左触点向左结合。电路为:蓄电池正极→熔断丝 2→前部垂直开关中的左触点→前垂直电动机 10→熔断器→前部垂直开关中的右触点→倾斜开关左触点→搭铁→蓄电池负极,此时该电路闭合,电动机通电而转动。电动机的动力→蜗轮蜗杆减速机构→蜗轮转动并带动调整机构螺杆旋转,螺杆上的螺母便带着拉杆拉着拐臂绕拐臂的支承销摆动,拐臂的另一端便托着座椅架向上托起,则座椅的前部向上垂直移动。

2)座椅的前部垂直向下调节:按下组合控制开关上的相应位置,前部垂直开关中的右触点向右结合。此时流过电动机 10 的电流方向与上述相反,电机反转,座椅前部垂直向下移动。

(4)座椅后部垂直调节

1)座椅后部垂直向上调节:按下组合控制开关上的相应位置,后部垂直开关中的左触点向左结合。电路为:蓄电池正极→熔断丝 2→后部垂直开关中的左触点→后垂直电动机 8→熔断器→后部垂直开关中的右触点→倾斜开关右触点→搭铁→蓄电池负极，此时该电路闭合，电动机通电而转动，座椅后部向上移动。

2）座椅后部垂直向下调节：按下组合控制开关上的相应位置，后部垂直开关中的右触点向右结合。此时流过电动机 8 的电流方向与上述相反，电机反转，座椅后部垂直向下移动。

（5）座椅高度的调节

按下组合控制开关上的相应位置，前、后垂直电动机同时通电运动，座椅便整体向上或向下运动。

（6）腰垫的调节

如图 8-31 所示，当腰垫开关 5 上面的触点向上结合时，电路为：蓄电池正极→熔断丝 2→熔断丝 3→腰垫开关 5 上面的触点→腰垫电动机 6→腰垫开关 5 下面触点→搭铁→蓄电池的负极，构成闭合电路。此时，腰垫电动机 6 通电转动，腰垫向一个方向运动。

当腰垫开关 5 下面的触点向下结合时，电路为：蓄电池正极→熔断丝 2→熔断丝 3→腰垫开关 5 下面的触点→腰垫电动机 6→腰垫开关 5 上面的触点→搭铁→蓄电池的负极，构成闭合电路。此时，腰垫电动机 6 通电，腰垫向另一个方向运动。

有的汽车上还设有枕垫，其电路控制原理同上。

## 8.7 电动后视镜

后视镜俗称倒车镜，通常分为车外后视镜和车内后视镜两种。车外后视镜一般设在汽车左右的两侧，其作用是让驾驶员观察汽车左右的行人和上下车的人员、车辆以及其他障碍物的情况，以确保行车和倒车安全。车内后视镜是供驾驶员观察车内乘员及物品的情况，车内后视镜应具有在夜间防止后续车辆的前照灯光线所引起防舷目的功能。

汽车上的后视镜位置直接关系到驾驶员能否观察到车后的情况，而驾驶员调节它的位置又比较困难，尤其是前排乘员门一侧的后视镜。因此，现代汽车的后视镜都设计成电动的，即电动后视镜。

### 8.7.1 车外电动后视镜的结构及工作原理

1. 车外电动后视镜的构造

车外后视镜由一个开关控制，开关能够控制后视镜多方向的运动，它可使一个或两个电动机同时工作。

车外后视镜的外形及内部结构如图 8-32 所示，它主要由开关、枢轴、电动机、永久磁铁和霍尔集成电路等组成。

（1）电动后视镜开关

后视镜都由一个开关控制。开关杆能多方向运动，它可使一个电动机工作或两个电动机同时工作。

（2）电动机及驱动装置。

电动后视镜的背后设有两套电动机和驱动器，可操纵其上下左右运动。通常垂直方向的运动由一个电动机控制，水平方向运动由一个电动机操纵，电动机为永磁型。

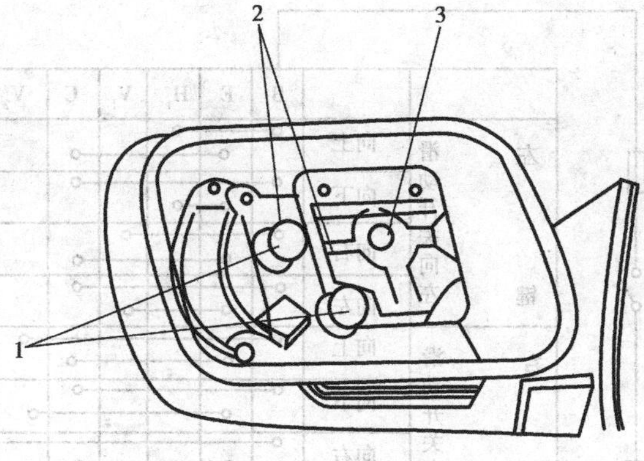

图 8-32　电动后视镜

1—霍尔集成电路　2—磁铁　3—枢轴

（3）枢轴

后视镜主要以枢轴为中心，通过两个微型电动机工作使后视镜上下或左右方向进行位置调节。

（4）霍尔集成电路

霍尔集成电路产生模拟电压，对后视镜所在位置进行检测。

2. 工作原理

如图 8-33 所示，在进行调整时，首先通过左、右调整开关选择好要调的后视镜。如调右侧后视镜向上摆动，则先把开关拨到右边，按下控制开关按钮的上端或推向上边。此时电流的通路为：电源正极→点火开关→熔断器→按钮接线柱→B→$V_2$→电动机 $M_3$→C→E→搭铁→电源负极。这样电动机 $M_3$ 通电流产生转矩后，便带动右侧后视镜向上摆动。

如果将通入电动机 $M_3$ 电流方向改变一下，$M_3$ 就会改变转动方向，此时可使后视镜向下摆动。其他调整过程与上述调整过程类似，通过接通不同的开关即可实现。

有些汽车（如凌志 LS400 型轿车）后视镜带有存储功能，即该后视镜控制系统装有驱动装置存储器、回复开关和位置传感器等，它可将后视镜的位置存储起来，需要时可以恢复到原来所调好的位置。

还有的汽车电动后视镜带有伸缩功能，由伸缩开关控制继电器动作，使伸缩电动机工作，则整个后视镜回转伸出或缩回。

当后窗除霜器工作时，有的车外后视镜能通电加热。

### 8.7.2　车内后视镜

车内后视镜设在车内前挡风玻璃中上方，它用来供驾驶员观察车内乘员及物品的情况，也可以透过后窗观察车后的交通情况，以保证行车安全。当夜间行车时，车内后视镜会将入。射的后继车辆前照灯灯光反射在驾驶员的眼睛内，引起驾驶员眩目而影响安全驾驶，于是现代有的汽车装有防眩目后视镜。下面对液晶防眩目后视镜做一简介。

（1）车内后视镜结构

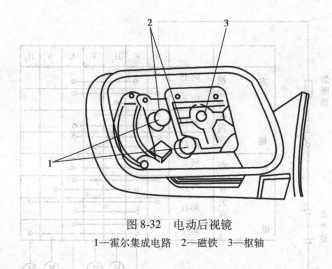

图 8-34 所示是一种液晶防眩目后视镜的结构，在 GH 液晶里面放置偏光板，玻璃板放置在经过真空镀铝的反光镜后面。当液晶无电场时，入射光的垂直偏光被液晶染料部分吸收，而

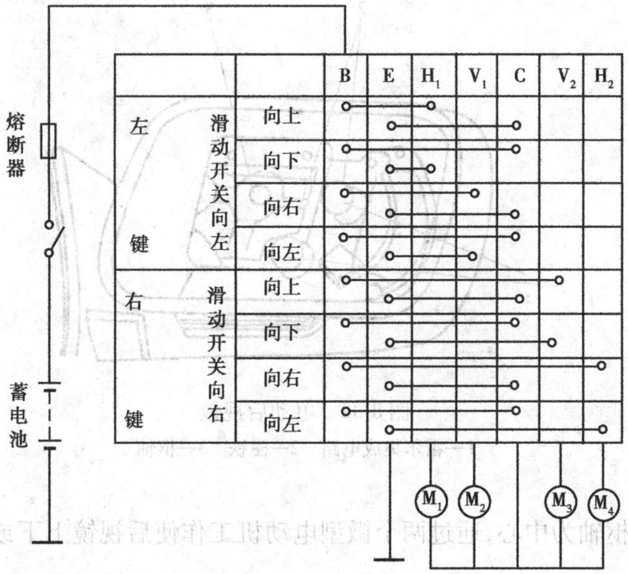


图 8-33　电动后视镜控制电路

反射到反光镜上。反射光的直线偏光在液晶晶粒内进一步被染料吸收，透过光被着色反射出来。当液晶加上电场时，则液晶及色素分子在长轴方向整齐排列，因此不可能由染料进行光吸收。透过光量增加，反射率提高(35% ~42%)。

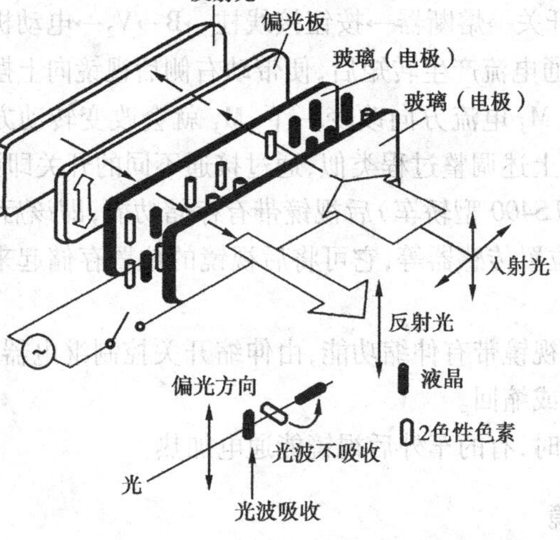


图 8-34　液晶防眩目内后视镜结构示意图

防眩目或非防眩目交替操作不用人工，自动进行操作的装置已实用化。反光镜本体的一部分装有光敏二极管的照度传感器，能检测后续车的前照灯照度并进行切换控制。

(2)车内后视镜的特征

这种液晶防眩目反光镜的主要特征是：

(1)防眩目或非防眩目时，反射面是同一的，因此视野不偏斜。

(2)防眩目不发生双重映象。

(3)能够自由选择反射率(防眩目时反射率:棱镜式约为4%,液晶式约为10%)。

## 8.8 汽车防盗系统

汽车防盗系统,是指防止汽车本身或车上的物品被盗所设的系统。它由电子控制的遥控器或钥匙、电子控制电路、报警装置和执行机构等组成。

最早的汽车门锁是机械式门锁,只是用于汽车行驶时防止车门自动打开而发生意外,只起行车安全作用,不起防盗作用。随着社会的进步、科学技术的发展和汽车保有量的不断增加,后来制造的轿车、货车车门都装上了带钥匙的门锁。这种门锁只控制一个车门,其他车门是靠车内门上的门锁按钮进行开启或锁止。

为了更好地发挥防盗作用,有的车上还装有一个转向锁。转向锁是用来锁止汽车转向轴的。转向锁与点火锁设在一起,安装在转向盘下,它是用钥匙来控制。即点火锁切断点火电路使发动机熄火后,将点火钥匙再左旋至极限位置的挡位,锁舌就会伸出嵌入转向轴槽内,将汽车转向轴机械性的锁止。即使有人将车门非法打开并起动发动机,由于转向盘被锁止,汽车不能实现转向,故不能将汽车开走,于是起到了汽车的防盗作用。有的汽车设计和制造时就没有转向锁,而是用另外一个所谓的拐杖锁锁止转向盘,使转向盘不能转动,也可起到防盗作用。

有的汽车在变速器上设有机械锁,是将变速器操纵杆锁止,使盗窃者不能挂挡而使汽车不能移动。

点火开关是用来接通或断开发动机点火系的电路,根据一把钥匙开一把锁的道理,也起到了一定的防盗作用。

由于汽车技术不断发展,近年来多数轿车上都安装了中央门锁。即汽车上的车门门锁和行李厢锁实现了集中控制。

随着电子技术的发展,在原有中央门锁的基础上,又发展到现在的电子门锁、微机控制的带自动报警的防盗系统、电子密码点火(钥匙)锁等,使汽车门锁实现了电子控制。

汽车防盗装置按其发展过程可分为:机械锁防盗装置、机电式防盗装置和电子防盗装置三个阶段。

### 8.8.1 机械锁防盗装置

机械防盗锁是靠其坚固的金属材质,来锁止汽车的操纵装置(如转向盘、变速器操纵杆等)或车门。其主要存在问题是门锁的锁筒容易被开启或被撬;被锁汽车操纵装置(如变速杆等)的材料一般强度较低容易破坏;机械防盗锁使用也不方便,同时防盗不可靠。其优点是制造简单、费用低廉。

机械门锁种类繁多,其作用和家门锁的作用相同。货车或吉普车的门锁结构与家门的门锁大致相同,即多是由锁体、锁筒和按钮等组成。小轿车车门的机械锁与家门有所不同之处是,将锁舌变为锁扣式或带棘轮棘爪齿轮式。

### 8.8.2 机电式防盗装置

机械门锁虽说有造价低等优点,但是由于它的防盗作用很差,已趋于淘汰。随着科学的进步,出现了机电一体式的防盗装置(中央门锁)。

中央门锁是以电来控制门锁的开启或锁止,并由驾驶员集中控制所有车门门锁的锁止或开启。中央门锁系统具有下列功能:

当锁住(或打开)驾驶员侧车门门锁时,其他几个车门及行李厢都能锁止(或打开),如钥匙锁门也可锁好(或打开)其他车门和行李厢。

在车内个别门锁需要打开时,可分别拉开各自门锁的按钮。

1. 中央门锁的组成

中央门锁主要由控制电路和执行机构等组成。

(1)控制电路

控制电路主要由门锁开关、定时装置和继电器等组成。

1)门锁开关:门锁开关实质上是一个电门开关,它是用来控制各车门和行李厢锁筒的锁止和开启。用钥匙来拨动门锁锁芯转过一定的角度,即可接通门锁执行机构的电路,使电磁线圈产生吸力将门锁锁止或开启。

2)定时装置:接通门锁开关的时间与电动机锁止门锁所需的时间不可能相等,往往开关接通电路时间较长,因此多会使执行机构过载而损坏门锁的机械传动装置或电气设备。于是在此电路中根据其特点设有定时装置,来设定门锁的锁止或开启所需的时间,以防止执行机构过载。

定时装置的基本原理是利用电容器的充放电特性,来控制执行机构的通电时间,使执行机构锁止或开启,电容器的电恰好放完,继电器的电流中断而丧失吸力则触点断开。

3)继电器:在定时装置的控制作用下,接通或断开执行机构的电路。

(2)中央门锁执行机构

中央门锁执行机构的作用是,执行驾驶员的指令,将门锁锁止或开启。门锁执行机构常见的有电磁线圈式、电动机式和永磁型电动机式。

1)电磁线圈式:如图 8-35 所示,电磁线圈通电后产生电磁力吸动引铁轴向移动,引铁通过连接杆将门锁锁扣锁止。一般电磁线圈式执行机构有两个电磁线圈,其绕制方向相反,以便改变电流方向使执行机构进行开启或锁止。

电磁线圈式执行机构优点是故障少,使用寿命长,同时还减少了维修费用。缺点是该机构耗电量大。

2)电动机式:电动机式执行机构(也称为回转式执行机构)的作用与电磁线圈式相同,如图 8-36 所示。它是通过电动机转动并经传动装置(传动装置有螺杆传动、齿条传动和直齿轮传动)将动力传给门锁锁扣,使门锁锁扣进行开启或锁止。由于电动机能双向转动,所以通过电动机的正反转实现门锁的锁止或开启。这种执行机构与电磁式执行机构相比,耗电量较小。虽然电动机式执行机构电路中设有定时装置和断路器,但设定的时间与实际的门锁开启或锁止时所需的时间不一定相等;虽然电路中设有断路器,但断路器需要有一定的加热时间,故短路灵敏度较差,于是常见有传动齿轮轮齿折断的现象等。

3)永磁型电动机式:永磁型电动机多是指永磁型步进电动机。它的作用与前述相同,但结构差异较大。转子带有凸齿,凸齿与定子磁极径向间隙小而磁通量大。定子上带有轴向均布的多个电磁极,而每个电磁极上的电磁线圈按径向布置。定子周布铁心,每个铁心上绕有线

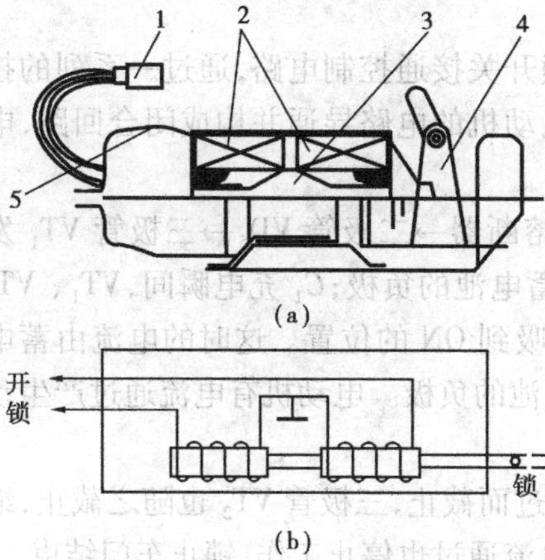


图 8-35 电磁式门锁执行机构图

(a) 结构 (b) 电路

1—电源插头 2—电磁线圈 3—铁心

4—托架 5—外壳

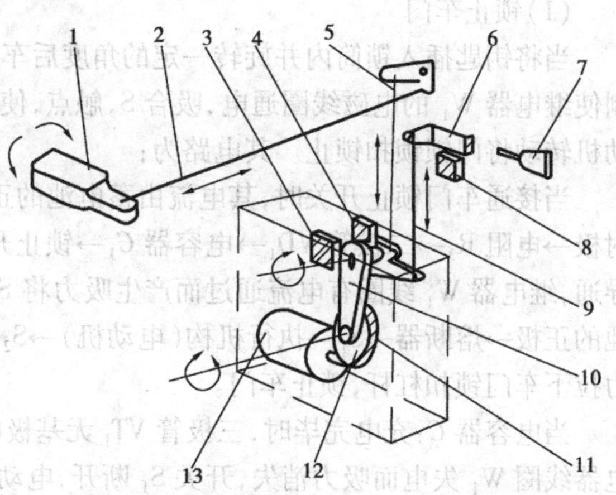


图 8-36 电动机式门锁执行机构示意图

1—车门按钮(设在车厢门) 2、5、9—连接杆 3—位置末关

4、8—门锁开关 6—门键筒体 7—门键(钥匙) 10—锁杆

11—齿条 12—传动齿轮 13—电动机

圈,当电流通过某一相位的线圈时,该线圈的铁心产生吸力吸动转子上的凸齿对准定子线圈的磁极,转子将转动到最小的磁通处,即是一步进位置。要使转子继续转动一个步进角,根据需要的转动方向向下一个相位的定子线圈输入一个脉冲电流,转子即可转动。转子转动时,通过连杆使门锁锁扣锁止。

2. 中央门锁工作原理

控制电路如图 8-37 所示,$W_1$,$W_2$ 分别为控制门锁开关的控制线圈,其中 $W_1$ 为关闭车门的控制线圈,$W_2$ 为开启车门的控制线圈,它们的存在实现了真正意义上的电子控制。

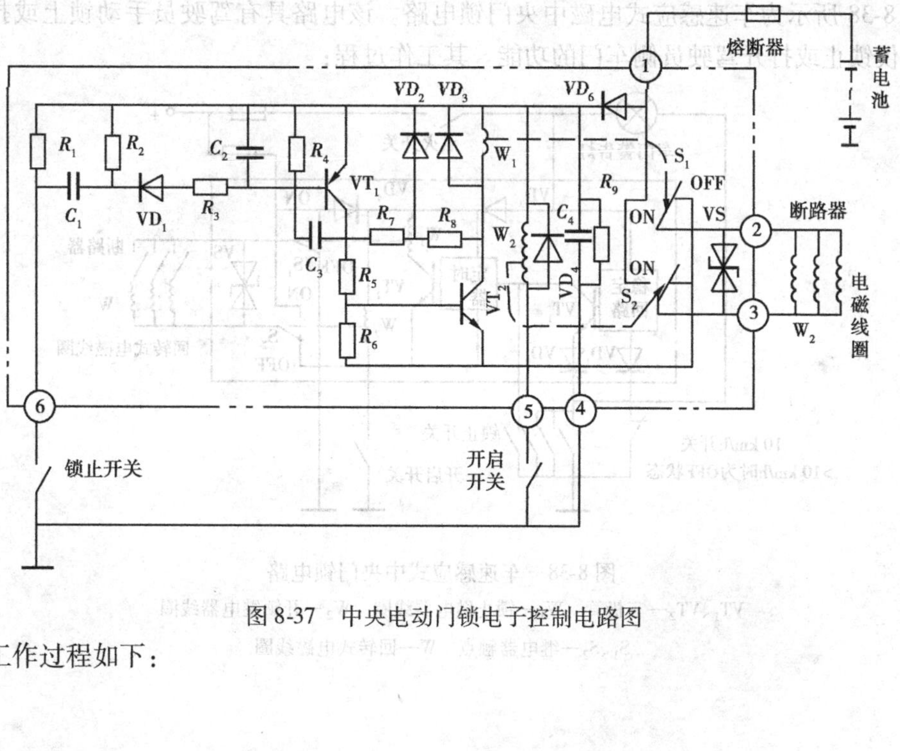


图 8-37 中央电动门锁电子控制电路图

其工作过程如下:

(1)锁止车门

当将钥匙插入锁筒内并旋转一定的角度后车门门锁开关接通控制电路，通过一系列的控制使继电器 $W_1$ 的电磁线圈通电，吸合 $S_1$ 触点，使门锁电动机的电路导通并构成闭合回路，电动机转动将门锁锁扣锁止。其电路为：

当接通车门锁止开关时，其电流由蓄电池的正极→熔断器→二极管 $VD_5$→三极管 $VT_1$ 发射极→电阻 $R_3$→二极管 $VD_1$→电容器 $C_1$→锁止开关→蓄电池的负极；$C_1$ 充电瞬间，$VT_1$、$VT_2$ 导通，继电器 $W_1$ 线圈有电流通过而产生吸力将 $S_1$ 触点吸到 ON 的位置。这时的电流由蓄电池的正极→熔断器→$S_1$→执行机构（电动机）→$S_2$→蓄电池的负极。电动机有电流通过产生动力拉下车门锁扣杠杆，锁止车门。

当电容器 $C_1$ 充电完毕时，三极管 $VT_1$ 无基极电流通过而截止，三极管 $VT_2$ 也随之截止，继电器线圈 $W_1$ 失电而吸力消失，开关 $S_1$ 断开，电动机无电流通过也停止工作，锁止车门结束。

(2)打开车门

当驾驶员需要将门锁打开时，可将钥匙插入门锁锁筒内并旋转一定角度，车门锁开启开关闭合。这时，蓄电池的电流由正极→熔断器→继电器 $W_2$→开锁开启开关→蓄电池的负极。由于继电器 $W_2$ 的线圈通电而产生吸力，使 $S_2$ 处于 ON（接通状态），电动机产生动力，由于通过电动机的电流方向与车门锁止时相反，所以车门锁锁扣被拉起，车门锁被打开。

以上是以驾驶员侧车门为主作一简单介绍，其他车门的工作过程和它基本相同。

3. 带有车速感应式中央门锁

当汽车行驶速度超过规定速度时，为确保行车安全以防发生意外，有的中央门锁还受车速控制。它是在原中央门锁的基础上加设了车速控制电路，车速控制开关设在车速表内。当汽车行驶速度高时，车速传感器自动接通门锁锁止电路将门锁锁止，这种靠车速控制的门锁称车速感应式门锁。

图 8-38 所示为车速感应式电磁中央门锁电路。该电路具有驾驶员手动锁上或打开所有车门和仅锁止或打开驾驶员侧车门的功能。其工作过程：

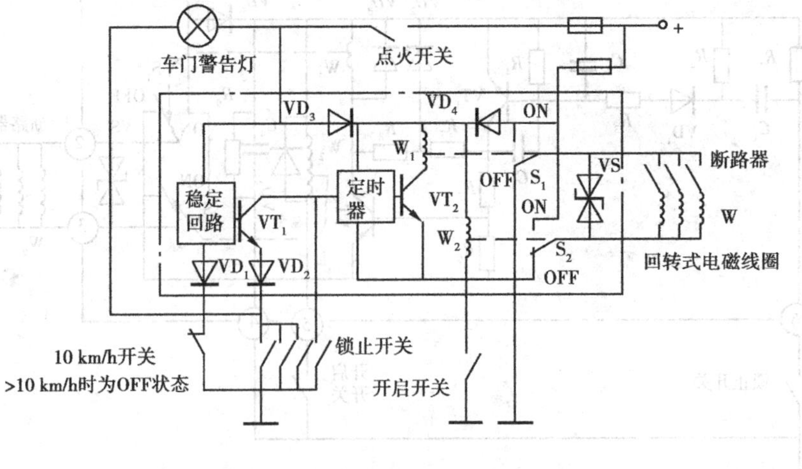


图 8-38　车速感应式中央门锁电路

$VT_1$、$VT_2$—三极管　$W_1$—锁止继电器线圈　$W_2$—开锁继电器线圈

$S_1$、$S_2$—继电器触点　W—回转式电磁线圈

工作过程有两个状态,即汽车停驶工作状态和汽车行驶工作状态。

(1)汽车停驶工作状态

点火开关打开,车速表内的 10 km/h 车速开关(舌簧管式开关)处于接通位置,蓄电池电流经熔断器、稳定回路、二极管 $VD_1$、车速开关后搭铁,此时,三极管 $VT_1$ 截止、三极管 $VT_2$ 也截止,车门锁止继电器 $W_1$ 断电,车门处于开锁状态。此时只要有一个车门未锁止时。该车门灯开关闭合,车门报警灯亮,提醒驾驶员注意。

(2)汽车行驶

汽车行驶时,当车超过 10 km/h,车速表内的 10 km/h 车速开关被移动的磁铁吸开,三极管,$VT_1$ 导通,定时器经 $VT_1$ 及门灯开关后褡铁,$VT_2$ 导通,$W_1$ 通电,$S_1$ 处于 ON 位置,回转式电磁线圈通电工作,拉下车门锁扣杠杆,车门被锁止。

### 8.8.3 电子式防盗系统

随着电子技术的发展,在轿车上电子门锁应用也越来越广泛。汽车电子防盗系统是在原有中央门锁的基础上加设了防盗系统的控制电路,以控制汽车移动同时并报警。电子防盗是目前较为理想的防盗装置。如果有行窃者盗窃汽车或汽车上的物品,防盗系统不仅具有切断起动电路、点火电路、喷油电路、供油电路和变速电路、将制动锁死等的功能,同时,还会发出不同的求救的声光信号,给窃贼一个精神上的打击,以阻止窃贼行窃。

总之电子防盗系统是具有报警、切断发动机点火电路、油路、控制制动和变速等功能的电子防盗系统。

1.电子防盗系统类型及选择

(1)电子防盗系统类型

根据电子技术先进程度、汽车豪华程度和生产条件等的不同,防盗系统的种类繁多。按驾驶员控制方式分有钥匙式和遥控式。按防盗功能和防盗的程度的不同分,防盗系统又可分为报警和防止汽车移动、卫星跟踪全球定位防盗系统等。

(2)电子防盗系统类型的选择

1)钥匙控制式:通过用钥匙将门锁打开或锁止,同时将防盗系统设置或解除。

2)遥控式:防盗系统能够远距离控制门锁打开或锁止,也就是远距离控制汽车防盗系统的防盗或解除。

3)报警式:防盗系统遇有汽车被盗窃时,只是报警但无防止汽车移动功能。

4)具有防盗报警和防止车辆移动式的防盗系统:当遇有窃车时,除音响信号报警外,还要切断汽车的起动电路点火电路或油路等,起到防止汽车移动的作用。

5)电子跟踪防盗系统:该系统分为卫星定位跟踪系统(简称 GPS)和采用对讲机通过中央控制中心定位监控系统。这些系统要构成网络,消除盲区,而且要有政府配合,公安部门设立监控中心。电子跟踪定位监控防盗系统是利用电波在波朗管地图上显示被盗车位置并向警方报警的追踪装置。设跟踪定位监控防盗系统,需有关单位专门设立这样一套机构和一套专用的设备,并需 24 h 不间断地监视,否则,即使安装了电子跟踪定位监控防盗系统还是起不到防盗作用。

目前采用较多的是非跟踪防盗系统。近年来随着盗窃汽车案件不断增加,加之国家对治安的重视,电子跟踪监控防盗系统在大城市使用渐多,这也是防盗的发展方向。

以下主要介绍非跟踪监控的电子防盗系统。

2. 电控门锁的组成

汽车电控门锁通常是由控制部分和执行机构组成。

(1)控制部分

控制部分包括输入器、存储器、识别器、编码器、驱动装置、抗干扰电路、显示装置、保险装置和电源等部分组成。

1)电源用来向该系统提供电能。

2)编码器用来人为的设置一定的密码。

3)存储器可以将编码存储起来。

4)输入器是用来将密码输入锁内。

5)识别器是对来自输入器的编码和存储记忆的编码进行比较,当两组编码不相同时,便会通过显示装置显示出来,或报警求救,或控制防止汽车移动装置执行指令,不得使汽车移动。

6)驱动装置是在接到识别器输送来的信号时,接通执行机构的电路,使执行机构进行开启或锁止。

7)抗干扰电路防止汽车内外电磁信号干扰所引起防盗系统误动作。

8)显示器和报警器是输出装置,它是用来在需要报警时进行报警。

9)保险装置的作用是防止车速过高时车门自动打开,在控制电路发生故障时,门锁可以直接开启。

(2)执行机构

执行机构可以分为电动机式或电磁线圈式。它用来将电能转换为机械能,以使门锁开启或锁止。

3. 钥匙控制式防盗系统

钥匙控制式防盗系统作用是:当驾驶员将车门锁锁住的同时,接通了电子防盗系统电路,从此电子防盗系统开始进入工作状态。一旦有窃贼非法打开车门,电子防盗系统一方面用喇叭报警求救,另一方面切断点火系统电路,使发动机不能起动,于是起到了防盗报警的作用。

(1)组成

这种防盗报警系统主要由电源、控制电路和执行部分等组成。

1)电源的作用是向防盗系统提供电能。

2)控制电路用来启动报警装置和控制发动机不能起动,以达到防盗的目的。

3)执行部分主要由报警喇叭和切断点火电路的继电器等组成。

(2)工作原理

如图 8-39 所示,当驾驶员锁住车门的同时,接通了控制电路中的 $S_1$ 开关,由于开关 $S_1$ 接通使其处于待工作状态,电源经喇叭继电器线圈将 12 V 电压加在可控硅阳极上,此时防盗报警系统处于值班状态。

当有窃贼非法打开车门进入车内时,如果接通某一低电阻电器设备(如车内顶灯)电路时,其低电阻将产生一瞬间负的瞬变过程,这一负的峰值信号,使晶闸管阴极瞬间低于零电位,致使其触发极出现正电位。晶闸管被触发导通,晶闸管电流→二极管 $VD_1$→电阻 $R_2$→开关 $S_1$→搭铁,构成闭合电路。

但由于电阻 $R_2$ 有足够高的电阻,通过喇叭继电器线圈 3 的电流小,所产生的电流强度不

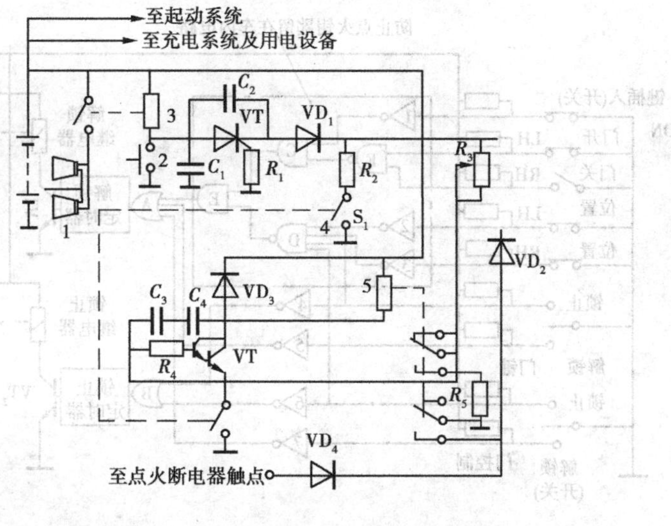


图 8-39　晶闸管电子控制防盗系统电路

足以将继电器触点吸合，因而导通的晶闸管就使 12 V 电压—电阻 $R_3$，继电器 5 常闭触点—延时电路复合晶体管 VT 向电容器 $C_3$、$C_4$ 充电，并通过复合晶体管的漏电电流构成回路。

电阻 $R_4$ 是用来限制基极电流，当超过门限电压时，复合晶体管 VT 导通，使继电器 5 线圈电路构成闭合回路。继电器 5 线圈通电产生吸力，使其两个触点同时翻转与搭铁接通。上面的触点闭合后，延时电路的电容 $C_3$、$C_4$ 通过电阻 $R_4$ 至搭铁放电。下面的触点闭合后导通了晶闸管至搭铁的电路，其电流由晶闸管→二极管 $VD_1$→二极管 $VD_2$→触点 2→搭铁→蓄电池的负极。由于晶闸管至搭铁的电路中电阻甚小，则该电路中的电流增大，于是使喇叭继电器触点闭合，喇叭报警。与此同时，点火断电器的电路也导通，点火系的电路经二极管 $VD_4$→触点 2→搭铁→蓄电池的负极，由于电火系的电路被短路，故发动机不能起动，这就起到了对汽车的防盗作用。

当电容器 $C_3$、$C_4$ 放电低于晶体管 VT 的门限电压时而截止，继电器 5 线圈失电吸力消失，两触点断开，喇叭停止工作，同时点火系的电路也不被短路。至此，电容 $C_3$、$C_4$ 又进行另一充电循环，在另一延时周期，继电器 5 的两个触点再次闭合，重复上述防盗过程，直至车主回来将 $S_1$ 开关关断为止。

即使盗贼将喇叭的电路切断，但发动机还是不能起动，仍可起防盗作用。

4. 带防止点火钥匙留在车内功能的电动机式电子门锁控制电路

图 8-40 是防止点火钥匙留在车内的电动机式电子门锁控制电路。门锁的开启和锁止，是由电子控制器（ECU）控制门锁电动机进行正转与反转实现的。

如果驾驶员将点火开关钥匙忘记在车上而没有拔出，车门形不成锁止状态。其电路是：如果点火开关钥匙仍插在点火开关锁筒内，接通了非门的电路，非门 1 输入端为 0 信号，其输出端为 1 信号，与非门 e 输入端与 LH 开关连同为 0 信号，RH 连通的为 1 信号，通过先与后非，其输出端变为 0 信号；与门 C 的输入端均为 0 信号，其输出端也为 0 信号；或门 A 获得与门 B 输送来的 0 信号，其输出也为 0 信号，故 $VT_1$ 截止，锁门电动机不工作车门不能锁止。

即使用另外的钥匙将车门锁止，即门锁开关与搭铁直接沟通，向与非门 D 输送 0 信号，门控制开关向与非门 D 输送的为 1 信号；与非门 D 的输入端获得的信号既有 0 也有 1，通过先与

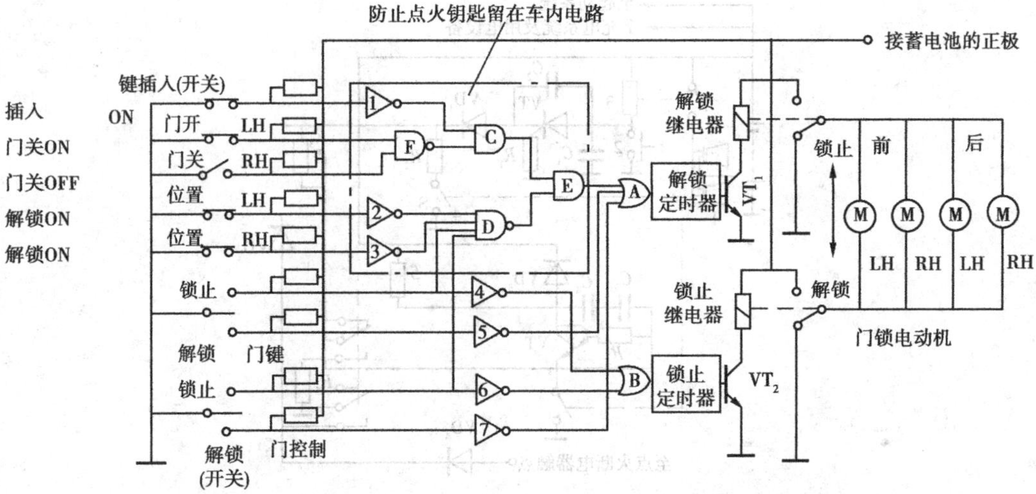


图 8-40　电子控制门锁电路图

后非,其输出的为1信号;与门B伪输入端获得与门C输送来的0信号和与非门D输送来的0信号,其输出为0信号;与门A获得0信号,其输出也为0信号,故三极管 $VT_1$,仍截止,电动机仍不转动而不能锁止。

如果将点火开关钥匙抽出后,将钥匙插入门锁筒内,拨动锁心转动接通搭铁电路,非门4的输入端的信号为0,其输出端为1;或门B的输入端获得1信号,其输出也为1信号,则锁止定时器得到导通信号,三极管 $VT_2$ 有基极电流通过而导通,于是导通了锁止继电器的电路,其电流由蓄电池的正极→继电器线圈→三极管 $VT_2$→搭铁→蓄电池的负极,构成闭合电路。锁止继电器通电将触点吸合,接通了电动机的电路,其电流由蓄电池的正极→继电器触点→电动机→解锁继电器触点→搭铁→蓄电池的负极广构成闭合电路;电动机转动使门锁锁止。无论是用钥匙将门锁锁止或使用门控制将门锁锁止,其结果相同。

解锁时,将钥匙插入门锁锁筒内并拨动锁心转动,接通解锁搭铁电路,非门6的输入端获得0信号,其输出为1;或门A获得非门5输送来的1信号,其输出也为1信号,于是通过解锁定时器使三极管 $VT_1$ 有电流通过,从而导通了解锁继电器线圈的电路,其电流由蓄电池的正极→解锁继电器线圈→三极管 $VT_1$→搭铁→蓄电池的负极,构成闭合电路,其线圈通电而产生吸力并将触点吸合,沟通了门锁电动机的电路,其电流由蓄屯池的正极→解锁继电器触点→电动机→锁止继电器触点→搭铁→蓄电池的负极,其电路闭合;由于通过电动机的电流方向与锁止时的方向相反,故电动机反转将门锁打开。

为避免门锁电动机通电时间过长而过热烧坏,通常利用开启和锁止定时器限制其通电时间。

5. 电子钥匙编码的防盗装置

电子钥匙编码控制装置,是靠带编码的点火钥匙来控制汽车发动机的起动;以达到防止汽车被盗走的目的,其电路如图 8-41 所示。它主要由身份代码的点火钥匙、编码器构成的控制器和发动机控制单元等组成。带编码的点火钥匙内设有身份代码。

点火锁筒内存储有代码,当插入的钥匙与存储的代码不符,则点火系的电路不能接通,从而起到了防盗作用。

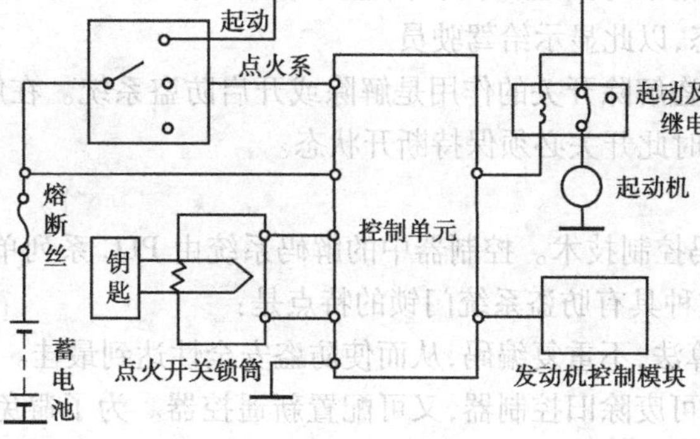


图 8-41　电子钥匙编码防盗系统

用钥匙控制的汽车防盗系统与遥控汽车防盗系统相比较相对简单，但在夜间开或锁车门时，还需借灯光帮助，否则向门锁锁筒内插钥匙较困难。

6. 遥控电子防盗系统

遥控电子防盗系统是利用发射和接收设备，并通过电磁波或红外线来对车门进行锁止或开启，也就是控制防盗系统进行防盗值班或解除。遥控电子防盗系统种类繁多，常见的有电磁波遥控电子防盗系统和红外线控制防盗系统。遥控电子防盗系统在夜间无需灯光帮助就能方便快捷的将门锁锁止或开启。下面简单介绍摇控防盗系统的组成、功能和特点。（以小红旗轿车为例）。

（1）摇控防盗系统的组成和功能

该系统由遥控器、防盗控制器、遥控电动中央门锁控制器、5 个电动锁、指示发光二极管和防盗解除开关等组成。

1）遥控器：遥控器上设有一个大键和几个小键，遥控器上的指示灯在操作大小键时进行闪烁，以显示控制器的使用状态。

2）防盗控制器和电动中央门锁控制器：这两个控制器安装在驾驶员侧、仪表板下 T 形支架上。在使用遥控电动中央门锁防盗系统时必须配置这两个控制器。这两个控制器在防盗设定和解除时，电动锁必须与其同步动作，因此在线路连接上将两个控制器联系起来，使系统做到：在防盗设定时电动锁关门，防盗解除时电动锁开门。

电动中央门锁和遥控中央门锁两套控制系统各有一个控制器支持系统工作。驾驶员只要选择不同的控制器即可实现所需的门锁控制方式。

3）电动锁：该系统共设置了 5 把电动锁，分别控制 4 个车门和行李厢。所有电动锁均采用永磁可逆电动机，电动机上带有安全防护离合器的蜗轮蜗杆机构，它具有体积小、耗电少、动作迅速和避免卡死等优点。若电动锁出现不能动作故障，离合器可将损坏的电动机脱开，开关车门时，可通过门内拉钮或门钥匙操纵车门的开关。

驾驶员和副驾驶员的车门的门锁为"五线锁"，其中有两根线为电动机电源线，3 根线为微动开关的信号线。其余的 3 个门锁均只有电源线。五线电动锁可通过内部的微动开关触点的动作将车门的开关状态以电信号的形式反馈给控制器，控制器以此信号去控制其余的联动电动锁。使其与发出信号的电动锁同步动作，即同时开启 4 个车门及行李厢或同时锁止 4 个车门及行李厢。

4)状态指示灯:状态指示灯固定在仪表板左侧,其作用是以不同的闪烁频率和次数表明防盗系统不同的工作状态,以此显示给驾驶员。

5)防盗解除开关:防盗解除开关的作用是解除或开启防盗系统。在解除防盗系统时将其闭合,正常使用防盗系统时此开关必须保持断开状态。

(2)特点

遥控采用了跳动编码控制技术。控制器中的解码系统由 PLC 系列单片机及工厂码、随机码、16 位解码器组成。这种具有防盗系统门锁的特点是:

1)采用非线性保密算法,不重复编码,从而使防盗安全性达到最佳。

2)具有学习功能,即可废除旧控制器,又可配置新遥控器。为了避免盗配,每次只限两个遥控器。

3)解码系统中单片机与外电路的灵活组合,可根据驾驶员的要求,生产出具有不同功能的防盗系统。

4)具有静音防盗功能,避免了噪声,只有确认车被抢时,才会发出报警响声。

5)具有接受距离远、温度适应性强、瞬时过载能力强、触发时间短、静态耗电少等优点。

(3)遥控电动中央门锁防盗系统的功能及操作

1)遥控锁车及防盗设定:按遥控器上大键,4 个转向灯闪烁一次,示意驾驶员车门及行李厢已上锁。防盗状态指示灯不停的慢闪,提示驾驶员车已进入了防盗状态。此状态下起动及点火电源均被切断。

2)遥控开锁及防盗解除:按遥控器上小键,4 个转向灯闪烁两次;示意驾驶员车门及行李厢已开锁。防盗状态指示灯熄灭,提示驾驶员车已解除防盗,起动及点火电源电路恢复正常。同时室内灯点亮持续 20 s,方便驾驶员及乘员上车。

3)自动防盗设定:停车后将点火开关转到断开位置,如果任一车门打开再关上,延迟 3 s,4 个转向灯持续闪烁五次后,自动进入防盗设定状态。5 s 内再次打开车门,则系统停止记时。当又关上全部车门时,系统重新开始记时,4 个转向灯又开始闪烁,5 s 后再次进入防盗系统设定状态。此间如不用钥匙或遥控器锁车,中央控制门锁不会锁车,以防驾驶员或遥控器忘在车上。

4)二次防盗设定:如果误触动了遥控器的小按键,使防盗解除(此时室内灯会自动点亮 20 s);或有意识的解除防盗后,30 s 内车门没有打开,系统再次进人防盗设定状态,并将车门自动锁上。

5)防窃车功能:当点火开关转到行车挡,汽车在遥控距离内遭抢或强行开走时,被抢驾驶员按住大键持续 3 s,4 个转向灯会不停地闪烁。同时车上的喇叭一直鸣叫,以示报警并警告抢车人停车。如果抢车人弃车逃走,车在遥控距离内,驾驶员按下大键可解除转向灯的闪烁和喇叭的鸣叫。如果抢车人将车开走,即使将车停下拔出钥匙,4 个转向灯仍一直闪烁,直至将蓄电池的电能耗完;上车再起动,车的起动及点火电源被切断,汽车不能再被开走,若钥匙转至点火位置,车上的喇叭又会开始鸣叫。

6)防盗系统被触动,自动报警,系统再次进入防盗设定状态:车在防盗设定过程中,未经遥控器解除,强行打开车门及行李厢或强行起动发动机,4 个转向灯会自动继续闪烁 30 s 以示报警。若系统恢复正常,30 s 后转向灯自动熄灭,系统再次进入防盗设定状态。若系统未恢复正常,90 s 后转向灯自动熄灭,系统再次进入防盗设定状态。

7)停车自动开锁:停车后,点火开关转到关断位置,中央控制门锁系统自动开锁、室内灯自动点亮 20 s,方便驾驶员和乘员下车。

8)自检功能:防盗设定后,4 个转向灯闪烁一次,系统自动进入防盗设定的同时也处于自检状态。即如果任一车门未关好或出现故障造成车门联锁开关短路时,4 个转向灯闪烁 4 次;如果行李厢未关好或行李厢开关出现故障造成开关短路时,4 个转向灯闪烁 6 次,提示驾驶员检查故障点。自检系统还将 4 个车门及行李厢分为两个检测区。即:4 个车门为一个检测区,行李厢是一个独立的检测区。如果其中有一个检测区出现故障不会影响另一个检测区执行防盗功能。

9)防盗被触动,自动记忆、自动显示:在防盗设定时间,系统中任一部位被触动过,在防盗解除时,状态指示灯将快闪,以提示驾驶员引起注意。

10)防盗系统解除:如果防盗系统发生故障、遥控器电池没电或汽车需要维修时,须将防盗系统解除,系统中遥控中央门锁的功能仍可正常使用。其方法方:将点火开关转到行车挡,将解除开关闭合,4 个转向灯闪烁一次,状态指示灯闪烁一次后熄灭,表示防盗系统进入解除状态(防盗系统不能使用)。

11)防盗系统的恢复:将点火开关转到行车挡,将解除开关断开,4 个转向灯闪烁 3 次,状态指示灯闪烁 3 次后熄灭,表示防盗系统可以正常使用。

## 8.9　汽车安全气囊

安全带虽起到了一定的防止人身伤害作用,但当汽车发生强烈的碰撞时,安全带也会在瞬间由柔性变为刚性使人体有不同程度的伤害。安全气囊作为被动安全保护措施较为理想,所以得到较迅速的发展。安全气囊系统是一种被动安全性的保护系统 SRS(Supplemental Restraint System),它与座椅安全带配合使用,可以为乘员提供有效的防撞保护。

为确保安全气囊能起到减小对驾驶员和乘员的伤害;对安全气囊有下列要求:

一是要求安全气囊能适时地打开。当汽车发生碰撞时,汽车由较高初速度急剧降到零的时间约为 450 ms,因惯性作用乘员还要保持原速度向前运动,于是驾驶员或乘员就会与前面的构件发生碰撞(即二次碰撞)。在汽车行驶的途中乘员难免调整坐姿或在小范围内活动,使乘员与室内前部的构件距离发生变化,如果人体位置距构件的距离较近时,就会出现未等气囊打开人体已碰到构件上,即延误了保护的时机而起不到安全作用,所以要求安全气囊适时地打开。

二是要求安全气囊可靠性要好。所谓安全气囊的可靠性主要是指,保证准时打开安全气囊,不得有误爆现象。这是因为安全气囊系统是由很多的组成部分各负其责,并协调地完成安全气囊引爆任务,如果系统中有某个组成部分可靠性变坏,就会使整个安全气囊不能按要求工作,难以保护人体的安全。

安全气囊按控制方式分类,可分为机械式安全气囊和电子控制式安全气囊两种。按碰撞传感器的形式分类,可分为机械式安全气囊、机械电子式和电子控制式安全气囊三种。按传感器的数量分类,可分为多传感器和单传感器安全气囊两种。按安全气囊分类,可分为压缩气体式、烟火式和混合式三种。

## 8.9.1 电子控制式安全气囊

### 1. 电子控制安全气囊的组成

虽然安全气囊的种类繁多，但其组成大致相同。电子控制式安全气囊主要由电源、传感器、控制器、气体发生器和气囊、电气连接装置等组成。

(1) 电源设备

电源是电子控制式安全气囊的动力源，如果电源发生故障则气囊处于瘫痪状态。气囊系统的电源主要由汽车电源、稳压器、电源监视器、备用电源等部分组成。平时有主电源供电，并对备用电源（电容器）充电。

1) 汽车电源：汽车电源是指汽车上的第一电源（蓄电池）和第二电源（发电机）。

2) 稳压器：稳压器是用来稳定安全气囊系统的电压，以保证安全气囊引爆。

3) 电源监视器：电源监视器是用来监视电源的工作情况是否正常。

4) 备用电源：由于汽车上的主电源有时会发生故障，或汽车碰撞后有可能将安全系统的电源电路断开，为了保证安全气囊工作的可靠性，其系统内应设置双电源。在断电的情况下，应还有备用电源向安全气囊系统提供电能。备用电源多是电容器，并设在电子控制器之内。

(2) 传感器

传感器包括碰撞传感器和安全传感器，如图 8-42 所示。碰撞传感器可分为机械式传感器和电子式传感器两种形式。碰撞传感器的作用是把感受到汽车碰撞的信号传给电子控制系统。安全传感器起保险作用，防止气囊误胀开。

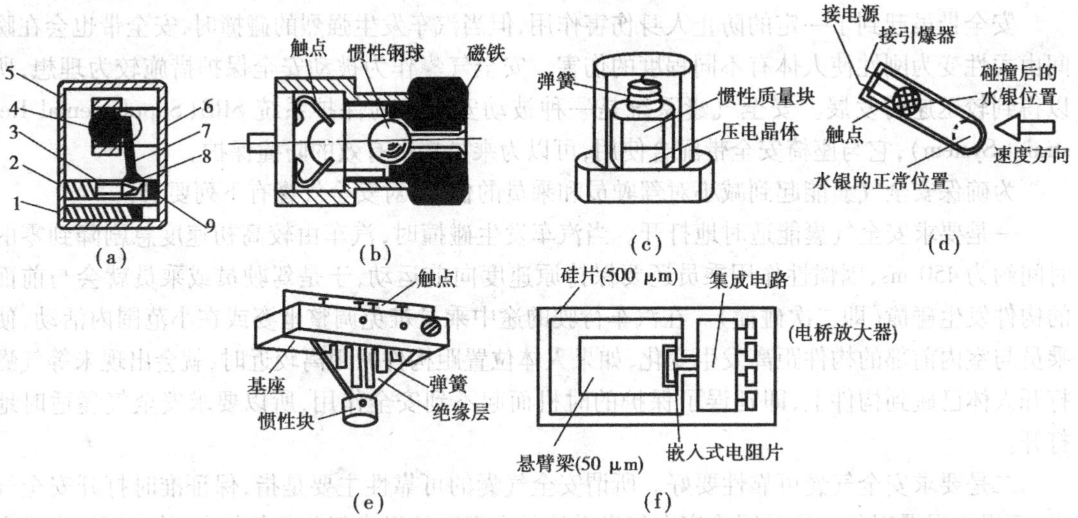


图 8-42 安全气囊传感器

(a) 机械式传感器 (b) 磁力式传感器 (c) 压电式传感器 (d) 水银开关式传感器 (e) 压阻式传感器 (f) 智能传感器

1—传动杠杆预紧弹簧 2—撞针弹簧 3—撞针 4—惯性钢球 5—壳体 6—盖 7—杠杆 8—D 型块 9—引爆剂

1) 机械式传感器：如图 8-42(a) 所示的为早期采用过的机械式传感器。机械式传感器主要由惯性钢球、D型块、撞针、传动杠杆、预紧弹簧、引爆剂和壳体等组成。

其工作原理是汽车正常行驶时，杠杆在预紧弹簧弹力的作用下，将钢球推向左端，撞钟的台阶顶在D型块上。当汽车发生碰撞事故时，钢球由于惯性力而加速运动，通过杠杆克服预紧弹簧的弹力推着杠杆的上端向右冲动。这时杠杆带着D型块转过一个角度，从而释放了点火撞针，撞针在撞针弹簧的作用下向引爆剂撞击（如猎枪引爆），引爆剂点火产生气体充满气囊。

机械式传感器种类较多，结构与工作原理相近，无论采用哪种形式，多是在汽车急剧减速时，利用惯性块和弹簧来感受汽车的碰撞信息。

机械式的传感器制造简单、价格低廉。但由于预紧弹簧长期处于压缩状态多会引起弹力变化，或因弹簧制造质量使弹簧的弹力不符合要求等，多会引起安全气囊可靠性变坏，加之电子技术的发展，所以现在不多采用。

2）磁力式传感器：如图8-42（b）所示为磁力式传感器，它主要由钢球、磁铁、电路开关触点等组成。汽车正常行驶时，钢球在磁铁吸力的作用下固定不动。当汽车发生碰撞事故时，钢球产生的惯性力大于磁铁的吸力时，便挣脱磁铁的吸引力向触点冲去，于是接通了电子控制的电路以控制气囊引爆。这种传感器实质上是一种机电一体式传感器。

3）电子式传感器：电子式传感器可分为压电式传感器、压阻式传感器、电容式传感器和智能式传感器。

①压电式传感器：图8-42（c）所示为压电式传感器。它主要由惯性质量块和压电晶体等组成。当汽车发生碰撞事故时，质量块产生惯性力加速压向压电晶体，压电晶体产生电能并经处理后，将电压信号传给电子控制系统，为电子控制系统提供信息，使其决策是否引爆安全气囊。

②压阻式传感器：图8-42（e）所示的为压阻式传感器。它主要由机座、三角形板簧、电阻应变片和惯性块等组成。当汽车惯性块感受到冲击时，克服三角形板簧的弹力而摆动，迫使电阻应变片弯曲变形，于是引起了电阻值的变化。变化后的电阻信号，经桥式电路转换成相应的电压信号传给电子控制系统，使其决策是否引爆安全气囊。这种传感器对电流产生的温度敏感性较强，因此采用油浸的办法对其加以冷却，同时对质量块也起到了阻尼作用。

③电容式传感器类：它似于压阻式传感器，当它感受到汽车碰撞时，由于质量块的摆动引起电容量的变化，并将检测到的电容变化量为控制器提供了是否引爆安全气囊的决策参数，供控制器决策。

④智能传感器：智能传感器是一种集成芯片的中央传感器，如图8-42（f）所示。在芯片中间设有一悬臂梁式的板簧，板簧连接的一端设有电路。当汽车碰撞时，悬臂梁在惯性力的作用下弯曲，引起应变电阻片电阻值变化，将变化后的电阻值放大转换后传给电子控制系统，为其提供是否引爆安全气囊的参数。

4）安全传感器：安全传感器用来防止汽车在非碰撞情况下引起气囊的误动作，多装于ECU内。它一般用水银开关式传感器，如图8-42（d）所示。此传感器主要是利用水银导电良好的特性制成，是一种常开开关。

当汽车发生碰撞时，足够大的惯性力将水银抛向传感器电极，使两个电极接通，接通引爆器电路，引爆安全气囊。

碰撞传感器与安全传感器区别在于安装位置与作用效果不同。碰撞传感器是供电脑判断是否引爆,而安全传感器是供电脑确定是否发生碰撞。

(3)传感器在汽车上设置的位置

汽车碰撞时的方式随机性很大,常见有正面正碰撞,正面错位碰撞,对中斜碰撞,错位斜碰撞;小车撞在大车下也是有的。安装传感器的位置是根据大量实验后得的结果,通常有两个区域传感器对碰撞很敏感,一个是易碰撞区(驾驶室以前的部位),另一个是驾驶室内。

机械、电子传感器多是布置在汽车前部保险杆左右各1个,散热器顶部设1个。也有的设在左右前轮的翼子板下面各1个。安装在驾驶室内的传感器,可以接受到不同方向碰撞的信号,但车前部因碰撞变形吸收了部分冲撞时的动能,因此,传在驾驶室内传感器的信号较弱,一般采用电子传感器。为了能够采集到较准确的碰撞信号,驾驶室内的传感器安装的位置很重要。一般多是安装在仪表板下或变速操纵杆周围,力求对碰撞信号敏感,且能接受到各种碰撞方式的信号。

(4)传感器的配置

传感器的配置有两种,一种是多传感器方式,另一种是单传感器方式。目前多采用多传感器方式。

1)多传感器方式的配置:多是在汽车前部左右各设1个机械式传感器,驾驶时内设1个电子中央传感器。

2)单点式传感器:单点式传感器多采用压阻式或电容式,并将传感器和控制器做在同一电路板上。它有成本低,工作可靠性好和安装方便等优点。

(5)电子控制器(ECU)

电子控制器的作用是检测汽车碰撞情况及系统故障情况,对系统关键部件进行反复诊断试测。ECU在汽车行驶中不断地接受碰撞传感器、安全传感器等传来的车速信息,经过计算、分析、比较、判断,随时准备把确认的信号传送给引爆器。ECU还可以调节自身内部电路,确定系统的准备状态,装有备用电源以及故障警告灯。

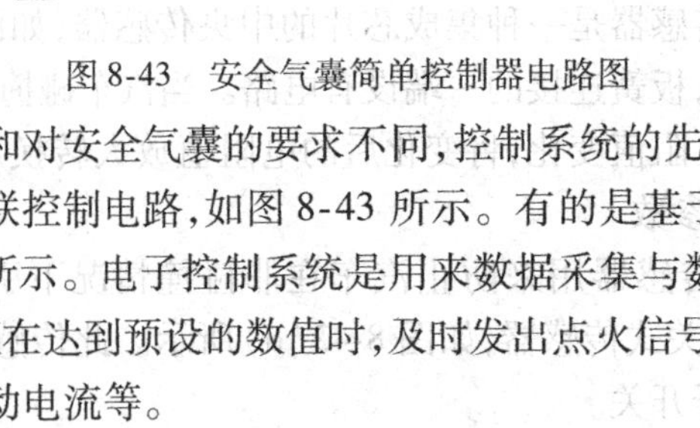

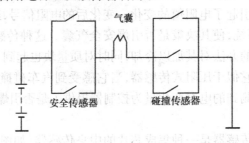


图8-43 安全气囊简单控制器电路图

随着电子技术的发展和对安全气囊的要求不同,控制系统的先进程度也不尽相同。有的控制器是一个简单的串并联控制电路,如图8-43所示。有的是基于微机处理器的控制系统,有自诊断功能,如图8-44所示。电子控制系统是用来数据采集与数据处理的系统,并诊断安全气囊工作的可靠性,保证在达到预设的数值时,及时发出点火信号,而且正时点火,保证驱动气体发生器有足够大的驱动电流等。

电子控制系统主要由传感器、电源系统、电子控制器ECU及执行机构组成。ECU主要由微处理器CPU、只读存储器ROM、随机存储器RAM、接口电路及驱动电路等组成。ECU内部结构如图8-45所示。

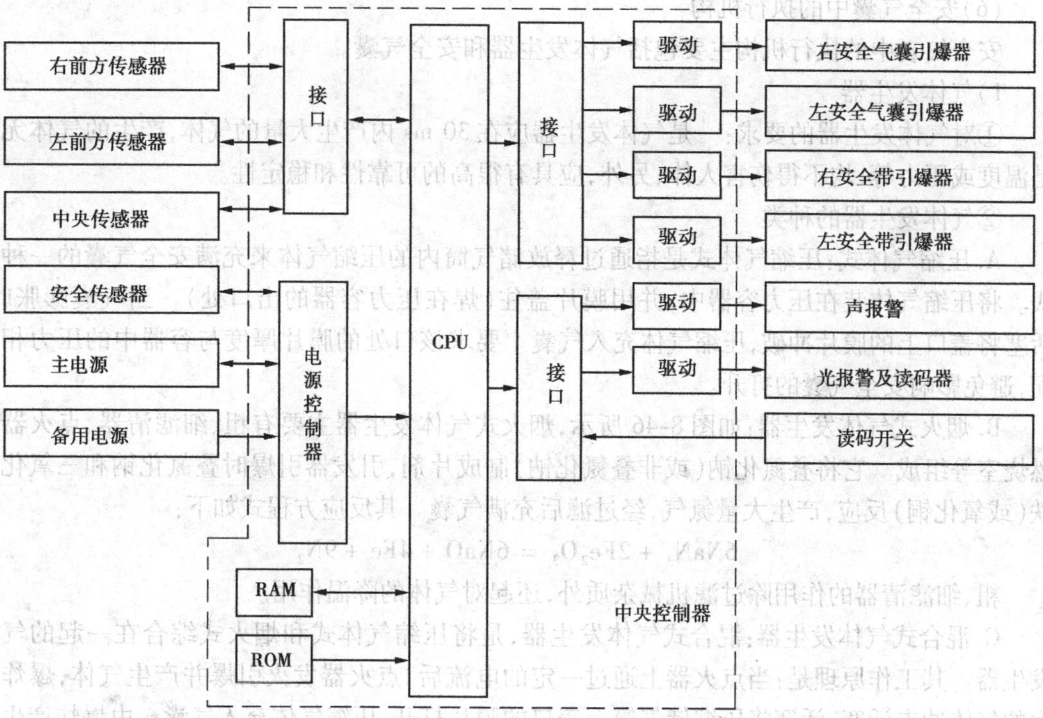


图 8-44　安全气囊电子控制系统框图

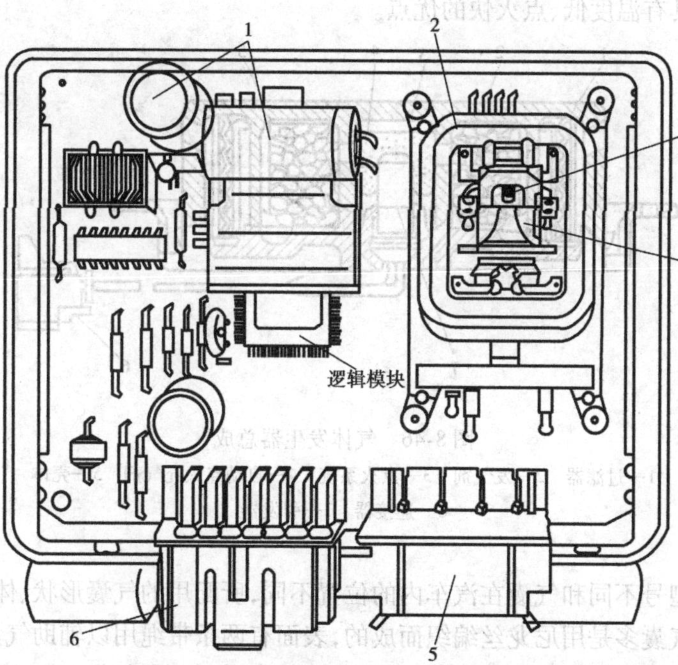


图 8-45　安全气囊电子控制系统结构图

1—电容器　2—安全传感器总成　3—传感器触点　4—传感器平衡块

5—四路连接器　6—十三路连接器

(6)安全气囊中的执行机构

安全气囊中的执行机构主要包括气体发生器和安全气囊。

1)气体发生器

①对气体发生器的要求:一是气体发生器应在 30 ms 内产生大量的气体,产生的气体无论是温度或压力等,均不得伤害人体;另外,应具有很高的可靠性和稳定性。

②气体发生器的种类

A. 压缩气体式:压缩气体式是指通过释放储气筒内的压缩气体来充满安全气囊的一种方式。将压缩气体装在压力容器中,并用膜片盖住(焊在压力容器的出口处)。当气囊膨胀时,活塞将盖口上的膜片冲破,压缩气体充入气囊。要求该口处的膜片厚度与容器中的压力相匹配,避免影响安全气囊的打开。

B. 烟火式气体发生器:如图 8-46 所示,烟火式气体发生器主要有粗、细滤清器、点火器和燃烧室等组成。它将叠氮化钠(或非叠氮化钠)制成片剂,引发器引爆时叠氮化钠和三氧化二铁(或氧化铜)反应,产生大量氮气,经过滤后充满气囊。其反应方程式如下:

$$6NaN_3 + 2Fe_2O_3 = 6NaO + 4Fe + 9N_2$$

粗、细滤清器的作用除过滤机械杂质外,还起对气体的降温作用。

C. 混合式气体发生器:混合式气体发生器,是将压缩气体式和烟火式综合在一起的气体发生器。其工作原理是:当点火器上通过一定的电流后,点火器发火引爆并产生气体,爆炸产生的气体冲击活塞,活塞将压缩储气筒上盖口的膜片打开,压缩气体充入气囊。由爆炸产生的气体接着进入储气筒内,使储气筒内的温度迅速增加,压缩气体更加快速地充入气囊。这种混合式气体发生器具有温度低、点火快的优点。

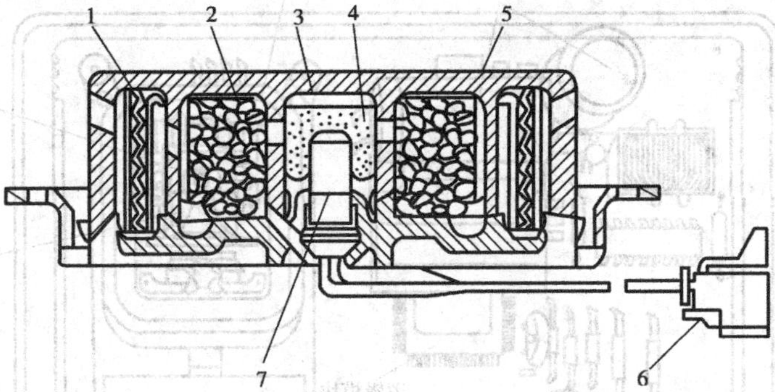


图 8-46 气体发生器总成

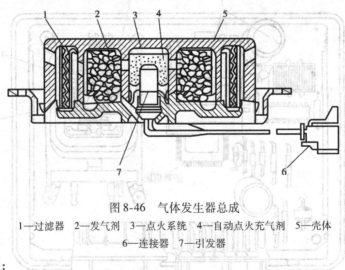

1—过滤器 2—发气剂 3—点火系统 4—自动点火充气剂 5—壳体
6—连接器 7—引发器

2)安全气囊:

由于汽车的型号不同和气囊在汽车内的位置不同,所配用的气囊形状、体积和放气特性都有所不同。一般气囊多是用尼龙丝编织而成的,表面有两条带绳用以辅助气囊,以保护驾驶员或乘员。有的气囊内涂有聚氯丁乙烯,平时折叠在气囊衬垫(缓冲垫)下。该衬垫采用轻度发泡的聚氨酯塑料制成。驾驶员侧的气囊充气后的体积约为 60 L,乘员侧的气囊充气后约为 60 ~210 L 之间。气囊的背后有排气孔,在驾驶员身体的上部压向气囊时,可使气囊均匀缓慢地泄气,保证在 10 ms 的时间内吸收完人体的冲击能量。有的气囊设计成可以从气囊表面空隙中漏气，从而省去了放气孔。

(7)电气连接装置

安全气囊系统的电气连接装置包括时钟弹簧、插接器和线束。

1)时钟弹簧：由于驾驶员侧气囊是装在转向盘上，要保证转向盘转向自如，时钟弹簧来实现这种静止端与活动端的电气连接，以便把电信号输送到安全气囊的气体发生器。时钟弹簧实质上是一个螺旋弹簧，它被安装在弹簧壳内，然后用螺栓固定在转向盘的后面。对时钟弹簧要求使用寿命应不低于10万次循环。时钟弹簧由特殊材料制成，电阻很小。

时钟弹簧的优点是，因它能实现径向、轴向和周向变形，所以，当汽车发生碰撞引起转向系统变形后，仍能保证安全气囊电路可靠的连接，从而保证了安全气囊的可靠引爆。如果采用其他形式的连接，汽车发生碰撞引起转向系统变形后，容易引起电路断路，难以保证安全气囊引爆。

2)插接器：气囊系统的接插器特别强调可靠性，采取了双保险锁定和分断自动短路等措施。接插器断开后，引发器的电源端和地线端自动短接；防止因误通电或静电造成的引发器误触发。

3)线束：安全气囊系统的线束采用了特殊的包装和色标；这一方面是为了便于检查，另一方面是为了在碰撞中保持线路的连接。

2. 安全气囊工作情况

目前，采用气囊系统或双气囊系统的轿车越来越多。当汽车发生碰撞时，气囊系统对防止驾驶员、乘员遭受伤害十分有效。汽车气囊系统属于一次性使用装备，而且造价较高，一套单气囊系统的价格约为1 000美元；一套双气囊系统的价格约为2 000美元。为了达到既能保护驾驶员和乘员安全又能降低费用之目的，许多轿车装备了带座椅安全带收紧器的辅助防护安全系统。

(1)系统组成

装备座椅安全带收紧器后，辅助防护系统的基本工作原理(图8-47所示)。前左、右碰撞传感器9、10与安装在安全气囊电脑中的中央传感器相并联，驾驶席气囊点火器7与乘员席气囊点火器8并联，左、右安全带收紧器点火器5、6并联。

在安全气囊电脑中，设有两只相互并联的安全传感器，其中一个安全传感器与收紧器5、6和安全气囊电脑中的驱动电路构成回路。收紧器的点火器受安全气囊电脑的控制。另一个安全传感器与气囊7、8和碰撞传感器9、10构成回路，气囊点火器也受安全气囊电脑的控制。

(2)系统工作程序

安全气囊工作程序如图8-48所示。接通点火开关后，气囊系统就开始工作，首先把CPU等电子电路复位，然后进行自检，由自检子程序对各个传感器、引爆器、ROM、RAM、电源等部分逐一进行自检。如果有故障时，执行总的故障警示灯显示子程序，使故障指示灯发出闪烁信号，使用人员根据读出的故障码对照手册或有关资料查出故障并排除；如自检程序无故障，则起动传感器进行巡回检测；如果没有发现汽车有碰撞事故，程序又返回自检子程序；如果发现汽车有碰撞现象，就会根据碰撞速度发出不同的引爆指令。

(3)系统工作原理

装备安全带收紧器后，整个安全气囊系统的工作原理如下；在汽车行驶过程中，安全传感器、中央传感器和碰撞传感器随时检测车速变化信号，并将信号送到安全气囊系统电脑。在安

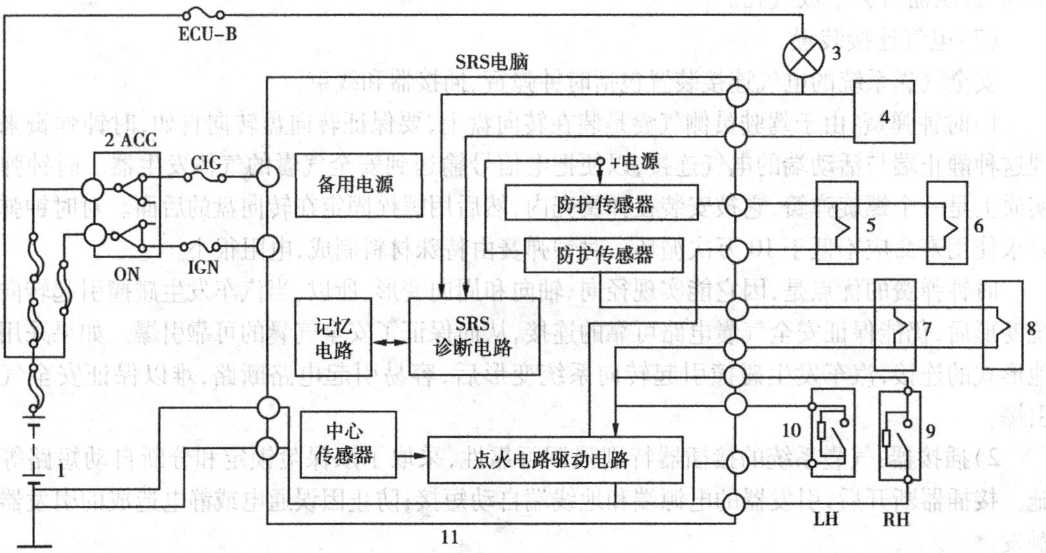


图 8-47 装备安全带收紧器的安全气囊系统工作原理

1—蓄电池 2—点火开关 3—安全气囊指示灯 4—诊断插座 5—左侧安全带收紧器 6—右侧安全带收紧器 7—驾驶席气囊点火器 8—乘员席气囊点火器 9—右碰撞传感器 10—左碰撞传感球 11—安全气囊电脑

全气囊系统电脑中,预先编制的程序经过数学计算和逻辑判断后,再向收紧器点火器或气囊点火器发出指令,使安全带收紧器动作或收紧器与安全气囊系统同时作用。当汽车行驶速度较低(低于 30 km/h)时,碰撞产生的减速度和惯性力较小,安全传感器和中央传感器将信号送到安全气囊系统电脑,电脑判断结果不必引爆安全气囊系统,仅引爆座椅安全带收紧器的点火器;与此同时,向左、右收紧器点火器发出点火指令使安全带收紧,防止驾驶员和乘员遭受伤害。

当汽车行驶速度较高(超过 30 km/h)时,碰撞产生的减速度和惯性力较大,安全传感器、中央传感器将此信号送到安全气囊系统电脑,电脑判断结果为需要安全气囊系统和收紧器共同作用来保护驾驶员和乘员。与此同时,向收紧器点火器和气囊点火器发出点火指令,引爆所有点火器,在座椅安全带收紧的同时,驾驶员气囊和乘员气囊同时膨胀开,吸收碰撞产生的动能,达到保护驾驶员和乘员的目的。

## 8.9.2 奥迪轿车电子控制式安全气囊简介

### 1. 奥迪轿车气囊系统的组成

如图 8-49 所示,气囊总成安装在转向盘内的缓冲垫里。缓冲垫又称气囊饰盖,饰盖表面预制有撕缝,以便气囊膨开。在气囊总成的后面,设有固定气囊的连接器。气囊总成通过螺旋弹簧与气囊系统线束连接。

当气囊引爆时,撕缝被冲裂成两半,气囊胀开。当完全充气时,气囊内有 80 L 左右的气体,气压约为 5 kPa。当驾驶员压向气囊时,气压最高可达 60 kPa。气囊背面设有 4 个排气孔(又称溢气孔),当驾驶员压向气囊时,可使气囊缓慢泄气,保证碰撞能量约在 110 ms 后全部被吸收。

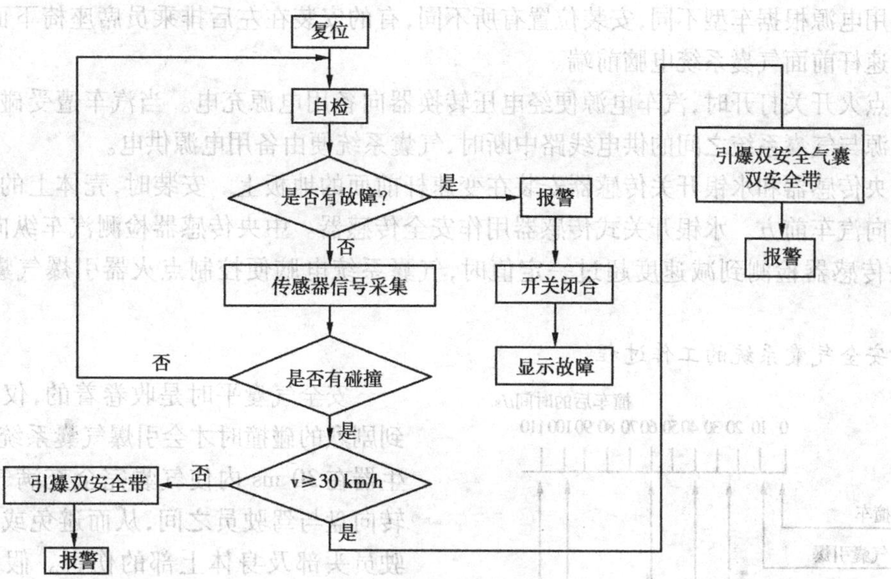


图 8-48 安全气囊工作程序框图

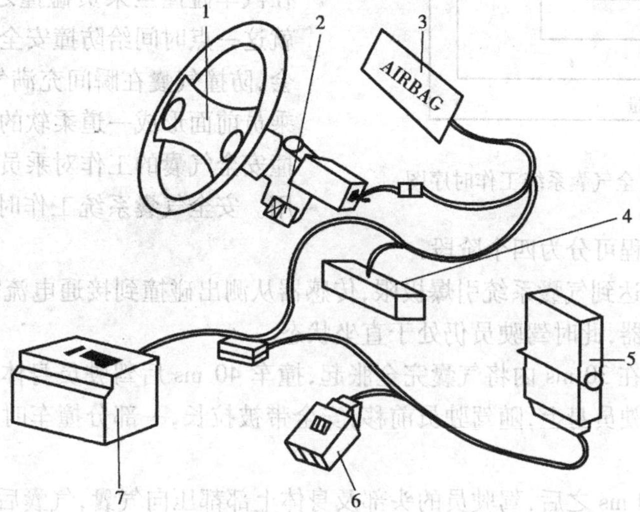


图 8-49 安全气囊的组成(Audi 轿车)

1—气囊总成 2—连接器 3—安全气囊警示灯 4—电源插头

5—电压转换器 6—备用电源 7—电子控制器

在气囊总成的下面,装有螺旋弹簧。螺旋弹簧由两块导电模片构成,装在弹簧壳体内部。当气囊式转向盘拆下时,螺旋弹簧被壳体内部的锁止装置定位,防止螺旋弹簧移动。安装螺旋弹簧时,汽车前轮应处于正直向前位置,否则弹簧可能折断或转向沉重。

在仪表板上有一气囊系统警示灯。当点火开关打开后,警示灯会亮,若是安全气囊系统功能正常,不论发动机是否起动,大约在 10 s 之内,该灯将自动熄灭。如果气囊指示灯在行驶途中亮起,或是一直不熄灭,就表示安全气囊有故障产生,必须进行检修。

电压转换器又称为升压器,安装在左后排乘员席座椅下面。升压器壳体上设有线束插座与气囊系统线束插头连接。

备用电源根据车型不同,安装位置有所不同,有的安装在左后排乘员席座椅下面;有的安装在变速杆前面气囊系统电脑前端。

当点火开关打开时,汽车电源便经电压转换器向备用电源充电。当汽车遭受碰撞而导致汽车电源与气囊系统之间的供电线路中断时,气囊系统便由备用电源供电。

中央传感器和水银开关传感器安装在变速杆前面的地板上。安装时,壳体上的箭头方向必须指向汽车前方。水银开关式传感器用作安全传感器。中央传感器检测汽车纵向减速度。当中央传感器检测到减速度超过一定值时,气囊系统电脑便控制点火器引爆气囊,使气囊充气。

2. 安全气囊系统的工作过程

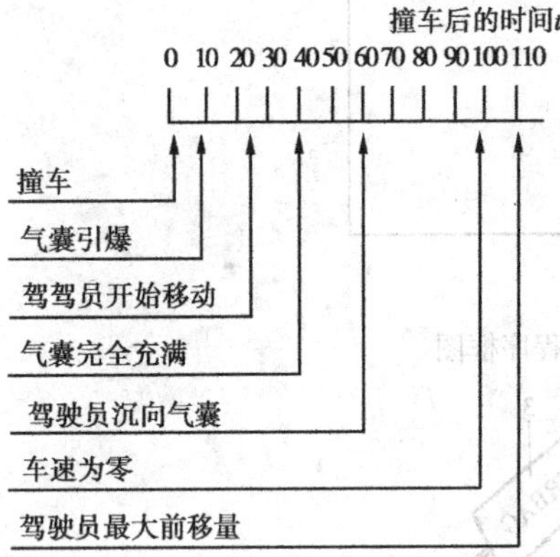


图 8-50 安全气囊系统工作时序图

安全气囊平时是收卷着的,仅在汽车受到剧烈的碰撞时才会引爆气囊系统。气体发生器在 30 ms 内使气囊完全充满气体,置于转向盘与驾驶员之间,从而避免或减轻了驾驶员头部及身体上部的伤害。假设汽车以 50 km/h 的速度行驶,从正面与障碍物相撞,在汽车碰撞至乘员碰撞之间有一时间间隔,就这一点时间给防撞安全气囊提供了工作机会,防撞气囊在瞬间充满气体(约 30 ms),在乘员前面形成一道柔软的弹性屏障。因此防撞安全气囊的工作对乘员起到较好的保护作用。安全气囊系统工作时序如图 8-50 所示。气囊系统的工作过程可分为四个阶段:

1)汽车撞车时达到气囊系统引爆极限,传感器从测出碰撞到接通电流需 10 ms,引爆器点燃气囊的气体发生器,此时驾驶员仍处于直坐状态。

2)气体发生器在 30 ms 内将气囊完全胀起,撞车 40 ms 后驾驶员身体开始向前移动。因为安全带斜系在驾驶员身上,随驾驶员前移,安全带被拉长,一部分撞车时产生的冲击能量由安全带吸收。

3)汽车撞车 60 ms 之后,驾驶员的头部及身体上部都压向气囊,气囊后部排气口在压力作用下匀速溢出气体。

4)汽车撞车 110 ms 后,驾驶员向后移回到座椅上,大部分气体已从气囊中溢出。

### 8.9.3 安全气囊的使用及维修注意事项

1)安装与维修工作只能由专业人员来完成。

2)为了防止气囊意外引爆,在对气囊系统进行任何操作时,均应摘下蓄电池的负极导线,等 30 s 以后方可进行操作。

3)不要使安全气囊系统的部件受到 85 ℃以上的高温。

4)安全气囊主件及控制电脑应避免受到磕碰和震动。

5)对安全气囊系统的测试要在系统安装完毕后进行,切不可用万用表测量气囊引发器的电阻,以免造成气囊误爆。

6)不得擅自改动安全气囊系统中的线路和组件。

7)气囊装置从车上拆下时,缓冲垫始应终朝上放置。如摆放不正确,万一气囊引爆,装置会向上垂直飞起,极易造成危险。

8)若在事故中气囊引爆,为安全起见,所有组件都需要更新。

9)气囊装置不允许打开或修理,只允许更换新的组件。

10)气囊装置有更换日期,即使不撞车,经10年后也需更换。

## 思考题

1. 试述永磁式三刷电动机的变速原理。
2. 试述电动刮水器自动复位的工作原理。
3. 汽车上采用无线电抗干扰的措施有哪些?
4. 试述电动门窗的组成和工作原理。
5. 试述电动天窗的组成和工作状态。
6. 试述电动座椅的工作原理。
7. 汽车防盗系统有哪些类型?
8. 试述电子控制式安全气囊的组成和系统工作原理。

# 第9章　发动机的电子控制系统

随着汽车工业的发展,汽车保有量与日俱增。对汽车排放物危害的认识日益加深,世界各国都相继制定了日趋严格的汽车排放物限制法规。美国在1963年首先制定了汽车污染物排放标准;接着,日本在1966年也开始实行汽车排放的控制;1971年,欧共体12国、加拿大和瑞典颁布了汽车污染物排放标准;澳大利亚于1972年、芬兰于1975年也相继颁布了汽车污染物排放标准;我国也于1979年颁布了汽车污染物排放的强制性标准贯彻执行。随着时间的推移,各国汽车污染物排放标准越来越严格,就使得传统的发动机很难达到标准要求而不得不寻求新的技术措施。另一方面,20世纪70年代全球性的石油危机导致节能问题日益受到重视,各国也相继制定了汽车耗油量限制法规。所有这些,无疑对电控汽油喷射发动机的发展起到了催化和促进作用。

电子控制汽油喷射装置(Electronic Fuel Injection)(简称EFI)与传统的化油器相比具有如下优点:

1. 能提高发动机的比功率

因为采用EFI时,发动机的进气不必预热,可以吸入密度较大的冷空气,同时,由于无汽化器喉管,进气阻力减小,充气系数提高。热效率及充气系数的提高,使发动机输出功率提高。

2. 耗油量低,燃油经济性好

因为汽油是在一定的压力下喷出,燃油雾化质量好,且喷油量是根据发动机的各种工况精确地控制的,混合气的空燃比为最佳且各缸分配均匀,下坡及减速行驶时,可以完全不喷油,发动机只对吸入的空气进行压缩,所以可以降低燃油消耗量,一般节油可达5%~20%。

3. 减少排气污染

因为EFI可以分别控制喷油量及点火时刻,控制精度很高,能始终保持所需的最佳空燃比和最佳点火时刻,再加上机外的一系列净化措施,使废气中的CO、HC和$NO_x$的含量控制在最低水平。

4. 在低速时可以输出较大扭矩

在汽化器式发动机上,低速时,由于汽油雾化很差,混合气不易加浓,燃烧不良。但在EFI中,可以给出足够的雾化良好的汽油,所以在低速大负荷时,发动机也能输出大的扭矩,大大改善了汽车爬坡及低温起动性能。

5. 汽车的加速性能改善

由于汽油是直接喷到进气阀门或气缸内部,混合气经过的路程短,反应灵敏,减少滞后现象,加速性能得到改善。

6. 整个装置体积小,而且无机械驱动,安装灵活方便,便于总体布置

由于EFI的这些优点,使它得到了迅猛发展。

内燃机的燃烧过程是燃料的化学能转变为热能的过程。进入气缸的燃料完全燃烧的程度,直接影响到热量产生的多少和排出废气的成分,而燃烧时间又关系到热量的利用和气缸压力的变化。所以燃烧过程是影响内燃机经济性、动力性和排气污染的主要过程,与噪声、振动、

起动性能和使用寿命也有重要关系。而对燃烧过程起主要作用的是混合气浓度及点火时刻。因此,电控汽油喷射系统实际上对混合气浓度及点火系均加以控制。

## 9.1 车用电控汽油喷射系统的基本原理

### 9.1.1 汽油机对燃油供给系的要求

汽油机希望进入气缸的是燃料和空气的气态混合气,火花点火引燃可燃混合气,从而放热作功。为了保证良好的燃烧条件,对混合气应提出以下要求。

1. 混合气的成分

混合气中空气与燃油的比例,称为空燃比($A/F$)。

燃油中的主要成分是碳(C)、氢(H)和氧(O),其他成分数量很少,计算时可略去不计。将1 kg燃油中各元素的含量若以质量成分表示,则

$$g_C + g_H + g_O = 1(\text{kg}) \tag{9-1}$$

式中 $g_C$、$g_H$、$g_O$——1 kg燃油中C、H、O的质量成分。

另外,空气中的主要元素是氧($O_2$)和氮($N_2$),按质量计,$O_2$约占23%,$N_2$约占77%。

燃油中的C、H完全燃烧,化学反应方程式分别是

$$C + O_2 \longrightarrow CO_2 \tag{9-2}$$

$$H_2 + \frac{1}{2}O_2 \longrightarrow H_2O \tag{9-3}$$

按照化学反应当量关系,可求出1 kg燃油完全燃烧所需的理论空气量$L_0$

$$L_0 = \frac{1}{0.23}\left(\frac{8}{3}g_C + 8g_H - g_O\right)\text{kg/kg}_{燃料} \tag{9-4}$$

一般汽油的质量成分$g_C = 0.855$,$g_H = 0.145$,$g_O = 0$代入式(1-4)计算可得$L_0 = 14.9$。即1 kg汽油完全燃烧需要14.9 kg空气,因此,把空燃比$A/F = 14.9$称为理论空燃比。

在内燃机中,实际提供的空气量往往并不等于理论空气量,燃烧1 kg燃油实际提供的空气量$L$与理论上所需空气量$L_0$之比,称为过量空气系数$\alpha$,即

$$\alpha = \frac{L}{L_0} \tag{9-5}$$

$\alpha = 1$称为标准混合气,$\alpha < 1$称为浓混合气,$\alpha > 1$称为稀混合气。

汽油机燃烧时用的是预先混合好的均匀混合气,混合比只在狭小的范围内变化($\alpha = 0.8 \sim 1.2$,即$A/F = 12 \sim 17$),当负荷变化时,$\alpha$略有变化,理想的供油特性曲线如图9-1所示。

由内燃机理论知,当$\alpha = 0.8 \sim 0.9$时,火焰传播速度最快,汽油机用这种浓度混合气工作。功率也最大,故这种混合气称为功率混合比。当汽油机在各种转速下以全负荷运行时,应向气缸提供功率混合气。当$\alpha = 1.03 \sim 1.1$时,火焰传播速度降低很少,又因有足够氧气使燃烧完全,因此,用这种浓度混合气工作,汽油机经济性最好,称为经济混合比。当节气门部分开启时应有最好的经济性,适于供给较稀的经济混合气。当$\alpha$继续增大,由于火焰传播速度下降,燃烧过程拖长,热效率和功率均降低。当$\alpha = 1.3 \sim 1.4$时,火焰难以传播,汽油机不能工作,此种

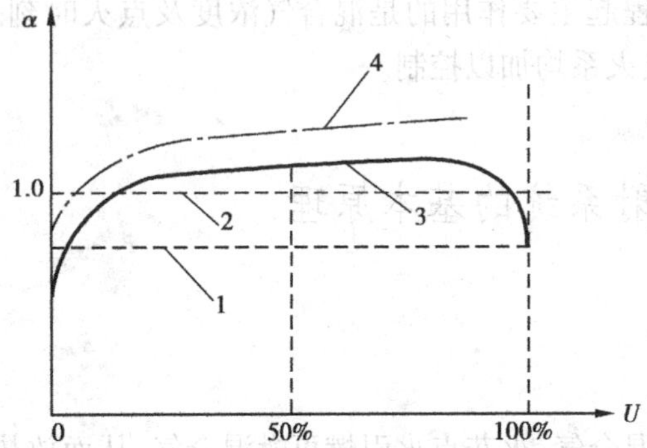


图 9-1　理想供油特性

1—最大功率混合气　2—理论空燃比

3—理想混合比　4—可燃界限

混合比称为火焰传播上限。同样，当 $\alpha = 0.4 \sim 0.5$ 时，由于严重缺氧，也使火焰难以传播，这种混合气称为火焰传播下限。应当注意，混合气火焰传播界限并非一个常数，它随混合气初始温度、混合气中废气含量等因素而变化。

上述理想混合气在化油器式发动机中，是靠汽化器来实现（只能近似地实现）的，而在汽油喷射系统中，可以由计算机控制精确地实现。

2. 混合气的混合状况

汽油是挥发性好而较难自燃的燃料，故汽油机一直采用均质混合气并用外源点火燃烧方式工作。理想的混合气是燃料蒸气和空气的气态均匀混合。但在化油器式发动机中，实际上燃料并不一定完全以蒸气状态混合，而很可能还有以油雾（细小油粒）、油滴（大油粒），甚至油膜状态存在。

3. 混合气的分配

混合气的分配，对于一个气缸而言，是指缸内的各个区域；对于多缸而言，是指进入各个气缸的混合气的量、混合气的浓度及混合气中所含燃料的组成成分等的分布及分配。

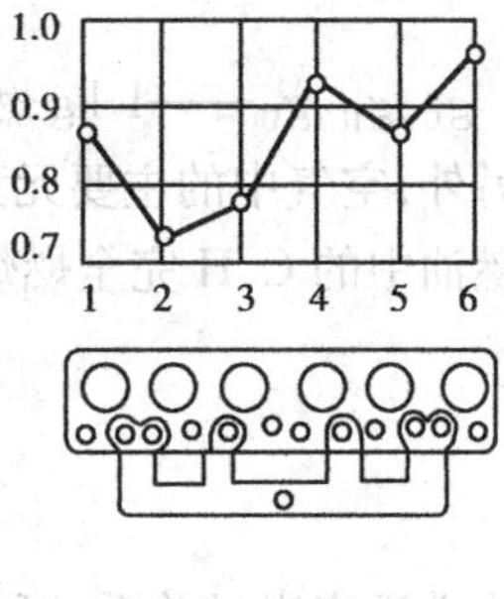


图 9-2　某六缸机各缸燃料分配

在化油器式发动机中，进气管里将有空气、各种比例的混合气、燃油蒸气、大小不一的雾化油粒以及沉积在进气管壁面上厚薄不同的油膜，要想让它们均匀分配到各个气缸是非常困难的。图 9-2 为某六缸机在节气门开度及转速一定的情况下各缸燃油分配不均匀情况，可见各缸混合气 $\alpha$ 差别极大，最浓的 2 缸 $\alpha$ 约为 0.7，最稀的 6 缸 $\alpha$ 接近 1.0。由于各缸混合气成分不同，因此不可能使各缸都用经济混合气或功率混合气工作，使整个汽油机功率下降，油耗率上升，排放恶化。

在化油器式发动机中，解决因燃料分配不均匀而造成各缸燃烧差异是非常重要而又极其复杂和困难的问题，而在汽油喷射系统中却得到了极大的改善。

### 9.1.2　汽油机对点火提前角的要求

点火提前角用发出电火花到上止点间曲轴转角表示。其数值应视燃料性质、转速、负荷、过量空气系数、冷却温度等因素而定。

当汽油机保持节气门开度、转速以及混合气浓度一定时，汽油机的功率 $N_e$ 和耗油率 $g_e$ 随点火提前角 $\theta$ 改变而变化的关系，称为点火提前角调整特性。如图 1-3 所示，对应于每一工况都存在一个"最佳"点火提前角，这时汽油机的功率最大，耗油率最低。点火提前角过大，大部分混合气在压缩过程中燃烧，活塞所消耗的压缩功增加，且最高压力升高，末端混合气燃烧前温度较高，爆燃倾向加大。点火过迟，燃烧延长到膨胀过程，燃烧最高压力和温度下降，传热损失增多，排气温度升高，功率、热效率降低，但爆燃倾向减小。

爆燃是汽油机的不正常燃烧，爆燃产生的原因是：在正常火焰传播的过程中，处在最后燃烧位置上的那部分未燃混合气（常称末端混合气），进一步受到压缩和辐射热的作用，加速了先期反应。在火焰前峰尚未到达之前，末端混合气产生一个或数个火焰中心，其火焰传播速度高达 1 000 m/s 以上，使局部压力、温度很高，并伴随有冲击波，反复撞击缸壁，发出尖锐的敲缸声，严重时，破坏缸壁表面的附面气膜和油膜，使传热增加，气缸盖和活塞顶温度升高，冷却系过热，汽油机功率下降，耗油率增加，甚至造成活塞、气门烧坏，轴瓦破裂，火花塞绝缘体破坏，润滑油氧化成胶质，活塞环粘在槽内等故障。故汽油机不允许在严重爆燃情况下工作。

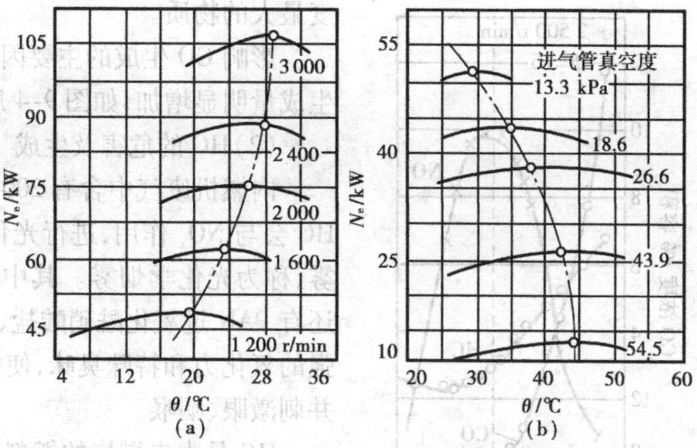


图 9-3　点火提前角调整特性

(a)节气门全开时　(b)转速 $n = 1\ 600$ r/min

影响最佳点火提前角的因素主要是发动机转速和负荷，如图 9-3 所示。

发动机转速越高，最佳点火提前角越大。这是因为转速越高，在同一时间内活塞移动的距离越大，曲轴转角也就加大。如果混合气的燃烧速率不变，则最佳点火提前角应按线性增加，但转速升高时，混合气的压缩压力和温度增高，扰流也增强，使燃烧速率随之加快。因此，最佳点火提前角应随发动机转速升高而增大，但不是线性的。

在同一转速下，发动机负荷率增大(即节气门开度增大，进气管真空度减小)，最佳点火提前角随之减小。这是由于负荷率增大，吸入气缸的混合气增多，压缩终了时，压力和温度增高，使燃烧速率加快，因此，最佳点火提前角随负荷的增大而减小。

众所周知，在传统的点火系里，最佳点火提前角随发动机转速和负荷的变化靠离心调节和真空调节自动实现点火提前角的调整。

影响最佳点火提前角的次要因素有起动、怠速、进气温度、进气压力及发动机冷却温度等，在传统的点火系中，这些因素对最佳点火提前角的影响是无法考虑的，而在电控汽油喷射系统中，可由点火单元根据传感器信息加以修正。

### 9.1.3　汽油机排出的有害物及其控制

1. 排出的有害物

在工业发达的国家，汽车发动机排出的有害物已成为大气污染的主要来源。其主要的有害排出物有：

排气：CO、HC(约占 HC 总排量的 50%)，$NO_x$、$SO_2$、微粒、臭气。

曲轴箱窜气：HC(约占 HC 总量的 25%)。

燃油蒸气：HC(约占 HC 总量的 25%)。

(1)CO 的危害及形成

吸入人体的 CO 容易和血红素结合，阻碍血红素带氧，造成体内缺氧，使人头痛、恶心乃至窒息而死亡。

CO 是烃燃料在空气不足的情况下，进行不完全燃烧的产物，是汽油机排气中有害成分浓

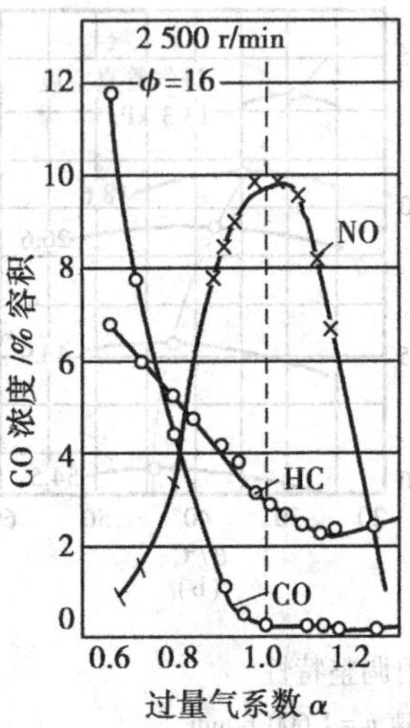


图 9-4　CO、HC 和 NO 排放浓度与过量空气系数 α 的关系

度最大的物质。

影响 CO 生成的主要因素是混合气浓度。当 $\alpha<1$ 时，CO 生成量明显增加，如图 9-4 所示。

(2) HC 的危害及生成

内燃机废气中含有 200 种以上的各种 HC，在阳光照射下 HC 会与 $NO_x$ 作用，进行光化学反应，生成过氧化物而形成烟雾，称为光化学烟雾。其中最主要的生成物是臭氧 $O_3$，其他还有 PAN 过氧化酰硝酸盐、醛、酮等。因此，光化学烟雾具有强的氧化力和特殊臭味，使橡胶开裂、植物受损、可见度降低、并刺激眼、咽喉。

HC 是由未燃烧的燃料、不完全燃烧或部分被分解、氧化的产物组成。排气中的 HC 主要是缸壁和狭缝的熄火作用造成。另外，混合气过稀或过浓及废气稀释严重，缸内温度过低时，都可能引起火焰传播不完全甚至断火，HC 增多。

(3) $NO_x$ 的危害及生成

在高温下氮并非是惰性气体，它可与氧化合生成 $NO_x$。内燃机排放的 $NO_x$ 主要指 NO 和 $NO_2$，它们与 HC 作用生成光化学烟雾，而 $NO_2$ 有刺激性臭味，会引起支气管炎、肺气肿等疾病。

高温是 NO 生成最重要的条件，根据链反应机理

$$O_2 \rightleftharpoons 2O$$

$$O + N_2 \rightleftharpoons NO + N$$

$$N + O_2 \rightleftharpoons NO + O$$

链反应开始是由氧原子触发，而氧原子是在高温下由氧分子分解而来。又因 NO 生成反应比燃烧反应缓慢，所以在高温下滞留的时间也是反应的重要条件，滞留时间长，NO 生成量增多。氧的浓度即混合气成分也有很大影响，在 α 略大于 1 时，NO 浓度最高，因为此时气缸温度高并有过剩的氧。温度下降时，由 NO 返回 $N_2$ 和 $O_2$ 的逆反应速度很慢，所以 NO 一旦形成后，在膨胀和排气过程中仍保持基本不变。废气排往大气后，在低温下 NO 遇到空气中的氧而缓慢氧化成 $NO_2$。

所以降低燃烧室最高温度，缩短高温时间，控制混合气浓度都能减少 $NO_x$ 生成。

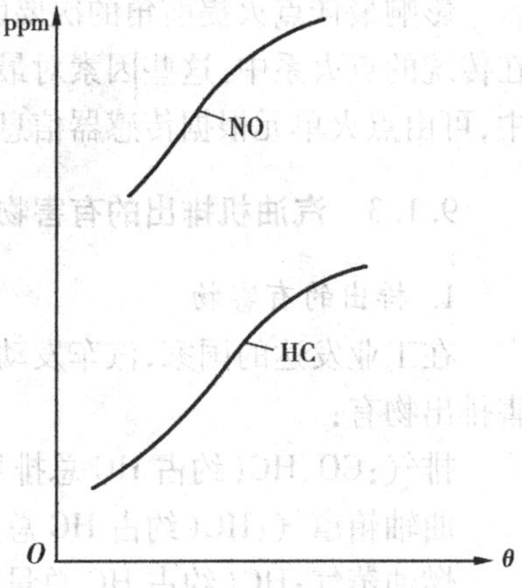


图 9-5　点火提前角对排放的影响

2. 影响排气污染物的主要因素

(1) 混合气成分

如图 9-4 所示为混合气成分对排出 CO、HC 及 $NO_x$ 的影响曲线。当 $\alpha<1$ 时，排出的 CO 浓度急剧上升。从 $\alpha=1.08$ 左右起趋向稳定，CO 排出量很少；在 $\alpha=1.15$ 以内，随 α 增大，HC 排出浓度下降，但 α 增加时，排出的 HC 又略有增大；$NO_x$ 生成量在 $\alpha=1.08$ 左右为最大。故减少 CO 和 HC 最合适的混合比，$NO_x$ 生成量却最大，这是个难以从生成角度解决排污的矛盾。

(2)点火时间

图9-5分别为HC和NO与点火提前角的关系。点火推迟,HC和NO均减少,因为点火推迟,后燃增加,排气温度上升,促进了未燃烧成分的氧化,同时也降低燃烧室最高温度,NO生成量减少。不过推迟点火却会降低发动机功率和增加耗油率。

(3)运行工况

汽车运转主要由怠速运行、加速运行、定速运行及减速运行组成。不同工况由于混合气浓度不同,有害气体排放量相差很大。表9-1列出了典型汽车汽油机排气成分测量结果。

**表9-1　排气成分测量**

| 排气成分 | 怠速 | 加速 | 定速 | 减速 |
|---|---|---|---|---|
| HC/ppm<br>(以正己烷计算) | 800<br>3 000~10 000 | 540<br>300~800 | 485<br>250~550 | 5 000<br>3 000~12 000 |
| $NO_x$/ppm<br>(以 $NO_2$ 计算) | 23<br>10~50 | 1 543<br>1 000~4 000 | 1 270<br>1 000~3 000 | 6<br>5~50 |
| CO/%<br>$CO_2$/% | 4.9<br>10.2 | 1.8<br>12.1 | 1~7<br>12.4 | 3.4<br>6.0 |

由表9-1可知,怠速时,因废气稀释,需用浓混合气($\alpha=0.6$左右);减速时,因进气歧管内产生瞬时强真空,使管壁燃油蒸发(对化油器式发动机而言),造成混合气过浓现象。且以上两种工况,缸内温度均较低,因此,HC和CO排出浓度大。加速及高负荷工况,因缸内温度高,$NO_x$排出浓度大。

正因为运行因素对汽油机性能影响极大,故综合经济性、动力性、排放、噪声等各方面的要求,使各种运行因素处于最合理的状态,一直是人们希望做到的。

3. 汽油机排出有害物的机外处理

由前述有害物形成机理可知,降低HC和CO排出量都需要过量的$O_2$,将HC和CO进一步氧化,生成无害的$H_2O$和$CO_2$。而降低$NO_x$排出量则相反,它需要放出$O_2$,将NO还原成$N_2$和$O_2$,因此,净化措施是各不相同的。目前主要应用以下几种措施:

(1)催化反应器

废气通过催化反应器时,在催化剂的作用下,使有害的CO、HC、$NO_x$在较低的温度下,很快进行化学反应,转化为无害的$CO_2$、$H_2O$和$N_2$。例如,当选用铂(白金)、钯为氧化催化剂,锆为还原催化剂的三元催化转化装置TWCC(Three Way Catalytic Converter)时,由于铂和钯在过量空气系数为1或略大于1时,能有效地减少排气中的HC和CO,而锆则是在$\alpha$为1或略小于1时,才能有效地减少$NO_x$。因此,为了使三元催化转化器中三种催化剂都能满意地工作,混合气浓度必须非常接近理想值(即$\alpha=1$),如图9-6(b)所示。

为了达到这一理想状况,就采用了热氧传感器$HO_2S$(Heated Oxygen Sensor)。它安装在排气歧管里,监视废气中氧的含量。将此信息反馈给计算机去控制燃油量,使$\alpha$接近于理想值,如图9-6(a)所示。

传感元件现用的有两种类型,一种是由二氧化钛陶瓷制成的热氧传感器,其电阻值在空燃

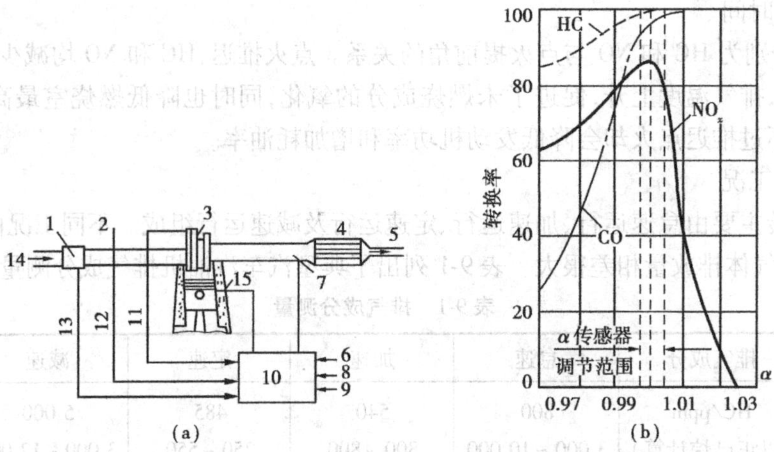


图 9-6　带 α 传感器和三元催化器的控制图

(a)三元催化转化原理图　　(b)过量空气系数与三元催化器的转换率

—化油器　2—节流阀　3—火花塞　4—三元催化器　5—排气　6—发动机转速　7—氧传感器　8—怠速开关

—起动开关　10—电子控制器　11—点火时间　12—节流阀位置　13—燃油量　14—空气　15—温度传感器

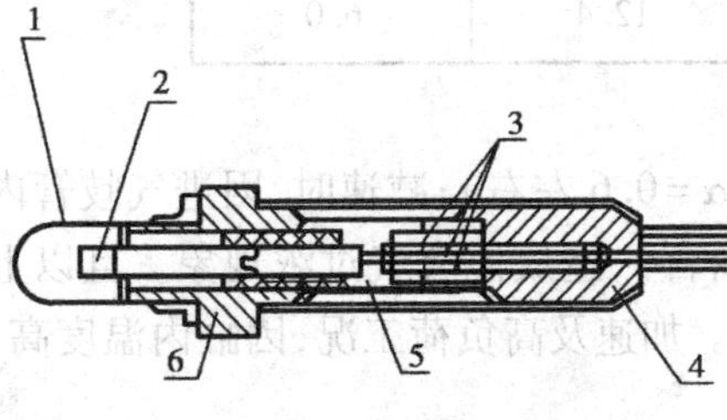


图 9-7　热氧传感器

1—通气孔　2—传感元件(二氧化钛)　3—导线

4—橡胶密封　5—玻璃密封　6—固定器

比为理想值时发生激烈变化,图 9-7 为其构造图。

电控单元供给传感器约 1 V 的电压,然后测量根据它的电阻变化的输出电压,如图 9-8 所示。

当接近理想空燃比时,氧传感器输出电压 $V_s$ 将发生急剧变化,将此信息反馈送到控制器,构成闭环控制方式,即控制器根据检测到的氧传感器信号,判断混合气是过浓或过稀。当氧传感器检测到混合气过浓时($V_s=1$ V),控制器输出减少燃油的指令,则混合气变稀,最后混合气变得足够稀时,氧传感器输出混合气过稀信息($V_s=0$),这时控制器发出增加燃油指令,使混合气向浓的方向变化,这样,控制器使混合气从浓到稀,再从稀到浓,维持混合气的平均值在理想空燃比附近,以提高三元催化剂的转化效果。

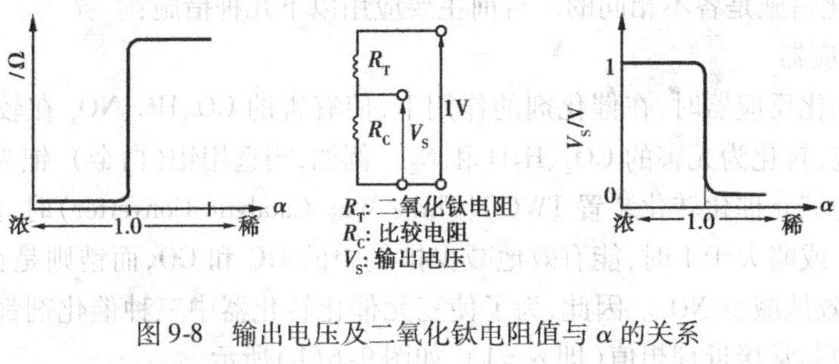


图 9-8　输出电压及二氧化钛电阻值与 α 的关系

另一种常用的热氧传感器,如图 9-9 所示,其陶瓷电解质 2 主要由二氧化锆制成,在 2 的两面分别涂有白金,从而形成电极。传感器插入排气管废气流中,陶瓷电解质外表面接触废气,内表面通入大气,保护壳 1 用来保护陶瓷电解质,以防受到机械损伤。

氧传感器的陶瓷电解质大约在 300 ℃以上时,可变为氧离子的传导体,当大气一侧氧浓度比排气一侧氧浓度高时，氧离子就从大气电极一侧向排气电极一侧移动，于是两个电极间便产生电动势 $E$，电动势 $E$ 与过量空气系数 $\alpha$ 的关系如图 9-10 所示。当接近理论空燃比时，电动势发生急剧变化。由于这种氧传感器没有比较电阻（装在电子控制电路中），故测量精度高，线路较简单，应用较广。

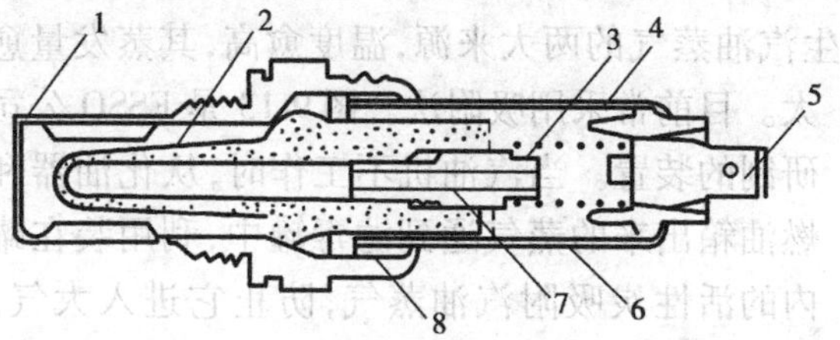


图 9-9　氧传感器

1—保护壳　2—陶瓷电解质　3—弹簧　4—通风孔
5—电接头　6—保护盖　7—接触衬套　8—外壳

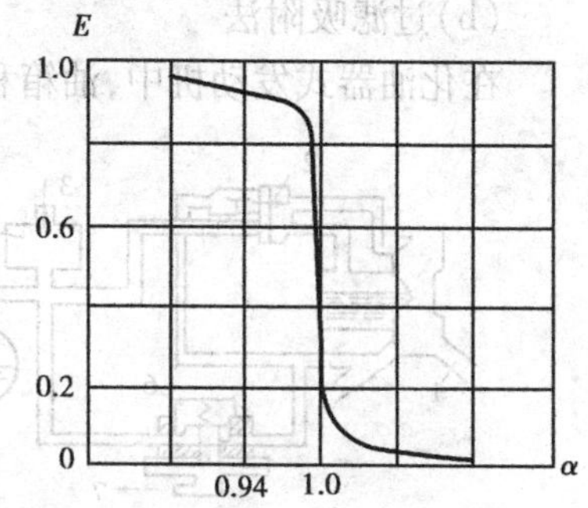


图 9-10　氧传感器特性

由上述可知，三元催化转化装置必须与热氧传感器联合工作，且由计算机进行闭环控制，才能有效地减少 HC、CO 和 $NO_x$ 的排放，这在化油器式发动机中难以实现。

由于铅会使铂、钯等贵金属的催化作用失去效力，常称催化剂“中毒”，故需使用无铅汽油。

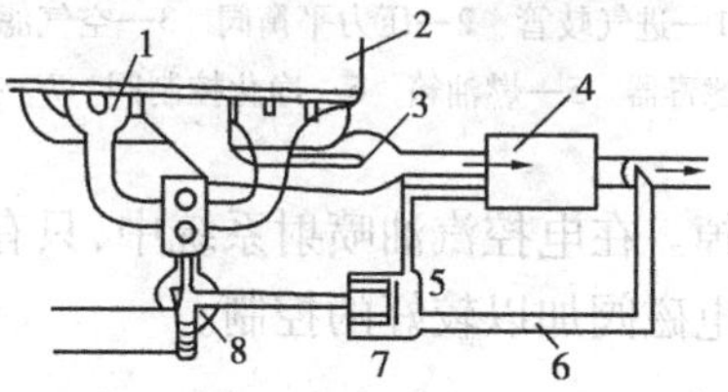


图 9-11　废气再循环示意图

1—进气管　2—发动机本体　3—排气管　4—消声器
5—排气取出管　6—旁通管　7—滤清器　8—电磁阀

（2）废气再循环（Exhaust Gas Recirculation）是将部分排气（一般为 5% ~20%）再引入进气管送到气缸，如图 9-11 所示。由于混合气受到稀释，废气中含有 $H_2O$ 和 $CO_2$，使混合气热容量提高，燃烧最高温度下降，$NO_x$ 排出浓度减少。一般当 $\alpha=1$ 左右，废气再循环量达 20% 时，$NO_x$ 浓度可下降 60% ~70%，耗油率仅提高 3%。当废气再循环量超过 20% 后，汽油机动力性、燃油经济性很快恶化，同时产生缺火现象，HC 增加。废气再循环量由转换阀根据负荷和转速加以控制，这种控制在化油器式发动机中，需专门增加传感器和控制器而难以应用，而在电控汽油喷射系统则极易实现，故应用较广。

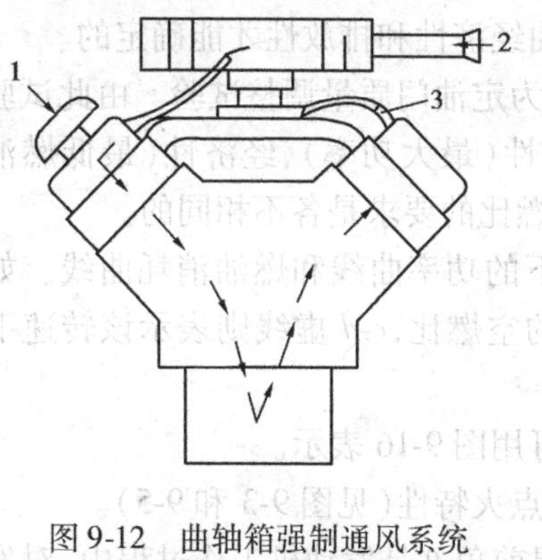


图 9-12　曲轴箱强制通风系统

1—加油盖（闭）　2—空气吸进　3—PCV 阀

（3）防止汽油蒸发的措施

汽油机中气缸窜气经曲轴箱排到大气中的 HC 量占其总量的 20% ~25%，经油箱和化油器蒸发的 HC 量占总量的 20%，而防止汽油蒸发措施，结构简单，不影响发动机性能，因此最早应用于实际。

（a）曲轴箱通风系统

曲轴箱强制通风系统如图 9-12 所示。从空气滤清器引出一股新鲜空气进入曲轴箱，再流经流量调节阀（PCV 阀），把窜入曲轴箱的气体和空气的混合气体一起吸入气缸烧掉。PCV 阀的作用是在怠速、低速小负荷时,减小送入气缸的抽气量,避免混合气过稀而造成失火,而在节气门全开时,即进气管真空度低、气缸窜气量大,则可提供足够流量。这在化油器式发动机上是用进气歧管真空操作一个可变喷嘴控制的阀来实现的,而在电控汽油喷射系统中,则是用节气门位置传感器,发动机转速传感器的信号,由电控单元加以精确地控制。

(b)过滤吸附法

在化油器式发动机中,油箱和化油器是产生汽油蒸气的两大来源,温度愈高,其蒸发量愈大。目前常采用吸附法。图 9-13 是 ESSO 公司研制的装置。当汽油机不工作时,从化油器和燃油箱出来的蒸气通到滤毒罐中,利用装在罐内的活性炭吸附汽油蒸气,防止它进入大气。当汽油机工作时,在排气压力控制的净化控制阀的作用下,蒸气和从空气滤清器来的空气一起由滤毒罐进入气缸烧掉。压力平衡阀由进气管真空度控制,在汽油机不工作时,将化油器通风管接至滤毒罐,在汽油机运行时,它将通风管接到化油器口前端。这种方法可将汽油蒸气全部烧掉。在电控汽油喷射系统中,只有汽油箱蒸发的汽油蒸气,可根据发动机工况,由电控单元对电磁阀加以较好的控制。

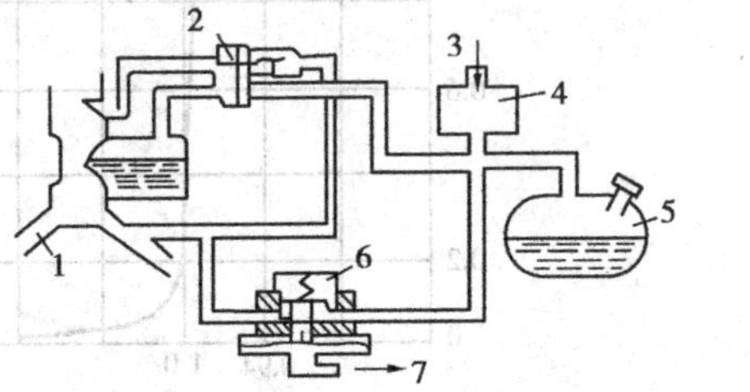


图 9-13　过滤吸附法

1—进气歧管　2—压力平衡阀　3—空气滤清器　4—滤毒器　5—燃油箱　6—净化控制阀　7—排气歧管

### 9.1.4　车用汽油喷射发动机的控制原理

为了确定各种具体运转条件下最合适的混合气成分,可以把运转条件分为稳态运转和瞬态运转两种情况来分别讨论。稳态运转是指发动机在转速和输出功率一定的条件下,以正常温度连续运转;而瞬态运转则包括起动、暖车以及从某一转速、某一负荷变换到另一转速另一负荷(如加速、减速、爬坡、下坡等)。

对于任何一种形式的发动机来讲,其稳态运转时各种工作状况下对空燃比和点火提前角的要求,都只能通过实际样机测试,然后考虑动力性、燃油经济性和排放性才能确定的。

当把油门固定,在稳定转速下调整供油量的试验,称为定油门质量调整试验。由此试验所获得的特性曲线如图 9-14 所示。由图可知,当考虑动力性(最大功率)、经济性(最低燃油消耗率)和排放性(CO、HC、$NO_x$ 排量最少)时,对混合气空燃比的要求是各不相同的。

在转速一定时,改变节气门开度则可获得各种负荷下的功率曲线和燃油消耗曲线。如图 9-15 所示,图中 *a-b* 虚线表示该转速下最大功率所要求的空燃比,*c-d* 虚线则表示该转速下最低燃油消耗率所要求的空燃比。

综合各种转速工况,其过量空气系数的理想要求则可用图 9-16 表示。

对应于理想空燃比的最佳点火提前角特性即为理想点火特性(见图 9-3 和 9-5)。

由前述知,空燃比 $A/F$(或过量空气系数 $\alpha$)和点火提前角 $\theta$ 是发动机工作过程中,对发动机性能有最大影响的因素,在每一个运行中的转速-负荷工况时,出于动力性、燃油经济性或排放性的考虑,对空燃比和点火提前角的要求亦会不同。当把这些要求数字化,设计成如图 9-17 所示的喷油量三维曲线图(简称喷油量脉谱图)和图 9-18 所示的点火提前角三维曲线图(简称点火提前角脉谱图),并存入微型计算机的 ROM 中 ,作为控制的根据。

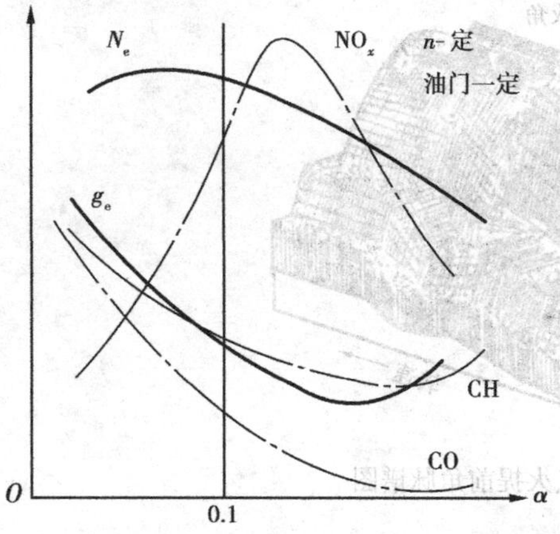


图 9-14　定油门质量调整特性

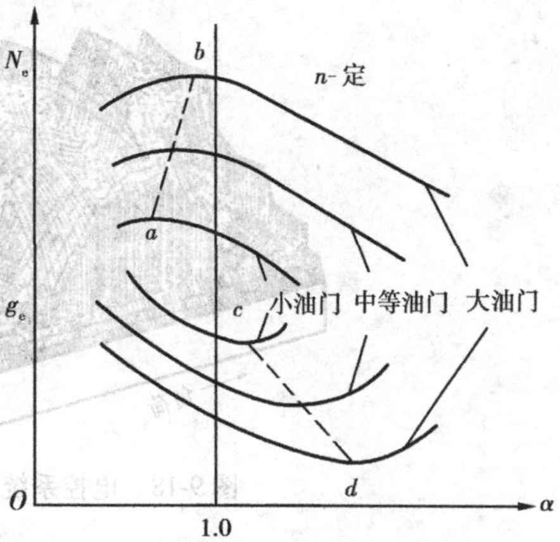


图 9-15　定转速下负荷特性

对于每一型号的发动机,当其机构已设计试制完成后,将在试验中测定其理想特性,然后根据在每个工况区以哪个性能(动力性、经济性及排放性)为主,来确定控制运行的脉谱图。

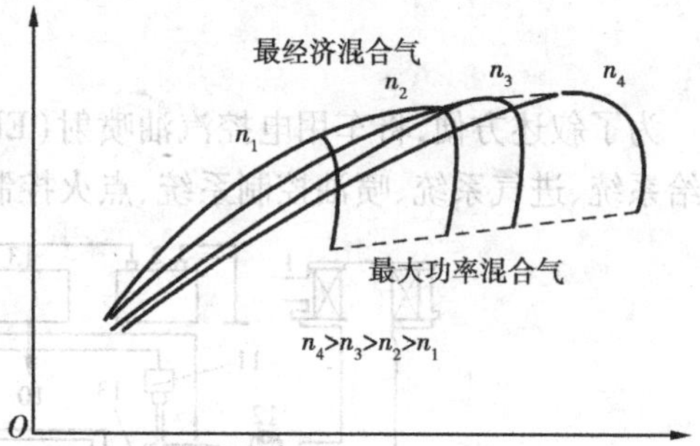


图 9-16　转速、负荷特性

在发动机运行过程中,电脑接收由各种传感器送来的信息,电脑就根据这些信息进行计算、加工、查询已存入的脉谱图,确定喷油脉宽及点火提前角等控制参数。这样的控制方式称为开环(Open Loop)控制方式。在开环控制方式中没有控制结果的信息反馈。

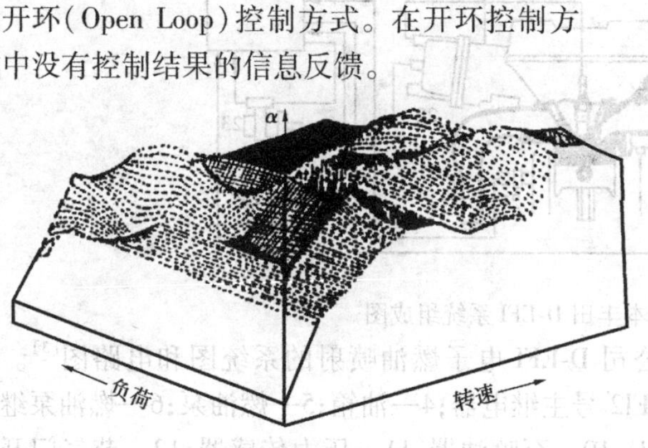


图 9-17　电控系统的喷油量脉谱图

有信息反馈,电脑又根据反馈信息随时调整、修改控制指令的控制方式,称为闭环(Close Loop)控制。

闭环控制一般都有一个预先设定的控制目标,当电脑接收到反馈信息时,将它和控制目标值进行比较,以确定修改控制指令的方向,这样,通过即时修改控制指令来达到精确控制的目标。

凡是可以有一个目标信息作为反馈控制的标准的,均可采用闭环控制来保证控制精度。例如,前面已讲过的用热氧传感器的输出电压,作为反馈信息的计算机闭环控制,使混合气的空燃比非常接近理论空燃比,以提高三元催化剂的转化效果。另外,在电控汽油喷射系统中,还采用爆震信号进行闭环控制点火提前角,用目标转速进行闭环控制发动机怠速等。

对于稳定工况,一般根据发动机工况在开环或闭环控制方式中加以选择。

对于瞬态工况,诸如起动、暖车、加速、减速、爬坡、下坡等以及大气状态变化(气压及气温)的控制则更为复杂,需要做更多的状态修正,而瞬态过程的优化控制,恰恰是电控汽油喷射系统及点火最优越之处。

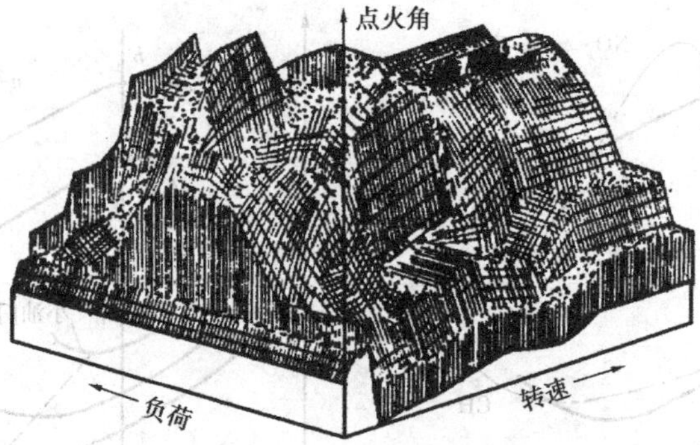

图 9-18　电控系统的点火提前角脉谱图

## 9.2　车用电控汽油喷射系统的组成、构造及功能

为了叙述方便，将车用电控汽油喷射（Electronic Fuel Injection）系统（简称 EFI）分为燃油供给系统、进气系统、喷油控制系统、点火控制系统、故障诊断及故障保险系统。

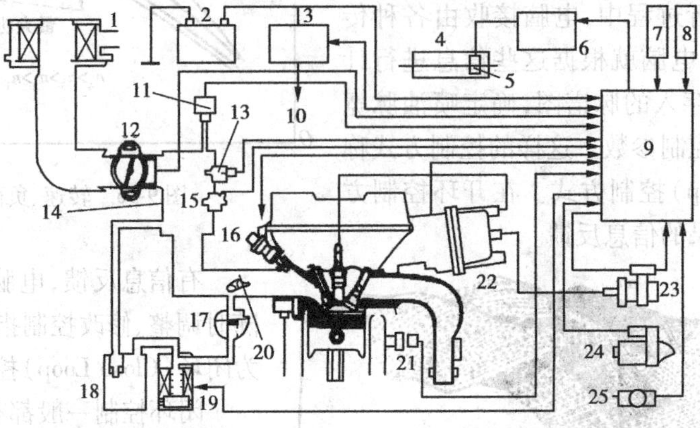

图 9-19　日本丰田 D-EFI 系统组成图

图 9-19 及图 9-20 所示为日本丰田公司 D-EFI 电子燃油喷射的系统图和电路图[3]。图 9-19中，1—空气滤清器；2—蓄电池；3—EFI2 号主继电器；4—油箱；5—燃油泵；6—燃油泵继电器；7—A/C 开关；8—车速传感器；9—ECU；10—至喷油器；11—压力传感器；12—节气门开度传感器；13—进气温度传感器；14—稳压罐；15—冷启动喷油器；16—喷油器；17—膜片开启器；18—真空箱；19—VSV 阀；20—空气控制阀；21—水温传感器；22—分电器；23—点火线圈和点火器；24—启动机；25—可调电阻。图 9-20 中，1—蓄电池；2—冷启动喷油器；3—点火开关；4—空挡开关；5—冷启动开关；6—启动机；7—熔断丝盒；8—EFI1 号主继电器；9—燃油泵继电器；10—燃油泵检查口；11—燃油泵；12—节气门位置传感器；13—进气压力传感器；14—进气温度传感器；15—EFI2 号主继电器；16—水温传感器；17—EFI3 号主继电器；18—喷油器；19—电子控制装置（ECU）；20—发动机故障警告灯；21—可调电阻；22—车速传感器；23—燃油喷射检查口；24—VSV 阀；25—A/C 开关；26—电子点火器；27—采集线圈；28—信号转子；29—点火线圈；30—发动机故障检查口；31—分电器；32—火花塞。下面简单介绍各部分的组成、构造

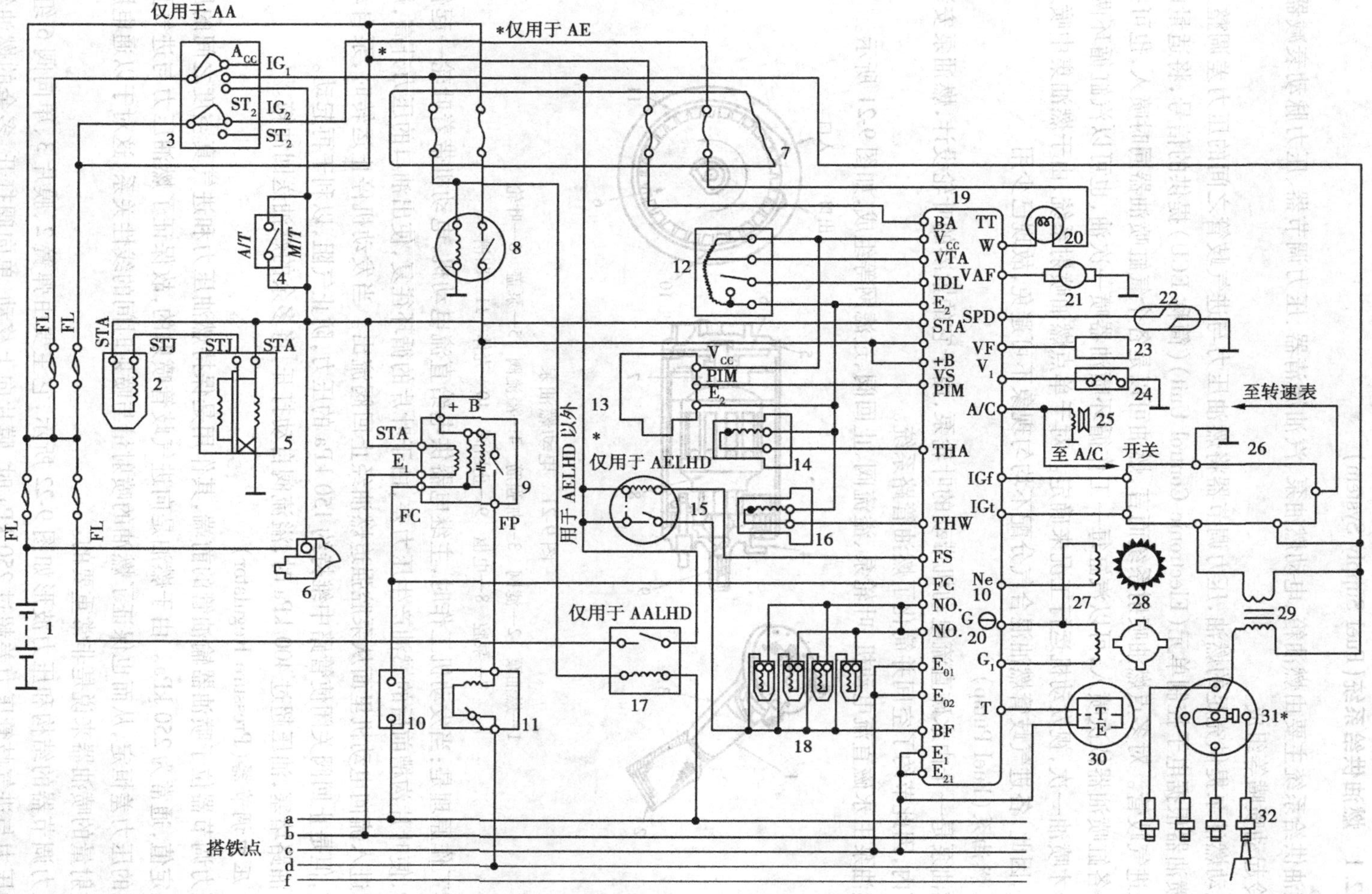


图 9-20 电子控制电路图

及功能。

### 9.2.1 燃油供给系统(Fuel Supply System)

燃油供给系统主要由燃油箱、电动燃油泵、汽油滤清器、压力调节器、压力脉动衰减器、喷油器、冷起动喷嘴等组成。

电动燃油泵提供充足的燃油,压力调节器将燃油压力与进气歧管之间的压力差调整为恒定值,喷油器根据电子控制单元(Electronic Control Unit)(简称ECU)提供的信号,将适量的燃油喷入进气歧管。对多点燃油喷射系统而言,燃油可以是各个气缸喷油器同时喷入,也可按发火顺序各缸喷油器依次喷入;可以汽缸每一工作循环喷油器喷一次油,也可以汽缸循环两次,喷油器才喷油一次,视发动机运行工况来确定。对于单点燃油喷射系统,由于燃油集中喷入进气管里,因此,各进气歧管燃油混合气分配不均匀现象不可避免,故现已少用。

1. 燃油泵(Fuel Pump)

燃油泵是一个由永磁直流电动机带动的叶轮泵,由于它的紧凑的叶轮设计,燃油泵安装在燃油箱内,因此节约了空间并简化了燃油管路系统。

燃油泵由永磁直流电动机、叶轮泵、溢流阀、止回阀、过滤网等组成,如图9-21所示。

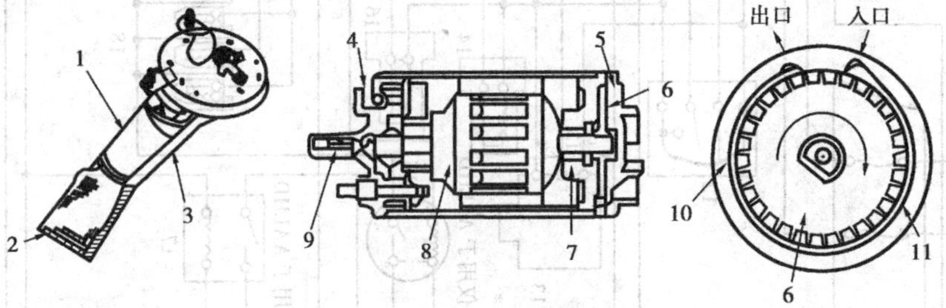


图9-21 电动燃油泵

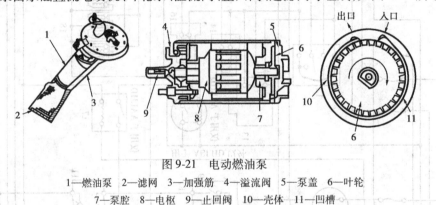

1—燃油泵 2—滤网 3—加强筋 4—溢流阀 5—泵盖 6—叶轮 7—泵腔 8—电枢 9—止回阀 10—壳体 11—凹槽

其工作原理是:当发动机工作时,主继电器供电给直流电动机,电动机带着叶轮一起作高速转动,使叶片沟槽前后的燃油产生压力差,由于叶片的循环往复,使出油口的压力升高,燃油从入口进入流向电动机里面从泵腔强迫燃油经止回阀流出。当发动机停止运转时,泵自动停止工作,但是止回阀关闭使管路中维持约150 kPa的压力,防止气阻,以利于再起动。

当油路堵塞,油压超过400 kPa时,溢流阀自动打开,将多余的燃油送回油箱。

2. 压力调节器(Pressure Regulator)

压力调节器位于喷油器输油管的前端,其作用是保持燃油压力和进气真空度之间的压力差为恒定值,通常为250 kPa。由于燃油是向进气歧管喷射的,故保证了燃油压力与进气真空度之间的压力差恒定,从而也保证了燃油的喷射量与喷射时间的线性关系,这对于以通电脉宽确定喷射量的喷油器来说是非常重要的。

压力调节器的结构和压力波形如图9-22所示,它主要由弹簧2、膜片3、单向阀6组成。当燃油压力与进气歧管压力差超过250 kPa时,膜片向上移动,单向阀打开,多余的燃油经过回油管流回油箱,如图9-22(b)所示,当燃油压力与进气歧管压力差低于250 kPa时,弹簧2将膜片3向下推使单向阀6关闭回油通路,以维持其压力差,如图9-22(a)所示。

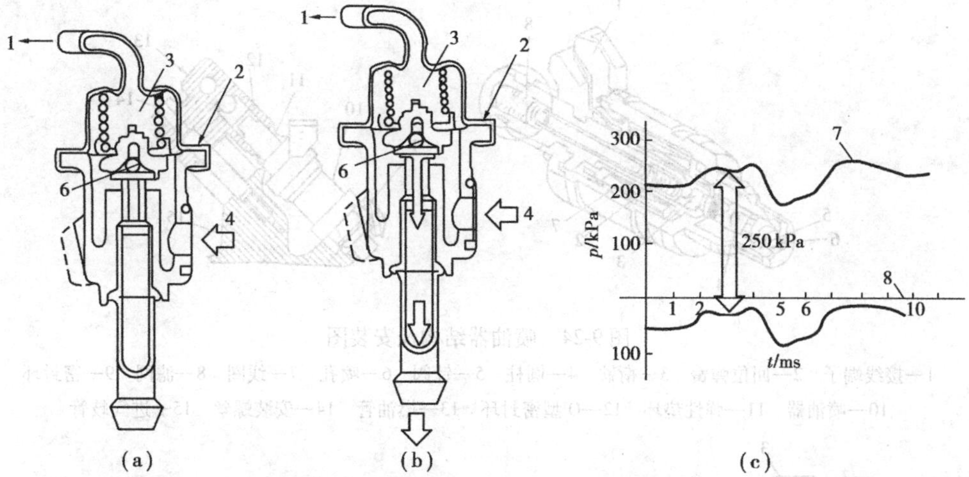

(a)　　　(b)　　　(c)

图 9-22　压力调节器结构及压力波形图

(a)单向阀关闭　(b)单向阀开启　(c)压力差恒定波形

1—进气歧管真空　2—膜片　3—弹簧　4—燃油入口

5—回油出口　6—单向阀　7—燃油压力　8—进气管真空度

3. 压力脉动衰减器(Fuel Damper)

由于燃油的喷射是间断的,在输油管内会产生压力脉动。压力脉动衰减器可使脉动衰减,降低噪声,提高喷油精度。压力脉动衰减器安装在输油管燃油的入口处,它由阀 1、弹簧 2、膜片 3 等组成。如图 9-23 所示。

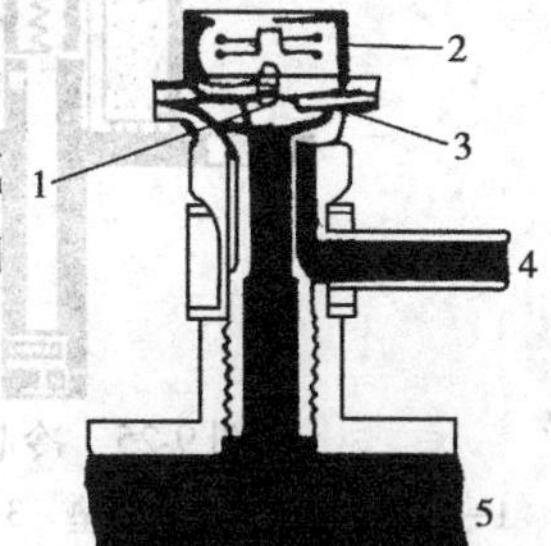

图 9-23　压力脉动衰减器

1—阀　2—弹簧　3—膜片

4—从燃油泵来　5—输油管

4. 喷油器(Fuel Injector)

喷油器的结构和安装如图 9-24 所示。

喷油器是一个小巧的电磁阀,在筒状外壳内装有励磁线圈 7、圆柱 4、针阀 5、喷孔 6 和回位弹簧 2。圆柱 4 和针阀 5 共装成一体,在回位弹簧 2 的压力下,针阀 5 紧贴在阀座上,将喷孔 6 封闭。当励磁线圈 7 得电时,吸动衔铁 3,针阀升起,压力燃油从喷孔喷出。因为针阀升起高度和燃油压力均为恒定,燃油喷射量只取决于针阀开启时间,亦即电磁线圈供电的脉冲宽度,故喷油量可实现精确的控制。这种结构形式允许燃油从喷油器顶端供油,且喷油器在进气歧管上的拆装也十分方便。

5. 冷起动喷嘴及热时间开关

冷起动喷嘴是为改善发动机低温起动性能而设置的,在发动机冷态或起动时,提供较浓的混合气,以利启动发动机,其构造如图 9-25 所示。它由电磁线圈 1、接线柱 3、柱塞 5、回位弹簧 6 及紊流喷口 7 组成。柱塞 5 在复位弹簧 6 的作用下紧贴在阀门上,使阀门闭合。当电磁线圈 1 得电时,电磁吸力将柱塞 5 向下移动,阀门被打开,汽油经入口 4 流入至紊流喷口,在紊流喷口处靠两个切线入口管道引起旋流,汽油便以极细的雾状喷出。

冷起动喷嘴不受 ECU 的控制,它由热时间开关控制,当发动机温度低于 35 ℃时,冷起动喷嘴才打开喷油。

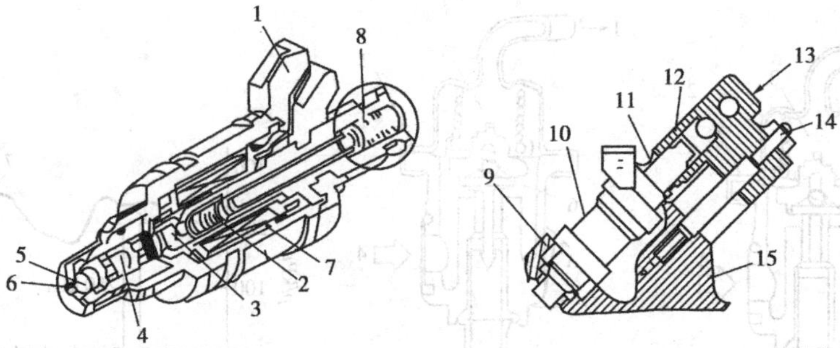


图 9-24 喷油器结构及安装图

1—接线端子 2—回位弹簧 3—衔铁 4—圆柱 5—针阀 6—喷孔 7—线圈 8—滤网 9—密封环 10—喷油器 11—弹性垫环 12—O 型密封环 13—燃油管 14—安装螺丝 15—进气歧管

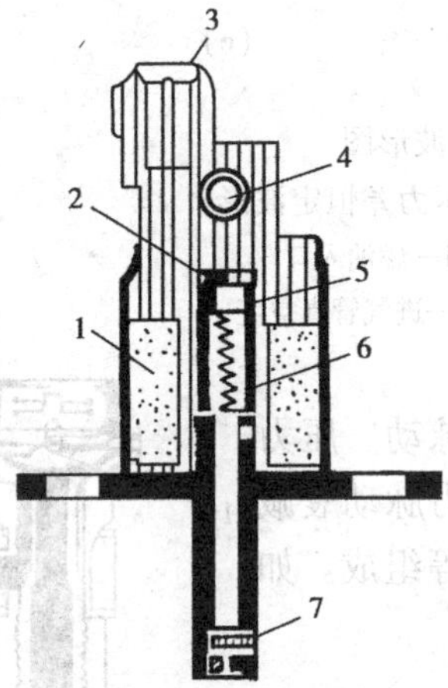


图 9-25 冷起动喷嘴

1—电磁线圈 2—密闭垫 3—接线柱 4—汽油入口 5—柱塞 6—复位弹簧 7—紊流喷口

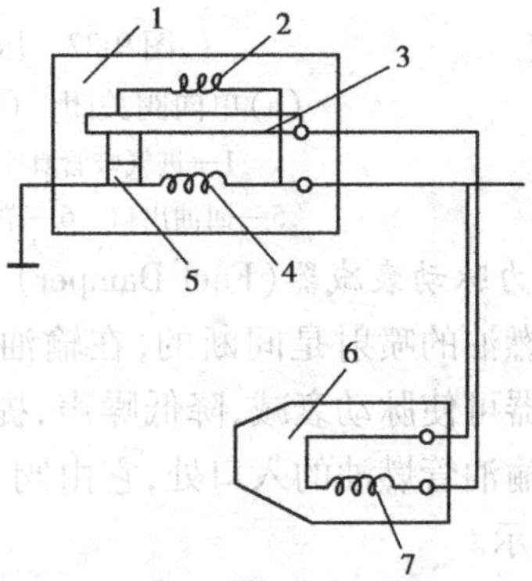


图 9-26 冷起动喷嘴与热时间开关工作示意图

1—热时间开关 2—加热线圈 3—双金属片 4—加热线圈 5—触点 6—冷起动喷嘴 7—电磁线圈

热时间开关与冷起动喷嘴的电路如图 9-26 所示。热时间开关感受发动机冷却水温度，是控制冷起动喷嘴工作的电热式开关，它由双金属片 3、触点 5 及绕在双金属片上的加热电阻线圈 2、4 组成。当发动机起动，冷却水温度低于 35 ℃时，热时间开关触点 5 闭合，电流由电源经冷起动喷嘴的电磁线圈 7、双金属片 3、触点 5 搭铁构成回路；冷起动喷嘴的电磁线圈 7 得电，产生吸力，吸动柱塞，打开阀门，喷出雾状汽油；当冷却水温高于 35 ℃或起动时间超过 15 s 致使开关内的双金属片受热弯曲，触点 5 打开，冷起动喷嘴则停止喷油。线圈 2 和 4 用来加热双金属片 3，线圈 2 起迅速加热作用。发动机正常工作时，线圈 3 一直对双金属片加热，以防止发动机工作中触点 5 闭合而使冷起动喷嘴工作。

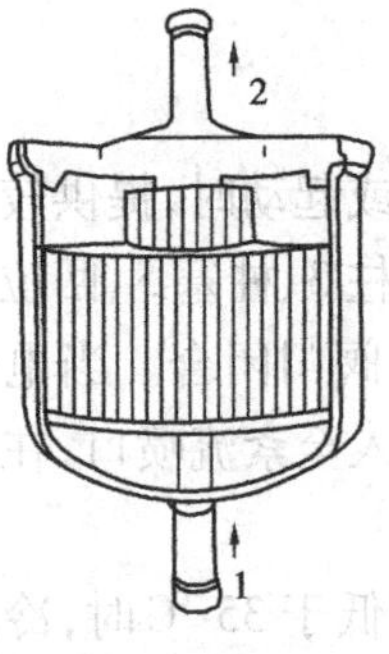


图 9-27 燃油滤清器

1—燃油入口 2—燃油出口

6. 燃油滤清器(Fuel Filter)

专门设计的燃油滤清器，有一个金属外壳，以便承受燃油压力，其构造如图 9-27 所示。

7. 燃油箱(Fuel Tank)

燃油箱用于储存燃油，其内装有燃油泵、燃油油量表传感器，用以检测油箱内的燃油量。

### 9.2.2 进气系统(Supplies Air System)

进气系统的作用是为发动机提供适量的新鲜空气。它由空气滤清器、进气管、空气流量传感器、进气歧管绝对压力传感器、进气温度传感器、节气门体及节气门位置传感器、进气歧管等组成。其中空气流量传感器、节流阀位置传感器、进气歧管绝对压力传感器、进气温度传感器及空气阀较为复杂而且重要,下面分别加以介绍。

1. 空气流量传感器(Mass Air Flow Sensor)

空气流量传感器用以测量入口处吸入的空气量。在EFI系统中,喷油量就是根据测得的空气量来精确控制的。现在实地应用的有:

(1)叶片式空气流量传感器

叶片式空气流量传感器的构造如图9-28所示。在矩形管道中装有矩形测量片2,此片在流动空气的压力和复位弹簧6的作用下,可转到一定的角度,其转角由同轴连接的电位器8转变为电压信号,传送给ECU作为检测发动机吸入空气量的重要参数。为减少活塞运动所引起的进气歧管内压力波动对矩形测量片的影响,还附加阻尼片5防止测量片2振动,以提高其测量精度。

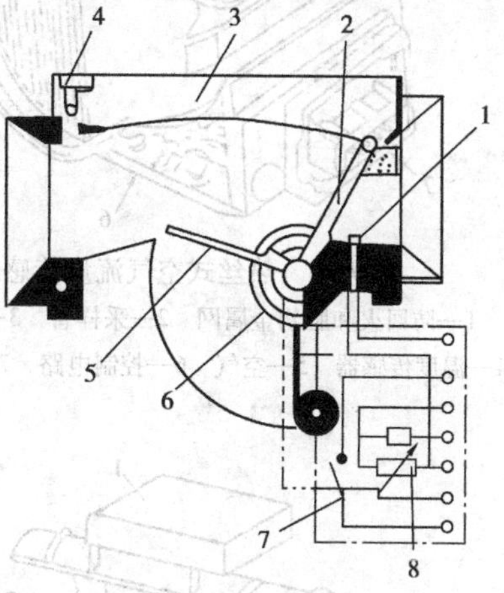

图9-28 叶片式空气流量传感器

1—空气温度传感器 2—测量片 3—旁通道 4—调节螺钉 5—阻尼片 6—复位弹簧 7—燃油泵开关 8—电位器

由于进气温度不同,空气的密度会发生变化,从而影响实际进入空气的质量,故这种空气流量传感器必须与进气温度传感器共同工作,方能精确测量吸入的空气量。

这种传感器由于有机械传动,灵敏性较差,测量精度较低,现已少用。

(2)电热丝式空气流量传感器

将电热丝装在节气门的上方,当吸入空气流经过电热丝时,空气将电热丝产生的热量带走,其带走的热量取决于空气流量。另一方面,电热丝的温度,可通过调节流经电热丝的电流大小使其保持恒定,从而根据流经电热丝的电流大小,便可测定进入气缸的空气流量。

为了清除使用中电热丝上附着的胶质和积炭对测量精度的影响,起动时,可由控制器控制通入电热丝大的电流,将积炭烧净。

利用上述原理制成的空气流量传感器有三种结构形式:一种是把电热丝和空气温度传感器都放在进气通路中,如图9-29所示;另一种是把电热丝和空气温度传感器放在进气旁路中,以减少进气阻力,如图9-30所示;第三种是把金属铂固定在树脂膜上,然后把热膜放在热丝式的位置上,称为热膜式空气流量传感器,以延长使用寿命,如图9-31所示。

(3)卡门旋涡式空气流量传感器

日本三菱汽车公司首先开发使用卡门旋涡式空气流量传感器,其工作原理如图9-32所示。外壳是用塑料制成,装在空气滤清器罩内,其内部由空气通路中的卡门旋涡发生柱2、超声波发生器、发射头4和超声波接收器10等部分组成。

当空气流过卡门旋涡发生柱2时,在发生柱后面便产生两列并排的旋涡,称为卡门旋涡。若空气流速为$V$,旋涡发生柱的宽度为$d$,产生的旋涡数为$f$,则有

$$f = S_t \cdot V/d \tag{9-6}$$

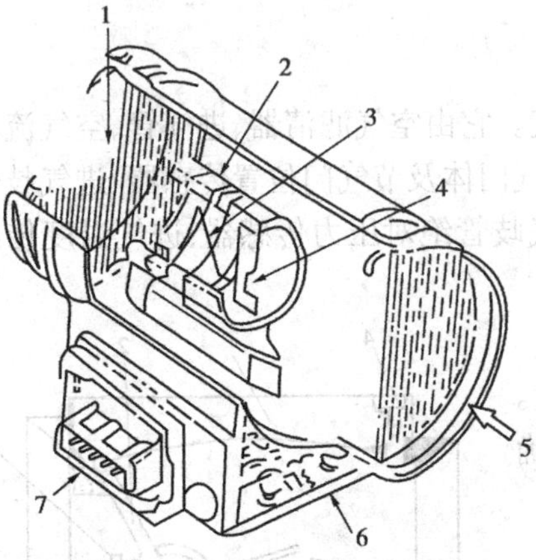


图 9-29　热丝式空气流量传感器

1—防回火和脏物金属网　2—采样管　3—白金热丝
4—温度传感器　5—空气　6—控制电路　7—接线插头

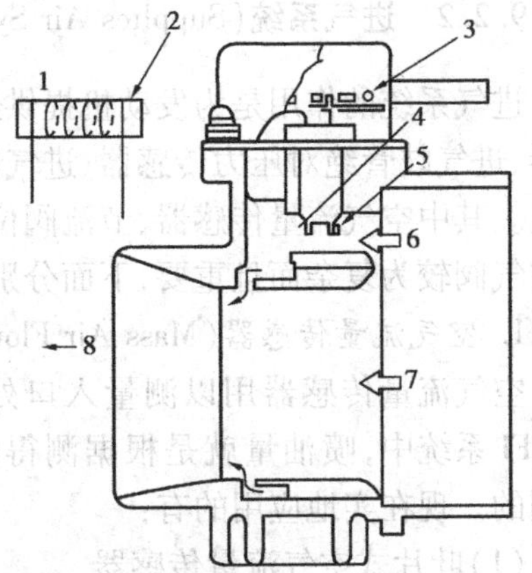


图 9-30　旁通式热丝空气流量传感器

1—热线　2—陶瓷管　3—控制电路
4—温度传感器　5—热线　6—旁通路
7—主通道　8—至节气门

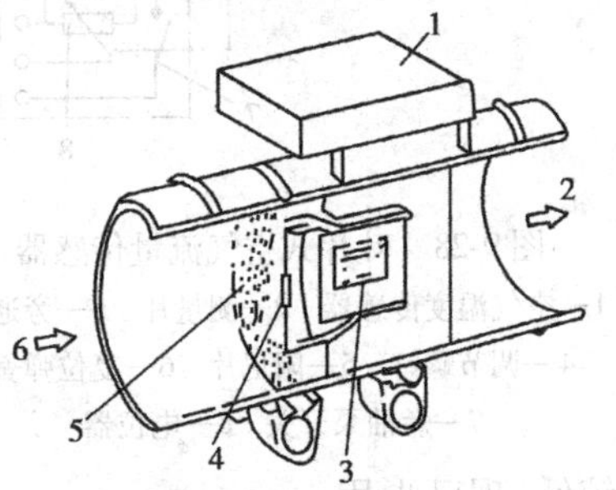


图 9-31　热膜式空气流量传感器

1—控制器　2—进气总管　3—热膜
4—温度传感器　5—金属网　6—空气

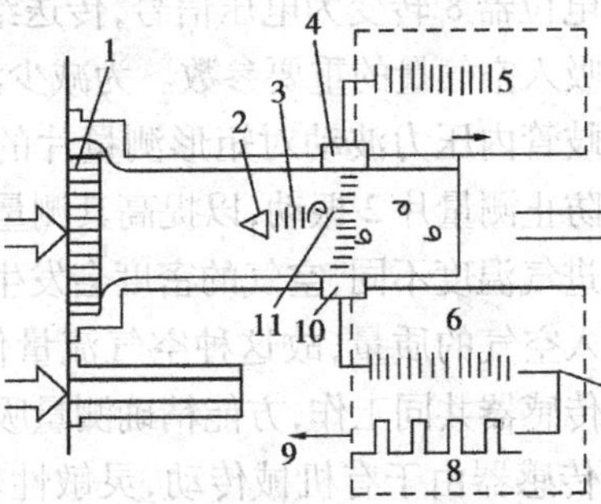


图 9-32　卡门旋涡式空气流量传感器

1—整流栅　2—卡门旋涡发生柱　3—旋涡稳定板　4—超声波发射头
5—超声波发生器　6—接收到的疏密波　7—放大电路　8—脉冲信号
9—输入控制器　10—超声波接收器　11—卡门旋涡

式中　$S_t$——常数。

由式(9-6)可知，卡门旋涡数 $f$ 与空气流速 $V$ 成正比，只要测得 $f$ 数，便可计算出空气流量。

旋涡数 $f$ 的测量方法很多，例如：旋涡数 $f$ 可采用超声波来测量，其方法是在卡门旋涡发生区空气通道的两侧，分别装上超声波发射头 4 和超声波接收器 10，发射头 4 沿涡流的垂直方向发射超声波，由于涡流使超声波的传播速度发生变化，超声波受到周期性的调制，使其振幅、相位和频率发生变化，这种被调制后的超声波，被接收器 10 接收后，变换成相应的电压，再经整形、放大，形成与旋涡数目相应的矩形脉冲信号，然后送入 ECU 作为空气流量信号。显然，此时必须与进气温度传感器联合工作，才能最终确定吸入的空气量。

由于热丝式和卡门旋涡式传感器，没有可动部件，反应灵敏，测量精度高，现被广泛采用。

2. 节气门位置传感器(Throttle Position Sensor)

节气门位置传感器安装在节气门阀体上，它响应加速踏板的位移。该传感器现广泛采用电位器式，它将节气门位置转换为输出电压送给 ECU，并向 ECU 提供节气门打开和关闭的速

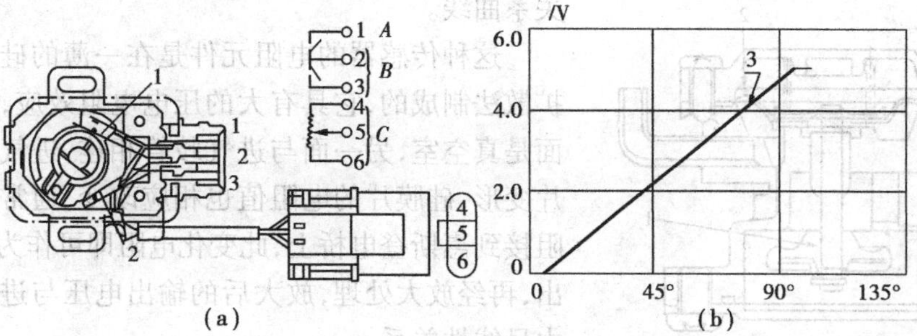


图 9-33　电位器式节气门位置传感器简图

(a)节气门位置传感器　(b)节气门开度(度)

1—节气门开度电刷　2—全关闭电刷　3、4、5—端子间输出电压

*A*—节气门全开位置开关　*B*—节气门硬关闭开关　*C*—节气门位置传感器

度及怠速等信息。

图 9-33(a)为电位器式节气门位置传感器简图。它有两个可随节气门一起转动的电刷,节气门开度电刷与电阻体组成电位器,利用节气门转动时电阻值的变化,测得与节气门开度成线性关系的输出电压,并由4、5 脚输送给 ECU。如图 2-15(b)所示为节气门位置传感器输出特性。

节气门的怠速位置由 ECU 收到从节气门位置传感器来的信号确定,这个系统称为“软关闭节气门位置开关”(Soft Closed Throttle Position Switch),它控制发动机运行,例如截断燃油喷射,相反,“硬关闭节气门位置开关”(Hard Closed Throttle Position Switch)由全关闭电刷提供,它不是用于控制发动机而是用于车上故障诊断系统。

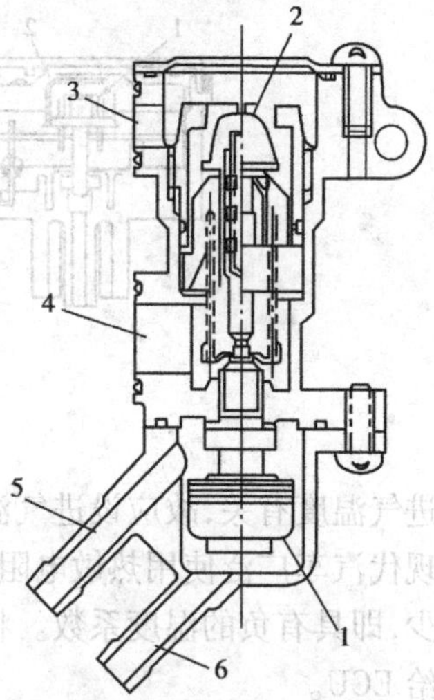


图 9-34　快怠速阀

1—石蜡　2—阀门　3—空气出口

4—空气入口　5—冷却水入口　6—冷却水出口

3. 快怠速阀(Fast Idle Valve)

当发动机暖机时,为了防止不稳定运转,需提高怠速转速。快怠速阀一般采用恒温石蜡式空气阀,如图 9-34 所示,它主要由恒温石蜡 1 和阀门 2 组成,在低温时,石蜡收缩,空气阀门打开,从空气滤清器来的空气绕过节气门直接进入进气歧管,于是发动机怠速较快。当发动机水温升高时,石蜡受热膨胀,推动阀门缓慢关闭,发动机怠速逐渐下降,暖机过程结束。

4. 空气增加阀(Air Boost Valve)

当启动发动机时,空气增加阀供给发动机附加空气到进气歧管,使发动机易于启动。

图 9-35 为膜片式空气增加阀的结构简图,阀门 1 由进气歧管真空度通过膜片进行控制。

5. 进气歧管绝对压力传感器(Manifold Absolute Pressure Sensor)(简称 MAPS)

在节气门后面进气歧管中装压力传感器,以测定进气歧管的绝对压力(真空度),因该处压力随节气门开度而变化,它反映了发动机负荷的大小,故可作为电控汽油喷射系统确定喷油量的信息。MAPS 将进气歧管绝对压力(真空度)转换为电压信号并输送给 ECU。

图 9-36 为现代汽车上广泛采用的半导体压力传感器的结构图和输出电压与压力的变化

关系曲线。

这种传感器的电阻元件是在一薄的硅膜上用离子扩散法制成的，它具有大的压电电阻效应，硅膜片的一面是真空室，另一面与进气歧管相连，进气压力使硅膜片变形，硅膜片的电阻值也相应改变，通常将此变化电阻接到惠斯登电桥上，此变化电阻即可作为电压信号输出，再经放大处理，放大后的输出电压与进气歧管的压力呈线性关系。

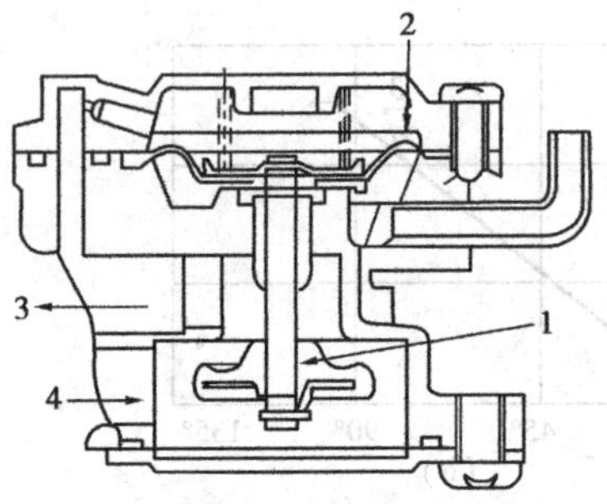


图 9-35　空气增加阀

1—阀门　2—膜片

3—通进气歧管　4—通空气滤清器

6. 进气温度传感器

在卡门旋涡式空气流量计、叶片式空气流量计及进气歧管压力间接测量空气流量的系统中，其吸入的空气量与进气温度有关，故应设进气温度传感器，根据进气温度，对空气流量进行修正。

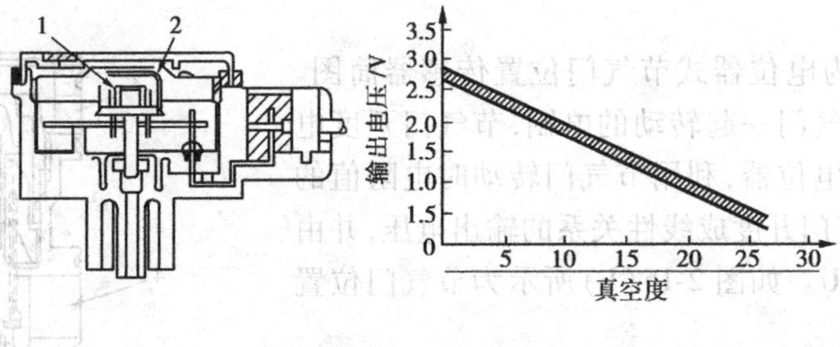


图 9-36　压力传感器

1—硅膜片　2—真空室

现代汽车广泛使用热敏电阻式温度传感器，如图 9-37 所示，它的电阻随进气温度的升高而减少，即具有负的温度系数。将此电阻变化转化为相应的电压信号即可作为进气温度信息输送给 ECU。

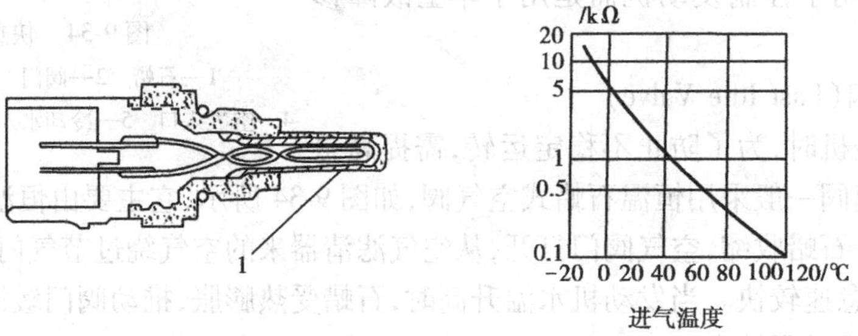


图 9-37　进气温度传感器

1—热敏电阻

### 9.2.3　燃油喷射控制系统

燃油喷射控制系统(Fuel Emission Control System)主要由各类传感器(包括进气系统的传感器)、电子控制单元(ECU)及执行元件组成。其作用是根据各传感器反映发动机工况的各种信息，确定喷油器的开启时间(即喷油脉宽)，以确保供给发动机该工况下的最佳可燃混合气。

除前面进气系统中已讲述的节气门位置传感器、空气流量传感器(或进气歧管压力传感器)、进气温度传感器外,主要还有发动机转速传感器、曲轴位置传感器、第一缸上止点位置传感器、水温传感器等。它们将发动机转速、负荷、加速、减速、吸入空气量、冷却水温度等变化情况转换成电信号,输入到 ECU。ECU 则根据这些信息进行处理,然后输出一个控制脉冲,去驱动执行元件——喷油器,以控制喷油器针阀的开启时刻和持续时间,从而保证供给发动机在该工况下各缸最佳混合气。

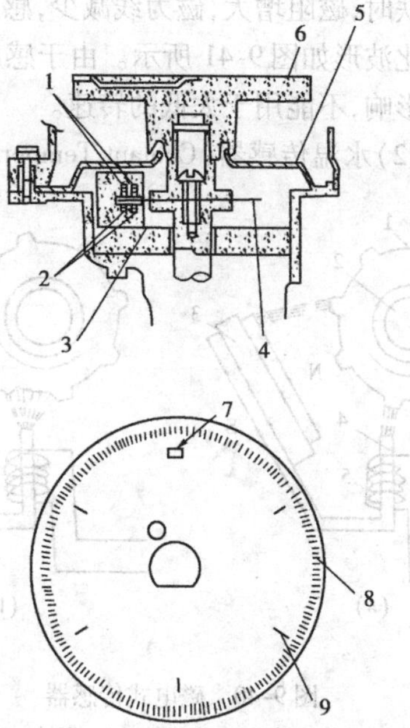


图 9-38　光电式曲轴位置传感器

1—波形发生电路　2—光敏二极管　3—发光二极管　4—旋转圆盘　5—密封盖　6—旋转头　7—第 1 缸上止点信号切缝　8—1°信号切缝　9—120°信号切缝

1. 控制系统的传感器

除前面进气系统已介绍的传感器外,主要的传感器还有:

(1)曲轴位置传感器(Crankshaft Position Sensor)

曲轴位置传感器是监视发动机转速、活塞位置并将信号送入 ECU 去控制喷油器、点火时间及其他功能。现常用的有光电式和磁电式两种。

(a)光电式

光电式曲轴位置传感器的结构如图 9-38 所示,它有一个旋转圆盘,盘上刻有 360 个 1°的切缝和 6 个 120°的切缝,(对六缸机而言),发光二极管(LED)和光敏二极管安装在波形发生器电路中,当转盘在 LED 与光敏二极管之间经过时,转盘上的切缝连续切断发光二极管传给光敏二极管的光线,产生粗形脉冲,再由波形电路变换为方波脉冲输送给 ECU。

1°信号用以传送发动机转速信号,切缝 7 用以传送第一缸上止点信号,120°切缝用以传送各缸活塞上止点位置信号。

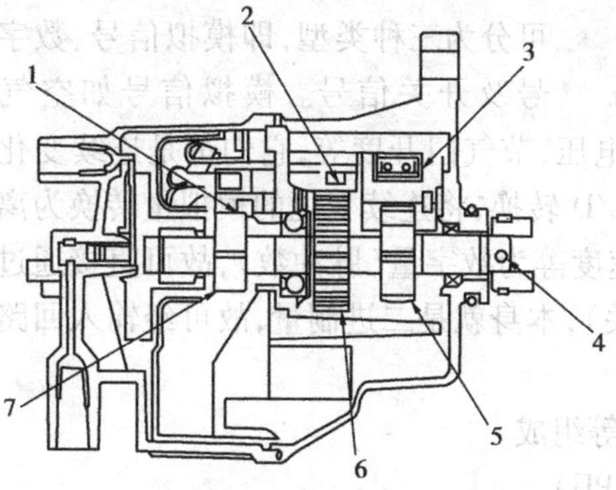


图 9-39　磁电式曲轴位置传感器

1—汽缸感应线圈　2—曲轴位置感应线圈　3—上止点感应线圈　4—转子轴　5—上止点转子　6—曲轴位置转子　7—汽缸位置转子

(b)磁电式

磁电式曲轴位置传感器的结构如图 9-39 所示。

汽缸位置传感器检测第一缸活塞上止点的位置以便依次将燃油喷射到各气缸,曲轴位置传感器确定燃油喷射和各缸点火时间并检测发动机转速,上止点传感器确定在开始工作(起动)时点火时间以及当曲轴位置传感器不正常时确定点火时间。

磁电式传感器的基本原理如图 9-40 所示,当转子凸部接近衔铁时,磁阻减小,磁力线增多,在耦合线圈感应的电动势愈来愈高,凸部正对衔铁时磁通 $\Phi$ 达最大值,当转子继续旋转,凸部离开衔铁时，磁阻增大，磁力线减少，感应电动势改变极性并达到负的极大值，磁通和感应电动势的变化波形如图 9-41 所示。由于感应电动势 $E$ 与磁通变化率成正比，故转子转速对感应电动势有影响，不能用于太低的转速。

（2）水温传感器（Coolant Temperature Sensor）

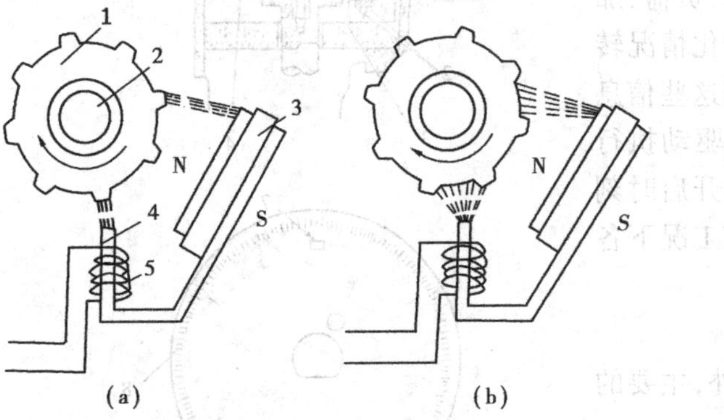


图 9-40　磁电式传感器

1—转子　2—传动轴　3—永磁铁　4—衔铁　5—感应线圈

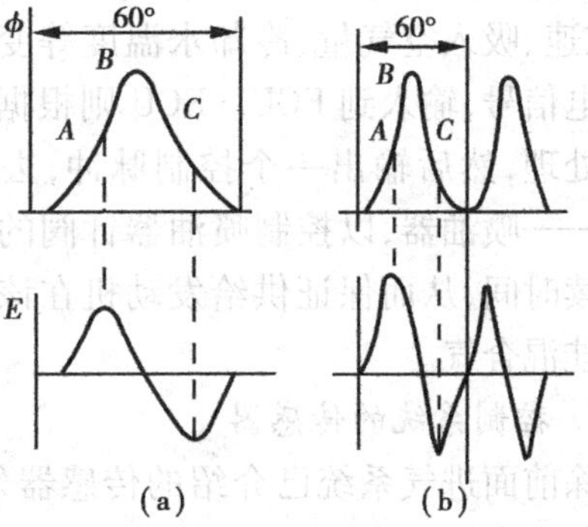


图 9-41　感应电动势与转速的关系

（a）低速时　（b）高速时

水温传感器监视发动机冷却水温度，现广泛采用热敏电阻式，其电阻值随冷却水温升高而降低，如图 9-42 所示。

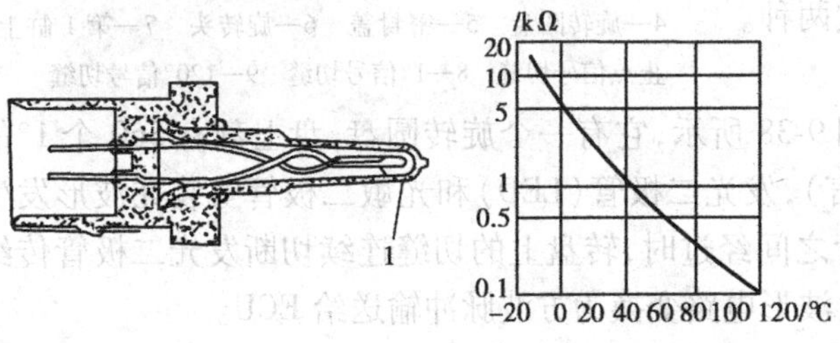


图 9-42　水温传感器

1—热敏电阻

## 2. 控制器

控制器（Electronic Control Unit）简称（ECU）是电控汽油喷射系统的核心，主要由输入回路、模/数（A/D）转换器、微机和输出回路组成，如图 9-43 所示。

电控汽油喷射系统传感器的信号可分为三种类型，即模拟信号、数字信号及开关信号。模拟信号如空气流量、进气歧管压力、进气温度、冷却水温度、蓄电池电压、节气门开度等，它们都是连续变化的量，数字计算机不能识别，故经输入回路后，再经 A/D 转换，将连续变化的模拟量转换为离散的数字量，才输入计算机。前述发动机转速、汽车速度等为数字量（脉冲数），故可直接通过输入回路输给计算机。开关量则只有两种状态（开/关），本身就是二进制量，故可经输入回路输入计算机。

微机由中央处理器、存储器和 I/O 接口及总线等组成。

（1）中央处理器（Central Processing Unit 简称 CPU）

CPU 由运算器（ALU）、寄存器（暂时存储数据和计算结果）和按程序进行信号传送和控制任务的控制器组成，如图 9-43 所示。

（2）存储器（Memory）

存储器包括只读存储器（Read Only Memory 简称 ROM）和随机存取存储器（Random Access Memory 简称 RAM）。ROM 的内存，CPU 只能读出而不能写入，它用来存储制造厂家编写

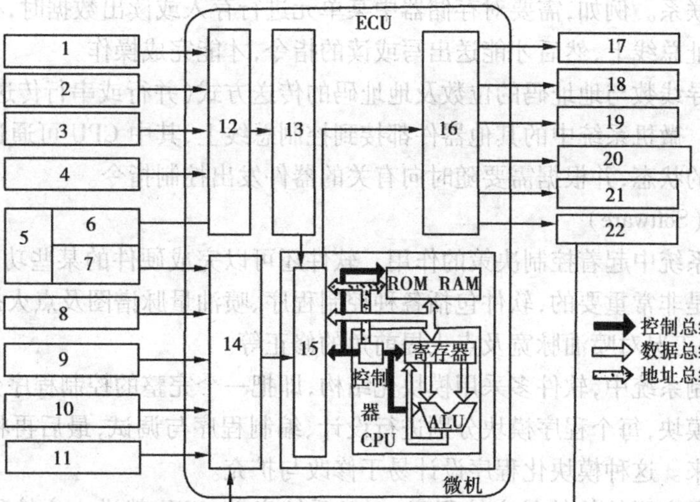


图 9-43　ECU 的内部结构

1—压力传感器　2—进气温度传感器　3—水温传感器　4—蓄电池电压　5—节气门位置传感器　6—节气门开度　7—节气门全闭　8—车速传感器　9—启动开关　10—空调开关　11—分电器采集线圈　12—输入回路　13—A/D 转换　14—输入回路　15—I/O 接口　16—输出回路　17—喷油器　18—燃油泵　19—VSV 阀　20—检测灯　21—主继电器 2　22—点火器

的 CPU 的运行程序及数据，例如电控汽油喷射系统中最佳混合气的喷油三维脉谱图、最佳点火提前角的三维脉谱图形数据等，即使断开电源，其内存也不会消失。RAM 的内存，CPU 既可读出也可写入，它用来存储运行中的数据和故障诊断结果代码等，如果电源切断，它的内存信息就会消失。

(3) 输入/输出接口（I/O 接口）

I/O 接口是 CPU 与各传感器和执行元件之间传送数据的装置。由于传感器和执行元件种类繁多，它们在速度、电平、功率和信息形式等方面都不能与 CPU 匹配，因此，必须经过 I/O 接口的转换、匹配。

由于微机输出的是数字量，电压一般只有 5 V，不能直接用来驱动执行元件，故还需用输出回路来放大。如果执行元件是模拟式仪表，则还需经数/模（D/A）转换。

(4) 总线（Bus）

在微机系统中，CPU、ROM、RAM 与 I/O 接口相连时都使用公用的总线。它有数据总线、地址总线与控制总线，如图 9-44 所示。

总线利用数据、储存地址及控制信号来对系统中的各个器件进行控制与操作。同时用这种连接总线的方式还便于扩充系统的存储与输入、输出接口。

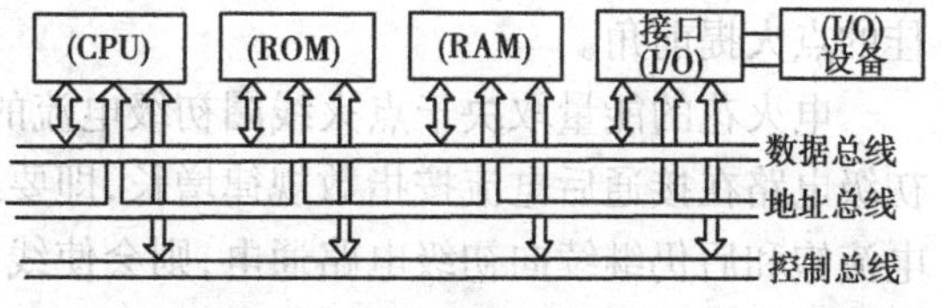


图 9-44　微机系统的总线

①数据总线　数据总线主要用于传送数据与指令。数据总线的导线数与数据的位数是一一对应的，例如 16 位微机，数据总线就应有 16 根导线。

②地址总线　地址总线用于传送地址码。在微机总线上，各器件之间的通讯主要是靠地

址码准确地进行联系。例如,需要对存储器中某单元进行存入或读出数据时,必须先将该单元的地址码送到地址总线上,然后才能送出写或读的指令,才能完成操作。

地址总线的导线数与地址码的位数及地址码的传送方式(并行或串行传送)有关。

③控制总线　微机系统中的其他器件都接到控制总线上,其中 CPU 可通过控制总线随时掌握着各个器件的状态,并根据需要随时向有关的器件发出控制指令。

3. 系统软件(Software)

软件在控制系统中起着控制决策的作用。软件还可以完成硬件的某些功能,因此,EFI 系统中软件的设置是非常重要的,软件包括各种控制程序、喷油量脉谱图及点火提前角脉谱图的查询及计算、各种工况对喷油脉宽及点火提前角的修正等。

在现代的控制系统中,软件多采用模块化结构,即把一个完整的控制程序分成若干个功能相对独立的程序模块,每个程序模块分别进行设计、编制程序与调试,最后再将调试好的程序模块统一连接起来。这种模块化程序设计易于修改与扩充。

控制系统中最主要的软件是主控程序,一旦系统启动,CPU 就进入主控程序。主控程序可根据使用与控制的要求设定内容,主要完成的任务有:对整个系统进行初始化;实现系统的工作时序;控制模式的判定;点火提前角控制量的输出;喷油脉冲控制量的输出;常用工况与其他各工况模式的程序等。

由于控制系统是对发动机进行可燃混合气成分和点火提前角的最优化控制,针对发动机使用要求预先确定的点火提前角脉谱图与喷油量脉谱图,以及其他为匹配各种运行工况而选定的修正系数、修正函数都以离散数据储存在 ROM 中,作为控制的根据。

### 9.2.4　点火控制系统

点火控制系统(Ignition Control System)的功能就是在发动机最佳的曲轴转角位置时使火花塞发出有足够能量的电火花,去可靠地点燃可燃混合气。因此,对它的主要控制一是点火时刻,二是火花能量。

传统的点火系,包括现有的有触点和无触点电子点火系,对点火提前角的控制,都只限于在发动机转速与负荷两参数的控制范围内进行调节,因此,它不可能保证发动机在任意运行工况下都能获得最佳的点火提前角,也就不可能使发动机具有最佳的性能。

而在 EFI 系统中,点火控制系统是将汽车发动机在各种运行工况下最佳点火提前角事先储存在 ROM 中,而在发动机实际运行时,由点火控制模块根据发动机转速、负荷的实际信息,在所储存的点火特性中读取适应该工况下的点火提前角之值,同时,还根据发动机冷却水温度、进气温度、节气门位置等信息,对所选取的点火提前角进行修正,使发动机总能得到一个最佳的点火提前角。

电火花的能量取决于点火线圈初级电流的大小(电感储能式)。由于点火线圈存在电感,初级电路在接通后电流按指数规律增长,即要经过一定时间初级电流才能达到饱和。但如果电流饱和后仍继续向初级电路通电,则会使线圈发热,造成能量损失。因此,ECU 不仅要控制合适的点火时刻,而且还要对初级线圈的通电时间加以控制,这在传统的点火系里也是办不到的。

目前,EFI 系统中点火控制系统有不同类型。

1. 按控制方式分类

(1)开环控制(Open Loop Control)

开环控制是按预定最佳方式对点火系进行的控制。在实施控制之前,首先需根据实际发动机样机进行台架试验,找出使发动机经济性、动力性、排放等达到最佳水平的控制参数。即如图1-18所示点火提前角脉谱图。以此为基础,又在汽车行驶中,按照预定的准则,对燃油消耗、扭矩、排放、爆震倾向以及其他行驶性能等优化后确定。

实际上,对不同运行工况下所匹配的点火提前角的调整,其优化的准则应有适当的侧重,例如,怠速工况下,点火提前角应调整到首先对降低怠速排放有利,然后才考虑怠速稳定与减少油耗;在部分负荷下,应突出汽车的行驶性能与节省燃油;在全负荷运行时,则应以不产生爆燃且在运行时有最大扭矩性能。

由上述可知,开环控制就是将点火提前角脉谱图以数据形式储存在ROM中,在发动机运行过程中,根据各传感器送来的发动机实际运行参数的变化,随时读取相应的点火提前角,以保证在该运行工况下,发动机具有最佳性能。

(2)闭环控制(Close Loop Control)

点火提前角的闭环控制是为爆燃这种非正常燃烧而设计的,其基本点火提前角是预先编制在抗爆信息存储区中,在正常运行条件下,此系统不起作用。

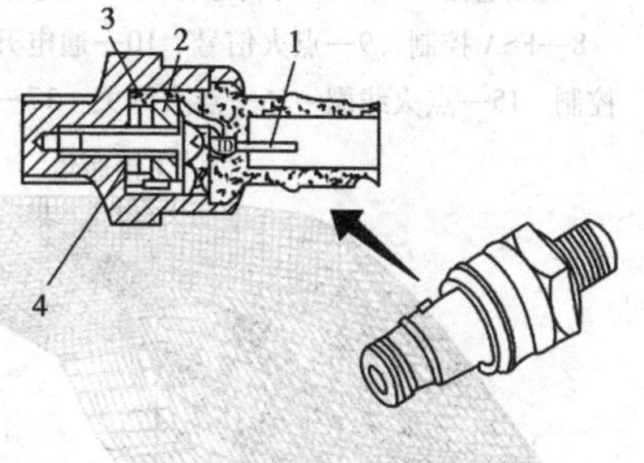

图9-45　爆震传感器

1—接线端子　2—重块　3—片簧　4—压电晶体

但是,如果发动机发生爆燃,爆震传感器监测到爆燃信号并将此信号送给ECU时,ECU推迟点火时间(以快速调节或慢速调节方式),以避免爆燃情况。

图9-45为爆震传感器结构图,它安装在汽缸体上,当发生爆燃时,爆震传给压电晶体元件一个压力,这个振动压力通过压电晶体转换为电压信号,经整形、放大后传给ECU,作为反馈控制信息。

2. 按有无分电器分类

(1)有分电器式

有分电器的点火系统电路如图9-46所示。其工作原理如下:

ECU根据传感器输入的曲轴转角等信号,确定点火时间,ECU将点火定时信号IGt送给点火控制单元。当IGt信号变为低电平时,点火线圈的初级电流被切断,次级线圈中感应出高压,再由分电器送至该缸火花塞产生火花点火。

为了产生稳定的次级电压和保证系统的可靠性,可采用以下控制电路:

①接通角控制电路　前面已叙述,点火系统的控制除控制点火时间之外,还应对点火能量进行控制。影响火花能量的因素主要是发动机转速和蓄电池电压,图9-47为接通角的调节特性图,由图可知,当发动机转速升高时,应适当增大接通角(相当于触点闭合角),使不同的转速下都有相同的初级断开电流,以保证火花能量。当蓄电池电压降低时,也应增大接通角,以保证足够的火花能量。

②点火确认信号(IGf)发生电路　当点火线圈初级电流切断时,初级线圈产生自感电势(反电势)触发信号,发生电路输出一个点火确认信号IGf给ECU,以监视点火控制电路是否正常工作。

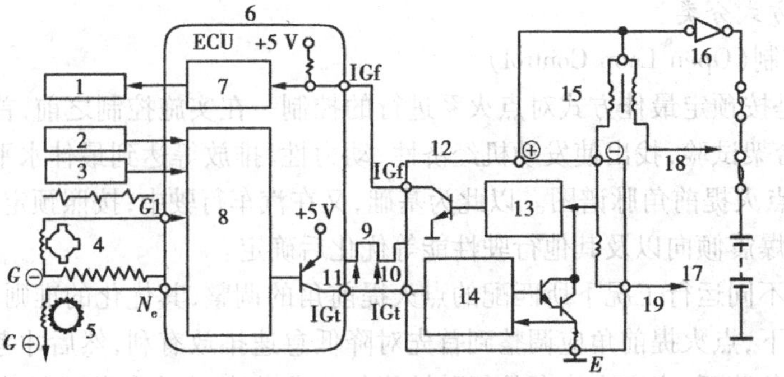


图 9-46　有分电器的点火控制电路图

1—主继电器 2　2—压力传感器　3—温度传感器　4—基准位置传感器　5—转速传感器　6—ECU　7—EFI 控制　8—ESA 控制　9—点火信号　10—通电开始　11—点火　12—电子点火器　13—点火监视回路　14—闭合角控制　15—点火线圈　16—点火开关　17—蓄电池　18—至分电器　19—至发动机转速表

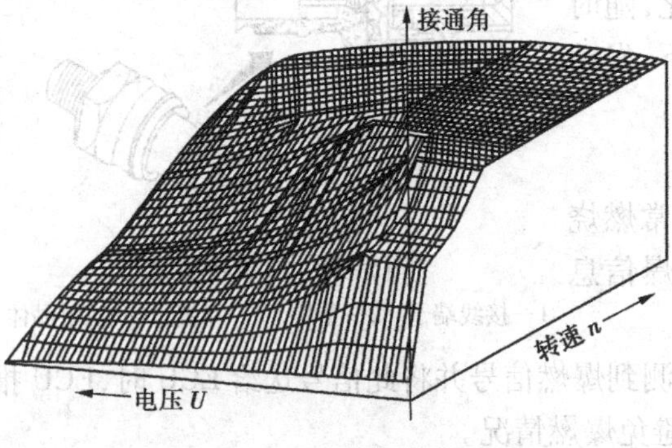


图 9-47　点火接通角调节特性

(2)无分电器式

无分电器点火系,它把点火线圈的次级高压直接送到火花塞,由于无机械传动装置,使点火系工作更可靠。

无分电器点火电路如图 9-48 所示。3 个点火线圈分别为 1、6 缸,2、5 缸,3、4 缸提供点火所需高压。ECU 根据曲轴位置、汽缸位置信号(G1、G2),辨认出需要点火的气缸,将气缸鉴别信号(IGdA 和 IGdB)和点火定时信号 IGt 送给点火控制单元,点火控制单元根据这些信号分别给 3 个点火线圈初级电路配电。

因此 1、6 缸,2、5 缸和 3、4 缸同时点火,对于每个气缸来说,每循环每缸点火两次,但由于两个气缸中一个是压缩上止点,一个为排气上止点,由于排气气缸压力很低,火花塞间隙在约 1 500 V 电压下就被击穿而导通,实际上是为压缩的工作气缸火花塞提供一个搭铁通路。

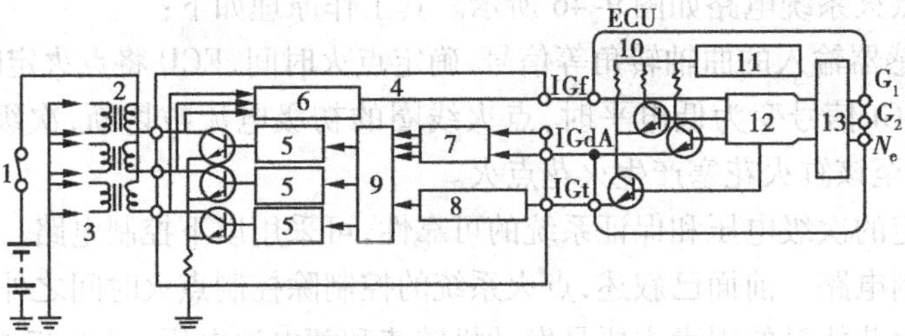


图 9-48　无分电器点火电路图

1—点火开关　2—点火线圈　3—火花塞　4—点火器　5—驱动电路　6—IGf 信号发生器　7—输入电路　8—闭合角控制电路　9—气缸鉴别电路　10—ECU　11—稳压电源电路　12—微处理器　13—输入电路

由于 IGt 信号必须分别控制 3 个点火线圈,所以 ECU 需要输出气缸鉴别信号 IGdA 和 IG-dB,控制信号的时序如图 9-49 所示。微处理器根据 G2 信号和在存储器中存储的 IGdA 和 IGdB 的信号状态，确定各缸的发火顺序。点火控制单元中的气缸鉴别电路把 IGt 信号送给相应点火线圈的驱动电路。

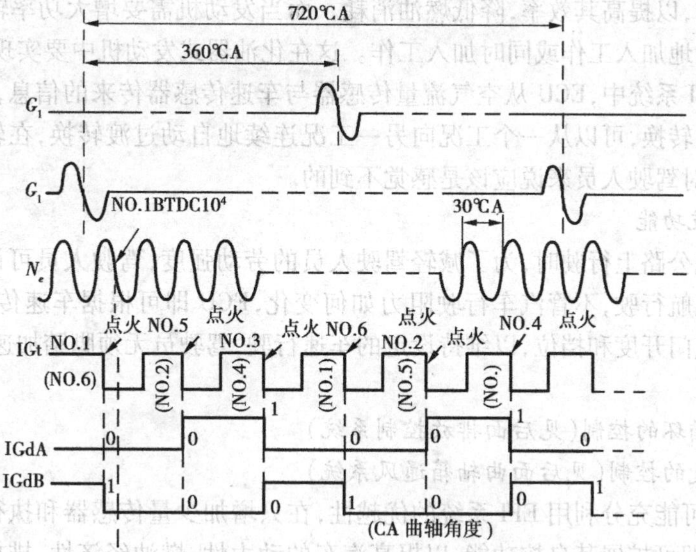


| 信号<br>点火 | IGdA | IGdB |
|---|---|---|
| NO.1，NO.6 | 0 | 1 |
| NO.5，NO.2 | 0 | 0 |
| NO.3，NO.4 | 1 | 0 |

图 9-49　点火控制信号时序图

## 9.2.5　电控系统的扩展功能

电控汽油喷射系统，除了可以最优化控制燃油喷射系统和点火系统外，在软件和硬件上稍加补充，还可以根据发动机和汽车的使用要求，方便地扩展其控制功能，以提高汽车的使用性能。

1. 发动机转速限制

为了防止发动机超速，当发动机转速达到允许的最高转速时，控制单元就发出指令，切断燃油喷射。

2. 燃油泵的控制

当燃油泵的端电压下降时，泵的转速、电流消耗和排油量减少，该端电压可根据发动机运行条件精确地控制，以减少电能消耗和噪声水平。当发动机停转而点火开关仍然接通时，ECU 切断燃油泵电流。

3. 点火初级静止电流的切断

在点火开关被打开而发动机又处于停车的情况下，若点火线圈中仍通以电流，则使点火线圈发热，因此，ECU 要确保在发动机转速低于最低转速（约 30 r/min）时，切断点火输出级，防止电流通过初级绕组。

4. 发动机停缸工作

汽车发动机为满足汽车加速性能要求，一般后备功率均较大，在大多数行驶情况下，发动机都在部分负荷下工作,负荷率较低,这时汽油机的效率不高。为此,当发动机处于部分负荷下运行时,控制系统就发出指令,切断几个气缸的燃油供给与点火,停止几个气缸的工作,使发动机负荷率增大,以提高其效率,降低燃油消耗。而当发动机需要增大功率输出时,ECU 再将各停火气缸分别地加入工作或同时加入工作。这在化油器式发动机中要实现闭缸工作是相当困难的,而在 EFI 系统中,ECU 从空气流量传感器与车速传感器传来的信息,可识别在什么时候需要进行停缸转换,可以从一个工况向另一工况连续地自动过渡转换,在转换后,即使只有半数气缸运行,对驾驶人员来说应该是感觉不到的。

5. 自动巡航功能

汽车在高速公路上行驶时,为了减轻驾驶人员的劳动强度,驾驶人员可设定某一车速,则汽车进行自动巡航行驶,不管汽车行驶阻力如何变化,ECU 即可根据车速传感器的反馈信息去闭环控制节气门开度和挡位,以维持设定的车速行驶,驾驶员无须脚踏加速踏板而只需掌握转向盘即可。

6. 废气再循环的控制(见后面排放控制系统)

7. 汽油蒸气的控制(见后面曲轴箱通风系统)

总之,应尽可能充分利用 EFI 系统的优越性,在只增加少量传感器和执行元件,甚至只在软件上下功夫,即可扩展其自控功能,以提高汽车的动力性、燃油经济性、排放性、驾驶方便性和行车安全性等性能。

### 9.2.6 故障诊断及故障-保险系统

1. 故障诊断系统(Trouble Diagnoses System)

电控汽油喷射系统使用了各种传感器检测发动机及汽车的运行工况信息,并将信息传送给 ECU,ECU 再发出指令给执行元件进行控制。因此,整个电路十分复杂,当某一电路出现故障时,将影响 EFI 系统的正常工作。加之系统中许多传感器和执行元件都是不可解体的,因此,如果单凭驾修人员的经验去寻找故障,是相当困难的。所以,如何快速准确地诊断故障的所在部位,以便即时排除,就成了 EFI 系统能否实地应用于汽车的一个十分重要的问题。好在微机管理系统为 EFI 系统的故障自我诊断提供了手段,现代的 EFI 系统都毫无例外地具有故障的自我诊断功能。

当传感器产生不正常信号时,ECU 立即点亮仪表板上的故障指示灯,告知驾驶员 EFI 系统出现了故障,同时将故障代码储存在 ECU 的 RAM 中。为进一步确认故障所在的部位,可将故障代码用读码器读出。在现代的 EFI 系统中,故障代码也可用检测灯的闪烁次数读出。然后查阅故障代码表(见维修手册),就可知道故障所在的系统,为了准确地寻找故障所在位置,可按维修手册上的故障诊断步骤进行,不难找出故障的所在。

为了检测故障指示灯灯泡是否完好,当点火开关开始接通时,ECU 给发动机故障指示灯供电 2 s,如无故障,2 s 后指示灯应当熄灭。

2. 故障-保险系统(Fail-Safe System)

由于 EFI 是一个较复杂的系统,它包括的传感器、执行元件较多。如果系统中任一元件损坏、接头松动、电路断路或短路以及 ECU 本身某一电子元件损坏等,发动机便不能工作,汽车便不能行驶,无疑会给驾驶人员带来极大的困难。为此,现代的 EFI 系统都设有故障-保险功能。

当从传感器产生不正常的信号时，ECU 便不管哪个信号而采取一个预定的值（储存在 ROM 中），以允许发动机继续运行，但同时 ECU 点亮故障指示灯，告知驾驶员 EFI 系统有故障。

当 ECU 本身出现故障时，燃油喷射、点火时间及燃油泵等由后备（Back-up）的独立电路进行控制，以允许汽车以最低的速度行驶。

## 9.3 HONDA-ACCORD 汽车的 EFI 系统

通过第二、三两节的叙述，我们对汽车用电控汽油喷射系统的工作原理、系统的组成及功用、主要部件的结构等已有了一个全面的认识，下面介绍 EFI 系统在汽车上的实地应用，一方面可以加深和巩固第二、三节的理解，同时也希望达到"窥一斑而知全豹"的目的。

### 9.3.1 HONDA-ACCORD 汽车 EFI 系统简介

HONDA-ACCORD（本田-雅阁）汽车的 EFI 系统，没有空气流量传感器，是靠检测进气歧管真空度来间接测量吸入的空气量，即属于压力型（D-jetronic）燃油喷射系统。图 9-50、图 9-51、图 9-52 为各部件安装位置图。

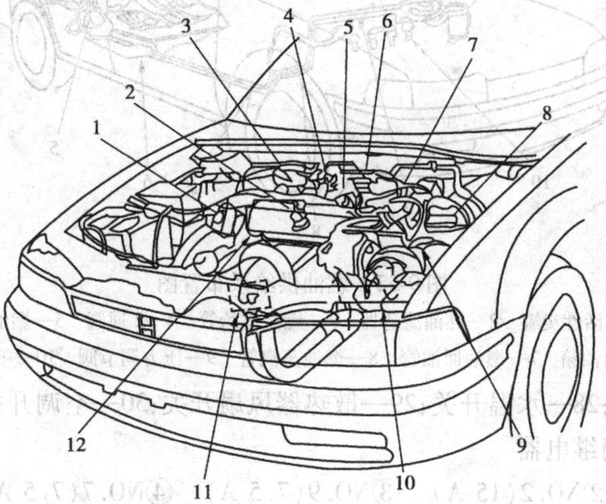


图 9-50　各种传感器及执行元件布置图

1—上止点/汽缸/曲轴位置传感器　2—EGR 阀　3—控制盒　4—节气门位置传感器　5—EACV 阀　6—快怠速阀　7—空气增加阀　8—喷油器电阻　9—进气温度传感器　10—热氧传感器（EX、EXR）　11—热氧传感器（DX、LX）　12—水温传感器

1. 系统组成

图 9-53 为系统组成图，图 9-54 为系统电路图。图 9-54 中，1—点火开关；2—到起动机；3—上止点/曲轴位置/气缸传感器；4—空气流量传感器；5—节气门开度传感器；6—维修检测接头；7—EGR 阀升起传感器；8—水温传感器；9—空气温度传感器；10—氧传感器；11—发电机；12—机油压力开关；13—变速器挡位操纵开关；14—变速器挡位指示；15—车速传感器；16—制动开关；17—ECU；18—主继电器；19—燃油泵；20—喷油器电阻；21—喷油器；22—发动机检测灯；23—空调控制单元；24—点火单元；25—到发电机；26—压缩机离合器继电器；27

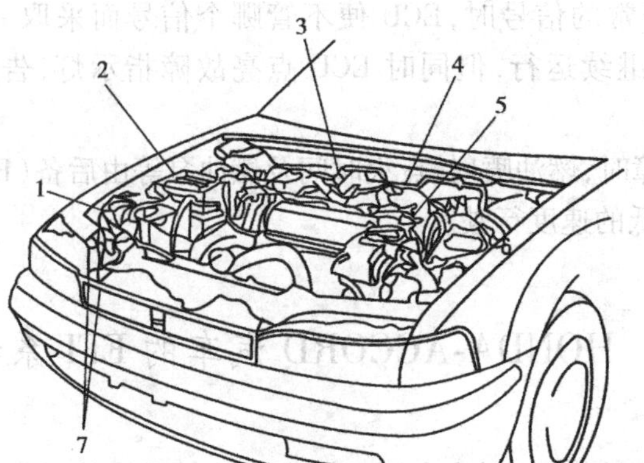


图 9-51　进气系统布置图

1—进气控制电磁阀　2—空气滤清器　3—节气门体　4—节气门钢丝绳

5—旁通控制膜片阀　6—旁通控制电磁阀　7—进气管

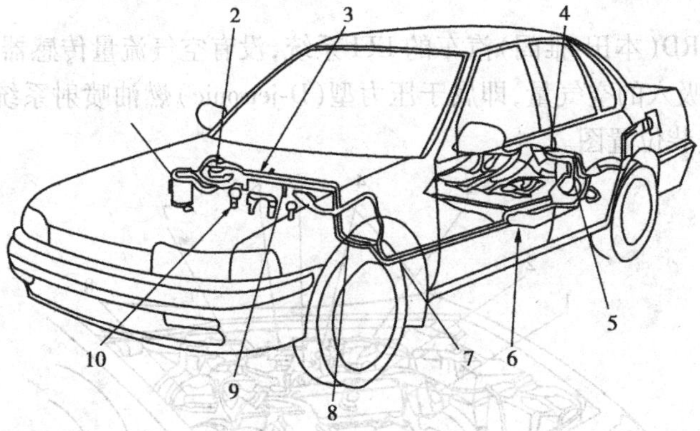


图 9-52　燃油供给系布置图

1—活性炭罐　2—燃油滤清器　3—燃油供给管　4—2 通阀　5—燃油泵

6—燃油箱　7—燃油回油管　8—燃油蒸汽管　9—压力调节阀　10—喷油器

—散热器风扇计时器;28—水温开关;29—散热器风扇开关;30—空调开关;31—冷凝器风扇继电器;32—散热器风扇继电器

①ECU(10 A)　②NO.2(15 A)　③NO.9(7.5 A)　④NO.7(7.5 A)　⑤NO.1(10 A)　⑥后备(7.5 A)　⑦点火(50 A)　⑧制动、喇叭(20 A)　⑨蓄电池(80 A) A:旁通控制电磁阀〔EX(加拿大:EXR)〕B:进气控制电磁阀〔EX(加拿大:EXR)〕C:EGR 控制电磁阀　D:净化截断电磁阀

2. 系统的功能

(1)喷油时刻和持续时间的控制(Fuel Injection Time Control)

ECU 储存有发动机各种转速和进气歧管压力下基本的喷油持续时间,根据发动机转速和进气歧管压力从计算机存储器中读出基本喷油时间,然后进一步根据各传感器送来的信息进行修正,得到最终的喷油时间。

(2)点火时间控制(Ignition Time Control)

ECU 的 ROM 中储存有发动机各种转速和进气歧管压力下基本的点火时间,点火时间也

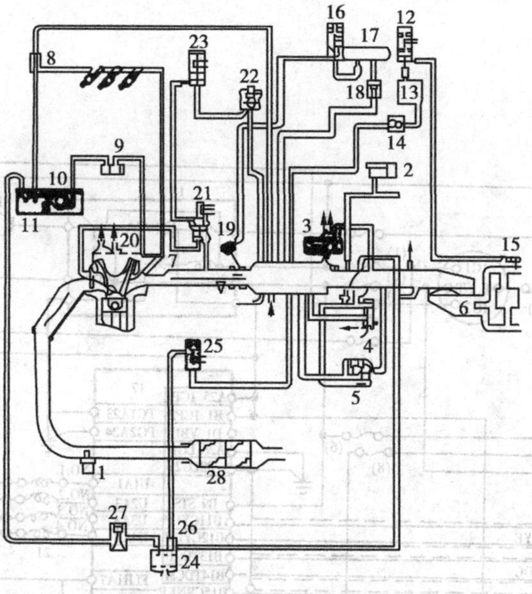


图 9-53　本田雅阁 EFI 系统组成

1—氧传感器　2—进气歧管绝对压力传感器　3—EACV 电子空气控制阀　4—快怠速阀　5—空气增加阀　6—空气滤清器　7—燃油喷油器　8—压力调节器　9—燃油滤清器　10—燃油泵　11—燃油箱　12—进气控制电磁阀　13—空气室　14—单向阀　15—进气控制膜片阀　16—旁通控制电磁阀　17—空气室　18—单向阀　19—旁通控制膜片阀　20—PCV 阀　21—EGR 阀　22—稳定真空控制阀　23—EGR 控制电磁阀　24—活性炭罐　25—净化截断电磁阀　26—净化控制膜片阀　27—两通阀　28—催化转换器

是根据发动机冷却水温度进行修正。

(3)电子空气控制阀(Electronic Air Control Valve 简称 EACV)

当发动机温度较低时,如果空调压缩机开启,传动啮合或发电机对蓄电池充电时,ECU 控制电流送给 EACV 电磁阀,以增加空气量,维持发动机正确的怠速。

(4)其他控制功能

①起动控制(Starting Control)　当发动机起动时,ECU 供给浓混合气,以利发动机起动。

②燃油泵控制(Fuel Pump Control)　当点火开关刚开始接通时,ECU 使主继电器提供搭铁,从而向燃油泵供电 2 s,以提高燃油系的压力。当发动机运转后,ECU 使主继电器搭铁,继续向燃油泵供电,而当发动机停转而点火开关仍接通时,ECU 切断主继电器搭铁电路从而切断燃油泵电流。

③燃油切断控制(Fuel Cut Off Control)　当节气门关闭汽车减速行驶期间,在发动机转速超过 1 500 r/min 时,ECU 切断喷油器电流,以改善汽车燃油经济性。当发动机转速超过 6 300 r/min 时,ECU 也关断喷油器电流,以防止发动机超速。

④空调压缩机离合器继电器控制　当 ECU 接到从空调开关来的对制冷的要求时,ECU 抑制空调压缩机的供电,以保证空调机的平滑过渡。

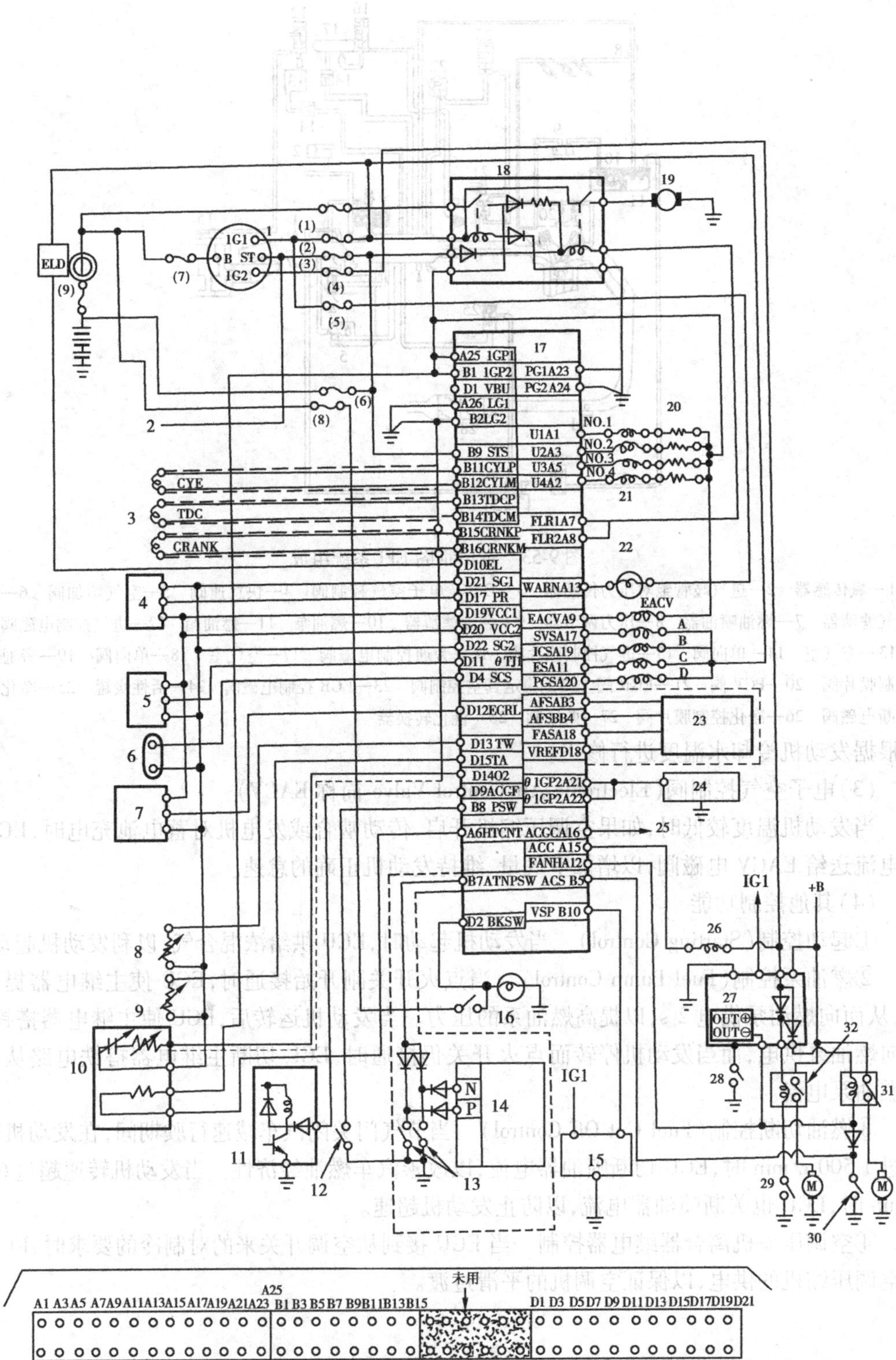


图 9-54　本田-雅阁 EFI 电路图

**PGM-F1 控制系统框图**

| 输入 | ECU | 输出 |
|---|---|---|
| 1. 上止点/曲轴/汽缸位置传感器<br>2. 进气歧管绝对压力传感器<br>3. 冷却水温度传感器<br>4. 进气温度传感器<br>5. 节气门位置传感器<br>6. 氧传感器<br>7. EGR 阀升起传感器<br>8. 大气压力传感器<br>9. 车速传感器<br>10. 起动信号<br>11. 发电机频率信号<br>12. 空调信号<br>13. 变速器挡位信号<br>14. 蓄电池电压信号<br>15. 制动开关信号<br>16. 机油压力信号<br>17. 电气负荷检测信号 | ⇨ 1. 喷油时刻和持续时间<br>2. 电子怠速控制<br>3. 点火时刻控制<br>4. ECU 后备功能 | ⇨ 1. 喷油器<br>2. 燃油泵主继电器<br>3. 发动机检测灯<br>4. 空调压缩机离合器继电器<br>5. 点火单元<br>6. 净化截断电磁阀<br>7. 进气控制电磁阀<br>8. 发电机<br>9. 旁通控制电磁阀 |

⑤净化截断电磁阀(Purge Cut Off Solenoid Valve)　当冷却水温低于 75 ℃时,ECU 给净化截止电磁阀供电,以切断到净化控制膜片阀的真空。停止活性炭罐中汽油蒸气进入进气管。

⑥进气控制电磁阀(Intake Control Solenoid Valve)　当发动机转速低于 3 500 r/min 时,ECU 使进气控制电磁阀搭铁,电磁阀开启将进气歧管真空通入进气控制膜片阀,以减少进气量。

⑦废气再循环(EGR)控制电磁阀(EGR Control Solenoid Valve)　当 EGR 系统需要对 $NO_x$ 的排放进行控制时,ECU 使 EGR 电磁阀通电,以调节进入 EGR 阀的真空,从而控制参与废气再循环的数量。

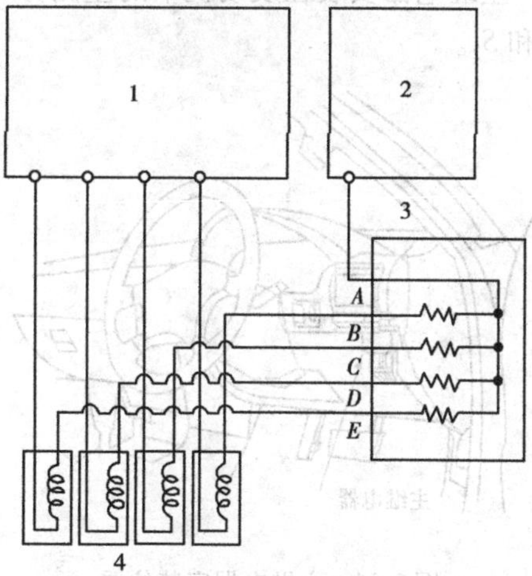


图 9-55　喷油器电阻

1—ECU　2—主继电器　3—喷油器电阻　4—喷油器

⑧发电机控制　ECU 根据电气负荷和驱动状态控制交流发电机发出的电压,以减少发电机负载,从而提高燃油经济性。

⑨旁通控制电磁阀(Bypass Control Solenoid Valve 简称 BCSV)　当发动机转速低于 5 000 r/min 时,ECU 发出信号启动 BCSV,吸入空气流经一个长的路径,于是发动机输出高的扭矩。在转速高于 5 000 r/min时,ECU 切断电磁阀,吸入空气流经一个短的路径,以减少进气阻力。

(5)后备功能(Back-up)

①故障-保险功能(Fail-Safe Function)

当从传感器产生不正常的信号时,ECU 不管那个信号而采取一个储存在 ROM 的预定值,以允许发动机继续工作。但 ECU 要点亮故障指示灯,以告知驾驶员 EFI 系统出现了故障。

②后备功能(Back-Up Function)

当 ECU 本身发生故障时,喷油器、点火器、燃油泵由后备的独立电路进行控制,以允许汽车以最低速度行驶。

③自诊断功能(Self-Diagnosis Function)

当从传感器产生不正常信号时,ECU 点亮故障指示灯并将故障代码储存在 RAM 中以备读出。当点火开关开始接通后,ECU 给故障指示灯供电 2 s,以确认灯泡是否完好。

### 9.3.2 HONDA-ACCORD 汽车 EFI 系统的工作原理

1. 燃油供给系统(Fuel Supplies System)

燃油供给系统由燃油箱、燃油泵、主继电器、燃油滤清器、压力调节器,喷油器和喷油器电阻组成。

燃油泵将燃油输送经燃油滤清器和压力调节器调压后供给喷油器。当发动机停转时,截断燃油供给。

燃油箱、燃油滤清器、压力调节器、喷油器的构造及工作原理,这里不再重复,在此补充说明两点。

(1)喷油器电阻(Injector Resistor)

喷油器电阻用以降低喷油器线圈的电流,以防止损坏线圈,同时使喷油器响应的速度加快。喷油器电阻的阻值为 5 ~7 Ω,因此,可以测量 $A$ 端与 $B$、$D$、$C$、$E$ 各端的电阻值,以判定喷油器电阻有无故障。

(2)主继电器(Main Relay)

主继电器安装在发动机罩的左侧,如图 9-56 所示。主继电器实际上包含两个单个继电器 $S_1$ 和 $S_2$。

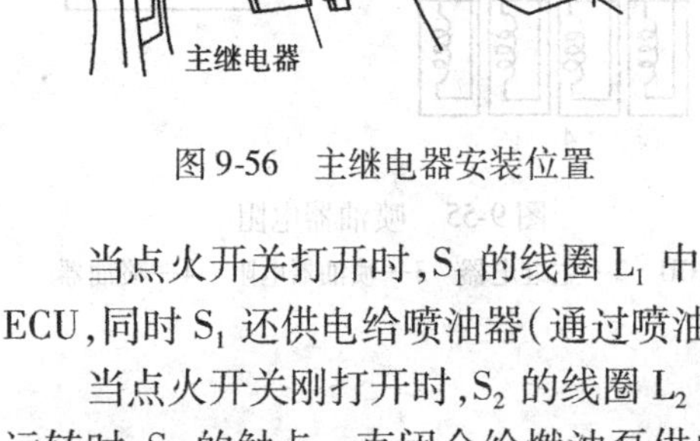

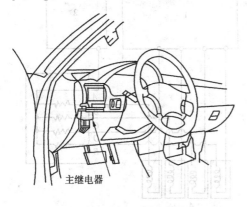


图 9-56 主继电器安装位置

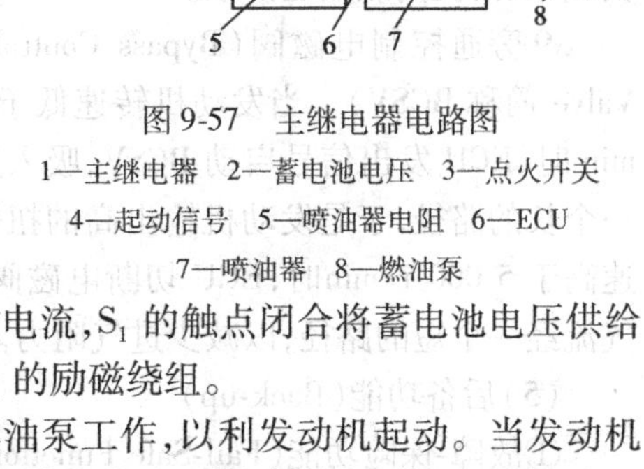


图 9-57 主继电器电路图

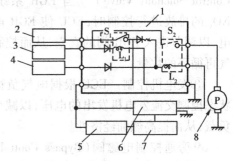

1—主继电器 2—蓄电池电压 3—点火开关 4—起动信号 5—喷油器电阻 6—ECU 7—喷油器 8—燃油泵

当点火开关打开时,$S_1$ 的线圈 $L_1$ 中随时都有励磁电流,$S_1$ 的触点闭合将蓄电池电压供给 ECU,同时 $S_1$ 还供电给喷油器(通过喷油器电阻)和 $S_2$ 的励磁绕组。

当点火开关刚打开时,$S_2$ 的线圈 $L_2$ 激磁 2 s,使燃油泵工作,以利发动机起动。当发动机运转时,$S_2$ 的触点一直闭合给燃油泵供电,若发动机停转而点火开关仍接通时,ECU 断开 $L_2$ 的搭铁电路,$S_2$ 触点分离,停止给燃油泵供电。

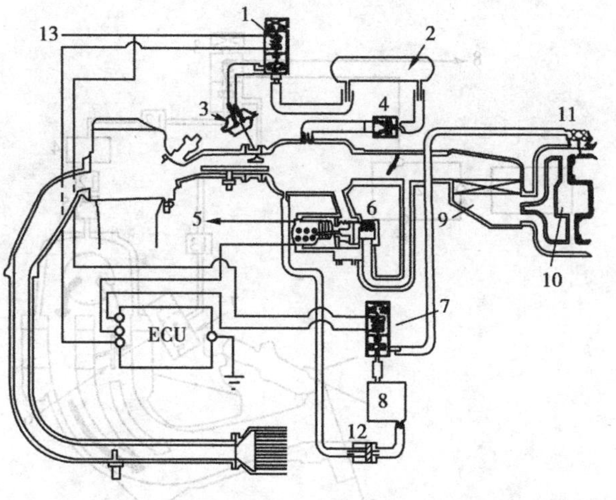


图 9-58　进气系统图

1—旁通控制电磁阀　2—空气室　3—旁通控制膜片阀　4—单向阀　5—接主继电器　6—EACV 阀　7—进气控制电磁阀　8—空气室　9—空气滤清器　10—谐振器　11—进气控制膜片阀　12—单向阀　13—到 2 号保险丝

2. 进气系统(Air Intake System)

进气系统供给发动机所有需要的空气。它由进气管、节气门体、电控空气控制阀(EACV)、旁通控制系统和进气歧管组成,如图 9-58 所示。

进气管内的谐振腔 10,当吸入空气时提供一个附加的消音作用,以减少进气噪声。

(1)节气门体(Throttle Body)

节气门体是一个单筒、平吸式阀体,节气门体下部由汽缸盖的冷却液加热。一边连接怠速调节螺钉,用以增加/减少旁通空气量;另一边连接节气门位置传感器,该传感器采用第二章所述电位器式节气门位置传感器。净化通气口固定在节气门的顶部,燃油箱汽油蒸气经滤毒罐后从此口进入气缸燃烧,如图 9-59 所示。

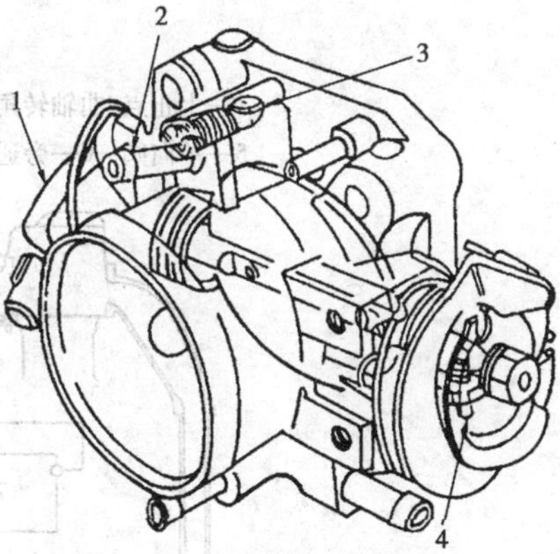


图 9-59　节气门体

1—节气门位置传感器　2—滤毒罐通气口　3—怠速调节螺钉　4—节气门限位螺钉

(2)旁通控制系统(Bypass Control System)

旁通控制系统有两条进气通路供给进气歧管,允许对给定的发动机转速选择一条最有利的进气路径,以达到满意的动力特性。当发动机转速低于 4 700 r/min 时,旁通阀关闭,得到低转速大扭矩性能,相反,在发动机转速高于 4 700 r/min 时,旁通控制电磁阀关闭,切断旁通控制膜片阀的真空,旁通阀在弹簧作用下处于开启位置,此时得到高转速和高功率,如图 9-60 所示。

(3)进气控制系统(Intake Control System)

进气控制系统如图 9-61 所示,进气控制系统用以降低空气吸入噪声。当发动机转速低于 3 500 r/min 时,ECU 供电给进气控制电磁阀,将进气歧管的真空送入进气控制膜片阀,以关闭一侧进气通路。

(4)空气增加阀(Air Boost Valve)

当启动发动机时,空气增加阀供给附加空气到进气歧管使发动机易于起动。空气增加阀

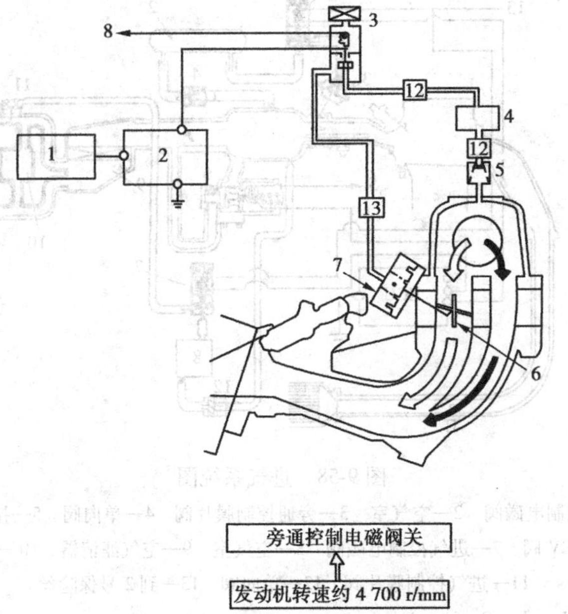


图 9-60　旁通控制系统

1—上止点/曲轴转角传感器　2—ECU　3—旁通控制电磁阀　4—真空室
5—单向阀　6—旁通阀　7—旁通控制膜片阀　8—到 2 号保险丝

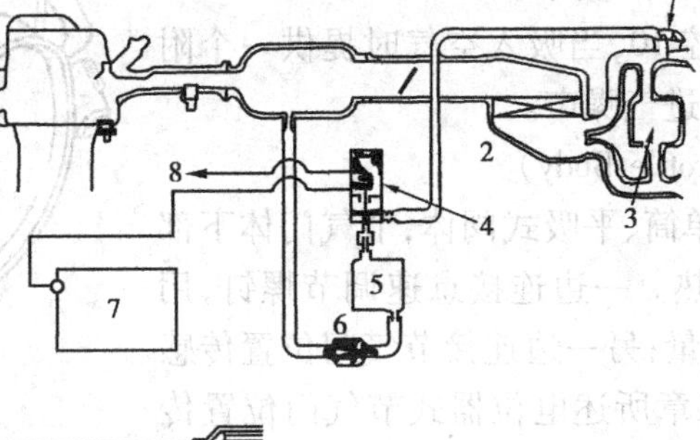


图 9-61　进气控制系统

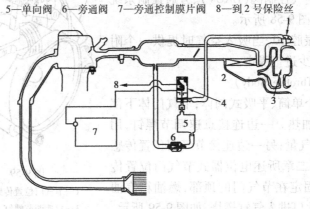

1—进气控制膜片阀　2—空气滤清器　3—谐振室　4—进气控制电磁阀
5—空气室　6—单向阀　7—ECU　8—到 2 号保险丝

的构造如图 9-62 所示。

(5)怠速控制系统(Idle Control System)

怠速控制系统用于发动机各种情况下的怠速控制，主要由三个子系统组成，如图 9-63 所示。

1)怠速调节螺钉(Idle Adjusting Screw)　怠速调节螺钉，用以调节当节气门关闭时调节旁通孔进入的空气量，与喷油器联合作用，以维持发动机基本的怠速转速。

2)快怠速阀(Fast Idle Valve)　如图 9-64 所示。当发动机暖机时，由于发动机冷却水温较低，石蜡收缩，旁通阀打开，附加空气从旁通阀进入进气歧管，于是发动机怠速转速较高。当发动机达正常温度时，石蜡膨胀，旁通阀关闭，减少空气进入进气歧管，维持正常的怠速。

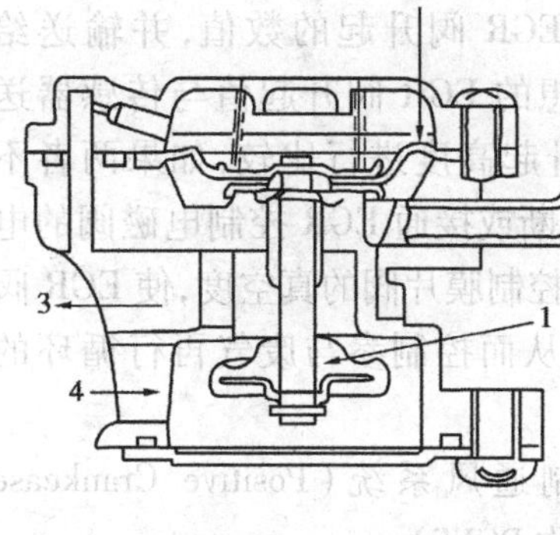


图 9-62　空气增加阀

1—阀门　2—膜片　3—到进气歧管

4—从空气滤清器来的附加空气

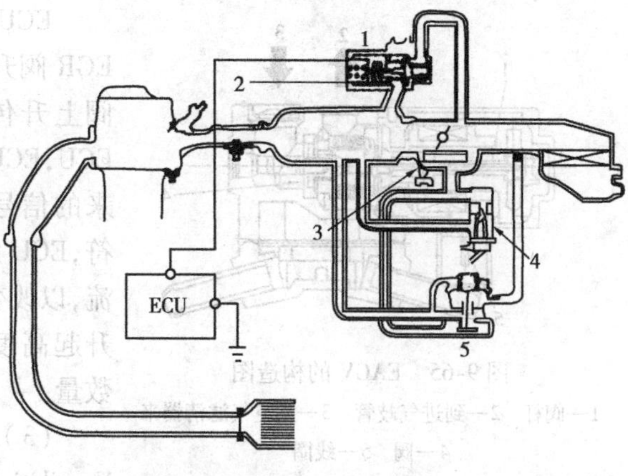


图 9-63　怠速控制系统

1—EACV 阀　2—接主继电器　3—怠速调节螺钉

4—快怠速阀　5—空气增加阀

3）电子空气控制阀（Electronic Air Control Valve 简称 EACV）　EACV 用于控制发动机怠速转速，它根据 ECU 送来的控制电流大小，改变由 EACV 进入进气歧管的空气量，以维持适当的怠速转速。

EACV 的结构如图 9-65 所示。

ECU 主要由以下传感器信号来控制 EACV 的电流，从而维持适当的怠速。

①空调开关信号。当空调开启时，需维持较高的怠速，为此，ECU 送电给 EACV 线圈，EACV 阀开启，以增加进气量。

②发电机负荷信号。当发电机负荷增加时，需提高怠速转速。

③变速器挡位信号。

④启动发动机信号。

⑤动力转向负荷信号。

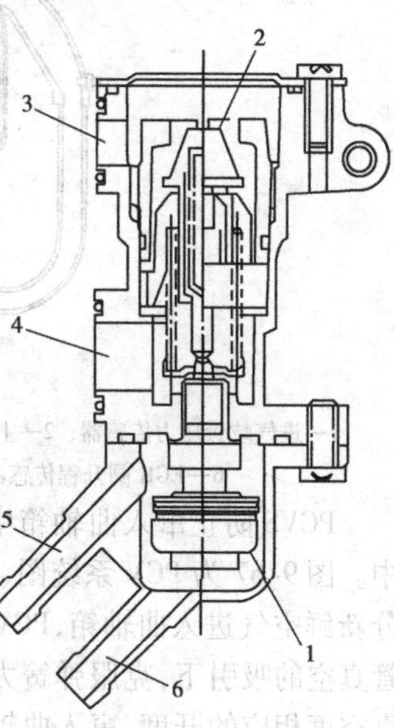


图 9-64　快怠速阀

1—石蜡　2—空气旁通阀

3—空气出口　4—空气入口

5—冷却水入口　6—冷却水出口

3. 排放控制系统（Emission Control System）

EFI 系统的主要任务之一就是降低汽车的排放污染。本田-雅阁有一套较为完善的排放控制系统，它包括三元催化转换器和热氧传感器组成的闭环控制系统、废气再循环系统、曲轴箱强制通风系统、燃油箱汽油蒸气控制系统。

（1）三元催化转换器（3-Way Catalytic Converter）

三元催化转换器用于将废气中的 HC、CO、$NO_x$ 转化为 $CO_2$、$N_2$ 和水蒸气（$H_2O$），它必须与热氧传感器联合工作，形成闭环控制系统，才能充分发挥 HC、CO 和 $NO_x$ 的转换效率。

（2）废气再循环系统〔Exhaust Gas Recirculation（EGR）System〕

EGR 系统为减少废气中 $NO_x$ 的含量。由于废气通过 EGR 阀经进气歧管进入燃烧室，以降低燃烧温度，从而减少 $NO_x$ 的排放。

该系统由 EGR 阀、CVC 阀、EGR 控制电磁阀、ECU 和各种传感器组成，如图 9-66 所示。

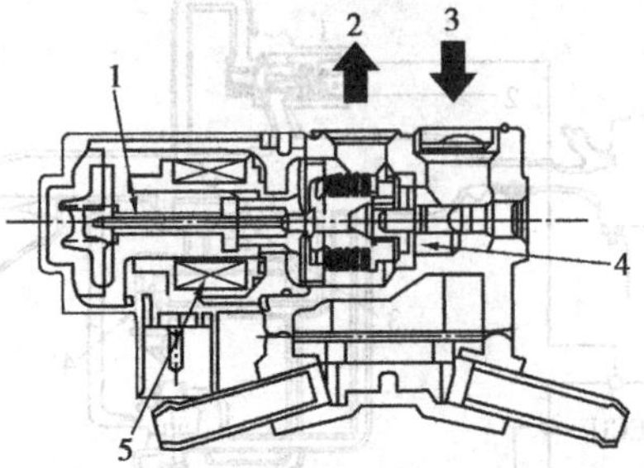

图 9-65　EACV 的构造图
1—阀杆　2—到进气歧管　3—从空气滤清器来
4—阀　5—线圈

ECU 的 ROM 中储存有各种运行条件下理想的 EGR 阀升起高度，即参与废气再循环的废气量，EGR 阀上升传感器检测 EGR 阀升起的数值，并输送给 ECU，ECU 于是把理想的 EGR 阀升起值与传感器送来的信号所确定的升起高度进行比较，如果两者不符，ECU 发出指令，截断或接通 EGR 控制电磁阀的电流，以改变供给 EGR 控制膜片阀的真空度，使 EGR 阀升起高度达理想值，从而控制参与废气再行循环的数量。

(3) 曲轴箱强制通风系统（Positive Crankcase Ventilation System 简称 PCVS）

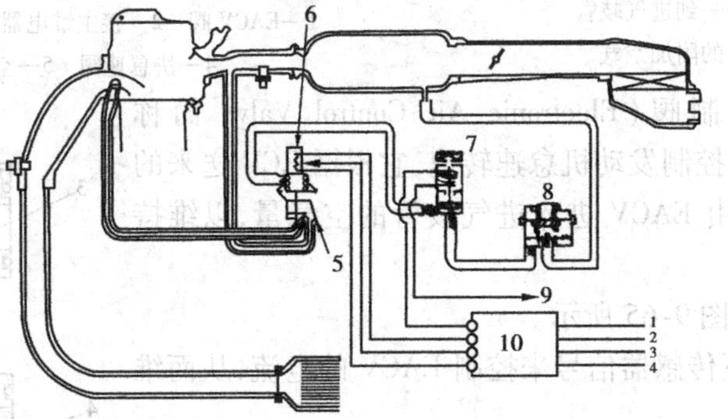

图 9-66　EGR 系统
1—进气歧管压力传感器　2—上止点/曲轴/汽缸传感器　3—节气门转角传感器　4—水温传感器　5—EGR 阀
6—EGR 阀升程传感器　7—EGR 控制电磁阀　8—CVC 阀　9—到 2 号保险丝　10—ECU

PCVS 防止窜入曲轴箱中的 HC 泄漏到大气中。图 9-67 为 PCV 系统图，当发动机运行时，部分新鲜空气进入曲轴箱，PCV 阀的柱塞在进气歧管真空的吸引下，克服弹簧力而开启与进气歧管真空度相应的开度，窜入曲轴箱中的气体便直接经进气歧管进入燃烧室燃烧。

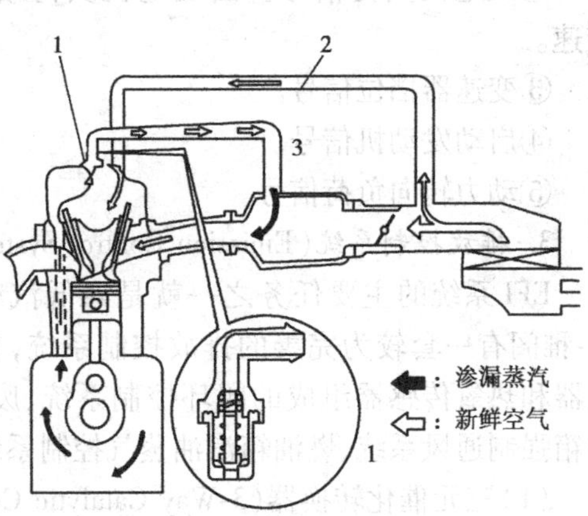

图 9-67　PCV 系统图
1—PCV 阀　2—吸气软管　3—PCV 软管

(4) 汽油蒸气排放控制系统〔Evaporative Emission Control (EEC) System〕

EEC 系统使燃油蒸气泄漏到大气的量减少。系统组成如图 9-68 所示，它由下列三个部分组成。活性炭罐、蒸气净化控制系统和燃油箱蒸气控制系统。其工作原理如下：

当燃油箱里的燃油蒸气压力超过两通阀设置的压力时，两通阀打开，调节流入活性炭罐的燃油蒸气，活性炭吸附汽油蒸气暂时储存，以防止泄漏入大气。

当发动机起动后，冷却水温高于 75 ℃时，ECU 向净化载断电磁阀供电，关断净化控制膜

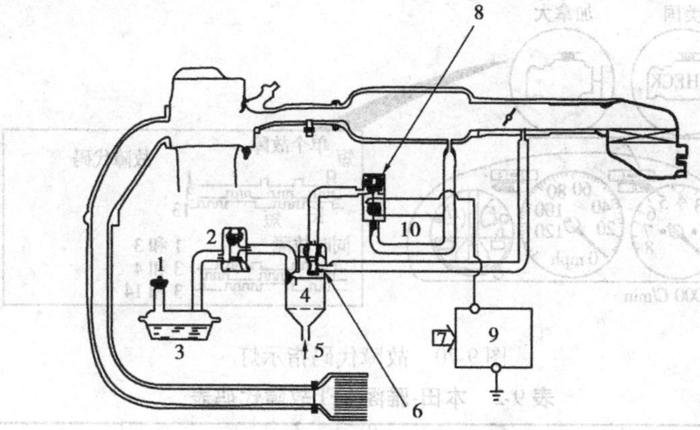


图 9-68　EEC 系统图

1—燃油滤清器　2—两通阀　3—燃油箱　4—活性炭罐　5—新鲜空气　6—净化控制膜片阀

7—传感器信号　8—净化截断电磁阀　9—ECU　10—到 2 号保险丝

片阀的真空通路，于是从空气滤清器来的新鲜空气通过膜片阀将燃油蒸气送入节气门体入口进入气缸烧掉。

### 9.3.3　HONDA-ACCORD 故障诊断与调节

由于 EFI 系统的复杂性，需要有 EFI 系统故障的自我诊断能力，又由于 EFI 系统本身有微机管理系统，使这种需要成为可能，故本田-雅阁汽车与其他电控汽油喷射汽车一样，具有 EFI 系统故障的自我诊断功能。

1. 自诊断步骤(Self-Diagnostic Procedures)

当 EFI 系统发生故障时，位于仪表板上的发动机故障指示灯点亮，此时应进行下列操作：

(1)用导线跨接维修检测接头的两个脚

如图 9-69 所示，维修检测接头位于前乘员一侧地板上，然后打开点火开关。

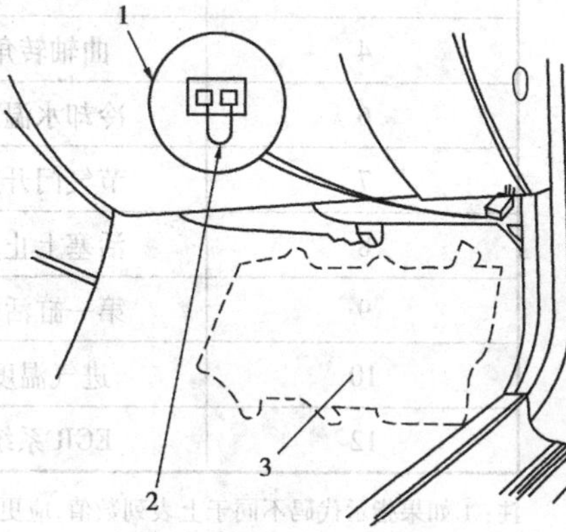


图 9-69　维修检测接头

1—维修检测接头　2—跨接跳线　3—ECU

(2)记录故障代码

发动机检测灯(即仪表板上故障指示灯)，用灯光闪烁的长短和次数，来指示故障代码值。短的闪烁次数代表故障代码的个位数，长的闪烁次数代表十位数，如图 9-70 所示。

(3)查故障代码表，以便进一步寻找故障

目前，世界各汽车生产厂家故障代码的指示方法及其含义各不相同，因此，必须按各生产厂家的维修手册去读故障代码并查该故障代码所指示的故障系统。表 9-2 为本田-雅阁的故障代码表。

当已读出故障代码后，为了进一步寻找故障之所在，本田-雅阁配有专用检测线束，将其接到 ECU 上(ECU 在前乘员地板上)，其终端单元地址与 ECU 的连线是一一对应的，故可用数字式万用表直接在维修检测线束的终端上，检测各传感器或执行元件电路，进行故障诊断，如图 9-71 所示。

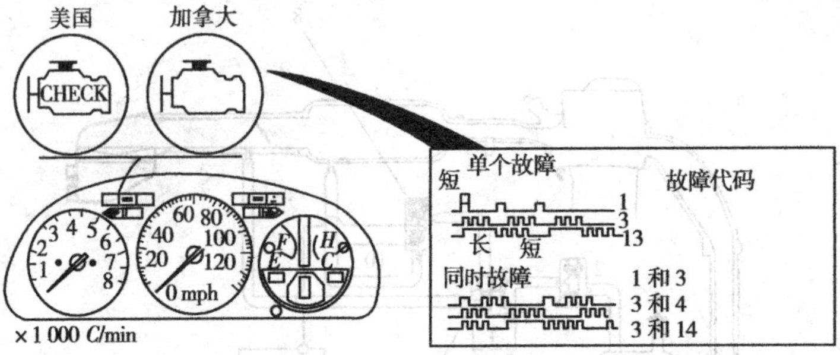


图 9-70　故障代码指示灯

**表 9-2　本田-雅阁 EFI 故障代码表**

| 故障代码 | 指示系统 | 故障代码 | 指示系统 |
|---|---|---|---|
| 0 | ECU | 13 | 大气压力 |
| 1 | 氧含量 | 14 | 电子空气控制 |
| 3 | 进气歧管绝对压力 | 15 | 点火输出信号 |
| 5 | | 16 | 燃油喷油器 |
| 4 | 曲轴转角 | 17 | 车速传感器 |
| 6 | 冷却水温度 | 20 | 电气负荷检测器 |
| 7 | 节气门开度 | 30 | A/TF1 信号 *A* |
| 8 | 活塞上止点 | 31 | A/TF1 信号 *B* |
| 9 | 第一缸活塞 | 41 | 热氧传感器 |
| 10 | 进气温度 | 43 | 燃油供给系统 |
| 12 | EGR 系统 | | |

注：①如果指示代码不同于上表列数值，应更换 ECU；

②发动机检测灯亮，可指示一系列问题，实际上，当电路连接不良或断续接触，指示灯也亮，故应首先检查各导线连接及接头连接情况；

③在 A/TF1 信号和电气负荷检测电路中有故障时，发动机检测灯（故障指示灯）不亮，但是当维修检测接头跨接时，它将指示代码。

(4) ECU 复原

故障排除后，应关断点火开关，拆除跨接导线，并将 ECU 复原（清零），因为故障代码是储存在 ECU 的 RAM 中，故只需切断 ECU 的电源电路，即可擦除故障代码，如图 9-72 所示，从发动机罩下的保险丝/继电器盒中，将图示保险丝的撑背（Back-Up）拔下 10 s 即可。注意，不要用拔蓄电池极桩电缆线来切断电源，因为这样会使设置的时钟、无线电收音等信息均被清除。

2. 故障诊断示例

读取故障代码后，就不难根据维修手册上提供的故障诊断步骤，利用数字式万用表、真空表、压力表、示波器等逐步查找出故障，然后根据情况进行修理或更换。

现以燃油供给系统的故障诊断为例。

(1) 燃油供给系统故障诊断指南

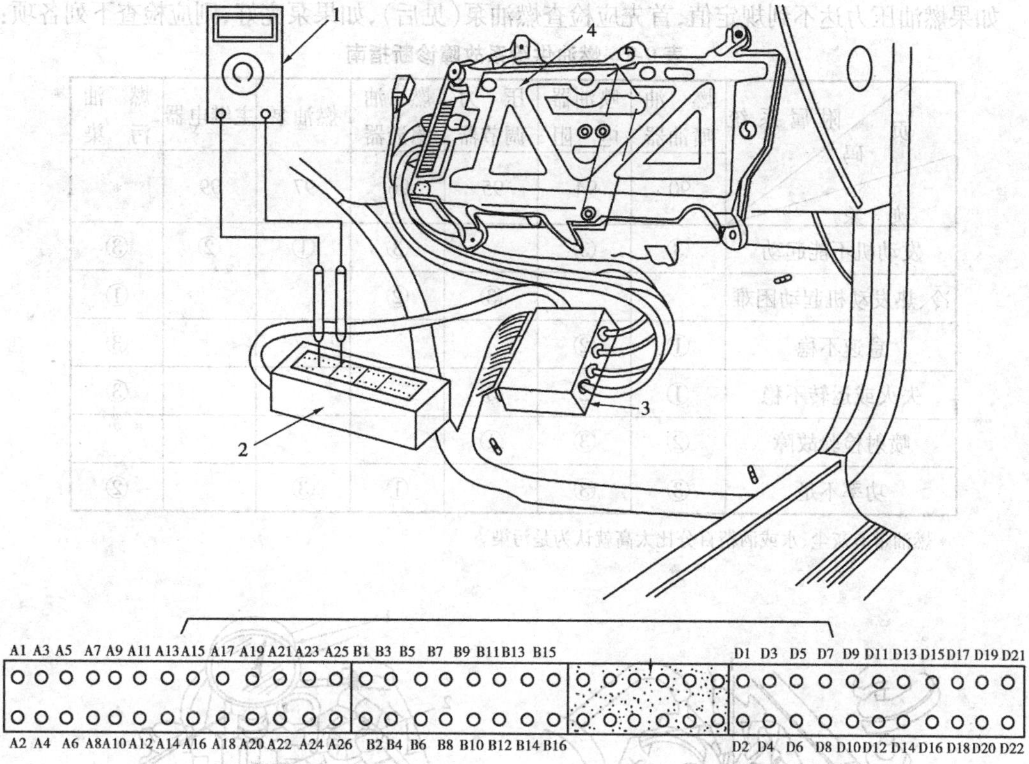


图 9-71　维修检测线束

1—数字式万用表　2—检测端子　3—检测线束　4—ECU

表 9-3 为故障诊断指南，表中每一行，系统将最可能的迹象按序分等，我们应从带①的开始检查，从左边一列找到故障迹象，读最可能出现的原因，然后看该列顶上列出的页码，按该页提示的步骤进行检查，如果检查表明该系统完好，再试从下一个最可能的②去查找，以此类推，直到找出故障为止。

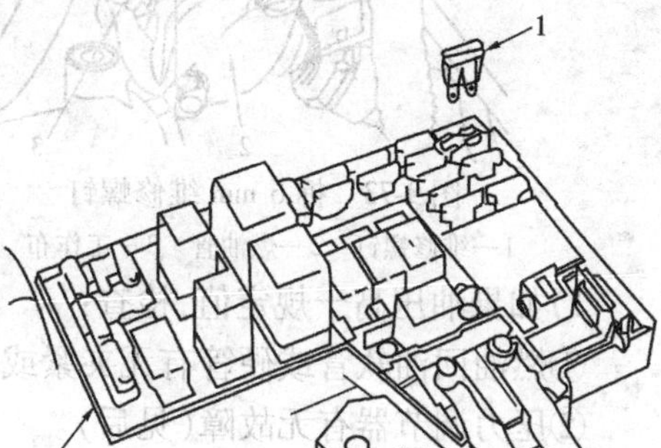


图 9-72　ECU 复原示意图

1—保险丝撑背　2—保险丝/继电器盒

(2)燃油压力检查

在进行燃油压力检查时，应注意以下几点：

1)工作中不能吸烟，工作地应远离火源；

2)在拆开燃油管或软管之前，应松开燃油管上 6 mm 维修螺钉，以释放燃油系统压力；

3)从蓄电池负极拆下电缆；

4)放置一块碎布盖在 6 mm 维修螺钉上，如图 9-73 所示；

5)当拆卸或拧紧维修螺钉时，应用另一扳手稳住专用螺钉；

6)无论什么时候拆开螺钉解体时，应更换所有的垫圈。

燃油压力表可以连接在 6 mm 维修螺钉孔上，如图 9-74 所示。然后启动发动机，在怠速运转并拆下压力调节器的真空软管下，测量燃油压力应为 274 ~ 323 kPa(2.8 ~ 3.3 kg/$cm^2$)，将真空软管重新连接到压力调节器上时，燃油压力应为 216 ~ 265 kPa(2.2 ~ 2.7 kg/$cm^2$)。

如果燃油压力达不到规定值,首先应检查燃油泵(见后),如果泵完好,则应检查下列各项:

表 9-3　燃油供给系故障诊断指南

| 页码 / 附属系统 / 迹象 | 燃油喷油器 | 喷油器电阻 | 压力调节器 | 燃油滤清器 | 燃油泵 | 主继电器 | 燃油污染 |
|---|---|---|---|---|---|---|---|
| | 90 | 94 | 95 | 96 | 97 | 99 | * |
| 发动机不能起动 | ③ | ③ | | ③ | ① | ② | ③ |
| 冷、热发动机起动困难 | | | ③ | ② | | | ① |
| 怠速不稳 | ① | ② | | | | | ③ |
| 失火或运转不稳 | ① | ② | ③ | | | | ③ |
| 喷射检验故障 | ② | ③ | ① | | | | |
| 功率不足 | ③ | ③ | | ① | ③ | | ② |

* 燃油带有灰尘、水或酒精百分比太高就认为是污染。

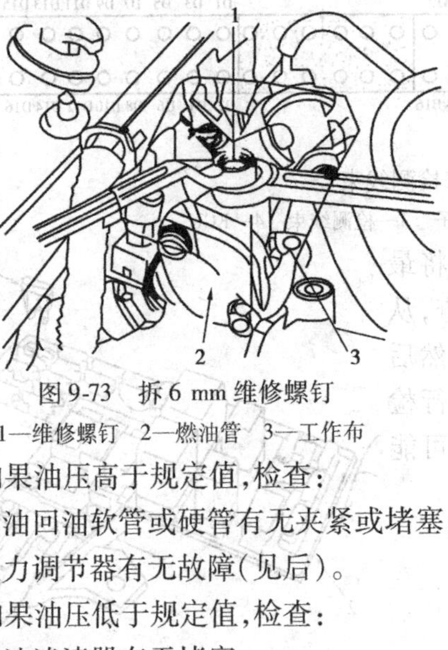

图 9-73　拆 6 mm 维修螺钉

1—维修螺钉　2—燃油管　3—工作布

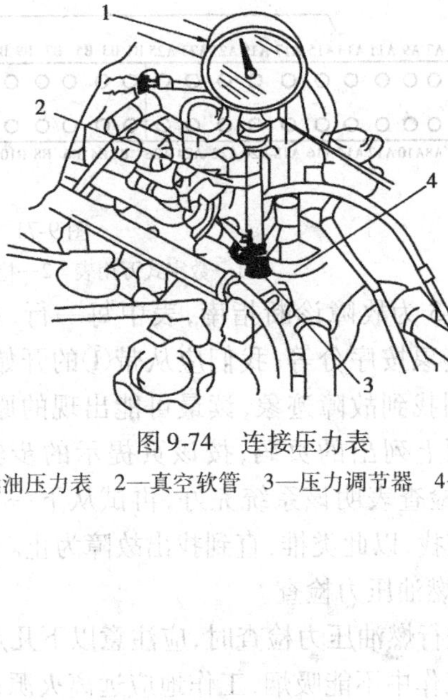

图 9-74　连接压力表

1—燃油压力表　2—真空软管　3—压力调节器　4—回油软管

1)如果油压高于规定值,检查:

①燃油回油软管或硬管有无夹紧或堵塞;

②压力调节器有无故障(见后)。

2)如果油压低于规定值,检查:

①燃油滤清器有无堵塞;

②燃油管有无破裂;

③压力调节器有无故障(见后)。

(3)喷油器故障诊断流程

若自诊断发动机检测灯指示故障代码 16,则喷油器电路有问题。此时可按如下流程进行故障诊断:

(4)燃油泵故障诊断

本田-雅阁汽车燃油箱位于后排乘员座椅下面,燃油泵为叶轮式燃油泵,它由主继电器控制,当怀疑燃油泵有问题时,可检查燃油泵实际运转,它工作时,你将耳朵靠近燃油加入口,将加油口盖拆开，你将听到某种噪声，当第一次打开点火开关后燃油泵应该转动 2 s，如果未产生转动噪声，则应检查下列各项：

喷油器故障诊断流程图

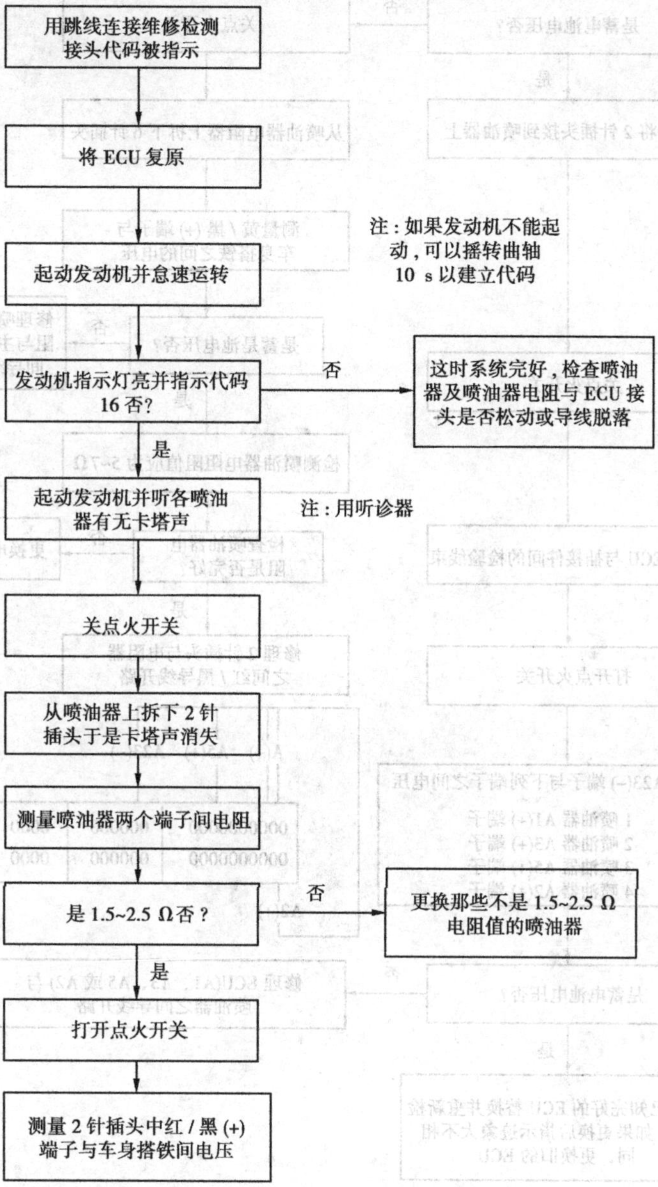

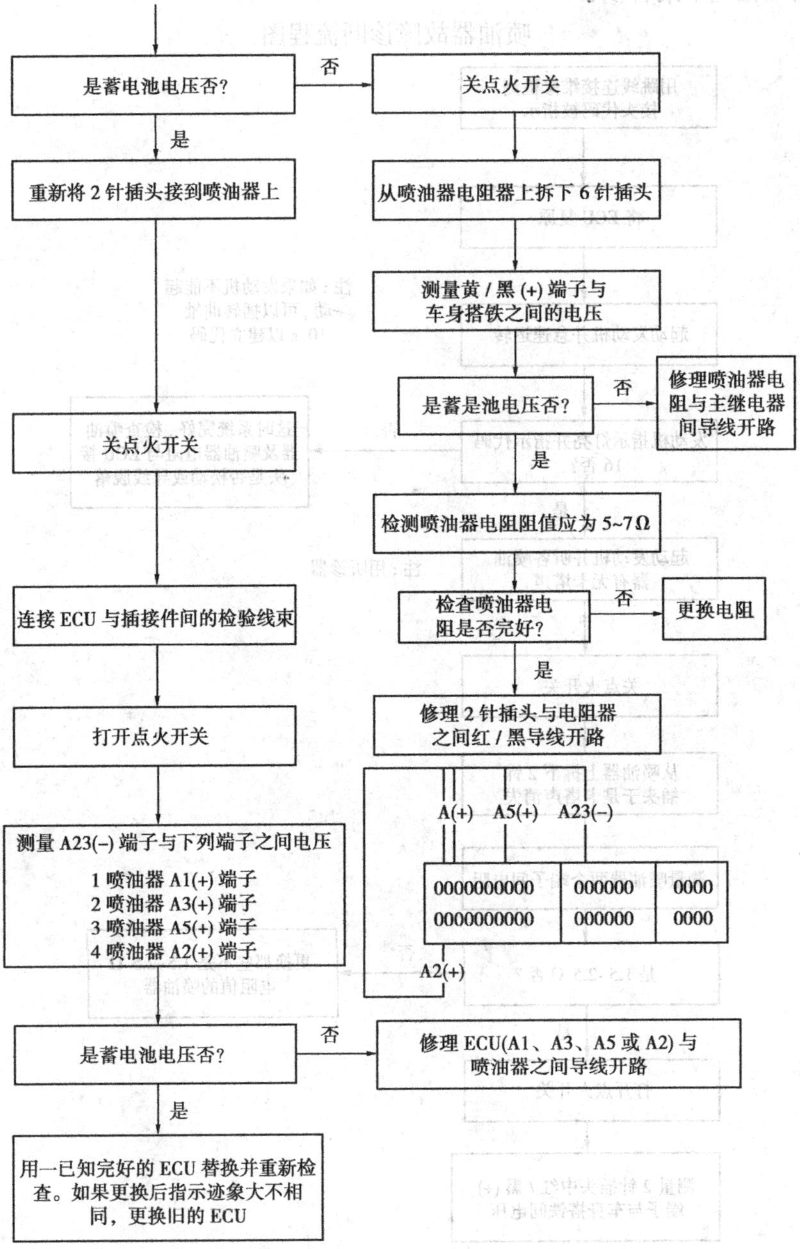


1)拆开后座；

2)从干线上拆开 3 针插头,如图 9-75 所示,注意在拆开导线之前必须关闭点火开关,拆开巡航控制单元；

3)拆开主继电器插头,并用跳线跨接黑/黄⑤号导线与黄⑦号导线端子(见图 9-76)；

4)打开点火开关,检查燃油泵插座上有无蓄电池电压〔黄线(+),车身搭铁为(-)〕(见图 3-25)；

①如果可得到蓄电池电压,则燃油泵损坏,应更换；

②如果没有电压,则检查主继电器和线束。

(5)压力调节器故障诊断

当喷油压力过低或过高时,应检查压力调节器有无故障,为此,将压力表连接到燃油管维修螺钉孔上(如图 9-73 所示)。

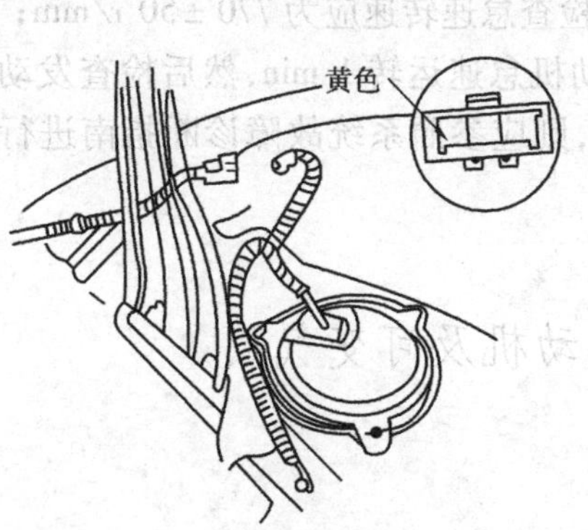


图 9-75　燃油泵 3 针插头

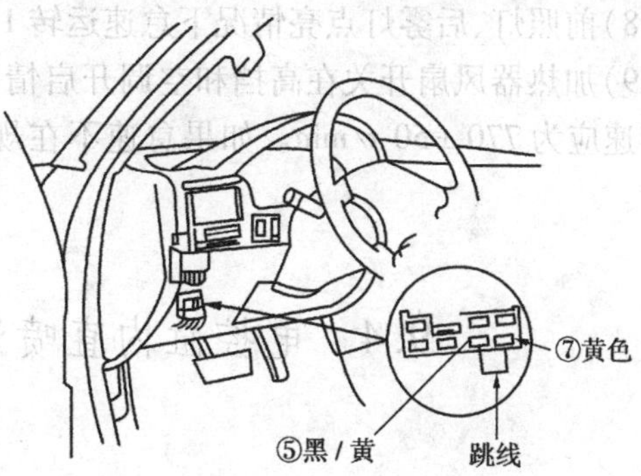


图 9-76　主继电器跨接跳线

1)启动发动机并怠速运转,当拆开真空软管连接时,压力应为 274 ~ 323 kPa;

2)重新连接真空软管到压力调节器上,此时压力应为 216 ~ 265 kPa(2.2 ~ 2.7 $kg/cm^2$);

3)当再次从调节器上拆下真空软管时,检查燃油压力上升情况;

①如果不能上升,可将回油软管轻轻夹紧;

②如果燃油压力仍不上升,则压力调节器损坏,应予更换。

3. 怠速调节(Idl Speed Setting)

怠速检查与调节步骤如下:

1)拉起手制动杠杆,启动发动机并暖至正常温度(冷却风扇开始运转);

2)接上发动机转速表;

3)从 EACV 上拆下 2 针插头,如图 9-77 所示;

4)检查前照灯、送风扇、后雾灯、冷却风扇和空调均未运转和开启的无负荷条件下的怠速应为 550 ± 50 r/min,如果需要,应如图 9-78 所示用解刀转动怠速调节螺钉进行调整。

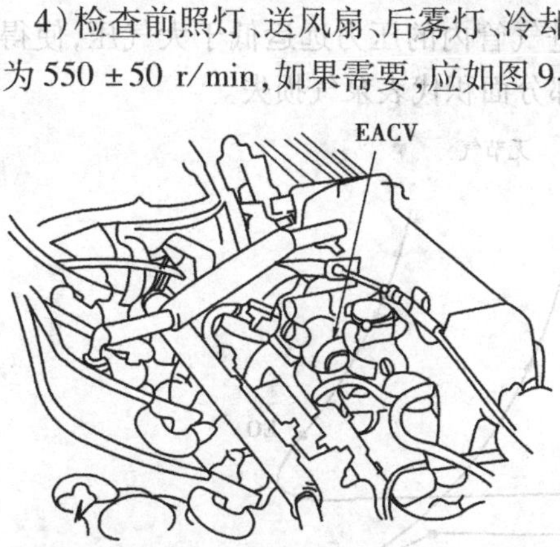


图 9-77　EACV 阀 2 针插头

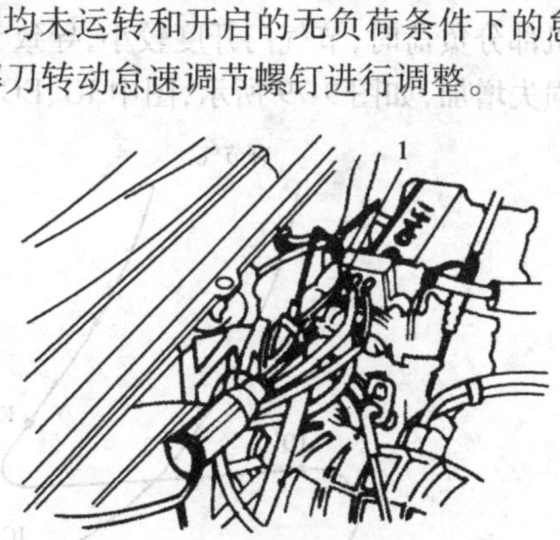


图 9-78　怠速调节

1—怠速调节螺钉

5)关闭点火开关;

6)重新连接2针插头到EACV上,然后拆下护罩下保险丝/继电器盒中保险丝撑背10 s,使ECU复原;

7)重新启动发动机,在前照灯、送风扇、后雾灯、冷却风扇和空调均未工作的无负荷条件下怠速运转1 min,然后重新检查怠速,其转速应为700±50 r/min;

8)前照灯、后雾灯点亮情况下怠速运转1 min,并检查怠速转速应为770±50 r/min;

9)加热器风扇开关在高挡和空调开启情况下发动机怠速运转1 min,然后检查发动机怠速转速应为770±50 r/min。如果怠速不在规定范围,则应参照系统故障诊断指南进行故障诊断。

## 9.4 电控缸内直喷汽油发动机及可变气门

### 9.4.1 电控缸内直喷汽油发动机

电控缸内直喷汽油发动机是汽油机的重大创新,它充分吸取了柴油机的优点,采用缸内直喷后,发动机吸入的只是新鲜空气而不是可燃混合气,因此,可采用增压技术、大幅度提高压缩比(达11~12)、分层稀薄燃烧技术,从而提高了汽油机的热效率。其喷油时刻及喷油量的控制,点火时刻及点火能量的控制与缸外喷射汽油发动机相似,关键技术是解决高压汽油喷射所带来的高压泵及喷油器的技术问题。因汽油粘度比柴油低,润滑性能差,故高压油泵及喷油器运动副的润滑及密封是其关键所在。日产公司已成功将缸内直喷汽油发动机批量应用于轿车上。

### 9.4.2 电控可变气门

众所周知,汽油机的热效率比柴油机低很多,其主要原因除压缩比受可燃混合气爆燃的限制外,另一主要原因就是汽油机必须调节进入发动机的空气量多少来调节发动机负荷(量调节),而柴油机吸入的空气量基本上与发动机负荷无关(质调节),所以柴油机不需节气,而汽油机部分负荷时,节气门开度较小,导致节气门后面进气管内的压力远运低于大气压,使得泵气损失增加,如图9-79所示,图中IO、EC、IC点所围部分面积代表泵气损失。

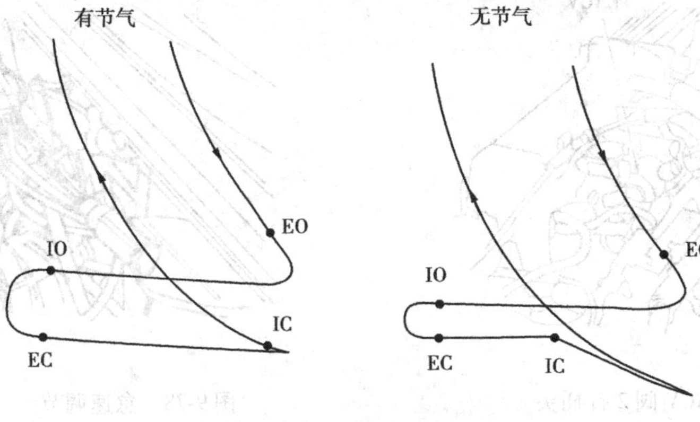


图9-79 发动机泵气损失

IO—进气门开 IC—进气门关 EO—排气门开 EC—排气门关

如何使汽油机的泵气损失减少到柴油机的水平,那就是提高节气门后面进气管内的空气压力,即在同样负荷下增大节气门的开度,甚至使节气门全开,这只有缸内直喷发动机才能做到,这也是它节能的主要原因之一。

另外,进、排气门开启和关闭时刻相对于曲轴转过的角度称为配气相位,它直接影响发动机的充气系数,从而影响发动机功率。在传统发动机中,配气相位调定之后,在发动机整个工作过程中是不能改变的,这样,最佳配气相位若满足低转速范围则在高转速范围就不是最佳的,反之亦然。为解决此矛盾,将配气相位做成可根据发动机转速变化而改变的气门,即可调气门。

气门控制技术按控制对象可分:①可变气门定时 VVT(Variable Valve Timing);②可变气门升程 VVL(Variable Valave Lift);③两者兼有的称为可变气门执行器 VVA(Variable Valve Actuator)。按气门控制技术是否依赖于凸轮轴可分:①带凸轮轴;②不带凸轮轴。按其所配置的发动机可分:①带节气门;②不带节气门。

图 9-80　摆转式凸轮轴无级调节装置

### 9.4.3　汽油机可变气门定时控制(VVT)

这类系统只是将气门升程曲线在时间轴上作一个整体的移动,却不改变气门升程本身,即只改变配气相位。从 20 世纪 80 年代以来,已经研制了三代凸轮轴相位调节系统,图 9-80 为最新一代凸轮轴调节装置,是德国 Hydraulik—Ring 公司按摆转式原理设计的系统,称 Vane CAM。

在调节器内部有一个可逆式转子,转子与凸轮轴连接在一起,调节器外部通过链条或齿皮带驱动,内部和外部之间通过机油腔耦合,机油腔内充斥着由发动机机油系统提供压力的机油,包容着可以摆转的转子,通过改变转子叶片两个侧面上的机油压力使凸轮轴相对于曲轴转动,从而改变配气相位角度。

### 9.4.4　汽油机无节气负荷的全可变控制气门(VVA)

1. 有凸轮轴的全可变控制气门

汽油机无节气负荷调节可以通过凸轮轴控制进气门开启截面积(进气门升程)和开启时间(进气门关闭时刻)来进行,BWM(宝马)公司的 VALVETRONIC(电子气门)就是这样一种系统,图 9-81 为其工作原理,它的凸轮轴上装有无级调节凸轮轴相位的系统,同时在辊子随动摆臂组中在气门驱动机构的基础上增添了可变气门升程的调节机构,它由一个新增的摇臂即中间摇臂及一根带偏心凸轮的附加偏心轴组成,中间摇臂围绕着支承点往返摆转,并借此通过辊子随动摇臂组件驱动气门,偏心轴的偏心凸轮可以调节中间摇臂的旋转中心,从而决定了中间摇臂工作曲线的哪一段跟辊子随动摇臂组件的辊子接触,进而决定气门升程。

偏心轴跟一个高灵敏度的转角传感器连在一起,并由一台电动机通过一个传动比为 51∶1 的蜗轮蜗杆机构传动,利用这种传动机构,气门升程可在 300 ms 内从怠速调节到全负荷。这

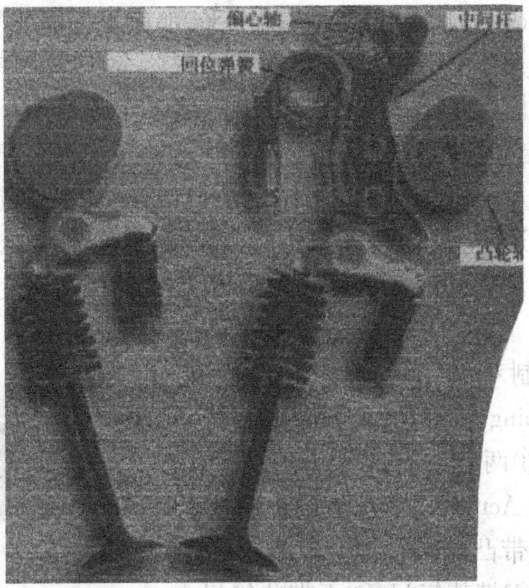


图 9-81　VALVETRONIC 工作原理

图 9-82　电磁气门（EMVT）

种系统已从 2001 年开始装在 BWM 公司的 3 系列轿车中推向市场，其节油效果约 12% 左右。

2. 无凸轮轴的全可变控制气门

带凸轮轴的无节气负荷调节系统机构复杂，制造及装配精度要求特别高，且无法独立地调节各缸气门定时，此外，还必须另设一个执行器，将电子控制单元的指令转换成机械动作，进而控制气门定时，如果让气门以电磁方式利用电力驱动，则执行机构就可以直接驱动气门，更便于实现电子控制，FEV 公司的 EMVT 系统是一种直接驱动气门的执行器，又称电磁气门，如图9-82所示。

采用 EMVT 系统控制气门定时，可以在任何时刻开启和关闭任何一个气门，气门开、闭过程瞬间完成，气门升程曲线大体上是一条水平直线，为了实现没有损失地达到所要求的功率调节，原则上可以采用各种不同的控制方法，一种比较方便的方法是“进气门早关”，即进气管中的压力保持在环境压力的水平，当进气冲程中气缸内吸入了要求的混合气质量时就关闭进气门，Siemens（西门子）公司 VDO 汽车公司供给 BWM 的电子气门，可以在 0.3 ~ 9.7 mm 范围内连续改变进气门升程，以适应怠速、加速、减速和全负荷等工况。电磁气门（EMVT）系统，消除凸轮轴、气门推杆、正时齿轮链和驱动气门的各种零部件而由电子控制的电磁铁所代替，能使气门在需要的任何时间单独或同时开启和关闭气门，它代表着汽油可变气门的发展方向。

## 思 考 题

1. 三元催化转换器有何作用？为什么它必须与氧传感器共同工作？

2. EGR 系统的目的何在？废气再循环量与哪些参数有关？

3. 燃油压力调节器有何作用？

4. 传感器输出的信号可分为哪几种？何种信号需经过 A/D 变换？

5. 试述热丝（热膜）式空气流量传感器的工作原理。

6. 何谓开环控制与闭环控制？一般 EFI 系统对哪些参数在何种情况下进行闭环控制？

7. 如何读取 HONDA-ACCORD 汽车 EFI 的故障代码？

8. 与汽化器式发动机相比，EFI 发动机有何优越性？

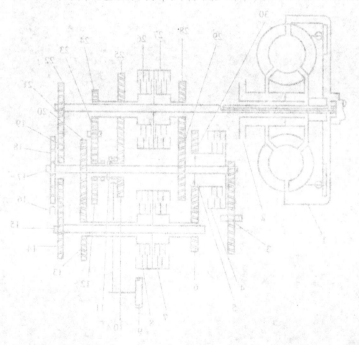

# 第 10 章　传动系统的电子控制

机械变速器以其传动效率高,成本低和易于制造而被广泛用于汽车,但这种汽车驾驶过程中换挡便成为驾驶员最频繁和最复杂的操纵之一。据国内外不完全统计,驾驶员每个工作班要换挡 2 000 ~ 3 000 次,很容易造成驾驶员疲劳,分散其注意力,从而降低了行驶安全性。

自动变速器的优异性能,已为各国汽车界公认。为此,各国都不遗余力地投入大量人力物力从事开发研究。除了装用液力变扭器的自动变速器外。80 年代又出现了纯机械式自动变速器。它由传统的机械式变速器加上微机控制实现自动操纵而成。

## 10.1　电控液力-机械式自动变速器

### 10.1.1　工作原理

图 10-1 为 HONDA-ACCORD(本田-雅阁)汽车自动变速器传动简图,液力变扭器后面的 4

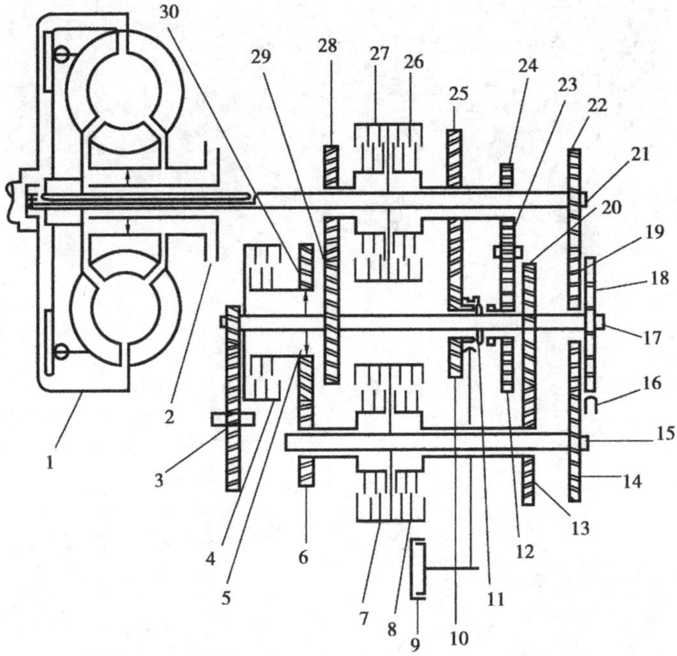


图 10-1　HONDA-ACCORD 汽车自动变速器传动图

1—液力变扭器　2—油泵来油　3—输出齿轮　4—1 挡离合器　5—单向离合器　6—二轴 1 挡齿轮　7—1 挡离合器　8—2 挡离合器　9—伺服阀　10—中间轴 4 挡齿轮　11—倒挡选择器　12—中间轴倒挡齿轮　13—二轴 2 挡齿轮　14—二轴惰轮　15—二轴　16—停车棘爪　17—中间轴　18—停车棘轮　19—中间轴惰轮　20—中间轴 2 挡齿轮　21—第一轴　22—一轴惰轮　23—倒挡惰轮　24—一轴倒挡齿轮　25—一轴 4 挡齿轮　26—4 挡离合器　27—3 挡离合器　28—一轴 3 挡齿轮　29—中间轴 3 挡齿轮　30—中间轴 1 挡齿轮

挡机械式变速器,由微机控制的电磁阀控制离合器的接合或分离,从而进行换挡控制。图10-2为其控制框图。

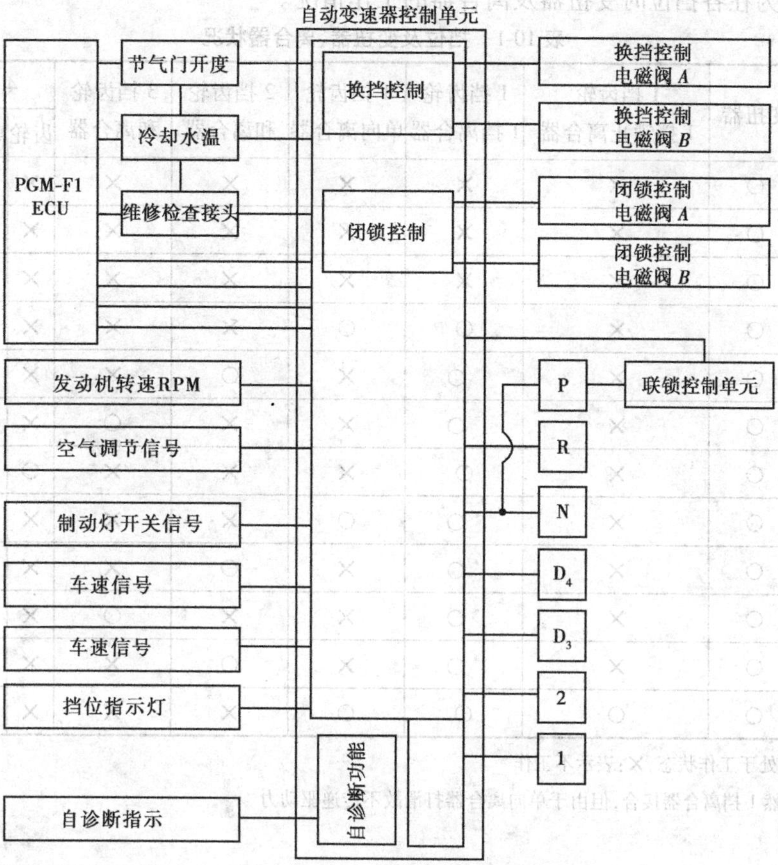


图 10-2　HONDA-ACCORD 汽车自动变速器控制框图

控制单元根据各传感器送来的信息经过处理对换挡控制电磁阀 A、B 及液力变扭器闭锁控制电磁阀 A,B 进行控制。该自动变速器驾驶员有 P、R、N、$D_4$、$D_3$、2、1 等 7 种选择功能;

P——驻车;前轮锁止;驻车棘爪与中间轴上的驻车棘轮啮合,所有离合器均松开处于分离状态。

R——倒车;倒挡选择器与中间轴上倒挡齿轮啮合。并且 4 挡离合器接合。

N——空挡:所有离合器松开。

$D_4$——常规驾驶:1 挡起步。根据汽车速度和节气门开度自动地换到 2 挡、3 挡,然后到 4 挡。减速时自动从 4 挡、3 挡、2 挡到 1 挡降挡,直至停车。在 $D_4$ 时,液力变扭器闭锁机构进入工作状态。

$D_3$——在高速公路上迅速加速和常规驾驶;1 挡起步,根据车速和节气门开度自动地换到 2 挡、3 挡。减速时自动地经 2 挡降到 1 挡直至停车。

2——用于发动机制动(下长坡)或在松软或光滑路面上起步时为了防止打滑时采用。它一直保持在 2 挡,既不升挡,也不降挡。

1——用于发动机制动(下徒长坡);它一直保持在 1 挡位置,不升挡、也不降挡。

连锁控制通过滑动型空挡安全开关，只有在P和N位置时，才能启动发动机。

另外，在仪表板上设有挡位显示器显示工作挡位。

表10-1为在各挡位时变扭器及离合器的工作情况。

**表10-1　挡位及变扭器、离合器状况**

| 挡位 \ 部件 | | 变扭器 | 1挡齿轮<br>1挡锁止离合器 | 1挡齿轮<br>1挡离合器 | 1挡齿轮<br>单向离合器 | 2挡齿轮<br>和离合器 | 3挡齿轮<br>和离合器 | 4挡<br>齿轮 | 4挡<br>离合器 | 倒挡<br>齿轮 | 驻车<br>齿轮 |
|---|---|---|---|---|---|---|---|---|---|---|---|
| P | | ○ | × | × | × | × | × | × | × | × | ○ |
| R | | ○ | × | × | × | × | × | × | ○ | ○ | × |
| N | | ○ | × | × | × | × | × | × | × | × | × |
| $D_4$ | 1挡 | ○ | × | ○ | ○ | × | × | × | × | × | × |
| | 2挡 | ○ | × | *○ | × | ○ | × | × | × | × | × |
| | 3挡 | ○ | × | *○ | × | × | ○ | × | × | × | × |
| | 4挡 | ○ | × | ○ | × | × | × | ○ | ○ | × | × |
| $D_3$ | 1挡 | ○ | × | *○ | ○ | × | × | × | × | × | |
| | 2挡 | ○ | × | *○ | × | ○ | × | × | × | × | × |
| | 3挡 | ○ | × | *○ | × | × | ○ | × | × | × | × |
| 2 | | ○ | × | *○ | × | ○ | × | × | × | × | × |
| 1 | | ○ | ○ | ○ | ○ | × | × | × | × | × | × |

注：○：表示处于工作状态，×：表示不工作

*○：虽然1挡离合器接合，但由于单向离合器打滑故不传递驱动力。

电子控制系统由各种传感器、离合器和4个电磁阀组成，电子控制的换挡和闭锁控制在任何情况下驾驶都能提高驾驶舒适性。

A/T控制单元根据各传感器的信息，确定换挡控制电磁阀A及B的动作，如表10-2所示。

**表10-2　换挡控制电磁阀的动作**

| 挡位 \ 电磁阀 | A | B |
|---|---|---|
| $D_4$、$D_3$(1挡) | OFF | ON |
| $D_4$、$D_3$(2挡) | ON | ON |
| $D_4$、$D_3$(3挡) | ON | OFF |
| $D_4$(4挡) | OFF | OFF |
| 倒挡 | ON | OFF |

A/T控制单元根据各传感器的信息，同时控制液力变扭器闭锁电磁阀$A$、$B$的作用。

表 10-3　闭锁电磁阀的动作

| 电磁阀 / 闭锁控制 | A | B |
|---|---|---|
| 不闭锁 | OFF | OFF |
| 轻微闭锁 | ON | OFF |
| 中等闭锁 | ON | ON |
| 完全闭锁 | ON | ON |
| 减速期间闭锁 | ON | 工作占空率 OFF→ON |

当闭锁时,闭锁离合器接合。变扭器涡轮与变扭器壳体固结在一起,变扭器相当于一个连轴节,动力直接输出,如图 10-3 所示。变扭器动力传递为:发动机→驱动盘→变扭器壳体→闭锁活塞→缓冲弹簧→涡轮→主轴。

当闭锁离合器松开时,变扭器恢复变扭作用,其动力传递如图 10-4 所示。

发动机→驱动盘→变扭器壳体→泵轮→涡轮→主轴

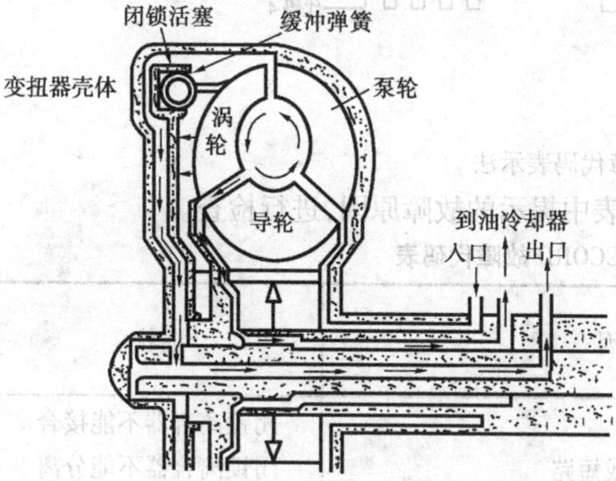


图 10-3　变扭器闭锁情况

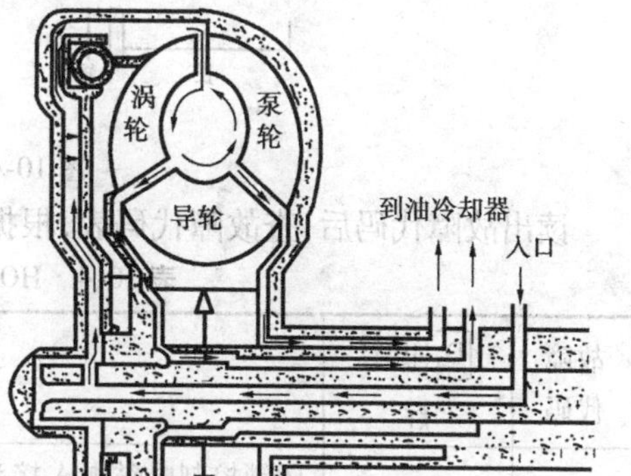


图 10-4　变扭工作情况

### 10.1.2　故障诊断方法及代码

当 A/T 控制单元从输入或输出系统中接收到不正常信息时,仪表板上的 $D_4$ 指示灯将闪烁,如图 10-5 所示。此时,应用跳线连接驾驶员右侧仪表板下面的维修检测接头,然后打开点火开关, $D_4$ 指示灯将用长、短闪烁次数表示故障代码,短闪一次代表 1,长闪一次代表 10,长闪与短闪次数之和表示代码。如图 10-6 所示。

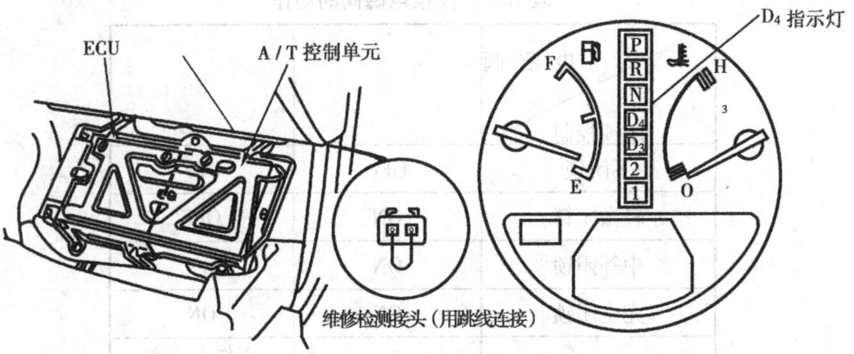


图 10-5　A/T 控制单元及维修检测接头位置

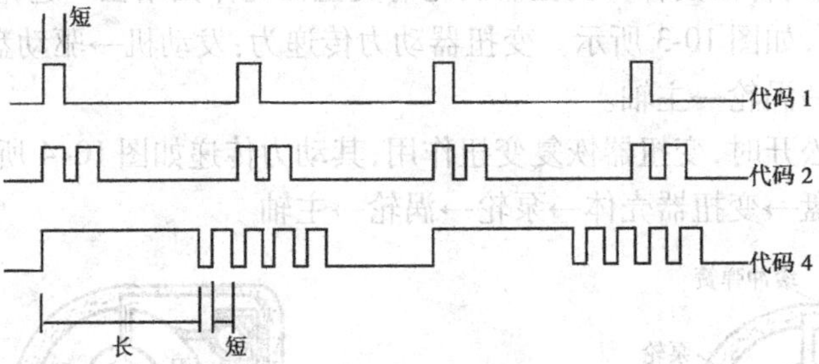


图 10-6　故障代码表示法

读出故障代码后,查故障代码表,根据代码表中提示的故障原因,进行检查。

**表 10-4　HONDA-ACCORD 故障代码表**

| 故障代码 | $D_4$ 指示灯 | 可能原因 | 症状 |
| --- | --- | --- | --- |
| 1 | 闪烁 | 闭锁控制电磁阀 A 接头松脱<br>闭锁控制电磁阀 A 导线断路或短路<br>闭锁控制电磁阀 A 损坏 | 闭锁离合器不能接合<br>闭锁离合器不能分离<br>怠速不稳 |
| 2 | 闪烁 | 闭锁控制电磁阀 B 接头松脱<br>闭锁控制电磁阀 B 导线断路或短路<br>闭锁控制电磁阀 B 损坏 | 闭锁离合器不能接合 |
| 3 | 闪烁或熄灭 | 节气门角度传感器接头松脱,或导线断路、短路,或传感器损坏 | 闭锁离合器不能接合 |
| 4 | 闪烁 | 车速传感器接头松脱、导线断路或短路或传感器损坏 | 闭锁离合器不能接合 |
| 5 | 闪烁 | 挡位开关导线短路或损坏 | 2 挡到 4 挡换挡故障<br>闭锁离合器不能接合 |

续表

| 故障代码 | D₄指示灯 | 可能原因 | 症状 |
| --- | --- | --- | --- |
| 6 | 熄灭 | 挡位开关接头脱落，导线断路或挡位开关损坏 | 2挡到4挡换挡故障<br>闭锁离合器不能接合或交替地接合和松开 |
| 7 | 闪烁 | 换挡控制电磁阀A接头松脱、导线断路或短路或电磁阀损坏 | 在1挡→4挡，2挡→4挡，或2挡→3挡之间换挡有故障换挡故障(4挡齿轮撞击声) |
| 8 | 闪烁 | 换挡控制电磁阀B接头松脱、导线断路或短路，或电磁阀B损坏 | 在1挡或4挡时齿轮有撞击 |
| 9 | 闪烁 | NC车速传感器接头松脱、导线断路或短路，或NC传感器损坏 | 闭锁离合器不能接合 |
| 10 | 闪烁 | 水温传感器接头松脱，导线断路或短路或水温传感器损坏 | 闭锁离合器不能接合 |
| 11 | 熄灭 | 点火线圈接头松脱，导线断路或短路或点火线圈有故障 | 闭锁离合器不能接合 |
| 14 | 熄灭 | FAS导线断路或短路，PGM-F1单元有故障 | 换挡时，动力传动强烈冲击 |
| 15 | 熄灭 | NM车速传感器接头松脱，导线断路或短路，或NM1速度传感器损坏 | 换挡时，动力传动强烈冲击 |

如果自我故障诊断指示灯D₄不闪烁。应根据表10-5进行检查。

表10-5　D₄不闪烁时的检查

| 症　状 | 故障原因 |
| --- | --- |
| 当无论何时接通点火开关D₄，指示灯一直点亮，不闪烁 | |
| 当第一次接通点火开关之后2 s内D₄指示灯不亮 | |
| 当在D位置时，松开制动踏板之后从2挡换到1挡有故障 | 检查制动灯信号 |
| 闭锁离合器不能执行占空比工作(ON-OFF) | 检查A/C工作状态下的A/C信号 |
| 闭锁离合器不能接合 | |

注：①当D₄指示灯不闪烁时，如果用户要对代码3、6或11进行症状说明。必须将车驱动行驶一段距离，然后打开点火开关，检查D₄指示灯来重新建立症状信息。

②如果D₄指示灯显示表10-4以外的其他代码或一直点亮，则控制单元有故障。

③有时，D₄指示灯与发动机故障检测灯会同时点亮。这时，首先根据PGM-F1 ECU故障诊断指示的代码数检查PGM-F1系统，然后，拔下保险丝/继电器盒上的保险丝撑背10 s以上，再驱车以50 m/h车速行驶n min然后再检查D₄指示灯。

④拆下保险丝撑背，将删除收音机和时钟的预置状态，在拔保险丝撑背之前，记录下收音机的预置状态，以便重新建立。

## 10.2 电控机械式自动变速器

电控机械式自动变速器,由传统的机械变速器加上微机控制实现自动操纵而成,它除具有一般自动变速器所具有的操纵方便、动力性、经济性好,驾驶舒适,行驶安全等优点外,还具有:

(1)机械变速器已是成熟的标准部件,不需投资研制生产这些部件;

(2)与液力传动相比,机械式变速器传动效率高。使燃油经济性提高约10%;

(3)采用微机控制,充分发挥其运算速度快,存贮量大、逻辑功能强等特点,易于实现复杂功能的智能化控制。因此,它不仅能使系统结构大大简化,还能使自动操纵具有很高的性能与效率;

(4)微机的复杂控制功能,主要是通过软件来实现的,这就使得这种自动控制系统具有灵活的产品适应性,只需对软件作某些修改就可适应产品结构参数的变化,对机械装置和控制硬件则无需作多大变动。这对于变型多、批量少的重型车辆尤为适宜。

目前,电控机械式变速器已成为世界各国竞相开发的热点,1985年,日本的"日野蓝带"大客车上装备的电控机械式变速器,称之为EE传动(Easy与Economg传动),使用中受到各方面好评。我国吉林工业大学较早从事这方面研究工作,取得了可喜成绩。

### 10.2.1 电控机械式自动变速器的组成与原理

电控机械式自动变速器是一个电子控制的发动机、干式离合器和机械变速器组成的系统,它保持原发动机、离合器和变速器总成,仅少量改变了变速器的操纵系统。微型计算机代替驾驶员的大脑,传感器代替人的感觉神经,执行机构代替驾驶员的手与脚的换挡动作,使车辆始终处于最佳挡位下行驶 。系统框图如图10-7所示。

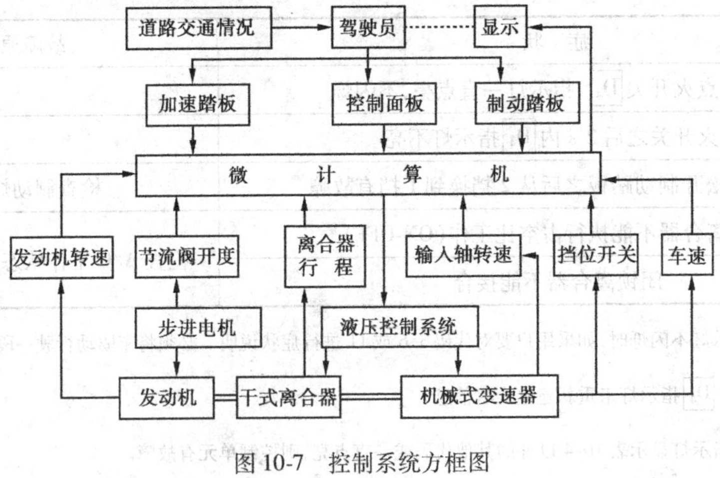


图10-7　控制系统方框图

1. 电子控制单元(ECU)

它是控制系统的心脏,其电路大体由输入处理部件,CPU和RAM、ROM、输出电路部件和稳压电源四个部分组成。图10-8为电子控制单元框图。

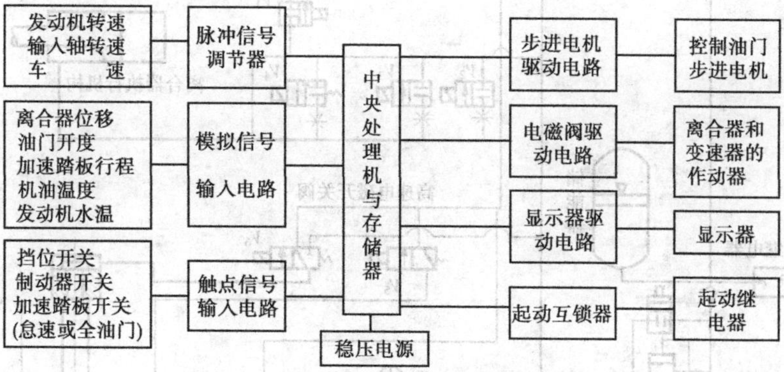


图 10-8　电子控制单元框图

ECU 是根据选择开关、加速踏板、制动踏板的状态来了解驾驶员的意图。行驶中,通过各种传感器采集车辆状态数据,计算机将这些数据经过运算并与最佳换挡规律进行比较,确定最优挡位,如需换挡时,便给执行机构发指令,使离合器按最佳接合规律控制分离与接合速度,发动机通过步进电机自适应地变化油门开度,变速器的执行机构使其平稳而快速的换挡。显示器及时表明换挡过程的开始与结束。

2. 传感器

系统采集传感器的信号形态有脉冲、模拟、触点三类,如图 10-8 所示。

(1)车速和变速器输入轴转速传感器

用磁电式非接触传感器产生的脉冲电压信号,经过整形后输入电子控制单元,计算机按此脉冲频率即可求得相应的速度。

(2)发动机转速传感器

从点火电路检测出点火的脉冲信号,经计算而得发动机转速。

(3)加速踏板和节气门开度传感器

用电阻式角位移计,将行程转变为电压特性而测出。

(4)离合器行程传感器

用电压式线位移计。

(5)挡位开关

用微动行程开关反映变速器选挡与换挡动作完成情况。

(6)选挡范围开关与换挡规律开关

它们反映驾驶员意图,通过对它们的不同选择,以适应不同的交通状况、行驶环境等客观条件。

(7)温度与压力传感器

可用热敏电阻温度计和压阻式压力传感器。

3. 执行机构

执行机构完成计算机发出的指令,它由三部分组成:离合器控制、变速器控制和节气门执行机构。如图 10-9 所示。

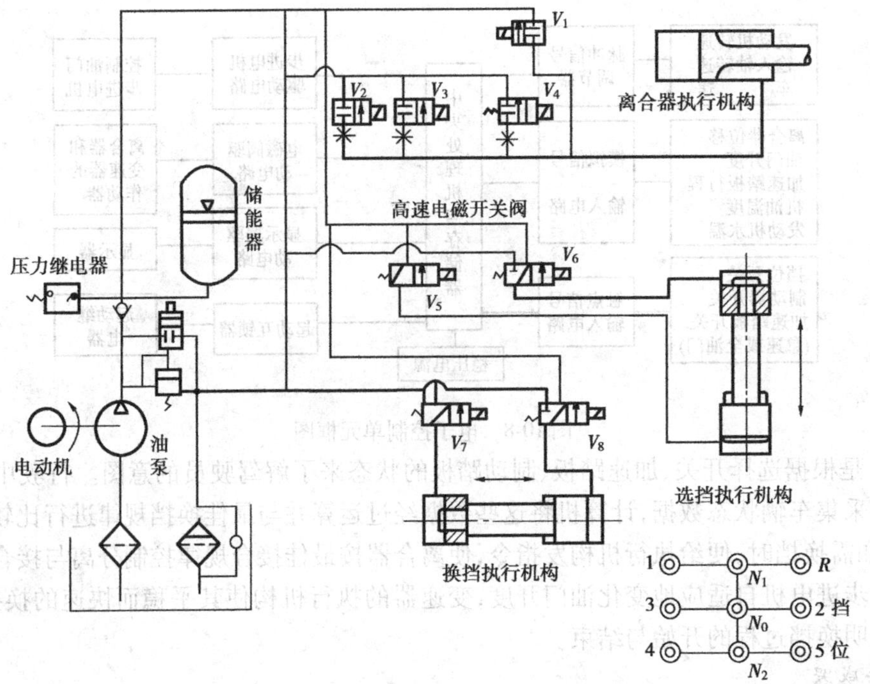


图 10-9　液压控制系统

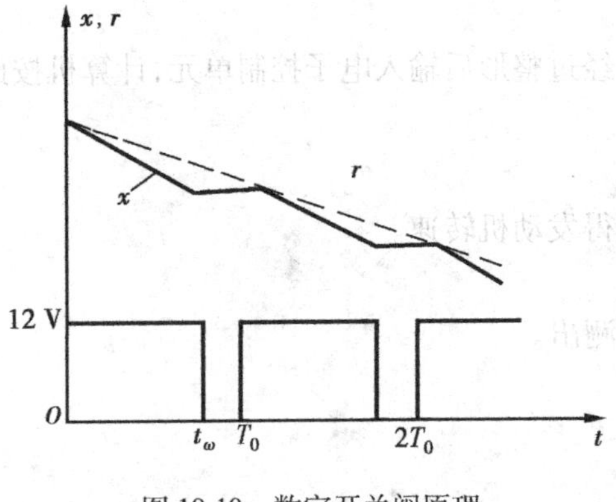


图 10-10　数字开关阀原理

(1)离合器控制

离合器执行机构由 4 个电磁阀和 1 个伺服油缸组成。$V_1$ 控制分离。$V_2$、$V_3$、$V_4$ 控制接合,因其节流口直径不同,故不同阀接合速度不一样。对于干式离合器接合快了易造成冲击,太慢又易烧损摩擦衬片,所以对每一车况均对应有最优接合规律。为使离合器接合平顺,根据影响最佳接合规律的因素,对 $V_2$、$V_3$、$V_4$ 等高速开关阀用脉宽调制方法控制离合器按最佳规律接合。

数字开关阀控制原理见图 10-10,当开关阀通电时,离合器行走一段位移。当通电宽度 $t_w$ 到达后断电,离合器停止运动。显然,通过改变每一周期内通电宽度 $t_w$ 值,即可改变本周期 $T_0$ 离合器位移距离,即改变其平均接合速度。这种以折线式输出来逼近连续的输入,只要采样周期 $T_0$ 足够小,输出就足够光滑。

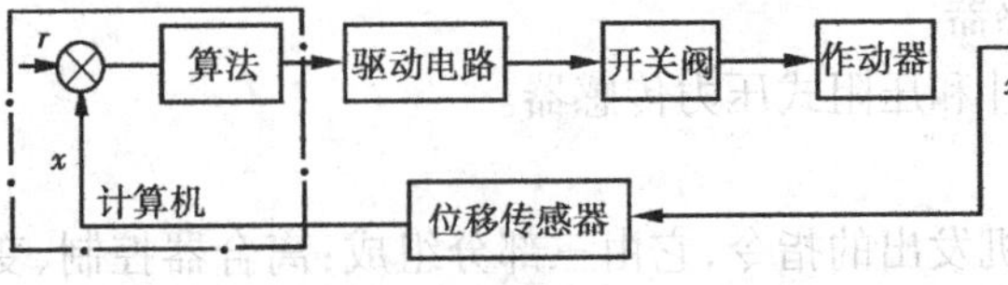


图 10-11　离合器控制方框图

离合器控制方框图见图 10-11,计算机输入规律和当前位置经过一定的运算,得出该周期的脉冲宽度,然后发信号给电磁开关阀驱动电路,使开关阀动作,油缸运动直至达到要求位置关阀。

(2)变速器控制

它是由换挡油缸与选挡油缸组成,两油缸相互垂直布置。车辆行驶时,当前挡位(由挡位开关测得)与存于计算机的最优挡比较,若需换挡,控制相应的电磁阀,先摘空挡,与此同时,离合器分离,发动机收油门,然后再换入新挡,离合器接合,发动机自适应调节要求加油门,完成换挡过程。当自动换挡有故障时,可实现手动操作换挡。

(3)节气门执行机构

由步进电机执行。

(4)坡道平稳起步装置

传统的机械式变速器的车辆,在上坡起步时,驾驶员要同时协调操作手制动器、离合器踏板和加速踏板。如果技术不熟练或稍不注意,不是汽车后滑、发动机熄火,就是造成较大的冲击,大大增加传动系统的动载荷。当装用机械式自动变速器时,已取消离合器踏板,无法实现它与手制动器的配合,所以必须增设坡道平稳起步装置。

吉林工业大学研制的坡道平稳起步装置,其原理如图10-12所示。在坡道停车时,微机根据车速为零,即给电磁阀通电。此时,制动分泵中的油不能回制动主泵,即使制动踏板松开,制动也不解除,车辆不会后滑。而当汽车起步,驾驶员踩下加速踏板,发动机转速升至一定程度,微机才控制离合器接合,并且等到控制单元测知离合器开始传递动力时,才解除制动,实现平稳可靠的起步。

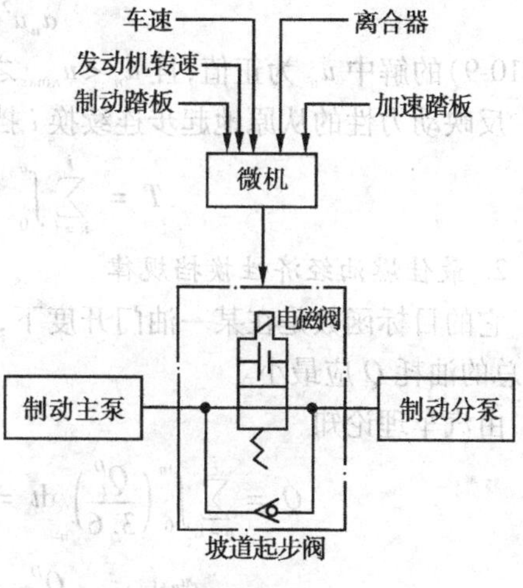

图10-12 坡道平稳起步装置框图

### 10.2.2 最佳换挡规律

换挡规律是指变速器的换挡时刻随控制参数而变化的关系。普通手动变速器的“换挡规律”就是凭驾驶员的主观技术经验,而自动变速器为采用最佳换挡规律创造了前提。

迄今,世界上自动变速器的换挡规律都是从稳态的角度,用二参数(多为汽车速度 $u$ 与发动机油门开度 $\alpha$)进行控制换挡。而实际上,汽车在起步、换挡过程中,均处于加速或减速的非稳态过程,因此,吉林工业大学提出的动态三参数(加速度 $du/dt$,车速 $u$ 和油门开度 $\alpha$)换挡规律,更能反映汽车换挡过程的真实情况。

换挡规律根据优化计算时所选取的目标函数不同而有很多类型,最基本和较适用的有最佳动力性换挡规律和最佳燃油经济性换挡规律。

1. 最佳动力性换挡规律

由汽车理论知,汽车的行驶方程式为

$$F_t = F_f + F_i + F_w + F_j \tag{10-1}$$

或

$$\frac{T_{tq} i_g i_0 \eta_T}{r} = Gf + Gi + \frac{C_D A}{21.15} u_a^2 + \delta m_a \frac{du}{dt} \tag{10-2}$$

由汽车行驶方程得

$$\frac{du}{dt} = \frac{1}{\delta m_a}[F_t - (F_f + F_i + F_w)] \tag{10-3}$$

式中，滚动阻力 $F_f$，坡度阻力 $F_i$ 与空气阻力 $F_w$ 之和可写成

$$F_f + F_i + F_w = C_f + B_f u + A_f u^2 \tag{10-4}$$

$\delta$ 为考虑发动机非稳定特性 $\lambda$ 及旋转质量转换系数

$$\delta = 1 + \frac{1}{m_a}\left(\frac{\sum I_w}{r^2}\right) + \frac{(T_{tq} + \lambda) i_0^2 i_g^2 \eta_t}{m_a r^2} \tag{10-5}$$

发动机扭矩 $T_{tq} = f(n_e)$ 可用二次曲线拟合，则

$$F_t = T_{tq} i_0 i_g \eta_t / r = C_{en} + B_{en} u + A_{en} u^2 \tag{10-6}$$

最佳动力性换挡应该是在同一油门开度下相邻两挡加速度曲线的交点时换挡，即

$$du/dt_n = du/dt_{(n+1)} \tag{10-7}$$

将式(10-5)、式(10-6)代入式(10-7)，并化简可得

$$\delta_{(n+1)}(A_n u^2 + B_n u + C_n) = \delta_n(A_{(n+1)} u^2 + B_{(n+1)} u + C_{(n+1)}) \tag{10-8}$$

即

$$a_n u^2 + b_n u + C_n = 0 \tag{10-9}$$

式(10-9)的解中 $u_n$ 为正值，且 $u_n < u_{n\max}$ 之根，即为最佳换挡时刻所对应的车速。

反映动力性的从原地起步连续换 $i$ 挡的加速时间 $T$ 为

$$T = \sum_{n=1}^{i} \int_0^{u_n} \frac{\delta_n m_a}{F_{tn} - (F_f + F_i + F_w)} du \tag{10-10}$$

2. 最佳燃油经济性换挡规律

它的目标函数是在某一油门开度下，汽车从原地起步连续换 $i$ 挡加速至某一要求车速 $u$ 时，总的油耗 $Q$ 应最小。

由汽车理论知

$$Q = \sum_{n=1}^{i} \int_0^{tn} \left(\frac{Q_t^D}{3.6}\right)_n dt = \sum_{n=1}^{i} \left[\int_0^{u_n} \frac{Q_{tn}^D \delta_n m_a}{F_{tn} - (F_f + F_i + F_w)} du + \int_{u_n}^{u_{n+1}} \frac{Q_{t(n+1)}^D \delta_{(n+1)} m_a}{F_{t(n+1)} - (F_f + F_i + F_w)} du\right] \tag{10-11}$$

发动机的动态小时油耗特性是发动机转速的函数，一般可拟合为二次曲线，即

$$Q_t^D = C_e + B_e n_e + A_e n_e^2 = C_q + B_q u + A_q u^2 \tag{10-12}$$

欲使加速油耗 $Q$ 为最小，这是一个求极值的问题。

令 $dQ/du = 0$ 则

$$\frac{d}{du}\left[\int_{u_{n-1}}^{u_n} \frac{Q_{tn}^D \delta_n m_a}{F_{tn} - (F_f + F_i + F_w)} du + \int_{u_n}^{u_{n+1}} \frac{Q_{t(n+1)}^D \delta_{(n+1)} m_a}{F_{t(n+1)} - (F_f + F_i + F_w)} du\right]$$

$$= \frac{d}{du}\left[\int_{u_{n-1}}^{u_n} \frac{Q_{tn}^D \delta_n m_a}{F_{tn} - (F_f + F_i + F_w)} du - \int_{u_{n+1}}^{u_n} \frac{Q_{t(n+1)}^D \delta_{(n+1)} m_a}{F_{t(n+1)} - (F_f + F_i + F_w)} du\right] = 0 \tag{10-13}$$

即

$$Q_{tn}^D \delta_n [F_{t(n+1)} - (F_f + F_i + F_w)] = Q_{t(n+1)}^D \delta_{(n+1)} [F_{t(n)} - (F_f + F_i + F_w)] \tag{10-14}$$

由前所知，$F_{tn} - (F_f + F_i + F_w)$ 可用二次曲线拟合，故式(10-14)可整理成

$$a_q u_n^4 + b_q u_n^3 + c_q u_n^2 + d_q u_n + e = 0 \tag{10-15}$$

解出式(10-15)的根 $u_n$，即为加速时保证车辆最佳燃油经济性的相邻两挡 $n$ 与 $(n+1)$ 之间的最佳换挡点车速。同理，可求出其他油门开度及挡位的最佳换挡点车速。

### 10.2.3 日本五十铃重型载重汽车机械式自动变速器简介

下面以五十铃重型载重汽车自动变速器为例说明其组成和工作原理。

这种重型自动变速器配用的发动机，是五十铃的 V 型 10PC1 柴油机。最大功率为 217 kW/2 300 r/min。最大扭矩 1 030 N · m/1 300 r/min。它的基本组成是一个干式单片摩擦离合器与一个定轴式六挡机械变速器。除了添加一些传感器外。几乎与普通传动机构没有什么差别。取消了原有机械传动的离合器踏板和手动变速杆。只靠惟一保留下来的加速踏板，加上若干选择开关实现驾驶操作。该自动变速器通过对四个部件的控制实现自动操纵。图 10-13为作动器的供油回路。

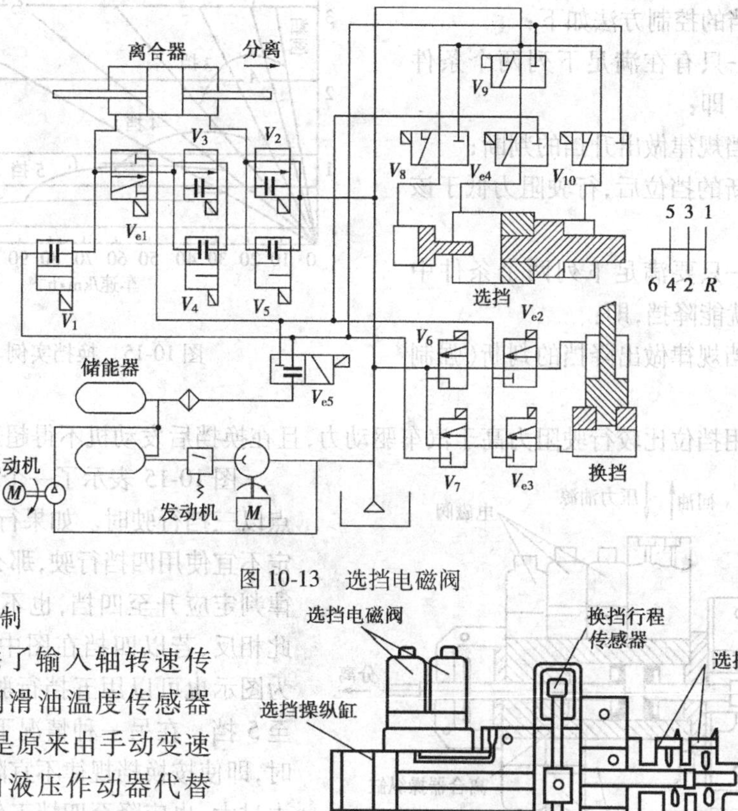


图 10-13　选挡电磁阀

1. 变速器控制

除了新增添了输入轴转速传感器和变速器润滑油温度传感器外，主要的变动是原来由手动变速杆操纵的机构由液压作动器代替了。图 10-14 是变速器作动器的结构，由图可知，作动器由相互垂直布置的换挡操纵油缸和选挡操纵油缸组成。为了实现图 10-13 所示的换挡挡位图。换挡油缸装有换挡行程位移传感器，用以检测换挡行程的位移大小。选挡油缸装有 4 个行程开关，用于检测选挡油缸的工作位置。在正常情况下，变速器作动器由五个阀(图 10-13 中的 $V_6$、$V_7$、$V_8$、$V_9$、$V_{10}$)控制，在紧急情况下，则由三个阀($V_{e2}$、$V_{e3}$、$V_{e4}$)来控制。

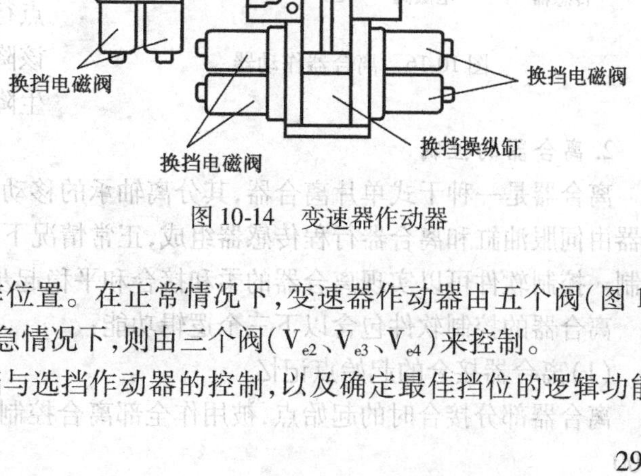


图 10-14　变速器作动器

变速器的控制软件，有变速器换挡与选挡作动器的控制，以及确定最佳挡位的逻辑功能。

为补偿同类变速器中换挡行程的差异，这种系统设计有记忆每个换挡行程，根据所记忆的数值，它能保证可靠的换挡正好在到达记忆点之前切断电磁阀供电，并允许有稍许滞后。

驾驶员的意图可以用加速踏板踩下的角度来表示，五十铃把行驶阻力换挡和按换挡规律的传统式换挡相结合，在改进汽车的可驾驶性方面取得了极大的成功。其升挡和降挡的控制方法如下：

升挡——只有在满足下列两个条件时才能升挡。即：

1）按换挡规律做出升挡的判断；

2）换入新的挡位后，行驶阻力低于该挡的驱动力。

降挡——只要满足下列两个条件中的一个条件就能降挡，即：

3）按换挡规律做出降挡的判断（强制降挡）；

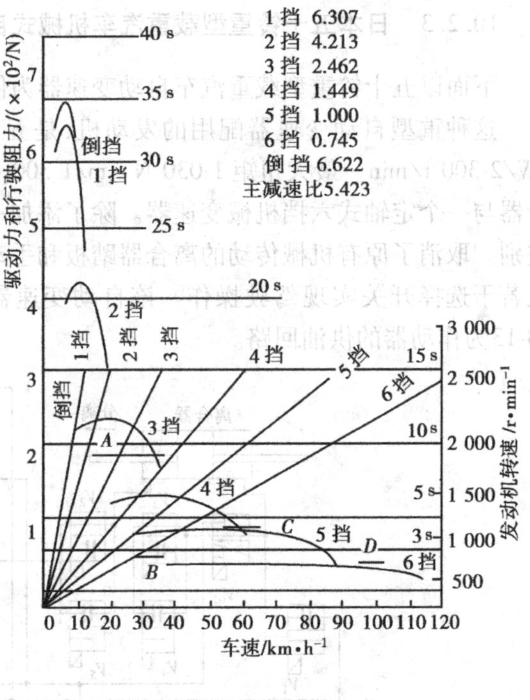


图 10-15　换挡实例

4）按现用挡位比较行驶阻力高于汽车驱动力，且在换挡后发动机不得超速运转。

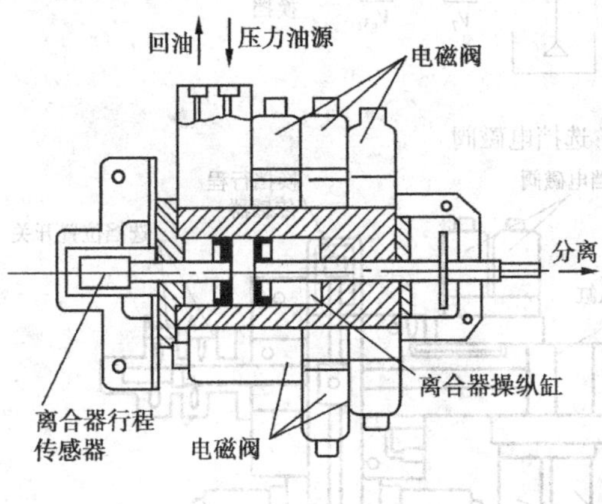


图 10-16　离合器作动器

图 10-15 表示了一个实例，当在图中 $A$ 点以三挡行驶时。如果行驶阻力较高而判定不宜使用四挡行驶，那么，即使按换挡规律判定应升至四挡，也不会发生升挡。与此相反，若以四挡在图中 $B$ 点行驶时，因为图示也可以用五挡行驶，变速器就能升至 5 挡。在另一种情况下，当以 $C$ 点行驶时，即使按换挡规律不宜降挡，但因行驶阻力过大，也应降至四挡工作，当以六挡在 $D$ 点行驶时，即使用行驶阻力过大而判定应该降挡，但因发动机将超速运转而不会发生降挡。

2. 离合器的控制

离合器是一种干式单片离合器，其分离轴承的移动由图 10-16 所示的作动器操纵，这种作动器由伺服油缸和离合器行程传感器组成，正常情况下由五个阀控制，紧急情况下则用两个阀控制。控制软件可以实现离合器的柔和接合和平稳起步。

离合器的控制软件包含以下三个逻辑功能：

（1）离合器接合的起始点记忆

离合器部分接合时的起始点，被用作全部离合控制的参考点。这个参考点是在选挡杆位

于 $N$ 位启动发动机时储存的。离合器行程传感器在输入轴开始转动时把这个点的信号当作离合器接合的起始点而记忆住。它储存在ROM中。

图10-17表示了变速器润滑油温度与离合器记忆位置之间的关系。它表明,低温将引起爬行或起步冲击。基于这个原因,新的程序设计能按变速器油温修正离合器控制,以解决这个问题。

(2)汽车起步及换挡时的离合器控制

此项控制的基本内容,是正确地确定离合器作动器的最佳行程及运动速度。

测定的运动参数有加速踏板的位移,发动机转速,输入轴转速及离合器的扭矩传递特性。正常起步时,主控制器通过对驾驶员加速意图的检测,以及对离合器打滑和发动机转速的检测来确定离合器的工作行程和速度。如当汽车缓慢地开进车库或驶向货台时,加速踏板的运动将直接转变成离合器的工作行程,这样,驾驶员能够简单地踩动加速踏板而使离合器打滑,因此使汽车低速行驶。

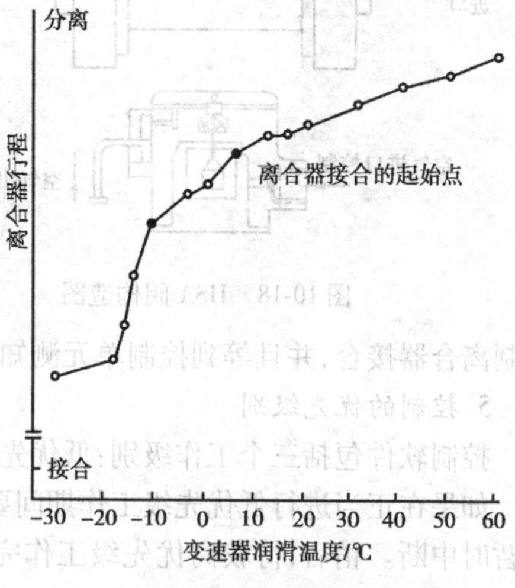

图10-17 变速器润滑油温度与离合器记忆

(3)离合器的分离控制

在施加制动时,离合器有两种不同的分离控制,在正常制动时(减速制动),直到发动机怠速之前,主控制器都使离合器保持接合状态,以保证发动机的制动效果。反之,在紧急制动时,主控制器使离合器立即分离,以免发动机熄火。

3. 发动机控制

为了实现自动操纵,在柴油机上加装了步进电机,燃油泵的控制杆不再是直接与加速踏板机械地连接,而是由步进电机操纵。系统设计可以保证在加速踏板踩到底时,获得最大的发动机功率,此外,为了控制需要,还增添了发动机转速传感器,冷却水温度传感器和高压油泵控制杆位置传感器,用以检测发动机的有关参数,作为信号输入给计算机。发动机控制可分成下列三种逻辑功能:

(1)启动发动机

在启动发动机时,起动机的工作会使蓄电池电压下降,导致步进电机驱动力变小,使正常控制发生困难,为此,要采用可变的驱动频率,保证足够的驱动力。

(2)加速控制

在行驶中,喷油泵齿杆位置是由加速踏板行程和挡位决定的。当步进电机的响应在每挡都能设计成对应于加速踏板行程的变化时,就可在最低至最高速行驶的较大范围内得到最佳的发动机转速。

(3)换挡期间的发动机控制

在换挡期间,发动机的转速应满足对输入新的目标转速的要求,以减少在挂挡后离合器接合时的冲击,在离合器分离且变速器空挡后,控制系统通过输入轴与发动机之间转速差控制发动机的转速。

4. 坡道起步辅助控制(HSA)

传统的机械式变速器的车辆,在上坡起步时,驾驶员要同时协调手制动器、离合器踏板和加速踏板。如果技术不熟练或稍不注意,不是汽车后滑、发动机熄火,就是造成较大的冲击,大大增加传动系统的动载荷,当用A/T装置时,已取消离合器踏板,无法实现它与手制动器的配合,所以必须增设坡道平稳起步装置。

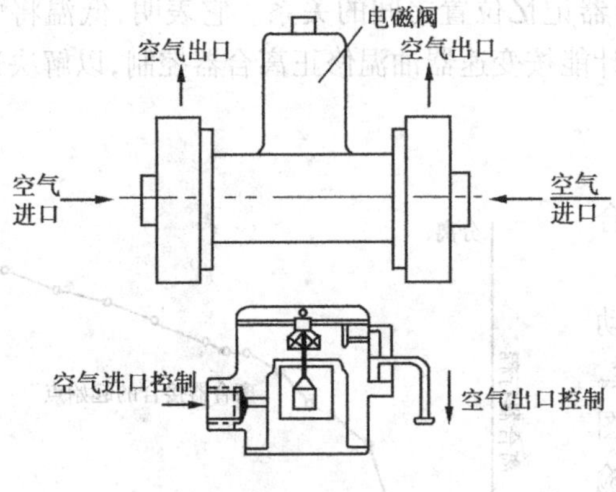

图 10-18 HSA 阀构造图

图 10-18 为 HSA 阀,它装在制动气路上,当停车时(车速为零),主控制器能使HSA 阀开始工作,防止制动空气从制动主缸返回制动阀。当踩下加速踏板而使汽车起步时,发动机转速升至一定程度,微机才控制离合器接合,并且等到控制单元测知离合器开始传递扭矩时,才解除制动,实现平稳起步。

5. 控制的优先级别

控制软件包括三个工作级别:低优先级、中等优先级和高优先级。

如果在正当进行低优先级工作期间要求作较高级别的工作。那么,较低优先级别的工作将暂时中断。稍后,待较高优先级工作完成之后,再恢复较低优先级的工作。每种级别的工作,安排在规定的时间内完成。

工作优先级别的分类如下:

低优先级工作——包括自动巡航控制,计算行驶阻力,自诊断处理及备用处理等工作。

中等优先级工作——包括确定目标挡位,确定离合器行程的目标位置,确定发动机的目标负荷位置及 HSA 控制等。

高优先级工作——发动机从当时负荷位置向目标负荷位置移动,由当时排挡位置向目标排挡的移动,离合器从当时位置向目标位置移动等。

6. 紧急控制器

这个部件有下列两种功能:

(1)与主控制器通讯的功能

紧急控制器保持对主控制器工作状态的监视,另一方面主控制器也监视紧急制动器是否有不正常现象,用这种方法确保整个系统的失效安全。

(2)紧急情况下的自动驾驶功能

在主控制系统失效时,指示灯亮,表示主控制系统转入紧急控制制动系统工作。此时,只要驾驶员将换挡开关转到紧急控制位置,汽车就只能以低挡及倒挡行驶。

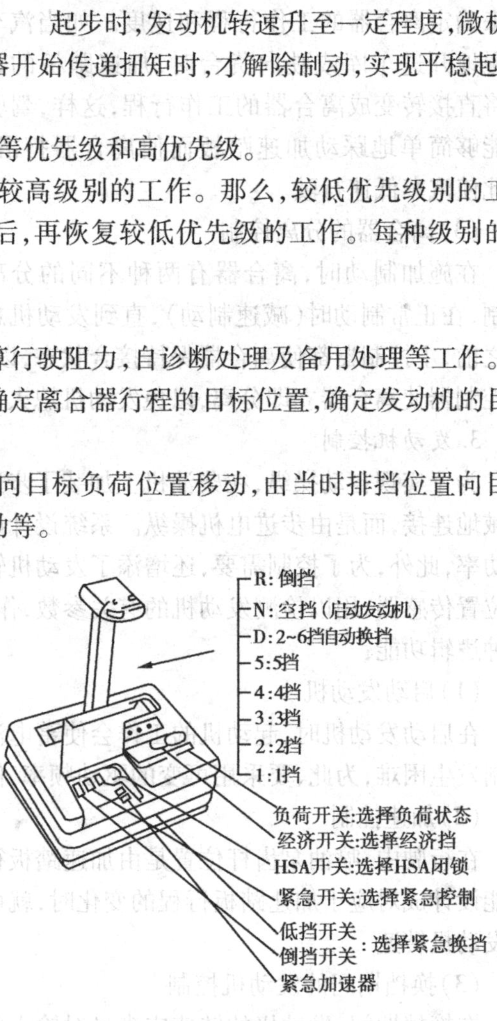

图 10-19 选挡杆

7. 选挡杆

图 10-19 为选挡杆示意图,它共有 R、N、D、5、4、3、2、1 等 8 个位置。其中 1 ~ 5 是不能自

动换挡的固定挡位置，能在降挡时得到发动机有效制动，在 D 位时，能从 2 挡至 6 挡之间实现自动换挡，而在 *R* 位为倒挡，且采用双触点式开关，以确定倒车安全。负荷开关可供驾驶员调节发动机输出扭矩，以便自动换挡时修正定时。经济开关则用于经济驾驶。

8. 电子控制器

它有两个控制器：主控制器和紧急控制器其框图如图 10-20 和 10-21 所示。

传感器包括加速传感器（包括加速踏板行程，怠速开关）、发动机转速传感器、输入轴转速传感器、车速传感器、变速器润滑油温度传感器、及其他与自动变速器控制无直接关系的传感器如巡航控制开关，取力开关，制动开关（用于强制动时解除自动巡航控制、HSA 控制和离合器的控制）。

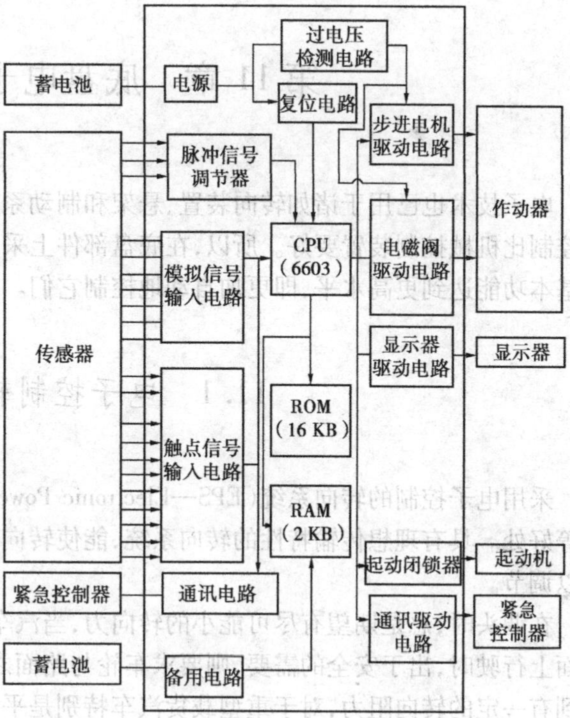


图 10-20　主控制器控制框图

起动闭锁器使起动机只有在空挡位置才能启动发动机。

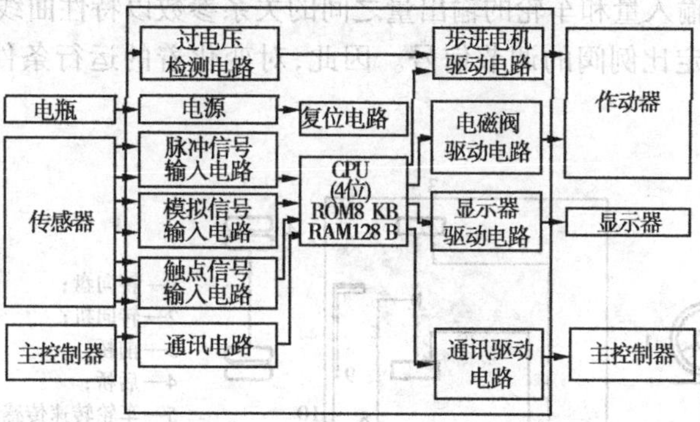


图 10-21　紧急控制器控制框图

## 思考题

1. 液力变扭器有何优缺点？
2. 电控机械式自动变速器中计算机应对哪些机构进行自动控制？
3. 何谓最佳换挡规律？最佳动力性换挡规律与最佳燃油经济性换挡规律有何区别？
4. 何谓后备功能？
5. 具有 A/T（自动变速）汽车的驾驶与 M/T（手动变速）汽车的驾驶方法有哪些不同？

# 第 11 章　底盘电子控制技术

电子技术也已用于诸如转向装置、悬架和制动系统等底盘部件。由于在响应特性方面电子控制比机械控制装置要好。所以,在底盘部件上采用电子技术使汽车的行驶、转向和制动三个基本功能达到更高水平,即更加自动地控制它们。现分别简介如下：

## 11.1　电子控制转向系统

采用电子控制的转向系统(EPS—Electronic Power Steering)可以获得安全、经济和驾驶舒适等好处。具有理想传输特性的转向系统,能使转向助力根据汽车自身和外部条件的相关性加以调节。

在调头时,总是期望有尽可能小的转向力,当汽车高速行驶和有大的横向加速度及在冰雪路面上行驶时,出于安全的需要,则要求车轮与路面之间的接触对驾驶员有路感,即使驾驶员感到有一定的转向阻力,对于重型载货汽车特别是平头车来说,转向桥载荷是作为影响转向特性所要增加的另一个参数,它在满载和空载之间的较大范围内变化,从而导致满载时转向沉重。上述要求可通过电子控制转向系统来实现,如图 11-1 所示。这个系统的核心部分是比例阀。它借助电信号改变转向传动机构回路中的液压压力,从而改变转向盘的转向力。在电子控制装置的输入端输入车速、横向加速度、转向桥载荷及转向臂力矩,在电子控制装置中,上述影响因素与方向盘的输入量和车轮的输出量之间的关系参数以特性曲线组的形式存贮在微机的 ROM 里,由它来决定比例阀的调节信号。因此,对变化着的运行条件,伺服转向系统传动比产生相适应的效果。

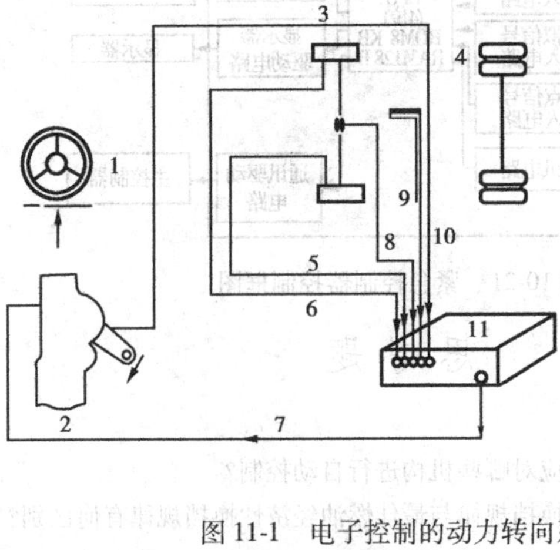

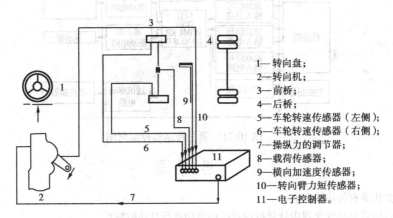

1—转向盘；
2—转向机；
3—前桥；
4—后桥；
5—车轮转速传感器(左侧)；
6—车轮转速传感器(右侧)；
7—操纵力的调节器；
8—载荷传感器；
9—横向加速度传感器；
10—转向臂力短传感器；
11—电子控制器。

图 11-1　电子控制的动力转向系统

作为人-车之间的联系点,转向感觉起着重要的作用,而且每个驾驶员的喜好不同,所以,转向特性还应在许多方面适应驾驶员的个人爱好。图 11-2 为日产公司蓝鸟牌汽车的转向力-

车速敏感特性，它有高、中、低三种特性供驾驶员选择。

上述电子控制液压动力转向系统十分复杂，而且成本相当高。一种直接依靠电机提供辅助扭矩的电子动力转向系统也可满足这些要求，该系统仅需要控制电机电流的方向和幅值，不需要复杂的电液伺服装置，从而可降低成本。

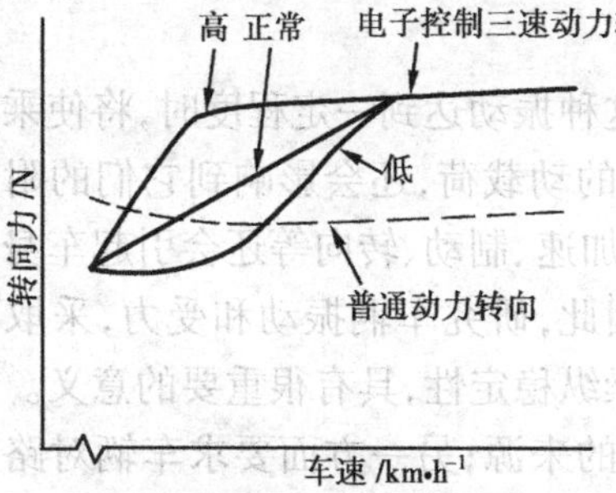


图 11-2　日产公司蓝鸟牌汽车的转向力车速敏感特性及转换特性

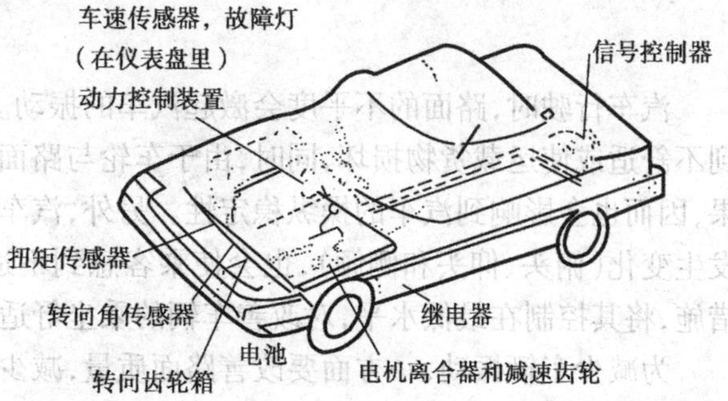


图 11-3　全电子控制动力转向系统图

图 11-3 为富士重工研制的全电子控制动力转向系统的组成。电机输出扭矩由减速齿轮放大，并通过万向节、转向机中助力小齿轮把输出扭矩送到齿条，以便向车轮提供助推扭矩。微机根据各传感器输入信号确定助推扭矩的幅值和方向，并且直接控制动力控制器去驱动电机。

系统有扭矩传感器、转向角传感器和车速传感器作为助力扭矩的信号源，图 11-4 为其控制电路框图。

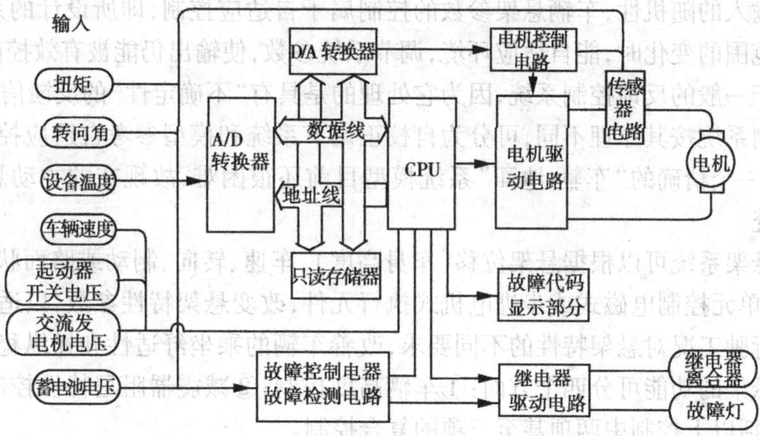


图 11-4　电路控制框图

该系统有如下特点：

1）可以十分灵活地修改扭矩、转向角和车速信号的软件逻辑，并能自由地设置转向助力特性。

2）根据转向角进行的回正控制和根转向角速度进行的阻尼控制，可以提供最优化的转向回正特性。

3)由于仅当需要时电机才运行,所以动力损耗和燃油消耗可降到最低。

4)利用电机惯性的质量阻尼效应可以使转向轴的颤动和反冲降到最小。

## 11.2 电子控制悬架系统

汽车行驶时,路面的不平度会激起汽车的振动。当这种振动达到一定程度时,将使乘客感到不舒适或使运载货物损坏,同时,由于车轮与路面之间的动载荷,还会影响到它们的附着效果,因而也会影响到汽车的操纵稳定性。另外,汽车由于加速、制动、转向等还会引起车身姿态发生变化(俯头、仰头和侧倾),也会使乘客感到不适。因此,研究车辆振动和受力,采取有效措施,将其控制在最低水平,对改善车辆的乘坐舒适性、操纵稳定性,具有很重要的意义。

为减少车辆振动,一方面要改善路面质量,减少振动的来源;另一方面要求车辆对路面不平度有良好的隔振特性。车辆的减震一般有三个环节,即轮胎、悬架和座椅,其中,起主要作用的是车辆的悬架系统,它由弹性元件与阻尼元件共同完成。

传统的悬架系统的刚度和阻尼参数,是按经验设计或优化设计方法选择的,一经选定后,在车辆行进过程中,就无法进行调节。因此,其减震性能的进一步改善受到限制,这种悬架称为被动悬架。

为了克服被动悬架的缺陷,国外在60年代就提出了主动悬架的概念。主动悬架就是在悬架系统中采用有源或无源可控制的元件,组成一个闭环控制系统,根据车辆的运动状态和路面情况主动作出反应,以抑制车身的运动,使悬架始终处于最优减震状态。所以,主动悬架的特点就是能根据外界输入或车辆本身姿态的变化进行动态自适应调节。

由于路面输入的随机性,车辆悬架参数的控制属于自适应控制,即所设计的系统,在输入或干扰发生大范围的变化时,能自适应环境,调节系统参数,使输出仍能被有效控制,达到设计要求。它不同于一般的反馈控制系统,因为它处理的是具有“不确定性”的反馈信息。

自适应控制系统按其原理不同,可分为自校正调节系统和模型参考自适应控制系统两大类,由于要建立一个精确的“车辆-地面”系统模型目前还很困难,故现在的主动悬架,多采用自校正调节系统。

电控主动悬架系统可以根据悬架位移(车身高度)、车速、转向、制动或路面状况等传感信号,由电子控制单元控制电磁式或步进电机式执行元件,改变悬架特性参数,以适应各种复杂的路面状况和行驶工况对悬架特性的不同要求,改善车辆的乘坐舒适性和操纵稳定性。新型车辆电子控制悬架的功能可分四个方面:①车辆高度控制;②减震器阻尼特性控制;③弹簧刚度的控制;④包括以上控制中两项甚至三项的复合控制。

### 11.2.1 车身高度控制

在汽车行驶时,降低车身高度是减少空气阻力,加强稳定性的有效措施。现在,车身高度控制装置,已成为主动悬架装置的基本功能,它通过车身高度传感器信号,可使ECU根据车辆载荷的大小、车辆行驶工况或路面状况的变化,通过有关执行元件,随时对车身高度进行调节,以适应不同的要求。例如,在良好路面上高速行驶时,降低车身高度,以减少空气阻力和增强稳定性;在坏路面上行驶时,适当增加车身高度,以提高其通过性能;也可在车辆各轮载荷不同时，分别对各轮悬架的高度进行调节，以维持车身姿态保持水平状态。车身高度调节的实施，可用高压空气（空气弹簧悬架），也可用高压油（油气弹簧悬架），调整时需将车身提高，可向弹性元件或减震元件充气或充油；需要降低车身时，则放气或放油。图 11-5 为通过向减震器充气或放气来进行车身高度调节的电路控制框图。

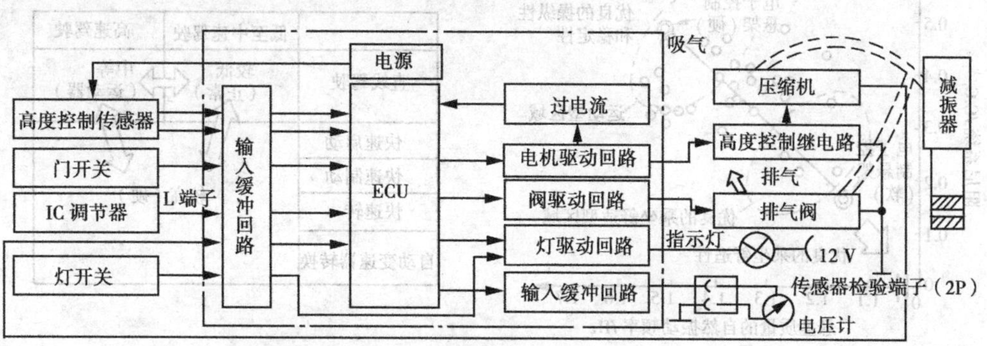


图 11-5　车高调整的电路控制框图

### 11.2.2　全主动悬架

全主动悬架就是根据汽车的运动状态和路面状况，适时调节汽车悬架的刚度和阻尼，使其处于最优减震状态。众所周知，在车辆悬架中，弹性元件除了吸收和贮存能量外，还得承受车身及载荷，因此，系统必然是有源的。

图 11-6 为微机控制的全主动悬架组成图。

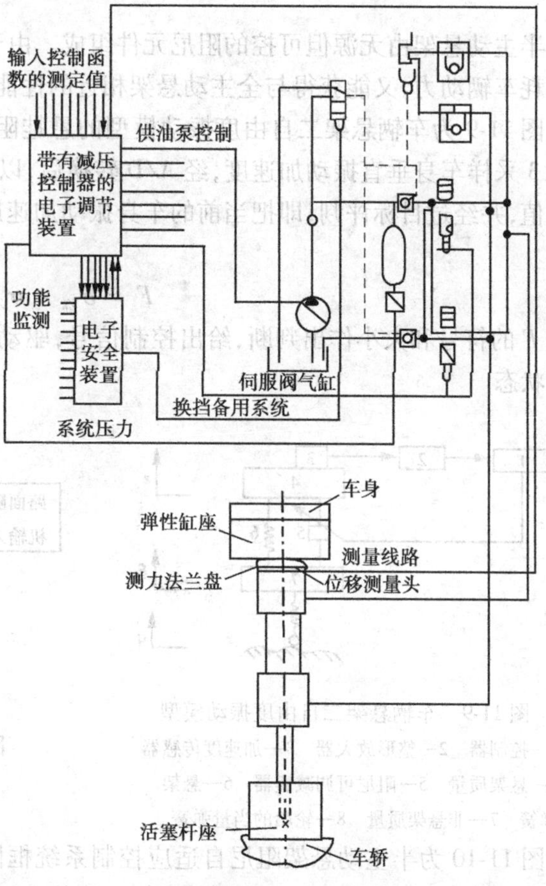


图 11-6　微机控制的全主动悬架

使用全主动悬架可以得到最佳的悬架特性，优良的乘坐舒适性和优良的操纵稳定性对悬架的刚度和阻尼的要求是不同的。如图 11-7 所示，优良的乘坐舒适性要求悬架有较低的固有频率和阻尼系数，而要提高汽车的操纵稳定性，则需适当提高悬架的固有频率及阻尼系数。全主动悬架除了准确地适应装载变化外，还能分别适应动力学的直线行驶、快速起步（仰头）、快速制动（俯头）及快速转弯（侧倾）等行驶状态。如图 11-8 所示，为自动调节悬架参数。力调节元件的准确响应，除需有快速控制的伺服阀外，还需要一个相应的压力源，它由微机控制，按指令调节必须的功率。例如，一台 17 t 汽车在极坏的公路上行驶时，全主动悬架系统所需最大功率约为 30 kW。

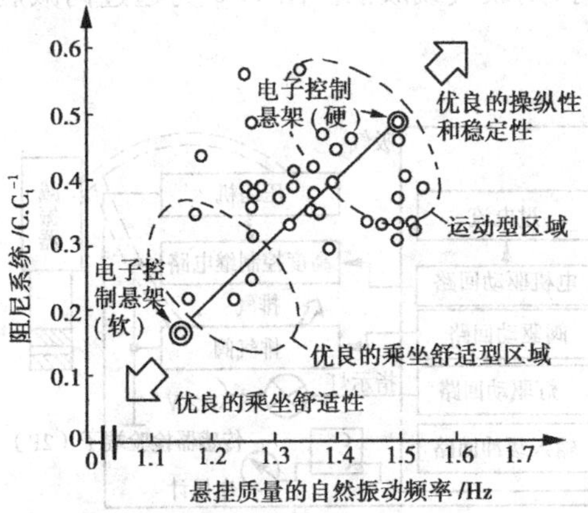


图 11-7　悬架特性的关系

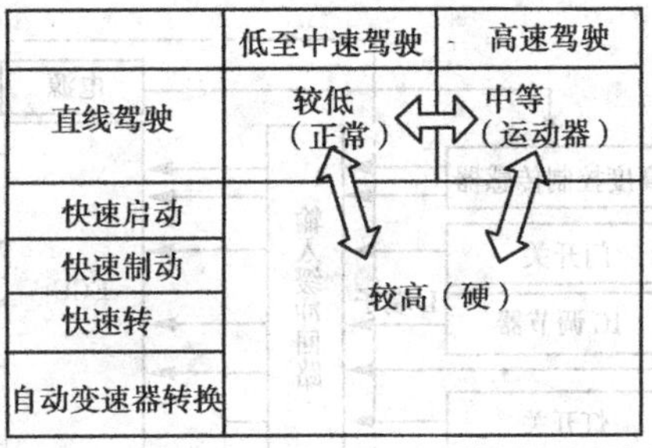


图 11-8　某汽车悬架刚度和阻尼三位置的选择控制

## 11.2.3　半主动悬架

半主动悬架由无源但可控的阻尼元件组成。由于半主动悬架结构较简单，在工作时，几乎不消耗车辆动力，又能获得与全主动悬架相近的性能，故应用较广。

图 11-9 为车辆悬架二自由度振动模型的悬挂阻尼微机控制系统模型图。采用加速度传感器 3 采样车身垂直振动加速度，经 A/D 转换后，以数字形式输入单片微机，计算出加速度均方根值，并经过目标评判，即把当前的车身振动加速度均方根值 $\sigma_{\ddot{Z}k}$ 与前一次的值 $\sigma_{\ddot{Z}k-1}$ 相减，求得

$$F = \sigma_{\ddot{Z}k} - \sigma_{\ddot{Z}k-1} \tag{11-1}$$

根据 $F$ 的符号和大小作出判断，给出控制信号，驱动执行机构，从而调节悬挂阻尼，逐步达到最优状态。

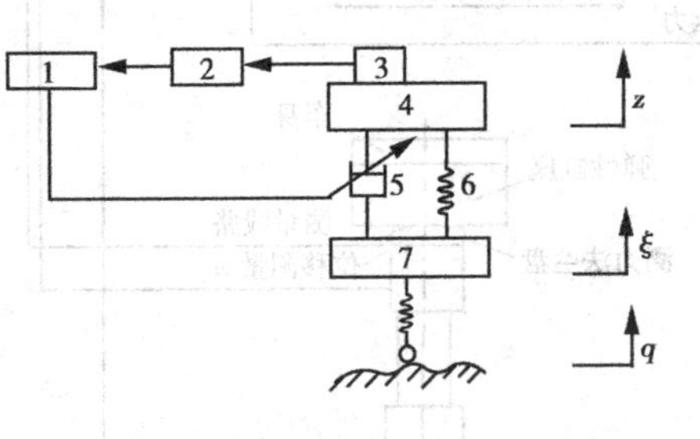


图 11-9　车辆悬架二自由度振动模型

1—控制器　2—整形放大器　3—加速度传感器　4—悬架质量　5—阻尼可调减震器　6—悬架弹簧　7—非悬架质量　8—轮胎的当量弹簧

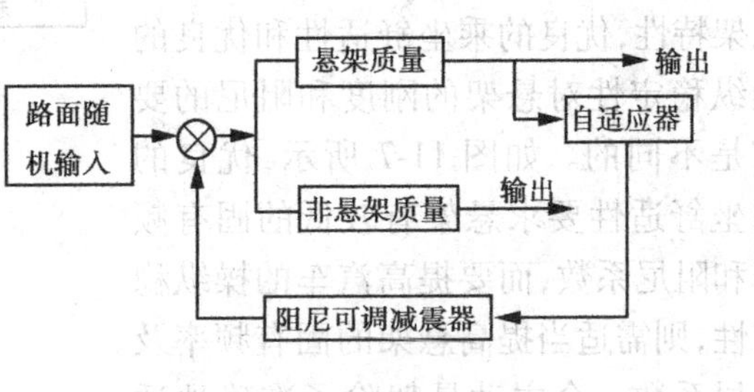


图 11-10　半主动悬架阻尼自适应控制系统框图

1—路面随机输入　2—悬挂质量　3—自适应器　4—非悬挂质量　5—阻力可调减震器

图 11-10 为半主动悬架阻尼自适应控制系统框图。利用车辆悬挂质量的影响，逐步调节悬架阻尼，直至车身垂直振动加速度的均方根值达极小值作为控制的目标量。

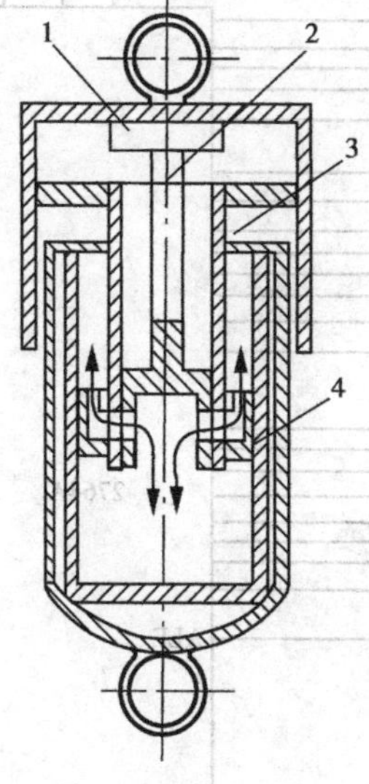


图 11-11　阻尼可调减震器

1—步进电机　2—驱动杆　3—空心活塞杆　4—活塞

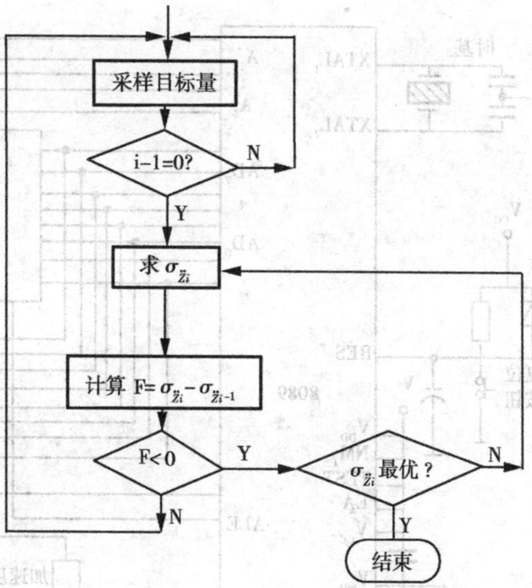


图 11-12　目标量评判过程框图

阻尼的调节一般采用步进电机驱动挡板，以调节减震器节流口大小，从而调节减震器的阻尼，图 11-11 为阻尼可调减震器的结构示意图。可调节流口由空心活塞杆与驱动杆上的两对孔的相对转动产生，微机向步进电机发出指令，步进电机带动驱动杆转动，改变节流口的大小，从而改变了减震器的阻尼。步进电机由输入脉冲控制，单片机输出的脉冲信号，经驱动电源的电流与功率放大后，驱动步进电机旋转。

控制系统的重点是采样后目标量的评判，图 11-12 为对目标量的评判过程，记当前的车身振动加速度均方根值为 $\sigma_{\ddot{Z}i}$，前一次的值为 $\sigma_{\ddot{Z}i-1}$，则评判过程为：连续采样 $i$ 次，求得 $\sigma_{\ddot{Z}i}$、$\sigma_{\ddot{Z}i-1}$，然后根据 $F=\sigma_{\ddot{Z}i}-\sigma_{\ddot{Z}i-1}$ 的符号和大小作出判断，给出控制信号。

图 11-13 所示为微机控制系统逻辑图，采用 8098 单片机作为控制微机，2764A 为 8 K 的外部存贮器扩展 EPROM，8098 本身具有 4 个通道的 A/D 转换（$P0.4\sim P0.7$）控制脉冲信号由高速输出口 HSO.0 ~ HSO.3 输出，经功率放大后驱动步进电机。

日产公司还研制出声纳悬架装置，图 11-14 为系统的构成图，该装置由装在汽车右前轮内侧上方车架上的一个黑色小盒发出声纳信号，对汽车前进的路面进行搜索。它有两个喇叭形集音器，喇叭口向下，一个向路面发出超声波，同时，另一个对来自路面反射波进行接收识别，并将信息输送至微处理机中，对于因路面不平而引起的车身跳动和摆动，该装置在几十毫秒内即可将其消除。行驶中按一下控制开关，将其置于“稳定”挡，声纳系统就会对汽车的减震器自动进行检定，并将其调整到适应路面情况的正确位置。装有这种声纳装置的汽车在不平路面上行驶，甚至可以不扶转向盘。这种声纳系统不同于那种仅测定车辆振动加速度的装置，它可以在汽车到达之前对路面情况进行预测处理。

表 11-1 列出部分汽车电子控制悬架的特性。

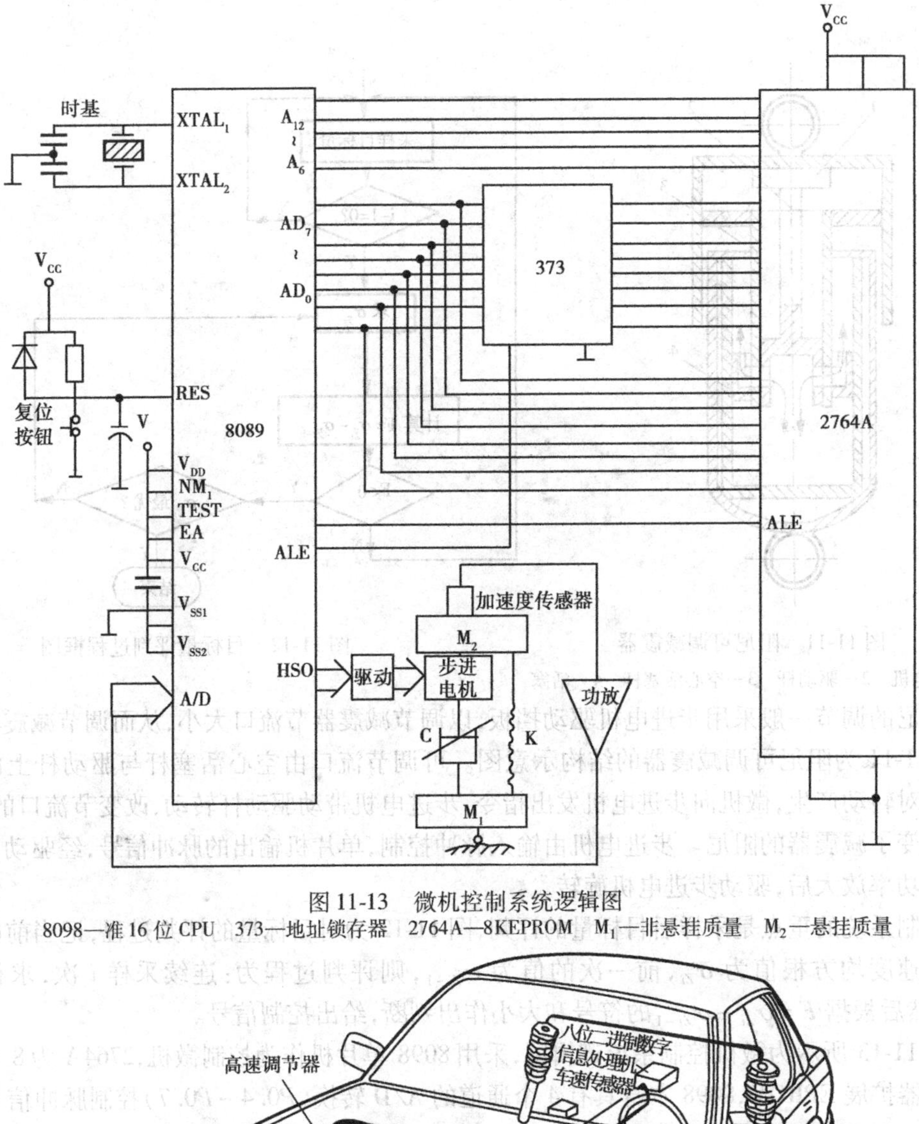


图 11-13 微机控制系统逻辑图

8098—准 16 位 CPU 373—地址锁存器 2764A—8KEPROM $M_1$—非悬挂质量 $M_2$—悬挂质量

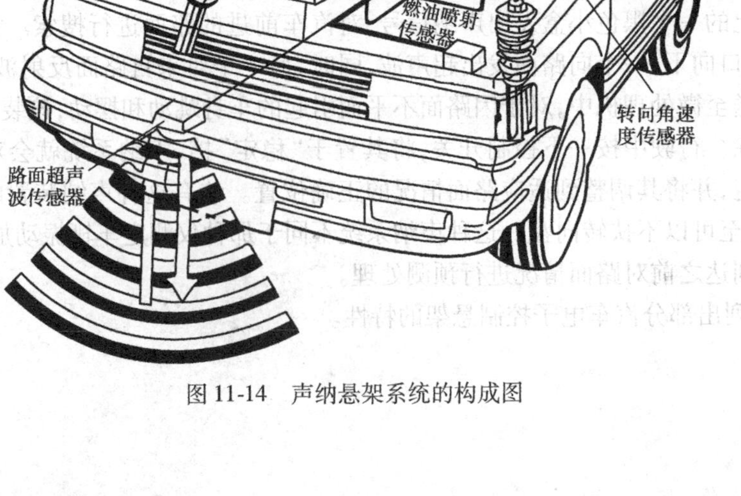


图 11-14 声纳悬架系统的构成图

**表 11-1　电子控制悬架**

| 车　型 | 悬　架 | 可变参数 | | | 传感器 | 阻尼力变换传动机构 | 特　性 |
|---|---|---|---|---|---|---|---|
| | | 阻尼力 | 弹簧常数 | 高度调节 | | | |
| 蓝鸟<br>(Blue bird)<br>公子<br>(Cedric) | 超声悬架 | ○ | | | 转向轮角速度<br>超声波道路高度传感器<br>车速<br>燃料喷射脉冲<br>制动开关<br>手制动开关<br>自动变速器选择位置 | 直流电机 | 阻尼力有三个选择位置<br>在不平路面或颠簸行驶以及快速转向、突然加减速时可在中等或硬位置上选择阻尼力<br>直流电机置于减震器内部 |
| 宇　宙<br>(Cosmo)<br>卢　斯<br>(Luce) | 自动调整悬架(AAS) | ○ | | | 车速<br>转向角度<br>加速开关<br>制动开关 | 直流电机 | 阻尼力有三种选择状态(自动、软和硬)<br>仅在自动状态前轮具有硬的阻尼特性<br>前、后轮阻尼力可变为硬或软状态 |
| 马克 II<br>(Mark II)<br>追击者<br>(Chaser)<br>登　峰<br>(Cresta) | 丰田电子调节悬架(TEMS) | ○ | | | 车速<br>转向角度<br>节气门开度<br>制动开关<br>自动变速器选择位置 | 直流电机 | 阻尼力有四种选择状态(正常、运动型、正常自动、运动型自动)<br>阻尼力有三个选择位置<br>自动状态下急加速、制动、转弯和自动变速器换挡时具有硬阻尼特性<br>在正常自动状态下车速超过 50 km/h 时具有软的阻尼特性 |
| 西格玛<br>(Sigma) | 电子控制悬架(ECS) | ○ | ○ | ○ | 车辆高度<br>车速<br>转向轮角速度<br>加速(三个方向)<br>节气门开度<br>制动开关 | 空气缸 | 车辆高度可在高和正常两位置选择<br>车速超过 90 km/h 时车辆高度降低 20 mm<br>突然加、减速、快速转向、路面不平或车速超过 150 km/h 时具有硬阻尼特性 |
| 阿科德<br>(Accord) | 自动水平悬架 | | | ○ | 车辆高度 | — | 车辆高度可在高和正常两位置选择 |
| 雄　狮<br>(Leone) | 电子气动悬架(EPS) | | | ○ | 车辆高度<br>车速 | — | 全部为气动悬架<br>车辆高度可在高和正常两位置选择<br>车速超过 90 km/h 时正常位置 |
| 大　陆<br>(Continenial)<br>马克 VII<br>(Mark VII) | 电子空气悬架(EAS) | | | ○ | 车辆高度<br>车门开关<br>制动开关<br>点火 | | 全部为气动悬架 |

## 11.3 电子控制汽车制动防抱死装置

汽车电子控制防抱死装置(ABS-Anti-lock Braking System 或 Anti-Blocking System)是提高汽车主动安全的重要措施之一。1932 年,英国人霍纳摩姆首先研制了 ABS,40 年代末,ABS 首先被用于波音 47 飞机上。由于飞机对制动时的方向稳定性要求高,ABS 的价格占飞机总价值比较小,机场地面条件简单,尾部导轮可以精确测量飞机滑行速度,从而可获得正确的轮子滑动率,实现精确控制等一系列有利条件,使 ABS 在飞机上应用取得成功,普及率很快上升。

60 年代末 70 年代初,美国三大汽车公司都分别推出了装有 ABS 的高级轿车。但受当时技术水平限制,制造厂家终于在 70 年代后期停止了 ABS 汽车的生产。

随着电子技术的迅猛发展,一种体积小、质量轻、响应敏捷、可靠性高、价格低的 ABS 研制成功。到 80 年代初,欧洲开始批量生产用于轿车、商用汽车的 ABS,到 90 年代,ABS 发展愈来愈快。

为利于 ABS 的普及,美国保险公司宣布,装用 ABS 的车辆可减收保险费。据有关资料介绍,到 2000 年,美国汽车都将装用 ABS。

1987 年欧共体颁布的法规规定,自 1989 年起,欧共体成员国汽车厂申请新车型许可证时,该车型必须装用 ABS,自 1991 年开始,重型汽车必须装用 ABS,禁止未装用 ABS 的车辆进口。

日本运输省也通过修改保安标准,实施中、重型汽车 ABS 的普及,从 1991 年 10 月起,所有新生产的重型货车均须装用 ABS,丰田汽车公司为适应运输省的强化汽车安全对策的规定,将全部装用 ABS。

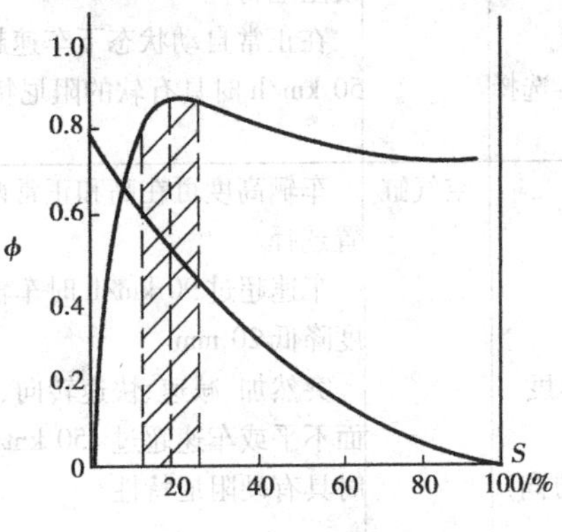


图 11-15 $\phi$ 与 $S$ 的关系曲线

鉴于我国汽车工业及公路网的发展现状,对 ABS 的研究还相当落后,相当多的驾修及技术管理人员,还停留在只重视制动效能的阶段而对制动时的方向稳定性还认识不足,随着我国高等级公路的发展及车速的提高,制动时的方向稳定性将变为制动安全的主要矛盾,加速对 ABS 的研究开发,已势在必行。

### 11.3.1 电子控制制动防抱死装置的理论基础

汽车在制动过程中,有两个地方会产生摩擦阻力:即车轮制动器产生摩擦阻力,使车轮转速减慢;另外是车轮与地面间产生摩擦力使汽车减速。前者称为制动器制动力,后者称为地面制动力。在车轮未抱死之前,地面制动力始终等于制动器制动力,此时制动器制动力可全部转化为地面制动力,在车轮抱死后,地面制动力等于地面附着力,它不再随制动器制动力的增加而增加。地面附着力 $F_\phi$ 为

$$F_\phi = Z \cdot \phi \tag{11-2}$$

式中 $Z$——地面对轮胎的法向反作用力;

$\phi$——附着系数。

由理论和试验研究表明,附着系数与车轮滑动率的变化关系如图 11-15 所示。滑动率 $S$

的定义是

$$S = \frac{V - r_0\omega}{V} \times 100\% \tag{11-3}$$

式中 $V$——车轮中心的移动速度；

$r_0$——没有地面制动力时的车轮滚动半径；

$\omega$——车轮的角速度。

在纯滚动时，$V = r_0\omega$，滑动率 $S = 0$；在纯滑动拖滑时，$\omega = 0$，$S = 100\%$；在边滚边滑时，$0 < S < 100\%$。滑动率说明车轮运动中滑动成分所占的比例大小，滑动率越大，滑动成分越多。

由图 11-15 可知，轮胎纵向附着系数在 $S = 20\%$ 左右达最大值，在车轮抱死时的附着系数反而有所降低。另外，侧向附着系数在纯滚动时为最大，随着滑动率的增加而迅速减小，在车轮抱死时，侧向附着系数下降到零。因此，车轮制动时，如果完全抱死，不但由于纵向附着系数下降而达不到最佳制动效能，而且还会丧失转向和抵抗侧向力的作用，而造成制动时方向不稳定。电子控制制动防抱死装置的目的，就是自动调节制动器制动力，使车轮滑动率保持在 20% 的最佳状态，以充分利用峰值附着系数，提高汽车的制动效能，并且汽车仍具有较好的转向和抵抗侧向力的作用，提高汽车制动时的方向稳定性能。

### 11.3.2 电子防抱死制动装置的分类及控制原理

电子防抱死制动装置属于闭环式自动调节系统。一般由三部分组成：传感器、控制器和制动压力调节器。

对于自动调节系统来说，比较量的选择极为重要，也就是根据什么参数来控制车轮的滑动率在 20% 左右，现在有三种控制方式。

*1. 以滑动率作比较量的调节系统*

由式(11-3)知，若要实现滑动率作比较量，则需测知车轮角速度和车轮中心的速度（即车身速度），车轮角速度 $\omega$ 的检测比较容易实现，但要测定车身的瞬时速度却十分困难。

以前曾用测得车身运动的加速度，然后经过积分求得车身运动速度，但其测量精度不高，现在一般采用多普勒雷达测定车身速度。

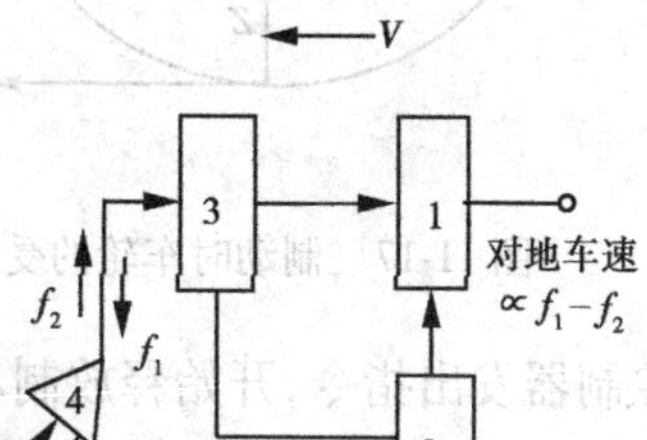


图 11-16 多普勒雷达工作原理

1—混频器 2—振荡器

3—转换器 4—天线

多普勒雷达测速原理如图 11-16 所示，振荡器产生频率为 $f_1$ 的等幅振荡连续波，其频率一般为几十千 MHz，经转换器输至天线，再以一定的倾角向地面发射，当汽车行驶时，雷达天线在单位时间内接收到的地面反射波频率为 $f_2$，则多普勒频率 $F_D$ 为

$$F_D = f_1 - f_2 = \frac{2V}{\lambda}\cos\theta \tag{11-4}$$

式中 $\lambda$——发射波的波长；

$\theta$——天线相对地平面的发射倾角。

由式(11-4)知，多普勒频率与车身速度 $V$ 成正比，因而可用多普勒频率 $F_D$ 作为车身速度的信息。

由式(11-3)知，$S=1-r_0\frac{\omega}{V}$，故可采用双输入信息到控制器中，经过计算求得滑动率与最佳滑动率并进行比较，当滑动率高于0.2时，控制器发出指令，使电磁线圈接通通电，减低制动油压(或气压)，制动力被解除，车轮转速升高，滑动率下降，当车轮滑动率低于最佳值时，控制器又发出指令，切断电磁线圈电流，制动油压又迅速增大，重新进行制动，使车轮转速下降，如此反复，直至汽车完全停止。

多普勒雷达防抱死制动装置，由于直接按滑动率进行控制，防抱死制动性能好，但多普勒雷达测速系统电路结构复杂，成本较高。

2. *以车轮角减速度作比较量的调节系统*

图11-17表示一个车轮制动时的受力分析，由理论力学知

$$I\frac{d\omega}{dt}=Z\varphi(S)\cdot r-M_{\mu}(t)$$

所以

$$\frac{d\omega}{dt}=\frac{Z\varphi(S)\cdot r}{I}-\frac{M_{\mu}(t)}{I} \tag{11-5}$$

式中 $Z$——车轮的法向反力；

$\varphi(S)$——附着系数，是车轮滑动率 $S$ 的函数；

$I$——车轮的转动惯量；

$M_{\mu}(t)$——车轮制动器制动力矩，是时间 $t$ 的函数；

$r$——车轮半径。

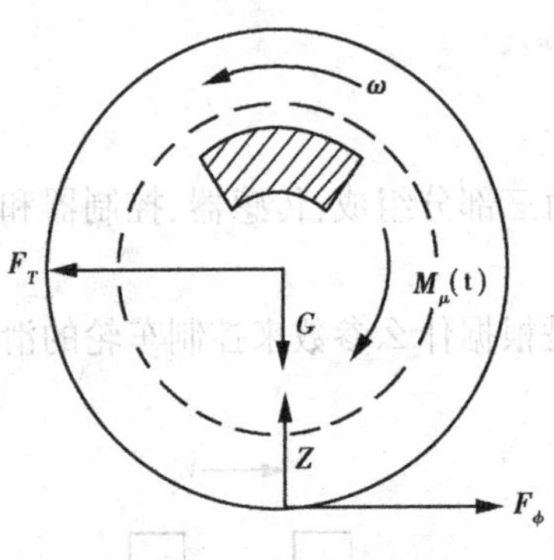

图11-17 制动时车轮的受力

由式(11-5)可知，$\frac{Z\cdot r}{I}$为只与车辆及车轮结构参数有关的常数，所以车轮角减速度对制动器制动力矩的变化有强烈的敏感性。试验表明，在制动过程中，车轮抱死总是出现在相当大的$\frac{d\omega}{dt}$的时刻，因此，可以预选一个角减速度门限值，当实测的角减速度超过此门限值时，控制器发出指令，开始释放制动系压力，使车轮得以加速旋转，再预选一个角加速度门限值，当车轮的角加速度达到此门限值时，控制器又发出指令，使制动压力又开始增大，车轮作减速转动，所以可以用一个车轮角速度传感器作为单信号输入，同时在电子控制器中设置合理的加、减角速度门限值，就可以实现防抱死制动的工作循环。图11-18为防抱死调节制动时车轮速

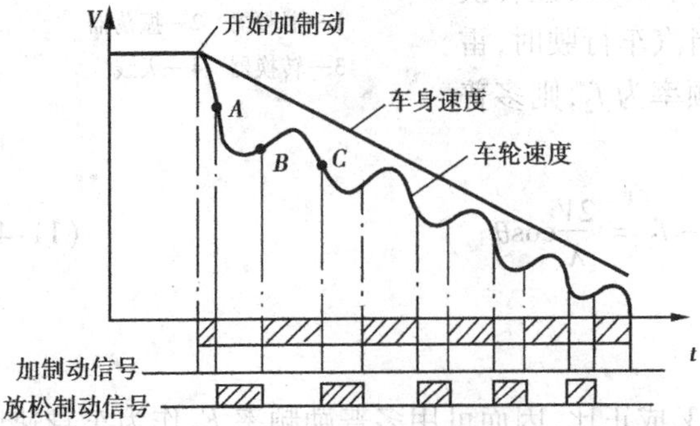

图11-18 电子控制防抱制动车辆速度的变化曲线

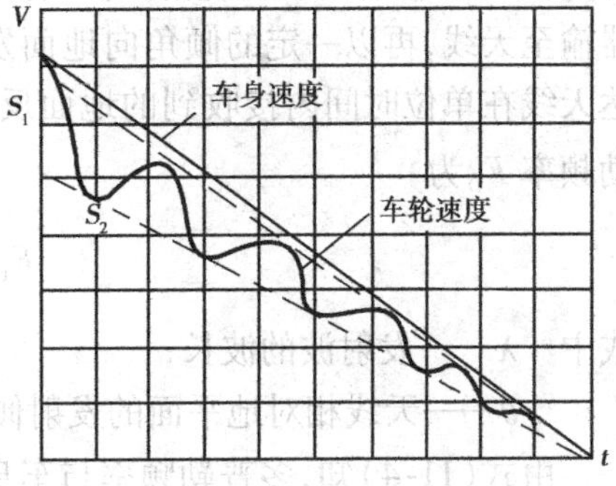

图11-19 车轮速度变化曲线

度的变化曲线，当踩下制动踏板时，制动压力迅速上升，车辆开始减速，当车轮减速到 $A$ 点时，车轮角减速度达门限值，控制器发出指令，使制动压力迅速下降，车轮惯性地减速一段时间后，转速开始上升，当车轮加速到 $B$ 点时，车轮角加速度达门限值，控制器又发出指令，使制动压力迅速上升，车轮惯性地加速一段时间后，转速又开始下降，车辆减速，当车轮减速到 $C$ 点时，车轮角减速度又达门限值，控制器又发出指令，减小制动压力，车轮转速又开始上升。如此反复多次，当车辆速度低于某一值时，停止制动力的自动调节，制动压力增加，直至停车。

由于是用车轮角减速度信号作比较量，因此控制的精度稍差，但测量及控制系统简单，易于实现。

3. *以角减速度和滑动率共同控制的调节系统*

这种系统在制动时能把车轮的速度控制在一定的范围内，即使车轮速度围绕最佳值上下波动，且波动的幅值越小越好。如图 11-19 所示，图上 $S_1$ 和 $S_2$ 分别为车轮围绕最佳运动的上下限值。

### 11.3.3 HONDA-ACCORD 汽车 ABS 的组成及工作原理

下面以 HONDA-ACCORD 汽车 ABS 的组成及工作原理作一简介。

图 11-20 为该车 ABS 的组成及其在汽车上的位置图。由图可知，除传统的制动系外，HONDA-ACCORD 汽车的 ABS 由下列部分组成：

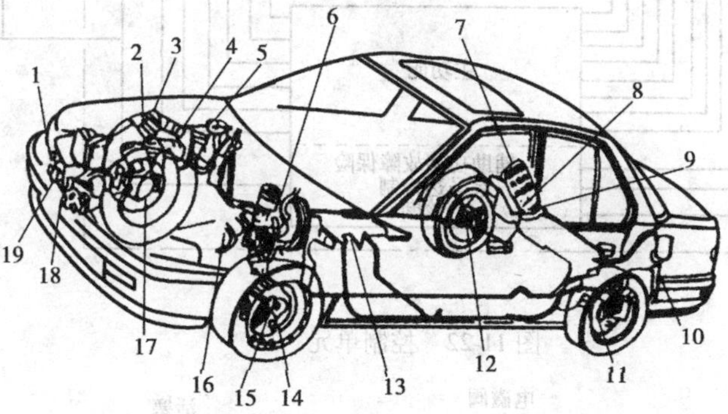


图 11-20 HONDA-ACCORD 汽车 ABS 组成

1—泵马达接头 2—右前传感器接头 3—ABS 保险丝/继电器盒 4—电磁阀继电器接头 5—调节单元 6—制动主缸 7—控制单元 8—故障-保险继电器 9—右后轮传感器接头 10—左后轮传感器接头 11—左后轮传感器 12—右后轮传感器 13—检测接头 14—左前轮传感器 15—齿轮脉冲发生器 16—左前轮传感器接头 17—右前轮传感器 18—动力单元 19—压力开关接头

(1)传感器

该车采用检测车轮角减速度作为 ABS 的控制信号，车轮角速度采用磁电式非接触传感器，如图 11-21 所示。

(2)控制单元

控制单元根据 4 个车轮速度传感器送来的信息和压力开关信号进行 ABS 的控制工作，控制单元主功能部分控制 ABS，辅助功能部分控泵马达和自我故障诊断。图 11-22 为控制单元的电路图。

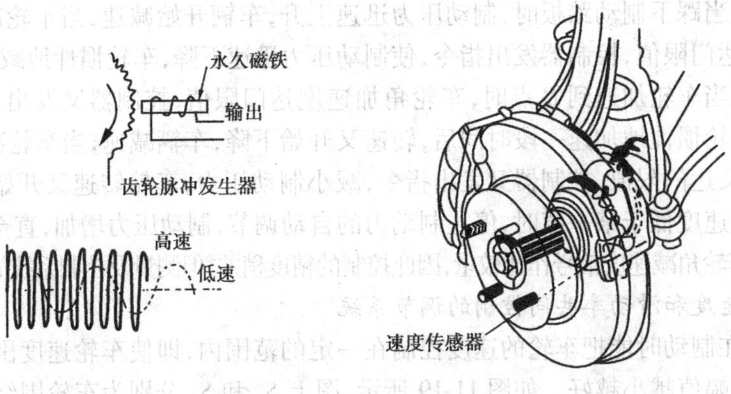


图 11-21　车轮角速度传感器

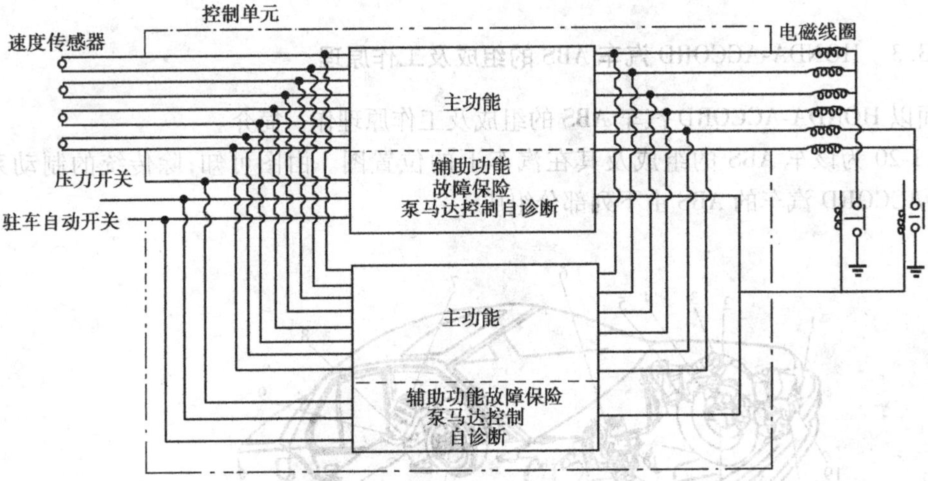


图 11-22　控制单元

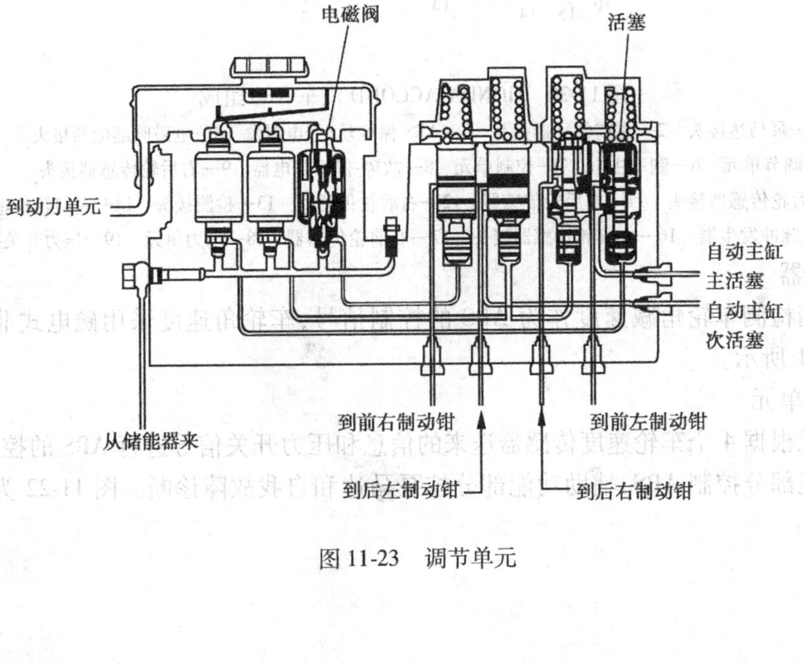


图 11-23　调节单元

(3)执行机构(Actuator)

执行机构执行 ECU 的命令,对汽车 ABS 进行控制,它包括:

1)调节单元(Modulator Unit) 它根据从 ECU 送来的指令,调节作用到每个制动钳的油压。图 11-23 为调节单元的组成图,调节器对后轮制动带有比例控制阀,以防止 ABS 有故障时后轮抱死拖滑。3 个电磁阀,一个控制前右轮,一个控制前左轮,一个控制后轮(用低选原则控制后面两个车轮)。

2)储能器(Accumulator) 储能器内储存高压制动液,如图 11-24 所示,它从安装在动力单元的油泵获得储存高压制动液,当 ABS 工作时,储能器和动力单元通过电磁阀入口一侧供给调节器高压制动液。压力开关监视储能器中储存的压力。

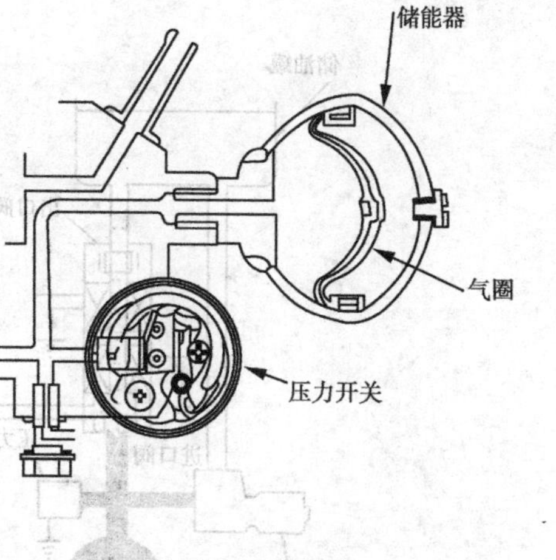


图 11-24 储能器

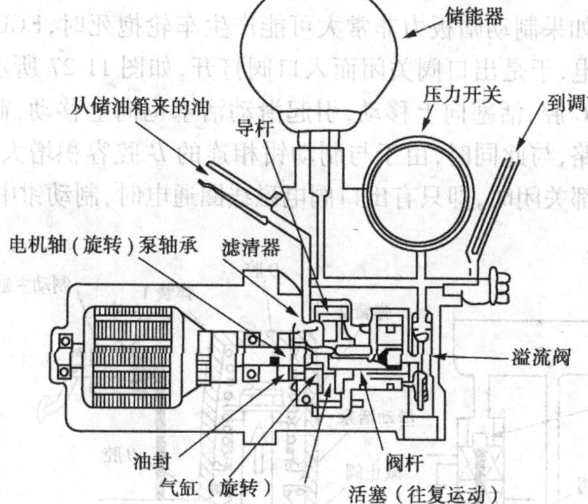


图 11-25 动力单元

3)动力单元(Power Unit) 动力单元由电动机、滤清器、导杆、活塞杆及缸体组成,如图 11-25 所示。导杆与电动机轴中心偏心安装。当电动机旋转时,缸体使活塞杆形成往复运动。制动液于是产生压力并馈送给溢流阀、储能器和调节器,如果储能器中压力超过规定值时,压力开关通过 ECU 使电动机停止工作。如果电动机连续工作一规定时间而储能器仍达不到规定压力(230 $kg/cm^2$)时,ECU 停止电动机工作并点亮 ABS 指示灯。

(4)调节器的工作简介

1)原始制动功能 在原始的制动工作中,调节器内的截止阀是打开的,如图 11-26 所示,油压从总泵到制动钳是通过调节器的 $A$ 腔和 $B$ 腔传递压力,此时 $C$ 腔通过电磁阀的出口阀(常开阀)与储油罐相连,同时 $C$ 腔还通过电磁阀的进口阀(常闭阀)与液压相连。$D$ 腔尤如一个空气室，此时 $C$ 腔和 $D$ 腔均保持大气压力，允许进行常规的制动。

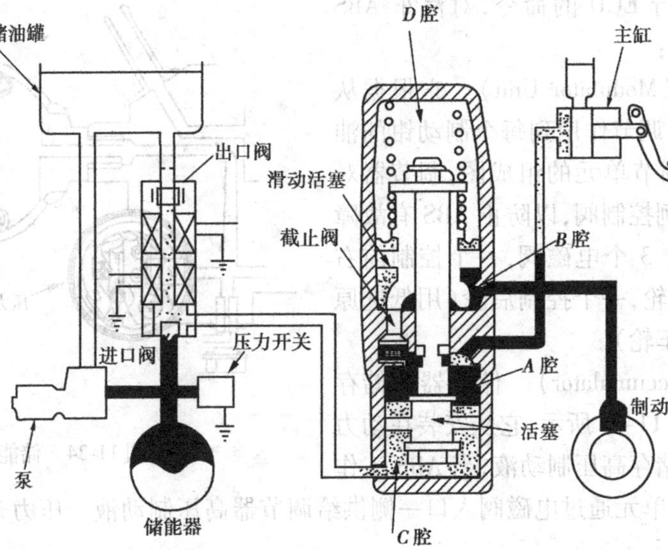


图 11-26　原始制动工况

2）紧急制动情况　如果制动踏板力非常大可能产生车轮抱死时，ECU 使电磁阀工作，即给电磁阀的两个线圈通电，于是出口阀关闭而入口阀打开，如图 11-27 所示，结果储能器的高压油直接进入调节器的 $C$ 腔，活塞向上移动，引起滑动活塞也向上移动，截止阀关闭，截断从制动主缸到制动钳的油路，与此同时，由于与制动钳相连的 $B$ 腔容积增大使制动钳内油压下降。当入口阀和出口阀都关闭时，即只有出口阀电磁线圈通电时，制动钳中压力维持不变。

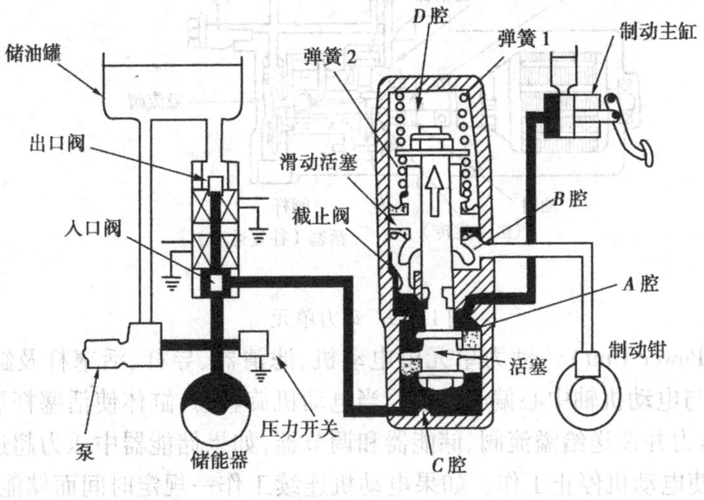


图 11-27　紧急制情况

当车轮抱死的可能性终止时，ECU 停止向电磁阀通电，于是出口阀打开，入口阀关闭，调节器 $C$ 腔又与储油罐相通，活塞在弹簧压力作用下向下移动，打开截止阀，于是制动主缸又与制动钳相通，重新恢复制动。如此反复，达到调节制动器制动力防止车轮抱死的目的。

3）当在非常粗糙的路面上行驶，车轮跳动有时会跳离地面而失去附着。此时，ABS可能功能很强（车轮抱死），引起注入调节器 $C$ 腔的高压制动液非常之多，使活塞上升移动很大，结果导致 $B$ 腔失去正常的压力，为了克服这个问题，在滑动活塞上装一弹簧2，使滑动活塞保持在一个适当的位置如图11-28所示，以防止 $B$ 腔的压力变为负值。

另外，当ABS起作用时，活塞在 $C$ 腔高压油的作用下向上移动。一方面 $B$ 腔容积增大，使制动钳的油压降低；另一方面 $A$ 腔容积减少，制动液被压回到制动主缸，制动液反过来推动主缸活塞时，驾驶员可感觉到制动踏板的反冲（kickback）而知道ABS的功能，如图11-29所示。

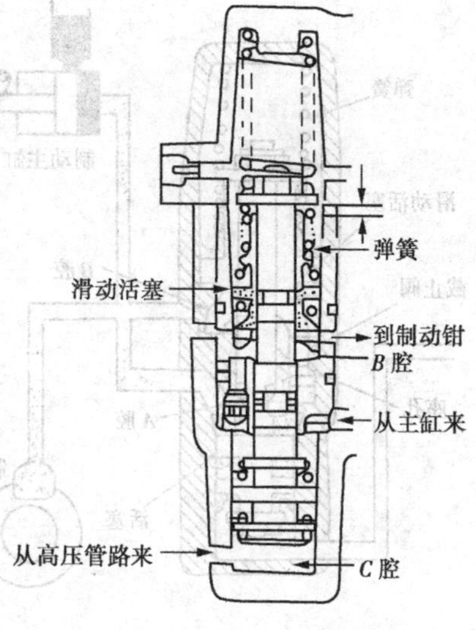


图11-28　防止 $B$ 腔变成负压

4）PCV阀功能（Propotioning Control Valve）　在对后轮的调节器中，活塞与滑动活塞的直径是显然不同

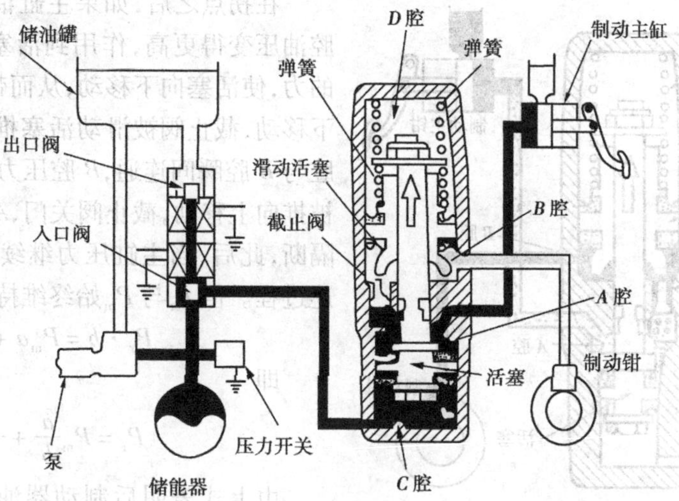


图11-29　反冲现象Kickback

的，见图11-30，这就提供了一个比例控制阀功能，以防止当ABS有故障或ABS不起作用时紧急制动期间，后轮先于前轮抱死拖滑，其工作原理如下：

在拐点之前（Before the turing Point），当制动主缸来的油压低于拐点压力时，截止阀在滑动活塞和它的弹簧力作用下总是被推向下方，截止阀台肩与座孔之间存在一间隙，$A$ 腔与 $B$ 腔通过此间隙相通，从制动主缸来的压力油经过 $A$ 腔和 $B$ 腔进入后制动钳，如图11-30所示，此时，后制动钳油压与制动主缸油压成45°直线关系（图11-31）。

当从主缸来的油压达到拐点油压时，油压作用到滑动活塞上的力克服弹簧力而使滑动活塞向上移动。原来与滑动活塞下方接触的截止阀于是也向上移动，截止阀台肩与阀座接触，关闭 $A$ 腔与 $B$ 腔的液流通道，如图11-32所示，此点油压称为拐点油压，即比例阀开始起作用的油压。

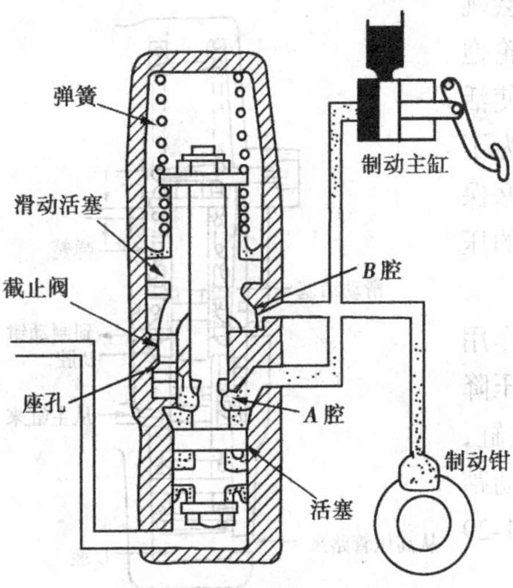


图 11-30 PCV 阀在拐点之前的工作

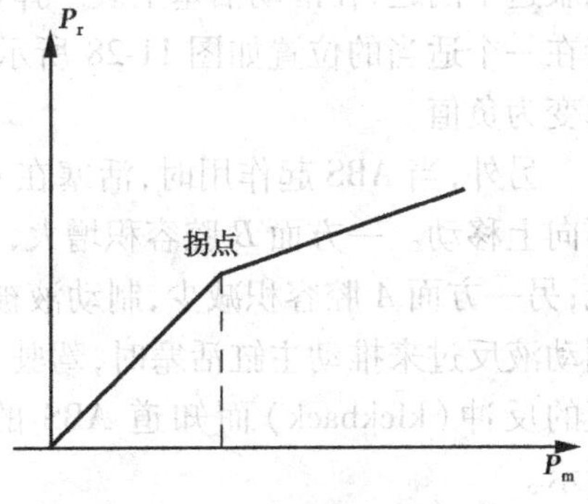


图 11-31 后制动钳油压与制动主缸超电压的直线关系

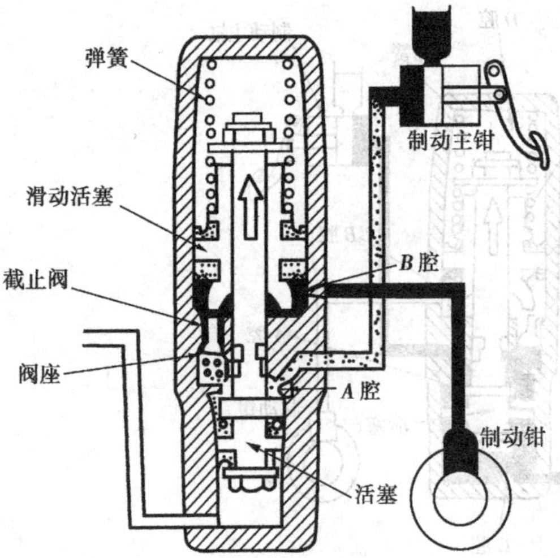


图 11-32 拐点之后的工作

在拐点之后,如果主缸油压进一步增加,$A$腔油压变得更高,作用到活塞面积上一个向下的力,使活塞向下移动,从而带动滑动活塞也向下移动,截止阀被滑动活塞推向下移动,允许 $A$ 腔与 $B$ 腔瞬间连通,$B$ 腔压力增加,滑动活塞又被推向上移动,截止阀关门,$A$ 腔与 $B$ 腔再次被隔断,此后,当主缸压力继续增大时,将重复上述过程。但 $P_r$ 与 $P_m$ 始终维持下述关系

$$P_r \cdot b = P_m a + F$$

即

$$P_r = P_m \frac{a}{b} + \frac{F}{b} \tag{11-6}$$

由上式表明后制动器油压 $P_r$ 与主缸油压 $P_m$ 的关系仍为一直线,其斜率为 $\frac{a}{b}$,截距为 $\frac{F}{b}$,由于 $a > b$,故为小于 45°的直线,即后轮制动压力增长比制动主缸压力增长慢,以防止后轮先于前轮抱死拖滑的不稳定工况,且前轮也不会过早地抱死而失去转向能力。

(5) HONDA-ACCORD 汽车 ABS 的故障诊断

1) ABS 指示灯　ABS 指示灯位于仪表板上如图11-34所示,它的作用一是监视 ABS 的工作情况,当 ABS 有故障时,控制单元立即点亮 ABS 指示灯,告知驾驶员 ABS 已出现故障。另外,它还兼作 ABS 故障代码指示。

2) 故障代码的读出　当汽车正在行驶时,ABS 指示灯点亮,此时应做如下操作:

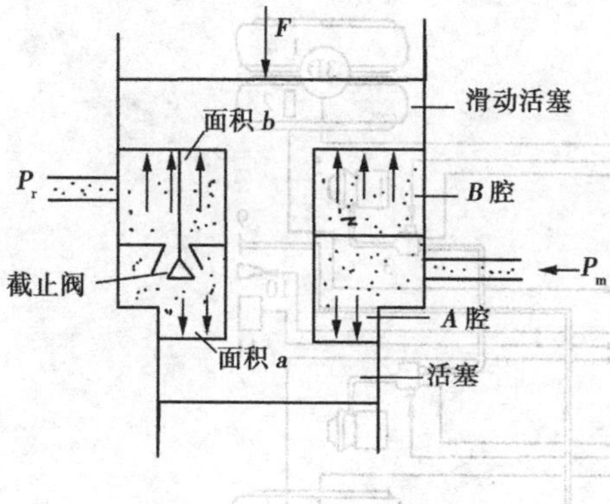


图 11-33　PCV 的力学原理

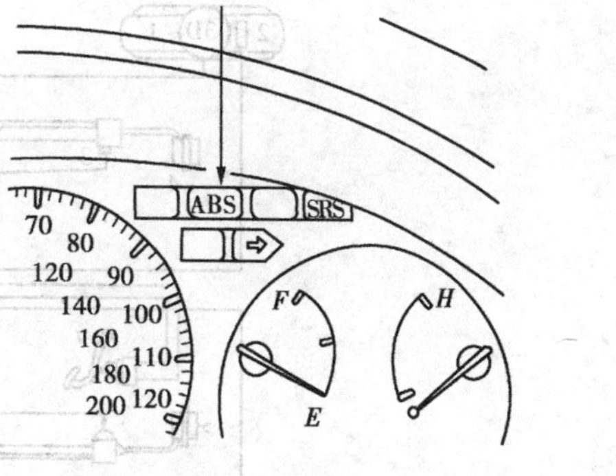


图 11-34　ABS 灯

①停止发动机

②拆下汽车前排乘员一侧仪表板下的维修检测接头(图 11-35)。

③打开关火开关但不启动发动机，此时 ABS 指示灯开始闪烁，记录下闪烁频率，图 11-36 为故障代码波形。控制单元一次可以指示 3 个故障代码，如果数错了闪烁频率，可以关闭点火开关，然后打开点火开关重读。

④查故障代码表，对故障进行处理。

⑤故障排除后，拆下 ABS B2 保险丝 3 s 以上，以擦除 ECU 的 RAM 中存储的故障代码。

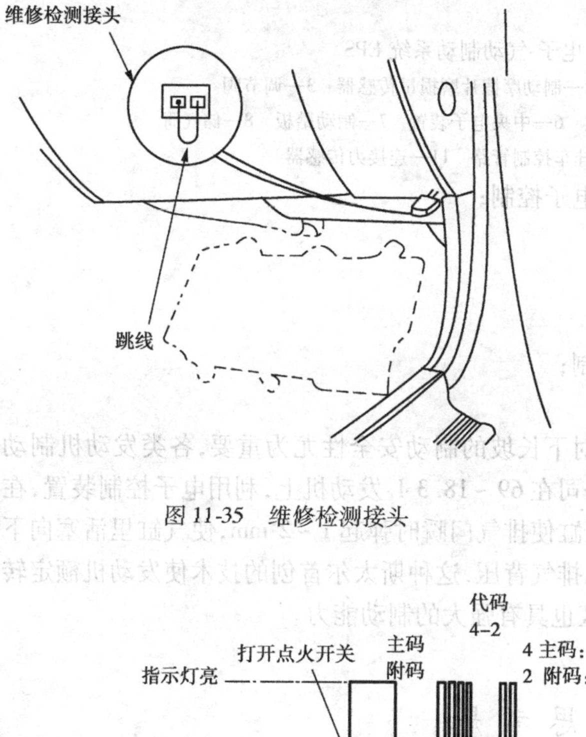


图 11-35　维修检测接头

近十年来，电子制动技术获得了突破性进展，继 80 年代 ABS、ASR 推广以来，90 年代中期，电子制动器又开始投放市场，使重型汽车制动技术进入了一个新时期。

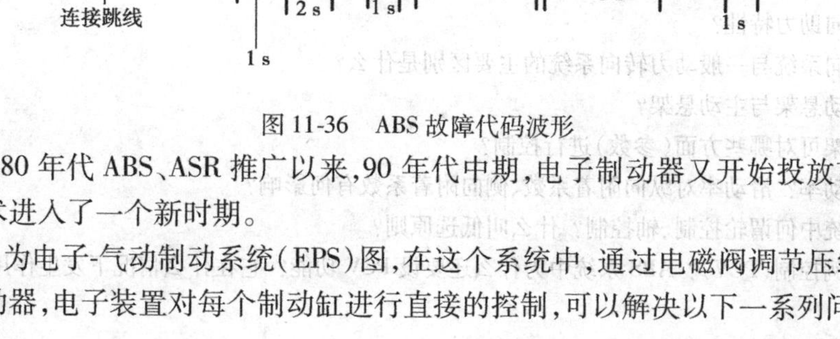

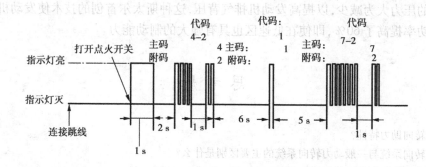


图 11-36　ABS 故障代码波形

图 11-37 为电子-气动制动系统(EPS)图，在这个系统中，通过电磁阀调节压缩空气气压，控制车轮制动器，电子装置对每个制动缸进行直接的控制，可以解决以下一系列问题：

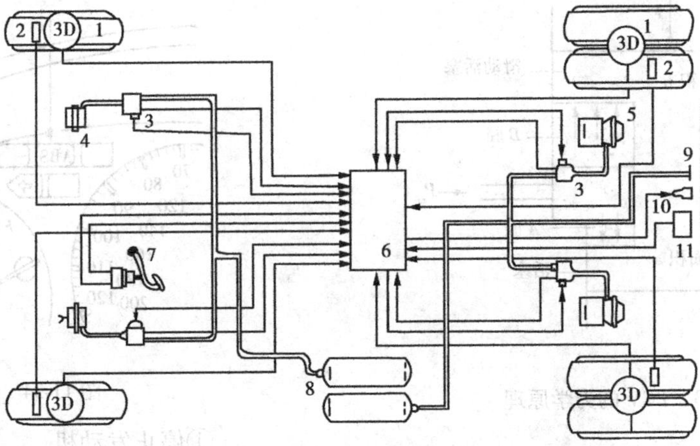


图 11-37　电子-气动制动系统 EPS

1—三维车轮测力传感器　2—制动摩擦片磨损量传感器　3—调节阀
4—前轮制动缸　5—后轮制动缸　6—中央电子装置　7—制动踏板　8—储气筒
9—挂车的储气筒　10—挂车控制管路　11—连接力传感器

①一种与载荷有关的制动力分配的电子控制；

②制动防抱系统 ABS；

③驱动防滑控制系统 ASR；

④电子控制阻尼器；

⑤牵引汽车与挂车之间耦合力的控制；

⑥制动器摩擦片磨损的控制。

另外，发动机制动技术日臻完善，这对下长坡的制动安全性尤为重要，各类发动机制动及缓速器的开发、改进日趋完善，例如，曼公司在 69 ~ 18.3 L 发动机上，利用电子控制装置，在排气制动阀关闭时，利用位于摇臂上的液压缸使排气门瞬时弹起 1 ~ 2 mm，使气缸里活塞向下推进加速度的压力大为减少，以提高发动机排气背压，这种斯太尔首创的技术使发动机额定转速下的制动功率提高了 60%，即使在低速区也具有强大的制动能力。

## 思考题

1. 何谓转向助力特性？
2. 电控转向系统与一般动力转向系统的主要区别是什么？
3. 何谓被动悬架与主动悬架？
4. 电控悬架可对哪些方面(参数)进行控制？
5. 何谓滑动率？滑动率对纵向附着系数、侧向附着系数有何影响？
6. ABS 系统中何谓轮控制、轴控制？什么叫低选原则？
7. 何谓比例控制(PCV)？ABS 系统中为什么还要设 PCV 功能？它在什么情况下发生作用？

# 第 12 章　汽车电气设备总线路

汽车电气设备总线路,就是将汽车的电源、起动系、点火系、照明、信号、仪表和辅助电器装置等,按照它们各自的工作特性及相互间的内在联系,用导线连接起来所构成的一个整体。

## 12.1　线 路 分 析

### 12.1.1　一般原则

汽车总线路由于各种车型的结构形式,电气设备的数量、安装位置、接线方法不同而各有差异。但其线路都应遵循以下基本原则:

①汽车均用单线制;

②各用电设备均并联;

③电流表必须能测量蓄电池充、放电电流的大小。因此,凡由蓄电池供电时,电流都必须经电流表与蓄电池构成回路。但对个别用电量大而工作时间短的用电设备,如起动机、电喇叭等例外,其电流不经过电流表;

④各车均装有保险装置,以防止短路而烧坏电缆和供电设备;

⑤为便于区别各线路的连接,汽车所用低压线,必须选用不同颜色的单色或双色电线。黑色电线除用作搭铁外,不作其他用途;

⑥为不使全车电线零乱,以便安装和保护导线的绝缘,应将导线做成线束。一辆汽车可以有多个线束;

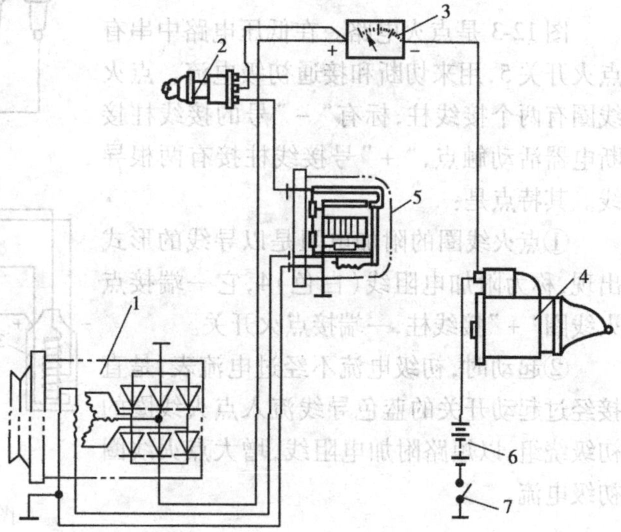

图 12-1　东风 EQ140 型汽车电源电路

1—交流发电机　2—点火开关　3—电流表　4—起动机　5—双极电磁振动式电压调节器　6—蓄电池　7—电源总开关

⑦为便于安装和维修,汽车电器接线柱标记必须符合 ZBT36-009-89 的要求。

现代汽车,由于电气设备不断完善,数量增多,整车电气设备总线路十分复杂。为便于分析和正确判断电路故障,除遵循上述原则外,还可将整车电路分解为电源电路、起动电路、点火电路、仪表电路、照明及信号电路等进行分析,现以东风 EQ140 型汽车电路为例。

### 12.1.2　电源电路

图 12-1 是 EQ140 的电源电路,它包括交流发电机、双级电磁振动式电压调节器及蓄电池等组成,其电路特点为:

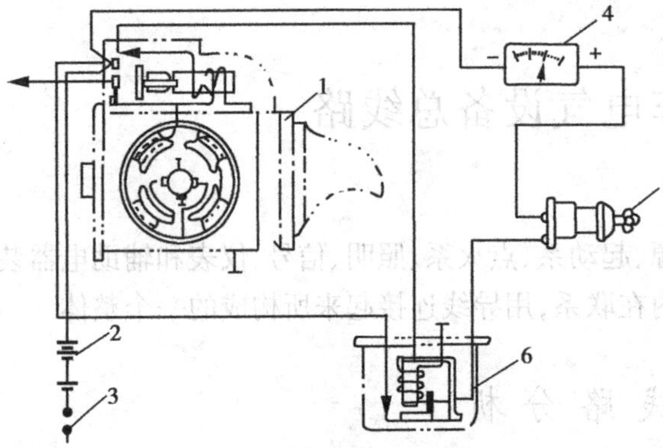

图 12-2 东风 EQ140 起动电路

1—起动机 2—蓄电池 3—电源总开关

4—电流表 5—点火开关 6—起动机继电器

①蓄电池为 12 V,经电源总开关后负极搭铁。在汽车停用时,应注意切断电源总开关,以防止蓄电池漏电。

②电流表的“ - ”端接蓄电池的正电极,电流表“ + ”端接交流发电机电枢及用电设备,以便正确指示蓄电池的充放电的电流值。

③发电机的激磁电流由点火开关控制。

### 12.1.3 起动电路

图 12-2 是 EQ140 起动电路。它包括起动机、蓄电池及起动继电器。其特点是:

①起动机上的电磁开关由起动机继电器控制;

②起动机继电器由点火开关控制。

### 12.1.4 点火电路

图 12-3 是点火电路。在低压电路中串有点火开关 5,用来切断和接通初级电流。点火线圈有两个接线柱,标有“ - ”号的接线柱接断电器活动触点,“ + ”号接线柱接有两根导线。其特点是:

①点火线圈的附加电阻是以导线的形式出现,称为附加电阻线(白色)4,它一端接点火线圈“ + ”接线柱,一端接点火开关。

②起动时,初级电流不经过电流表,是直接经过起动开关的蓝色导线流入点火线圈的初级绕组,以短路附加电阻线,增大点火线圈初级电流。

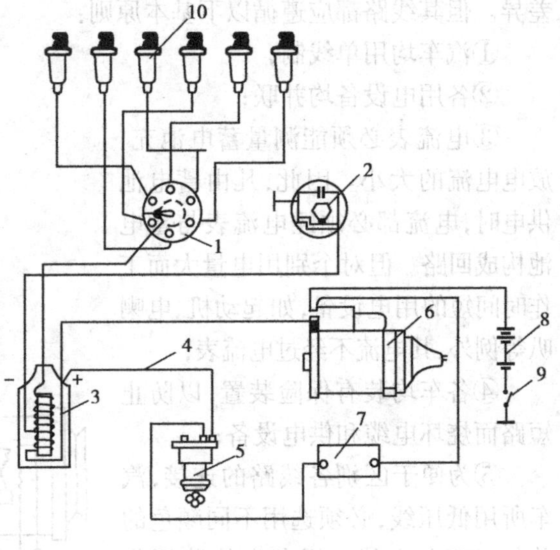

图 12-3 东风 EQ140 汽车点火电路

1—分电器 2—断电器 3—点火线圈 4—白色电阻线

5—点火开关 6—起动机 7—电流表 8—蓄电池

9—电源总开关 10—火花塞

### 12.1.5 照明电路

图 12-4 为照明电路,东风 EQ140 为 4 灯式前照灯。其中内侧灯 1 为一般双灯丝前照灯,外侧灯 2 为单灯丝。其电路特点为:

(1)设有车灯总开关 23,其电源接线柱①接双金属电路断电器 21,接线柱②接熔断丝盒 19。

(2)车灯总开关接线柱③接侧前照灯 2,接线柱④接尾灯 4,接线柱⑤接前照灯变光开关 17,接线柱⑥接前小灯。

(3)当双金属片保险器断开时,为了不致造成全车灯光熄灭,EQ140 汽车上装有灯光继电器 18。在正常情况下,灯光继电器 18 上的磁化线圈两端电位相等,均等于电源电压,侧灯 2 的电路由车灯总开关 23 控制。当前照灯、小灯和尾灯等线路中只要有一处短路,双金属片保

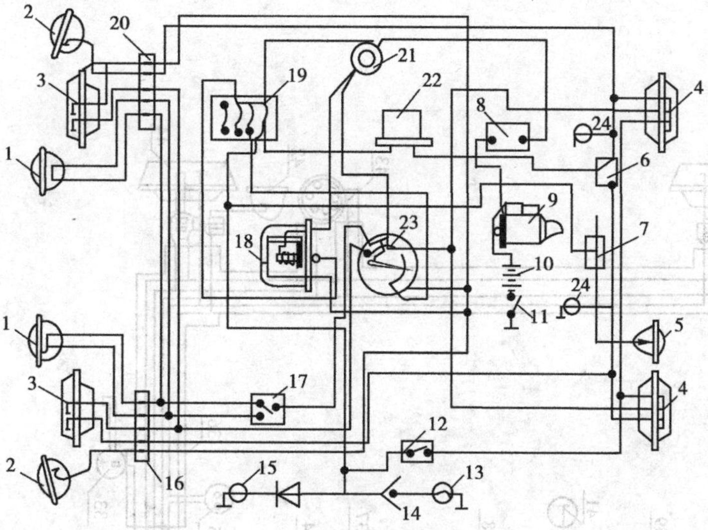

图 12-4 东风 EQ140 型汽车灯系

1—前照灯 2—侧灯 3—前组合灯 4—后组合灯 5—后照灯 6—转向灯开关 7—暖风开关 8—电流表 9—起动机 10—蓄电池 11—电源总开关 12—制动开关 13—顶灯 14—顶灯开关 15—罩下灯 16、20—接线板 17—变光开关 18—灯光继电器 19—保险丝盒 21—双金属片保险器 22—闪光器 23—灯开关 24—转向指示灯

险器 21 就会因电流过大而断开，汽车灯光熄灭，但这时灯光继电器 18 的线圈有电流流过，使其触点闭合，于是接通了侧前照灯，使驾驶员仍可安全行驶。

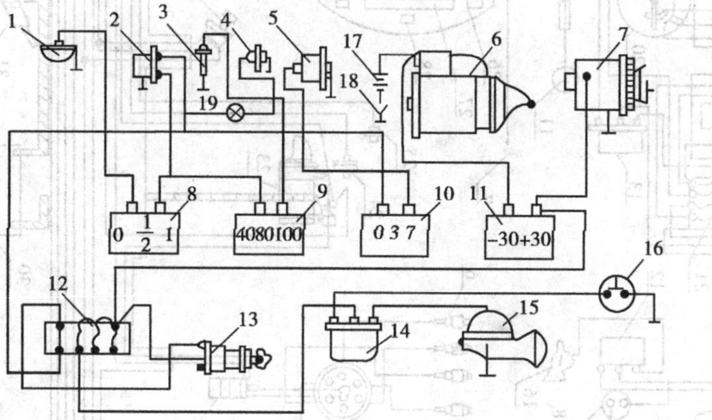


图 12-5 东风 EQ140 型汽车仪表信号

1—燃油传感器 2—电源稳压器 3—水温传感器 4—油压警告灯传感器 5—机油压力传感器 6—起动机 7—发电机 8—燃油表 9—水温表 10—机油表 11—电流表 12—保险丝盒 13—点火开关 14—喇叭继电器 15—喇叭 16—喇叭按钮 17—蓄电池 18—电源总开关 19—油压警告灯

### 12.1.6 仪表电路

图 12-5 所示为 EQ140 仪表电路。它由电流表、机油压力表和警告灯、水温表、燃油表和它们的传感器等组成。其电路特点是：

①蓄电池供电时，所有仪表和信号电流均经过电流表，即仪表和信号的电源线通过点火开关与电流表“+”端相连接。

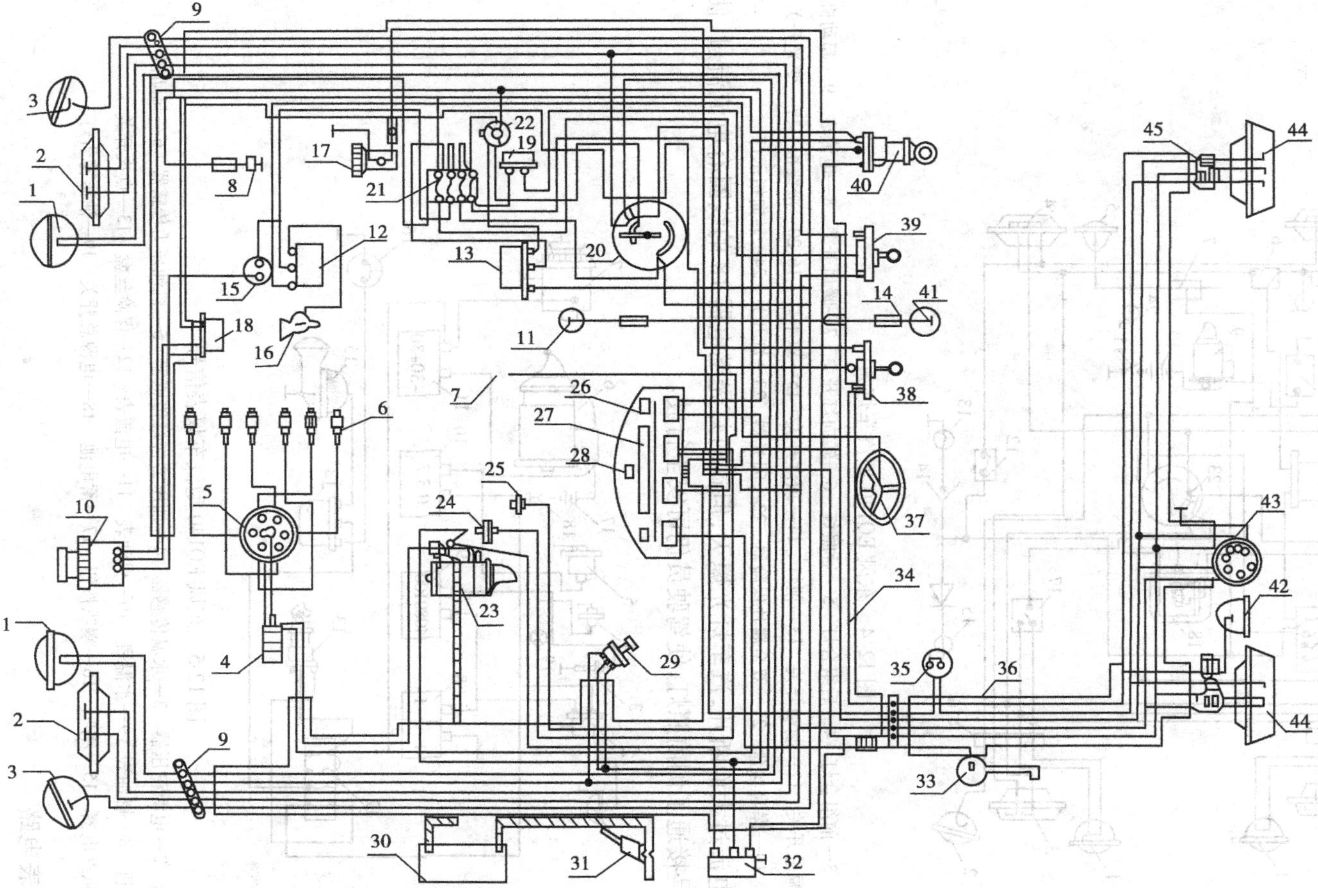

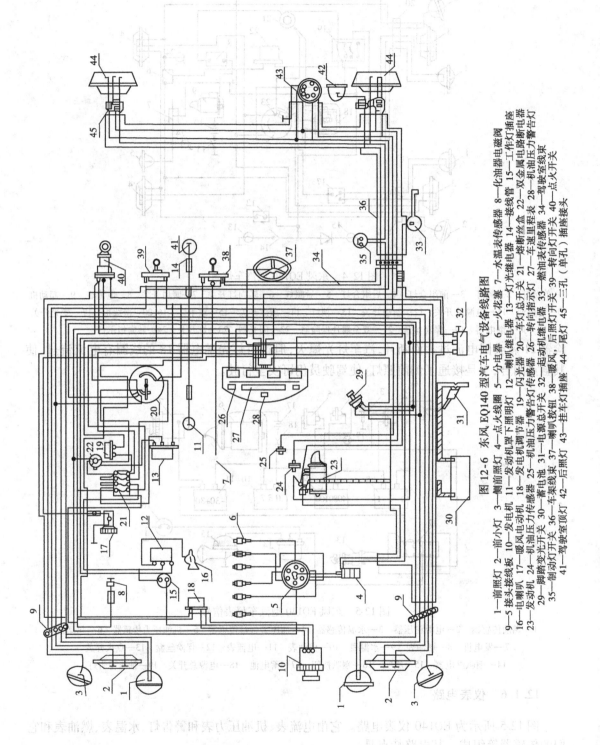

图 12-6　东风 EQ140 型汽车电气设备线路图

1—前照灯　2—前小灯　3—侧前照灯　4—点火线圈　5—分电器　6—火花塞　7—水温表传感器　8—化油器电磁阀
9—5 接头接线板　10—发电机　11—发动机罩下照明灯　12—喇叭继电器　13—灯光继电器　14—接线管　15—工作灯插座
16—电喇叭　17—暖风电动机　18—发电机调节器　19—闪光器　20—车灯总开关　21—熔断丝盒　22—双金属电路断电器
23—发动机　24—机油压力传感器　25—机油压力警告灯传感器　26—转向指示灯　27—车速里程表　28—机油压力警告灯
29—脚踏变光开关　30—蓄电池　31—电源总开关　32—起动机继电器　33—燃油表传感器　34—驾驶室线束
35—制动灯开关　36—车架线束　37—喇叭按钮　38—暖风，后照灯开关　39—转向灯开关　40—点火开关
41—驾驶室顶灯　42—后照灯　43—挂车灯插座　44—尾灯　45—三孔（单孔）插座接头

②具有机油压力表和机油压力过低报警指示灯，以防机油压力过低。

③燃油表和水温表为双金属式仪表，故专门设有双金属式稳压电源（输出电压为 8.64±0.15 V），稳压器封装在仪表板内。东风 EQ140 的车速里程表为机械式结构，故在电路图中未画出。

### 12.1.7 东风 EQ140 型汽车电气设备线路图

图 12-6 为东风 EQ140 型载货汽车全车电路总图。

## 12.2 汽车电系传统的导线和线束

### 12.2.1 导线

汽车电系的导线有高压线和低压线两种，二者均采用铜质多芯软线。导线截面积主要根据其工作电流选择，但是对于一些电流很小的电器，为保证导线应具有一定的机械强度，汽车电系中所用导线截面积至少不得小于 0.5 $mm^2$。

各种低压导线截面积所允许的负载电流列于表 12-1。

**表 12-1 低压导线标称截面允许负载电流值**

| 导线标称截面积/$mm^2$ | 0.5 | 0.8 | 1.0 | 1.5 | 2.5 | 3.0 | 4.0 | 6.0 | 10 | 13 |
|---|---|---|---|---|---|---|---|---|---|---|
| 允许电流/A | | | 11 | 14 | 20 | 22 | 25 | 35 | 50 | 60 |

由于起动机是短期工作，为了保证起动机正常工作时，能发出足够的功率，要求在线路上每 100 A 的电流所产生的电压降，不能超过 0.1 ~0.15 V，因此，所用导线截面积较大。

汽车 12 V 电系主要线路导线截面积推荐值见表 12-2。

**表 12-2 12 V 电系主要线路导线截面推荐值**

| 标称截面/$mm^2$ | 用　　途 |
|---|---|
| 0.5 | 尾灯、顶灯、指示灯、仪表灯、牌照灯、燃油表、刮水器电动机、电钟、水温表、油压表 |
| 0.8 | 转向灯、制动灯、停车灯、分电器 |
| 1.0 | 前照灯、喇叭（3 A 以下） |
| 1.5 | 电喇叭（3 A 以上） |
| 1.5 ~4.0 | 其他的连接导线 |
| 4 ~6 | 电热塞电线 |
| 6 ~25 | 电　源　线 |
| 16 ~95 | 起动机电线 |

汽车的高压导线耐压极高，一般应在 1.5 kV 以上，故其截面很小（因电流很小），约 1.5 $mm^2$，绝缘层厚度很厚，多采用橡胶绝缘，加有浸漆棉质编包。

为便于汽车电系的连接和维修，汽车用低压线的颜色，必须符合国家有关标准。单色线的颜色由表 12-3 规定的颜色组成。双色线的颜色由表 12-4 规定的两种颜色配合组成。双色线的主色所占比例大些,辅助色所占比例小些。辅助色条纹与主色条纹沿圆周表面的比例为1∶3～1∶5。双色线的标注第一色为主色,第二色为辅助色。

**表 12-3 汽车用电线颜色**

| 电线颜色 | 黑 | 白 | 红 | 绿 | 黄 | 棕 | 蓝 | 灰 | 紫 | 橙 |
|---|---|---|---|---|---|---|---|---|---|---|
| 代　　号 | B | W | R | G | Y | Br | BL | Gr | V | O |

电线颜色的选用程序,应符合表 12-4 的规定。

**表 12-4 电线颜色的选用程序**

| 选用程序 | 1 | 2 | 3 | 4 | 5 | 6 |
|---|---|---|---|---|---|---|
| 电线颜色 | B | BW | BY | BR | | |
| | W | WR | WB | WBL | WY | WG |
| | R | RW | RB | RY | RG | RBL |
| | G | GW | GR | GY | GB | GBL |
| | Y | YR | YB | YG | YB | YW |
| | Br | BrW | BrR | BrY | BrB | |
| | BL | BLW | BLR | BLY | BLB | BLO |
| | Gr | GrR | GrY | GrBL | GrB | GrB |

汽车电系一般分为 9 个系统,各系统的主色见表 12-5。

**表 12-5 汽车电路各系统的主色**

| 序号 | 系　统　名　称 | 电线主色 | 代号 |
|---|---|---|---|
| 1 | 电源系 | 红 | R |
| 2 | 点火和起动系 | 白 | W |
| 3 | 前照灯、雾灯及外部灯光照明系统 | 蓝 | BL |
| 4 | 灯光信号系统,包括转向指示灯 | 绿 | G |
| 5 | 车身内部照明系统 | 黄 | Y |
| 6 | 仪表及警报指示和喇叭系统 | 棕 | Br |
| 7 | 收音机、电钟、点烟器等辅助装置 | 紫 | V |
| 8 | 各种辅助电动机及电气操纵系 | 灰 | Gr |
| 9 | 电气装置搭铁线 | 黑 | B |

### 12.2.2 线束

汽车上的全车线路,除高压线以外,都应用棉纱编织或用薄聚氯乙烯带缠绕包扎成束,称做线束。近来国外汽车为了检修电线方便,用塑料制成开口的软管,将电线包裹其中,检修时将开口撬开即可。

| 线号 | 1 | 1A | | 2 | 2A | 2B | 2C | 2D | 2E | 2F | 3 | 4 | 4A |
|---|---|---|---|---|---|---|---|---|---|---|---|---|---|
| 断面 | 2.5 | 1.5 | | 2.5 | 2.5 | 1.5 | 2.5 | 1.5 | 1.5 | 1.5 | 1.0 | 1.5 | 1.5 |
| 颜色 | 红 | 红 | | 粉红 | 粉红 | 粉红 | 粉红 | 粉红 | 粉红 | 粉红 | 黄 | 黑 | 黑 |
| 线号 | | 6 | 6A | 6B | 6C | | 8 | 9 | 10 | | | | |
| 断面 | 附加电阻线 | | 1.0 | 0.8 | 1.0 | | 1.0 | 1.0 | 1.5 | | | | |
| 颜色 | | 白 | | | | | 蓝 | 黄 | 粉红 | | | | |

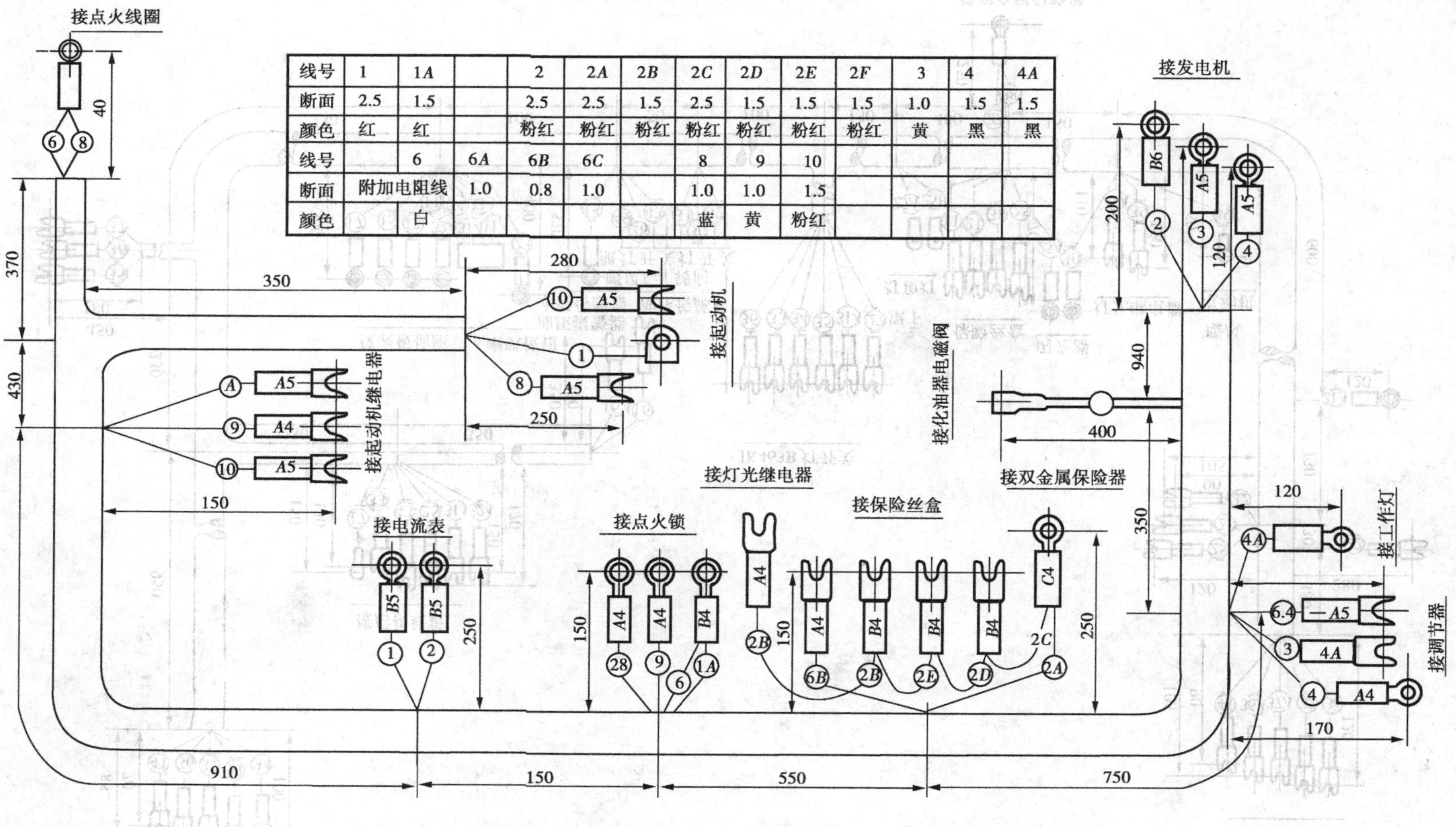


图 12-7 东风牌 EQ140 电源、点火、起动电线束总成图

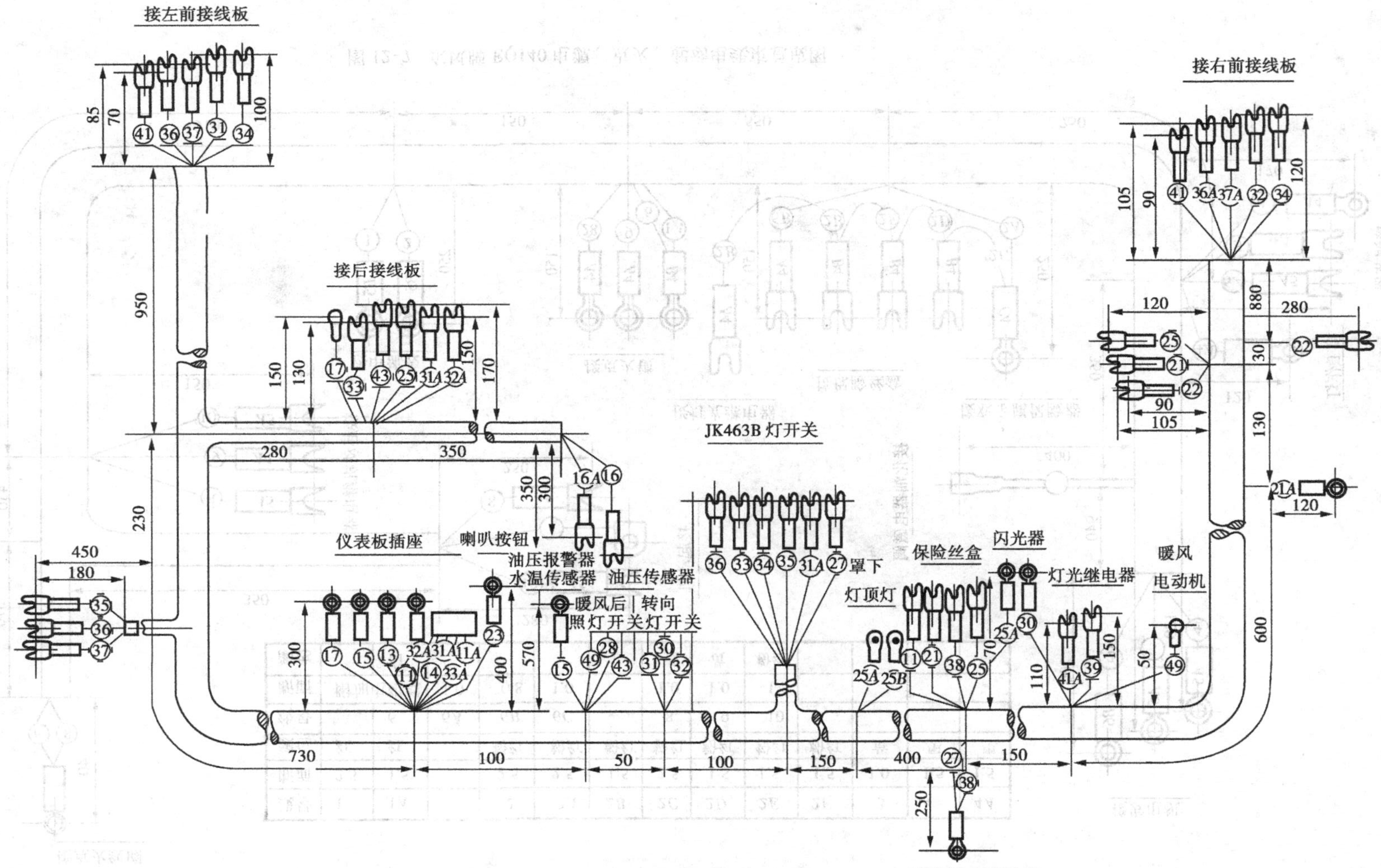


图 12-8 东风牌 EQ140 仪表、信号、灯光电线束总成图

安装汽车线束时,一般都事先将仪表板和总灯开关,点火开关等连接好,然后再往汽车上安装。接线时,可根据导线颜色区分,分别接于相应的电器上。安装线束时应注意:

①线束应用卡簧或绊钉固定,以免松动磨坏;

②线束在拐弯处或有发生相对运动的部件间不应拉得太紧;

③在穿过洞口和绕过锐角处,应用橡皮、毛毯类垫子或套管保护,使其不被磨损而造成搭铁、短路甚至酿成火灾等危险;

④各个线头连接必须紧固、可靠,线头与线头之间,线头与接线柱之间应接触良好。

图 12-7 为东风牌 EQ140 电源、点火、起动电线束总成图(驾驶室线束总成)。

图 12-8 为东风牌 EQ140 仪表、信号、灯光电线束总成图(车架线束总成)。

## 12.3 车内信息的多路传输与控制器局域网

### 12.3.1 概述

在传统汽车中,电源、开关、继电器、电磁仪表、用电设备等相关的部件构成了汽车电器,它们之间信息交互是建立在点对点电气信号连接的基础上的,电气信号种类也局限于模拟信号和开关信号。

现代汽车已经由传统的机电一体化产品发展为以微电子技术(含微机技术)、智能传感器技术、网络技术、先进控制技术和机电一体化耦合交叉技术所装备的高新技术产品,汽车中电器技术含量和数量已成为评价汽车性能和功能的一个重要标志,汽车电器技术含量和数量的增加,意味着汽车性能提高和功能增强。比较高档的汽车上装有几十个微机控制器,上百个传感器,如大众辉腾微机控制器达 60 多个,新型高尔夫也有 30 个。汽车电器的增加,使汽车电器之间的信息交互桥梁——线束和与其配套的插接件数量也成倍上升,在 1955 年平均一辆汽车所用线束总长度为 45 m,而到 2002 年增加到 4 000 m,线束的增加,不但占据了车内宝贵的有效空间,增加了装配和维修的难度,提高了成本,而且整车可靠性也降低。为了提高信号的利用率,要求大批的数据信息能在不同的电子单元中共享,汽车综合控制系统中大量的控制信号也需要实时交换,传统线束已远远不能满足这种需求。多路传输及网络技术便用于汽车中。

多路传输,顾名思义,就是一条线路负责传输多种讯号,并在微处理器/微控制器之间形成车载网络。

现在的车载网络均采用串行数据总线,它的特点是占用信道少,信息容量大,在各种串行数据总线中,最常见的是 PC 机上的串口 UART,因此,最早的车载网络是在 UART 的基础上建立的,如通用汽车的 ECC、克莱斯勒的 CCD、福特的 ACP 和丰田的 BEN 等车载网络都是 UART 的基础上建立的。由于汽车具有强大的产业背景,现在已过渡到根据汽车具体情况,在微处理器/微控制器中定制专用串行数据总线,如 CAN、LIN、Byteflight 和 FlexRay 等都是为汽车定制的专用串行数据总线。20 世纪 90 年代中期,美国汽车工程师协会(SAE)下属汽车网络委员会,为了规范车载网络的研究设计与生产应用,制定了 SAE J 18065 网络标准,该标准按网络的位传输速率将车用总线划分为 A、B、C 三类:

A 类面向传感器/执行器控制的低速网络,其传输速率为 1 ~ 10 Kb/s,主要用于电动门窗、座椅调节、灯光照明等控制;

B 类面向独立模块间数据共享的中速网络,位速率为 10 ~ 100 Kb/s,主要用于电子车辆信息中心、故障诊断、仪表显示、安全气囊等系统,以减少冗余的传感器和其他电子部件;

C类面向高速实时闭环控制的多路传输网络,最高位速率可达1 Mb/s,主要用于悬架控制、牵引控制、喷射发动机控制、ABS等系统,以简化分布式控制和进一步减少车身线束。

到目前为止,满足C类网要求的只有CAN协议。

三类网络功能均向下涵盖,即B类支持A类网络功能,C类同时实现B类和A类网络功能,通常A类网络系统不单独使用,而是和B类网络结合使用。

在车载网络发展过程中,通信介质日益引起关注,目前POF已得到广泛应用,POF是塑胶光纤的缩写(Plastic Optical Fiber),它使用丙烯树脂作为核心材料,其主要特点是:POF直径比其他类型的光纤大、通信速度高、成本低、材质坚韧不易断裂、具有很强的抗振动和弯曲特性,但与石英光纤比,其光传输损失较大,对长距离传输不合适,由于车内的通信距离有限,且振动较强,因此,POF在汽车中广为应用。

### 12.3.2 CAN协议

为了适应车载网络控制的发展,更好地在各控制系统之间完成信息交流,协调控制,共享资源及标准化、通用化,世界各国积极合作,进行统一标准,共同研制。迄今为止,已有多种网络标准,如BOSCH公司的CAN、美国商用机器公司的Auto CAN、ISO的VAN、马自达的ALM-NET、德国大众的ABUS等。20世纪80年代初,BOSCH(波许)公司开发的CAN协议,经多次修订于1991年9月形成技术规范2.0版,该版包括2.0A和2.0B两部分,其中2.0A给出了报文标准格式,2.0B给出了报文标准和扩展两种格式,以满足对C类网应用要求。

CAN协议具有如下特点:

1)以多主方式工作,网络上任意一个节点均可以在任意时刻主动地向网络上发送信息,通信方式灵活,信息全车共享,废除传统的站地址编码方式。

2)CAN网络上的节点信息可分成不同的优先级别,以竞争方式工作,以满足不同的实时要求。

由于CAN系统中数据信息量非常大,有快变化信号,也有渐变信号,为保证总线上交通畅通,重要信息在总线访问中实时优先发送,合理地安排数据信息访问优先级显得尤为重要,各电子控制单元正常工作所能容许的最大时间延迟是决定数据访问优先级的最主要因素,如对转矩、车速、发动机转速等变化快的信号必须进行高速采样,并以相应的速率在总线上传输,数据总线访问优先级也就高,对进气温度、冷却液温度等变化慢的信号,访问级别就很低。另外,如果一个参数信号对控制系统工作显得非常重要,也应获得较高的优先级别。

3)采用非破坏性总线裁决技术。当2个节点同时向网络上发送信息时,优先级低的主动停止数据发送,而优先级高的节点可不受影响地继续传输数据,这样,即使在网络负载很重的情况下也不会出现网络瘫痪情况。

4)CAN最多可标识2032(2.0A)或5亿(2.0B)个数据块,其节点数实际可达110个。

5)CAN的直接通信距离最远可达10 km(速率5 b/t以下),在最高速率1Mb/t时,距离最长为40 m。

6)数据采用短帧结构,每一帧的有效字节数为8个,这样,占用总线的时间短,从而保证通讯的实时性。

7)CAN每帧信息采用15位CRC校验及差错处理机制,有力地保证了数据传输的可靠性。

8)CAN节点在错误严重的情况下,具有自动关闭总线的功能,切断它与总线的联系,使总线上其他操作不受影响。

9)采用NRZ编码/解码方式,并采用位填充技术。

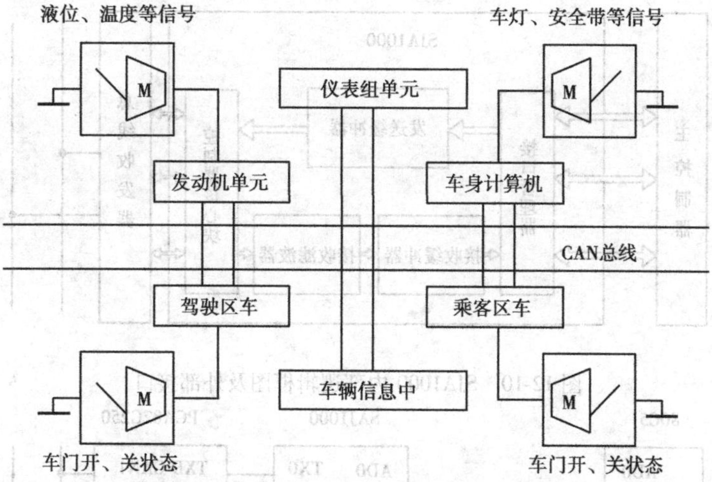


图 12-9　基于 CAN 总线的 B 类网络系统

由于目前只有 CAN 协议能满足 C 类网络的要求而在汽车中广为应用，目前支持 CAN 协议的有 INTEL、MOTOLA、PHILIPS、SIEMENS、NEC、HONEYWELL 等百余家国际著名公司，CAN 应用器件也琳琅满目，层出不穷，已经形成产品系列。

### 12.3.3　CAN 总线产品及其应用示例

目前市场上最常见的 CAN 总线产品有 PHILIPS 公司的 PCA82C200、SJA1000、P8XC591、P8XC592、PCA82C250 等，其中 SJA1000 和 PCA82C200 为独立的 CAN 控制器，P8XC591 和 P8XC592 将微控制器和 CAN 通讯控制器等成为一体，PCA82C250 是 CAN 总线的收发器，用于 CAN 器件与物理总线的连接。

CAN 组成的典型 B 类网络系统如图 12-9 所示，车辆信息中心和仪表组单元无须单独挂接液位、温度、车灯、车门及安全带等信号传感器，就能从总线上获取上述信息，大大地减少了传感器和其他电子部件数量，有效地节约了线束和安装空间及系统成本。

在独立的 CAN 控制器中，PHILIPS 公司首推新一代功能更为完善的 SJA1000。它有两种应用模式，即标准模式和 Peli 模式，标准模式符合 CAN 协议 2.0A 标准，能实现 PCA82C200 的所有功能，接收缓冲器也增至 64 个字节。Peli 模式符合 2.0B 标准，能实现扩展数据格式，增加了仲裁、丢失捕获、错误代码读取等功能，设计更为灵活方便，SJA1000 内部逻辑框图及外部接口如图 12-10 所示，接口管理逻辑负责 CAN 控制器与微控制器的相互通讯，CAN 核心块集成了位流处理、位定时、数据收发及错误管理等功能。

SJA1000 的总线驱动能力有限，不直接与总线连接，中间需经 CAN 收发器和总线连接，图 12-11 给出了 SJA1000 经 PCA82C250 收发器与总线连接原理图。

图 12-12 为 CAN 总线的 C 类网络系统图。

### 12.3.4　结束语

由上述可知，车载网络具有如下优点：

1）灵活的组成结构。针对不同的汽车电子设备配置，无需对整个系统进行重新设计就可以使用，扩展非常容易；

2）系统构成方便，系统所用软硬件均是普通流行的器件，设计人员易于进行开发和升级；

3）资料一致性高，所有子系统均使用同一信息（全车共享），不仅减少了传感器，而且还由

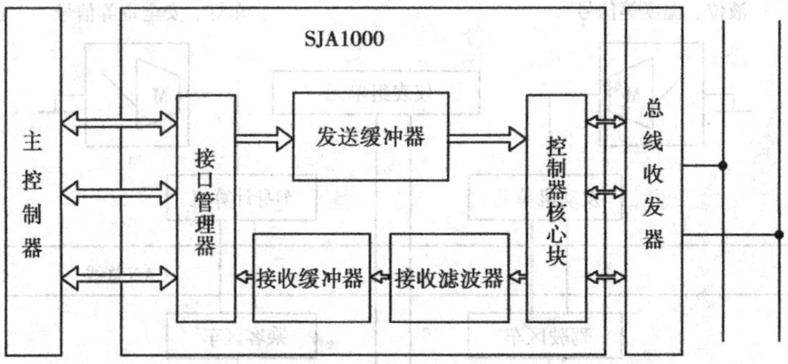


图 12-10　SJA1000 内部逻辑框图及外部接口

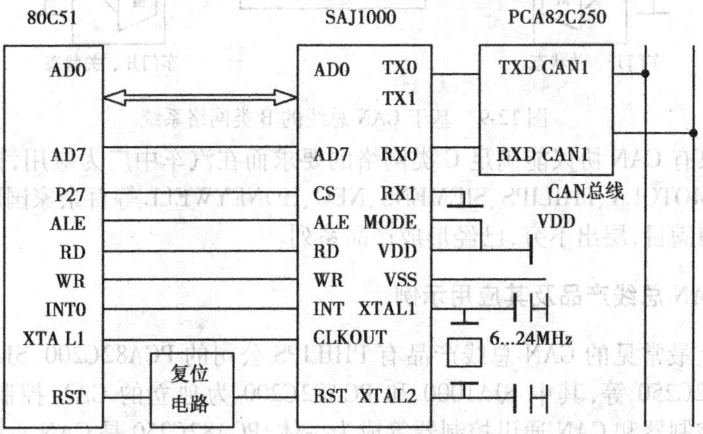


图 12-11　SJA1000 的典型应用方案

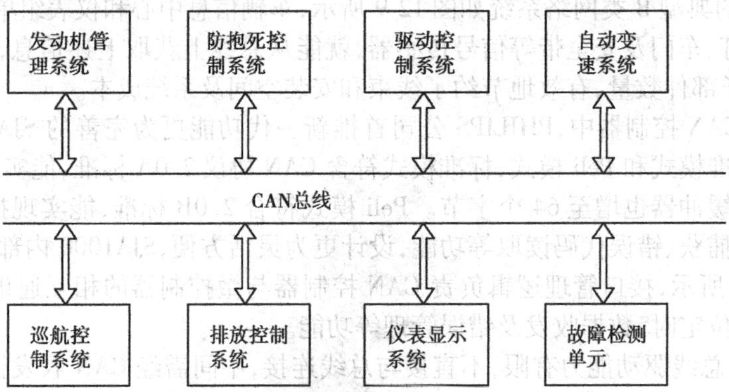


图 12-12　CAN 总线的 C 类网络系统

于资料的同一性，提高了系统的控制精度，解除了子系统采集转换资料所带来的负担，提高了工作效率；

4）降低了生产成本，装配及维修更方便；

5）使车载电子设备的自诊断成为现实。

由于上述优点，故在汽车上已广为应用，在 2002～2003 两年中，我国新下线价格在 8～20 万元之间的普及型轿车中，使用车载网络的占 40% 以上，说明车载网络已在轿车中进入产业化阶段。

我国中科院电工研究所、清华大学、天津清源电动车辆股份有限公司及重庆福克电子科技有限公司都相继开发了有自主知识产权的车载网络。

## 思 考 题

1. 汽车电气总线应遵循哪些基本原则？
2. 汽车哪些用电设备电路不经过电流表？为什么？
3. 东风 EQ140 的照明电路有何特点？
4. 东风 EQ140 的点火电路有何特点？
5. 东风 EQ140 的仪表电路有何特点？
6. 安装线束时应注意些什么事项？
7. 何谓多路传输？CAN-BUS 有何主要优点？

# 参考文献


〔1〕 吉林工业大学汽运电工教研室编. 汽车拖拉机电工. 上、下册. 北京：机械工业出版社，1976

〔2〕 朱积年编. 汽车电子设备. 北京：人民交通出版社，1985

〔3〕 曲秀云等译. 汽车电子技术. 北京：电子工业出版社，1988

〔4〕 河南省交通学校编. 汽车电气设备. 北京：人民交通出版社，1985

〔5〕 西安公路学院编. 汽车拖拉机电器与电子设备. 北京：人民交通出版社，1985

〔6〕 William B. Ribbed. Understanding Automotive Electronics. Howard W. Sams & Compang Indiana USA Third Edition 1988

〔7〕 余志生主编. 汽车理论. 北京：机械工业出版社

〔8〕 葛安林编. 自动变速理论与设计. 吉林：吉林工业大学出版社

〔9〕 中国公路学会、交通部长途客车专业技术情报网合编. 客车技术与研究，1992，(4)

〔10〕 有效降低整车电子系统成本车载网络走向成熟. 中电网专题评述. 2004

〔11〕 控制器局域网技术在汽车中的应用研究. 2004

〔12〕 刘银柱等. 网络技术在汽车中的应用. 北方交通大学，2003

〔13〕 申荣卫编. 汽车电子技术. 北京：机械工业出版社，2003